# Family Maps
## of
# Smith County, Mississippi
## Deluxe Edition

*With Homesteads, Roads, Waterways, Towns, Cemeteries, Railroads, and More*

# Family Maps
## of
# Smith County, Mississippi
## Deluxe Edition

*With Homesteads, Roads, Waterways, Towns, Cemeteries, Railroads, and More*

*3 Maps Per Township...*

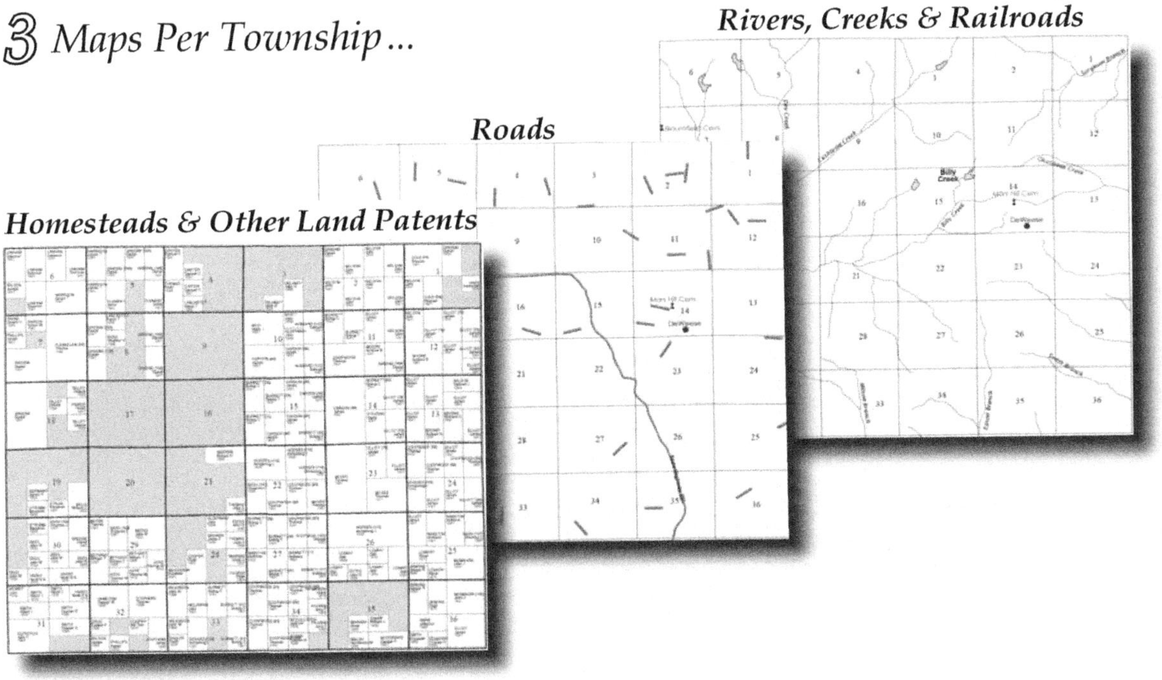


by Gregory A. Boyd, J.D.

*Arphax Publishing Co.*
*www.arphax.com*

**Family Maps of Smith County, Mississippi, Deluxe Edition: With Homesteads, Roads, Waterways, Towns, Cemeteries, Railroads, and More.**
by Gregory A. Boyd, J.D.

ISBN 1-4203-2051-3



Published by Arphax Publishing Co., 2210 Research Park Blvd., Norman, Oklahoma, USA 73069
www.arphax.com

First Edition

ATTENTION HISTORICAL & GENEALOGICAL SOCIETIES, UNIVERSITIES, COLLEGES, CORPORATIONS, FAMILY REUNION COORDINATORS, AND PROFESSIONAL ORGANIZATIONS: Quantity discounts are available on bulk purchases of this book. For information, please contact Arphax Publishing Co., at the address listed above, or at (405) 366-6181, or visit our web-site at www.arphax.com and contact us through the "Bulk Sales" link.

—LEGAL—

The contents of this book rely on data published by the United States Government and its various agencies and departments, including but not limited to the General Land Office–Bureau of Land Management, the Department of the Interior, and the U.S. Census Bureau. The author has relied on said government agencies or re-sellers of its data, but makes no guarantee of the data's accuracy or of its representation herein, neither in its text nor maps. Said maps have been proportioned and scaled in a manner reflecting the author's primary goal—to make patentee names readable. This book will assist in the discovery of possible relationships between people, places, locales, rivers, streams, cemeteries, etc., but "proving" those relationships or exact geographic locations of any of the elements contained in the maps will require the use of other source material, which could include, but not be limited to: land patents, surveys, the patentees' applications, professionally drawn road-maps, etc.

Neither the author nor publisher makes any claim that the contents herein represent a complete or accurate record of the data it presents and disclaims any liability for reader's use of the book's contents. Many circumstances exist where human, computer, or data delivery errors could cause records to have been missed or to be inaccurately represented herein. Neither the author nor publisher shall assume any liability whatsoever for errors, inaccuracies, omissions or other inconsistencies herein.



Editor: Vicki Boyd

This book is dedicated to my wonderful family:

*Vicki, Jordan, & Amy Boyd*

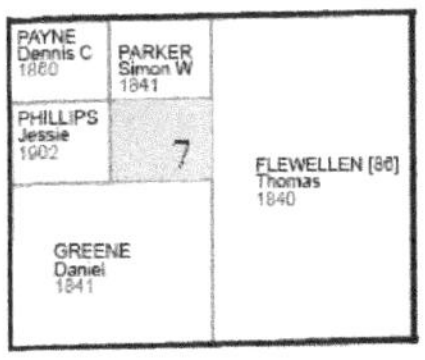


# Contents



## - Part I -

## The Big Picture



## - Part II -

## Township Map Groups

*(each Map Group contains a Patent Index, Patent Map, Road Map, & Historical Map)*

## Appendices

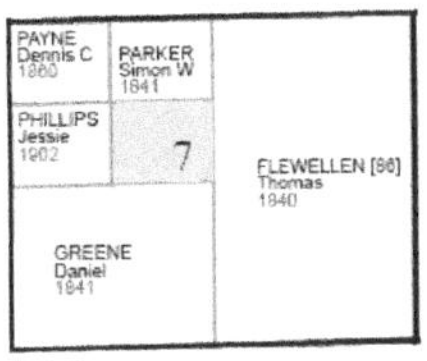


# Preface

The quest for the discovery of my ancestors' origins, migrations, beliefs, and life-ways has brought me rewards that I could never have imagined. The *Family Maps* series of books is my first effort to share with historical and genealogical researchers, some of the tools that I have developed to achieve my research goals. I firmly believe that this effort will allow many people to reap the same sorts of treasures that I have.

Our Federal government's General Land Office of the Bureau of Land Management (the "GLO") has given genealogists and historians an incredible gift by virtue of its enormous database housed on its web-site at glorecords.blm.gov. Here, you can search for and find millions of parcels of land purchased by our ancestors in about thirty states.

This GLO web-site is one of the best FREE on-line tools available to family researchers. But, it is not for the faint of heart, nor is it for those unwilling or unable to to sift through and analyze the thousands of records that exist for most counties.

My immediate goal with this series is to spare you the hundreds of hours of work that it would take you to map the Land Patents for this county. Every Smith County homestead or land patent that I have gleaned from public GLO databases is mapped here. Consequently, I can usually show you in an instant, where your ancestor's land is located, as well as the names of nearby land-owners.

Originally, that was my primary goal. But after speaking to other genealogists, it became clear that there was much more that they wanted. Taking their advice set me back almost a full year, but I think you will agree it was worth the wait. Because now, you can learn so much more.

Now, this book answers these sorts of questions:

- Are there any variant spellings for surnames that I have missed in searching GLO records?
- Where is my family's traditional home-place?
- What cemeteries are near Grandma's house?
- My Granddad used to swim in such-and-such-Creek—where is that?
- How close is this little community to that one?
- Are there any other people with the same surname who bought land in the county?
- How about cousins and in-laws—did they buy land in the area?

**And these are just for starters!**

The rules for using the *Family Maps* books are simple, but the strategies for success are many. Some techniques are apparent on first use, but many are gained with time and experience. Please take the time to notice the roads, cemeteries, creek-names, family names, and unique first-names throughout the whole county. You cannot imagine what YOU might be the first to discover.

I hope to learn that many of you have answered age-old research questions within these pages or that you have discovered relationships previously not even considered. When these sorts of things happen to you, will you please let me hear about it? I would like nothing better. My contact information can always be found at www.arphax.com.

One more thing: please read the "How To Use This Book" chapter; it starts on the next page. This will give you the very best chance to find the treasures that lie within these pages.

My family and I wish you the very best of luck, both in life, and in your research. Greg Boyd

# How to Use This Book - A Graphical Summary

## *Part I*
## "The Big Picture"

**Map A** ▸ *Counties in the State*
**Map B** ▸ *Surrounding Counties*
**Map C** ▸ *Congressional Townships (Map Groups) in the County*
**Map D** ▸ *Cities & Towns in the County*
**Map E** ▸ *Cemeteries in the County*
**Surnames in the County** ▸ *Number of Land-Parcels for Each Surname*
**Surname/Township Index** ▸ Directs you to Township Map Groups in Part II

*The Surname/Township Index can direct you to any number of* **Township Map Groups**

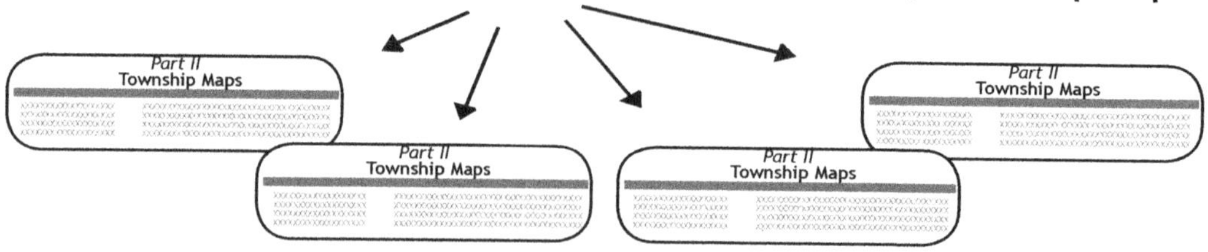


## *Part II*
## Township Map Groups
***(1 for each Township in the County)***

Each Township Map Group contains all four of of the following tools . . .

**Land Patent Index** ▸ *Every-name Index of Patents Mapped in this Township*
**Land Patent Map** ▸ *Map of Patents as listed in above Index*
**Road Map** ▸ *Map of Roads, City-centers, and Cemeteries in the Township*
**Historical Map** ▸ *Map of Railroads, Lakes, Rivers, Creeks, City-Centers, and Cemeteries*

## Appendices

**Appendix A** ▸ *Congressional Authority enabling Patents within our Maps*
**Appendix B** ▸ *Section-Parts / Aliquot Parts (a comprehensive list)*
**Appendix C** ▸ *Multi-patentee Groups (Individuals within Buying Groups)*

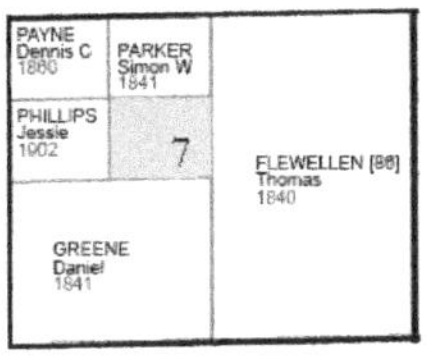


# How to Use This Book

The two "Parts" of this *Family Maps* volume seek to answer two different types of questions. Part I deals with broad questions like: what counties surround Smith County, are there any ASHCRAFTs in Smith County, and if so, in which Townships or Maps can I find them? Ultimately, though, Part I should point you to a particular Township Map Group in Part II.

Part II concerns itself with details like: where exactly is this family's land, who else bought land in the area, and what roads and streams run through the land, or are located nearby. The Chart on the opposite page, and the remainder of this chapter attempt to convey to you the particulars of these two "parts", as well as how best to use them to achieve your research goals.

## Part I
## "The Big Picture"

Within Part I, you will find five "Big Picture" maps and two county-wide surname tools.

These include:

- Map A - Where Smith County lies within the state
- Map B - Counties that surround Smith County
- Map C - Congressional Townships of Smith County (+ Map Group Numbers)
- Map D - Cities & Towns of Smith County (with Index)
- Map E - Cemeteries of Smith County (with Index)
- Surnames in Smith County Patents (with Parcel-counts for each surname)
- Surname/Township Index (with Parcel-counts for each surname by Township)

The five "Big-Picture" Maps are fairly self-explanatory, yet should not be overlooked. This is particularly true of Maps "C", "D", and "E", all of which show Smith County and its Congressional Townships (and their assigned Map Group Numbers).

Let me briefly explain this concept of Map Group Numbers. These are a device completely of our own invention. They were created to help you quickly locate maps without having to remember the full legal name of the various Congressional Townships. It is simply easier to remember "Map Group 1" than a legal name like: "Township 9-North Range 6-West, 5th Principal Meridian." But the fact is that the TRUE legal name for these Townships IS terribly important. These are the designations that others will be familiar with and you will need to accurately record them in your notes. This is why both Map Group numbers AND legal descriptions of Townships are almost always displayed together.

Map "C" will be your first intoduction to "Map Group Numbers", and that is all it contains: legal Township descriptions and their assigned Map Group Numbers. Once you get further into your research, and more immersed in the details, you will likely want to refer back to Map "C" from time to time, in order to regain your bearings on just where in the county you are researching.

Remember, township boundaries are a completely artificial device, created to standardize land descriptions. But do not let them become a boundary in your mind when choosing which townships to research. Your relative's in-laws, children, cousins, siblings, and mamas and papas, might just as easily have lived in the township next to the one your grandfather lived in—rather than in the one where he actually lived. So Map "C" can be your guide to which other Townships/

Map Groups you likewise ought to analyze.

Of course, the same holds true for County lines; this is the purpose behind Map "B". It shows you surrounding counties that you may want to consider for further reserarch.

Map "D", the Cities and Towns map, is the first map with an index. Map "E" is the second (Cemeteries). Both, Maps "D" and "E" give you broad views of City (or Cemetery) locations in the County. But they go much further by pointing you toward pertinent Township Map Groups so you can locate the patents, roads, and waterways located near a particular city or cemetery.

Once you are familiar with these *Family Maps* volumes and the county you are researching, the "Surnames In Smith County" chapter (or its sister chapter in other volumes) is where you'll likely start your future research sessions. Here, you can quickly scan its few pages and see if anyone in the county possesses the surnames you are researching. The "Surnames in Smith County" list shows only two things: surnames and the number of parcels of land we have located for that surname in Smith County. But whether or not you immediately locate the surnames you are researching, please do not go any further without taking a few moments to scan ALL the surnames in these very few pages.

You cannot imagine how many lost ancestors are waiting to be found by someone willing to take just a little longer to scan the "Surnames In Smith County" list. Misspellings and typographical errors abound in most any index of this sort. Don't miss out on finding your Kinard that was written Rynard or Cox that was written Lox. If it looks funny or wrong, it very often is. And one of those little errors may well be your relative.

Now, armed with a surname and the knowledge that it has one or more entries in this book, you are ready for the "Surname/Township Index." Unlike the "Surnames In Smith County", which has only one line per Surname, the "Surname/Township Index" contains one line-item for each Township Map Group in which each surname is found. In other words, each line represents a different Township Map Group that you will need to review.

Specifically, each line of the Surname/Township Index contains the following four columns of information:

1. Surname
2. Township Map Group Number (these Map Groups are found in Part II)
3. Parcels of Land (number of them with the given Surname within the Township)
4. Meridian/Township/Range (the legal description for this Township Map Group)

The key column here is that of the Township Map Group Number. While you should definitely record the Meridian, Township, and Range, you can do that later. Right now, you need to dig a little deeper. That Map Group Number tells you where in Part II that you need to start digging.

But before you leave the "Surname/Township Index", do the same thing that you did with the "Surnames in Smith County" list: take a moment to scan the pages of the Index and see if there are similarly spelled or misspelled surnames that deserve your attention. Here again, is an easy opportunity to discover grossly misspelled family names with very little effort. Now you are ready to turn to . . .

## Part II
## "Township Map Groups"

You will normally arrive here in Part II after being directed to do so by one or more "Map Group Numbers" in the Surname/Township Index of Part I.

Each Map Group represents a set of four tools dedicated to a single Congressional Township that is either wholly or partially within the county. If you are trying to learn all that you can about a particular family or their land, then these tools should usually be viewed in the order they are presented.

These four tools include:

1. a Land Patent Index
2. a Land Patent Map
3. a Road Map, and
4. an Historical Map

As I mentioned earlier, each grouping of this sort is assigned a Map Group Number. So, let's now move on to a discussion of the four tools that make up one of these Township Map Groups.

## Land Patent Index

Each Township Map Group's Index begins with a title, something along these lines:

**MAP GROUP 1: Index to Land Patents**
**Township 16-North Range 5-West (2nd PM)**

The Index contains seven (7) columns. They are:

1. ID (a unique ID number for this Individual and a corresponding Parcel of land in this Township)
2. Individual in Patent (name)
3. Sec. (Section), and
4. Sec. Part (Section Part, or Aliquot Part)
5. Date Issued (Patent)
6. Other Counties (often means multiple counties were mentioned in GLO records, or the section lies within multiple counties).
7. For More Info . . . (points to other places within this index or elsewhere in the book where you can find more information)

While most of the seven columns are self-explanatory, I will take a few moments to explain the "Sec. Part." and "For More Info" columns.

The "Sec. Part" column refers to what surveryors and other land professionals refer to as an Aliquot Part. The origins and use of such a term mean little to a non-surveyor, and I have chosen to simply call these sub-sections of land what they are: a "Section Part". No matter what we call them, what we are referring to are things like a quarter-section or half-section or quarter-quarter-section. See Appendix "B" for most of the "Section Parts" you will come across (and many you will not) and what size land-parcel they represent.

The "For More Info" column of the Index may seem like a small appendage to each line, but please recognize quickly that this is not so. And to understand the various items you might find here, you need to become familiar with the Legend that appears at the top of each Land Patent Index.

Here is a sample of the Legend . . .

LEGEND

"For More Info . . . " column

```
A = Authority (Legislative Act, See Appendix "A")
B = Block or Lot (location in Section unknown)
C = Cancelled Patent
F = Fractional Section
G = Group (Multi-Patentee Patent, see Appendix "C")
V = Overlaps another Parcel
R = Re-Issued (Parcel patented more than once)
```

Most parcels of land will have only one or two of these items in their "For More Info" columns, but when that is not the case, there is often some valuable information to be gained from further investigation. Below, I will explain what each of these items means to you you as a researcher.

A = Authority
<u>(Legislative Act, See Appendix "A")</u>

All Federal Land Patents were issued because some branch of our government (usually the U.S. Congress) passed a law making such a transfer of title possible. And therefore every patent within these pages will have an "A" item next to it in the index. The number after the "A" indicates which item in Appendix "A" holds the citation to the particular law which authorized the transfer of land to the public. As it stands, most of the Public Land data compiled and released by our government, and which serves as the basis for the patents mapped here, concerns itself with "Cash Sale" homesteads. So in some Counties, the law which authorized cash sales will be the primary, if not the only, entry in the Appendix.

<u>B = Block or Lot (location in Section unknown)</u>

A "B" designation in the Index is a tip-off that the EXACT location of the patent within the map is not apparent from the legal description. This Patent will nonetheless be noted within the proper Section along with any other Lots purchased in the Section. Given the scope of this project (many states and many Counties are being mapped), trying to locate all relevant plats for Lots (if they even exist) and accurately mapping them would have taken one person several lifetimes. But since our primary goal from the onset has been to establish relationships between neighbors and families, very little is lost to this goal since we can still observe who all lived in which Section.

C = Cancelled Patent

A Cancelled Patent is just that: cancelled. Whether the original Patentee forfeited his or her patent due to fraud, a technicality, non-payment, or whatever, the fact remains that it is significant to know who received patents for what parcels and when. A cancellation may be evidence that the Patentee never physically re-located to the land, but does not in itself prove that point. Further evidence would be required to prove that. *See also*, Re-issued Patents, *below*.

F = Fractional Section

A Fractional Section is one that contains less than 640 acres, almost always because of a body of water. The exact size and shape of land-parcels contained in such sections may not be ascertainable, but we map them nonetheless. Just keep in mind that we are not mapping an actual parcel to scale in such instances. Another point to consider is that we have located some fractional sections that are not so designated by the Bureau of Land Management in their data. This means that not all fractional sections have been so identified in our indexes.

G = Group
(Multi-Patentee Patent, see Appendix "C")

A "G" designation means that the Patent was issued to a GROUP of people (Multi-patentees). The "G" will always be followed by a number. Some such groups were quite large and it was impractical if not impossible to display each individual in our maps without unduly affecting readability. EACH person in the group is named in the Index, but they won't all be found on the Map. You will find the name of the first person in such a Group on the map with the Group number next to it, enclosed in [square brackets].

To find all the members of the Group you can either scan the Index for all people with the same Group Number or you can simply refer to Appendix "C" where all members of the Group are listed next to their number.

V = Overlaps another Parcel

An Overlap is one where PART of a parcel of land gets issued on more than one patent. For genealogical purposes, both transfers of title are important and both Patentees are mapped. If the ENTIRE parcel of land is re-issued, that is what we call it, a Re-Issued Patent (*see below*). The number after the "V" indicates the ID for the overlapping Patent(s) contained within the same Index. Like Re-Issued and Cancelled Patents, Overlaps may cause a map-reader to be confused at first, but for genealogical purposes, all of these parties' relationships to the underlying land is important, and therefore, we map them.

R = Re-Issued (Parcel patented more than once)

The label, "Re-issued Patent" describes Patents which were issued more than once for land with the EXACT SAME LEGAL DESCRIPTION. Whether the original patent was cancelled or not, there were a good many parcels which were patented more than once. The number after the "R" indicates the ID for the other Patent contained within the same Index that was for the same land. A quick glance at the map itself within the relevant Section will be the quickest way to find the other Patentee to whom the Parcel was transferred. They should both be mapped in the same general area.

I have gone to some length describing all sorts of anomalies either in the underlying data or in their representation on the maps and indexes in this book. Most of this will bore the most ardent reseracher, but I do this with all due respect to those researchers who will inevitably (and rightfully) ask: *"Why isn't so-and-so's name on the exact spot that the index says it should be?"*

In most cases it will be due to the existence of a Multi-Patentee Patent, a Re-issued Patent, a Cancelled Patent, or Overlapping Parcels named in separate Patents. I don't pretend that this discussion will answer every question along these lines, but I hope it will at least convince you of the complexity of the subject.

Not to despair, this book's companion web-site will offer a way to further explain "odd-ball" or errant data. Each book (County) will have its own web-page or pages to discuss such situations. You can go to www.arphax.com to find the relevant web-page for Smith County.

## Land Patent Map

On the first two-page spread following each Township's Index to Land Patents, you'll find the corresponding Land Patent Map. And here lies the real heart of our work. For the first time anywhere, researchers will be able to observe and analyze, on a grand scale, most of the original land-owners for an area AND see them mapped in proximity to each one another.

We encourage you to make vigorous use of the accompanying Index described above, but then later, to abandon it, and just stare at these maps for a while. This is a great way to catch misspellings or to find collateral kin you'd not known were in the area.

Each Land Patent Map represents one Congressional Township containing approximately 36-square miles. Each of these square miles is labeled by an accompanying Section Number (1 through 36, in most cases). Keep in mind, that this book concerns itself solely with Smith County's patents. Townships which creep into one or more other counties will not be shown in their entirety in any one book. You will need to consult other books, as they become available, in order to view other countys' patents, cities, cemeteries, etc.

But getting back to Smith County: each Land Patent Map contains a Statistical Chart that looks like the following:

**Township Statistics**

| | | |
|---|---|---|
| Parcels Mapped | : | 173 |
| Number of Patents | : | 163 |
| Number of Individuals | : | 152 |
| Patentees Identified | : | 151 |
| Number of Surnames | : | 137 |
| Multi-Patentee Parcels | : | 4 |
| Oldest Patent Date | : | 11/27/1820 |
| Most Recent Patent | : | 9/28/1917 |
| Block/Lot Parcels | : | 0 |
| Parcels Re-Issued | : | 3 |
| Parcels that Overlap | : | 8 |
| Cities and Towns | : | 6 |
| Cemeteries | : | 6 |

This information may be of more use to a social statistician or historian than a genealogist, but I think all three will find it interesting.

Most of the statistics are self-explanatory, and what is not, was described in the above discussion of the Index's Legend, but I do want to mention a few of them that may affect your understanding of the Land Patent Maps.

First of all, Patents often contain more than one Parcel of land, so it is common for there to be more Parcels than Patents. Also, the Number of Individuals will more often than not, not match the number of Patentees. A Patentee is literally the person or PERSONS named in a patent. So, a Patent may have a multi-person Patentee or a single-person patentee. Nonetheless, we account for all these individuals in our indexes.

On the lower-righthand side of the Patent Map is a Legend which describes various features in the map, including Section Boundaries, Patent (land) Boundaries, Lots (numbered), and Multi-Patentee Group Numbers. You'll also find a "Helpful Hints" Box that will assist you.

*One important note: though the vast majority of Patents mapped in this series will prove to be reasonably accurate representations of their actual locations, we cannot claim this for patents lying along state and county lines, or waterways, or that have been platted (lots). Shifting boundaries and sparse legal descriptions in the GLO data make this a reality that we have nonetheless tried to overcome by estimating these patents' locations the best that we can.*

## Road Map

On the two-page spread following each Patent Map you will find a Road Map covering the exact same area (the same Congressional Township).

For me, fully exploring the past means that every once in a while I must leave the library and travel to the actual locations where my ancestors once walked and worked the land. Our Township Road Maps are a great place to begin such a quest.

Keep in mind that the scaling and proportion of these maps was chosen in order to squeeze hundreds of people-names, road-names, and place-names into tinier spaces than you would traditionally see. These are not professional road-maps, and like any secondary genealogical source, should be looked upon as an entry-way to original sources—in this case, original patents and applications, professionally produced maps and surveys, etc.

Both our Road Maps and Historical Maps contain cemeteries and city-centers, along with a listing of these on the left-hand side of the map. I should note that I am showing you city center-points, rather than city-limit boundaries, because in many instances, this will represent a place where settlement began. This may be a good time to mention that many cemeteries are located on private property, Always check with a local historical or genealogical society to see if a particular cemetery is publicly accessible (if it is not obviously so). As a final point, look for your surnames among the road-names. You will often be surprised by what you find.

## Historical Map

The third and final map in each Map Group is our attempt to display what each Township might have looked like before the advent of modern roads. In frontier times, people were usually more determined to settle near rivers and creeks than they were near roads, which were often few and far between. As was the case with the Road Map, we've included the same cemeteries and city-centers. We've also included railroads, many of which came along before most roads.

While some may claim "Historical Map" to be a bit of a misnomer for this tool, we settled for this label simply because it was almost as accurate as saying "Railroads, Lakes, Rivers, Cities, and Cemeteries," and it is much easier to remember.

*In Closing . . .*

By way of example, here is *A Really Good Way to Use a Township Map Group*. First, find the person you are researching in the Township's Index to Land Patents, which will direct you to the proper Section and parcel on the Patent Map. But before leaving the Index, scan all the patents within it, looking for other names of interest. Now, turn to the Patent Map and locate your parcels of land. Pay special attention to the names of patent-holders who own land surrounding your person of interest. Next, turn the page and look at the same Section(s) on the Road Map. Note which roads are closest to your parcels and also the names of nearby towns and cemeteries. Using other resources, you may be able to learn of kin who have been buried here, plus, you may choose to visit these cemeteries the next time you are in the area.

Finally, turn to the Historical Map. Look once more at the same Sections where you found your research subject's land. Note the nearby streams, creeks, and other geographical features. You may be surprised to find family names were used to name them, or you may see a name you haven't heard mentioned in years and years—and a new research possibility is born.

Many more techniques for using these *Family Maps* volumes will no doubt be discovered. If from time to time, you will navigate to Smith County's web-page at www.arphax.com (use the "Research" link), you can learn new tricks as they become known (or you can share ones you have employed). But for now, you are ready to get started. So, go, and good luck.

# – Part I –

# The Big Picture

## Map A - Where Smith County, Mississippi Lies Within the State

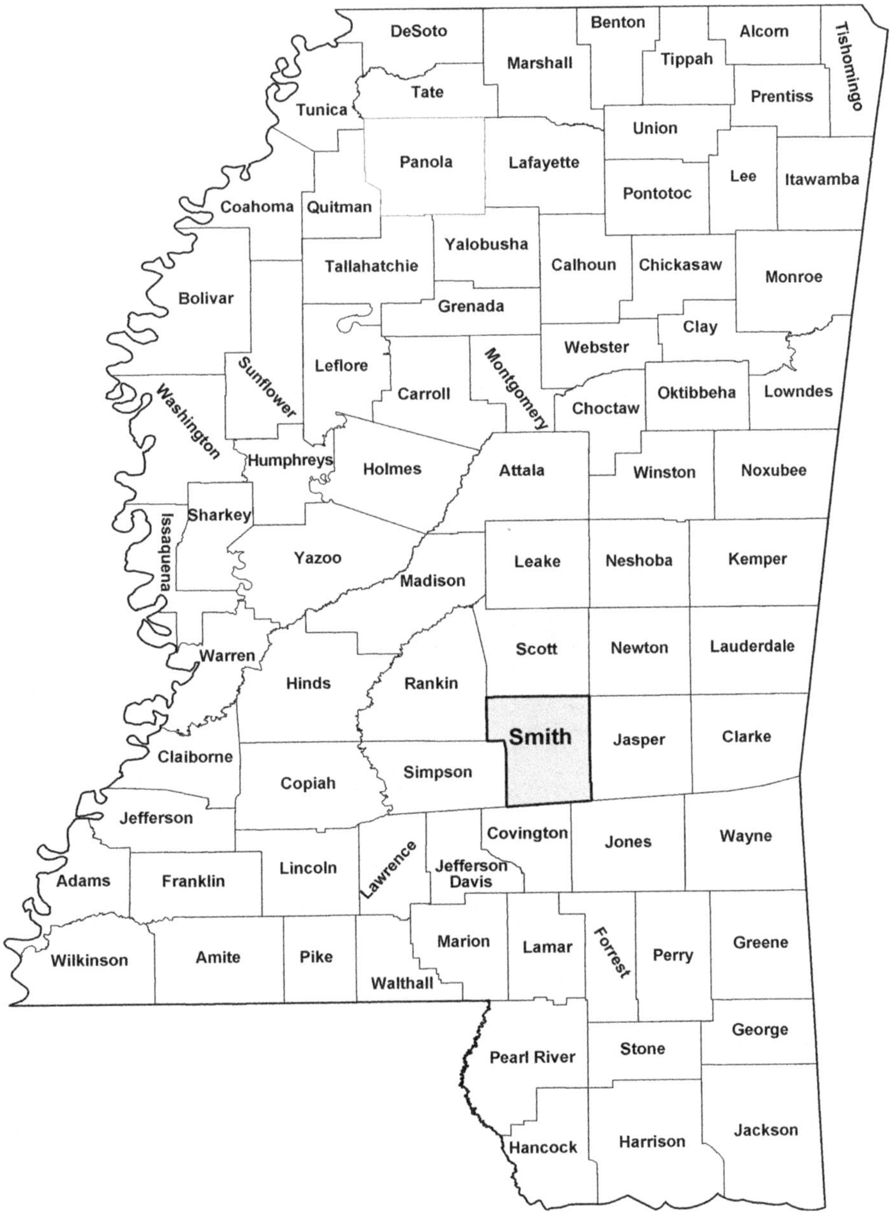


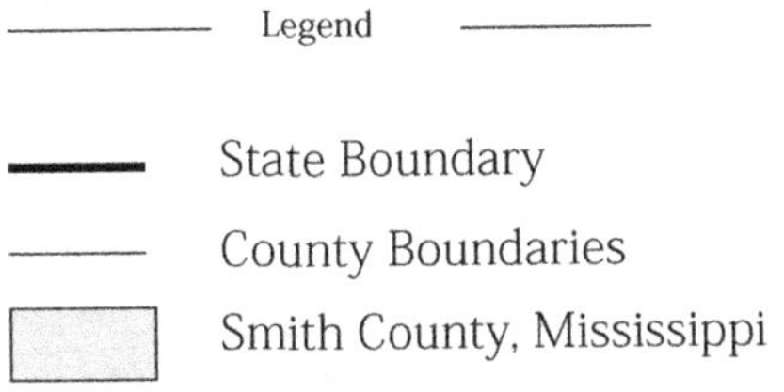




Helpful Hints

1 We start with Map "A" which simply shows us where within the State this county lies.

2 Map "B" zooms in further to help us more easily identify surrounding Counties.

3 Map "C" zooms in even further to reveal the Congressional Townships that either lie within or intersect Smith County.

## Map B - Smith County, Mississippi and Surrounding Counties

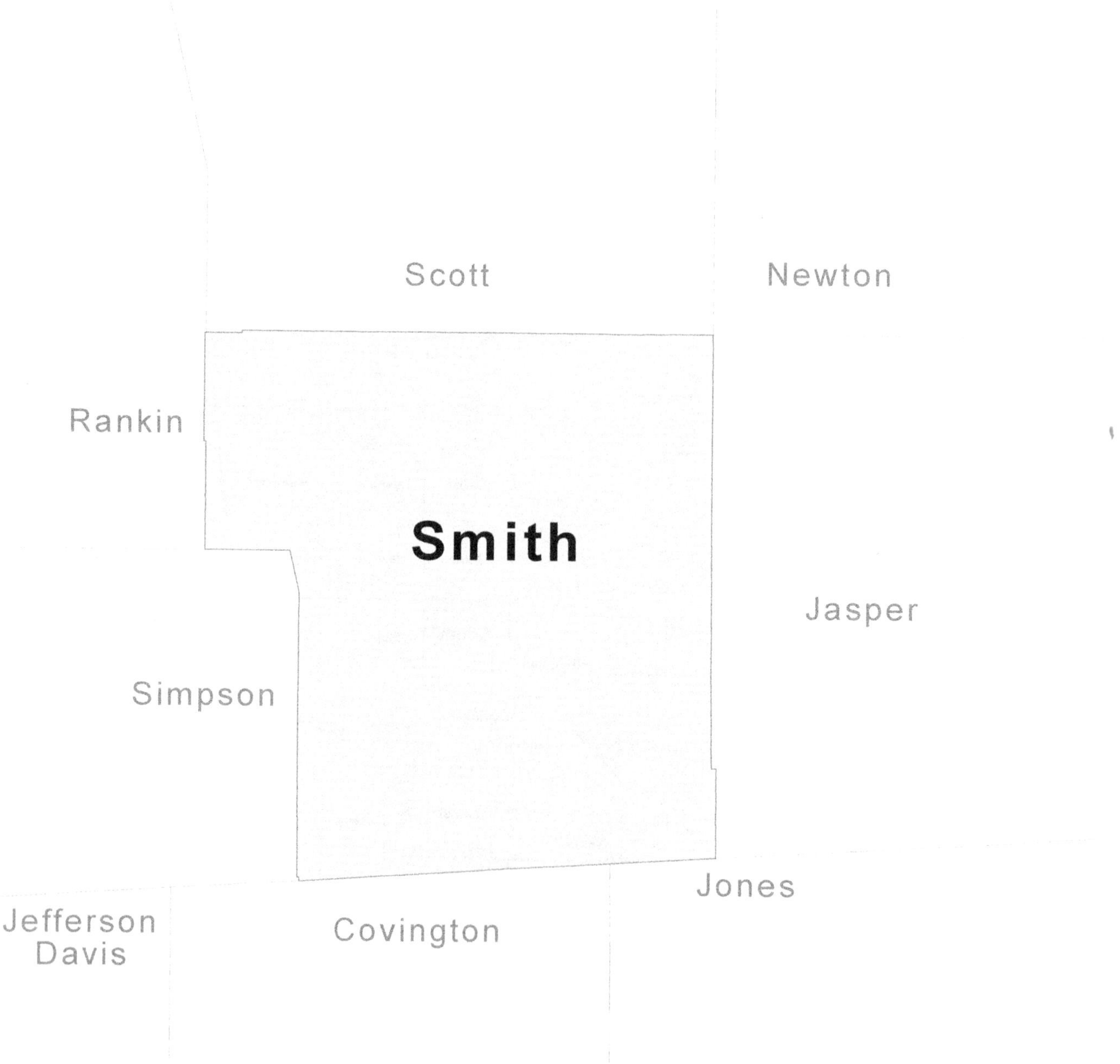




Legend

- State Boundaries (when applicable)
- County Boundaries

Helpful Hints

1 Many Patent-holders and their families settled across county lines. It is always a good idea to check nearby counties for your families.

2 Refer to Map "A" to see a broader view of where this County lies within the State, and Map "C" to see which Congressional Townships lie within Smith County.

## Map C - Congressional Townships of Smith County, Mississippi

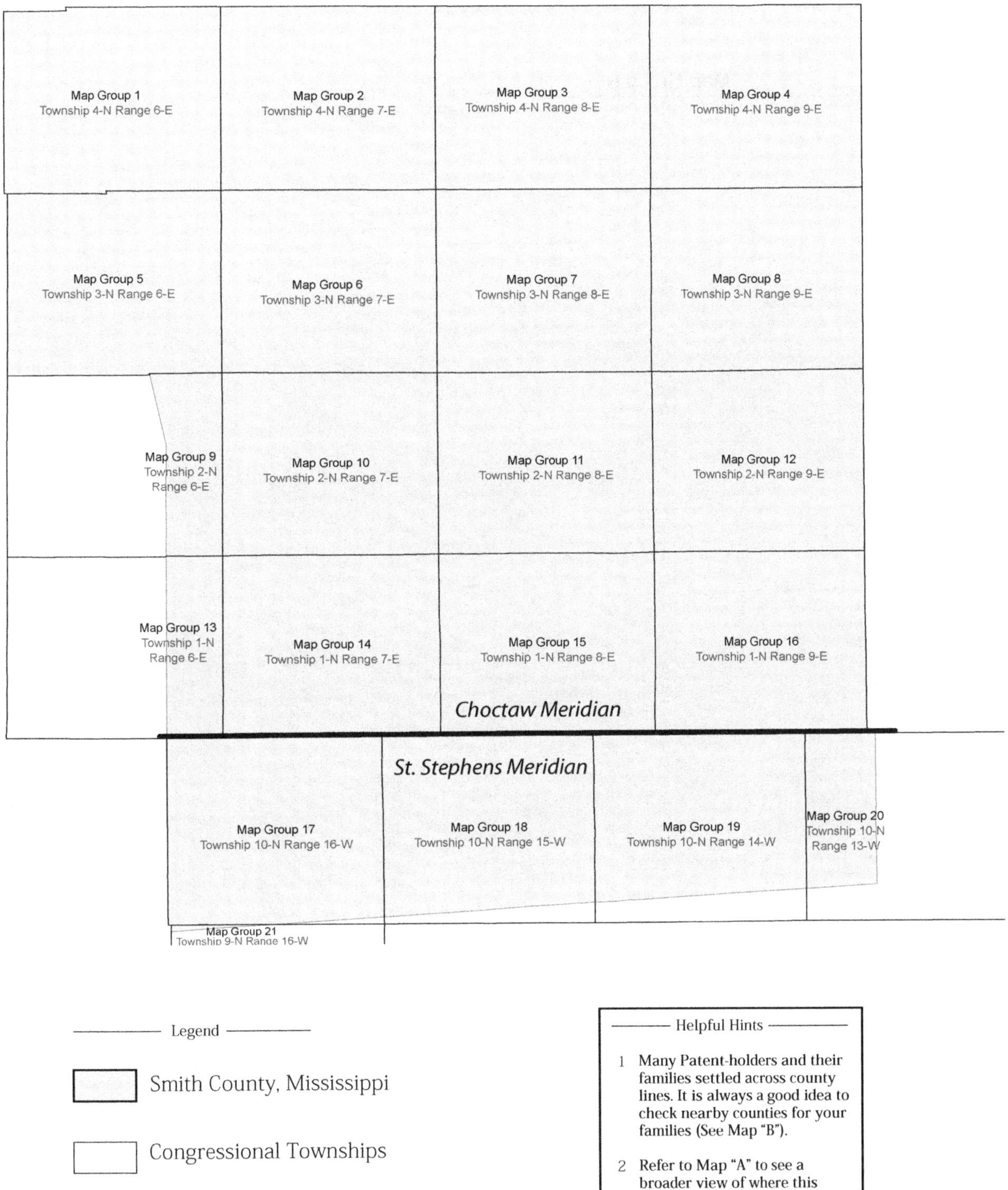


**Helpful Hints**

1. Many Patent-holders and their families settled across county lines. It is always a good idea to check nearby counties for your families (See Map "B").
2. Refer to Map "A" to see a broader view of where this county lies within the State, and Map "B" for a view of the counties surrounding Smith County.

## Map D Index: Cities & Towns of Smith County, Mississippi

The following represents the Cities and Towns of Smith County (along with the corresponding Map Group in which each is found). Cities and Towns are displayed in both the Road and Historical maps in the Group.

| City/Town | Map Group No. |
|---|---|
| Bezer | 11 |
| Bunker Hill | 18 |
| Burns | 2 |
| Center Ridge | 15 |
| Clear Springs | 4 |
| Cohay | 14 |
| Daniel | 5 |
| Gambrell | 19 |
| Gunn | 5 |
| Heater | 5 |
| Klein | 3 |
| Lemon | 3 |
| Lingle | 2 |
| Lorena | 3 |
| Milton | 17 |
| Mineral Springs | 15 |
| Mize | 17 |
| Mount Pleasant | 12 |
| New Haven | 17 |
| Pineville | 8 |
| Polkville | 1 |
| Raleigh | 11 |
| Sand Point | 7 |
| Shady Grove | 13 |
| Shongelo | 7 |
| Simpson | 20 |
| Summerland | 19 |
| Sylvarena | 12 |
| Taylorsville | 19 |
| Traxler | 9 |
| Trenton | 2 |
| Union | 11 |
| White Oak | 5 |
| Wicker | 2 |
| Wisner | 18 |
| Zion Hill | 17 |

# Map D - Cities & Towns of Smith County, Mississippi

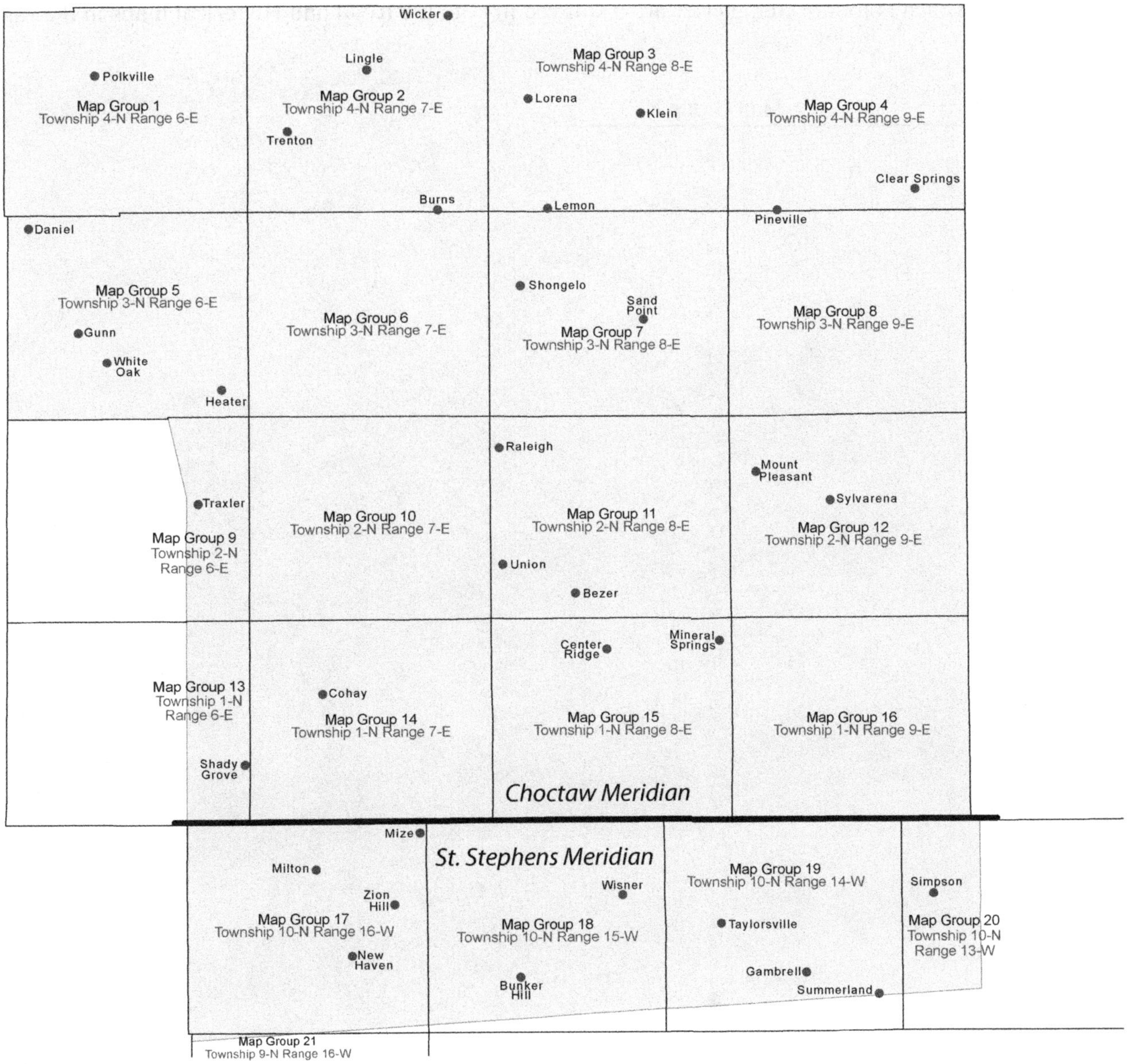


Legend

Smith County, Mississippi

Congressional Townships



Helpful Hints

1 Cities and towns are marked only at their center-points as published by the USGS and/or NationalAtlas.gov. This often enables us to more closely approximate where these might have existed when first settled.

2 To see more specifically where these Cities & Towns are located within the county, refer to both the Road and Historical maps in the Map-Group referred to above. See also, the Map "D" Index on the opposite page.

# Map E Index: Cemeteries of Smith County, Mississippi

The following represents many of the Cemeteries of Smith County, along with the corresponding Township Map Group in which each is found. Cemeteries are displayed in both the Road and Historical maps in the Map Groups referred to below.

| Cemetery | Map Group No. |
|---|---|
| Austin Cem. | 7 |
| Barber Cem. | 7 |
| Barnes Cem. | 7 |
| Bethany Cem. | 12 |
| Black Cem. | 2 |
| Burnett Cem. | 4 |
| Burnett Cem. | 15 |
| Clear Creek Cem. | 19 |
| Craft Cem. | 6 |
| Derrick Cem. | 2 |
| Ditch Cem. | 11 |
| Dukes Cem. | 5 |
| Elam Cem. | 7 |
| Everett Cem. | 5 |
| Good Hope Cem. | 2 |
| Gordan Cem. | 6 |
| Haile Cem. | 1 |
| James Cem. | 1 |
| Johnson Cem. | 12 |
| Jones Cem. | 18 |
| Lingle Cem. | 2 |
| Merchant Cem. | 9 |
| Miley Cem. | 5 |
| Moss Cem. | 6 |
| Moulder Cem. | 6 |
| Mount Nebo Cem. | 7 |
| Mount Pisgah Cem. | 7 |
| Myers Cem. | 6 |
| New Chapel Cem. | 2 |
| New Chapel Cem. | 2 |
| North Raleigh Cem. | 11 |
| Old Field Cem. | 5 |
| Old Zion Hill Cem. | 18 |
| Page Cem. | 6 |
| Polkville Cem. | 1 |
| Raleigh Cem. | 11 |
| Roberts Cem. | 2 |
| Rock Bluff Cem. | 5 |
| Royals Cem. | 8 |
| Shady Grove Cem. | 13 |
| Sullivan Cem. | 17 |
| Sullivan Cem. | 17 |
| Sullivan Cem. | 18 |
| Summerland Cem. | 19 |
| Sylvan Grove Cem. | 7 |
| Terry Cem. | 5 |
| Tillson Cem. | 11 |
| Tom Sullivan Cem. | 17 |
| Trinity Cem. | 7 |
| Ware Cem. | 17 |
| Zion Cem. | 2 |

# Map E - Cemeteries of Smith County, Mississippi

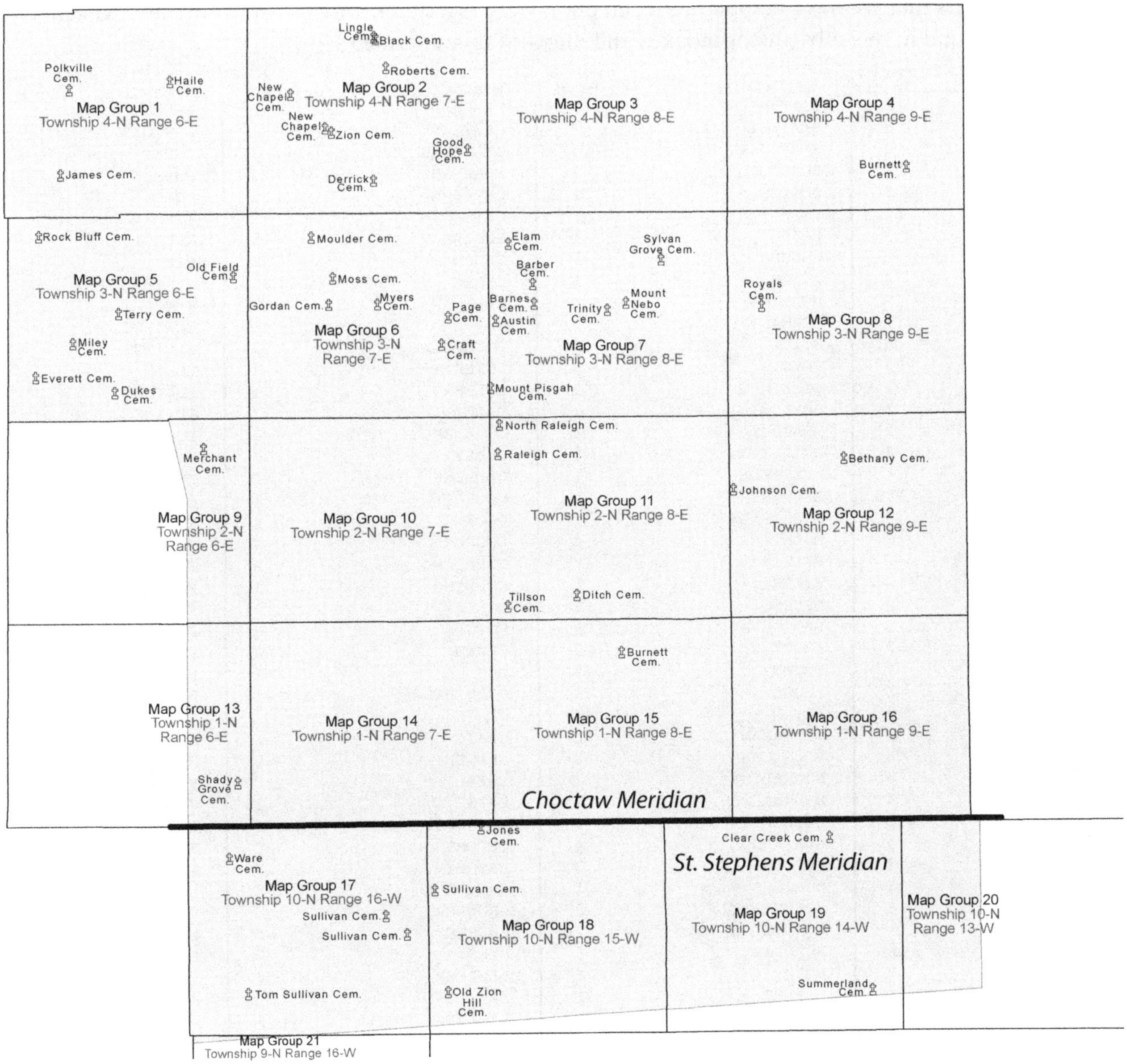


Legend

Smith County, Mississippi

Congressional Townships



Helpful Hints

1. Cemeteries are marked at locations as published by the USGS and/or NationalAtlas.gov.
2. To see more specifically where these Cemeteries are located, refer to the Road & Historical maps in the Map-Group referred to above. See also, the Map "E" Index on the opposite page to make sure you don't miss any of the Cemeteries located within this Congressional township.

## Surnames in Smith County, Mississippi Patents

The following list represents the surnames that we have located in Smith County, Mississippi Patents and the number of parcels that we have mapped for each one. Here is a quick way to determine the existence (or not) of Patents to be found in the subsequent indexes and maps of this volume.

| Surname | # of Land Parcels |
|---|---|
| ADAMS | 5 |
| ADCOCK | 7 |
| ADOCK | 1 |
| AGEE | 2 |
| AINESWORTH | 2 |
| AINSWORTH | 55 |
| ALDERMAN | 3 |
| ALEXANDER | 2 |
| ALFORD | 3 |
| ALLEN | 19 |
| AMAKER | 1 |
| AMASON | 5 |
| ANDERSON | 55 |
| ANDING | 1 |
| ANDOE | 1 |
| ANDREWS | 2 |
| ARENDER | 4 |
| ASHBY | 4 |
| ASHLEY | 20 |
| ATES | 17 |
| AUSTIN | 12 |
| AVERY | 3 |
| AVREY | 2 |
| AXTON | 2 |
| AYMER | 3 |
| AYTS | 2 |
| BAILEY | 7 |
| BAKER | 1 |
| BALDWIN | 9 |
| BALEY | 1 |
| BALLARD | 3 |
| BANKSTON | 5 |
| BARBER | 4 |
| BARDWELL | 1 |
| BARFIELD | 1 |
| BARKER | 3 |
| BARNES | 17 |
| BARNETT | 8 |
| BARNETTE | 1 |
| BARNWELL | 18 |
| BARR | 3 |
| BARRON | 1 |
| BARROW | 2 |
| BASS | 4 |
| BASSETT | 9 |
| BATES | 3 |
| BATTE | 1 |
| BAUGH | 11 |
| BEAVER | 15 |
| BEAVERS | 2 |
| BEDFORD | 1 |
| BENGE | 1 |
| BENISON | 10 |
| BENNETT | 1 |
| BENSON | 3 |
| BERRYHILL | 2 |
| BEVER | 1 |
| BICKER | 1 |
| BISHOP | 8 |
| BLACK | 6 |
| BLACKWELL | 55 |
| BLAKENEY | 33 |
| BLAKENY | 2 |
| BLAKNEY | 3 |
| BLANCHARD | 1 |
| BOON | 1 |
| BOOTHE | 1 |
| BOSWORTH | 1 |
| BOTT | 1 |
| BOUNDS | 2 |
| BOWEN | 1 |
| BOWLING | 7 |
| BOWMAN | 1 |
| BOYCE | 2 |
| BOYD | 5 |
| BOYKIN | 69 |
| BOYLS | 2 |
| BRADLEY | 1 |
| BRADSHAW | 5 |
| BRASWELL | 1 |
| BRATCHER | 1 |
| BREAZEALE | 2 |
| BRENT | 2 |
| BREWER | 8 |
| BRIANT | 1 |
| BRIDGES | 1 |
| BROADAWAY | 1 |
| BROCK | 2 |
| BROWN | 15 |
| BRUCE | 1 |
| BRYANT | 47 |
| BUCHANAN | 10 |
| BUCHANNAN | 2 |
| BUCKALIEW | 2 |
| BUCKHALTER | 1 |
| BUCKLEY | 4 |
| BUFFKIN | 4 |
| BUFKIN | 3 |
| BURGESS | 1 |
| BURKHALTER | 2 |
| BURNETT | 2 |
| BURNHAM | 3 |
| BUSH | 6 |
| BUTLER | 61 |
| BYNUM | 2 |
| BYRD | 13 |
| CAHO | 4 |
| CALHOUN | 4 |
| CAMMON | 1 |
| CAMP | 2 |
| CAMPBELL | 9 |
| CANDEIA | 2 |
| CANTERBERRY | 1 |
| CANTERBURY | 7 |
| CANTWELL | 11 |
| CARAWAY | 3 |
| CARGILE | 13 |
| CARGILL | 1 |
| CARLISLE | 3 |
| CARN | 1 |
| CARNS | 2 |
| CARR | 46 |
| CARSON | 1 |
| CARTER | 12 |
| CAUGHMAN | 2 |
| CAZY | 1 |
| CHANDLER | 3 |
| CHAPMAN | 3 |
| CHILDRE | 6 |
| CHISHOLM | 9 |
| CHRISMAN | 3 |
| CHUBB | 2 |
| CLARK | 20 |
| CLIFTON | 10 |
| CO | 2 |
| COCKRELL | 8 |
| COKER | 1 |
| COLBERT | 1 |
| COLE | 17 |
| COLEMAN | 11 |
| COLEY | 7 |
| COLLINS | 2 |
| COLLUM | 1 |
| COOK | 24 |
| COOPER | 4 |
| COPELAND | 8 |
| COPLIN | 1 |
| CORLEY | 1 |
| COTTON | 3 |
| COWEN | 2 |
| COX | 7 |
| CRABTREE | 1 |
| CRAFT | 94 |
| CRAIG | 2 |
| CRAVEN | 5 |
| CREAL | 3 |
| CRISE | 2 |
| CROCKETT | 4 |
| CROOMS | 1 |
| CROSBY | 3 |
| CROTWELL | 3 |
| CROWDER | 6 |
| CURRIE | 55 |
| DABS | 2 |
| DAMPEER | 2 |
| DANIEL | 6 |
| DARBY | 1 |
| DARDEN | 3 |
| DAUGHDRILL | 2 |
| DAVIS | 16 |
| DEARMAN | 1 |
| DENNIS | 2 |
| DERRICK | 3 |
| DICKERSON | 3 |
| DILLON | 2 |
| DOBBS | 7 |
| DOLLAR | 6 |
| DONELSON | 8 |
| DOUGLASS | 2 |
| DOVE | 3 |
| DOWNING | 4 |
| DRISKELL | 1 |
| DRUMMOND | 4 |
| DUCKSWORTH | 5 |
| DUCKWORTH | 73 |
| DUKE | 1 |
| DUKES | 32 |
| DUNAGIN | 3 |
| DUNN | 1 |
| DUPREE | 2 |
| DURR | 22 |
| DYESS | 2 |
| EASON | 1 |
| EAST | 2 |
| EASTERLING | 16 |
| EATON | 7 |
| EDWARDS | 9 |
| ELLIOTT | 6 |
| ELLIS | 15 |
| ELLISON | 4 |
| EPTING | 5 |
| EUBANKS | 8 |
| EVANS | 4 |
| EVERETT | 13 |
| EVERITT | 1 |
| FAGAN | 1 |
| FAIRCHILDS | 1 |
| FARLY | 3 |
| FAULK | 3 |
| FEAZELL | 8 |
| FENLEY | 1 |
| FERGUSON | 4 |
| FILE | 1 |
| FINCH | 3 |
| FINLEY | 1 |
| FISHER | 95 |
| FLETCHER | 13 |
| FLOWERS | 37 |
| FLOYD | 13 |
| FLOYED | 2 |
| FLYNT | 2 |
| FORD | 42 |
| FOREMAN | 7 |
| FORTENBERRY | 4 |
| FOX | 1 |
| FRANKLIN | 10 |
| FRITH | 2 |
| FROSHOUR | 1 |
| FURLOW | 3 |
| GAINES | 2 |
| GAINEY | 1 |
| GALLAVANT | 1 |
| GAMAGE | 1 |
| GAMBRELL | 16 |
| GAMMAGE | 1 |
| GARDNER | 5 |
| GARNER | 21 |
| GARRISON | 1 |
| GASKIN | 1 |
| GASKINS | 2 |
| GATEWOOD | 1 |
| GATLIN | 1 |
| GEARY | 2 |
| GENTRY | 17 |
| GIBBENS | 3 |
| GIBBONS | 6 |
| GIBSON | 10 |
| GILL | 4 |

| Surname | # of Land Parcels |
|---|---|
| GILLIS | 2 |
| GILMORE | 1 |
| GLENN | 3 |
| GLISSON | 4 |
| GOINS | 1 |
| GOLEMAN | 3 |
| GOLMAN | 2 |
| GOODIN | 1 |
| GOODMAN | 1 |
| GORDON | 23 |
| GORVON | 2 |
| GOUIN | 3 |
| GOWAN | 1 |
| GOWEN | 10 |
| GOWENS | 1 |
| GOWIEN | 2 |
| GOWIN | 7 |
| GRACE | 1 |
| GRAHAM | 3 |
| GRAVES | 4 |
| GRAY | 8 |
| GREGG | 7 |
| GRIFFITH | 10 |
| GRIGG | 8 |
| GRIMES | 1 |
| GRISSOM | 14 |
| GROZER | 1 |
| GRUBER | 1 |
| GUNN | 7 |
| GUNTER | 9 |
| GUTHRIE | 4 |
| HAGWOOD | 4 |
| HAILES | 3 |
| HAINSWORTH | 1 |
| HALES | 5 |
| HALEY | 1 |
| HALL | 15 |
| HAM | 1 |
| HANCOCK | 8 |
| HANKINS | 8 |
| HANNAH | 2 |
| HARDEE | 1 |
| HARDIN | 2 |
| HARDY | 2 |
| HARMAN | 1 |
| HARMON | 3 |
| HARRELSON | 2 |
| HARRIS | 1 |
| HARRISON | 14 |
| HARTLEY | 1 |
| HARVEY | 19 |
| HAWKINS | 19 |
| HAWTHORNE | 2 |
| HAYES | 7 |
| HAYMAN | 1 |
| HAYNES | 2 |
| HAYS | 10 |
| HEALD | 1 |
| HEARD | 1 |
| HEGWOOD | 1 |
| HELTON | 1 |
| HEMBREE | 1 |
| HENDERSON | 9 |
| HENDON | 2 |
| HERRINGTON | 2 |
| HERRON | 3 |
| HESTEN | 1 |
| HESTER | 14 |
| HICKMAN | 3 |
| HIGHTOWER | 2 |

| Surname | # of Land Parcels |
|---|---|
| HILL | 11 |
| HITT | 2 |
| HOLBROOK | 3 |
| HOLBROOKS | 10 |
| HOLDER | 1 |
| HOLEFIELD | 3 |
| HOLLINGSWORTH | 5 |
| HOOD | 3 |
| HOPKINS | 15 |
| HORD | 3 |
| HORN | 3 |
| HORNE | 1 |
| HOSEY | 3 |
| HOUGH | 9 |
| HOUGHTON | 1 |
| HOUSTON | 9 |
| HOUZE | 1 |
| HOWELL | 18 |
| HUBBARD | 3 |
| HUCKABAY | 3 |
| HUDSON | 4 |
| HUEY | 1 |
| HUGHES | 31 |
| HUGHS | 3 |
| HULL | 13 |
| HUSBAND | 7 |
| HUSBANDS | 14 |
| HUSSEY | 1 |
| HYDE | 3 |
| INGRAM | 16 |
| ISHEE | 16 |
| IVY | 1 |
| JACKSON | 6 |
| JAMES | 13 |
| JARNIGAN | 4 |
| JENNINGS | 5 |
| JERNAGAN | 2 |
| JERNICAN | 3 |
| JOHNSON | 30 |
| JOHNSTON | 1 |
| JOLLEY | 2 |
| JONES | 66 |
| JORDAN | 7 |
| KEEN | 1 |
| KEES | 6 |
| KELLEY | 5 |
| KELLY | 16 |
| KENADY | 3 |
| KENNEDY | 22 |
| KENON | 1 |
| KEOWN | 6 |
| KEYES | 48 |
| KEYS | 17 |
| KING | 12 |
| KNIGHT | 10 |
| KNIGHTON | 2 |
| LACK | 12 |
| LACY | 2 |
| LAIRD | 3 |
| LAMBETH | 1 |
| LANCASTER | 8 |
| LANDRUM | 3 |
| LANE | 5 |
| LANG | 4 |
| LANKFORD | 2 |
| LANKSTON | 1 |
| LEE | 5 |
| LEGGATE | 1 |
| LEWIS | 8 |
| LIGHTSEY | 1 |

| Surname | # of Land Parcels |
|---|---|
| LILES | 4 |
| LINDSEY | 4 |
| LINDSLEY | 2 |
| LINGLE | 2 |
| LITTLE | 53 |
| LOGAN | 6 |
| LONG | 5 |
| LORING | 2 |
| LOTT | 5 |
| LOURY | 5 |
| LOWRY | 2 |
| LUCAS | 3 |
| LUCKY | 4 |
| LUDWICK | 1 |
| LUTRICK | 5 |
| LYLES | 2 |
| MADDOX | 10 |
| MADISON | 1 |
| MAGEE | 10 |
| MAINUS | 2 |
| MANAR | 3 |
| MANGUM | 11 |
| MANNING | 2 |
| MANUP | 1 |
| MARSH | 1 |
| MARTIN | 79 |
| MATHEWS | 1 |
| MATHIS | 4 |
| MATHISON | 1 |
| MATHONE | 3 |
| MATTHEWS | 1 |
| MAYERS | 4 |
| MAYFIELD | 29 |
| MCALLUM | 5 |
| MCALPIN | 11 |
| MCCALLUM | 11 |
| MCCARTY | 5 |
| MCCAUGHAN | 10 |
| MCCOLLUM | 2 |
| MCCOUGHAN | 1 |
| MCCRAW | 8 |
| MCCRIMMON | 3 |
| MCCULLOM | 2 |
| MCCULLOUGH | 3 |
| MCCUMMER | 2 |
| MCDONNEAL | 1 |
| MCDOWELL | 3 |
| MCGEE | 2 |
| MCGILL | 11 |
| MCINNIS | 2 |
| MCINTOSH | 3 |
| MCKAY | 3 |
| MCKENZIE | 2 |
| MCKINLEY | 17 |
| MCLAIN | 2 |
| MCLAUREN | 2 |
| MCLAURIN | 33 |
| MCLEMORE | 2 |
| MCLEOD | 2 |
| MCMURRY | 1 |
| MCNAIR | 23 |
| MCNEAL | 1 |
| MCNEASE | 4 |
| MCNEECE | 1 |
| MCNIEL | 2 |
| MCNURE | 1 |
| MCRAE | 3 |
| MCREE | 4 |
| MCWHORTER | 3 |
| MEADOWS | 30 |

| Surname | # of Land Parcels |
|---|---|
| MEDDOWS | 1 |
| MEEKS | 2 |
| MELTON | 1 |
| MERCHANT | 9 |
| MIDDLETON | 2 |
| MILEY | 12 |
| MILLER | 25 |
| MILLING | 2 |
| MISSISSIPPI | 7 |
| MITCHELL | 5 |
| MIZE | 1 |
| MOFFETT | 24 |
| MOFFITT | 1 |
| MOORE | 13 |
| MORGAN | 14 |
| MOSS | 6 |
| MOULDER | 14 |
| MURRAY | 4 |
| MYERS | 5 |
| NELSON | 8 |
| NEWBURGER | 2 |
| NEWCOMB | 1 |
| NICHOLS | 23 |
| NOBLE | 1 |
| NOBLES | 1 |
| NOBLIN | 4 |
| NORRIS | 13 |
| NORWOOD | 2 |
| NUBBE | 4 |
| ODOM | 6 |
| OLIVER | 2 |
| ONEAL | 2 |
| ORENDER | 2 |
| OVERBEY | 2 |
| OVERBY | 3 |
| OWEN | 4 |
| OWENS | 15 |
| PACE | 3 |
| PADGET | 2 |
| PADGETT | 9 |
| PADGETTE | 3 |
| PAGE | 19 |
| PAGET | 2 |
| PALMER | 1 |
| PARKER | 27 |
| PARKMAN | 1 |
| PARKS | 2 |
| PATRICK | 1 |
| PATTERSON | 18 |
| PEACOCK | 16 |
| PEARSON | 5 |
| PENNINGTON | 4 |
| PEOPLES | 8 |
| PERRY | 1 |
| PETIFILS | 2 |
| PEVY | 2 |
| PHILIPS | 1 |
| PHILLIPS | 2 |
| PICKERING | 7 |
| PIERCE | 3 |
| PITMAN | 5 |
| PLATT | 3 |
| POOL | 1 |
| POSEY | 2 |
| POWEL | 2 |
| POWELL | 3 |
| POWERS | 1 |
| PRICE | 1 |
| PRINCE | 5 |
| PRYOR | 1 |

| Surname | # of Land Parcels |
|---|---|
| PUCKET | 4 |
| PUCKETT | 6 |
| PUCKITT | 8 |
| PURVIS | 15 |
| RANKIN | 12 |
| RASBERRY | 6 |
| RASCOE | 1 |
| RATCLIFF | 1 |
| RATHER | 1 |
| RATTS | 1 |
| RAUSON | 4 |
| RAWLS | 15 |
| RAYNER | 5 |
| RAYNES | 2 |
| REDDICK | 1 |
| REDDOCK | 2 |
| REES | 2 |
| REEVES | 1 |
| REYNOLDS | 14 |
| RHODE | 2 |
| RICHARDSON | 18 |
| RICHEY | 1 |
| RIGBY | 2 |
| RILEY | 3 |
| RISHER | 2 |
| RIVERS | 1 |
| ROBERTS | 10 |
| ROBINSON | 49 |
| RODGERS | 5 |
| ROGALS | 2 |
| ROGERS | 23 |
| ROOKER | 3 |
| ROSS | 2 |
| ROWLAND | 1 |
| ROYAL | 2 |
| ROYALS | 23 |
| RUNNELS | 7 |
| RUSHING | 2 |
| RUSSAM | 1 |
| RUSSELL | 26 |
| RUSSUM | 2 |
| SAGE | 33 |
| SALLAS | 1 |
| SAMFORD | 2 |
| SAMUEL | 1 |
| SANDAFORD | 3 |
| SANDIFER | 3 |
| SANERFORD | 1 |
| SANFORD | 2 |
| SCARBOROUGH | 2 |
| SEARCY | 3 |
| SEAWELL | 1 |
| SELLARS | 3 |
| SELLERS | 10 |
| SHARBROUGH | 5 |
| SHAW | 1 |
| SHELBY | 5 |
| SHERMAN | 8 |
| SHILLING | 2 |
| SHIRLEY | 3 |
| SIBLEY | 3 |
| SIGREST | 1 |
| SILLIVANT | 1 |
| SIMPSON | 12 |
| SIMS | 6 |
| SINGLE | 2 |
| SINGLETARY | 3 |
| SINGLETON | 1 |
| SMITH | 98 |
| SMYTH | 2 |
| SOLOMON | 2 |
| SOREY | 4 |
| SORREY | 2 |
| SPANGLER | 1 |
| SPEIGHTS | 7 |
| SPELL | 4 |
| SPENCER | 1 |
| SPINKS | 3 |
| SPURLING | 2 |
| STATHAM | 1 |
| STATUM | 1 |
| STENNETT | 2 |
| STEPHENS | 7 |
| STEVENS | 5 |
| STEWARD | 2 |
| STEWART | 11 |
| STEWORD | 1 |
| STINGLEY | 3 |
| STONE | 4 |
| STORY | 3 |
| STREBECK | 2 |
| STRICKLAND | 2 |
| STRINGER | 47 |
| STRONG | 8 |
| STUARD | 13 |
| STUART | 4 |
| STUBBS | 17 |
| STYRON | 3 |
| SUGGS | 15 |
| SULEVANT | 4 |
| SULLIVAN | 151 |
| SULLIVANT | 4 |
| SULLIVEN | 1 |
| SUMRALL | 2 |
| SURLEY | 1 |
| SWIGERT | 3 |
| SWOR | 8 |
| TALLY | 5 |
| TANNER | 21 |
| TAYLOR | 6 |
| TEMPLES | 2 |
| TENNISSON | 10 |
| TERRY | 1 |
| TEW | 10 |
| THAMES | 2 |
| THOMAS | 9 |
| THOMPSON | 65 |
| THORN | 10 |
| THORNTON | 60 |
| TILLES | 1 |
| TILLONS | 1 |
| TILLSON | 5 |
| TILSON | 6 |
| TIMMS | 2 |
| TIMS | 2 |
| TINER | 1 |
| TIPPIT | 3 |
| TOLAR | 2 |
| TOMES | 4 |
| TONEY | 1 |
| TRAMEL | 1 |
| TRAWEEK | 1 |
| TRAXLER | 5 |
| TUCKER | 1 |
| TUGGLE | 5 |
| TULLAS | 4 |
| TULLIS | 10 |
| TULLONS | 2 |
| TULLOS | 60 |
| TULLOUS | 6 |
| TULLUS | 1 |
| TURNBOUGH | 1 |
| TURNBOW | 4 |
| TURNER | 7 |
| UPTEN | 2 |
| UPTON | 14 |
| VALENTINE | 1 |
| VANSANT | 3 |
| VANZANT | 2 |
| VARNER | 4 |
| VAUGHN | 3 |
| VINCANT | 1 |
| VINSANT | 1 |
| VINZANT | 24 |
| WADE | 12 |
| WAGGOMAN | 2 |
| WALKER | 33 |
| WALL | 2 |
| WALSH | 6 |
| WALTERS | 8 |
| WAMACK | 2 |
| WARD | 33 |
| WARE | 31 |
| WARREN | 18 |
| WATERS | 3 |
| WATKINS | 8 |
| WATTS | 1 |
| WEATHERSBY | 13 |
| WEBB | 4 |
| WEDGEWORTH | 9 |
| WEDGWORTH | 2 |
| WEEMS | 12 |
| WELBORN | 5 |
| WELBURN | 3 |
| WELCH | 5 |
| WELLS | 20 |
| WESBROOKS | 3 |
| WEST | 4 |
| WESTBROOK | 5 |
| WESTMOLAND | 2 |
| WHELAN | 1 |
| WHITE | 9 |
| WICKER | 9 |
| WIGGINS | 2 |
| WIGINGTON | 2 |
| WILBORN | 1 |
| WILCOX | 3 |
| WILEY | 1 |
| WILKERSON | 2 |
| WILKINS | 5 |
| WILKINSON | 9 |
| WILLIAMS | 33 |
| WILLIAMSON | 18 |
| WILLIS | 2 |
| WILSON | 5 |
| WINDHAM | 21 |
| WINDOM | 3 |
| WINGATE | 3 |
| WINSTEAD | 2 |
| WOMACK | 13 |
| WOOD | 6 |
| WOOLEY | 4 |
| WOOLY | 1 |
| WORD | 3 |
| WRIGHT | 1 |
| WYATT | 1 |
| YAGER | 2 |
| YARBOR | 3 |
| YATES | 2 |
| YELVERTON | 13 |
| YELVINTON | 2 |
| YOUNG | 1 |
| YOUNGBLOOD | 2 |

## Surname/Township Index

This Index allows you to determine which *Township Map Group(s)* contain individuals with the following surnames. Each *Map Group* has a corresponding full-name index of all individuals who obtained patents for land within its Congressional township's borders. After each index you will find the Patent Map to which it refers, and just thereafter, you can view the township's Road Map and Historical Map, with the latter map displaying streams, railroads, and more.

So, once you find your Surname here, proceed to the Index at the beginning of the **Map Group** indicated below.

| Surname | Map Group | Parcels of Land | Meridian/Township/Range |
|---|---|---|---|
| ADAMS | **8** | 4 | Choctaw 3-N 9-E |
| " " | **16** | 1 | Choctaw 1-N 9-E |
| ADCOCK | **15** | 4 | Choctaw 1-N 8-E |
| " " | **5** | 2 | Choctaw 3-N 6-E |
| " " | **11** | 1 | Choctaw 2-N 8-E |
| ADOCK | **18** | 1 | St Stephens 10-N 15-W |
| AGEE | **16** | 2 | Choctaw 1-N 9-E |
| AINESWORTH | **16** | 2 | Choctaw 1-N 9-E |
| AINSWORTH | **15** | 32 | Choctaw 1-N 8-E |
| " " | **16** | 11 | Choctaw 1-N 9-E |
| " " | **14** | 6 | Choctaw 1-N 7-E |
| " " | **12** | 4 | Choctaw 2-N 9-E |
| " " | **11** | 2 | Choctaw 2-N 8-E |
| ALDERMAN | **19** | 2 | St Stephens 10-N 14-W |
| " " | **20** | 1 | St Stephens 10-N 13-W |
| ALEXANDER | **12** | 1 | Choctaw 2-N 9-E |
| " " | **4** | 1 | Choctaw 4-N 9-E |
| ALFORD | **16** | 3 | Choctaw 1-N 9-E |
| ALLEN | **13** | 6 | Choctaw 1-N 6-E |
| " " | **16** | 6 | Choctaw 1-N 9-E |
| " " | **17** | 4 | St Stephens 10-N 16-W |
| " " | **1** | 2 | Choctaw 4-N 6-E |
| " " | **5** | 1 | Choctaw 3-N 6-E |
| AMAKER | **18** | 1 | St Stephens 10-N 15-W |
| AMASON | **17** | 5 | St Stephens 10-N 16-W |
| ANDERSON | **15** | 16 | Choctaw 1-N 8-E |
| " " | **19** | 12 | St Stephens 10-N 14-W |
| " " | **11** | 6 | Choctaw 2-N 8-E |
| " " | **18** | 6 | St Stephens 10-N 15-W |
| " " | **3** | 5 | Choctaw 4-N 8-E |
| " " | **10** | 4 | Choctaw 2-N 7-E |
| " " | **12** | 2 | Choctaw 2-N 9-E |
| " " | **6** | 2 | Choctaw 3-N 7-E |
| " " | **8** | 2 | Choctaw 3-N 9-E |
| ANDING | **4** | 1 | Choctaw 4-N 9-E |
| ANDOE | **8** | 1 | Choctaw 3-N 9-E |
| ANDREWS | **8** | 2 | Choctaw 3-N 9-E |
| ARENDER | **15** | 2 | Choctaw 1-N 8-E |
| " " | **10** | 1 | Choctaw 2-N 7-E |
| " " | **3** | 1 | Choctaw 4-N 8-E |
| ASHBY | **15** | 4 | Choctaw 1-N 8-E |
| ASHLEY | **15** | 5 | Choctaw 1-N 8-E |
| " " | **10** | 5 | Choctaw 2-N 7-E |
| " " | **17** | 5 | St Stephens 10-N 16-W |

| Surname | Map Group | Parcels of Land | Meridian/Township/Range |
|---|---|---|---|
| ASHLEY (Cont'd) | **14** | 2 | Choctaw 1-N 7-E |
| " " | **11** | 2 | Choctaw 2-N 8-E |
| " " | **18** | 1 | St Stephens 10-N 15-W |
| ATES | **13** | 10 | Choctaw 1-N 6-E |
| " " | **17** | 4 | St Stephens 10-N 16-W |
| " " | **18** | 3 | St Stephens 10-N 15-W |
| AUSTIN | **7** | 7 | Choctaw 3-N 8-E |
| " " | **6** | 5 | Choctaw 3-N 7-E |
| AVERY | **7** | 3 | Choctaw 3-N 8-E |
| AVREY | **7** | 2 | Choctaw 3-N 8-E |
| AXTON | **10** | 2 | Choctaw 2-N 7-E |
| AYMER | **3** | 2 | Choctaw 4-N 8-E |
| " " | **7** | 1 | Choctaw 3-N 8-E |
| AYTS | **17** | 2 | St Stephens 10-N 16-W |
| BAILEY | **7** | 6 | Choctaw 3-N 8-E |
| " " | **3** | 1 | Choctaw 4-N 8-E |
| BAKER | **8** | 1 | Choctaw 3-N 9-E |
| BALDWIN | **5** | 9 | Choctaw 3-N 6-E |
| BALEY | **3** | 1 | Choctaw 4-N 8-E |
| BALLARD | **15** | 3 | Choctaw 1-N 8-E |
| BANKSTON | **10** | 3 | Choctaw 2-N 7-E |
| " " | **12** | 2 | Choctaw 2-N 9-E |
| BARBER | **6** | 3 | Choctaw 3-N 7-E |
| " " | **16** | 1 | Choctaw 1-N 9-E |
| BARDWELL | **6** | 1 | Choctaw 3-N 7-E |
| BARFIELD | **1** | 1 | Choctaw 4-N 6-E |
| BARKER | **6** | 2 | Choctaw 3-N 7-E |
| " " | **15** | 1 | Choctaw 1-N 8-E |
| BARNES | **12** | 8 | Choctaw 2-N 9-E |
| " " | **20** | 3 | St Stephens 10-N 13-W |
| " " | **19** | 2 | St Stephens 10-N 14-W |
| " " | **11** | 1 | Choctaw 2-N 8-E |
| " " | **7** | 1 | Choctaw 3-N 8-E |
| " " | **4** | 1 | Choctaw 4-N 9-E |
| " " | **17** | 1 | St Stephens 10-N 16-W |
| BARNETT | **19** | 4 | St Stephens 10-N 14-W |
| " " | **6** | 3 | Choctaw 3-N 7-E |
| " " | **16** | 1 | Choctaw 1-N 9-E |
| BARNETTE | **19** | 1 | St Stephens 10-N 14-W |
| BARNWELL | **11** | 11 | Choctaw 2-N 8-E |
| " " | **15** | 7 | Choctaw 1-N 8-E |
| BARR | **15** | 3 | Choctaw 1-N 8-E |
| BARRON | **3** | 1 | Choctaw 4-N 8-E |
| BARROW | **1** | 2 | Choctaw 4-N 6-E |
| BASS | **16** | 4 | Choctaw 1-N 9-E |
| BASSETT | **8** | 9 | Choctaw 3-N 9-E |
| BATES | **8** | 3 | Choctaw 3-N 9-E |
| BATTE | **3** | 1 | Choctaw 4-N 8-E |
| BAUGH | **1** | 10 | Choctaw 4-N 6-E |
| " " | **5** | 1 | Choctaw 3-N 6-E |
| BEAVER | **5** | 9 | Choctaw 3-N 6-E |
| " " | **6** | 3 | Choctaw 3-N 7-E |
| " " | **18** | 2 | St Stephens 10-N 15-W |
| " " | **2** | 1 | Choctaw 4-N 7-E |
| BEAVERS | **19** | 2 | St Stephens 10-N 14-W |
| BEDFORD | **4** | 1 | Choctaw 4-N 9-E |
| BENGE | **5** | 1 | Choctaw 3-N 6-E |
| BENISON | **15** | 5 | Choctaw 1-N 8-E |
| " " | **19** | 3 | St Stephens 10-N 14-W |
| " " | **16** | 2 | Choctaw 1-N 9-E |

| Surname | Map Group | Parcels of Land | Meridian/Township/Range |
|---|---|---|---|
| BENNETT | **8** | 1 | Choctaw 3-N 9-E |
| BENSON | **16** | 3 | Choctaw 1-N 9-E |
| BERRYHILL | **15** | 2 | Choctaw 1-N 8-E |
| BEVER | **10** | 1 | Choctaw 2-N 7-E |
| BICKER | **16** | 1 | Choctaw 1-N 9-E |
| BISHOP | **5** | 6 | Choctaw 3-N 6-E |
| " " | **6** | 2 | Choctaw 3-N 7-E |
| BLACK | **2** | 6 | Choctaw 4-N 7-E |
| BLACKWELL | **15** | 13 | Choctaw 1-N 8-E |
| " " | **11** | 12 | Choctaw 2-N 8-E |
| " " | **14** | 10 | Choctaw 1-N 7-E |
| " " | **19** | 6 | St Stephens 10-N 14-W |
| " " | **7** | 5 | Choctaw 3-N 8-E |
| " " | **18** | 3 | St Stephens 10-N 15-W |
| " " | **16** | 2 | Choctaw 1-N 9-E |
| " " | **12** | 2 | Choctaw 2-N 9-E |
| " " | **10** | 1 | Choctaw 2-N 7-E |
| " " | **17** | 1 | St Stephens 10-N 16-W |
| BLAKENEY | **15** | 14 | Choctaw 1-N 8-E |
| " " | **11** | 11 | Choctaw 2-N 8-E |
| " " | **16** | 5 | Choctaw 1-N 9-E |
| " " | **14** | 2 | Choctaw 1-N 7-E |
| " " | **10** | 1 | Choctaw 2-N 7-E |
| BLAKENY | **15** | 2 | Choctaw 1-N 8-E |
| BLAKNEY | **15** | 3 | Choctaw 1-N 8-E |
| BLANCHARD | **8** | 1 | Choctaw 3-N 9-E |
| BOON | **7** | 1 | Choctaw 3-N 8-E |
| BOOTHE | **16** | 1 | Choctaw 1-N 9-E |
| BOSWORTH | **1** | 1 | Choctaw 4-N 6-E |
| BOTT | **1** | 1 | Choctaw 4-N 6-E |
| BOUNDS | **7** | 2 | Choctaw 3-N 8-E |
| BOWEN | **5** | 1 | Choctaw 3-N 6-E |
| BOWLING | **7** | 5 | Choctaw 3-N 8-E |
| " " | **3** | 2 | Choctaw 4-N 8-E |
| BOWMAN | **1** | 1 | Choctaw 4-N 6-E |
| BOYCE | **13** | 2 | Choctaw 1-N 6-E |
| BOYD | **7** | 3 | Choctaw 3-N 8-E |
| " " | **1** | 1 | Choctaw 4-N 6-E |
| " " | **4** | 1 | Choctaw 4-N 9-E |
| BOYKIN | **7** | 22 | Choctaw 3-N 8-E |
| " " | **8** | 15 | Choctaw 3-N 9-E |
| " " | **6** | 14 | Choctaw 3-N 7-E |
| " " | **3** | 8 | Choctaw 4-N 8-E |
| " " | **10** | 3 | Choctaw 2-N 7-E |
| " " | **4** | 3 | Choctaw 4-N 9-E |
| " " | **12** | 2 | Choctaw 2-N 9-E |
| " " | **5** | 2 | Choctaw 3-N 6-E |
| BOYLS | **2** | 1 | Choctaw 4-N 7-E |
| " " | **3** | 1 | Choctaw 4-N 8-E |
| BRADLEY | **8** | 1 | Choctaw 3-N 9-E |
| BRADSHAW | **1** | 5 | Choctaw 4-N 6-E |
| BRASWELL | **20** | 1 | St Stephens 10-N 13-W |
| BRATCHER | **11** | 1 | Choctaw 2-N 8-E |
| BREAZEALE | **18** | 2 | St Stephens 10-N 15-W |
| BRENT | **3** | 2 | Choctaw 4-N 8-E |
| BREWER | **14** | 5 | Choctaw 1-N 7-E |
| " " | **15** | 2 | Choctaw 1-N 8-E |
| " " | **12** | 1 | Choctaw 2-N 9-E |
| BRIANT | **15** | 1 | Choctaw 1-N 8-E |
| BRIDGES | **4** | 1 | Choctaw 4-N 9-E |

| Surname | Map Group | Parcels of Land | Meridian/Township/Range |
|---|---|---|---|
| BROADAWAY | **4** | 1 | Choctaw 4-N 9-E |
| BROCK | **16** | 2 | Choctaw 1-N 9-E |
| BROWN | **7** | 4 | Choctaw 3-N 8-E |
| " " | **15** | 3 | Choctaw 1-N 8-E |
| " " | **12** | 3 | Choctaw 2-N 9-E |
| " " | **16** | 2 | Choctaw 1-N 9-E |
| " " | **2** | 1 | Choctaw 4-N 7-E |
| " " | **3** | 1 | Choctaw 4-N 8-E |
| " " | **18** | 1 | St Stephens 10-N 15-W |
| BRUCE | **7** | 1 | Choctaw 3-N 8-E |
| BRYANT | **13** | 12 | Choctaw 1-N 6-E |
| " " | **15** | 8 | Choctaw 1-N 8-E |
| " " | **10** | 8 | Choctaw 2-N 7-E |
| " " | **11** | 8 | Choctaw 2-N 8-E |
| " " | **14** | 6 | Choctaw 1-N 7-E |
| " " | **7** | 2 | Choctaw 3-N 8-E |
| " " | **9** | 1 | Choctaw 2-N 6-E |
| " " | **19** | 1 | St Stephens 10-N 14-W |
| " " | **17** | 1 | St Stephens 10-N 16-W |
| BUCHANAN | **21** | 6 | St Stephens 9-N 16-W |
| " " | **6** | 2 | Choctaw 3-N 7-E |
| " " | **14** | 1 | Choctaw 1-N 7-E |
| " " | **17** | 1 | St Stephens 10-N 16-W |
| BUCHANNAN | **17** | 2 | St Stephens 10-N 16-W |
| BUCKALIEW | **8** | 2 | Choctaw 3-N 9-E |
| BUCKHALTER | **18** | 1 | St Stephens 10-N 15-W |
| BUCKLEY | **16** | 4 | Choctaw 1-N 9-E |
| BUFFKIN | **5** | 4 | Choctaw 3-N 6-E |
| BUFKIN | **11** | 3 | Choctaw 2-N 8-E |
| BURGESS | **1** | 1 | Choctaw 4-N 6-E |
| BURKHALTER | **18** | 2 | St Stephens 10-N 15-W |
| BURNETT | **4** | 2 | Choctaw 4-N 9-E |
| BURNHAM | **9** | 3 | Choctaw 2-N 6-E |
| BUSH | **1** | 3 | Choctaw 4-N 6-E |
| " " | **19** | 3 | St Stephens 10-N 14-W |
| BUTLER | **5** | 28 | Choctaw 3-N 6-E |
| " " | **9** | 16 | Choctaw 2-N 6-E |
| " " | **14** | 7 | Choctaw 1-N 7-E |
| " " | **10** | 3 | Choctaw 2-N 7-E |
| " " | **15** | 2 | Choctaw 1-N 8-E |
| " " | **6** | 2 | Choctaw 3-N 7-E |
| " " | **18** | 2 | St Stephens 10-N 15-W |
| " " | **13** | 1 | Choctaw 1-N 6-E |
| BYNUM | **15** | 1 | Choctaw 1-N 8-E |
| " " | **18** | 1 | St Stephens 10-N 15-W |
| BYRD | **17** | 12 | St Stephens 10-N 16-W |
| " " | **9** | 1 | Choctaw 2-N 6-E |
| CAHO | **5** | 4 | Choctaw 3-N 6-E |
| CALHOUN | **21** | 3 | St Stephens 9-N 16-W |
| " " | **17** | 1 | St Stephens 10-N 16-W |
| CAMMON | **18** | 1 | St Stephens 10-N 15-W |
| CAMP | **19** | 1 | St Stephens 10-N 14-W |
| " " | **18** | 1 | St Stephens 10-N 15-W |
| CAMPBELL | **10** | 7 | Choctaw 2-N 7-E |
| " " | **7** | 2 | Choctaw 3-N 8-E |
| CANDEIA | **16** | 2 | Choctaw 1-N 9-E |
| CANTERBERRY | **14** | 1 | Choctaw 1-N 7-E |
| CANTERBURY | **6** | 6 | Choctaw 3-N 7-E |
| " " | **18** | 1 | St Stephens 10-N 15-W |
| CANTWELL | **10** | 5 | Choctaw 2-N 7-E |

| Surname | Map Group | Parcels of Land | Meridian/Township/Range |
|---|---|---|---|
| CANTWELL (Cont'd) | **2** | 5 | Choctaw 4-N 7-E |
| " " | **6** | 1 | Choctaw 3-N 7-E |
| CARAWAY | **16** | 2 | Choctaw 1-N 9-E |
| " " | **12** | 1 | Choctaw 2-N 9-E |
| CARGILE | **16** | 12 | Choctaw 1-N 9-E |
| " " | **19** | 1 | St Stephens 10-N 14-W |
| CARGILL | **16** | 1 | Choctaw 1-N 9-E |
| CARLISLE | **12** | 3 | Choctaw 2-N 9-E |
| CARN | **1** | 1 | Choctaw 4-N 6-E |
| CARNS | **1** | 2 | Choctaw 4-N 6-E |
| CARR | **4** | 17 | Choctaw 4-N 9-E |
| " " | **3** | 10 | Choctaw 4-N 8-E |
| " " | **8** | 7 | Choctaw 3-N 9-E |
| " " | **17** | 5 | St Stephens 10-N 16-W |
| " " | **14** | 3 | Choctaw 1-N 7-E |
| " " | **11** | 2 | Choctaw 2-N 8-E |
| " " | **12** | 1 | Choctaw 2-N 9-E |
| " " | **7** | 1 | Choctaw 3-N 8-E |
| CARSON | **14** | 1 | Choctaw 1-N 7-E |
| CARTER | **18** | 7 | St Stephens 10-N 15-W |
| " " | **15** | 2 | Choctaw 1-N 8-E |
| " " | **19** | 2 | St Stephens 10-N 14-W |
| " " | **7** | 1 | Choctaw 3-N 8-E |
| CAUGHMAN | **6** | 2 | Choctaw 3-N 7-E |
| CAZY | **17** | 1 | St Stephens 10-N 16-W |
| CHANDLER | **15** | 2 | Choctaw 1-N 8-E |
| " " | **17** | 1 | St Stephens 10-N 16-W |
| CHAPMAN | **3** | 2 | Choctaw 4-N 8-E |
| " " | **5** | 1 | Choctaw 3-N 6-E |
| CHILDRE | **10** | 3 | Choctaw 2-N 7-E |
| " " | **6** | 3 | Choctaw 3-N 7-E |
| CHISHOLM | **4** | 4 | Choctaw 4-N 9-E |
| " " | **11** | 2 | Choctaw 2-N 8-E |
| " " | **12** | 2 | Choctaw 2-N 9-E |
| " " | **3** | 1 | Choctaw 4-N 8-E |
| CHRISMAN | **11** | 2 | Choctaw 2-N 8-E |
| " " | **8** | 1 | Choctaw 3-N 9-E |
| CHUBB | **7** | 2 | Choctaw 3-N 8-E |
| CLARK | **17** | 9 | St Stephens 10-N 16-W |
| " " | **16** | 5 | Choctaw 1-N 9-E |
| " " | **11** | 2 | Choctaw 2-N 8-E |
| " " | **8** | 2 | Choctaw 3-N 9-E |
| " " | **7** | 1 | Choctaw 3-N 8-E |
| " " | **4** | 1 | Choctaw 4-N 9-E |
| CLIFTON | **1** | 10 | Choctaw 4-N 6-E |
| CO | **19** | 2 | St Stephens 10-N 14-W |
| COCKRELL | **8** | 3 | Choctaw 3-N 9-E |
| " " | **13** | 2 | Choctaw 1-N 6-E |
| " " | **4** | 2 | Choctaw 4-N 9-E |
| " " | **14** | 1 | Choctaw 1-N 7-E |
| COKER | **19** | 1 | St Stephens 10-N 14-W |
| COLBERT | **4** | 1 | Choctaw 4-N 9-E |
| COLE | **13** | 8 | Choctaw 1-N 6-E |
| " " | **18** | 6 | St Stephens 10-N 15-W |
| " " | **16** | 2 | Choctaw 1-N 9-E |
| " " | **17** | 1 | St Stephens 10-N 16-W |
| COLEMAN | **12** | 8 | Choctaw 2-N 9-E |
| " " | **4** | 3 | Choctaw 4-N 9-E |
| COLEY | **19** | 5 | St Stephens 10-N 14-W |
| " " | **20** | 2 | St Stephens 10-N 13-W |

| Surname | Map Group | Parcels of Land | Meridian/Township/Range |
|---|---|---|---|
| COLLINS | **4** | 2 | Choctaw 4-N 9-E |
| COLLUM | **11** | 1 | Choctaw 2-N 8-E |
| COOK | **10** | 8 | Choctaw 2-N 7-E |
| " " | **9** | 7 | Choctaw 2-N 6-E |
| " " | **5** | 6 | Choctaw 3-N 6-E |
| " " | **19** | 3 | St Stephens 10-N 14-W |
| COOPER | **2** | 3 | Choctaw 4-N 7-E |
| " " | **16** | 1 | Choctaw 1-N 9-E |
| COPELAND | **15** | 6 | Choctaw 1-N 8-E |
| " " | **16** | 2 | Choctaw 1-N 9-E |
| COPLIN | **1** | 1 | Choctaw 4-N 6-E |
| CORLEY | **6** | 1 | Choctaw 3-N 7-E |
| COTTON | **10** | 2 | Choctaw 2-N 7-E |
| " " | **14** | 1 | Choctaw 1-N 7-E |
| COWEN | **12** | 1 | Choctaw 2-N 9-E |
| " " | **6** | 1 | Choctaw 3-N 7-E |
| COX | **6** | 3 | Choctaw 3-N 7-E |
| " " | **17** | 2 | St Stephens 10-N 16-W |
| " " | **16** | 1 | Choctaw 1-N 9-E |
| " " | **1** | 1 | Choctaw 4-N 6-E |
| CRABTREE | **3** | 1 | Choctaw 4-N 8-E |
| CRAFT | **11** | 29 | Choctaw 2-N 8-E |
| " " | **15** | 22 | Choctaw 1-N 8-E |
| " " | **18** | 21 | St Stephens 10-N 15-W |
| " " | **19** | 12 | St Stephens 10-N 14-W |
| " " | **14** | 7 | Choctaw 1-N 7-E |
| " " | **17** | 3 | St Stephens 10-N 16-W |
| CRAIG | **6** | 1 | Choctaw 3-N 7-E |
| " " | **7** | 1 | Choctaw 3-N 8-E |
| CRAVEN | **8** | 2 | Choctaw 3-N 9-E |
| " " | **4** | 2 | Choctaw 4-N 9-E |
| " " | **20** | 1 | St Stephens 10-N 13-W |
| CREAL | **16** | 3 | Choctaw 1-N 9-E |
| CRISE | **11** | 2 | Choctaw 2-N 8-E |
| CROCKETT | **4** | 4 | Choctaw 4-N 9-E |
| CROOMS | **15** | 1 | Choctaw 1-N 8-E |
| CROSBY | **6** | 2 | Choctaw 3-N 7-E |
| " " | **5** | 1 | Choctaw 3-N 6-E |
| CROTWELL | **1** | 3 | Choctaw 4-N 6-E |
| CROWDER | **12** | 6 | Choctaw 2-N 9-E |
| CURRIE | **13** | 17 | Choctaw 1-N 6-E |
| " " | **9** | 14 | Choctaw 2-N 6-E |
| " " | **10** | 9 | Choctaw 2-N 7-E |
| " " | **11** | 7 | Choctaw 2-N 8-E |
| " " | **17** | 3 | St Stephens 10-N 16-W |
| " " | **7** | 2 | Choctaw 3-N 8-E |
| " " | **2** | 2 | Choctaw 4-N 7-E |
| " " | **4** | 1 | Choctaw 4-N 9-E |
| DABS | **1** | 2 | Choctaw 4-N 6-E |
| DAMPEER | **6** | 2 | Choctaw 3-N 7-E |
| DANIEL | **14** | 3 | Choctaw 1-N 7-E |
| " " | **4** | 3 | Choctaw 4-N 9-E |
| DARBY | **16** | 1 | Choctaw 1-N 9-E |
| DARDEN | **18** | 3 | St Stephens 10-N 15-W |
| DAUGHDRILL | **11** | 1 | Choctaw 2-N 8-E |
| " " | **8** | 1 | Choctaw 3-N 9-E |
| DAVIS | **19** | 4 | St Stephens 10-N 14-W |
| " " | **7** | 3 | Choctaw 3-N 8-E |
| " " | **16** | 2 | Choctaw 1-N 9-E |
| " " | **2** | 2 | Choctaw 4-N 7-E |

| Surname | Map Group | Parcels of Land | Meridian/Township/Range |
|---|---|---|---|
| DAVIS (Cont'd) | 20 | 2 | St Stephens 10-N 13-W |
| " " | 12 | 1 | Choctaw 2-N 9-E |
| " " | 1 | 1 | Choctaw 4-N 6-E |
| " " | 3 | 1 | Choctaw 4-N 8-E |
| DEARMAN | 20 | 1 | St Stephens 10-N 13-W |
| DENNIS | 4 | 2 | Choctaw 4-N 9-E |
| DERRICK | 5 | 1 | Choctaw 3-N 6-E |
| " " | 6 | 1 | Choctaw 3-N 7-E |
| " " | 2 | 1 | Choctaw 4-N 7-E |
| DICKERSON | 10 | 2 | Choctaw 2-N 7-E |
| " " | 7 | 1 | Choctaw 3-N 8-E |
| DILLON | 12 | 2 | Choctaw 2-N 9-E |
| DOBBS | 6 | 4 | Choctaw 3-N 7-E |
| " " | 5 | 3 | Choctaw 3-N 6-E |
| DOLLAR | 13 | 5 | Choctaw 1-N 6-E |
| " " | 14 | 1 | Choctaw 1-N 7-E |
| DONELSON | 2 | 8 | Choctaw 4-N 7-E |
| DOUGLASS | 8 | 2 | Choctaw 3-N 9-E |
| DOVE | 8 | 2 | Choctaw 3-N 9-E |
| " " | 4 | 1 | Choctaw 4-N 9-E |
| DOWNING | 1 | 4 | Choctaw 4-N 6-E |
| DRISKELL | 6 | 1 | Choctaw 3-N 7-E |
| DRUMMOND | 7 | 4 | Choctaw 3-N 8-E |
| DUCKSWORTH | 12 | 2 | Choctaw 2-N 9-E |
| " " | 19 | 2 | St Stephens 10-N 14-W |
| " " | 16 | 1 | Choctaw 1-N 9-E |
| DUCKWORTH | 19 | 20 | St Stephens 10-N 14-W |
| " " | 8 | 14 | Choctaw 3-N 9-E |
| " " | 16 | 13 | Choctaw 1-N 9-E |
| " " | 3 | 10 | Choctaw 4-N 8-E |
| " " | 15 | 7 | Choctaw 1-N 8-E |
| " " | 18 | 3 | St Stephens 10-N 15-W |
| " " | 10 | 2 | Choctaw 2-N 7-E |
| " " | 20 | 2 | St Stephens 10-N 13-W |
| " " | 14 | 1 | Choctaw 1-N 7-E |
| " " | 17 | 1 | St Stephens 10-N 16-W |
| DUKE | 12 | 1 | Choctaw 2-N 9-E |
| DUKES | 5 | 24 | Choctaw 3-N 6-E |
| " " | 9 | 8 | Choctaw 2-N 6-E |
| DUNAGIN | 5 | 3 | Choctaw 3-N 6-E |
| DUNN | 5 | 1 | Choctaw 3-N 6-E |
| DUPREE | 14 | 2 | Choctaw 1-N 7-E |
| DURR | 6 | 7 | Choctaw 3-N 7-E |
| " " | 12 | 4 | Choctaw 2-N 9-E |
| " " | 18 | 3 | St Stephens 10-N 15-W |
| " " | 14 | 2 | Choctaw 1-N 7-E |
| " " | 11 | 2 | Choctaw 2-N 8-E |
| " " | 7 | 2 | Choctaw 3-N 8-E |
| " " | 2 | 1 | Choctaw 4-N 7-E |
| " " | 4 | 1 | Choctaw 4-N 9-E |
| DYESS | 3 | 2 | Choctaw 4-N 8-E |
| EASON | 16 | 1 | Choctaw 1-N 9-E |
| EAST | 19 | 2 | St Stephens 10-N 14-W |
| EASTERLING | 1 | 4 | Choctaw 4-N 6-E |
| " " | 11 | 3 | Choctaw 2-N 8-E |
| " " | 5 | 3 | Choctaw 3-N 6-E |
| " " | 6 | 3 | Choctaw 3-N 7-E |
| " " | 19 | 3 | St Stephens 10-N 14-W |
| EATON | 19 | 4 | St Stephens 10-N 14-W |
| " " | 8 | 3 | Choctaw 3-N 9-E |

| Surname | Map Group | Parcels of Land | Meridian/Township/Range |
|---|---|---|---|
| EDWARDS | 1 | 6 | Choctaw 4-N 6-E |
| " " | 19 | 2 | St Stephens 10-N 14-W |
| " " | 8 | 1 | Choctaw 3-N 9-E |
| ELLIOTT | 5 | 2 | Choctaw 3-N 6-E |
| " " | 4 | 2 | Choctaw 4-N 9-E |
| " " | 1 | 1 | Choctaw 4-N 6-E |
| " " | 3 | 1 | Choctaw 4-N 8-E |
| ELLIS | 8 | 13 | Choctaw 3-N 9-E |
| " " | 6 | 2 | Choctaw 3-N 7-E |
| ELLISON | 15 | 2 | Choctaw 1-N 8-E |
| " " | 11 | 2 | Choctaw 2-N 8-E |
| EPTING | 2 | 3 | Choctaw 4-N 7-E |
| " " | 4 | 2 | Choctaw 4-N 9-E |
| EUBANKS | 18 | 5 | St Stephens 10-N 15-W |
| " " | 14 | 3 | Choctaw 1-N 7-E |
| EVANS | 1 | 2 | Choctaw 4-N 6-E |
| " " | 10 | 1 | Choctaw 2-N 7-E |
| " " | 8 | 1 | Choctaw 3-N 9-E |
| EVERETT | 5 | 10 | Choctaw 3-N 6-E |
| " " | 1 | 3 | Choctaw 4-N 6-E |
| EVERITT | 1 | 1 | Choctaw 4-N 6-E |
| FAGAN | 11 | 1 | Choctaw 2-N 8-E |
| FAIRCHILDS | 17 | 1 | St Stephens 10-N 16-W |
| FARLY | 17 | 3 | St Stephens 10-N 16-W |
| FAULK | 12 | 3 | Choctaw 2-N 9-E |
| FEAZELL | 14 | 5 | Choctaw 1-N 7-E |
| " " | 16 | 3 | Choctaw 1-N 9-E |
| FENLEY | 16 | 1 | Choctaw 1-N 9-E |
| FERGUSON | 7 | 3 | Choctaw 3-N 8-E |
| " " | 14 | 1 | Choctaw 1-N 7-E |
| FILE | 2 | 1 | Choctaw 4-N 7-E |
| FINCH | 1 | 2 | Choctaw 4-N 6-E |
| " " | 12 | 1 | Choctaw 2-N 9-E |
| FINLEY | 6 | 1 | Choctaw 3-N 7-E |
| FISHER | 2 | 30 | Choctaw 4-N 7-E |
| " " | 3 | 15 | Choctaw 4-N 8-E |
| " " | 4 | 13 | Choctaw 4-N 9-E |
| " " | 1 | 11 | Choctaw 4-N 6-E |
| " " | 12 | 9 | Choctaw 2-N 9-E |
| " " | 6 | 8 | Choctaw 3-N 7-E |
| " " | 7 | 5 | Choctaw 3-N 8-E |
| " " | 8 | 4 | Choctaw 3-N 9-E |
| FLETCHER | 5 | 8 | Choctaw 3-N 6-E |
| " " | 6 | 4 | Choctaw 3-N 7-E |
| " " | 3 | 1 | Choctaw 4-N 8-E |
| FLOWERS | 12 | 15 | Choctaw 2-N 9-E |
| " " | 4 | 10 | Choctaw 4-N 9-E |
| " " | 11 | 5 | Choctaw 2-N 8-E |
| " " | 16 | 4 | Choctaw 1-N 9-E |
| " " | 3 | 2 | Choctaw 4-N 8-E |
| " " | 8 | 1 | Choctaw 3-N 9-E |
| FLOYD | 14 | 5 | Choctaw 1-N 7-E |
| " " | 8 | 5 | Choctaw 3-N 9-E |
| " " | 10 | 3 | Choctaw 2-N 7-E |
| FLOYED | 10 | 2 | Choctaw 2-N 7-E |
| FLYNT | 18 | 2 | St Stephens 10-N 15-W |
| FORD | 20 | 22 | St Stephens 10-N 13-W |
| " " | 11 | 15 | Choctaw 2-N 8-E |
| " " | 10 | 3 | Choctaw 2-N 7-E |
| " " | 16 | 2 | Choctaw 1-N 9-E |

| Surname | Map Group | Parcels of Land | Meridian/Township/Range |
|---|---|---|---|
| FOREMAN | **10** | 7 | Choctaw 2-N 7-E |
| FORTENBERRY | **5** | 3 | Choctaw 3-N 6-E |
| " " | **13** | 1 | Choctaw 1-N 6-E |
| FOX | **1** | 1 | Choctaw 4-N 6-E |
| FRANKLIN | **1** | 6 | Choctaw 4-N 6-E |
| " " | **5** | 4 | Choctaw 3-N 6-E |
| FRITH | **18** | 2 | St Stephens 10-N 15-W |
| FROSHOUR | **11** | 1 | Choctaw 2-N 8-E |
| FURLOW | **8** | 2 | Choctaw 3-N 9-E |
| " " | **11** | 1 | Choctaw 2-N 8-E |
| GAINES | **1** | 2 | Choctaw 4-N 6-E |
| GAINEY | **8** | 1 | Choctaw 3-N 9-E |
| GALLAVANT | **8** | 1 | Choctaw 3-N 9-E |
| GAMAGE | **8** | 1 | Choctaw 3-N 9-E |
| GAMBRELL | **19** | 16 | St Stephens 10-N 14-W |
| GAMMAGE | **3** | 1 | Choctaw 4-N 8-E |
| GARDNER | **4** | 3 | Choctaw 4-N 9-E |
| " " | **8** | 2 | Choctaw 3-N 9-E |
| GARNER | **9** | 8 | Choctaw 2-N 6-E |
| " " | **15** | 5 | Choctaw 1-N 8-E |
| " " | **11** | 3 | Choctaw 2-N 8-E |
| " " | **2** | 2 | Choctaw 4-N 7-E |
| " " | **13** | 1 | Choctaw 1-N 6-E |
| " " | **14** | 1 | Choctaw 1-N 7-E |
| " " | **5** | 1 | Choctaw 3-N 6-E |
| GARRISON | **19** | 1 | St Stephens 10-N 14-W |
| GASKIN | **4** | 1 | Choctaw 4-N 9-E |
| GASKINS | **4** | 2 | Choctaw 4-N 9-E |
| GATEWOOD | **11** | 1 | Choctaw 2-N 8-E |
| GATLIN | **7** | 1 | Choctaw 3-N 8-E |
| GEARY | **1** | 2 | Choctaw 4-N 6-E |
| GENTRY | **17** | 17 | St Stephens 10-N 16-W |
| GIBBENS | **6** | 2 | Choctaw 3-N 7-E |
| " " | **5** | 1 | Choctaw 3-N 6-E |
| GIBBONS | **5** | 6 | Choctaw 3-N 6-E |
| GIBSON | **18** | 4 | St Stephens 10-N 15-W |
| " " | **12** | 2 | Choctaw 2-N 9-E |
| " " | **17** | 2 | St Stephens 10-N 16-W |
| " " | **20** | 1 | St Stephens 10-N 13-W |
| " " | **19** | 1 | St Stephens 10-N 14-W |
| GILL | **17** | 2 | St Stephens 10-N 16-W |
| " " | **12** | 1 | Choctaw 2-N 9-E |
| " " | **1** | 1 | Choctaw 4-N 6-E |
| GILLIS | **21** | 2 | St Stephens 9-N 16-W |
| GILMORE | **16** | 1 | Choctaw 1-N 9-E |
| GLENN | **16** | 2 | Choctaw 1-N 9-E |
| " " | **19** | 1 | St Stephens 10-N 14-W |
| GLISSON | **14** | 4 | Choctaw 1-N 7-E |
| GOINS | **11** | 1 | Choctaw 2-N 8-E |
| GOLEMAN | **15** | 3 | Choctaw 1-N 8-E |
| GOLMAN | **15** | 2 | Choctaw 1-N 8-E |
| GOODIN | **1** | 1 | Choctaw 4-N 6-E |
| GOODMAN | **6** | 1 | Choctaw 3-N 7-E |
| GORDON | **12** | 6 | Choctaw 2-N 9-E |
| " " | **7** | 5 | Choctaw 3-N 8-E |
| " " | **2** | 5 | Choctaw 4-N 7-E |
| " " | **3** | 4 | Choctaw 4-N 8-E |
| " " | **6** | 2 | Choctaw 3-N 7-E |
| " " | **11** | 1 | Choctaw 2-N 8-E |
| GORVON | **10** | 2 | Choctaw 2-N 7-E |

| Surname | Map Group | Parcels of Land | Meridian/Township/Range | | |
|---|---|---|---|---|---|
| GOUIN | **12** | 3 | Choctaw | 2-N | 9-E |
| GOWAN | **12** | 1 | Choctaw | 2-N | 9-E |
| GOWEN | **12** | 10 | Choctaw | 2-N | 9-E |
| GOWENS | **12** | 1 | Choctaw | 2-N | 9-E |
| GOWIEN | **12** | 2 | Choctaw | 2-N | 9-E |
| GOWIN | **12** | 6 | Choctaw | 2-N | 9-E |
| " " | **8** | 1 | Choctaw | 3-N | 9-E |
| GRACE | **4** | 1 | Choctaw | 4-N | 9-E |
| GRAHAM | **3** | 2 | Choctaw | 4-N | 8-E |
| " " | **7** | 1 | Choctaw | 3-N | 8-E |
| GRAVES | **6** | 3 | Choctaw | 3-N | 7-E |
| " " | **3** | 1 | Choctaw | 4-N | 8-E |
| GRAY | **18** | 5 | St Stephens | 10-N | 15-W |
| " " | **19** | 3 | St Stephens | 10-N | 14-W |
| GREGG | **19** | 5 | St Stephens | 10-N | 14-W |
| " " | **18** | 2 | St Stephens | 10-N | 15-W |
| GRIFFITH | **5** | 6 | Choctaw | 3-N | 6-E |
| " " | **4** | 3 | Choctaw | 4-N | 9-E |
| " " | **8** | 1 | Choctaw | 3-N | 9-E |
| GRIGG | **3** | 3 | Choctaw | 4-N | 8-E |
| " " | **4** | 3 | Choctaw | 4-N | 9-E |
| " " | **2** | 2 | Choctaw | 4-N | 7-E |
| GRIMES | **5** | 1 | Choctaw | 3-N | 6-E |
| GRISSOM | **19** | 9 | St Stephens | 10-N | 14-W |
| " " | **20** | 5 | St Stephens | 10-N | 13-W |
| GROZER | **16** | 1 | Choctaw | 1-N | 9-E |
| GRUBER | **6** | 1 | Choctaw | 3-N | 7-E |
| GUNN | **6** | 4 | Choctaw | 3-N | 7-E |
| " " | **5** | 2 | Choctaw | 3-N | 6-E |
| " " | **2** | 1 | Choctaw | 4-N | 7-E |
| GUNTER | **16** | 4 | Choctaw | 1-N | 9-E |
| " " | **12** | 3 | Choctaw | 2-N | 9-E |
| " " | **15** | 1 | Choctaw | 1-N | 8-E |
| " " | **20** | 1 | St Stephens | 10-N | 13-W |
| GUTHRIE | **7** | 2 | Choctaw | 3-N | 8-E |
| " " | **3** | 1 | Choctaw | 4-N | 8-E |
| " " | **4** | 1 | Choctaw | 4-N | 9-E |
| HAGWOOD | **7** | 4 | Choctaw | 3-N | 8-E |
| HAILES | **1** | 3 | Choctaw | 4-N | 6-E |
| HAINSWORTH | **16** | 1 | Choctaw | 1-N | 9-E |
| HALES | **13** | 3 | Choctaw | 1-N | 6-E |
| " " | **1** | 2 | Choctaw | 4-N | 6-E |
| HALEY | **4** | 1 | Choctaw | 4-N | 9-E |
| HALL | **5** | 11 | Choctaw | 3-N | 6-E |
| " " | **11** | 2 | Choctaw | 2-N | 8-E |
| " " | **6** | 1 | Choctaw | 3-N | 7-E |
| " " | **19** | 1 | St Stephens | 10-N | 14-W |
| HAM | **10** | 1 | Choctaw | 2-N | 7-E |
| HANCOCK | **19** | 3 | St Stephens | 10-N | 14-W |
| " " | **15** | 2 | Choctaw | 1-N | 8-E |
| " " | **12** | 2 | Choctaw | 2-N | 9-E |
| " " | **14** | 1 | Choctaw | 1-N | 7-E |
| HANKINS | **19** | 6 | St Stephens | 10-N | 14-W |
| " " | **20** | 2 | St Stephens | 10-N | 13-W |
| HANNAH | **2** | 2 | Choctaw | 4-N | 7-E |
| HARDEE | **4** | 1 | Choctaw | 4-N | 9-E |
| HARDIN | **11** | 2 | Choctaw | 2-N | 8-E |
| HARDY | **8** | 2 | Choctaw | 3-N | 9-E |
| HARMAN | **4** | 1 | Choctaw | 4-N | 9-E |
| HARMON | **4** | 3 | Choctaw | 4-N | 9-E |

| Surname | Map Group | Parcels of Land | Meridian/Township/Range |
|---|---|---|---|
| HARRELSON | **10** | 2 | Choctaw 2-N 7-E |
| HARRIS | **4** | 1 | Choctaw 4-N 9-E |
| HARRISON | **6** | 6 | Choctaw 3-N 7-E |
| " " | **5** | 5 | Choctaw 3-N 6-E |
| " " | **19** | 3 | St Stephens 10-N 14-W |
| HARTLEY | **8** | 1 | Choctaw 3-N 9-E |
| HARVEY | **17** | 11 | St Stephens 10-N 16-W |
| " " | **4** | 6 | Choctaw 4-N 9-E |
| " " | **3** | 2 | Choctaw 4-N 8-E |
| HAWKINS | **2** | 9 | Choctaw 4-N 7-E |
| " " | **3** | 5 | Choctaw 4-N 8-E |
| " " | **12** | 2 | Choctaw 2-N 9-E |
| " " | **1** | 2 | Choctaw 4-N 6-E |
| " " | **20** | 1 | St Stephens 10-N 13-W |
| HAWTHORNE | **10** | 2 | Choctaw 2-N 7-E |
| HAYES | **12** | 4 | Choctaw 2-N 9-E |
| " " | **8** | 2 | Choctaw 3-N 9-E |
| " " | **15** | 1 | Choctaw 1-N 8-E |
| HAYMAN | **7** | 1 | Choctaw 3-N 8-E |
| HAYNES | **19** | 1 | St Stephens 10-N 14-W |
| " " | **18** | 1 | St Stephens 10-N 15-W |
| HAYS | **12** | 9 | Choctaw 2-N 9-E |
| " " | **17** | 1 | St Stephens 10-N 16-W |
| HEALD | **15** | 1 | Choctaw 1-N 8-E |
| HEARD | **1** | 1 | Choctaw 4-N 6-E |
| HEGWOOD | **3** | 1 | Choctaw 4-N 8-E |
| HELTON | **11** | 1 | Choctaw 2-N 8-E |
| HEMBREE | **16** | 1 | Choctaw 1-N 9-E |
| HENDERSON | **7** | 8 | Choctaw 3-N 8-E |
| " " | **3** | 1 | Choctaw 4-N 8-E |
| HENDON | **3** | 2 | Choctaw 4-N 8-E |
| HERRINGTON | **7** | 2 | Choctaw 3-N 8-E |
| HERRON | **15** | 2 | Choctaw 1-N 8-E |
| " " | **14** | 1 | Choctaw 1-N 7-E |
| HESTEN | **11** | 1 | Choctaw 2-N 8-E |
| HESTER | **19** | 8 | St Stephens 10-N 14-W |
| " " | **14** | 3 | Choctaw 1-N 7-E |
| " " | **18** | 3 | St Stephens 10-N 15-W |
| HICKMAN | **8** | 3 | Choctaw 3-N 9-E |
| HIGHTOWER | **11** | 2 | Choctaw 2-N 8-E |
| HILL | **6** | 3 | Choctaw 3-N 7-E |
| " " | **3** | 3 | Choctaw 4-N 8-E |
| " " | **13** | 2 | Choctaw 1-N 6-E |
| " " | **16** | 1 | Choctaw 1-N 9-E |
| " " | **11** | 1 | Choctaw 2-N 8-E |
| " " | **7** | 1 | Choctaw 3-N 8-E |
| HITT | **3** | 2 | Choctaw 4-N 8-E |
| HOLBROOK | **5** | 3 | Choctaw 3-N 6-E |
| HOLBROOKS | **5** | 7 | Choctaw 3-N 6-E |
| " " | **6** | 3 | Choctaw 3-N 7-E |
| HOLDER | **12** | 1 | Choctaw 2-N 9-E |
| HOLEFIELD | **18** | 3 | St Stephens 10-N 15-W |
| HOLLINGSWORTH | **6** | 3 | Choctaw 3-N 7-E |
| " " | **10** | 1 | Choctaw 2-N 7-E |
| " " | **4** | 1 | Choctaw 4-N 9-E |
| HOOD | **12** | 1 | Choctaw 2-N 9-E |
| " " | **7** | 1 | Choctaw 3-N 8-E |
| " " | **8** | 1 | Choctaw 3-N 9-E |
| HOPKINS | **14** | 5 | Choctaw 1-N 7-E |
| " " | **17** | 5 | St Stephens 10-N 16-W |

| Surname | Map Group | Parcels of Land | Meridian/Township/Range |
|---|---|---|---|
| HOPKINS (Cont'd) | **10** | 2 | Choctaw 2-N 7-E |
| " " | **18** | 2 | St Stephens 10-N 15-W |
| " " | **13** | 1 | Choctaw 1-N 6-E |
| HORD | **6** | 3 | Choctaw 3-N 7-E |
| HORN | **11** | 3 | Choctaw 2-N 8-E |
| HORNE | **12** | 1 | Choctaw 2-N 9-E |
| HOSEY | **16** | 3 | Choctaw 1-N 9-E |
| HOUGH | **7** | 4 | Choctaw 3-N 8-E |
| " " | **10** | 3 | Choctaw 2-N 7-E |
| " " | **3** | 2 | Choctaw 4-N 8-E |
| HOUGHTON | **3** | 1 | Choctaw 4-N 8-E |
| HOUSTON | **12** | 4 | Choctaw 2-N 9-E |
| " " | **4** | 3 | Choctaw 4-N 9-E |
| " " | **11** | 1 | Choctaw 2-N 8-E |
| " " | **18** | 1 | St Stephens 10-N 15-W |
| HOUZE | **12** | 1 | Choctaw 2-N 9-E |
| HOWELL | **18** | 17 | St Stephens 10-N 15-W |
| " " | **6** | 1 | Choctaw 3-N 7-E |
| HUBBARD | **17** | 3 | St Stephens 10-N 16-W |
| HUCKABAY | **6** | 3 | Choctaw 3-N 7-E |
| HUDSON | **18** | 3 | St Stephens 10-N 15-W |
| " " | **1** | 1 | Choctaw 4-N 6-E |
| HUEY | **3** | 1 | Choctaw 4-N 8-E |
| HUGHES | **5** | 13 | Choctaw 3-N 6-E |
| " " | **6** | 12 | Choctaw 3-N 7-E |
| " " | **4** | 3 | Choctaw 4-N 9-E |
| " " | **12** | 2 | Choctaw 2-N 9-E |
| " " | **13** | 1 | Choctaw 1-N 6-E |
| HUGHS | **1** | 3 | Choctaw 4-N 6-E |
| HULL | **12** | 5 | Choctaw 2-N 9-E |
| " " | **11** | 4 | Choctaw 2-N 8-E |
| " " | **8** | 2 | Choctaw 3-N 9-E |
| " " | **3** | 2 | Choctaw 4-N 8-E |
| HUSBAND | **3** | 4 | Choctaw 4-N 8-E |
| " " | **6** | 2 | Choctaw 3-N 7-E |
| " " | **11** | 1 | Choctaw 2-N 8-E |
| HUSBANDS | **3** | 14 | Choctaw 4-N 8-E |
| HUSSEY | **11** | 1 | Choctaw 2-N 8-E |
| HYDE | **2** | 3 | Choctaw 4-N 7-E |
| INGRAM | **14** | 13 | Choctaw 1-N 7-E |
| " " | **17** | 3 | St Stephens 10-N 16-W |
| ISHEE | **16** | 14 | Choctaw 1-N 9-E |
| " " | **20** | 2 | St Stephens 10-N 13-W |
| IVY | **16** | 1 | Choctaw 1-N 9-E |
| JACKSON | **1** | 3 | Choctaw 4-N 6-E |
| " " | **3** | 2 | Choctaw 4-N 8-E |
| " " | **19** | 1 | St Stephens 10-N 14-W |
| JAMES | **1** | 4 | Choctaw 4-N 6-E |
| " " | **16** | 3 | Choctaw 1-N 9-E |
| " " | **8** | 3 | Choctaw 3-N 9-E |
| " " | **19** | 3 | St Stephens 10-N 14-W |
| JARNIGAN | **19** | 4 | St Stephens 10-N 14-W |
| JENNINGS | **12** | 5 | Choctaw 2-N 9-E |
| JERNAGAN | **12** | 2 | Choctaw 2-N 9-E |
| JERNICAN | **12** | 3 | Choctaw 2-N 9-E |
| JOHNSON | **14** | 7 | Choctaw 1-N 7-E |
| " " | **19** | 7 | St Stephens 10-N 14-W |
| " " | **12** | 3 | Choctaw 2-N 9-E |
| " " | **15** | 2 | Choctaw 1-N 8-E |
| " " | **9** | 2 | Choctaw 2-N 6-E |

| Surname | Map Group | Parcels of Land | Meridian/Township/Range |
|---|---|---|---|
| JOHNSON (Cont'd) | **10** | 2 | Choctaw 2-N 7-E |
| " " | **11** | 2 | Choctaw 2-N 8-E |
| " " | **8** | 2 | Choctaw 3-N 9-E |
| " " | **18** | 2 | St Stephens 10-N 15-W |
| " " | **16** | 1 | Choctaw 1-N 9-E |
| JOHNSTON | **4** | 1 | Choctaw 4-N 9-E |
| JOLLEY | **11** | 2 | Choctaw 2-N 8-E |
| JONES | **19** | 12 | St Stephens 10-N 14-W |
| " " | **14** | 10 | Choctaw 1-N 7-E |
| " " | **15** | 10 | Choctaw 1-N 8-E |
| " " | **16** | 10 | Choctaw 1-N 9-E |
| " " | **10** | 6 | Choctaw 2-N 7-E |
| " " | **11** | 6 | Choctaw 2-N 8-E |
| " " | **8** | 4 | Choctaw 3-N 9-E |
| " " | **4** | 4 | Choctaw 4-N 9-E |
| " " | **18** | 4 | St Stephens 10-N 15-W |
| JORDAN | **14** | 6 | Choctaw 1-N 7-E |
| " " | **10** | 1 | Choctaw 2-N 7-E |
| KEEN | **1** | 1 | Choctaw 4-N 6-E |
| KEES | **16** | 3 | Choctaw 1-N 9-E |
| " " | **18** | 2 | St Stephens 10-N 15-W |
| " " | **17** | 1 | St Stephens 10-N 16-W |
| KELLEY | **6** | 2 | Choctaw 3-N 7-E |
| " " | **10** | 1 | Choctaw 2-N 7-E |
| " " | **11** | 1 | Choctaw 2-N 8-E |
| " " | **17** | 1 | St Stephens 10-N 16-W |
| KELLY | **6** | 7 | Choctaw 3-N 7-E |
| " " | **5** | 6 | Choctaw 3-N 6-E |
| " " | **16** | 2 | Choctaw 1-N 9-E |
| " " | **18** | 1 | St Stephens 10-N 15-W |
| KENADY | **10** | 3 | Choctaw 2-N 7-E |
| KENNEDY | **10** | 7 | Choctaw 2-N 7-E |
| " " | **14** | 4 | Choctaw 1-N 7-E |
| " " | **19** | 4 | St Stephens 10-N 14-W |
| " " | **11** | 2 | Choctaw 2-N 8-E |
| " " | **5** | 2 | Choctaw 3-N 6-E |
| " " | **15** | 1 | Choctaw 1-N 8-E |
| " " | **9** | 1 | Choctaw 2-N 6-E |
| " " | **6** | 1 | Choctaw 3-N 7-E |
| KENON | **12** | 1 | Choctaw 2-N 9-E |
| KEOWN | **12** | 6 | Choctaw 2-N 9-E |
| KEYES | **16** | 23 | Choctaw 1-N 9-E |
| " " | **18** | 7 | St Stephens 10-N 15-W |
| " " | **19** | 5 | St Stephens 10-N 14-W |
| " " | **15** | 4 | Choctaw 1-N 8-E |
| " " | **13** | 3 | Choctaw 1-N 6-E |
| " " | **6** | 3 | Choctaw 3-N 7-E |
| " " | **12** | 1 | Choctaw 2-N 9-E |
| " " | **7** | 1 | Choctaw 3-N 8-E |
| " " | **20** | 1 | St Stephens 10-N 13-W |
| KEYS | **16** | 10 | Choctaw 1-N 9-E |
| " " | **18** | 4 | St Stephens 10-N 15-W |
| " " | **19** | 3 | St Stephens 10-N 14-W |
| KING | **18** | 4 | St Stephens 10-N 15-W |
| " " | **17** | 4 | St Stephens 10-N 16-W |
| " " | **11** | 2 | Choctaw 2-N 8-E |
| " " | **20** | 2 | St Stephens 10-N 13-W |
| KNIGHT | **20** | 4 | St Stephens 10-N 13-W |
| " " | **9** | 3 | Choctaw 2-N 6-E |
| " " | **18** | 2 | St Stephens 10-N 15-W |

| Surname | Map Group | Parcels of Land | Meridian/Township/Range |
|---|---|---|---|
| KNIGHT (Cont'd) | **19** | 1 | St Stephens 10-N 14-W |
| KNIGHTON | **15** | 2 | Choctaw 1-N 8-E |
| LACK | **14** | 12 | Choctaw 1-N 7-E |
| LACY | **6** | 1 | Choctaw 3-N 7-E |
| " " | **2** | 1 | Choctaw 4-N 7-E |
| LAIRD | **15** | 2 | Choctaw 1-N 8-E |
| " " | **11** | 1 | Choctaw 2-N 8-E |
| LAMBETH | **2** | 1 | Choctaw 4-N 7-E |
| LANCASTER | **8** | 4 | Choctaw 3-N 9-E |
| " " | **16** | 3 | Choctaw 1-N 9-E |
| " " | **3** | 1 | Choctaw 4-N 8-E |
| LANDRUM | **15** | 3 | Choctaw 1-N 8-E |
| LANE | **1** | 5 | Choctaw 4-N 6-E |
| LANG | **13** | 4 | Choctaw 1-N 6-E |
| LANKFORD | **17** | 2 | St Stephens 10-N 16-W |
| LANKSTON | **12** | 1 | Choctaw 2-N 9-E |
| LEE | **11** | 2 | Choctaw 2-N 8-E |
| " " | **15** | 1 | Choctaw 1-N 8-E |
| " " | **7** | 1 | Choctaw 3-N 8-E |
| " " | **1** | 1 | Choctaw 4-N 6-E |
| LEGGATE | **18** | 1 | St Stephens 10-N 15-W |
| LEWIS | **15** | 3 | Choctaw 1-N 8-E |
| " " | **11** | 3 | Choctaw 2-N 8-E |
| " " | **8** | 1 | Choctaw 3-N 9-E |
| " " | **1** | 1 | Choctaw 4-N 6-E |
| LIGHTSEY | **16** | 1 | Choctaw 1-N 9-E |
| LILES | **8** | 4 | Choctaw 3-N 9-E |
| LINDSEY | **7** | 2 | Choctaw 3-N 8-E |
| " " | **1** | 2 | Choctaw 4-N 6-E |
| LINDSLEY | **1** | 2 | Choctaw 4-N 6-E |
| LINGLE | **2** | 2 | Choctaw 4-N 7-E |
| LITTLE | **13** | 17 | Choctaw 1-N 6-E |
| " " | **14** | 14 | Choctaw 1-N 7-E |
| " " | **17** | 12 | St Stephens 10-N 16-W |
| " " | **10** | 4 | Choctaw 2-N 7-E |
| " " | **18** | 4 | St Stephens 10-N 15-W |
| " " | **15** | 1 | Choctaw 1-N 8-E |
| " " | **11** | 1 | Choctaw 2-N 8-E |
| LOGAN | **11** | 5 | Choctaw 2-N 8-E |
| " " | **7** | 1 | Choctaw 3-N 8-E |
| LONG | **14** | 2 | Choctaw 1-N 7-E |
| " " | **6** | 2 | Choctaw 3-N 7-E |
| " " | **11** | 1 | Choctaw 2-N 8-E |
| LORING | **6** | 2 | Choctaw 3-N 7-E |
| LOTT | **6** | 3 | Choctaw 3-N 7-E |
| " " | **16** | 2 | Choctaw 1-N 9-E |
| LOURY | **8** | 5 | Choctaw 3-N 9-E |
| LOWRY | **1** | 2 | Choctaw 4-N 6-E |
| LUCAS | **15** | 1 | Choctaw 1-N 8-E |
| " " | **16** | 1 | Choctaw 1-N 9-E |
| " " | **17** | 1 | St Stephens 10-N 16-W |
| LUCKY | **18** | 4 | St Stephens 10-N 15-W |
| LUDWICK | **2** | 1 | Choctaw 4-N 7-E |
| LUTRICK | **2** | 5 | Choctaw 4-N 7-E |
| LYLES | **8** | 2 | Choctaw 3-N 9-E |
| MADDOX | **17** | 5 | St Stephens 10-N 16-W |
| " " | **13** | 3 | Choctaw 1-N 6-E |
| " " | **14** | 2 | Choctaw 1-N 7-E |
| MADISON | **6** | 1 | Choctaw 3-N 7-E |
| MAGEE | **6** | 8 | Choctaw 3-N 7-E |

| Surname | Map Group | Parcels of Land | Meridian/Township/Range |
|---|---|---|---|
| MAGEE (Cont'd) | 2 | 1 | Choctaw 4-N 7-E |
| " " | 4 | 1 | Choctaw 4-N 9-E |
| MAINUS | 12 | 2 | Choctaw 2-N 9-E |
| MANAR | 10 | 3 | Choctaw 2-N 7-E |
| MANGUM | 17 | 6 | St Stephens 10-N 16-W |
| " " | 13 | 3 | Choctaw 1-N 6-E |
| " " | 14 | 2 | Choctaw 1-N 7-E |
| MANNING | 6 | 2 | Choctaw 3-N 7-E |
| MANUP | 12 | 1 | Choctaw 2-N 9-E |
| MARSH | 3 | 1 | Choctaw 4-N 8-E |
| MARTIN | 16 | 17 | Choctaw 1-N 9-E |
| " " | 13 | 13 | Choctaw 1-N 6-E |
| " " | 10 | 9 | Choctaw 2-N 7-E |
| " " | 6 | 9 | Choctaw 3-N 7-E |
| " " | 20 | 9 | St Stephens 10-N 13-W |
| " " | 9 | 8 | Choctaw 2-N 6-E |
| " " | 19 | 6 | St Stephens 10-N 14-W |
| " " | 14 | 3 | Choctaw 1-N 7-E |
| " " | 11 | 3 | Choctaw 2-N 8-E |
| " " | 3 | 2 | Choctaw 4-N 8-E |
| MATHEWS | 4 | 1 | Choctaw 4-N 9-E |
| MATHIS | 19 | 3 | St Stephens 10-N 14-W |
| " " | 14 | 1 | Choctaw 1-N 7-E |
| MATHISON | 17 | 1 | St Stephens 10-N 16-W |
| MATHONE | 19 | 3 | St Stephens 10-N 14-W |
| MATTHEWS | 2 | 1 | Choctaw 4-N 7-E |
| MAYERS | 11 | 3 | Choctaw 2-N 8-E |
| " " | 6 | 1 | Choctaw 3-N 7-E |
| MAYFIELD | 19 | 12 | St Stephens 10-N 14-W |
| " " | 16 | 5 | Choctaw 1-N 9-E |
| " " | 14 | 3 | Choctaw 1-N 7-E |
| " " | 7 | 3 | Choctaw 3-N 8-E |
| " " | 15 | 2 | Choctaw 1-N 8-E |
| " " | 18 | 2 | St Stephens 10-N 15-W |
| " " | 11 | 1 | Choctaw 2-N 8-E |
| " " | 17 | 1 | St Stephens 10-N 16-W |
| MCALLUM | 17 | 5 | St Stephens 10-N 16-W |
| MCALPIN | 14 | 5 | Choctaw 1-N 7-E |
| " " | 15 | 2 | Choctaw 1-N 8-E |
| " " | 11 | 2 | Choctaw 2-N 8-E |
| " " | 10 | 1 | Choctaw 2-N 7-E |
| " " | 19 | 1 | St Stephens 10-N 14-W |
| MCCALLUM | 17 | 11 | St Stephens 10-N 16-W |
| MCCARTY | 1 | 4 | Choctaw 4-N 6-E |
| " " | 8 | 1 | Choctaw 3-N 9-E |
| MCCAUGHAN | 11 | 4 | Choctaw 2-N 8-E |
| " " | 16 | 2 | Choctaw 1-N 9-E |
| " " | 12 | 2 | Choctaw 2-N 9-E |
| " " | 3 | 2 | Choctaw 4-N 8-E |
| MCCOLLUM | 17 | 2 | St Stephens 10-N 16-W |
| MCCOUGHAN | 12 | 1 | Choctaw 2-N 9-E |
| MCCRAW | 7 | 4 | Choctaw 3-N 8-E |
| " " | 10 | 2 | Choctaw 2-N 7-E |
| " " | 11 | 2 | Choctaw 2-N 8-E |
| MCCRIMMON | 11 | 3 | Choctaw 2-N 8-E |
| MCCULLOM | 16 | 1 | Choctaw 1-N 9-E |
| " " | 12 | 1 | Choctaw 2-N 9-E |
| MCCULLOUGH | 18 | 3 | St Stephens 10-N 15-W |
| MCCUMMER | 11 | 2 | Choctaw 2-N 8-E |
| MCDONNEAL | 11 | 1 | Choctaw 2-N 8-E |

| Surname | Map Group | Parcels of Land | Meridian/Township/Range |
|---|---|---|---|
| MCDOWELL | **5** | 2 | Choctaw 3-N 6-E |
| " " | **10** | 1 | Choctaw 2-N 7-E |
| MCGEE | **4** | 2 | Choctaw 4-N 9-E |
| MCGILL | **17** | 4 | St Stephens 10-N 16-W |
| " " | **11** | 3 | Choctaw 2-N 8-E |
| " " | **14** | 2 | Choctaw 1-N 7-E |
| " " | **15** | 2 | Choctaw 1-N 8-E |
| MCINNIS | **1** | 2 | Choctaw 4-N 6-E |
| MCINTOSH | **19** | 2 | St Stephens 10-N 14-W |
| " " | **10** | 1 | Choctaw 2-N 7-E |
| MCKAY | **10** | 3 | Choctaw 2-N 7-E |
| MCKENZIE | **19** | 2 | St Stephens 10-N 14-W |
| MCKINLEY | **16** | 11 | Choctaw 1-N 9-E |
| " " | **19** | 6 | St Stephens 10-N 14-W |
| MCLAIN | **8** | 2 | Choctaw 3-N 9-E |
| MCLAUREN | **7** | 1 | Choctaw 3-N 8-E |
| " " | **18** | 1 | St Stephens 10-N 15-W |
| MCLAURIN | **11** | 17 | Choctaw 2-N 8-E |
| " " | **6** | 9 | Choctaw 3-N 7-E |
| " " | **10** | 2 | Choctaw 2-N 7-E |
| " " | **8** | 2 | Choctaw 3-N 9-E |
| " " | **13** | 1 | Choctaw 1-N 6-E |
| " " | **7** | 1 | Choctaw 3-N 8-E |
| " " | **2** | 1 | Choctaw 4-N 7-E |
| MCLEMORE | **18** | 2 | St Stephens 10-N 15-W |
| MCLEOD | **21** | 2 | St Stephens 9-N 16-W |
| MCMURRY | **6** | 1 | Choctaw 3-N 7-E |
| MCNAIR | **9** | 8 | Choctaw 2-N 6-E |
| " " | **17** | 6 | St Stephens 10-N 16-W |
| " " | **21** | 4 | St Stephens 9-N 16-W |
| " " | **10** | 2 | Choctaw 2-N 7-E |
| " " | **11** | 2 | Choctaw 2-N 8-E |
| " " | **5** | 1 | Choctaw 3-N 6-E |
| MCNEAL | **8** | 1 | Choctaw 3-N 9-E |
| MCNEASE | **16** | 3 | Choctaw 1-N 9-E |
| " " | **11** | 1 | Choctaw 2-N 8-E |
| MCNEECE | **10** | 1 | Choctaw 2-N 7-E |
| MCNIEL | **5** | 2 | Choctaw 3-N 6-E |
| MCNURE | **2** | 1 | Choctaw 4-N 7-E |
| MCRAE | **14** | 3 | Choctaw 1-N 7-E |
| MCREE | **11** | 4 | Choctaw 2-N 8-E |
| MCWHORTER | **11** | 3 | Choctaw 2-N 8-E |
| MEADOWS | **14** | 22 | Choctaw 1-N 7-E |
| " " | **17** | 6 | St Stephens 10-N 16-W |
| " " | **15** | 1 | Choctaw 1-N 8-E |
| " " | **18** | 1 | St Stephens 10-N 15-W |
| MEDDOWS | **14** | 1 | Choctaw 1-N 7-E |
| MEEKS | **16** | 2 | Choctaw 1-N 9-E |
| MELTON | **12** | 1 | Choctaw 2-N 9-E |
| MERCHANT | **9** | 5 | Choctaw 2-N 6-E |
| " " | **10** | 2 | Choctaw 2-N 7-E |
| " " | **5** | 2 | Choctaw 3-N 6-E |
| MIDDLETON | **12** | 2 | Choctaw 2-N 9-E |
| MILEY | **5** | 12 | Choctaw 3-N 6-E |
| MILLER | **18** | 9 | St Stephens 10-N 15-W |
| " " | **17** | 5 | St Stephens 10-N 16-W |
| " " | **1** | 4 | Choctaw 4-N 6-E |
| " " | **12** | 2 | Choctaw 2-N 9-E |
| " " | **2** | 2 | Choctaw 4-N 7-E |
| " " | **4** | 2 | Choctaw 4-N 9-E |

| Surname | Map Group | Parcels of Land | Meridian/Township/Range |
|---|---|---|---|
| MILLER (Cont'd) | **8** | 1 | Choctaw 3-N 9-E |
| MILLING | **14** | 2 | Choctaw 1-N 7-E |
| MISSISSIPPI | **5** | 3 | Choctaw 3-N 6-E |
| " " | **11** | 1 | Choctaw 2-N 8-E |
| " " | **8** | 1 | Choctaw 3-N 9-E |
| " " | **3** | 1 | Choctaw 4-N 8-E |
| " " | **4** | 1 | Choctaw 4-N 9-E |
| MITCHELL | **15** | 3 | Choctaw 1-N 8-E |
| " " | **8** | 2 | Choctaw 3-N 9-E |
| MIZE | **8** | 1 | Choctaw 3-N 9-E |
| MOFFETT | **16** | 11 | Choctaw 1-N 9-E |
| " " | **19** | 9 | St Stephens 10-N 14-W |
| " " | **8** | 4 | Choctaw 3-N 9-E |
| MOFFITT | **16** | 1 | Choctaw 1-N 9-E |
| MOORE | **11** | 6 | Choctaw 2-N 8-E |
| " " | **15** | 4 | Choctaw 1-N 8-E |
| " " | **3** | 3 | Choctaw 4-N 8-E |
| MORGAN | **5** | 7 | Choctaw 3-N 6-E |
| " " | **17** | 4 | St Stephens 10-N 16-W |
| " " | **11** | 3 | Choctaw 2-N 8-E |
| MOSS | **6** | 3 | Choctaw 3-N 7-E |
| " " | **19** | 2 | St Stephens 10-N 14-W |
| " " | **7** | 1 | Choctaw 3-N 8-E |
| MOULDER | **5** | 9 | Choctaw 3-N 6-E |
| " " | **6** | 4 | Choctaw 3-N 7-E |
| " " | **7** | 1 | Choctaw 3-N 8-E |
| MURRAY | **15** | 4 | Choctaw 1-N 8-E |
| MYERS | **10** | 2 | Choctaw 2-N 7-E |
| " " | **5** | 2 | Choctaw 3-N 6-E |
| " " | **9** | 1 | Choctaw 2-N 6-E |
| NELSON | **8** | 5 | Choctaw 3-N 9-E |
| " " | **6** | 3 | Choctaw 3-N 7-E |
| NEWBURGER | **8** | 2 | Choctaw 3-N 9-E |
| NEWCOMB | **7** | 1 | Choctaw 3-N 8-E |
| NICHOLS | **4** | 18 | Choctaw 4-N 9-E |
| " " | **7** | 2 | Choctaw 3-N 8-E |
| " " | **15** | 1 | Choctaw 1-N 8-E |
| " " | **11** | 1 | Choctaw 2-N 8-E |
| " " | **8** | 1 | Choctaw 3-N 9-E |
| NOBLE | **3** | 1 | Choctaw 4-N 8-E |
| NOBLES | **19** | 1 | St Stephens 10-N 14-W |
| NOBLIN | **3** | 2 | Choctaw 4-N 8-E |
| " " | **4** | 2 | Choctaw 4-N 9-E |
| NORRIS | **15** | 5 | Choctaw 1-N 8-E |
| " " | **19** | 5 | St Stephens 10-N 14-W |
| " " | **18** | 2 | St Stephens 10-N 15-W |
| " " | **7** | 1 | Choctaw 3-N 8-E |
| NORWOOD | **2** | 2 | Choctaw 4-N 7-E |
| NUBBE | **11** | 4 | Choctaw 2-N 8-E |
| ODOM | **5** | 6 | Choctaw 3-N 6-E |
| OLIVER | **3** | 2 | Choctaw 4-N 8-E |
| ONEAL | **7** | 2 | Choctaw 3-N 8-E |
| ORENDER | **1** | 2 | Choctaw 4-N 6-E |
| OVERBEY | **5** | 2 | Choctaw 3-N 6-E |
| OVERBY | **5** | 3 | Choctaw 3-N 6-E |
| OWEN | **10** | 2 | Choctaw 2-N 7-E |
| " " | **16** | 1 | Choctaw 1-N 9-E |
| " " | **12** | 1 | Choctaw 2-N 9-E |
| OWENS | **6** | 5 | Choctaw 3-N 7-E |
| " " | **10** | 4 | Choctaw 2-N 7-E |

| Surname | Map Group | Parcels of Land | Meridian/Township/Range |
|---|---|---|---|
| OWENS (Cont'd) | **12** | 3 | Choctaw 2-N 9-E |
| " " | **18** | 3 | St Stephens 10-N 15-W |
| PACE | **6** | 3 | Choctaw 3-N 7-E |
| PADGET | **10** | 2 | Choctaw 2-N 7-E |
| PADGETT | **10** | 9 | Choctaw 2-N 7-E |
| PADGETTE | **10** | 3 | Choctaw 2-N 7-E |
| PAGE | **14** | 6 | Choctaw 1-N 7-E |
| " " | **6** | 6 | Choctaw 3-N 7-E |
| " " | **16** | 5 | Choctaw 1-N 9-E |
| " " | **11** | 2 | Choctaw 2-N 8-E |
| PAGET | **10** | 2 | Choctaw 2-N 7-E |
| PALMER | **15** | 1 | Choctaw 1-N 8-E |
| PARKER | **19** | 11 | St Stephens 10-N 14-W |
| " " | **10** | 6 | Choctaw 2-N 7-E |
| " " | **9** | 3 | Choctaw 2-N 6-E |
| " " | **3** | 2 | Choctaw 4-N 8-E |
| " " | **4** | 2 | Choctaw 4-N 9-E |
| " " | **11** | 1 | Choctaw 2-N 8-E |
| " " | **6** | 1 | Choctaw 3-N 7-E |
| " " | **7** | 1 | Choctaw 3-N 8-E |
| PARKMAN | **2** | 1 | Choctaw 4-N 7-E |
| PARKS | **6** | 2 | Choctaw 3-N 7-E |
| PATRICK | **1** | 1 | Choctaw 4-N 6-E |
| PATTERSON | **9** | 8 | Choctaw 2-N 6-E |
| " " | **5** | 8 | Choctaw 3-N 6-E |
| " " | **17** | 2 | St Stephens 10-N 16-W |
| PEACOCK | **12** | 13 | Choctaw 2-N 9-E |
| " " | **8** | 3 | Choctaw 3-N 9-E |
| PEARSON | **16** | 4 | Choctaw 1-N 9-E |
| " " | **19** | 1 | St Stephens 10-N 14-W |
| PENNINGTON | **9** | 2 | Choctaw 2-N 6-E |
| " " | **5** | 2 | Choctaw 3-N 6-E |
| PEOPLES | **14** | 4 | Choctaw 1-N 7-E |
| " " | **19** | 3 | St Stephens 10-N 14-W |
| " " | **20** | 1 | St Stephens 10-N 13-W |
| PERRY | **11** | 1 | Choctaw 2-N 8-E |
| PETIFILS | **14** | 2 | Choctaw 1-N 7-E |
| PEVY | **7** | 2 | Choctaw 3-N 8-E |
| PHILIPS | **16** | 1 | Choctaw 1-N 9-E |
| PHILLIPS | **16** | 1 | Choctaw 1-N 9-E |
| " " | **1** | 1 | Choctaw 4-N 6-E |
| PICKERING | **17** | 7 | St Stephens 10-N 16-W |
| PIERCE | **10** | 3 | Choctaw 2-N 7-E |
| PITMAN | **8** | 5 | Choctaw 3-N 9-E |
| PLATT | **7** | 3 | Choctaw 3-N 8-E |
| POOL | **12** | 1 | Choctaw 2-N 9-E |
| POSEY | **10** | 2 | Choctaw 2-N 7-E |
| POWEL | **3** | 2 | Choctaw 4-N 8-E |
| POWELL | **18** | 2 | St Stephens 10-N 15-W |
| " " | **3** | 1 | Choctaw 4-N 8-E |
| POWERS | **18** | 1 | St Stephens 10-N 15-W |
| PRICE | **7** | 1 | Choctaw 3-N 8-E |
| PRINCE | **18** | 3 | St Stephens 10-N 15-W |
| " " | **14** | 1 | Choctaw 1-N 7-E |
| " " | **19** | 1 | St Stephens 10-N 14-W |
| PRYOR | **3** | 1 | Choctaw 4-N 8-E |
| PUCKET | **5** | 3 | Choctaw 3-N 6-E |
| " " | **10** | 1 | Choctaw 2-N 7-E |
| PUCKETT | **5** | 3 | Choctaw 3-N 6-E |
| " " | **1** | 2 | Choctaw 4-N 6-E |

| Surname | Map Group | Parcels of Land | Meridian/Township/Range |
|---|---|---|---|
| PUCKETT (Cont'd) | **10** | 1 | Choctaw 2-N 7-E |
| PUCKITT | **1** | 5 | Choctaw 4-N 6-E |
| " " | **5** | 3 | Choctaw 3-N 6-E |
| PURVIS | **5** | 10 | Choctaw 3-N 6-E |
| " " | **9** | 2 | Choctaw 2-N 6-E |
| " " | **1** | 2 | Choctaw 4-N 6-E |
| " " | **13** | 1 | Choctaw 1-N 6-E |
| RANKIN | **14** | 8 | Choctaw 1-N 7-E |
| " " | **13** | 4 | Choctaw 1-N 6-E |
| RASBERRY | **1** | 4 | Choctaw 4-N 6-E |
| " " | **9** | 1 | Choctaw 2-N 6-E |
| " " | **3** | 1 | Choctaw 4-N 8-E |
| RASCOE | **5** | 1 | Choctaw 3-N 6-E |
| RATCLIFF | **12** | 1 | Choctaw 2-N 9-E |
| RATHER | **4** | 1 | Choctaw 4-N 9-E |
| RATTS | **6** | 1 | Choctaw 3-N 7-E |
| RAUSON | **8** | 4 | Choctaw 3-N 9-E |
| RAWLS | **12** | 8 | Choctaw 2-N 9-E |
| " " | **8** | 7 | Choctaw 3-N 9-E |
| RAYNER | **19** | 3 | St Stephens 10-N 14-W |
| " " | **8** | 2 | Choctaw 3-N 9-E |
| RAYNES | **15** | 1 | Choctaw 1-N 8-E |
| " " | **11** | 1 | Choctaw 2-N 8-E |
| REDDICK | **17** | 1 | St Stephens 10-N 16-W |
| REDDOCK | **14** | 1 | Choctaw 1-N 7-E |
| " " | **18** | 1 | St Stephens 10-N 15-W |
| REES | **16** | 2 | Choctaw 1-N 9-E |
| REEVES | **1** | 1 | Choctaw 4-N 6-E |
| REYNOLDS | **1** | 9 | Choctaw 4-N 6-E |
| " " | **7** | 3 | Choctaw 3-N 8-E |
| " " | **19** | 2 | St Stephens 10-N 14-W |
| RHODE | **1** | 2 | Choctaw 4-N 6-E |
| RICHARDSON | **1** | 8 | Choctaw 4-N 6-E |
| " " | **5** | 5 | Choctaw 3-N 6-E |
| " " | **10** | 3 | Choctaw 2-N 7-E |
| " " | **9** | 2 | Choctaw 2-N 6-E |
| RICHEY | **4** | 1 | Choctaw 4-N 9-E |
| RIGBY | **4** | 2 | Choctaw 4-N 9-E |
| RILEY | **18** | 3 | St Stephens 10-N 15-W |
| RISHER | **14** | 2 | Choctaw 1-N 7-E |
| RIVERS | **18** | 1 | St Stephens 10-N 15-W |
| ROBERTS | **2** | 5 | Choctaw 4-N 7-E |
| " " | **11** | 3 | Choctaw 2-N 8-E |
| " " | **5** | 1 | Choctaw 3-N 6-E |
| " " | **4** | 1 | Choctaw 4-N 9-E |
| ROBINSON | **19** | 13 | St Stephens 10-N 14-W |
| " " | **15** | 8 | Choctaw 1-N 8-E |
| " " | **10** | 6 | Choctaw 2-N 7-E |
| " " | **9** | 5 | Choctaw 2-N 6-E |
| " " | **18** | 5 | St Stephens 10-N 15-W |
| " " | **6** | 4 | Choctaw 3-N 7-E |
| " " | **14** | 3 | Choctaw 1-N 7-E |
| " " | **7** | 3 | Choctaw 3-N 8-E |
| " " | **16** | 2 | Choctaw 1-N 9-E |
| RODGERS | **4** | 3 | Choctaw 4-N 9-E |
| " " | **16** | 1 | Choctaw 1-N 9-E |
| " " | **7** | 1 | Choctaw 3-N 8-E |
| ROGALS | **4** | 2 | Choctaw 4-N 9-E |
| ROGERS | **12** | 10 | Choctaw 2-N 9-E |
| " " | **16** | 5 | Choctaw 1-N 9-E |

| Surname | Map Group | Parcels of Land | Meridian/Township/Range |
|---|---|---|---|
| ROGERS (Cont'd) | **15** | 3 | Choctaw 1-N 8-E |
| " " | **7** | 3 | Choctaw 3-N 8-E |
| " " | **11** | 2 | Choctaw 2-N 8-E |
| ROOKER | **7** | 3 | Choctaw 3-N 8-E |
| ROSS | **1** | 2 | Choctaw 4-N 6-E |
| ROWLAND | **4** | 1 | Choctaw 4-N 9-E |
| ROYAL | **8** | 2 | Choctaw 3-N 9-E |
| ROYALS | **8** | 17 | Choctaw 3-N 9-E |
| " " | **7** | 3 | Choctaw 3-N 8-E |
| " " | **12** | 2 | Choctaw 2-N 9-E |
| " " | **4** | 1 | Choctaw 4-N 9-E |
| RUNNELS | **17** | 4 | St Stephens 10-N 16-W |
| " " | **7** | 2 | Choctaw 3-N 8-E |
| " " | **10** | 1 | Choctaw 2-N 7-E |
| RUSHING | **8** | 2 | Choctaw 3-N 9-E |
| RUSSAM | **3** | 1 | Choctaw 4-N 8-E |
| RUSSELL | **11** | 15 | Choctaw 2-N 8-E |
| " " | **15** | 7 | Choctaw 1-N 8-E |
| " " | **8** | 4 | Choctaw 3-N 9-E |
| RUSSUM | **3** | 2 | Choctaw 4-N 8-E |
| SAGE | **8** | 33 | Choctaw 3-N 9-E |
| SALLAS | **10** | 1 | Choctaw 2-N 7-E |
| SAMFORD | **19** | 1 | St Stephens 10-N 14-W |
| " " | **18** | 1 | St Stephens 10-N 15-W |
| SAMUEL | **1** | 1 | Choctaw 4-N 6-E |
| SANDAFORD | **13** | 3 | Choctaw 1-N 6-E |
| SANDIFER | **15** | 2 | Choctaw 1-N 8-E |
| " " | **11** | 1 | Choctaw 2-N 8-E |
| SANERFORD | **1** | 1 | Choctaw 4-N 6-E |
| SANFORD | **1** | 2 | Choctaw 4-N 6-E |
| SCARBOROUGH | **13** | 2 | Choctaw 1-N 6-E |
| SEARCY | **1** | 3 | Choctaw 4-N 6-E |
| SEAWELL | **3** | 1 | Choctaw 4-N 8-E |
| SELLARS | **11** | 3 | Choctaw 2-N 8-E |
| SELLERS | **13** | 5 | Choctaw 1-N 6-E |
| " " | **11** | 2 | Choctaw 2-N 8-E |
| " " | **18** | 2 | St Stephens 10-N 15-W |
| " " | **14** | 1 | Choctaw 1-N 7-E |
| SHARBROUGH | **12** | 5 | Choctaw 2-N 9-E |
| SHAW | **12** | 1 | Choctaw 2-N 9-E |
| SHELBY | **17** | 3 | St Stephens 10-N 16-W |
| " " | **14** | 1 | Choctaw 1-N 7-E |
| " " | **19** | 1 | St Stephens 10-N 14-W |
| SHERMAN | **10** | 2 | Choctaw 2-N 7-E |
| " " | **20** | 2 | St Stephens 10-N 13-W |
| " " | **16** | 1 | Choctaw 1-N 9-E |
| " " | **12** | 1 | Choctaw 2-N 9-E |
| " " | **19** | 1 | St Stephens 10-N 14-W |
| " " | **18** | 1 | St Stephens 10-N 15-W |
| SHILLING | **16** | 2 | Choctaw 1-N 9-E |
| SHIRLEY | **3** | 2 | Choctaw 4-N 8-E |
| " " | **4** | 1 | Choctaw 4-N 9-E |
| SIBLEY | **2** | 3 | Choctaw 4-N 7-E |
| SIGREST | **1** | 1 | Choctaw 4-N 6-E |
| SILLIVANT | **17** | 1 | St Stephens 10-N 16-W |
| SIMPSON | **20** | 10 | St Stephens 10-N 13-W |
| " " | **19** | 2 | St Stephens 10-N 14-W |
| SIMS | **15** | 2 | Choctaw 1-N 8-E |
| " " | **3** | 2 | Choctaw 4-N 8-E |
| " " | **14** | 1 | Choctaw 1-N 7-E |

| Surname | Map Group | Parcels of Land | Meridian/Township/Range |
|---|---|---|---|
| SIMS (Cont'd) | **7** | 1 | Choctaw 3-N 8-E |
| SINGLE | **2** | 2 | Choctaw 4-N 7-E |
| SINGLETARY | **5** | 3 | Choctaw 3-N 6-E |
| SINGLETON | **16** | 1 | Choctaw 1-N 9-E |
| SMITH | **15** | 27 | Choctaw 1-N 8-E |
| " " | **11** | 17 | Choctaw 2-N 8-E |
| " " | **1** | 9 | Choctaw 4-N 6-E |
| " " | **17** | 9 | St Stephens 10-N 16-W |
| " " | **4** | 7 | Choctaw 4-N 9-E |
| " " | **7** | 6 | Choctaw 3-N 8-E |
| " " | **5** | 4 | Choctaw 3-N 6-E |
| " " | **6** | 4 | Choctaw 3-N 7-E |
| " " | **10** | 3 | Choctaw 2-N 7-E |
| " " | **12** | 3 | Choctaw 2-N 9-E |
| " " | **2** | 2 | Choctaw 4-N 7-E |
| " " | **19** | 2 | St Stephens 10-N 14-W |
| " " | **18** | 2 | St Stephens 10-N 15-W |
| " " | **21** | 2 | St Stephens 9-N 16-W |
| " " | **3** | 1 | Choctaw 4-N 8-E |
| SMYTH | **12** | 2 | Choctaw 2-N 9-E |
| SOLOMON | **3** | 2 | Choctaw 4-N 8-E |
| SOREY | **3** | 2 | Choctaw 4-N 8-E |
| " " | **4** | 2 | Choctaw 4-N 9-E |
| SORREY | **3** | 2 | Choctaw 4-N 8-E |
| SPANGLER | **10** | 1 | Choctaw 2-N 7-E |
| SPEIGHTS | **6** | 4 | Choctaw 3-N 7-E |
| " " | **2** | 3 | Choctaw 4-N 7-E |
| SPELL | **17** | 4 | St Stephens 10-N 16-W |
| SPENCER | **7** | 1 | Choctaw 3-N 8-E |
| SPINKS | **3** | 3 | Choctaw 4-N 8-E |
| SPURLING | **1** | 2 | Choctaw 4-N 6-E |
| STATHAM | **16** | 1 | Choctaw 1-N 9-E |
| STATUM | **4** | 1 | Choctaw 4-N 9-E |
| STENNETT | **15** | 2 | Choctaw 1-N 8-E |
| STEPHENS | **11** | 6 | Choctaw 2-N 8-E |
| " " | **15** | 1 | Choctaw 1-N 8-E |
| STEVENS | **14** | 3 | Choctaw 1-N 7-E |
| " " | **7** | 2 | Choctaw 3-N 8-E |
| STEWARD | **5** | 2 | Choctaw 3-N 6-E |
| STEWART | **10** | 8 | Choctaw 2-N 7-E |
| " " | **5** | 3 | Choctaw 3-N 6-E |
| STEWORD | **9** | 1 | Choctaw 2-N 6-E |
| STINGLEY | **2** | 3 | Choctaw 4-N 7-E |
| STONE | **7** | 3 | Choctaw 3-N 8-E |
| " " | **8** | 1 | Choctaw 3-N 9-E |
| STORY | **1** | 2 | Choctaw 4-N 6-E |
| " " | **18** | 1 | St Stephens 10-N 15-W |
| STREBECK | **7** | 2 | Choctaw 3-N 8-E |
| STRICKLAND | **3** | 1 | Choctaw 4-N 8-E |
| " " | **19** | 1 | St Stephens 10-N 14-W |
| STRINGER | **16** | 24 | Choctaw 1-N 9-E |
| " " | **15** | 16 | Choctaw 1-N 8-E |
| " " | **19** | 7 | St Stephens 10-N 14-W |
| STRONG | **1** | 8 | Choctaw 4-N 6-E |
| STUARD | **10** | 7 | Choctaw 2-N 7-E |
| " " | **9** | 3 | Choctaw 2-N 6-E |
| " " | **5** | 3 | Choctaw 3-N 6-E |
| STUART | **5** | 4 | Choctaw 3-N 6-E |
| STUBBS | **1** | 11 | Choctaw 4-N 6-E |
| " " | **13** | 2 | Choctaw 1-N 6-E |

| Surname | Map Group | Parcels of Land | Meridian/Township/Range |
|---|---|---|---|
| THORNTON | **7** | 40 | Choctaw 3-N 8-E |
| " " | **11** | 7 | Choctaw 2-N 8-E |
| " " | **14** | 5 | Choctaw 1-N 7-E |
| " " | **9** | 4 | Choctaw 2-N 6-E |
| " " | **10** | 2 | Choctaw 2-N 7-E |
| " " | **6** | 2 | Choctaw 3-N 7-E |
| TILLES | **16** | 1 | Choctaw 1-N 9-E |
| TILLONS | **6** | 1 | Choctaw 3-N 7-E |
| TILLSON | **11** | 4 | Choctaw 2-N 8-E |
| " " | **14** | 1 | Choctaw 1-N 7-E |
| TILSON | **14** | 5 | Choctaw 1-N 7-E |
| " " | **15** | 1 | Choctaw 1-N 8-E |
| TIMMS | **7** | 1 | Choctaw 3-N 8-E |
| " " | **3** | 1 | Choctaw 4-N 8-E |
| TIMS | **5** | 1 | Choctaw 3-N 6-E |
| " " | **3** | 1 | Choctaw 4-N 8-E |
| TINER | **1** | 1 | Choctaw 4-N 6-E |
| TIPPIT | **20** | 2 | St Stephens 10-N 13-W |
| " " | **16** | 1 | Choctaw 1-N 9-E |
| TOLAR | **7** | 1 | Choctaw 3-N 8-E |
| " " | **4** | 1 | Choctaw 4-N 9-E |
| TOMES | **1** | 4 | Choctaw 4-N 6-E |
| TONEY | **15** | 1 | Choctaw 1-N 8-E |
| TRAMEL | **7** | 1 | Choctaw 3-N 8-E |
| TRAWEEK | **9** | 1 | Choctaw 2-N 6-E |
| TRAXLER | **10** | 2 | Choctaw 2-N 7-E |
| " " | **1** | 2 | Choctaw 4-N 6-E |
| " " | **5** | 1 | Choctaw 3-N 6-E |
| TUCKER | **3** | 1 | Choctaw 4-N 8-E |
| TUGGLE | **17** | 3 | St Stephens 10-N 16-W |
| " " | **18** | 1 | St Stephens 10-N 15-W |
| " " | **21** | 1 | St Stephens 9-N 16-W |
| TULLAS | **6** | 4 | Choctaw 3-N 7-E |
| TULLIS | **5** | 9 | Choctaw 3-N 6-E |
| " " | **1** | 1 | Choctaw 4-N 6-E |
| TULLONS | **6** | 2 | Choctaw 3-N 7-E |
| TULLOS | **6** | 26 | Choctaw 3-N 7-E |
| " " | **2** | 9 | Choctaw 4-N 7-E |
| " " | **3** | 8 | Choctaw 4-N 8-E |
| " " | **5** | 5 | Choctaw 3-N 6-E |
| " " | **7** | 3 | Choctaw 3-N 8-E |
| " " | **16** | 2 | Choctaw 1-N 9-E |
| " " | **10** | 2 | Choctaw 2-N 7-E |
| " " | **1** | 2 | Choctaw 4-N 6-E |
| " " | **9** | 1 | Choctaw 2-N 6-E |
| " " | **11** | 1 | Choctaw 2-N 8-E |
| " " | **20** | 1 | St Stephens 10-N 13-W |
| TULLOUS | **6** | 3 | Choctaw 3-N 7-E |
| " " | **2** | 2 | Choctaw 4-N 7-E |
| " " | **1** | 1 | Choctaw 4-N 6-E |
| TULLUS | **20** | 1 | St Stephens 10-N 13-W |
| TURNBOUGH | **14** | 1 | Choctaw 1-N 7-E |
| TURNBOW | **10** | 3 | Choctaw 2-N 7-E |
| " " | **14** | 1 | Choctaw 1-N 7-E |
| TURNER | **16** | 4 | Choctaw 1-N 9-E |
| " " | **15** | 2 | Choctaw 1-N 8-E |
| " " | **4** | 1 | Choctaw 4-N 9-E |
| UPTEN | **10** | 2 | Choctaw 2-N 7-E |
| UPTON | **10** | 14 | Choctaw 2-N 7-E |
| VALENTINE | **5** | 1 | Choctaw 3-N 6-E |

| Surname | Map Group | Parcels of Land | Meridian/Township/Range |
|---|---|---|---|
| VANSANT | **6** | 1 | Choctaw 3-N 7-E |
| " " | **2** | 1 | Choctaw 4-N 7-E |
| " " | **4** | 1 | Choctaw 4-N 9-E |
| VANZANT | **6** | 2 | Choctaw 3-N 7-E |
| VARNER | **2** | 4 | Choctaw 4-N 7-E |
| VAUGHN | **4** | 3 | Choctaw 4-N 9-E |
| VINCANT | **5** | 1 | Choctaw 3-N 6-E |
| VINSANT | **7** | 1 | Choctaw 3-N 8-E |
| VINZANT | **7** | 17 | Choctaw 3-N 8-E |
| " " | **6** | 5 | Choctaw 3-N 7-E |
| " " | **11** | 1 | Choctaw 2-N 8-E |
| " " | **3** | 1 | Choctaw 4-N 8-E |
| WADE | **20** | 10 | St Stephens 10-N 13-W |
| " " | **17** | 2 | St Stephens 10-N 16-W |
| WAGGOMAN | **2** | 2 | Choctaw 4-N 7-E |
| WALKER | **18** | 20 | St Stephens 10-N 15-W |
| " " | **8** | 4 | Choctaw 3-N 9-E |
| " " | **10** | 3 | Choctaw 2-N 7-E |
| " " | **14** | 2 | Choctaw 1-N 7-E |
| " " | **11** | 2 | Choctaw 2-N 8-E |
| " " | **13** | 1 | Choctaw 1-N 6-E |
| " " | **7** | 1 | Choctaw 3-N 8-E |
| WALL | **1** | 2 | Choctaw 4-N 6-E |
| WALSH | **7** | 6 | Choctaw 3-N 8-E |
| WALTERS | **15** | 2 | Choctaw 1-N 8-E |
| " " | **1** | 2 | Choctaw 4-N 6-E |
| " " | **4** | 2 | Choctaw 4-N 9-E |
| " " | **9** | 1 | Choctaw 2-N 6-E |
| " " | **5** | 1 | Choctaw 3-N 6-E |
| WAMACK | **7** | 2 | Choctaw 3-N 8-E |
| WARD | **10** | 12 | Choctaw 2-N 7-E |
| " " | **8** | 12 | Choctaw 3-N 9-E |
| " " | **3** | 4 | Choctaw 4-N 8-E |
| " " | **11** | 2 | Choctaw 2-N 8-E |
| " " | **6** | 2 | Choctaw 3-N 7-E |
| " " | **19** | 1 | St Stephens 10-N 14-W |
| WARE | **17** | 24 | St Stephens 10-N 16-W |
| " " | **11** | 4 | Choctaw 2-N 8-E |
| " " | **15** | 2 | Choctaw 1-N 8-E |
| " " | **9** | 1 | Choctaw 2-N 6-E |
| WARREN | **8** | 5 | Choctaw 3-N 9-E |
| " " | **5** | 4 | Choctaw 3-N 6-E |
| " " | **17** | 4 | St Stephens 10-N 16-W |
| " " | **6** | 2 | Choctaw 3-N 7-E |
| " " | **4** | 2 | Choctaw 4-N 9-E |
| " " | **7** | 1 | Choctaw 3-N 8-E |
| WATERS | **6** | 3 | Choctaw 3-N 7-E |
| WATKINS | **3** | 4 | Choctaw 4-N 8-E |
| " " | **10** | 2 | Choctaw 2-N 7-E |
| " " | **17** | 2 | St Stephens 10-N 16-W |
| WATTS | **3** | 1 | Choctaw 4-N 8-E |
| WEATHERSBY | **15** | 8 | Choctaw 1-N 8-E |
| " " | **6** | 4 | Choctaw 3-N 7-E |
| " " | **11** | 1 | Choctaw 2-N 8-E |
| WEBB | **16** | 2 | Choctaw 1-N 9-E |
| " " | **8** | 1 | Choctaw 3-N 9-E |
| " " | **19** | 1 | St Stephens 10-N 14-W |
| WEDGEWORTH | **8** | 4 | Choctaw 3-N 9-E |
| " " | **4** | 4 | Choctaw 4-N 9-E |
| " " | **5** | 1 | Choctaw 3-N 6-E |

| Surname | Map Group | Parcels of Land | Meridian/Township/Range |
|---|---|---|---|
| WEDGWORTH | **8** | 2 | Choctaw 3-N 9-E |
| WEEMS | **4** | 8 | Choctaw 4-N 9-E |
| " " | **11** | 2 | Choctaw 2-N 8-E |
| " " | **12** | 2 | Choctaw 2-N 9-E |
| WELBORN | **15** | 3 | Choctaw 1-N 8-E |
| " " | **14** | 1 | Choctaw 1-N 7-E |
| " " | **19** | 1 | St Stephens 10-N 14-W |
| WELBURN | **12** | 3 | Choctaw 2-N 9-E |
| WELCH | **7** | 3 | Choctaw 3-N 8-E |
| " " | **12** | 2 | Choctaw 2-N 9-E |
| WELLS | **17** | 14 | St Stephens 10-N 16-W |
| " " | **14** | 4 | Choctaw 1-N 7-E |
| " " | **9** | 1 | Choctaw 2-N 6-E |
| " " | **11** | 1 | Choctaw 2-N 8-E |
| WESBROOKS | **10** | 3 | Choctaw 2-N 7-E |
| WEST | **12** | 2 | Choctaw 2-N 9-E |
| " " | **17** | 2 | St Stephens 10-N 16-W |
| WESTBROOK | **3** | 3 | Choctaw 4-N 8-E |
| " " | **7** | 2 | Choctaw 3-N 8-E |
| WESTMOLAND | **10** | 2 | Choctaw 2-N 7-E |
| WHELAN | **15** | 1 | Choctaw 1-N 8-E |
| WHITE | **13** | 6 | Choctaw 1-N 6-E |
| " " | **15** | 3 | Choctaw 1-N 8-E |
| WICKER | **2** | 7 | Choctaw 4-N 7-E |
| " " | **3** | 2 | Choctaw 4-N 8-E |
| WIGGINS | **1** | 2 | Choctaw 4-N 6-E |
| WIGINGTON | **6** | 2 | Choctaw 3-N 7-E |
| WILBORN | **19** | 1 | St Stephens 10-N 14-W |
| WILCOX | **3** | 2 | Choctaw 4-N 8-E |
| " " | **2** | 1 | Choctaw 4-N 7-E |
| WILEY | **19** | 1 | St Stephens 10-N 14-W |
| WILKERSON | **4** | 2 | Choctaw 4-N 9-E |
| WILKINS | **4** | 4 | Choctaw 4-N 9-E |
| " " | **8** | 1 | Choctaw 3-N 9-E |
| WILKINSON | **10** | 9 | Choctaw 2-N 7-E |
| WILLIAMS | **14** | 10 | Choctaw 1-N 7-E |
| " " | **19** | 7 | St Stephens 10-N 14-W |
| " " | **16** | 5 | Choctaw 1-N 9-E |
| " " | **18** | 4 | St Stephens 10-N 15-W |
| " " | **9** | 2 | Choctaw 2-N 6-E |
| " " | **20** | 2 | St Stephens 10-N 13-W |
| " " | **15** | 1 | Choctaw 1-N 8-E |
| " " | **5** | 1 | Choctaw 3-N 6-E |
| " " | **4** | 1 | Choctaw 4-N 9-E |
| WILLIAMSON | **8** | 6 | Choctaw 3-N 9-E |
| " " | **15** | 5 | Choctaw 1-N 8-E |
| " " | **16** | 4 | Choctaw 1-N 9-E |
| " " | **6** | 2 | Choctaw 3-N 7-E |
| " " | **19** | 1 | St Stephens 10-N 14-W |
| WILLIS | **19** | 2 | St Stephens 10-N 14-W |
| WILSON | **4** | 3 | Choctaw 4-N 9-E |
| " " | **16** | 2 | Choctaw 1-N 9-E |
| WINDHAM | **16** | 8 | Choctaw 1-N 9-E |
| " " | **12** | 5 | Choctaw 2-N 9-E |
| " " | **3** | 3 | Choctaw 4-N 8-E |
| " " | **19** | 3 | St Stephens 10-N 14-W |
| " " | **18** | 2 | St Stephens 10-N 15-W |
| WINDOM | **12** | 3 | Choctaw 2-N 9-E |
| WINGATE | **15** | 3 | Choctaw 1-N 8-E |
| WINSTEAD | **6** | 2 | Choctaw 3-N 7-E |

| Surname | Map Group | Parcels of Land | Meridian/Township/Range |
|---|---|---|---|
| WOMACK | **7** | 8 | Choctaw 3-N 8-E |
| " " | **10** | 2 | Choctaw 2-N 7-E |
| " " | **1** | 2 | Choctaw 4-N 6-E |
| " " | **6** | 1 | Choctaw 3-N 7-E |
| WOOD | **7** | 3 | Choctaw 3-N 8-E |
| " " | **2** | 2 | Choctaw 4-N 7-E |
| " " | **11** | 1 | Choctaw 2-N 8-E |
| WOOLEY | **10** | 2 | Choctaw 2-N 7-E |
| " " | **5** | 2 | Choctaw 3-N 6-E |
| WOOLY | **10** | 1 | Choctaw 2-N 7-E |
| WORD | **11** | 3 | Choctaw 2-N 8-E |
| WRIGHT | **7** | 1 | Choctaw 3-N 8-E |
| WYATT | **6** | 1 | Choctaw 3-N 7-E |
| YAGER | **8** | 2 | Choctaw 3-N 9-E |
| YARBOR | **18** | 3 | St Stephens 10-N 15-W |
| YATES | **5** | 1 | Choctaw 3-N 6-E |
| " " | **6** | 1 | Choctaw 3-N 7-E |
| YELVERTON | **17** | 5 | St Stephens 10-N 16-W |
| " " | **12** | 3 | Choctaw 2-N 9-E |
| " " | **10** | 2 | Choctaw 2-N 7-E |
| " " | **18** | 2 | St Stephens 10-N 15-W |
| " " | **19** | 1 | St Stephens 10-N 14-W |
| YELVINTON | **19** | 2 | St Stephens 10-N 14-W |
| YOUNG | **1** | 1 | Choctaw 4-N 6-E |
| YOUNGBLOOD | **3** | 2 | Choctaw 4-N 8-E |

## – Part II –

# Township Map Groups

# Map Group 1: Index to Land Patents

## Township 4-North Range 6-East (Choctaw)

After you locate an individual in this Index, take note of the Section and Section Part then proceed to the Land Patent map on the pages immediately following. You should have no difficulty locating the corresponding parcel of land.

The "For More Info" Column will lead you to more information about the underlying Patents. See the *Legend* at right, and the "How to Use this Book" chapter, for more information.

**LEGEND**

**"For More Info . . . " column**

**A** = Authority (Legislative Act, See Appendix "A")
**B** = Block or Lot (location in Section unknown)
**C** = Cancelled Patent
**F** = Fractional Section
**G** = Group (Multi-Patentee Patent, see Appendix "C")
**V** = Overlaps another Parcel
**R** = Re-Issued (Parcel patented more than once)

*(A & G items require you to look in the Appendixes referred to above. All other Letter-designations followed by a number require you to locate line-items in this index that possess the ID number found after the letter).*

| ID | Individual in Patent | Sec. | Sec. Part | Date Issued | Other Counties | For More Info . . . |
|---|---|---|---|---|---|---|
| 50 | ALLEN, Charles C | 32 | SE | 1853-01-17 | | A6 |
| 49 | " " | 32 | E½NE | 1860-04-02 | | A1 |
| 80 | BARFIELD, Francis M | 15 | SW | 1891-06-30 | | A5 |
| 194 | BARROW, Seth L | 11 | SE | 1851-09-01 | | A2 |
| 195 | " " | 14 | NE | 1851-09-01 | | A2 |
| 18 | BAUGH, Attison | 13 | W½SW | 1891-05-20 | | A5 |
| 21 | BAUGH, Bartholomew | 8 | N½2 | 1854-01-05 | | A8 |
| 22 | " " | 8 | N½3 | 1854-01-05 | | A8 |
| 19 | " " | 5 | 6 | 1861-01-18 | | A1 |
| 20 | " " | 5 | S½5 | 1861-01-18 | | A1 |
| 126 | BAUGH, John G | 7 | NENE | 1859-03-01 | | A1 |
| 127 | " " | 7 | SWNE | 1859-03-01 | | A1 |
| 128 | " " | 8 | S½3 | 1859-03-01 | | A1 |
| 129 | BAUGH, John G H | 7 | SENE | 1854-01-05 | | A8 |
| 130 | " " | 8 | S½4 | 1854-01-05 | | A8 |
| 160 | BOSWORTH, A Sophronia | 18 | SWNW | 1851-11-01 | | A2 G90 |
| 119 | BOTT, James W | 27 | NWNW | 1906-06-16 | | A5 |
| 154 | BOWMAN, Joseph | 19 | SWSW | 1859-03-01 | | A1 |
| 89 | BOYD, George W | 17 | NWNE | 1859-03-01 | | A1 |
| 90 | BRADSHAW, George W | 5 | S½1 | 1896-12-18 | | A5 |
| 91 | " " | 5 | S½2 | 1896-12-18 | | A5 |
| 102 | BRADSHAW, Ingram A | 5 | 7 | 1894-06-23 | | A5 |
| 103 | " " | 5 | 8 | 1894-06-23 | | A5 |
| 226 | BRADSHAW, William H | 5 | 9 | 1912-08-26 | | A5 |
| 163 | BURGESS, Lewis J | 11 | N½NE | 1875-11-20 | | A5 |
| 6 | BUSH, Alexander | 30 | NENW | 1859-03-01 | | A1 |
| 7 | " " | 30 | W½NE | 1859-03-01 | | A1 |
| 8 | " " | 30 | W½NW | 1859-03-01 | | A1 |
| 9 | CARN, Alexander | 7 | SWNW | 1859-03-01 | | A1 |
| 10 | CARNS, Alexander | 7 | E½NW | 1850-01-01 | | A1 |
| 11 | " " | 7 | NWNW | 1850-01-01 | | A1 |
| 39 | CLIFTON, Caswell R | 21 | 2 | 1841-05-25 | | A1 |
| 40 | " " | 21 | 3 | 1841-05-25 | | A1 |
| 41 | " " | 28 | 2 | 1841-05-25 | | A1 |
| 42 | " " | 28 | 3 | 1841-05-25 | | A1 |
| 43 | " " | 28 | 4 | 1841-05-25 | | A1 |
| 44 | " " | 28 | 5 | 1841-05-25 | | A1 |
| 45 | " " | 29 | E½SE | 1841-05-25 | | A1 |
| 46 | " " | 33 | 1 | 1841-05-25 | | A1 |
| 47 | " " | 33 | 2 | 1841-05-25 | | A1 |
| 48 | " " | 33 | 3 | 1841-05-25 | | A1 |
| 68 | COPLIN, Elijah | 30 | SENW | 1844-08-01 | | A1 |
| 222 | COX, William | 2 | NESW | 1856-06-16 | | A8 |
| 72 | CROTWELL, Elizabeth | 21 | 5 | 1875-03-15 | | A5 |
| 73 | " " | 21 | 7 | 1875-03-15 | | A5 |
| 235 | CROTWELL, William J | 21 | 6 | 1873-06-10 | | A5 |

| ID | Individual in Patent | Sec. | Sec. Part | Date Issued | Other Counties | For More Info . . . |
|---|---|---|---|---|---|---|
| 74 | DABS, Elizabeth | 19 | E½SW | 1841-06-25 | | A1 |
| 75 | DABS, Elizabith | 19 | NWSW | 1840-12-10 | | A1 |
| 111 | DAVIS, James | 23 | W½NW | 1888-02-25 | | A5 |
| 81 | DOWNING, Daniel B | 18 | NESW | 1840-08-05 | | A1 G101 |
| 82 | " " | 18 | W½SW | 1840-08-05 | | A1 G101 |
| 83 | " " | 19 | SENW | 1840-08-05 | | A1 G101 |
| 84 | " " | 19 | W½NW | 1840-08-05 | | A1 G101 |
| 79 | EASTERLING, Evander | 33 | 7 | 1841-01-05 | | A1 F |
| 76 | " " | 28 | 7 | 1848-09-01 | | A1 F |
| 77 | " " | 28 | 8 | 1848-09-01 | | A1 F |
| 78 | " " | 28 | 9 | 1848-09-01 | | A1 F |
| 221 | EDWARDS, Albert T | 1 | NW | 1906-03-05 | | A1 G38 |
| 63 | EDWARDS, David A | 11 | SENE | 1892-06-30 | | A5 |
| 106 | EDWARDS, Isaac | 2 | NESE | 1854-10-02 | | A8 |
| 148 | EDWARDS, John W | 1 | N½SW | 1890-02-21 | | A5 |
| 149 | " " | 1 | W½SE | 1898-08-27 | | A5 |
| 184 | EDWARDS, Reps | 3 | SENE | 1883-09-15 | | A5 |
| 221 | EDWARDS, Willia A | 1 | NW | 1906-03-05 | | A1 G38 |
| 161 | ELLIOTT, Joshua | 35 | W½NE | 1841-01-05 | | A1 |
| 131 | EVANS, John H | 9 | 10 | 1882-05-20 | | A5 |
| 132 | " " | 9 | 11 | 1882-05-20 | | A5 |
| 24 | EVERETT, Benjamin | 7 | N½SE | 1854-10-02 | | A3 |
| 23 | " " | 17 | E½SW | 1859-03-01 | | A1 |
| 85 | EVERETT, George G | 17 | N½SE | 1859-03-01 | | A1 |
| 71 | EVERITT, Eliza J | 17 | NWSW | 1892-06-30 | | A5 |
| 34 | FINCH, Jonathan D | 14 | NESW | 1860-05-10 | | A4 G84 |
| 35 | " " | 14 | W½SW | 1860-05-10 | | A4 G84 |
| 51 | FISHER, Charles | 25 | E½NE | 1840-06-09 | | A1 |
| 52 | " " | 25 | E½SW | 1840-06-09 | | A1 |
| 53 | " " | 25 | SE | 1840-06-09 | | A1 |
| 54 | " " | 25 | SWSW | 1840-06-09 | | A1 |
| 55 | " " | 34 | NENE | 1840-06-09 | | A1 |
| 56 | " " | 34 | SE | 1840-06-09 | | A1 |
| 57 | " " | 34 | W½NE | 1840-06-09 | | A1 |
| 58 | " " | 35 | E½NE | 1840-06-09 | | A1 |
| 59 | " " | 35 | E½NW | 1840-06-09 | | A1 |
| 60 | " " | 35 | S½ | 1840-06-09 | | A1 |
| 61 | " " | 36 | | 1841-01-05 | | A1 |
| 125 | FOX, John | 14 | SESW | 1852-05-01 | | A8 |
| 205 | FRANKLIN, Thomas W | 20 | S½SW | 1860-04-02 | | A1 |
| 206 | " " | 29 | NENW | 1860-04-02 | | A1 |
| 227 | FRANKLIN, William H | 19 | E½SE | 1859-03-01 | | A1 |
| 228 | " " | 19 | NWSE | 1859-03-01 | | A1 |
| 229 | " " | 20 | N½SW | 1859-03-01 | | A1 |
| 230 | " " | 20 | NWSE | 1859-03-01 | | A1 |
| 12 | GAINES, Gabriel J | 19 | E½NE | 1850-08-05 | | A2 G61 R100 |
| 13 | " " | 20 | W½NW | 1850-08-05 | | A2 G61 R101 |
| 201 | GEARY, Styland T | 33 | N½4 | 1875-04-20 | | A1 |
| 202 | " " | 33 | N½5 | 1875-04-20 | | A1 |
| 174 | GILL, Newton B | 17 | SWSE | 1899-05-31 | | A5 |
| 135 | GOODIN, John J | 15 | SWSE | 1859-06-01 | | A1 |
| 175 | HAILES, Noel | 10 | NWNW | 1859-05-02 | | A1 |
| 176 | " " | 9 | 1 | 1859-05-02 | | A1 |
| 220 | HAILES, Wiley H | 10 | SESE | 1860-05-02 | | A1 |
| 36 | HALES, Bruster J | 9 | 12 | 1890-08-16 | | A5 |
| 240 | HALES, William T | 9 | | 1904-08-30 | | A5 F |
| 133 | HAWKINS, John | 5 | N½1 | 1859-03-01 | | A1 |
| 134 | " " | 5 | N½2 | 1859-03-01 | | A1 |
| 121 | HEARD, Jesse F | 4 | W½NE | 1835-10-08 | | A1 V190 |
| 99 | HUDSON, Henry B | 15 | NW | 1891-05-20 | | A5 |
| 151 | HUGHS, Jonathan | 13 | E½SW | 1848-09-01 | | A1 |
| 152 | " " | 13 | W½SE | 1848-09-01 | | A1 |
| 153 | " " | 14 | SESE | 1848-09-01 | | A1 |
| 138 | JACKSON, John K | 12 | SWNW | 1854-10-02 | | A8 C R139 |
| 139 | " " | 12 | SWNW | 1857-11-06 | | A8 R138 |
| 136 | " " | 12 | SENW | 1859-05-02 | | A1 |
| 137 | " " | 12 | SWNE | 1859-05-02 | | A1 |
| 180 | JAMES, Peter G | 29 | NWSE | 1859-03-01 | | A1 |
| 181 | " " | 29 | SWSE | 1859-03-01 | | A1 |
| 182 | " " | 31 | NENE | 1859-03-01 | | A1 |
| 179 | " " | 29 | E½SW | 1859-08-10 | | A1 |
| 116 | KEEN, James N | 9 | 15 | 1906-03-05 | | A5 |
| 193 | LANE, Sarah A | 9 | 13 | 1851-10-01 | | A1 F |

| ID | Individual in Patent | Sec. | Sec. Part | Date Issued | Other Counties | For More Info . . . |
|---|---|---|---|---|---|---|
| 234 | LANE, William H | 12 | NWSE | 1859-05-02 | | A1 |
| 231 | " " | 1 | SESW | 1859-06-01 | | A1 |
| 232 | " " | 12 | NENW | 1859-06-01 | | A1 |
| 233 | " " | 12 | NWNE | 1859-06-01 | | A1 |
| 1 | LEE, Addie | 21 | 13 | 1906-06-16 | | A5 |
| 225 | LEWIS, William F | 17 | SWSW | 1891-05-20 | | A5 |
| 12 | LINDSEY, Allen S | 19 | E½NE | 1850-08-05 | | A2 G61 R100 |
| 13 | " " | 20 | W½NW | 1850-08-05 | | A2 G61 R101 |
| 14 | LINDSLEY, Allen S | 8 | S½2 | 1859-03-01 | | A1 |
| 15 | " " | 8 | S½7 | 1859-03-01 | | A1 |
| 37 | LOWRY, Calvin | 1 | NESE | 1901-03-23 | | A5 |
| 38 | " " | 1 | SWNE | 1901-03-23 | | A5 |
| 112 | MCCARTY, James | 9 | 2 | 1895-05-11 | | A5 |
| 113 | " " | 9 | 3 | 1895-05-11 | | A5 |
| 114 | " " | 9 | 7 | 1895-05-11 | | A5 |
| 115 | " " | 9 | 8 | 1895-05-11 | | A5 |
| 16 | MCINNIS, Ann | 9 | 5 | 1874-04-10 | | A5 |
| 17 | " " | 9 | 6 | 1874-04-10 | | A5 |
| 81 | MILLER, William J | 18 | NESW | 1840-08-05 | | A1 G101 |
| 82 | " " | 18 | W½SW | 1840-08-05 | | A1 G101 |
| 83 | " " | 19 | SENW | 1840-08-05 | | A1 G101 |
| 84 | " " | 19 | W½NW | 1840-08-05 | | A1 G101 |
| 191 | ORENDER, Sampson | 29 | E½NE | 1885-12-19 | | A5 |
| 192 | " " | 29 | NWNE | 1885-12-19 | | A5 |
| 64 | PATRICK, Dolphin | 27 | S½NW | 1882-05-20 | | A5 |
| 86 | PHILLIPS, George H | 3 | N½NE | 1896-08-26 | | A5 |
| 165 | PUCKETT, Nancy | 31 | NW | 1859-03-01 | | A1 |
| 166 | " " | 31 | SENE | 1859-03-01 | | A1 |
| 122 | PUCKITT, Jesse | 31 | E½SE | 1840-12-10 | | A1 |
| 123 | " " | 31 | SW | 1840-12-10 | | A1 |
| 124 | " " | 31 | W½SE | 1840-12-10 | | A1 |
| 203 | PUCKITT, Thomas | 30 | SW | 1840-12-10 | | A1 |
| 204 | " " | 31 | W½NE | 1840-12-10 | | A1 |
| 236 | PURVIS, William | 21 | 4 | 1848-09-01 | | A1 F |
| 237 | " " | 22 | W½NW | 1848-09-01 | | A1 |
| 25 | RASBERRY, Benjamin F | 14 | E½NW | 1859-05-02 | | A1 |
| 26 | " " | 14 | SWNW | 1859-05-02 | | A1 |
| 186 | RASBERRY, Richard | 32 | E½NW | 1859-03-01 | | A1 |
| 187 | " " | 32 | W½NE | 1859-03-01 | | A1 |
| 160 | REEVES, Cynthia T | 18 | SWNW | 1851-11-01 | | A2 G90 |
| 160 | REEVES, Wilson S | 18 | SWNW | 1851-11-01 | | A2 G90 |
| 29 | REYNOLDS, Benjamin F | 17 | SENE | 1851-10-01 | | A1 |
| 31 | " " | 6 | NENW | 1851-10-01 | | A1 |
| 32 | " " | 6 | NESW | 1851-10-01 | | A1 |
| 33 | " " | 8 | N½4 | 1851-10-01 | | A1 |
| 27 | " " | 10 | NESW | 1854-10-02 | | A8 |
| 28 | " " | 10 | SENW | 1854-10-02 | | A8 |
| 30 | " " | 19 | SWSE | 1854-11-01 | | A8 |
| 34 | " " | 14 | NESW | 1860-05-10 | | A4 G84 |
| 35 | " " | 14 | W½SW | 1860-05-10 | | A4 G84 |
| 238 | RHODE, William | 8 | 5 | 1961-08-15 | | A2 |
| 239 | " " | 8 | 6 | 1961-08-15 | | A2 |
| 107 | RICHARDSON, Isham L | 23 | E½NE | 1890-08-16 | | A5 |
| 108 | " " | 23 | NWNE | 1890-08-16 | | A5 |
| 117 | RICHARDSON, James | 23 | NESW | 1882-03-30 | | A5 |
| 118 | " " | 23 | W½SW | 1882-03-30 | | A5 |
| 185 | RICHARDSON, Richard R | 30 | W½SE | 1841-06-25 | | A1 |
| 214 | RICHARDSON, Wiley A | 15 | E½SE | 1890-06-25 | | A5 |
| 215 | " " | 15 | NWSE | 1890-06-25 | | A5 |
| 216 | " " | 15 | SENE | 1890-06-25 | | A5 |
| 223 | ROSS, William E | 27 | NENW | 1889-01-12 | | A5 |
| 224 | " " | 27 | NWNE | 1889-01-12 | | A5 |
| 98 | SAMUEL, Harris | 6 | SESW | 1853-05-05 | | A8 |
| 162 | SANERFORD, Kemp | 1 | NWNE | 1859-05-02 | | A1 |
| 2 | SANFORD, Albert B | 17 | NENE | 1850-01-01 | | A1 R3 |
| 2 | " " | 17 | NENE | 1850-01-01 | | A1 C R3 |
| 3 | " " | 17 | NENE | 1850-01-01 | | A1 R2 |
| 3 | " " | 17 | NENE | 1850-01-01 | | A1 C R2 |
| 4 | " " | 17 | SWNE | 1850-01-01 | | A1 R5 |
| 4 | " " | 17 | SWNE | 1850-01-01 | | A1 C R5 |
| 5 | " " | 17 | SWNE | 1850-01-01 | | A1 R4 |
| 5 | " " | 17 | SWNE | 1850-01-01 | | A1 C R4 |
| 217 | SEARCY, Wiley A | 17 | SESE | 1859-03-01 | | A1 |

| ID | Individual in Patent | Sec. | Sec. Part | Date Issued | Other Counties | For More Info . . . |
|---|---|---|---|---|---|---|
| 218 | SEARCY, Wiley A (Cont'd) | 20 | E½SE | 1859-03-01 | | A1 |
| 219 | " " | 21 | 1 | 1859-03-01 | | A1 |
| 120 | SIGREST, Jasper G | 11 | NW | 1879-05-06 | | A5 |
| 62 | SMITH, Chroma E | 25 | NWNE | 1920-04-20 | | A5 |
| 140 | SMITH, John | 17 | NWNW | 1850-01-01 | | A1 |
| 143 | " " | 18 | NENE | 1850-01-01 | | A1 |
| 144 | " " | 18 | SENE | 1850-01-01 | | A1 |
| 142 | " " | 17 | SWNW | 1853-05-10 | | A1 |
| 145 | " " | 18 | W½NE | 1854-01-05 | | A8 |
| 141 | " " | 17 | SENW | 1854-10-02 | | A8 |
| 146 | " " | 3 | W½SW | 1859-05-02 | | A1 |
| 147 | " " | 4 | E½SE | 1859-05-02 | | A1 |
| 100 | SPURLING, Henry B | 19 | E½NE | 1852-07-06 | | A6 R12 |
| 101 | " " | 20 | W½NW | 1852-07-06 | | A6 R13 |
| 199 | STORY, Sirlenus A | 29 | SENW | 1873-06-10 | | A5 |
| 200 | " " | 29 | SWNE | 1873-06-10 | | A5 |
| 69 | STRONG, Elijah | 18 | SESW | 1840-12-10 | | A1 |
| 70 | " " | 19 | NENW | 1840-12-10 | | A1 |
| 156 | STRONG, Joseph | 18 | NWNW | 1850-01-01 | | A1 |
| 157 | " " | 18 | SENW | 1850-01-01 | | A1 |
| 160 | " " | 18 | SWNW | 1851-11-01 | | A2 G90 |
| 159 | " " | 7 | SWSW | 1853-04-15 | | A2 |
| 155 | " " | 18 | NENW | 1854-07-01 | | A2 |
| 158 | " " | 7 | NWSW | 1859-03-01 | | A1 |
| 92 | STUBBS, George W | 21 | 10 | 1881-08-20 | | A5 |
| 93 | " " | 21 | 11 | 1881-08-20 | | A5 |
| 94 | " " | 21 | 12 | 1881-08-20 | | A5 |
| 95 | " " | 21 | 9 | 1881-08-20 | | A5 |
| 177 | STUBBS, Peter B | 1 | SESE | 1848-09-01 | | A1 |
| 178 | " " | 12 | NENE | 1848-09-01 | | A1 |
| 209 | STUBBS, Tristram | 20 | E½NE | 1840-12-10 | | A1 |
| 210 | " " | 20 | W½NE | 1840-12-10 | | A1 |
| 212 | " " | 28 | 1 | 1841-05-25 | | A1 |
| 211 | " " | 27 | NWSW | 1860-07-02 | | A1 |
| 213 | " " | 28 | 6 | 1860-07-02 | | A1 |
| 183 | SURLEY, Phillip | 19 | NWNE | 1853-05-10 | | A1 |
| 109 | SWIGERT, Jacob | 35 | W½NW | 1860-04-10 | | A1 |
| 65 | TAYLOR, Elijah B | 25 | E½NW | 1841-01-05 | | A1 |
| 66 | " " | 25 | NWSW | 1841-01-05 | | A1 |
| 67 | " " | 25 | SWNE | 1841-01-05 | | A1 |
| 167 | THORN, Nazareth | 5 | N½4 | 1853-04-15 | | A2 |
| 172 | " " | 8 | N½7 | 1854-01-05 | | A8 G99 |
| 173 | " " | 8 | N½8 | 1854-01-05 | | A8 G99 |
| 168 | " " | 5 | N½5 | 1859-03-01 | | A1 |
| 169 | " " | 5 | S½3 | 1859-03-01 | | A1 |
| 170 | " " | 5 | S½4 | 1859-03-01 | | A1 |
| 171 | " " | 6 | SE | 1859-03-01 | | A1 |
| 197 | THORN, Simeon | 6 | E½NE | 1854-01-05 | | A8 |
| 196 | " " | 5 | N½3 | 1859-03-01 | | A1 |
| 198 | " " | 6 | W½NE | 1859-03-01 | | A1 |
| 164 | TINER, Lewis | 26 | E½SE | 1841-01-05 | | A1 |
| 81 | TOMES, Francis | 18 | NESW | 1840-08-05 | | A1 G101 |
| 82 | " " | 18 | W½SW | 1840-08-05 | | A1 G101 |
| 83 | " " | 19 | SENW | 1840-08-05 | | A1 G101 |
| 84 | " " | 19 | W½NW | 1840-08-05 | | A1 G101 |
| 207 | TRAXLER, Thomas W | 15 | N½NE | 1898-01-19 | | A5 |
| 208 | " " | 15 | SWNE | 1898-01-19 | | A5 |
| 96 | TULLIS, Hampton | 26 | SWSE | 1841-01-05 | | A1 |
| 87 | TULLOS, George S | 24 | SE | 1846-09-01 | | A1 |
| 97 | TULLOS, Hampton | 34 | NWSW | 1841-01-05 | | A1 |
| 88 | TULLOUS, George | 34 | SENE | 1841-01-05 | | A1 |
| 110 | WALL, James D | 3 | E½SW | 1859-05-02 | | A1 |
| 190 | WALL, Robert | 4 | NWNE | 1859-05-02 | | A1 V121 |
| 188 | WALTERS, Richard | 19 | SWNE | 1859-03-01 | | A1 |
| 189 | " " | 20 | E½NW | 1859-03-01 | | A1 |
| 105 | WIGGINS, Ingram | 3 | W½NW | 1848-09-01 | | A1 |
| 104 | " " | 3 | SWNE | 1859-05-02 | | A1 |
| 172 | WOMACK, Jane | 8 | N½7 | 1854-01-05 | | A8 G99 |
| 173 | " " | 8 | N½8 | 1854-01-05 | | A8 G99 |
| 150 | YOUNG, John | 25 | SWNW | 1841-01-05 | | A1 |

# Patent Map

T4-N R6-E
Choctaw Meridian

Map Group 1

## Township Statistics

| | | |
|---|---|---|
| Parcels Mapped | : | 240 |
| Number of Patents | : | 158 |
| Number of Individuals | : | 119 |
| Patentees Identified | : | 113 |
| Number of Surnames | : | 89 |
| Multi-Patentee Parcels | : | 12 |
| Oldest Patent Date | : | 10/8/1835 |
| Most Recent Patent | : | 8/15/1961 |
| Block/Lot Parcels | : | 64 |
| Parcels Re - Issued | : | 5 |
| Parcels that Overlap | : | 2 |
| Cities and Towns | : | 1 |
| Cemeteries | : | 3 |



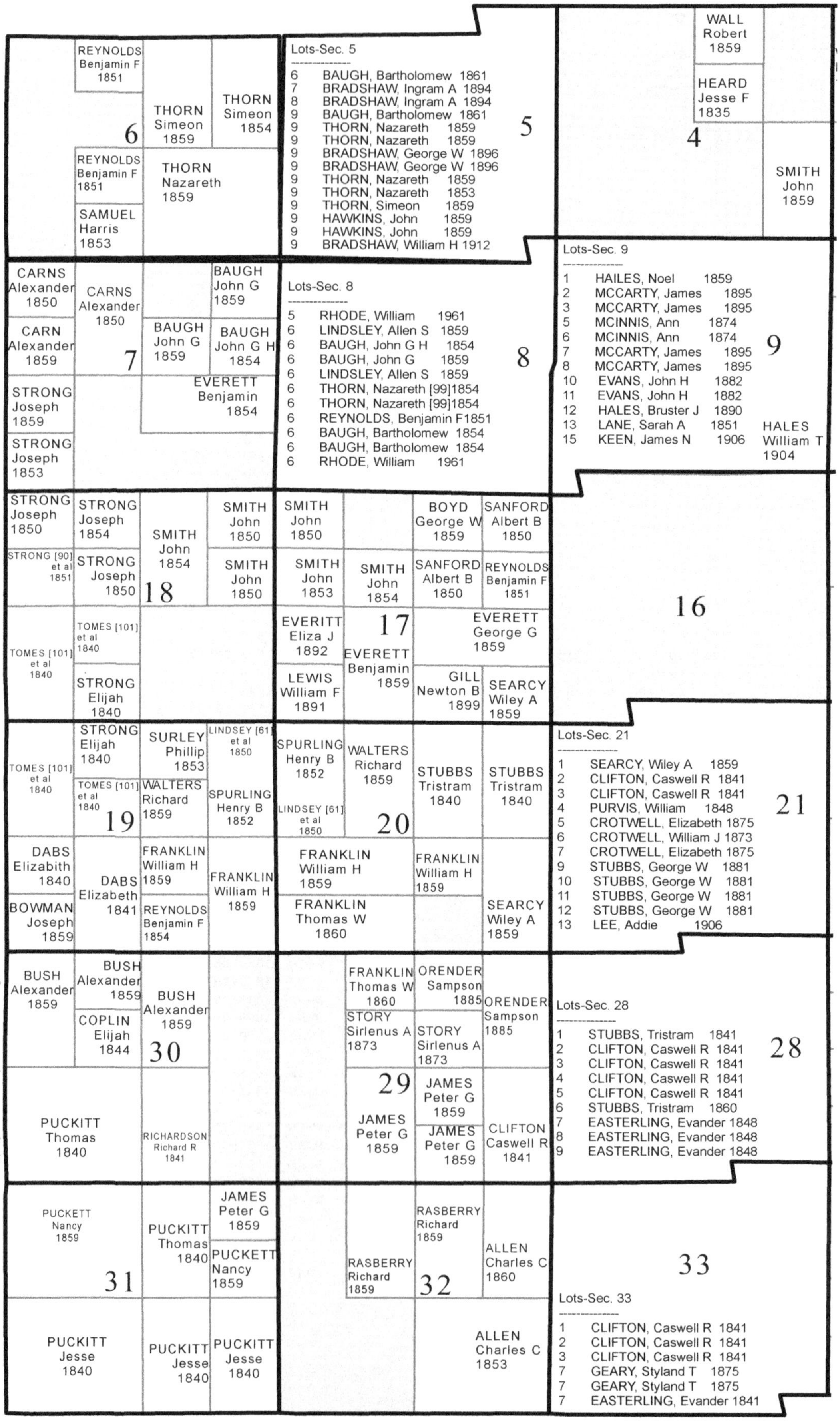

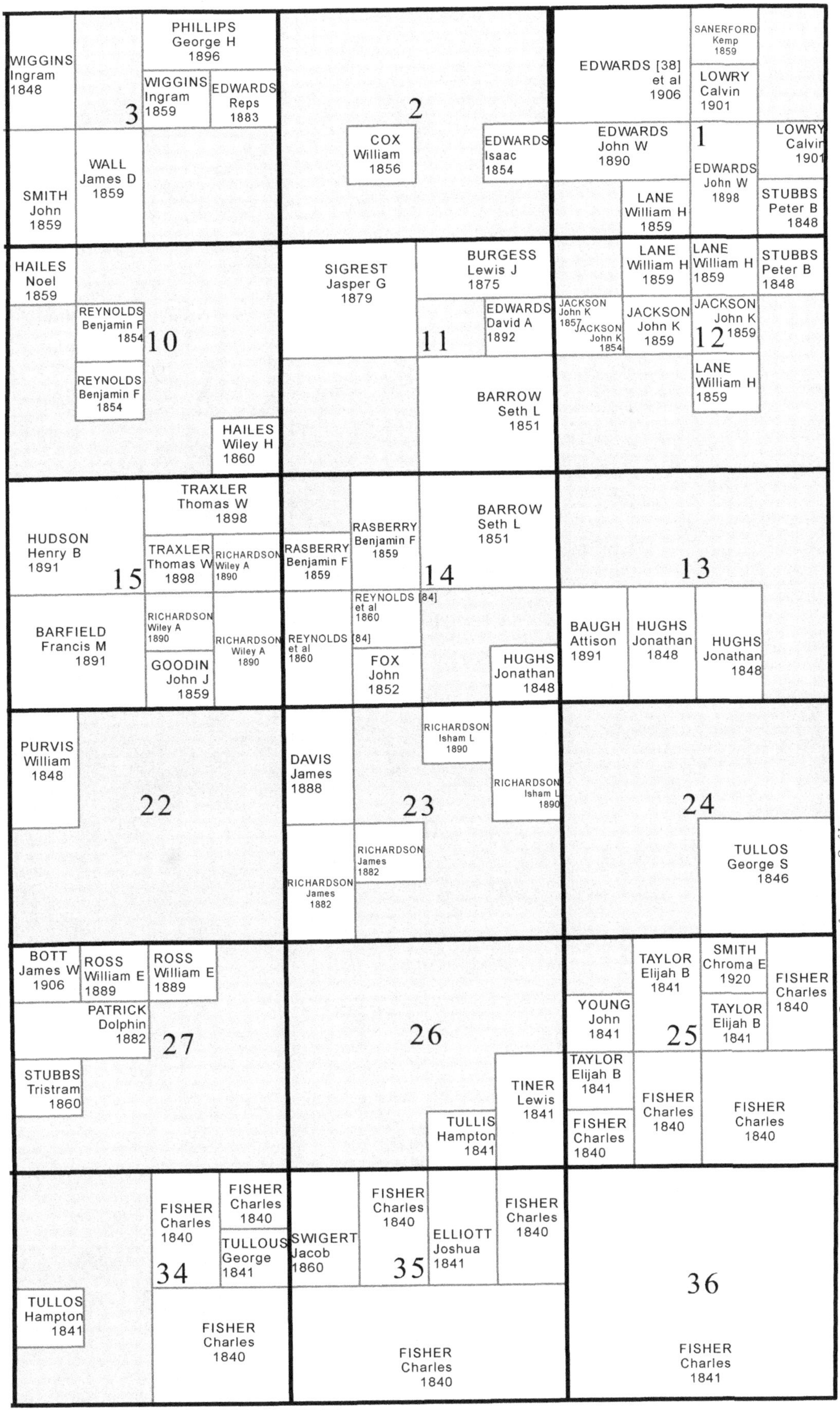




## Helpful Hints

1. This Map's INDEX can be found on the preceding pages.
2. Refer to Map "C" to see where this Township lies within Smith County, Mississippi.
3. Numbers within square brackets [ ] denote a multi-patentee land parcel (multi-owner). Refer to Appendix "C" for a full list of members in this group.
4. Areas that look to be crowded with Patentees usually indicate multiple sales of the same parcel (Re-issues) or Overlapping parcels. See this Township's Index for an explanation of these and other circumstances that might explain "odd" groupings of Patentees on this map.

## Legend

Patent Boundary

Section Boundary

No Patents Found (or Outside County)

1., 2., 3., ... Lot Numbers (when beside a name)

[ ] Group Number (see Appendix "C")

**Scale**: Section = 1 mile X 1 mile (generally, with some exceptions)

# Road Map

T4-N R6-E
Choctaw Meridian

Map Group 1

## Cities & Towns

Polkville

## Cemeteries

Haile Cemetery
James Cemetery
Polkville Cemetery

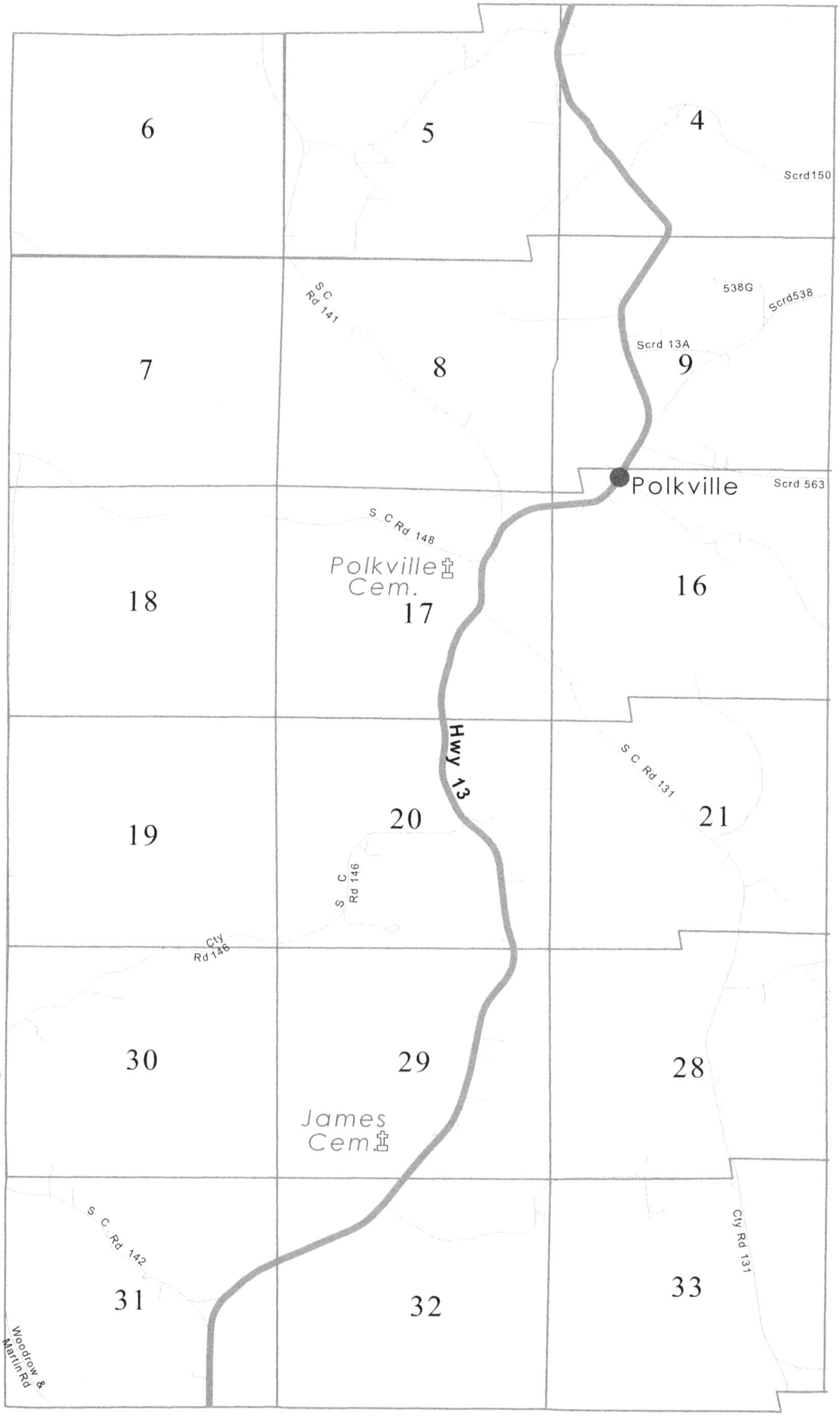

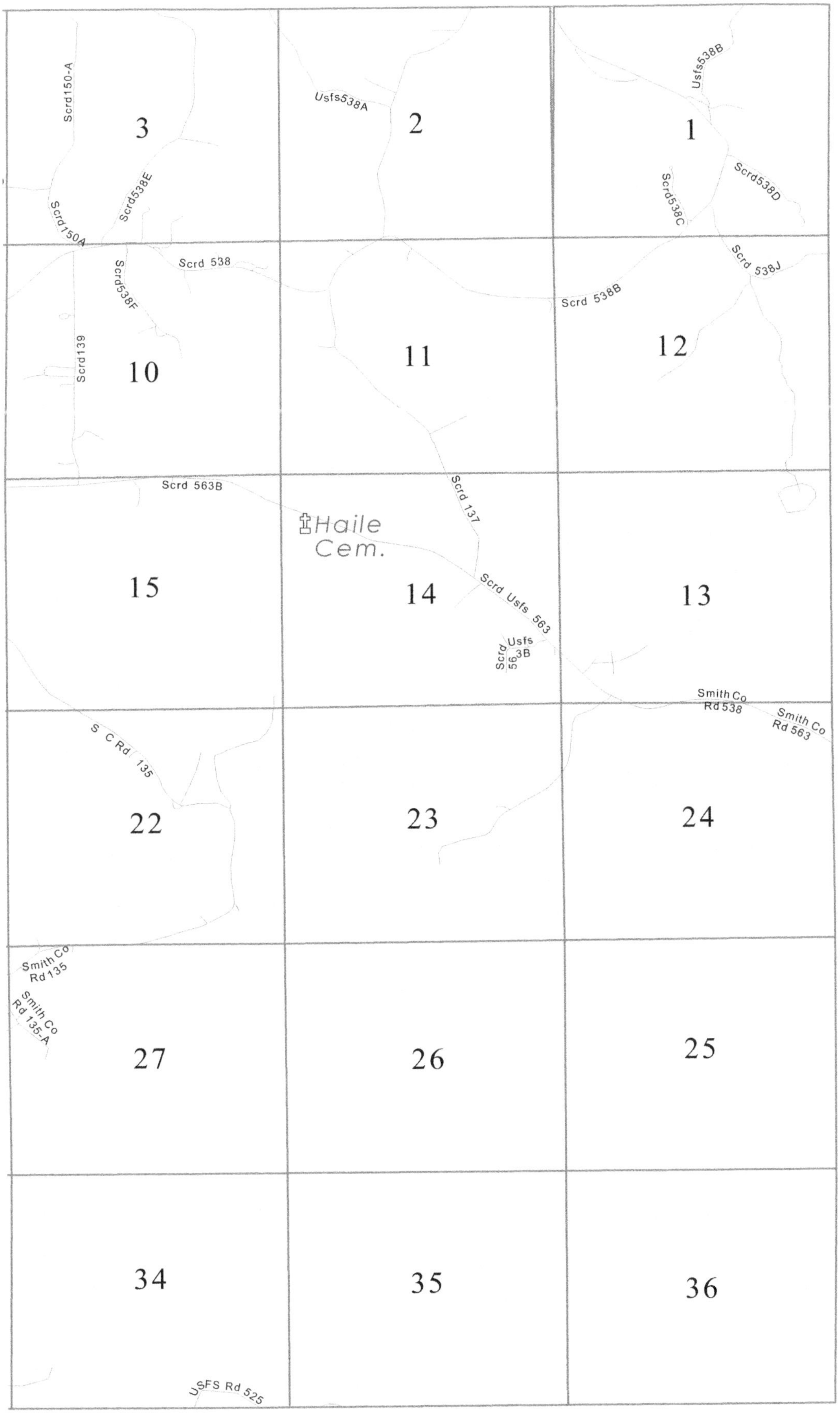




## Helpful Hints

1. This road map has a number of uses, but primarily it is to help you: a) find the present location of land owned by your ancestors (at least the general area), b) find cemeteries and city-centers, and c) estimate the route/roads used by Census-takers & tax-assessors.

2. If you plan to travel to Smith County to locate cemeteries or land parcels, please pick up a modern travel map for the area before you do. Mapping old land parcels on modern maps is not as exact a science as you might think. Just the slightest variations in public land survey coordinates, estimates of parcel boundaries, or road-map deviations can greatly alter a map's representation of how a road either does or doesn't cross a particular parcel of land.

## Legend

- Section Lines
- Interstates
- Highways
- Other Roads
- Cities/Towns
- Cemeteries

**Scale**: Section = 1 mile X 1 mile
(generally, with some exceptions)

# Historical Map

T4-N R6-E
Choctaw Meridian

Map Group 1

## Cities & Towns

Polkville

## Cemeteries

Haile Cemetery
James Cemetery
Polkville Cemetery

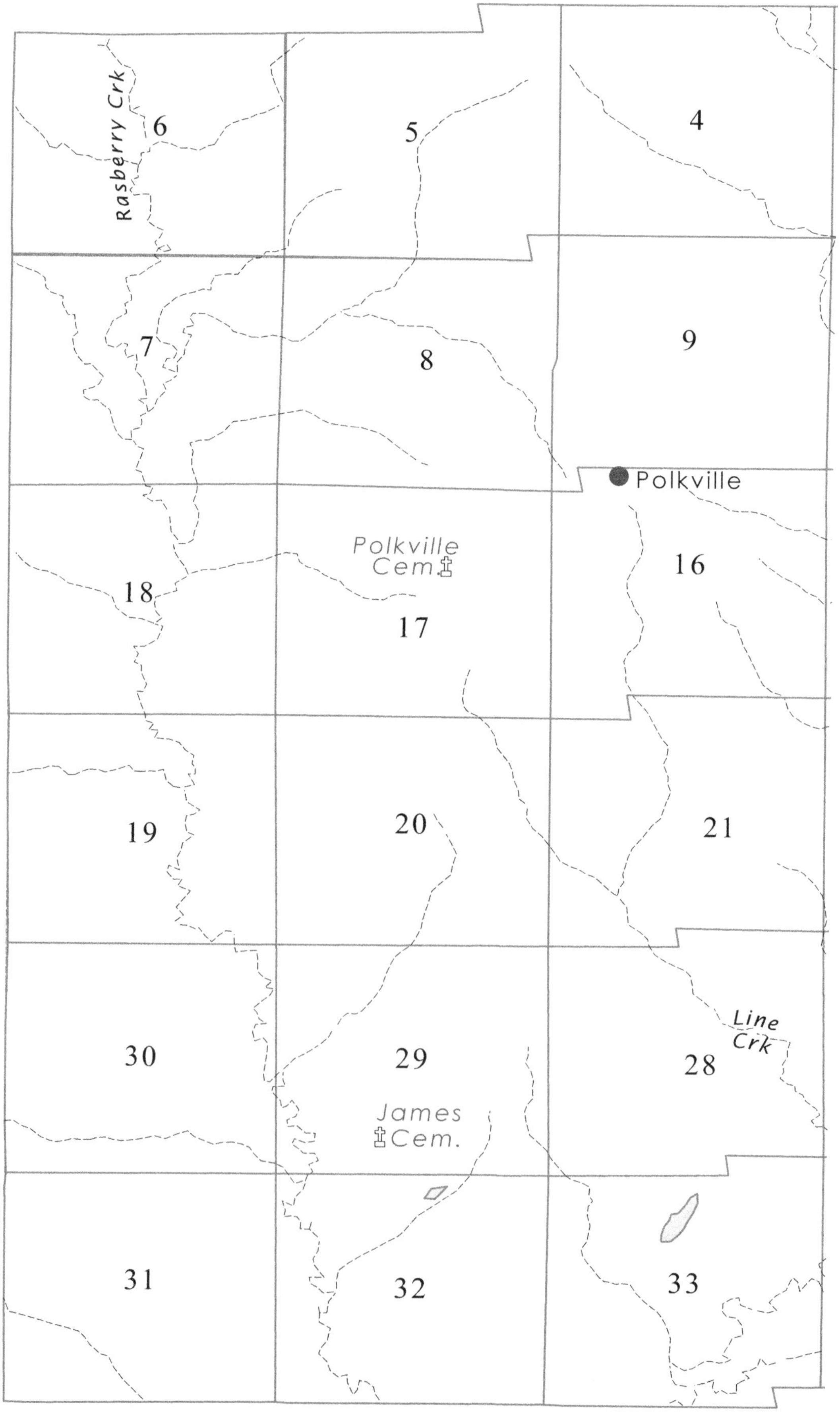

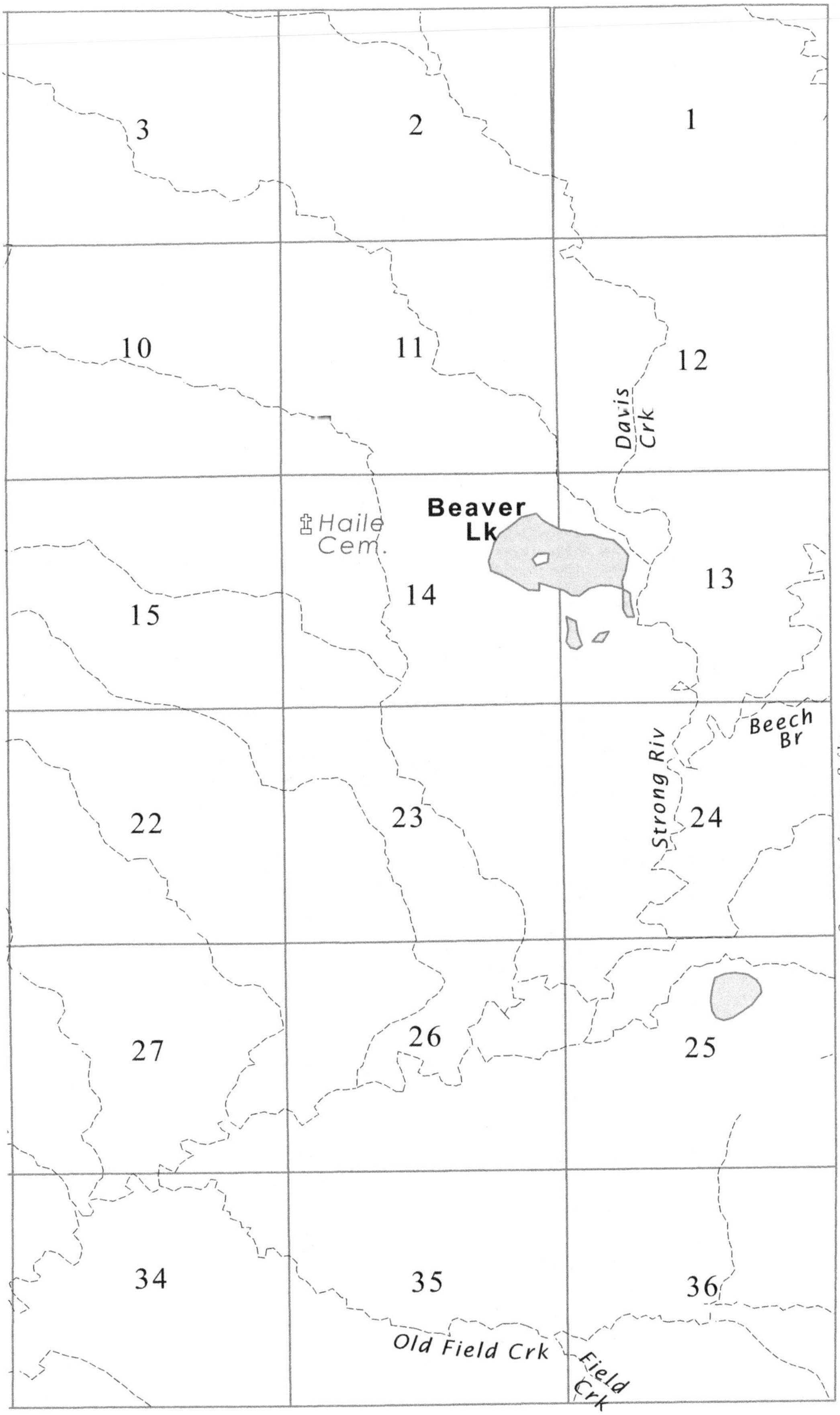




## Helpful Hints

1. This Map takes a different look at the same Congressional Township displayed in the preceding two maps. It presents features that can help you better envision the historical development of the area: a) Water-bodies (lakes & ponds), b) Water-courses (rivers, streams, etc.), c) Railroads, d) City/town center-points (where they were oftentimes located when first settled), and e) Cemeteries.
2. Using this "Historical" map in tandem with this Township's Patent Map and Road Map, may lead you to some interesting discoveries. You will often find roads, towns, cemeteries, and waterways are named after nearby landowners: sometimes those names will be the ones you are researching. See how many of these research gems you can find here in Smith County.

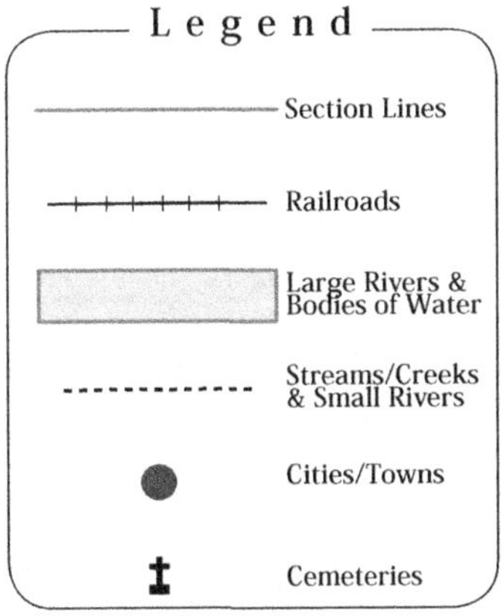


**Scale**: Section = 1 mile X 1 mile
(there are some exceptions)

# Map Group 2: Index to Land Patents

## Township 4-North Range 7-East (Choctaw)

After you locate an individual in this Index, take note of the Section and Section Part then proceed to the Land Patent map on the pages immediately following. You should have no difficulty locating the corresponding parcel of land.

The "For More Info" Column will lead you to more information about the underlying Patents. See the *Legend* at right, and the "How to Use this Book" chapter, for more information.

**LEGEND**

**"For More Info . . . " column**

**A** = Authority (Legislative Act, See Appendix "A")
**B** = Block or Lot (location in Section unknown)
**C** = Cancelled Patent
**F** = Fractional Section
**G** = Group (Multi-Patentee Patent, see Appendix "C")
**V** = Overlaps another Parcel
**R** = Re-Issued (Parcel patented more than once)

*(A & G items require you to look in the Appendixes referred to above. All other Letter-designations followed by a number require you to locate line-items in this index that possess the ID number found after the letter).*

| ID | Individual in Patent | Sec. | Sec. Part | Date Issued | Other Counties | For More Info . . . |
|---|---|---|---|---|---|---|
| 311 | BEAVER, Jacob | 35 | SESE | 1849-12-01 | | A1 R312 |
| 312 | " " | 35 | SESE | 1849-12-01 | | A1 R311 |
| 254 | BLACK, Cephas A | 9 | E½NE | 1906-10-24 | | A5 |
| 255 | " " | 9 | SWNE | 1906-10-24 | | A5 |
| 256 | BLACK, Charles D | 3 | NESW | 1901-12-04 | | A5 |
| 395 | BLACK, William W | 3 | NWSE | 1881-05-10 | | A5 |
| 396 | " " | 3 | S½SE | 1881-05-10 | | A5 |
| 397 | " " | 3 | SESW | 1881-05-10 | | A5 |
| 372 | BOYLS, Robert O | 1 | SWSW | 1905-02-13 | | A5 |
| 296 | BROWN, Decator L | 1 | E½NE | 1906-06-16 | | A5 |
| 241 | CANTWELL, Albert B | 1 | E½SE | 1890-06-25 | | A5 |
| 242 | " " | 1 | SESW | 1890-06-25 | | A5 |
| 243 | " " | 1 | SWSE | 1890-06-25 | | A5 |
| 387 | CANTWELL, William T | 1 | N½NW | 1898-08-27 | | A5 |
| 388 | " " | 1 | SENW | 1898-08-27 | | A5 |
| 314 | COOPER, James | 10 | SWSE | 1848-09-01 | | A1 |
| 336 | COOPER, Joseph | 17 | NWSW | 1848-09-01 | | A1 |
| 337 | " " | 18 | E½NE | 1848-09-01 | | A1 |
| 353 | CURRIE, Paul M | 3 | N½NW | 1904-12-31 | | A5 |
| 354 | " " | 3 | NWNE | 1904-12-31 | | A5 |
| 303 | DAVIS, George A | 11 | NESW | 1906-05-01 | | A5 |
| 352 | DAVIS, Paul | 4 | N½NE | 1859-05-02 | | A1 |
| 302 | DERRICK, Forrest M | 26 | SWSW | 1859-05-02 | | A1 |
| 364 | DONELSON, Robert | 15 | | 1839-05-25 | | A1 |
| 365 | " " | 20 | N½ | 1839-05-25 | | A1 |
| 366 | " " | 20 | NESW | 1839-05-25 | | A1 |
| 367 | " " | 20 | W½SW | 1839-05-25 | | A1 |
| 368 | " " | 21 | NW | 1839-05-25 | | A1 |
| 369 | " " | 21 | SENE | 1839-05-25 | | A1 |
| 370 | " " | 21 | W½NE | 1839-05-25 | | A1 |
| 371 | " " | 22 | NW | 1839-05-25 | | A1 |
| 345 | DURR, Michael | 30 | W½SW | 1841-01-05 | | A1 |
| 377 | EPTING, William A | 11 | SESW | 1892-03-23 | | A5 |
| 378 | " " | 11 | SWSE | 1892-03-23 | | A5 |
| 379 | " " | 11 | W½SW | 1892-03-23 | | A5 |
| 339 | FILE, Martin | 8 | NESE | 1859-05-02 | | A1 |
| 257 | FISHER, Charles | 13 | N½ | 1840-06-09 | | A1 |
| 258 | " " | 13 | NESE | 1840-06-09 | | A1 |
| 259 | " " | 13 | SW | 1840-06-09 | | A1 |
| 260 | " " | 13 | W½SE | 1840-06-09 | | A1 |
| 261 | " " | 14 | | 1840-06-09 | | A1 |
| 264 | " " | 20 | SE | 1840-06-09 | | A1 |
| 265 | " " | 21 | S½ | 1840-06-09 | | A1 |
| 266 | " " | 22 | E½ | 1840-06-09 | | A1 |
| 267 | " " | 22 | SW | 1840-06-09 | | A1 |
| 268 | " " | 23 | N½ | 1840-06-09 | | A1 |

| ID | Individual in Patent | Sec. | Sec. Part | Date Issued | Other Counties | For More Info . . . |
|---|---|---|---|---|---|---|
| 269 | FISHER, Charles (Cont'd) | 23 | SW | 1840-06-09 | | A1 |
| 270 | " " | 24 | N½ | 1040-06-09 | | A1 |
| 271 | " " | 26 | NW | 1840-06-09 | | A1 |
| 272 | " " | 27 | | 1840-06-09 | | A1 |
| 273 | " " | 28 | | 1840-06-09 | | A1 |
| 274 | " " | 29 | E½NE | 1840-06-09 | | A1 |
| 275 | " " | 29 | E½SW | 1840-06-09 | | A1 |
| 276 | " " | 29 | SE | 1840-06-09 | | A1 |
| 277 | " " | 29 | SWSW | 1840-06-09 | | A1 |
| 279 | " " | 31 | NW | 1840-06-09 | | A1 |
| 280 | " " | 32 | E½ | 1840-06-09 | | A1 |
| 281 | " " | 33 | | 1840-06-09 | | A1 |
| 282 | " " | 34 | E½ | 1840-06-09 | | A1 |
| 283 | " " | 34 | NENW | 1840-06-09 | | A1 |
| 284 | " " | 34 | SW | 1840-06-09 | | A1 |
| 285 | " " | 34 | W½NW | 1840-06-09 | | A1 |
| 286 | " " | 35 | NW | 1840-06-09 | | A1 |
| 262 | " " | 19 | E½NW | 1848-09-01 | | A1 |
| 263 | " " | 19 | NE | 1848-09-01 | | A1 |
| 278 | " " | 30 | W½NW | 1848-09-01 | | A1 |
| 301 | GARNER, Elisha B | 13 | SESE | 1841-01-05 | | A1 |
| 398 | GARNER, Willis D | 12 | SWSE | 1841-01-05 | | A1 |
| 340 | GORDON, Martin | 12 | E½NW | 1841-01-05 | | A1 |
| 341 | " " | 12 | E½SE | 1841-01-05 | | A1 |
| 342 | " " | 12 | E½SW | 1841-01-05 | | A1 |
| 343 | " " | 12 | NE | 1841-01-05 | | A1 |
| 344 | " " | 12 | NWSE | 1841-01-05 | | A1 |
| 330 | GRIGG, John | 24 | S½ | 1839-09-02 | | A1 |
| 331 | " " | 25 | | 1839-09-02 | | A1 |
| 250 | GUNN, Angus | 9 | NENW | 1860-07-02 | | A1 |
| 381 | HANNAH, William L | 11 | E½NE | 1895-06-19 | | A5 |
| 382 | " " | 11 | E½SE | 1895-06-19 | | A5 |
| 246 | HAWKINS, Amos | 9 | SESW | 1859-11-10 | | A1 |
| 244 | " " | 8 | SESE | 1860-04-02 | | A1 |
| 245 | " " | 9 | NESW | 1860-04-02 | | A1 |
| 247 | " " | 9 | SWSW | 1860-04-02 | | A1 |
| 248 | HAWKINS, Anderson E | 9 | SE | 1859-11-10 | | A1 |
| 290 | HAWKINS, Daniel C | 5 | NESW | 1885-12-19 | | A5 |
| 356 | HAWKINS, Pleasant | 9 | NWSW | 1859-05-02 | | A1 |
| 358 | " " | 9 | SWNW | 1859-05-02 | | A1 |
| 357 | " " | 9 | SENW | 1882-11-10 | | A5 |
| 322 | HYDE, Jesse | 29 | NWSW | 1841-01-05 | | A1 |
| 323 | " " | 29 | SWNW | 1841-01-05 | | A1 |
| 324 | " " | 30 | SENE | 1841-01-05 | | A1 |
| 300 | LACY, Elijah W | 35 | SW | 1859-11-10 | | A1 |
| 351 | LAMBETH, Noah W | 10 | E½NE | 1859-05-02 | | A1 |
| 346 | LINGLE, Moses | 4 | E½SE | 1896-05-16 | | A1 |
| 347 | " " | 4 | S½NE | 1896-05-16 | | A1 |
| 306 | LUDWICK, Henry | 17 | E½SE | 1848-09-01 | | A1 |
| 291 | LUTRICK, Daniel M | 11 | NWSE | 1859-06-01 | | A1 |
| 292 | " " | 11 | SENW | 1859-06-01 | | A1 |
| 293 | " " | 11 | SWNE | 1859-06-01 | | A1 |
| 307 | LUTRICK, Henry | 17 | E½NE | 1860-08-01 | | A1 |
| 308 | " " | 17 | NWSE | 1860-08-01 | | A1 |
| 338 | MAGEE, Margaret | 32 | W½ | 1841-01-05 | | A1 |
| 383 | MATTHEWS, William L | 5 | E½NW | 1859-11-10 | | A1 |
| 299 | MCLAURIN, Edy | 31 | E½SE | 1904-09-28 | | A5 |
| 287 | MCNURE, Christian | 17 | W½NE | 1879-05-06 | | A5 G70 |
| 287 | MCNURE, James | 17 | W½NE | 1879-05-06 | | A5 G70 |
| 252 | MILLER, Casper | 4 | W½NW | 1848-09-01 | | A1 G72 |
| 253 | " " | 5 | E½NE | 1848-09-01 | | A1 G72 |
| 309 | NORWOOD, Isaiah | 30 | NENW | 1841-01-05 | | A1 |
| 310 | " " | 30 | NWNE | 1841-01-05 | | A1 |
| 376 | PARKMAN, Thomas M | 5 | W½NW | 1896-07-23 | | A5 |
| 288 | ROBERTS, Daniel A | 3 | S½NW | 1891-05-20 | | A5 |
| 289 | " " | 3 | W½SW | 1891-05-20 | | A5 |
| 348 | ROBERTS, Moses S | 10 | E½SE | 1859-05-02 | | A1 |
| 349 | " " | 10 | E½SW | 1859-05-02 | | A1 |
| 350 | " " | 10 | NWSE | 1859-05-02 | | A1 |
| 359 | SIBLEY, Robert A | 3 | E½NE | 1896-10-31 | | A5 |
| 360 | " " | 3 | NESE | 1896-10-31 | | A5 |
| 361 | " " | 3 | SWNE | 1896-10-31 | | A5 |
| 294 | SINGLE, David A | 4 | E½SW | 1860-07-02 | | A1 |

| ID | Individual in Patent | Sec. | Sec. Part | Date Issued | Other Counties | For More Info . . . |
|---|---|---|---|---|---|---|
| 295 | SINGLE, David A (Cont'd) | 4 | W½SE | 1860-07-02 | | A1 |
| 325 | SMITH, John A | 31 | S½SW | 1860-10-01 | | A1 |
| 326 | " " | 31 | W½SE | 1860-10-01 | | A1 |
| 384 | SPEIGHTS, William | 29 | E½NW | 1841-01-05 | | A1 |
| 385 | " " | 29 | NWNW | 1841-01-05 | | A1 |
| 386 | " " | 29 | W½NE | 1841-01-05 | | A1 |
| 317 | STINGLEY, James D | 17 | SESW | 1859-11-10 | | A1 |
| 315 | " " | 17 | NESW | 1860-05-10 | | A4 |
| 316 | " " | 17 | S½NW | 1860-05-10 | | A4 |
| 355 | STUBBS, Peter B | 7 | W½NW | 1848-09-01 | | A1 |
| 313 | SWIGERT, Jacob S | 31 | NE | 1861-05-01 | | A1 |
| 373 | THAMES, Shadrick | 21 | NENE | 1841-01-05 | | A1 |
| 252 | THOMAS, Joseph | 4 | W½NW | 1848-09-01 | | A1 G72 |
| 253 | " " | 5 | E½NE | 1848-09-01 | | A1 G72 |
| 390 | THOMAS, William | 19 | SW | 1848-09-01 | | A1 |
| 391 | " " | 19 | W½SE | 1859-06-01 | | A1 |
| 389 | THOMAS, William T | 5 | W½NE | 1885-05-25 | | A5 |
| 297 | TULLOS, Edward G | 30 | NENE | 1860-07-02 | | A1 |
| 298 | TULLOS, Edwin G | 31 | N½SW | 1841-01-05 | | A1 |
| 392 | TULLOS, William | 30 | SESE | 1841-01-05 | | A1 |
| 393 | " " | 30 | SESW | 1841-01-05 | | A1 |
| 394 | " " | 30 | SWSE | 1841-01-05 | | A1 |
| 399 | TULLOS, Willoby | 30 | NESW | 1841-01-05 | | A1 |
| 400 | " " | 30 | NWSE | 1841-01-05 | | A1 |
| 401 | " " | 30 | SENW | 1841-01-05 | | A1 |
| 402 | " " | 30 | SWNE | 1841-01-05 | | A1 |
| 320 | TULLOUS, James | 26 | SESW | 1841-01-05 | | A1 |
| 321 | " " | 34 | SENW | 1841-01-05 | | A1 |
| 251 | VANSANT, Berry | 30 | NESE | 1841-01-05 | | A1 |
| 249 | VARNER, Andrew | 8 | E½SW | 1848-09-01 | | A1 |
| 304 | VARNER, Henry C | 9 | NWNE | 1849-12-01 | | A1 R305 |
| 305 | " " | 9 | NWNE | 1849-12-01 | | A1 R304 |
| 374 | VARNER, Solomon | 17 | N½NW | 1859-05-02 | | A1 |
| 375 | " " | 8 | SWSE | 1859-05-02 | | A1 |
| 363 | WAGGOMAN, Robert B | 4 | SWSW | 1856-06-16 | | A8 |
| 362 | " " | 19 | E½SE | 1859-05-02 | | A1 |
| 327 | WICKER, John F | 11 | NENW | 1861-05-01 | | A1 |
| 328 | " " | 11 | NWNE | 1861-05-01 | | A1 |
| 329 | " " | 11 | W½NW | 1861-05-01 | | A1 |
| 333 | WICKER, John W | 1 | N½SW | 1895-11-13 | | A5 |
| 334 | " " | 1 | NWSE | 1895-11-13 | | A5 |
| 335 | " " | 1 | SWNW | 1895-11-13 | | A5 |
| 380 | WICKER, William C | 1 | W½NE | 1906-06-16 | | A5 |
| 332 | WILCOX, John V | 36 | | 1840-03-10 | | A1 |
| 318 | WOOD, James H | 35 | NE | 1860-07-02 | | A1 |
| 319 | " " | 35 | W½SE | 1860-07-02 | | A1 |

## Patent Map

T4-N R7-E
Choctaw Meridian

Map Group 2

## Township Statistics

| | | |
|---|---|---|
| Parcels Mapped | : | 162 |
| Number of Patents | : | 104 |
| Number of Individuals | : | 72 |
| Patentees Identified | : | 70 |
| Number of Surnames | : | 51 |
| Multi-Patentee Parcels | : | 3 |
| Oldest Patent Date | : | 5/25/1839 |
| Most Recent Patent | : | 10/24/1906 |
| Block/Lot Parcels | : | 0 |
| Parcels Re - Issued | : | 2 |
| Parcels that Overlap | : | 0 |
| Cities and Towns | : | 4 |
| Cemeteries | : | 8 |

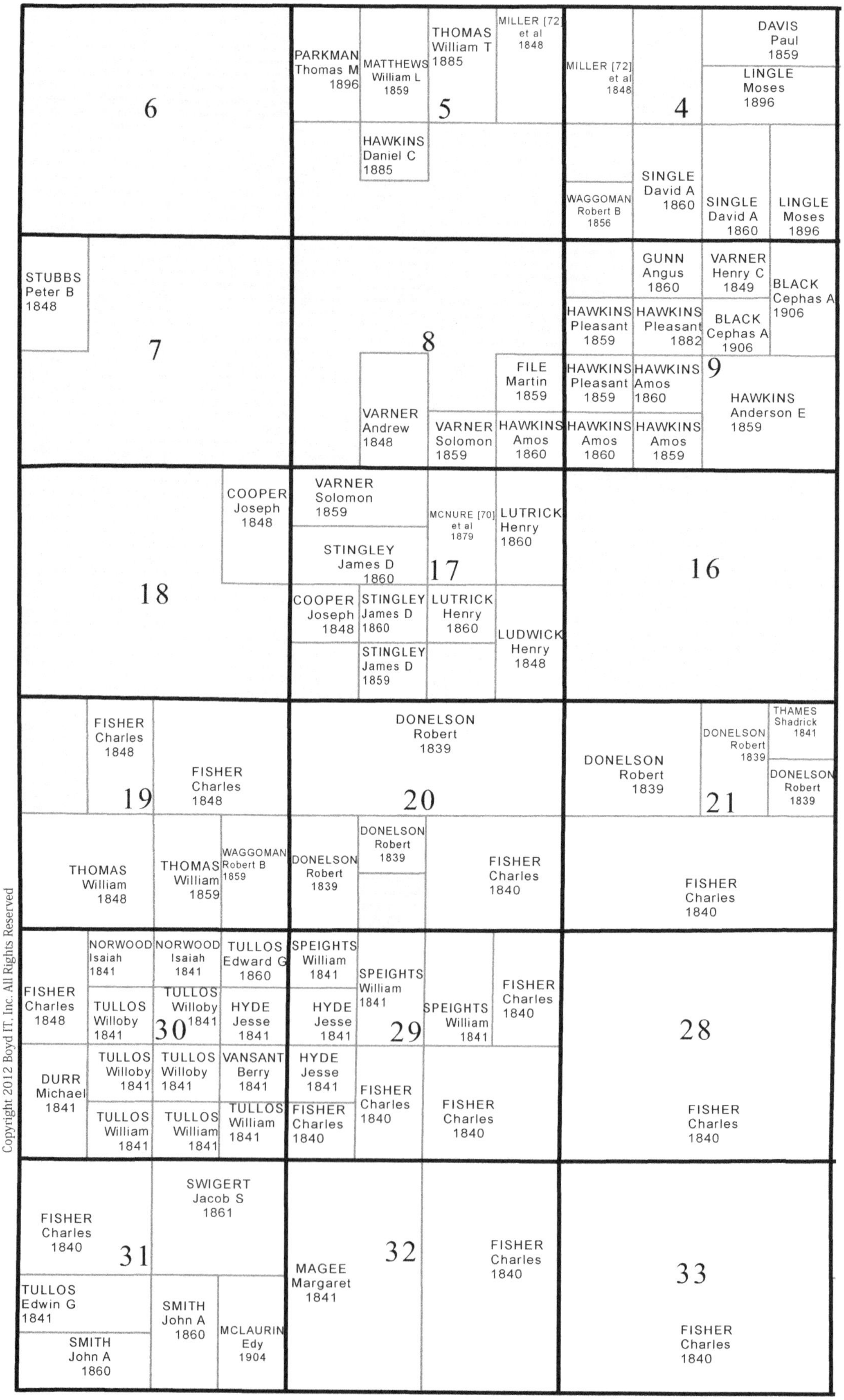

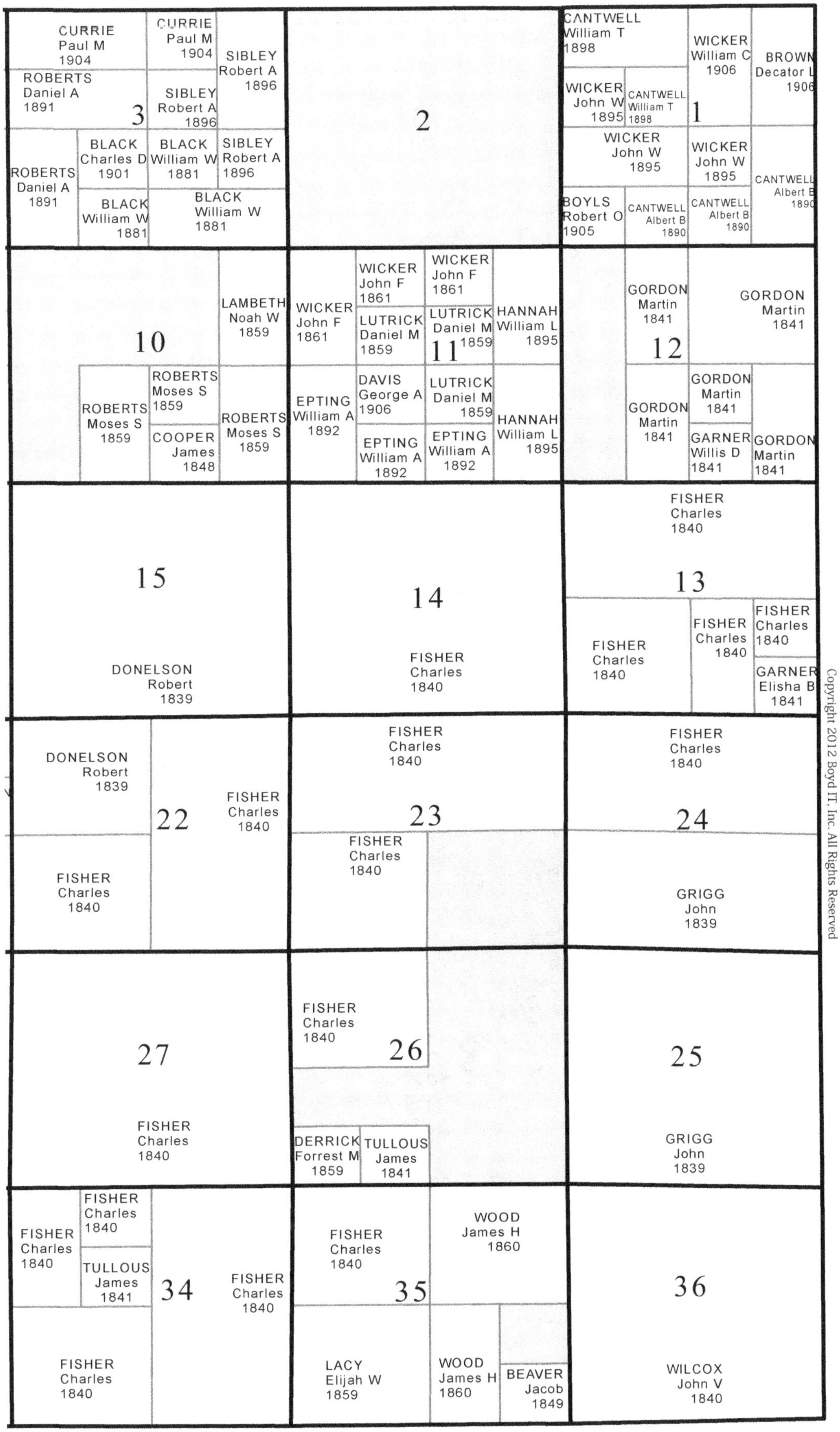




## Helpful Hints

1. This Map's INDEX can be found on the preceding pages.
2. Refer to Map "C" to see where this Township lies within Smith County, Mississippi.
3. Numbers within square brackets [ ] denote a multi-patentee land parcel (multi-owner). Refer to Appendix "C" for a full list of members in this group.
4. Areas that look to be crowded with Patentees usually indicate multiple sales of the same parcel (Re-issues) or Overlapping parcels. See this Township's Index for an explanation of these and other circumstances that might explain "odd" groupings of Patentees on this map.

## Legend

- Patent Boundary
- Section Boundary
- No Patents Found (or Outside County)
- 1., 2., 3., ... Lot Numbers (when beside a name)
- [ ] Group Number (see Appendix "C")

**Scale**: Section = 1 mile X 1 mile
(generally, with some exceptions)

# Road Map

T4-N R7-E
Choctaw Meridian

Map Group 2

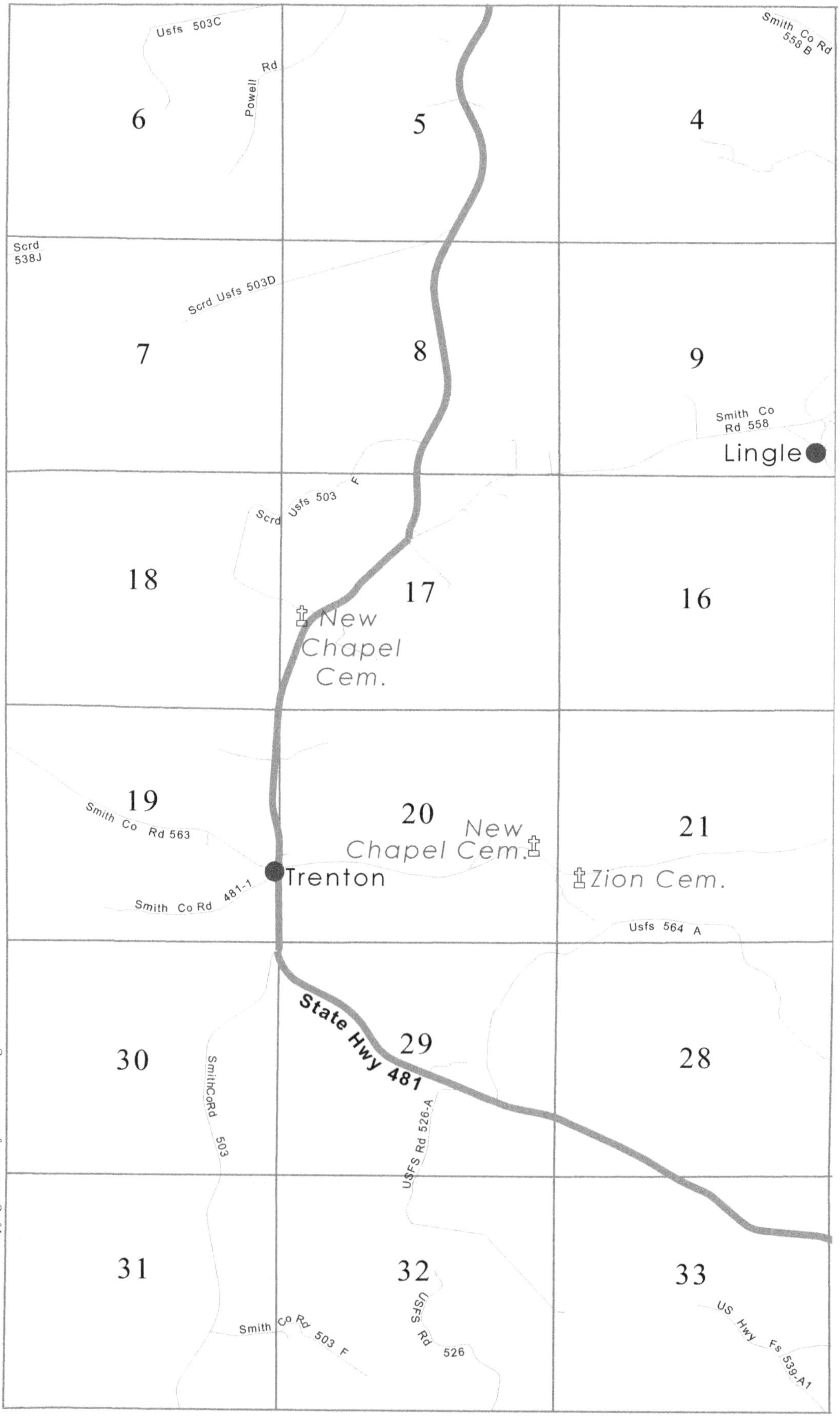


## Cities & Towns

Burns
Lingle
Trenton
Wicker

## Cemeteries

Black Cemetery
Derrick Cemetery
Good Hope Cemetery
Lingle Cemetery
New Chapel Cemetery
New Chapel Cemetery
Roberts Cemetery
Zion Cemetery

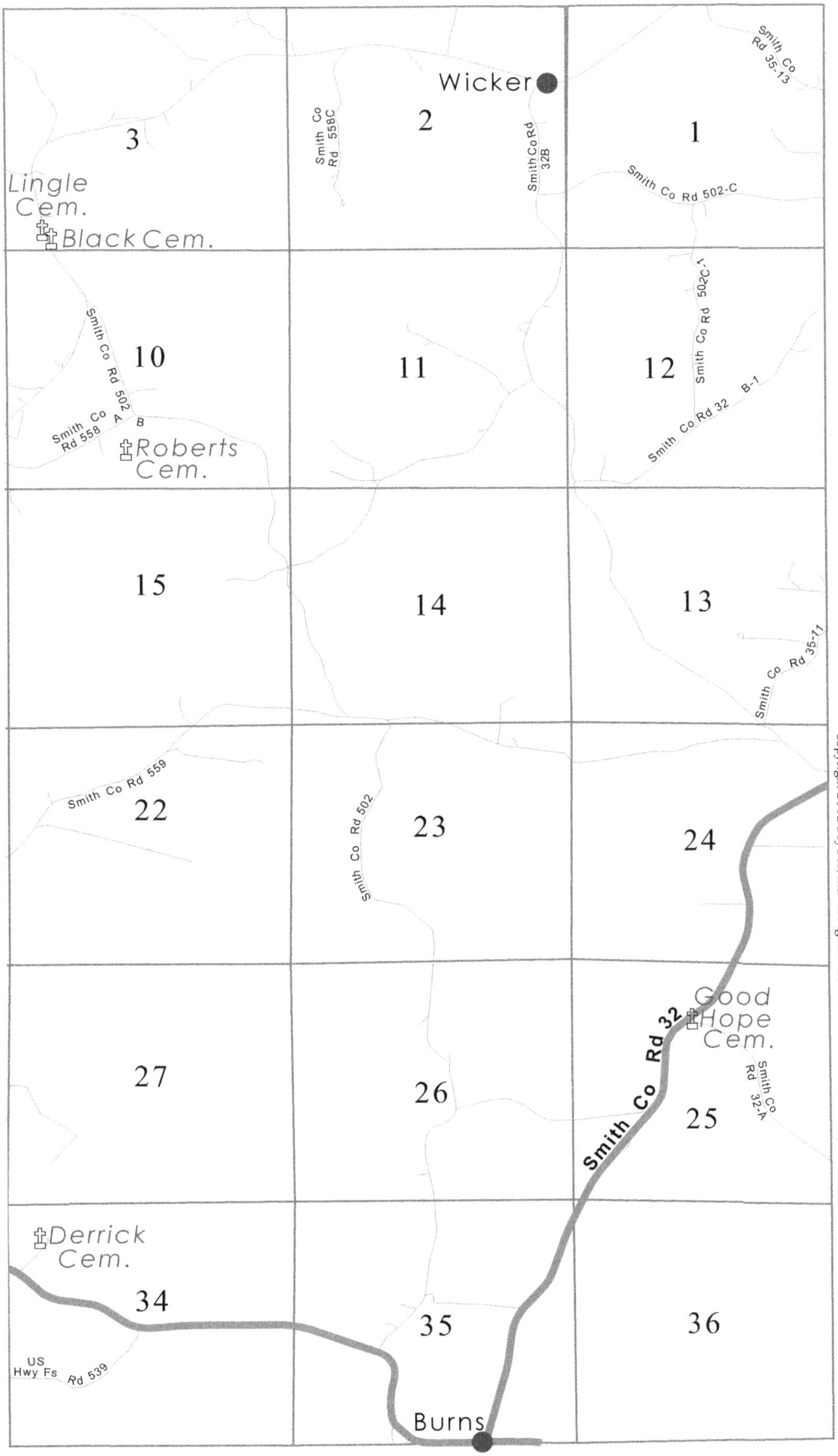




## Helpful Hints

1. This road map has a number of uses, but primarily it is to help you: a) find the present location of land owned by your ancestors (at least the general area), b) find cemeteries and city-centers, and c) estimate the route/roads used by Census-takers & tax-assessors.
2. If you plan to travel to Smith County to locate cemeteries or land parcels, please pick up a modern travel map for the area before you do. Mapping old land parcels on modern maps is not as exact a science as you might think. Just the slightest variations in public land survey coordinates, estimates of parcel boundaries, or road-map deviations can greatly alter a map's representation of how a road either does or doesn't cross a particular parcel of land.

## Legend

- Section Lines
- Interstates
- Highways
- Other Roads
- Cities/Towns
- Cemeteries

**Scale**: Section = 1 mile X 1 mile
(generally, with some exceptions)

# Historical Map

T4-N R7-E
Choctaw Meridian

Map Group 2

## Cities & Towns

Burns
Lingle
Trenton
Wicker

## Cemeteries

Black Cemetery
Derrick Cemetery
Good Hope Cemetery
Lingle Cemetery
New Chapel Cemetery
New Chapel Cemetery
Roberts Cemetery
Zion Cemetery

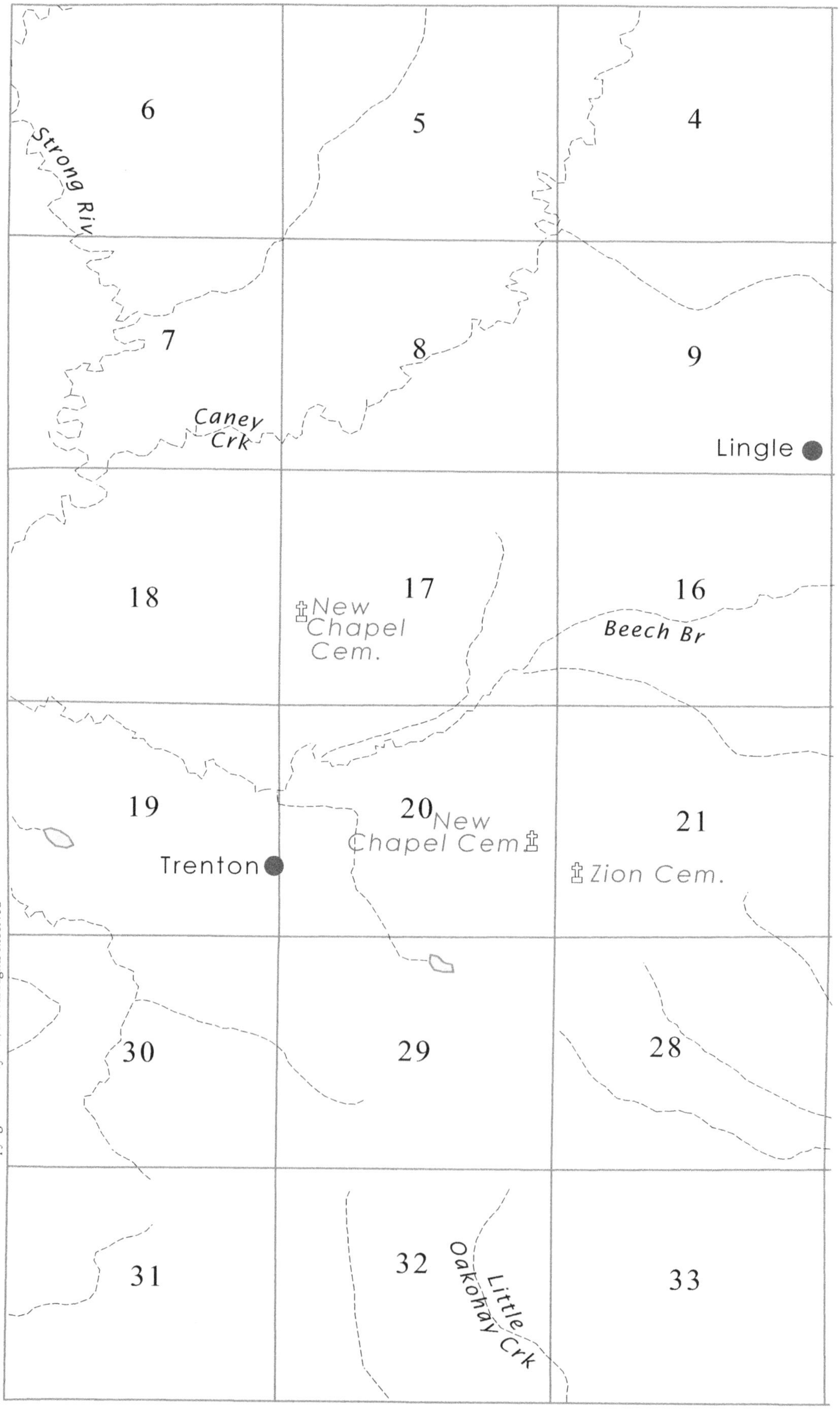

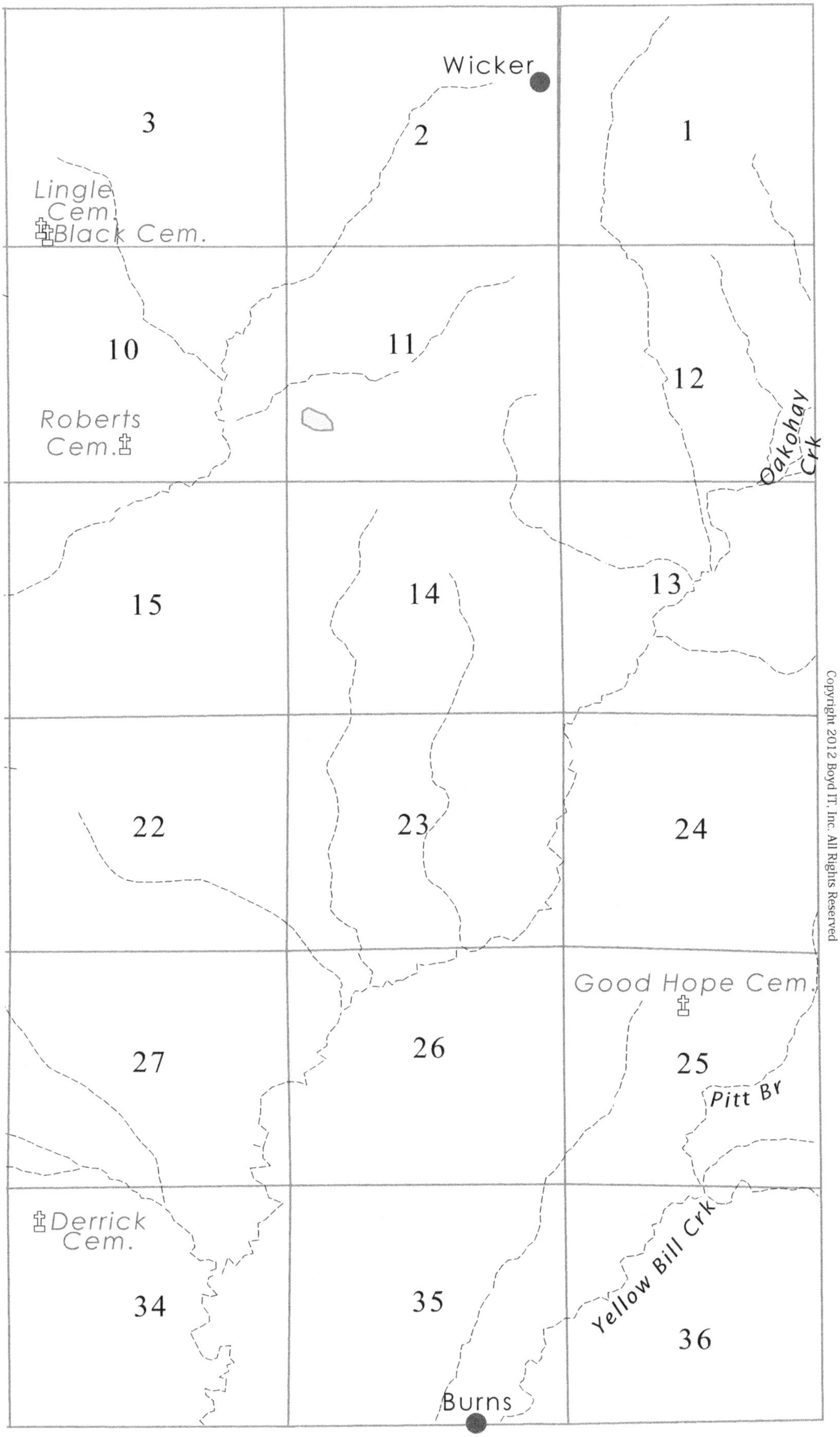




## Helpful Hints

1. This Map takes a different look at the same Congressional Township displayed in the preceding two maps. It presents features that can help you better envision the historical development of the area: a) Water-bodies (lakes & ponds), b) Water-courses (rivers, streams, etc.), c) Railroads, d) City/town center-points (where they were oftentimes located when first settled), and e) Cemeteries.

2. Using this "Historical" map in tandem with this Township's Patent Map and Road Map, may lead you to some interesting discoveries. You will often find roads, towns, cemeteries, and waterways are named after nearby landowners: sometimes those names will be the ones you are researching. See how many of these research gems you can find here in Smith County.

## Legend

- Section Lines
- Railroads
- Large Rivers & Bodies of Water
- Streams/Creeks & Small Rivers
- Cities/Towns
- Cemeteries

**Scale**: Section = 1 mile X 1 mile
(there are some exceptions)

# Map Group 3: Index to Land Patents

## Township 4-North Range 8-East (Choctaw)

After you locate an individual in this Index, take note of the Section and Section Part then proceed to the Land Patent map on the pages immediately following. You should have no difficulty locating the corresponding parcel of land.

The "For More Info" Column will lead you to more information about the underlying Patents. See the *Legend* at right, and the "How to Use this Book" chapter, for more information.

**LEGEND**

"For More Info . . . " column

**A** = Authority (Legislative Act, See Appendix "A")
**B** = Block or Lot (location in Section unknown)
**C** = Cancelled Patent
**F** = Fractional Section
**G** = Group (Multi-Patentee Patent, see Appendix "C")
**V** = Overlaps another Parcel
**R** = Re-Issued (Parcel patented more than once)

*(A & G items require you to look in the Appendixes referred to above. All other Letter-designations followed by a number require you to locate line-items in this index that possess the ID number found after the letter).*

| ID | Individual in Patent | Sec. | Sec. Part | Date Issued | Other Counties | For More Info . . . |
|---|---|---|---|---|---|---|
| 407 | ANDERSON, Albert G | 22 | N½NE | 1859-05-02 | | A1 |
| 550 | ANDERSON, Pleasant H | 15 | SWNW | 1899-08-03 | | A5 |
| 591 | ANDERSON, William R | 21 | N½SW | 1891-06-30 | | A5 |
| 592 | " " | 21 | NWSE | 1891-06-30 | | A5 |
| 593 | " " | 21 | SENW | 1891-06-30 | | A5 |
| 579 | ARENDER, Tillman A | 9 | W½NW | 1910-06-02 | | A5 |
| 418 | AYMER, Benjamin | 31 | S½ | 1839-05-25 | | A1 |
| 419 | " " | 32 | | 1839-05-25 | | A1 |
| 580 | BAILEY, Timothy M | 25 | NENW | 1906-09-14 | | A5 |
| 459 | BALEY, Henry | 33 | S½SW | 1859-06-01 | | A1 |
| 529 | BARRON, Naomi | 33 | NWNW | 1859-11-01 | | A8 G23 |
| 559 | BATTE, Thomas H | 35 | W½NE | 1860-04-02 | | A1 |
| 582 | BOWLING, William F | 11 | W½NE | 1841-01-05 | | A1 |
| 583 | " " | 2 | SWSE | 1841-01-05 | | A1 |
| 441 | BOYKIN, Francis | 15 | NESE | 1841-01-05 | | A1 |
| 442 | " " | 15 | W½SE | 1841-01-05 | | A1 |
| 469 | BOYKIN, James | 23 | NWSE | 1841-01-05 | | A1 |
| 462 | " " | 9 | W½NE | 1841-01-05 | | A1 G54 |
| 480 | BOYKIN, Jasper | 13 | SWNE | 1889-04-10 | | A1 |
| 490 | BOYKIN, John | 10 | SWSE | 1841-01-05 | | A1 |
| 491 | " " | 15 | E½NE | 1841-01-05 | | A1 |
| 492 | " " | 15 | W½NE | 1841-01-05 | | A1 |
| 454 | BOYLS, George W | 5 | NWNW | 1892-04-29 | | A5 |
| 527 | BRENT, Magdalen | 33 | NENE | 1860-09-04 | | A4 G25 |
| 528 | " " | 33 | S½NE | 1860-09-04 | | A4 G25 |
| 478 | BROWN, James S | 23 | W½SW | 1897-09-09 | | A5 |
| 440 | CARR, Fedrick | 22 | W½SE | 1841-01-05 | | A1 |
| 450 | CARR, Frederick | 22 | NESW | 1841-01-05 | | A1 G15 |
| 445 | " " | 22 | SESW | 1841-01-05 | | A1 |
| 446 | " " | 26 | NESW | 1841-01-05 | | A1 |
| 448 | " " | 26 | SESW | 1841-01-05 | | A1 |
| 449 | " " | 26 | W½SE | 1859-11-10 | | A1 |
| 447 | " " | 26 | SENW | 1860-04-02 | | A1 |
| 444 | " " | 1 | SE | 1860-09-04 | | A4 |
| 452 | CARR, Fredrick | 27 | E½NW | 1841-01-05 | | A1 |
| 451 | " " | 15 | NWNW | 1859-05-02 | | A1 |
| 414 | CHAPMAN, Anthony H | 7 | NW | 1859-05-02 | | A1 |
| 415 | " " | 7 | SWNE | 1859-05-02 | | A1 |
| 408 | CHISHOLM, Alexander | 23 | W½NW | 1841-01-05 | | A1 |
| 535 | CRABTREE, Littleton | 14 | SESW | 1841-01-05 | | A1 |
| 453 | DAVIS, George A | 21 | SWNW | 1902-02-12 | | A5 |
| 523 | DUCKWORTH, Joseph D W | 33 | NENW | 1859-11-01 | | A8 |
| 524 | " " | 33 | NWNE | 1859-11-01 | | A8 |
| 529 | " " | 33 | NWNW | 1859-11-01 | | A8 G23 |
| 520 | " " | 17 | E½SE | 1860-09-04 | | A4 |
| 521 | " " | 17 | SWSE | 1860-09-04 | | A4 |

| ID | Individual in Patent | Sec. | Sec. Part | Date Issued | Other Counties | For More Info . . . |
|---|---|---|---|---|---|---|
| 527 | DUCKWORTH, Joseph D W (Cont'd) | 33 | NENE | 1860-09-04 | | A4 G25 |
| 528 | " " | 33 | S½NE | 1860-09-04 | | A4 G25 |
| 526 | " " | 33 | SE | 1860-09-04 | | A4 |
| 522 | " " | 33 | N½SW | 1883-10-20 | | A4 |
| 525 | " " | 33 | S½NW | 1883-10-20 | | A4 |
| 509 | DYESS, John O | 11 | E½NE | 1898-01-19 | | A5 |
| 510 | " " | 11 | NESE | 1898-01-19 | | A5 |
| 556 | ELLIOTT, Simeon F | 36 | NENE | 1848-09-01 | | A1 |
| 422 | FISHER, Charles | 14 | NESW | 1840-06-09 | | A1 |
| 423 | " " | 14 | W½SW | 1840-06-09 | | A1 |
| 424 | " " | 18 | S½ | 1840-06-09 | | A1 |
| 425 | " " | 19 | E½NE | 1840-06-09 | | A1 |
| 426 | " " | 19 | E½SW | 1840-06-09 | | A1 |
| 427 | " " | 19 | SE | 1840-06-09 | | A1 |
| 428 | " " | 19 | SWSW | 1840-06-09 | | A1 |
| 429 | " " | 20 | W½ | 1840-06-09 | | A1 |
| 430 | " " | 20 | W½NE | 1840-06-09 | | A1 |
| 431 | " " | 20 | W½SE | 1840-06-09 | | A1 |
| 432 | " " | 23 | NESW | 1840-06-09 | | A1 |
| 433 | " " | 26 | W½NW | 1840-06-09 | | A1 |
| 434 | " " | 27 | NE | 1840-06-09 | | A1 |
| 435 | " " | 4 | E½SW | 1840-06-09 | | A1 |
| 436 | " " | 9 | E½NW | 1840-06-09 | | A1 |
| 493 | FLETCHER, John | 23 | SESW | 1841-01-05 | | A1 |
| 584 | FLOWERS, William | 26 | NWSW | 1859-05-02 | | A1 |
| 585 | " " | 26 | SWSW | 1859-05-02 | | A1 |
| 409 | GAMMAGE, Amos | 9 | N½SW | 1905-05-02 | | A5 |
| 536 | GORDON, Martin | 17 | W½NW | 1841-01-05 | | A1 |
| 537 | " " | 17 | W½SW | 1841-01-05 | | A1 |
| 538 | " " | 18 | N½ | 1841-01-05 | | A1 |
| 539 | " " | 7 | S½ | 1841-01-05 | | A1 |
| 471 | GRAHAM, James G | 9 | SWSE | 1841-01-05 | | A1 |
| 470 | " " | 6 | NWSE | 1846-09-01 | | A1 |
| 530 | GRAVES, Joshua | 12 | NWNE | 1848-09-01 | | A1 |
| 494 | GRIGG, John | 13 | E½SE | 1839-09-02 | | A1 R540 |
| 495 | " " | 24 | E½NE | 1839-09-02 | | A1 |
| 496 | " " | 30 | N½ | 1839-09-02 | | A1 |
| 443 | GUTHRIE, Francis | 12 | NESE | 1848-09-01 | | A1 |
| 541 | HARVEY, Michael | 12 | E½NE | 1841-01-05 | | A1 |
| 578 | HARVEY, Thomas W | 36 | NWNW | 1859-05-02 | | A1 |
| 420 | HAWKINS, Benjamin F | 17 | E½NW | 1888-02-25 | | A5 |
| 421 | " " | 17 | E½SW | 1888-02-25 | | A5 |
| 551 | HAWKINS, Pleasant | 17 | NWNE | 1898-09-28 | | A5 |
| 576 | HAWKINS, Thomas M | 5 | E½SE | 1906-06-30 | | A5 |
| 577 | " " | 5 | NWSE | 1906-06-30 | | A5 |
| 553 | HEGWOOD, Richard T | 25 | NWSW | 1906-06-30 | | A5 |
| 590 | HENDERSON, William N | 35 | W½SW | 1905-10-19 | | A5 |
| 463 | HENDON, James A | 3 | NENE | 1897-08-09 | | A1 |
| 464 | " " | 3 | W½SE | 1897-08-09 | | A1 |
| 473 | HILL, James | 2 | E½SE | 1846-09-01 | | A1 |
| 474 | " " | 2 | NWSE | 1846-09-01 | | A1 |
| 472 | " " | 1 | SWSW | 1848-09-01 | | A1 |
| 465 | HITT, James A | 25 | SENW | 1860-07-02 | | A1 |
| 466 | " " | 25 | W½NW | 1860-07-02 | | A1 |
| 603 | HOUGH, Zeno | 35 | E½NE | 1860-09-04 | | A4 G53 |
| 604 | " " | 35 | NESE | 1860-09-04 | | A4 G53 |
| 481 | HOUGHTON, Benjamin A | 3 | E½SE | 1841-01-05 | | A1 G102 |
| 554 | HUEY, Robert W | 36 | E½SW | 1859-06-01 | | A1 |
| 461 | HULL, Jabez | 10 | W½SW | 1841-01-05 | | A1 V477, 505 |
| 462 | " " | 9 | W½NE | 1841-01-05 | | A1 G54 |
| 561 | HUSBAND, Thomas J | 19 | W½NE | 1841-01-05 | | A1 |
| 562 | " " | 23 | SENW | 1841-01-05 | | A1 |
| 563 | " " | 23 | W½NE | 1841-01-05 | | A1 |
| 564 | " " | 29 | W½NE | 1841-01-05 | | A1 |
| 507 | HUSBANDS, John | 35 | NENW | 1860-09-04 | | A4 |
| 508 | " " | 35 | W½NW | 1860-09-04 | | A4 |
| 560 | HUSBANDS, Thomas | 19 | E½NW | 1841-01-05 | | A1 |
| 567 | HUSBANDS, Thomas J | 19 | W½NW | 1841-01-05 | | A1 |
| 570 | " " | 29 | E½NW | 1841-01-05 | | A1 |
| 574 | " " | 29 | W½SE | 1841-01-05 | | A1 |
| 573 | " " | 29 | SWNW | 1859-05-02 | | A1 |
| 575 | " " | 29 | W½SW | 1859-05-02 | | A1 |
| 569 | " " | 27 | SWSW | 1860-04-02 | | A1 |

| ID | Individual in Patent | Sec. | Sec. Part | Date Issued | Other Counties | For More Info . . . |
|---|---|---|---|---|---|---|
| 571 | HUSBANDS, Thomas J (Cont'd) | 29 | E½SW | 1860-04-02 | | A1 |
| 572 | " " | 29 | NWNW | 1860-04-02 | | A1 |
| 565 | " " | 17 | E½NE | 1860-09-04 | | A4 |
| 566 | " " | 17 | SWNE | 1860-09-04 | | A4 |
| 568 | " " | 27 | NWSW | 1861-02-01 | | A1 |
| 588 | JACKSON, William | 25 | SWSW | 1859-06-01 | | A1 |
| 589 | " " | 26 | SESE | 1859-06-01 | | A1 |
| 439 | LANCASTER, Enos A | 23 | S½SE | 1891-06-30 | | A5 |
| 450 | MARSH, Peter | 22 | NESW | 1841-01-05 | | A1 G15 |
| 505 | MARTIN, Francis | 10 | SWSW | 1841-01-05 | | A1 G95 V461 |
| 506 | " " | 15 | SESE | 1841-01-05 | | A1 G95 |
| 475 | MCCAUGHAN, James L | 13 | E½SW | 1846-09-01 | | A1 |
| 476 | " " | 13 | SWSE | 1846-09-01 | | A1 |
| 558 | MISSISSIPPI, State Of | 17 | NWSE | 1909-05-14 | | A9 |
| 487 | MOORE, Joel W | 27 | E½SW | 1859-05-02 | | A1 |
| 488 | " " | 27 | SE | 1859-05-02 | | A1 |
| 489 | " " | 34 | NWNE | 1859-05-02 | | A1 |
| 555 | NOBLE, Samuel | 11 | SESE | 1848-09-01 | | A1 |
| 405 | NOBLIN, Adolphus | 5 | E½NE | 1860-04-02 | | A1 |
| 406 | " " | 5 | NWNE | 1860-04-02 | | A1 |
| 416 | OLIVER, Asa | 12 | NENW | 1859-11-10 | | A1 |
| 417 | " " | 13 | NWNE | 1859-11-10 | | A1 |
| 482 | PARKER, Jeremiah | 28 | NESE | 1859-05-02 | | A1 |
| 602 | PARKER, Wilson E | 21 | SESW | 1860-07-02 | | A1 |
| 403 | POWEL, Abram | 14 | SWSE | 1841-01-05 | | A1 |
| 404 | " " | 23 | NENW | 1841-01-05 | | A1 |
| 552 | POWELL, Rebeca | 25 | E½SW | 1841-01-05 | | A1 |
| 477 | PRYOR, James | 10 | NWSW | 1841-01-05 | | A1 V461 |
| 594 | RASBERRY, William | 19 | NWSW | 1841-01-05 | | A1 |
| 518 | RUSSAM, John W | 1 | NW | 1846-09-23 | | A1 |
| 460 | RUSSUM, Ivey W | 21 | SWSW | 1896-04-03 | | A5 |
| 519 | RUSSUM, John W | 1 | NESW | 1860-07-02 | | A1 |
| 438 | SEAWELL, Emney | 13 | SENW | 1841-01-05 | | A1 |
| 549 | SHIRLEY, Philip | 3 | NWNE | 1841-01-05 | | A1 |
| 595 | SHIRLEY, William | 3 | S½NE | 1841-01-05 | | A1 |
| 514 | SIMS, John T | 29 | E½NE | 1901-10-08 | | A5 |
| 515 | " " | 29 | NESE | 1901-10-08 | | A5 |
| 540 | SMITH, Mason | 13 | E½SE | 1892-01-30 | | A5 R494 |
| 603 | SOLOMON, Ann | 35 | E½NE | 1860-09-04 | | A4 G53 |
| 604 | " " | 35 | NESE | 1860-09-04 | | A4 G53 |
| 483 | SOREY, Jesse | 12 | SENW | 1841-01-05 | | A1 |
| 484 | " " | 13 | E½NE | 1841-01-05 | | A1 |
| 485 | SORREY, Jesse | 12 | SW | 1841-01-05 | | A1 |
| 486 | " " | 13 | NENW | 1841-01-05 | | A1 |
| 511 | SPINKS, John | 21 | NENW | 1841-01-05 | | A1 |
| 512 | " " | 4 | E½NE | 1841-01-05 | | A1 |
| 513 | " " | 4 | W½SE | 1841-01-05 | | A1 |
| 557 | STRICKLAND, Sion | 13 | NWSE | 1841-01-05 | | A1 |
| 497 | TENNISSON, John H | 10 | E½NW | 1841-01-05 | | A1 |
| 498 | " " | 10 | E½SW | 1841-01-05 | | A1 |
| 499 | " " | 10 | NE | 1841-01-05 | | A1 |
| 500 | " " | 10 | NESE | 1841-01-05 | | A1 |
| 504 | " " | 10 | NWSE | 1841-01-05 | | A1 G96 |
| 505 | " " | 10 | SWSW | 1841-01-05 | | A1 G95 V461 |
| 501 | " " | 15 | E½NW | 1841-01-05 | | A1 |
| 506 | " " | 15 | SESE | 1841-01-05 | | A1 G95 |
| 502 | " " | 15 | SW | 1841-01-05 | | A1 |
| 503 | " " | 4 | E½NW | 1841-01-05 | | A1 |
| 437 | TEW, Elias J | 34 | NENE | 1859-11-10 | | A1 |
| 586 | THOMAS, William J | 5 | NENW | 1860-04-02 | | A1 |
| 587 | " " | 5 | SWNE | 1860-04-02 | | A1 |
| 581 | TIMMS, Timothy | 35 | S½SE | 1859-05-02 | | A1 |
| 479 | TIMS, Jane | 29 | SESE | 1908-07-23 | | A5 |
| 481 | TUCKER, Jeremiah A | 3 | E½SE | 1841-01-05 | | A1 G102 |
| 412 | TULLOS, Ann E | 4 | NWNW | 1841-01-05 | | A1 |
| 413 | " " | 9 | NWSE | 1841-01-05 | | A1 |
| 596 | TULLOS, William | 4 | E½SE | 1837-02-02 | | A1 |
| 597 | " " | 4 | W½NE | 1837-02-02 | | A1 |
| 598 | " " | 9 | E½NE | 1837-02-02 | | A1 |
| 599 | " " | 9 | NESE | 1841-01-05 | | A1 |
| 600 | " " | 9 | SESE | 1841-01-05 | | A1 |
| 601 | " " | 9 | SESW | 1841-01-05 | | A1 |
| 458 | VINZANT, Harris W | 9 | SWSW | 1911-07-28 | | A5 |

| ID | Individual in Patent | Sec. | Sec. Part | Date Issued | Other Counties | For More Info . . . |
|---|---|---|---|---|---|---|
| 534 | WARD, Lamon | 21 | SWSE | 1859-05-02 | | A1 |
| 531 | " " | 21 | E½SE | 1860-07-02 | | A1 |
| 532 | " " | 21 | NE | 1860-07-02 | | A1 |
| 533 | " " | 21 | NWNW | 1860-07-02 | | A1 |
| 542 | WATKINS, Needham | 22 | S½NW | 1859-05-02 | | A1 |
| 543 | " " | 22 | SWNE | 1859-05-02 | | A1 |
| 544 | " " | 22 | W½SW | 1859-05-02 | | A1 |
| 545 | " " | 27 | NWNW | 1859-05-02 | | A1 |
| 504 | WATTS, Alexander | 10 | NWSE | 1841-01-05 | | A1 G96 |
| 455 | WESTBROOK, George W | 35 | E½SW | 1906-06-16 | | A5 |
| 456 | " " | 35 | NWSE | 1906-06-16 | | A5 |
| 457 | " " | 35 | SENW | 1906-06-16 | | A5 |
| 410 | WICKER, Andrew | 7 | E½NE | 1860-04-02 | | A1 |
| 411 | " " | 7 | NWNE | 1860-04-02 | | A1 |
| 516 | WILCOX, John V | 30 | S½ | 1840-03-10 | | A1 |
| 517 | " " | 31 | N½ | 1840-03-10 | | A1 |
| 546 | WINDHAM, Page R | 5 | S½NW | 1860-04-02 | | A1 |
| 547 | WINDHAM, Page W | 6 | E½SE | 1859-11-10 | | A1 |
| 548 | " " | 6 | S½NE | 1859-11-10 | | A1 |
| 467 | YOUNGBLOOD, James A | 6 | N½NE | 1859-11-10 | | A1 |
| 468 | " " | 6 | NW | 1859-11-10 | | A1 |

## Patent Map

T4-N R8-E
Choctaw Meridian

Map Group 3

### Township Statistics

| | | |
|---|---|---|
| Parcels Mapped | : | 202 |
| Number of Patents | : | 153 |
| Number of Individuals | : | 101 |
| Patentees Identified | : | 100 |
| Number of Surnames | : | 84 |
| Multi-Patentee Parcels | : | 11 |
| Oldest Patent Date | : | 2/2/1837 |
| Most Recent Patent | : | 7/28/1911 |
| Block/Lot Parcels | : | 0 |
| Parcels Re - Issued | : | 1 |
| Parcels that Overlap | : | 3 |
| Cities and Towns | : | 3 |
| Cemeteries | : | 0 |

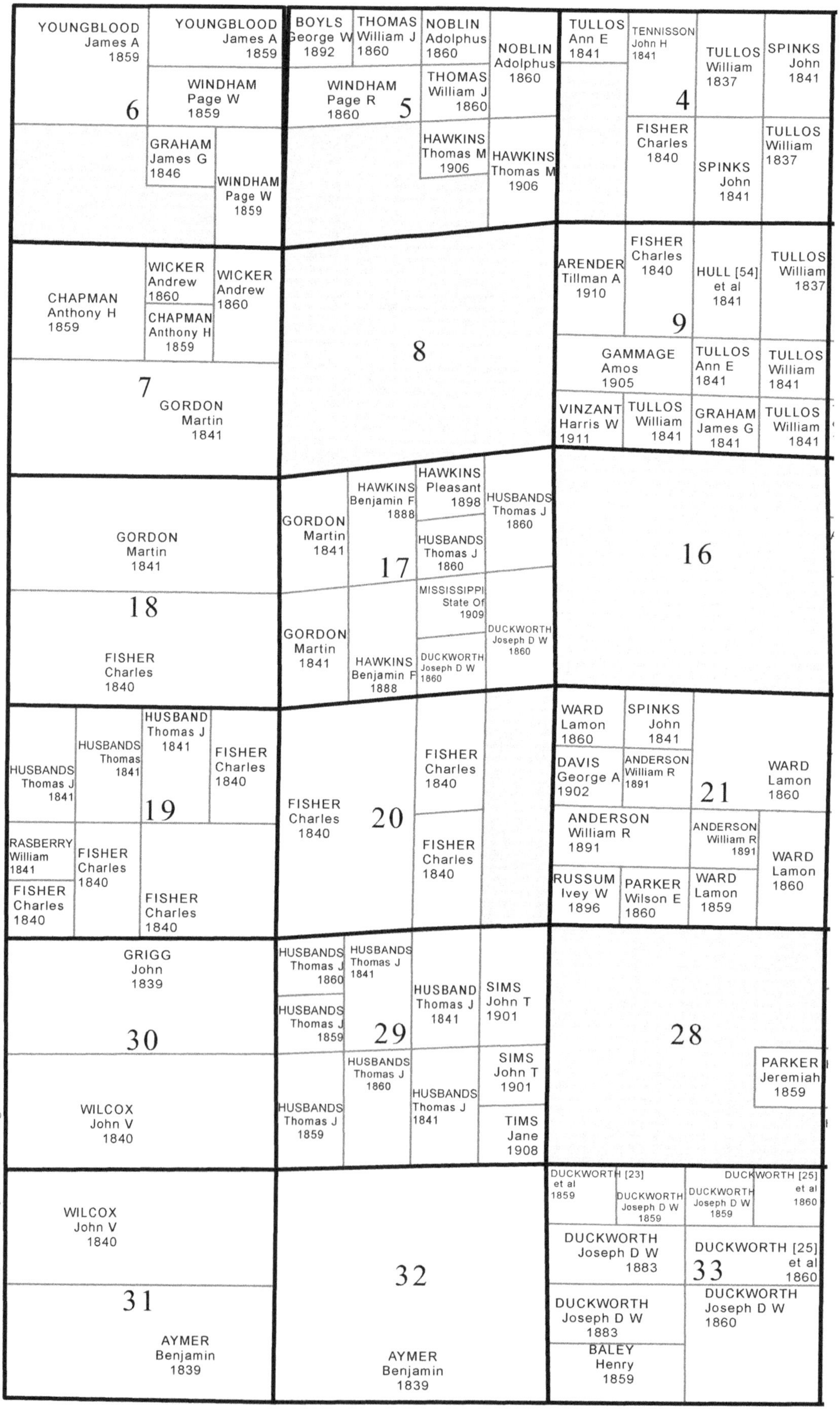

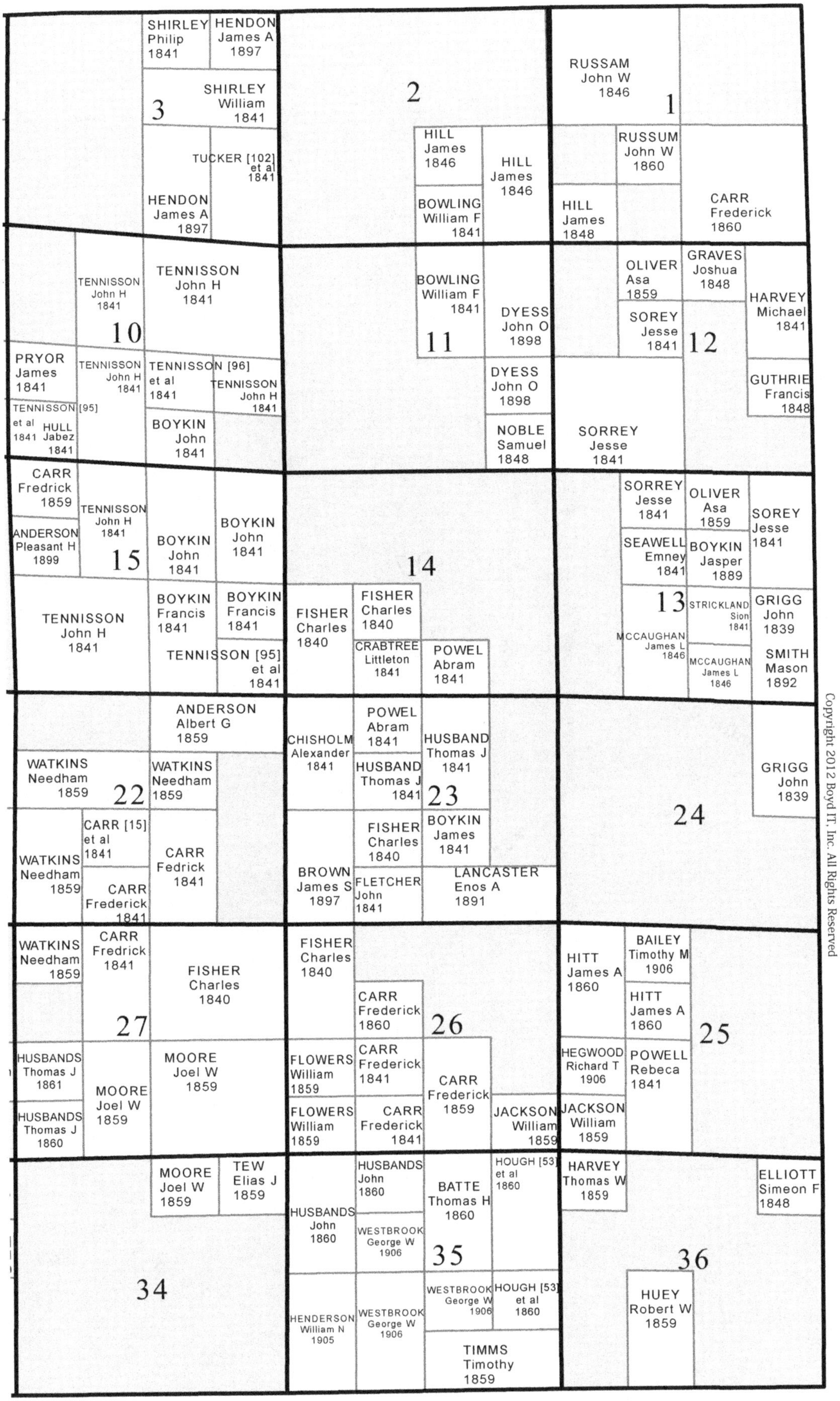




## Helpful Hints

1. This Map's INDEX can be found on the preceding pages.
2. Refer to Map "C" to see where this Township lies within Smith County, Mississippi.
3. Numbers within square brackets [ ] denote a multi-patentee land parcel (multi-owner). Refer to Appendix "C" for a full list of members in this group.
4. Areas that look to be crowded with Patentees usually indicate multiple sales of the same parcel (Re-issues) or Overlapping parcels. See this Township's Index for an explanation of these and other circumstances that might explain "odd" groupings of Patentees on this map.

## Legend

- Patent Boundary
- Section Boundary
- No Patents Found (or Outside County)
- 1., 2., 3., ... Lot Numbers (when beside a name)
- [ ] Group Number (see Appendix "C")

**Scale**: Section = 1 mile X 1 mile (generally, with some exceptions)

# Road Map

T4-N R8-E
Choctaw Meridian

Map Group 3

## Cities & Towns

Klein
Lemon
Lorena

## Cemeteries

None

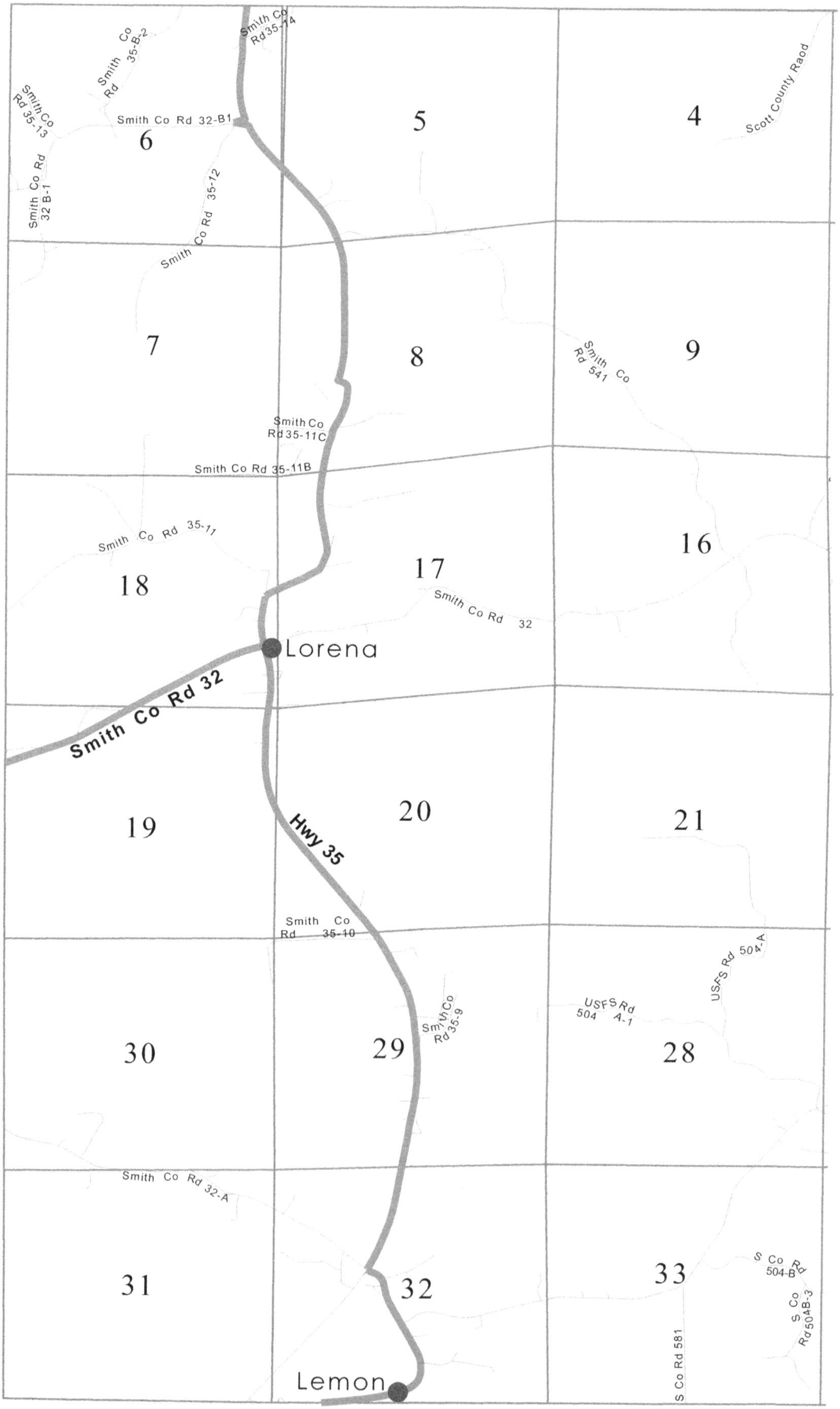

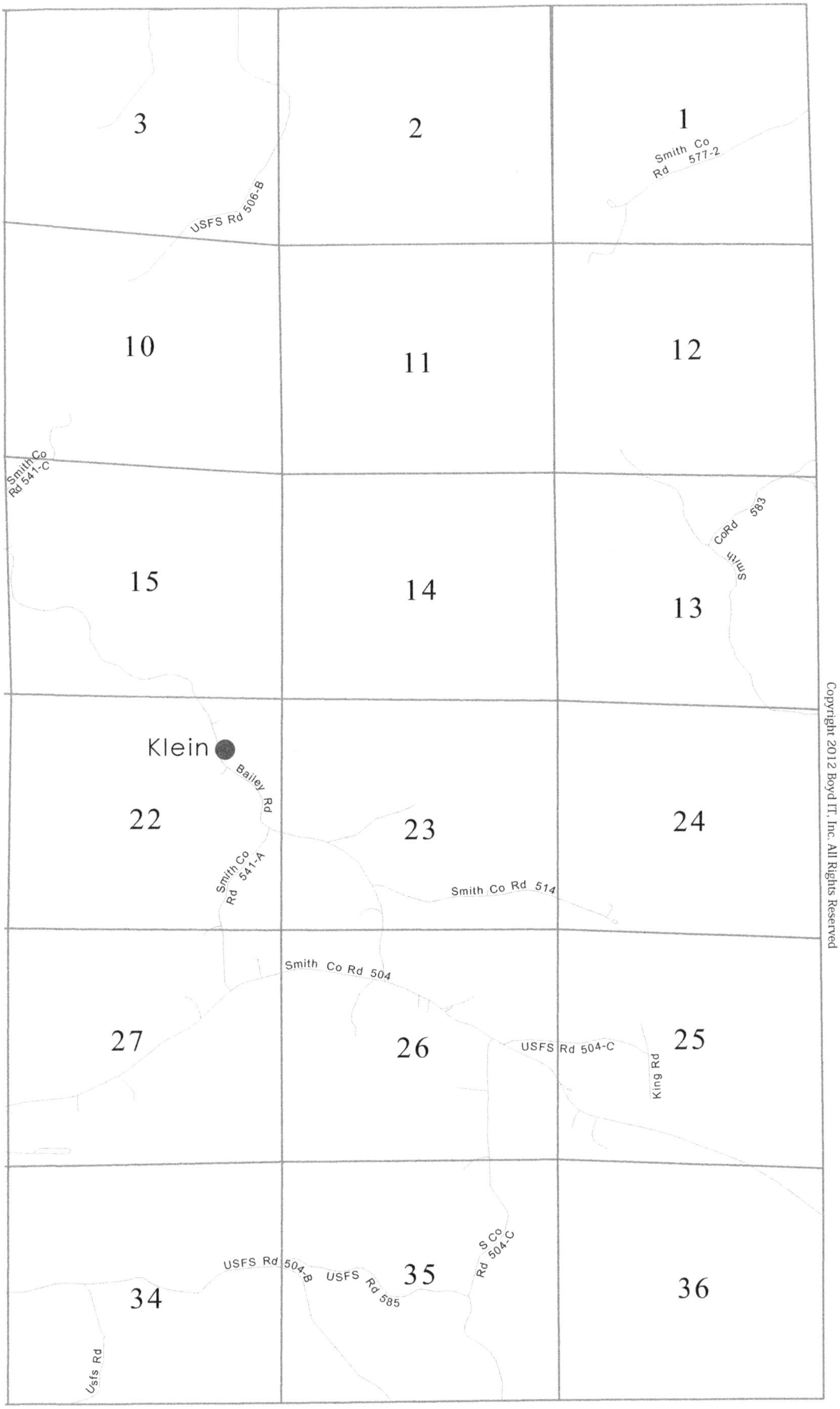




## Helpful Hints

1. This road map has a number of uses, but primarily it is to help you: a) find the present location of land owned by your ancestors (at least the general area), b) find cemeteries and city-centers, and c) estimate the route/roads used by Census-takers & tax-assessors.

2. If you plan to travel to Smith County to locate cemeteries or land parcels, please pick up a modern travel map for the area before you do. Mapping old land parcels on modern maps is not as exact a science as you might think. Just the slightest variations in public land survey coordinates, estimates of parcel boundaries, or road-map deviations can greatly alter a map's representation of how a road either does or doesn't cross a particular parcel of land.

## Legend

- Section Lines
- Interstates
- Highways
- Other Roads
- Cities/Towns
- Cemeteries

**Scale**: Section = 1 mile X 1 mile
(generally, with some exceptions)

## Historical Map

T4-N R8-E
Choctaw Meridian

Map Group 3

### Cities & Towns

Klein
Lemon
Lorena

### Cemeteries

None

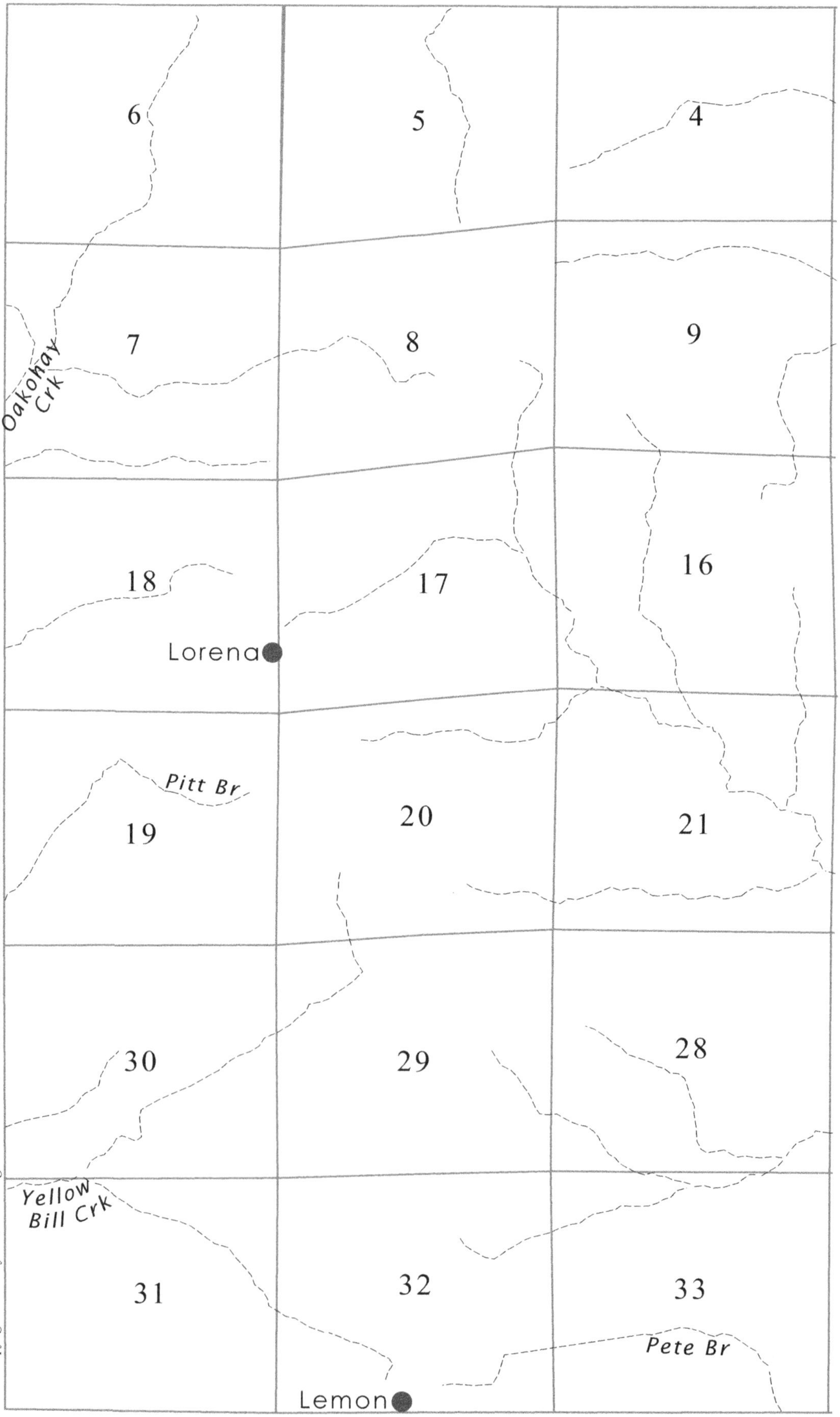

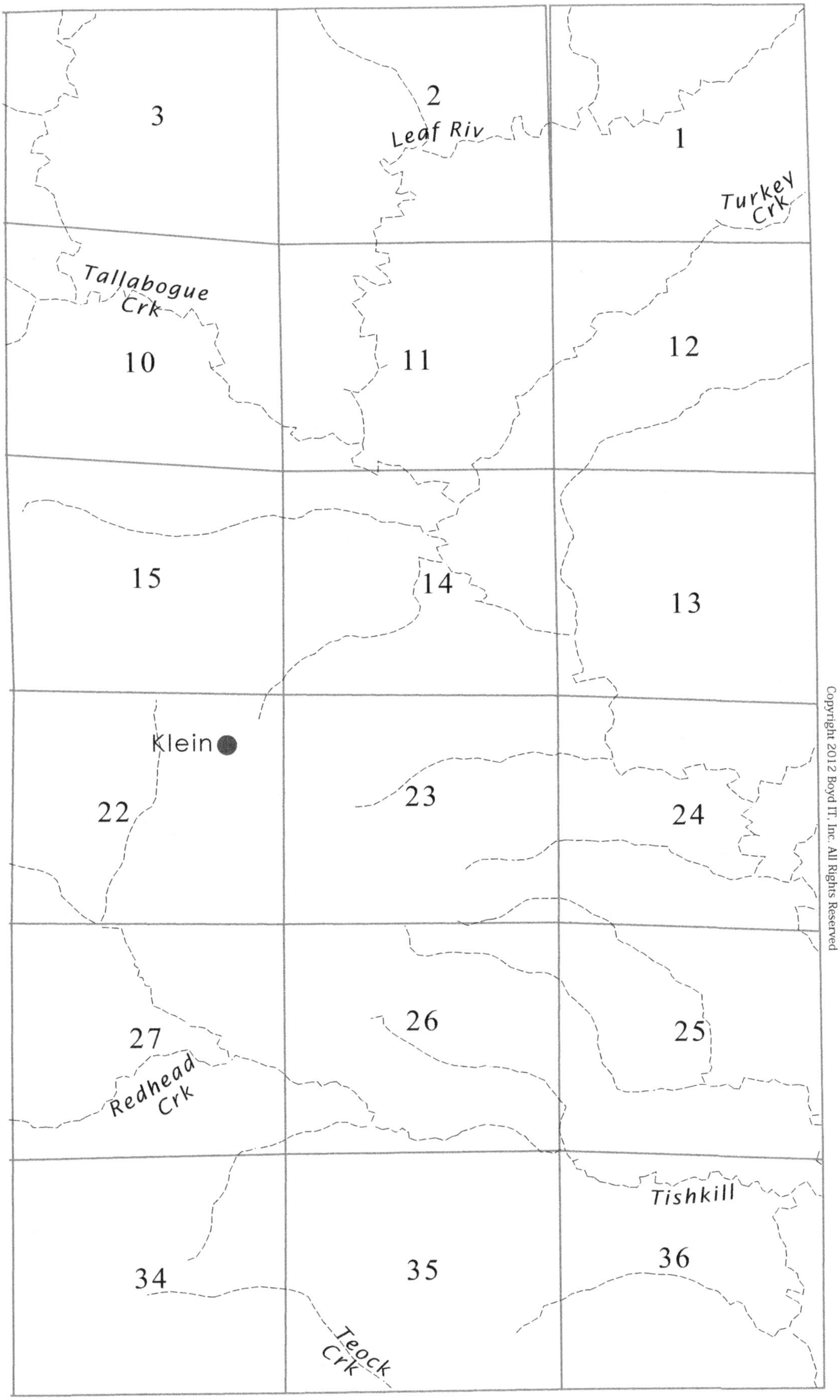




## Helpful Hints

1. This Map takes a different look at the same Congressional Township displayed in the preceding two maps. It presents features that can help you better envision the historical development of the area: a) Water-bodies (lakes & ponds), b) Water-courses (rivers, streams, etc.), c) Railroads, d) City/town center-points (where they were oftentimes located when first settled), and e) Cemeteries.

2. Using this "Historical" map in tandem with this Township's Patent Map and Road Map, may lead you to some interesting discoveries. You will often find roads, towns, cemeteries, and waterways are named after nearby landowners: sometimes those names will be the ones you are researching. See how many of these research gems you can find here in Smith County.

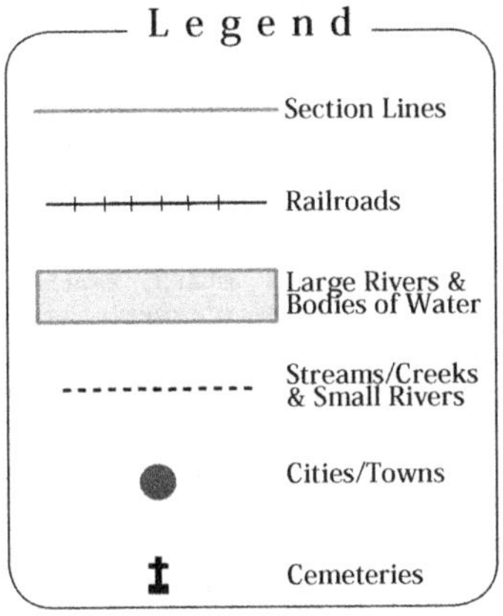


**Scale**: Section = 1 mile X 1 mile
(there are some exceptions)

# Map Group 4: Index to Land Patents

## Township 4-North Range 9-East (Choctaw)

After you locate an individual in this Index, take note of the Section and Section Part then proceed to the Land Patent map on the pages immediately following. You should have no difficulty locating the corresponding parcel of land.

The "For More Info" Column will lead you to more information about the underlying Patents. See the *Legend* at right, and the "How to Use this Book" chapter, for more information.

**LEGEND**

"For More Info . . . " column

**A** = Authority (Legislative Act, See Appendix "A")
**B** = Block or Lot (location in Section unknown)
**C** = Cancelled Patent
**F** = Fractional Section
**G** = Group (Multi-Patentee Patent, see Appendix "C")
**V** = Overlaps another Parcel
**R** = Re-Issued (Parcel patented more than once)

*(A & G items require you to look in the Appendixes referred to above. All other Letter-designations followed by a number require you to locate line-items in this index that possess the ID number found after the letter).*

| ID | Individual in Patent | Sec. | Sec. Part | Date Issued | Other Counties | For More Info . . . |
|---|---|---|---|---|---|---|
| 789 | ALEXANDER, William H | 13 | N½NW | 1908-07-23 | | A1 |
| 772 | ANDING, Samuel | 18 | E½NE | 1841-01-05 | | A1 |
| 684 | BARNES, George W | 31 | SESW | 1859-06-01 | | A1 |
| 790 | BEDFORD, William H | 9 | SW | 1906-06-16 | | A5 |
| 760 | BOYD, Matthew H | 3 | S½SE | 1906-05-23 | | A5 |
| 705 | BOYKIN, James | 18 | NWSW | 1841-01-05 | | A1 |
| 706 | " " | 29 | W½NW | 1841-01-05 | | A1 |
| 707 | " " | 30 | E½NE | 1841-01-05 | | A1 |
| 605 | BRIDGES, Albert | 29 | S½SW | 1884-12-30 | | A5 V741, 753 |
| 619 | BROADAWAY, Benjamin F | 1 | E½NW | 1859-11-10 | | A1 |
| 620 | BURNETT, Chalmers | 36 | SWNE | 1906-05-01 | | A1 V774 |
| 679 | BURNETT, George B | 25 | NWNW | 1907-05-13 | | A5 |
| 664 | CARR, Evander V | 25 | SENW | 1907-05-13 | | A5 |
| 673 | CARR, Frederick | 7 | W½NE | 1841-01-05 | | A1 |
| 672 | " " | 6 | S½NE | 1848-09-01 | | A1 |
| 674 | " " | 7 | E½SW | 1860-09-04 | | A4 G16 |
| 675 | " " | 7 | SENW | 1860-09-04 | | A4 G16 |
| 676 | CARR, Fredrick | 5 | E½NE | 1860-07-02 | | A1 |
| 677 | " " | 5 | E½SE | 1860-07-02 | | A1 |
| 678 | " " | 5 | SESW | 1860-07-02 | | A1 |
| 694 | CARR, Isaac | 5 | W½NE | 1841-01-05 | | A1 |
| 699 | CARR, Jacob | 5 | NESW | 1841-01-05 | | A1 |
| 700 | " " | 5 | SWSW | 1841-01-05 | | A1 |
| 701 | " " | 5 | W½SE | 1841-01-05 | | A1 |
| 702 | " " | 8 | W½NW | 1841-01-05 | | A1 |
| 708 | CARR, James | 25 | NWNE | 1904-11-22 | | A1 |
| 744 | CARR, John W | 7 | E½SE | 1895-01-17 | | A5 |
| 758 | CARR, Mary | 7 | SENE | 1841-01-05 | | A1 |
| 786 | CARR, William | 9 | S½SE | 1860-04-02 | | A1 |
| 607 | CHISHOLM, Alexander | 6 | E½SE | 1841-01-05 | | A1 |
| 608 | " " | 7 | NENE | 1841-01-05 | | A1 |
| 727 | CHISHOLM, John | 5 | NWSW | 1841-01-05 | | A1 |
| 728 | " " | 6 | SWSW | 1841-01-05 | | A1 |
| 618 | CLARK, Bartholomew | 32 | SWSE | 1859-05-02 | | A1 |
| 615 | COCKRELL, Alpheus L | 13 | NWSE | 1894-06-23 | | A5 |
| 616 | " " | 13 | SWNE | 1894-06-23 | | A5 |
| 785 | COLBERT, Thomas M | 12 | SE | 1859-05-02 | | A1 |
| 773 | COLEMAN, Samuel | 25 | SESE | 1841-01-05 | | A1 |
| 774 | " " | 36 | W½NE | 1841-01-05 | | A1 V620 |
| 781 | COLEMAN, Thomas | 36 | SENE | 1841-01-05 | | A1 |
| 682 | COLLINS, George E | 23 | NWSW | 1841-01-05 | | A1 |
| 683 | " " | 23 | SWSE | 1841-01-05 | | A1 |
| 646 | CRAVEN, Elisha C | 35 | E½SW | 1896-12-14 | | A5 |
| 647 | " " | 35 | NWSE | 1896-12-14 | | A5 |
| 754 | CROCKETT, Madison S | 29 | NESE | 1859-05-02 | | A1 |
| 755 | " " | 29 | SENE | 1859-05-02 | | A1 |

| ID | Individual in Patent | Sec. | Sec. Part | Date Issued | Other Counties | For More Info . . . |
|---|---|---|---|---|---|---|
| 753 | CROCKETT, Madison S (Cont'd) | 29 | E½SW | 1897-08-16 | | A1 V605 |
| 756 | " " | 29 | W½SE | 1897-08-16 | | A1 |
| 811 | CURRIE, Winnie | 3 | S½SW | 1905-03-30 | | A5 |
| 738 | DANIEL, John L | 13 | NWNE | 1859-06-01 | | A1 |
| 739 | " " | 21 | SENE | 1859-06-01 | | A1 |
| 740 | " " | 21 | W½NE | 1859-06-01 | | A1 |
| 641 | DENNIS, Daniel A | 31 | E½SE | 1899-05-31 | | A5 |
| 747 | DENNIS, Joshua J | 1 | SWNE | 1900-04-21 | | A5 |
| 687 | DOVE, Godfrey | 32 | SENE | 1859-05-02 | | A1 |
| 703 | DURR, Jacob D | 19 | N½SE | 1841-01-05 | | A1 |
| 656 | ELLIOTT, Elizer | 32 | NENW | 1854-03-15 | | A1 |
| 779 | ELLIOTT, Simeon F | 31 | NWNW | 1848-09-01 | | A1 |
| 637 | EPTING, Claud | 11 | E½NE | 1906-03-05 | | A5 |
| 638 | " " | 11 | N½SE | 1906-03-05 | | A5 |
| 622 | FISHER, Charles | 27 | NW | 1840-06-09 | | A1 |
| 623 | " " | 27 | S½ | 1840-06-09 | | A1 |
| 624 | " " | 28 | E½NW | 1840-06-09 | | A1 |
| 625 | " " | 28 | E½SW | 1840-06-09 | | A1 |
| 626 | " " | 28 | NE | 1840-06-09 | | A1 |
| 627 | " " | 28 | SE | 1840-06-09 | | A1 |
| 628 | " " | 30 | E½NW | 1840-06-09 | | A1 |
| 629 | " " | 30 | E½SW | 1840-06-09 | | A1 |
| 630 | " " | 30 | W½SE | 1840-06-09 | | A1 |
| 631 | " " | 31 | E½NW | 1840-06-09 | | A1 |
| 632 | " " | 33 | E½ | 1840-06-09 | | A1 |
| 633 | " " | 33 | E½NW | 1840-06-09 | | A1 |
| 634 | " " | 33 | E½SW | 1840-06-09 | | A1 |
| 665 | FLOWERS, Felex | 15 | SWNW | 1860-04-02 | | A1 |
| 669 | FLOWERS, Felix | 34 | E½NE | 1841-01-05 | | A1 |
| 670 | " " | 34 | E½SE | 1841-01-05 | | A1 |
| 666 | " " | 15 | NWSW | 1859-06-01 | | A1 |
| 667 | " " | 15 | SESW | 1859-06-01 | | A1 |
| 668 | " " | 15 | SWSW | 1861-02-01 | | A1 |
| 697 | FLOWERS, Jackson | 22 | SE | 1841-01-05 | | A1 |
| 698 | " " | 27 | E½NE | 1841-01-05 | | A1 |
| 695 | " " | 21 | NWSE | 1848-09-01 | | A1 |
| 696 | " " | 21 | SESE | 1848-09-01 | | A1 |
| 709 | GARDNER, James H | 11 | W½W½ | 1906-08-10 | | A5 |
| 741 | GARDNER, John M | 29 | W½SW | 1896-10-31 | | A5 V605 |
| 759 | GARDNER, Mary E | 11 | E½SW | 1912-03-04 | | A1 |
| 795 | GASKIN, William M | 15 | E½NE | 1906-06-26 | | A5 |
| 751 | GASKINS, Madison H | 3 | N½NE | 1904-10-27 | | A5 |
| 752 | " " | 3 | N½NW | 1904-10-27 | | A5 |
| 763 | GRACE, Nathaniel | 25 | SESW | 1841-01-05 | | A1 |
| 745 | GRIFFITH, Joseph | 13 | NESW | 1860-10-01 | | A1 |
| 767 | GRIFFITH, Richard W | 13 | SESW | 1860-10-01 | | A1 |
| 768 | " " | 13 | SWSE | 1860-10-01 | | A1 |
| 729 | GRIGG, John | 18 | E½SW | 1839-09-02 | | A1 |
| 730 | " " | 18 | SE | 1839-09-02 | | A1 |
| 731 | " " | 18 | SWSW | 1839-09-02 | | A1 |
| 671 | GUTHRIE, Francis | 9 | NWNE | 1848-09-01 | | A1 |
| 639 | HALEY, Craft | 30 | W½NW | 1841-01-05 | | A1 V765 |
| 794 | HARDEE, William L | 1 | NESE | 1899-07-15 | | A5 |
| 725 | HARMAN, Jesse | 4 | W½NW | 1859-11-10 | | A1 |
| 661 | HARMON, Emma L | 15 | NENW | 1906-05-01 | | A5 G48 |
| 662 | " " | 15 | NWSE | 1906-05-01 | | A5 G48 |
| 663 | " " | 15 | W½NE | 1906-05-01 | | A5 G48 |
| 661 | HARMON, William P | 15 | NENW | 1906-05-01 | | A5 G48 |
| 662 | " " | 15 | NWSE | 1906-05-01 | | A5 G48 |
| 663 | " " | 15 | W½NE | 1906-05-01 | | A5 G48 |
| 640 | HARRIS, Cyrus W | 23 | SWSW | 1908-10-26 | | A5 |
| 710 | HARVEY, James | 22 | NENW | 1841-01-05 | | A1 |
| 750 | HARVEY, Linsey | 22 | S½NW | 1841-01-05 | | A1 |
| 761 | HARVEY, Michael | 5 | E½NW | 1841-01-05 | | A1 |
| 762 | " " | 7 | NENW | 1841-01-05 | | A1 |
| 782 | HARVEY, Thomas | 6 | E½SW | 1841-01-05 | | A1 |
| 783 | " " | 6 | W½SE | 1841-01-05 | | A1 |
| 732 | HOLLINGSWORTH, John | 31 | W½SE | 1861-02-01 | | A1 |
| 609 | HOUSTON, Allen | 21 | NESE | 1859-05-02 | | A1 |
| 610 | " " | 21 | SWSE | 1859-05-02 | | A1 |
| 733 | HOUSTON, John | 23 | NE | 1904-12-31 | | A5 |
| 657 | HUGHES, Ella | 23 | N½NW | 1905-02-13 | | A5 |
| 688 | HUGHES, Green | 13 | S½NW | 1906-11-02 | | A5 |

| ID | Individual in Patent | Sec. | Sec. Part | Date Issued | Other Counties | For More Info . . . |
|---|---|---|---|---|---|---|
| 726 | HUGHES, Joe | 13 | W½SW | 1904-11-15 | | A5 |
| 737 | JOHNSTON, John | 18 | SWNE | 1848-09-01 | | A1 |
| 746 | JONES, Joseph S | 17 | NW | 1895-01-17 | | A5 |
| 776 | JONES, Sarah M | 35 | NESE | 1901-06-08 | | A5 |
| 777 | " " | 35 | S½SE | 1901-06-08 | | A5 |
| 778 | " " | 35 | SENE | 1901-06-08 | | A5 |
| 764 | MAGEE, Phillip | 18 | NENW | 1841-01-05 | | A1 |
| 757 | MATHEWS, Martha | 1 | N½NE | 1860-10-01 | | A1 |
| 617 | MCGEE, Andrew J | 1 | NWSW | 1913-05-21 | | A5 |
| 742 | MCGEE, John | 7 | W½NW | 1841-01-05 | | A1 |
| 723 | MILLER, James T | 17 | E½SW | 1895-02-21 | | A5 |
| 793 | MILLER, William J | 1 | W½NW | 1859-05-02 | | A1 |
| 780 | MISSISSIPPI, State Of | 25 | NENW | 1910-02-23 | | A9 |
| 644 | NICHOLS, Elias | 25 | SWNW | 1859-06-01 | | A1 |
| 643 | " " | 25 | N½SW | 1860-04-02 | | A1 |
| 645 | " " | 36 | NWSE | 1860-04-02 | | A1 |
| 648 | NICHOLS, Elisha | 23 | E½SW | 1841-01-05 | | A1 |
| 649 | " " | 25 | SWSW | 1841-01-05 | | A1 |
| 650 | " " | 25 | W½SE | 1841-01-05 | | A1 |
| 651 | " " | 26 | E½NE | 1841-01-05 | | A1 |
| 652 | " " | 26 | E½SE | 1841-01-05 | | A1 |
| 653 | " " | 26 | E½SW | 1841-01-05 | | A1 |
| 654 | " " | 26 | NWNE | 1841-01-05 | | A1 |
| 655 | " " | 26 | SWNW | 1841-01-05 | | A1 |
| 798 | NICHOLS, William | 25 | NENE | 1859-05-02 | | A1 |
| 799 | " " | 25 | NESE | 1859-05-02 | | A1 |
| 801 | " " | 36 | NENW | 1859-05-02 | | A1 |
| 802 | " " | 36 | SWSW | 1859-06-01 | | A1 |
| 796 | " " | 23 | NWSE | 1860-04-02 | | A1 |
| 797 | " " | 23 | S½NW | 1860-04-02 | | A1 |
| 800 | " " | 25 | SWNE | 1860-04-02 | | A1 |
| 770 | NOBLIN, Robert | 19 | S½SE | 1859-11-10 | | A1 |
| 771 | " " | 20 | NWSW | 1859-11-10 | | A1 |
| 691 | PARKER, Hunter | 15 | NESW | 1905-08-26 | | A5 |
| 692 | " " | 15 | SENW | 1905-08-26 | | A5 |
| 803 | RATHER, William | 21 | S½NW | 1848-09-01 | | A1 |
| 621 | RICHEY, Charles E | 35 | NENE | 1909-11-26 | | A5 |
| 712 | RIGBY, James O | 12 | E½NE | 1859-05-02 | | A1 |
| 713 | " " | 12 | SWNE | 1859-05-02 | | A1 |
| 743 | ROBERTS, John | 1 | SENE | 1860-10-01 | | A1 |
| 689 | RODGERS, Hays | 19 | SESW | 1841-01-05 | | A1 |
| 748 | RODGERS, Lewis | 19 | NESW | 1841-01-05 | | A1 |
| 749 | " " | 19 | SWSW | 1841-01-05 | | A1 |
| 685 | ROGALS, Gideon | 19 | NWSW | 1841-01-05 | | A1 |
| 686 | " " | 19 | SWNW | 1841-01-05 | | A1 |
| 611 | ROWLAND, Allen | 7 | W½SW | 1841-01-05 | | A1 |
| 606 | ROYALS, Albert G | 27 | W½NE | 1908-10-26 | | A5 |
| 769 | SHIRLEY, Robert F | 32 | E½SE | 1906-08-10 | | A5 |
| 612 | SMITH, Allen | 31 | NESW | 1841-01-05 | | A1 |
| 613 | " " | 31 | W½SW | 1841-01-05 | | A1 |
| 680 | SMITH, George D | 21 | E½SW | 1859-05-02 | | A1 |
| 681 | " " | 21 | N½NW | 1859-05-02 | | A1 |
| 719 | SMITH, James | 19 | E½NW | 1841-01-05 | | A1 |
| 720 | " " | 19 | NE | 1841-01-05 | | A1 |
| 721 | " " | 19 | NWNW | 1841-01-05 | | A1 |
| 642 | SOREY, Dennis W | 17 | SWSW | 1889-04-23 | | A1 |
| 734 | SOREY, John J | 29 | NENE | 1906-05-01 | | A1 R735 |
| 614 | STATUM, Allen | 9 | NW | 1896-12-14 | | A5 |
| 722 | SULLIVEN, James | 18 | SENW | 1841-01-05 | | A1 |
| 674 | THOMPSON, Mary Ann | 7 | E½SW | 1860-09-04 | | A4 G16 |
| 675 | " " | 7 | SENW | 1860-09-04 | | A4 G16 |
| 690 | TOLAR, Henry | 25 | SENE | 1841-01-05 | | A1 |
| 775 | TURNER, Samuel S | 32 | SWNW | 1859-05-02 | | A1 |
| 804 | VANSANT, William | 36 | NENE | 1841-01-05 | | A1 |
| 658 | VAUGHN, Emanuel M | 31 | S½NE | 1906-06-04 | | A5 |
| 787 | VAUGHN, William F | 15 | NESE | 1906-10-18 | | A1 |
| 788 | " " | 15 | S½SE | 1906-10-18 | | A1 |
| 807 | WALTERS, William | 22 | SESW | 1841-01-05 | | A1 |
| 808 | " " | 22 | W½SW | 1841-01-05 | | A1 |
| 809 | WARREN, Willie A | 3 | N½SE | 1904-10-27 | | A5 |
| 810 | " " | 3 | S½NE | 1904-10-27 | | A5 |
| 635 | WEDGEWORTH, Christopher C | 35 | NWNW | 1895-01-17 | | A5 |
| 636 | " " | 35 | W½NE | 1895-01-17 | | A5 |

| ID | Individual in Patent | Sec. | Sec. Part | Date Issued | Other Counties | For More Info . . . |
|---|---|---|---|---|---|---|
| 659 | WEDGEWORTH, Emanuel | 35 | S½NW | 1889-01-05 | | A5 |
| 660 | " " | 35 | W½SW | 1889-01-05 | | A5 |
| 724 | WEEMS, James | 1 | SWSW | 1860-04-02 | | A1 |
| 714 | WEEMS, James S | 1 | NESW | 1859-11-10 | | A1 |
| 715 | " " | 1 | NWSE | 1859-11-10 | | A1 |
| 717 | " " | 1 | SESW | 1860-07-02 | | A1 |
| 718 | " " | 1 | SWSE | 1860-07-02 | | A1 |
| 716 | " " | 1 | SESE | 1861-02-01 | | A1 |
| 735 | WEEMS, John J | 29 | NENE | 1841-01-05 | | A1 R734 |
| 736 | " " | 29 | SESE | 1841-01-05 | | A1 |
| 791 | WILKERSON, William H | 17 | E½NE | 1894-09-28 | | A5 |
| 792 | " " | 17 | E½SE | 1894-09-28 | | A5 |
| 704 | WILKINS, James A | 31 | N½NE | 1890-08-16 | | A5 |
| 765 | WILKINS, Richard P | 30 | NWNW | 1848-09-01 | | A1 V639 |
| 766 | " " | 30 | W½NE | 1860-07-02 | | A1 |
| 784 | WILKINS, Thomas L | 32 | NWNE | 1908-07-27 | | A5 |
| 693 | WILLIAMS, Ira E | 7 | W½SE | 1841-01-05 | | A1 |
| 711 | WILSON, James M | 29 | E½NW | 1895-11-11 | | A5 |
| 805 | WILSON, William W | 9 | N½SE | 1859-11-10 | | A1 |
| 806 | " " | 9 | S½NE | 1859-11-10 | | A1 |

# Patent Map

T4-N R9-E
Choctaw Meridian

Map Group 4

## Township Statistics

| | |
|---|---|
| Parcels Mapped : | 207 |
| Number of Patents : | 153 |
| Number of Individuals : | 120 |
| Patentees Identified : | 119 |
| Number of Surnames : | 79 |
| Multi-Patentee Parcels : | 5 |
| Oldest Patent Date : | 9/2/1839 |
| Most Recent Patent : | 5/21/1913 |
| Block/Lot Parcels : | 0 |
| Parcels Re - Issued : | 1 |
| Parcels that Overlap : | 7 |
| Cities and Towns : | 1 |
| Cemeteries : | 1 |

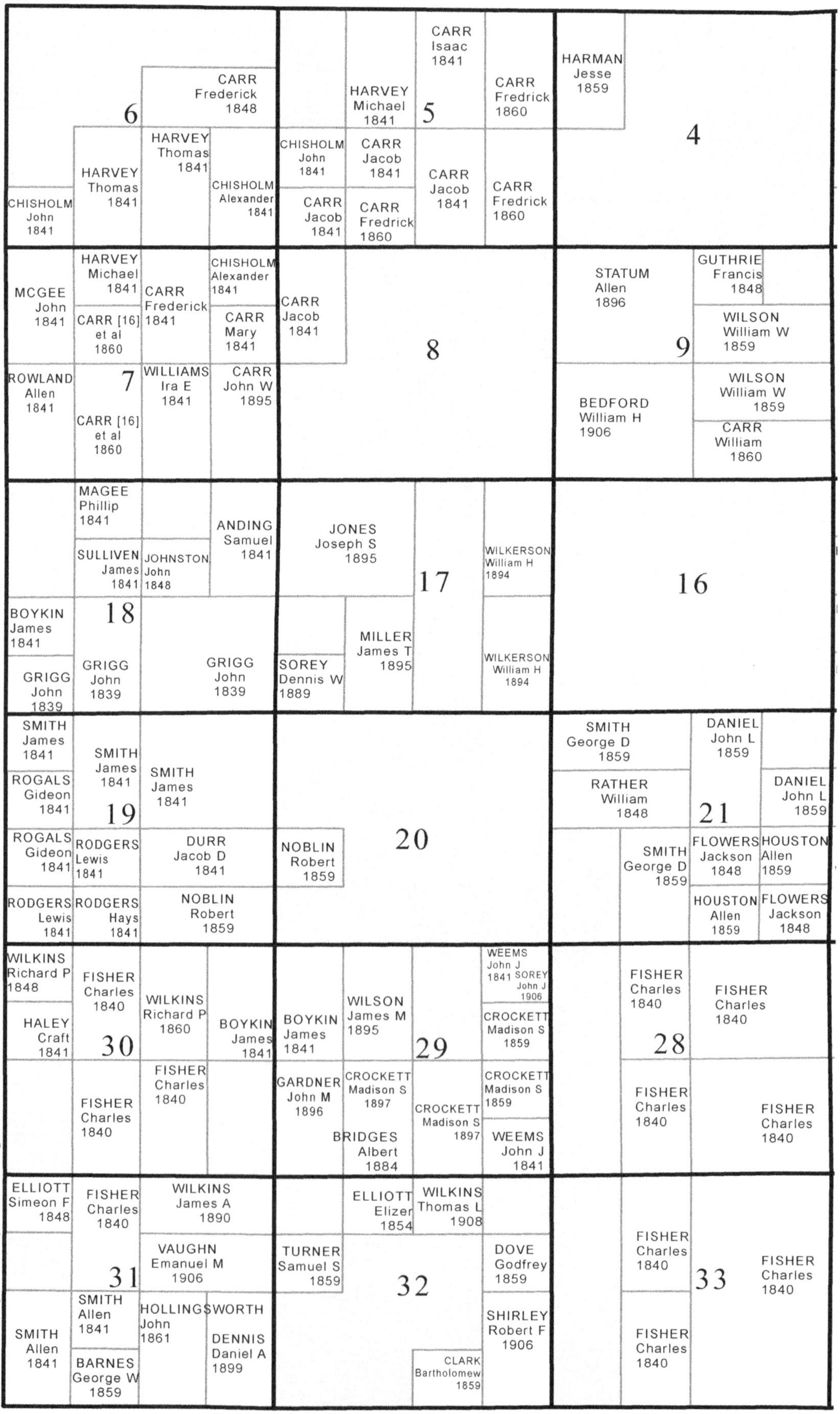

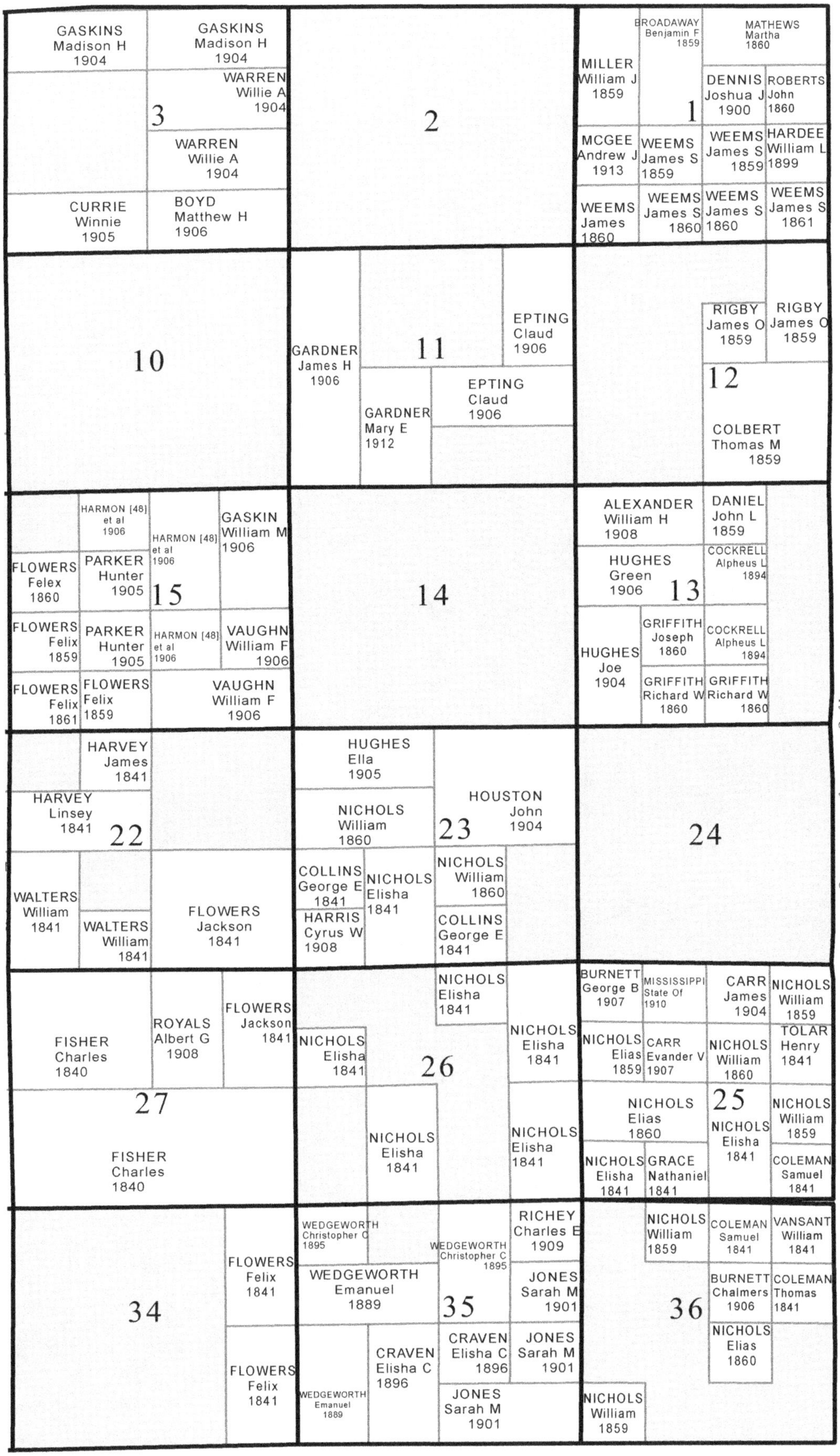




## Helpful Hints

1. This Map's INDEX can be found on the preceding pages.
2. Refer to Map "C" to see where this Township lies within Smith County, Mississippi.
3. Numbers within square brackets [ ] denote a multi-patentee land parcel (multi-owner). Refer to Appendix "C" for a full list of members in this group.
4. Areas that look to be crowded with Patentees usually indicate multiple sales of the same parcel (Re-issues) or Overlapping parcels. See this Township's Index for an explanation of these and other circumstances that might explain "odd" groupings of Patentees on this map.

## Legend

- Patent Boundary
- Section Boundary
- No Patents Found (or Outside County)
- 1., 2., 3., ... Lot Numbers (when beside a name)
- [ ] Group Number (see Appendix "C")

**Scale**: Section = 1 mile X 1 mile (generally, with some exceptions)

# Road Map

T4-N R9-E
Choctaw Meridian

Map Group 4

## Cities & Towns

Clear Springs

## Cemeteries

Burnett Cemetery

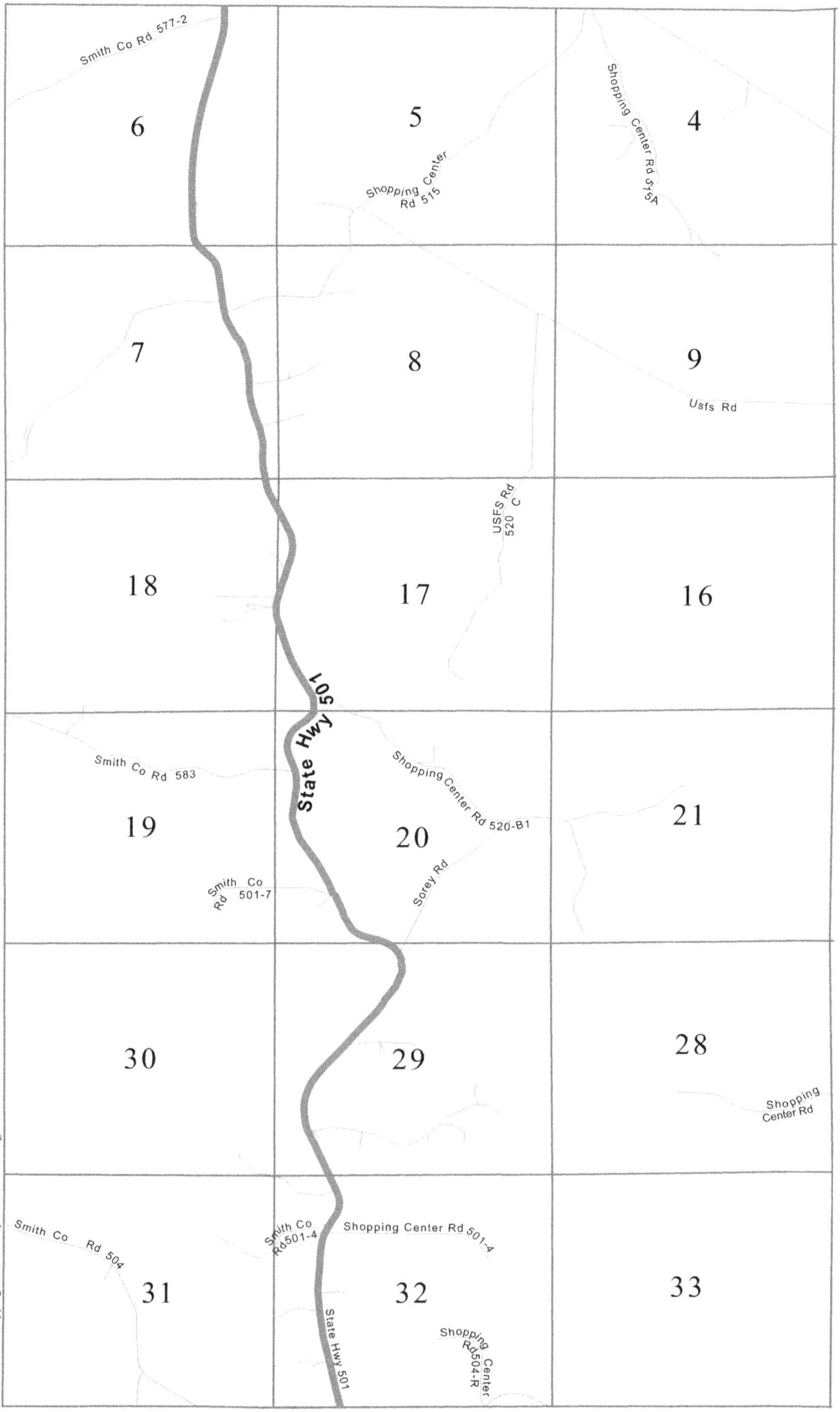

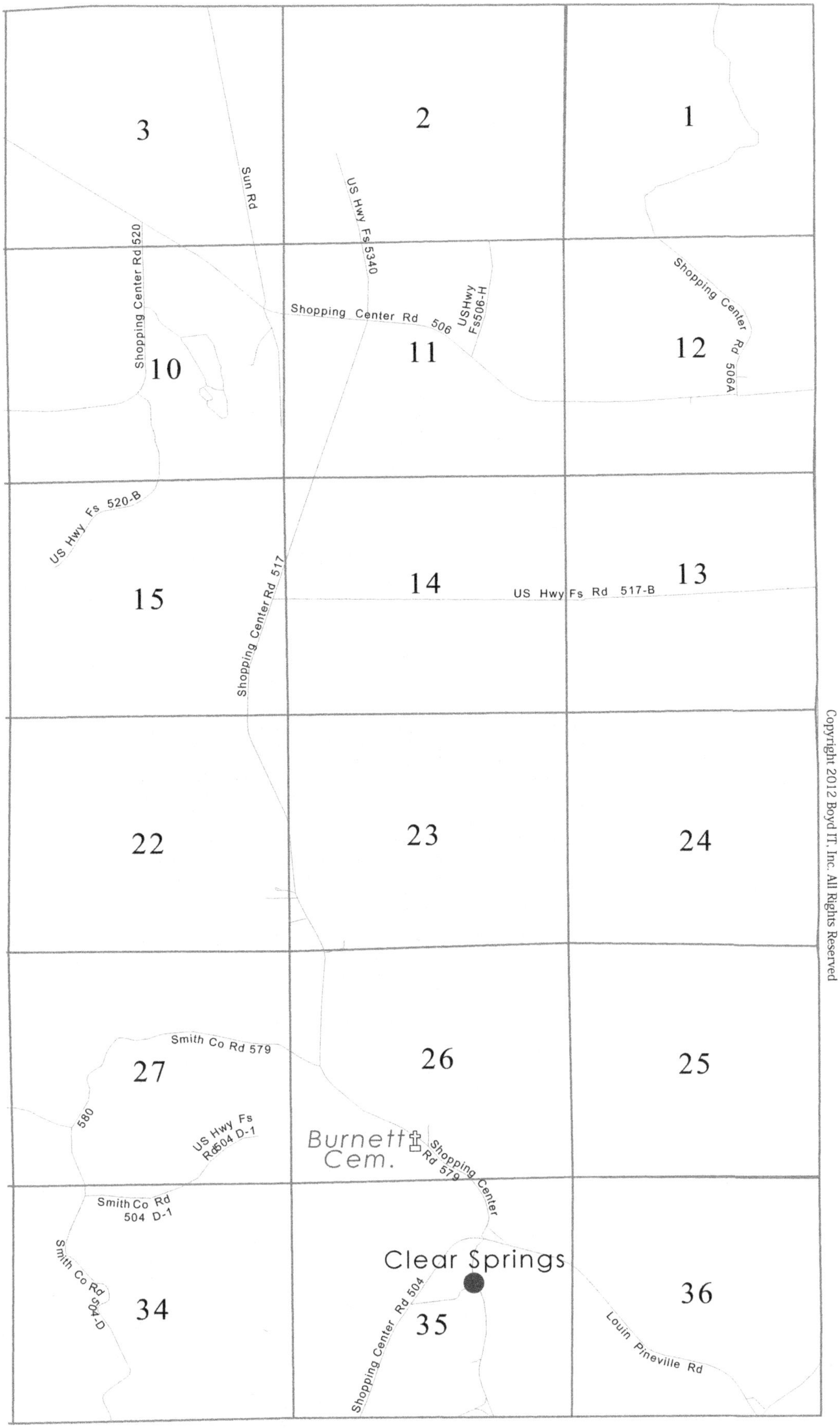




## Helpful Hints

1. This road map has a number of uses, but primarily it is to help you: a) find the present location of land owned by your ancestors (at least the general area), b) find cemeteries and city-centers, and c) estimate the route/roads used by Census-takers & tax-assessors.
2. If you plan to travel to Smith County to locate cemeteries or land parcels, please pick up a modern travel map for the area before you do. Mapping old land parcels on modern maps is not as exact a science as you might think. Just the slightest variations in public land survey coordinates, estimates of parcel boundaries, or road-map deviations can greatly alter a map's representation of how a road either does or doesn't cross a particular parcel of land.

## Legend

- Section Lines
- Interstates
- Highways
- Other Roads
- Cities/Towns
- Cemeteries

**Scale**: Section = 1 mile X 1 mile
(generally, with some exceptions)

# Historical Map

T4-N R9-E
Choctaw Meridian

Map Group 4

Cities & Towns
Clear Springs

Cemeteries
Burnett Cemetery

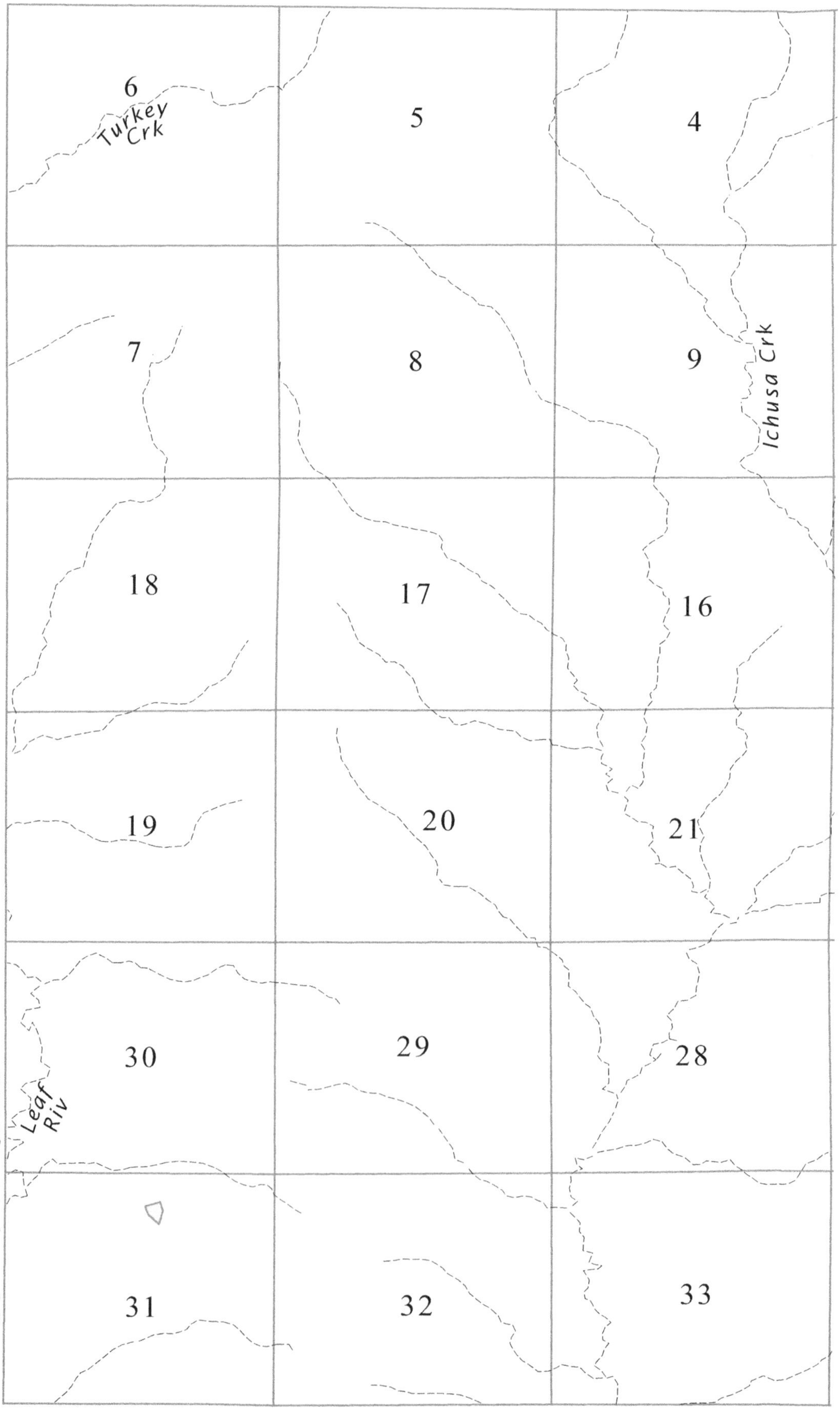

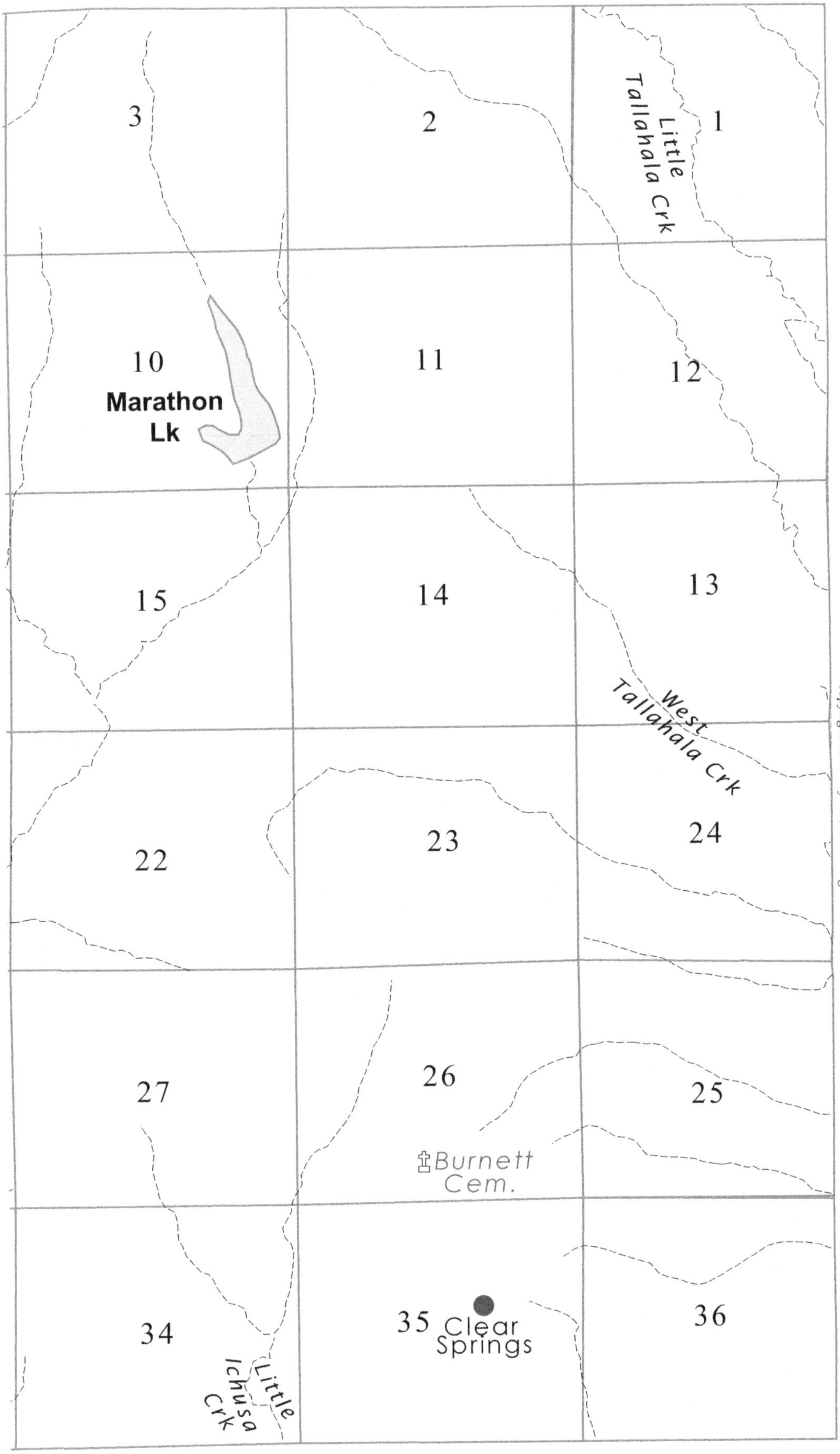




## Helpful Hints

1. This Map takes a different look at the same Congressional Township displayed in the preceding two maps. It presents features that can help you better envision the historical development of the area: a) Water-bodies (lakes & ponds), b) Water-courses (rivers, streams, etc.), c) Railroads, d) City/town center-points (where they were oftentimes located when first settled), and e) Cemeteries.

2. Using this "Historical" map in tandem with this Township's Patent Map and Road Map, may lead you to some interesting discoveries. You will often find roads, towns, cemeteries, and waterways are named after nearby landowners: sometimes those names will be the ones you are researching. See how many of these research gems you can find here in Smith County.

### Legend

- Section Lines
- Railroads
- Large Rivers & Bodies of Water
- Streams/Creeks & Small Rivers
- Cities/Towns
- Cemeteries

**Scale**: Section = 1 mile X 1 mile
(there are some exceptions)

# Map Group 5: Index to Land Patents

## Township 3-North Range 6-East (Choctaw)

After you locate an individual in this Index, take note of the Section and Section Part then proceed to the Land Patent map on the pages immediately following. You should have no difficulty locating the corresponding parcel of land.

The "For More Info" Column will lead you to more information about the underlying Patents. See the *Legend* at right, and the "How to Use this Book" chapter, for more information.

**LEGEND**

**"For More Info . . . " column**

- **A** = Authority (Legislative Act, See Appendix "A")
- **B** = Block or Lot (location in Section unknown)
- **C** = Cancelled Patent
- **F** = Fractional Section
- **G** = Group (Multi-Patentee Patent, see Appendix "C")
- **V** = Overlaps another Parcel
- **R** = Re-Issued (Parcel patented more than once)

*(A & G items require you to look in the Appendixes referred to above. All other Letter-designations followed by a number require you to locate line-items in this index that possess the ID number found after the letter).*

| ID | Individual in Patent | Sec. | Sec. Part | Date Issued | Other Counties | For More Info . . . |
|---|---|---|---|---|---|---|
| 897 | ADCOCK, Giles F | 13 | S½SW | 1897-11-01 | | A5 V896 |
| 898 | " " | 14 | S½SE | 1897-11-01 | | A5 |
| 1129 | ALLEN, William H | 7 | SENW | 1853-05-10 | | A1 |
| 860 | BALDWIN, Daniel N | 14 | E½SW | 1893-12-28 | | A5 |
| 861 | " " | 14 | SWSW | 1893-12-28 | | A5 |
| 862 | " " | 23 | NENW | 1893-12-28 | | A5 |
| 955 | BALDWIN, James R | 11 | SESW | 1896-12-14 | | A5 |
| 956 | " " | 11 | SWSE | 1896-12-14 | | A5 |
| 978 | BALDWIN, John | 10 | 14 | 1884-12-30 | | A5 |
| 979 | " " | 11 | SWSW | 1884-12-30 | | A5 |
| 980 | " " | 14 | NWNW | 1884-12-30 | | A5 |
| 981 | " " | 15 | 3 | 1884-12-30 | | A5 |
| 867 | BAUGH, Drocletian H | 6 | SWSW | 1859-03-01 | | A1 |
| 924 | BEAVER, Jacob | 15 | 10 | 1898-08-15 | | A1 |
| 925 | " " | 15 | 12 | 1898-08-15 | | A1 |
| 926 | " " | 15 | 8 | 1898-08-15 | | A1 |
| 927 | " " | 15 | 9 | 1898-08-15 | | A1 |
| 922 | BEAVER, Jacob A | 3 | N½2 | 1873-09-20 | | A5 |
| 923 | " " | 3 | N½3 | 1873-09-20 | | A5 |
| 919 | " " | 15 | 11 | 1898-08-15 | | A1 |
| 920 | " " | 15 | 5 | 1898-08-15 | | A1 |
| 921 | " " | 15 | 6 | 1898-08-15 | | A1 |
| 1127 | BENGE, William | 3 | 9 | 1900-11-28 | | A5 |
| 819 | BISHOP, Amanda | 35 | NENW | 1901-02-27 | | A1 |
| 820 | " " | 35 | W½NE | 1901-02-27 | | A1 |
| 1003 | BISHOP, John S | 15 | 13 | 1891-05-20 | | A5 |
| 1004 | " " | 22 | 4 | 1891-05-20 | | A5 |
| 1005 | " " | 22 | 5 | 1891-05-20 | | A5 |
| 1006 | " " | 23 | NWNW | 1891-05-20 | | A5 |
| 1081 | BOWEN, Samuel | 24 | NWNE | 1841-01-05 | | A1 |
| 1067 | BOYKIN, Robert B | 22 | 3 | 1905-08-24 | | A1 |
| 1068 | " " | 22 | N½2 | 1905-08-24 | | A1 |
| 825 | BUFFKIN, Benjamin F | 9 | 2 | 1859-03-01 | | A1 |
| 826 | " " | 9 | 3 | 1859-03-01 | | A1 |
| 827 | " " | 9 | 4 | 1859-03-01 | | A1 |
| 828 | " " | 9 | 5 | 1859-03-01 | | A1 |
| 849 | BUTLER, Daniel J | 11 | NESE | 1901-08-12 | | A5 |
| 850 | " " | 12 | W½SW | 1901-08-12 | | A5 |
| 851 | " " | 13 | NWNW | 1901-08-12 | | A5 |
| 881 | BUTLER, Frances E | 23 | N½NE | 1901-06-29 | | A1 |
| 882 | " " | 24 | NWNW | 1901-06-29 | | A1 |
| 900 | BUTLER, Hattie | 24 | E½NE | 1901-12-04 | | A5 G13 |
| 932 | BUTLER, James H | 25 | E½SW | 1901-08-12 | | A5 |
| 933 | " " | 25 | W½SE | 1901-08-12 | | A5 |
| 975 | BUTLER, John B | 36 | N½NW | 1878-06-24 | | A5 |
| 976 | " " | 36 | NWNE | 1878-06-24 | | A5 |

| ID | Individual in Patent | Sec. | Sec. Part | Date Issued | Other Counties | For More Info . . . |
|---|---|---|---|---|---|---|
| 977 | BUTLER, John B (Cont'd) | 36 | SENW | 1878-06-24 | | A5 |
| 982 | BUTLER, John C | 10 | 11 | 1899-07-15 | | A5 |
| 983 | " " | 10 | 3 | 1899-07-15 | | A5 |
| 984 | " " | 10 | 4 | 1899-07-15 | | A5 |
| 985 | " " | 10 | 5 | 1899-07-15 | | A5 |
| 1056 | BUTLER, Nola | 10 | 10 | 1907-04-01 | | A5 |
| 1057 | " " | 10 | 12 | 1907-04-01 | | A5 |
| 1058 | " " | 10 | 9 | 1907-04-01 | | A5 |
| 1073 | BUTLER, Robert R | 32 | N½SE | 1894-12-17 | | A5 |
| 1074 | " " | 32 | NESW | 1894-12-17 | | A5 |
| 1075 | " " | 32 | SWSE | 1894-12-17 | | A5 |
| 1092 | BUTLER, Stanmore S | 10 | 2 | 1902-02-12 | | A5 |
| 1093 | " " | 10 | 6 | 1902-02-12 | | A5 |
| 1094 | " " | 10 | 7 | 1902-02-12 | | A5 |
| 1095 | " " | 11 | SWNW | 1902-02-12 | | A5 |
| 1142 | BUTLER, William S | 11 | N½SW | 1901-10-01 | | A5 |
| 1143 | " " | 11 | NWSE | 1901-10-01 | | A5 |
| 1144 | " " | 11 | SENW | 1901-10-01 | | A5 |
| 971 | CAHO, John A | 4 | 1 | 1860-04-02 | | A1 |
| 972 | " " | 4 | E½2 | 1860-04-02 | | A1 |
| 973 | " " | 4 | N½4 | 1860-04-02 | | A1 |
| 974 | " " | 4 | NE3 | 1860-04-02 | | A1 |
| 880 | CHAPMAN, Elizabeth | 33 | SENW | 1854-01-05 | | A8 G52 |
| 812 | COOK, Abram | 31 | W½SW | 1859-08-10 | | A1 |
| 842 | COOK, Daniel A | 31 | E½SW | 1899-04-17 | | A5 |
| 843 | " " | 31 | N½SE | 1899-04-17 | | A5 |
| 1011 | COOK, John T | 31 | S½SE | 1895-12-26 | | A5 |
| 1053 | COOK, Miles J | 32 | S½SW | 1876-02-15 | | A5 |
| 1062 | COOK, Pleasant J | 15 | | 1859-03-01 | | A1 F |
| 1104 | CROSBY, Surintha A | 12 | SESE | 1906-05-23 | | A5 G20 |
| 846 | DERRICK, Daniel F | 21 | S½SW | 1895-05-11 | | A5 |
| 872 | DOBBS, Ella T | 24 | N½SW | 1905-10-19 | | A5 |
| 873 | " " | 24 | SWSW | 1905-10-19 | | A5 |
| 874 | " " | 25 | NWNW | 1905-10-19 | | A5 |
| 835 | DUKES, Cader F | 34 | 1 | 1904-12-31 | | A5 |
| 836 | " " | 34 | 7 | 1904-12-31 | | A5 |
| 844 | DUKES, Daniel C | 33 | SESE | 1899-05-05 | | A5 |
| 893 | DUKES, George T | 26 | SESW | 1906-06-30 | | A1 |
| 902 | DUKES, Henry P | 21 | NESE | 1902-12-30 | | A5 |
| 903 | " " | 21 | SWNE | 1902-12-30 | | A5 |
| 904 | " " | 21 | W½SE | 1902-12-30 | | A5 |
| 944 | DUKES, James L | 20 | NESE | 1898-12-27 | | A5 |
| 945 | " " | 20 | S½NE | 1898-12-27 | | A5 |
| 946 | " " | 21 | NWSW | 1898-12-27 | | A5 |
| 1007 | DUKES, John S | 27 | S½4 | 1898-08-27 | | A5 |
| 1013 | DUKES, John W | 7 | NESW | 1850-01-01 | | A1 |
| 1030 | DUKES, Joseph M | 19 | SENE | 1850-01-01 | | A1 |
| 1031 | " " | 20 | N½NW | 1859-03-01 | | A1 V1032 |
| 1032 | " " | 20 | NW | 1859-03-01 | | A1 V1031 |
| 1042 | DUKES, Laura E | 11 | NWNW | 1913-06-16 | | A5 |
| 1050 | DUKES, Martha A | 21 | NESW | 1902-07-22 | | A1 |
| 1072 | DUKES, Robert H | 33 | E½NE | 1881-08-20 | | A5 |
| 1088 | DUKES, Solomon J | 34 | 2 | 1898-08-27 | | A5 |
| 1089 | " " | 34 | N½3 | 1898-08-27 | | A5 |
| 1090 | " " | 34 | SW6 | 1919-10-01 | | A5 |
| 1146 | DUKES, William W | 27 | 6 | 1904-11-15 | | A5 |
| 1147 | " " | 27 | 8 | 1904-11-15 | | A5 |
| 1148 | " " | 27 | 9 | 1904-11-15 | | A5 |
| 871 | DUNAGIN, Elizabeth | 5 | NWSE | 1850-01-01 | | A1 |
| 894 | DUNAGIN, George W | 8 | NENW | 1850-01-01 | | A1 |
| 895 | " " | 8 | NWSW | 1850-01-01 | | A1 |
| 863 | DUNN, David | 28 | NESE | 1851-10-01 | | A1 |
| 888 | EASTERLING, Gaunt | 25 | S½NW | 1902-12-30 | | A5 |
| 889 | " " | 25 | W½SW | 1902-12-30 | | A5 |
| 1054 | EASTERLING, Neavil W | 25 | W½NE | 1901-12-04 | | A5 |
| 1036 | ELLIOTT, Joshua | 2 | E½NE | 1841-01-05 | | A1 |
| 1037 | " " | 5 | E½NE | 1850-01-01 | | A1 |
| 817 | EVERETT, Albert E | 31 | N½NW | 1906-09-14 | | A5 |
| 818 | " " | 31 | NWNE | 1906-09-14 | | A5 R1038 |
| 821 | EVERETT, Author P | 30 | SESE | 1895-11-11 | | A5 |
| 822 | " " | 30 | SWNE | 1895-11-11 | | A5 |
| 823 | " " | 30 | W½SE | 1895-11-11 | | A5 |
| 875 | EVERETT, Ellis L | 31 | S½NE | 1892-06-30 | | A5 |

| ID | Individual in Patent | Sec. | Sec. Part | Date Issued | Other Counties | For More Info . . . |
|---|---|---|---|---|---|---|
| 876 | EVERETT, Ellis L (Cont'd) | 31 | S½NW | 1892-06-30 | | A5 |
| 914 | EVERETT, Irvin E | 30 | E½NE | 1901-08-12 | | A5 |
| 915 | " " | 30 | NESE | 1901-08-12 | | A5 |
| 1047 | EVERETT, Mansel J | 35 | NWSE | 1897-02-15 | | A5 |
| 837 | FLETCHER, Caroline | 3 | 1 | 1884-12-30 | | A5 G47 |
| 838 | " " | 3 | N½7 | 1884-12-30 | | A5 G47 |
| 839 | " " | 3 | S½2 | 1884-12-30 | | A5 G47 |
| 905 | FLETCHER, Hiram | 1 | NWSE | 1861-07-01 | | A1 |
| 906 | " " | 1 | SENW | 1861-07-01 | | A1 |
| 907 | " " | 1 | W½NE | 1861-07-01 | | A1 |
| 1111 | FLETCHER, Thomas | 1 | NENW | 1841-01-05 | | A1 |
| 1112 | " " | 12 | SWSE | 1841-01-05 | | A1 |
| 1069 | FORTENBERRY, Robert | 23 | SESE | 1902-02-12 | | A5 |
| 1070 | " " | 26 | E½NE | 1902-02-12 | | A5 |
| 1071 | " " | 26 | NWNE | 1902-02-12 | | A5 |
| 1114 | FRANKLIN, Thomas J | 4 | NW3 | 1859-03-01 | | A1 |
| 1115 | " " | 4 | W½2 | 1859-03-01 | | A1 |
| 1116 | " " | 5 | NESE | 1859-03-01 | | A1 |
| 1117 | " " | 5 | W½NE | 1859-03-01 | | A1 |
| 1038 | GARNER, Joshua | 31 | NWNE | 1859-03-01 | | A1 R818 |
| 900 | GIBBENS, Hattie | 24 | E½NE | 1901-12-04 | | A5 G13 |
| 886 | GIBBONS, Francis M | 23 | N½SE | 1902-02-12 | | A5 |
| 887 | " " | 23 | S½NE | 1902-02-12 | | A5 |
| 1078 | GIBBONS, Rufus C | 12 | E½SW | 1901-08-12 | | A5 |
| 1079 | " " | 12 | NWSE | 1901-08-12 | | A5 |
| 1080 | " " | 13 | NENW | 1901-08-12 | | A5 |
| 1126 | GIBBONS, William A | 14 | NWSW | 1909-01-21 | | A5 |
| 931 | GRIFFITH, James | 9 | S½6 | 1859-03-01 | | A1 |
| 929 | GRIFFITH, James E | 17 | W½SW | 1859-03-01 | | A1 |
| 930 | " " | 20 | NWNE | 1859-03-01 | | A1 |
| 1059 | GRIFFITH, Oliver H | 17 | S½NE | 1859-03-01 | | A1 |
| 1060 | " " | 17 | SENW | 1859-03-01 | | A1 |
| 1061 | " " | 17 | SWNW | 1929-08-14 | | A1 |
| 1128 | GRIMES, William | 10 | SENE | 1859-03-01 | | A1 |
| 934 | GUNN, James H | 12 | NESE | 1896-12-14 | | A5 |
| 935 | " " | 12 | SENE | 1896-12-14 | | A5 V988 |
| 813 | HALL, Abram J | 24 | NENW | 1874-11-05 | | A1 |
| 814 | " " | 24 | S½NW | 1874-11-05 | | A1 |
| 815 | " " | 24 | SWNE | 1874-11-05 | | A1 |
| 837 | HALL, Caroline | 3 | 1 | 1884-12-30 | | A5 G47 |
| 838 | " " | 3 | N½7 | 1884-12-30 | | A5 G47 |
| 839 | " " | 3 | S½2 | 1884-12-30 | | A5 G47 |
| 865 | HALL, Dock G | 25 | E½NE | 1897-05-07 | | A5 |
| 866 | " " | 25 | E½SE | 1897-05-07 | | A5 |
| 1014 | HALL, John W | 10 | NENE | 1897-06-07 | | A5 |
| 1015 | " " | 3 | S½SE | 1897-06-07 | | A5 |
| 1016 | " " | 3 | SESW | 1897-06-07 | | A5 |
| 841 | HARRISON, Columbia | 36 | E½NE | 1901-02-27 | | A1 |
| 1076 | HARRISON, Robert W | 14 | S½NE | 1899-05-31 | | A5 |
| 1077 | " " | 14 | S½NW | 1899-05-31 | | A5 |
| 1082 | HARRISON, Samuel D | 35 | SENE | 1901-08-12 | | A5 |
| 1083 | " " | 36 | SWNW | 1901-08-12 | | A5 |
| 880 | HOLBROOK, Fleming | 33 | SENW | 1854-01-05 | | A8 G52 |
| 879 | " " | 33 | W½NE | 1859-03-01 | | A1 |
| 1130 | HOLBROOK, William | 28 | SWSE | 1854-01-05 | | A8 |
| 940 | HOLBROOKS, James | 17 | NWNE | 1850-01-01 | | A1 |
| 938 | " " | 17 | N½NW | 1859-03-01 | | A1 |
| 939 | " " | 17 | NENE | 1859-03-01 | | A1 |
| 941 | " " | 8 | N½SE | 1859-03-01 | | A1 |
| 942 | " " | 8 | S½SE | 1859-03-01 | | A1 |
| 943 | " " | 8 | SENE | 1859-03-01 | | A1 |
| 1063 | HOLBROOKS, Randal G | 28 | NWSW | 1850-01-01 | | A1 |
| 824 | HUGHES, Baxter P | 13 | NWSE | 1909-08-16 | | A5 |
| 901 | HUGHES, Henry F | 12 | NENE | 1906-05-01 | | A1 V988 |
| 968 | HUGHES, Joel W | 13 | N½SW | 1892-06-15 | | A5 V896 |
| 969 | " " | 13 | SWNW | 1892-06-15 | | A5 |
| 970 | " " | 14 | NESE | 1892-06-15 | | A5 |
| 1064 | HUGHES, Richard C | 1 | SWSE | 1892-05-16 | | A5 |
| 1065 | " " | 12 | NENW | 1892-05-16 | | A5 |
| 1066 | " " | 12 | W½NE | 1892-05-16 | | A5 V988 |
| 1099 | HUGHES, Stephen N | 13 | SENE | 1892-01-18 | | A5 |
| 1100 | " " | 13 | W½NE | 1892-01-18 | | A5 |
| 1131 | HUGHES, William J | 1 | SWSW | 1892-06-15 | | A5 |

| ID | Individual in Patent | Sec. | Sec. Part | Date Issued | Other Counties | For More Info . . . |
|---|---|---|---|---|---|---|
| 1132 | HUGHES, William J (Cont'd) | 11 | SENE | 1892-06-15 | | A5 |
| 1133 | " " | 12 | W½NW | 1892-06-15 | | A5 |
| 883 | KELLY, Francis F | 24 | NWSE | 1897-02-15 | | A5 |
| 884 | " " | 24 | S½SE | 1897-02-15 | | A5 |
| 885 | " " | 24 | SESW | 1897-02-15 | | A5 |
| 992 | KELLY, John | 11 | N½NE | 1885-05-25 | | A5 |
| 993 | " " | 11 | NENW | 1885-05-25 | | A5 |
| 994 | " " | 11 | SWNE | 1885-05-25 | | A5 |
| 829 | KENNEDY, Benjamin F | 29 | NESE | 1850-01-01 | | A1 |
| 957 | KENNEDY, James R | 31 | NENE | 1901-10-09 | | A1 |
| 947 | MCDOWELL, James | 17 | E½SW | 1859-03-01 | | A1 |
| 948 | " " | 17 | W½SE | 1859-03-01 | | A1 |
| 845 | MCNAIR, Daniel C | 32 | S½NE | 1906-06-16 | | A5 |
| 1136 | MCNIEL, William | 32 | NENW | 1902-01-25 | | A1 |
| 1135 | " " | 10 | | 1910-03-17 | | A5 F |
| 995 | MERCHANT, John | 13 | NENE | 1841-01-05 | | A1 |
| 996 | " " | 13 | SESE | 1841-01-05 | | A1 |
| 854 | MILEY, Daniel | 20 | S½W½SE | 1841-12-10 | | A1 |
| 859 | " " | 29 | W½NE | 1841-12-10 | | A1 |
| 852 | " " | 20 | NWSE | 1859-08-10 | | A1 |
| 853 | " " | 20 | S½SW | 1859-08-10 | | A1 |
| 855 | " " | 20 | SESE | 1859-08-10 | | A1 |
| 856 | " " | 29 | E½NW | 1859-08-10 | | A1 |
| 857 | " " | 29 | NENE | 1859-08-10 | | A1 |
| 858 | " " | 29 | NWSE | 1859-08-10 | | A1 |
| 847 | MILEY, Daniel G | 17 | SESE | 1859-03-01 | | A1 |
| 848 | " " | 20 | NENE | 1859-03-01 | | A1 |
| 958 | MILEY, James R | 7 | W½NW | 1859-03-01 | | A1 |
| 959 | " " | 7 | W½SW | 1859-03-01 | | A1 |
| 1096 | MISSISSIPPI, State Of | 13 | SENW | 1909-05-14 | | A9 |
| 1097 | " " | 19 | NWNW | 1909-05-14 | | A9 |
| 1098 | " " | 22 | 7 | 1910-02-23 | | A9 |
| 1023 | MORGAN, Samuel H | 3 | N½6 | 1861-08-15 | | A4 G74 C |
| 1024 | " " | 3 | S½3 | 1861-08-15 | | A4 G74 C |
| 1025 | " " | 3 | S½5 | 1861-08-15 | | A4 G74 C |
| 1019 | " " | 3 | 11 | 1883-10-20 | | A4 G74 |
| 1020 | " " | 3 | 12 | 1883-10-20 | | A4 G74 |
| 1021 | " " | 3 | 13 | 1883-10-20 | | A4 G74 |
| 1022 | " " | 3 | 6 | 1883-10-20 | | A4 G74 |
| 1017 | MOULDER, John W | 3 | 4 | 1860-07-02 | | A1 |
| 1018 | " " | 3 | 5 | 1860-07-02 | | A1 |
| 1023 | " " | 3 | N½6 | 1861-08-15 | | A4 G74 C |
| 1024 | " " | 3 | S½3 | 1861-08-15 | | A4 G74 C |
| 1025 | " " | 3 | S½5 | 1861-08-15 | | A4 G74 C |
| 1019 | " " | 3 | 11 | 1883-10-20 | | A4 G74 |
| 1020 | " " | 3 | 12 | 1883-10-20 | | A4 G74 |
| 1021 | " " | 3 | 13 | 1883-10-20 | | A4 G74 |
| 1022 | " " | 3 | 6 | 1883-10-20 | | A4 G74 |
| 1051 | MYERS, Daniel | 33 | NESE | 1890-02-21 | | A5 G75 |
| 1052 | " " | 33 | W½SE | 1890-02-21 | | A5 G75 |
| 1051 | MYERS, Mary | 33 | NESE | 1890-02-21 | | A5 G75 |
| 1052 | " " | 33 | W½SE | 1890-02-21 | | A5 G75 |
| 998 | ODOM, John | 28 | NESW | 1859-03-01 | | A1 |
| 1001 | " " | 28 | SENW | 1859-03-01 | | A1 |
| 1002 | " " | 28 | SWNW | 1859-03-01 | | A1 |
| 997 | " " | 28 | N½NW | 1859-08-10 | | A1 |
| 999 | " " | 28 | NWNE | 1859-08-10 | | A1 |
| 1000 | " " | 28 | S½NE | 1859-08-10 | | A1 |
| 960 | OVERBEY, James R | 35 | N½SW | 1890-12-31 | | A5 |
| 961 | " " | 35 | S½NW | 1890-12-31 | | A5 |
| 816 | OVERBY, Abram | 34 | N½6 | 1898-09-28 | | A5 |
| 877 | OVERBY, Evaline | 34 | 8 | 1906-05-01 | | A1 |
| 878 | " " | 35 | SWSW | 1906-05-01 | | A1 |
| 916 | PATTERSON, Jackson | 34 | N½4 | 1895-11-11 | | A5 |
| 917 | " " | 34 | N½5 | 1895-11-11 | | A5 |
| 918 | " " | 34 | S½3 | 1895-11-11 | | A5 |
| 989 | PATTERSON, John J | 11 | SESE | 1901-12-04 | | A5 |
| 990 | " " | 14 | N½NE | 1901-12-04 | | A5 |
| 991 | " " | 14 | NENW | 1901-12-04 | | A5 |
| 1043 | PATTERSON, Liddie T | 36 | S½SE | 1902-07-03 | | A5 |
| 1044 | " " | 36 | SESW | 1902-07-03 | | A5 |
| 986 | PENNINGTON, John C | 35 | SESW | 1897-11-01 | | A5 |
| 987 | " " | 35 | SWSE | 1897-11-01 | | A5 |

| ID | Individual in Patent | Sec. | Sec. Part | Date Issued | Other Counties | For More Info . . . |
|---|---|---|---|---|---|---|
| 1139 | PUCKET, William R | 26 | NESW | 1892-03-17 | | A5 |
| 1140 | " " | 26 | W½SW | 1892-03-17 | | A5 |
| 1141 | " " | 35 | NWNW | 1892-03-17 | | A5 |
| 965 | PUCKETT, Jesse | 33 | NENW | 1850-01-01 | | A1 |
| 1109 | PUCKETT, Thomas F | 10 | S½7 | 1861-05-01 | | A1 |
| 1110 | " " | 15 | 4 | 1861-05-01 | | A1 |
| 966 | PUCKITT, Jesse | 6 | SE | 1841-05-25 | | A1 |
| 967 | " " | 6 | W½NE | 1841-05-25 | | A1 |
| 1118 | PUCKITT, Thomas | 6 | E½NW | 1840-12-10 | | A1 |
| 954 | PURVIS, James | 8 | W½NW | 1859-03-01 | | A1 |
| 951 | " " | 8 | NESW | 1859-08-10 | | A1 |
| 952 | " " | 8 | SENW | 1859-08-10 | | A1 |
| 953 | " " | 8 | SWNE | 1859-08-10 | | A1 |
| 936 | PURVIS, James H | 29 | S½SE | 1859-03-01 | | A1 |
| 937 | " " | 32 | N½NE | 1859-03-01 | | A1 |
| 1113 | PURVIS, Thomas I | 8 | S½SW | 1859-03-01 | | A1 |
| 1137 | PURVIS, William | 5 | S½SE | 1859-03-01 | | A1 |
| 1138 | " " | 8 | NENE | 1859-03-01 | | A1 |
| 1134 | PURVIS, William J | 5 | NW | 1859-03-01 | | A1 |
| 1039 | RASCOE, Josiah H | 30 | W½ | 1860-04-02 | | A1 |
| 908 | RICHARDSON, Honor | 26 | SENW | 1896-04-23 | | A5 |
| 909 | " " | 26 | SWNE | 1896-04-23 | | A5 |
| 910 | " " | 26 | W½SE | 1896-04-23 | | A5 |
| 949 | RICHARDSON, James O | 26 | E½SE | 1904-11-15 | | A5 |
| 950 | " " | 35 | NENE | 1904-11-15 | | A5 |
| 964 | ROBERTS, Jeremiah | 24 | NESE | 1841-01-05 | | A1 |
| 868 | SINGLETARY, Elender | 4 | S½4 | 1859-03-01 | | A1 |
| 869 | " " | 9 | 1 | 1859-03-01 | | A1 |
| 870 | " " | 9 | N½6 | 1859-03-01 | | A1 |
| 899 | SMITH, Harbin | 33 | NWNW | 1850-01-01 | | A1 |
| 1012 | SMITH, John V | 29 | SW | 1901-06-25 | | A5 |
| 1091 | SMITH, Spencer | 22 | 1 | 1899-09-30 | | A5 |
| 1145 | SMITH, William | 12 | SENW | 1901-12-17 | | A5 |
| 1045 | STEWARD, M P | 35 | E½SE | 1881-09-17 | | A5 |
| 1046 | " " | 36 | W½SW | 1881-09-17 | | A5 |
| 830 | STEWART, Benjamin F | 27 | 1 | 1859-03-01 | | A1 |
| 831 | " " | 27 | N½4 | 1859-03-01 | | A1 |
| 832 | " " | 27 | S½2 | 1859-03-01 | | A1 |
| 1008 | STUARD, John | 26 | NWNW | 1861-07-01 | | A1 |
| 1009 | " " | 27 | 5 | 1861-07-01 | | A1 |
| 1010 | " " | 27 | 7 | 1861-07-01 | | A1 |
| 833 | STUART, Benjamin F | 27 | N½3 | 1850-11-02 | | A1 |
| 834 | " " | 27 | S½3 | 1854-01-05 | | A8 |
| 1040 | STUART, Lafayette | 1 | E½NE | 1889-01-05 | | A5 |
| 1041 | " " | 1 | E½SE | 1889-01-05 | | A5 |
| 890 | SULLIVAN, George A | 36 | N½SE | 1900-10-04 | | A5 |
| 891 | " " | 36 | NESW | 1900-10-04 | | A5 |
| 892 | " " | 36 | SWNE | 1900-10-04 | | A5 |
| 928 | SWIGERT, Jacob | 1 | W½NW | 1860-04-10 | | A1 |
| 1027 | TERRY, Joseph J | 21 | NW | 1890-12-31 | | A5 |
| 911 | THOMPSON, Hugh A | 23 | E½SW | 1898-12-27 | | A5 |
| 912 | " " | 23 | SENW | 1898-12-27 | | A5 |
| 913 | " " | 23 | SWSW | 1898-12-27 | | A5 |
| 1048 | THOMPSON, Marion G | 23 | SWSE | 1902-07-22 | | A1 |
| 1049 | " " | 26 | NENW | 1902-07-22 | | A1 |
| 1084 | THOMPSON, Samuel O | 22 | 8 | 1901-12-04 | | A5 |
| 1085 | " " | 22 | 9 | 1901-12-04 | | A5 |
| 1086 | " " | 23 | NWSW | 1901-12-04 | | A5 |
| 1087 | " " | 23 | SWNW | 1901-12-04 | | A5 |
| 1123 | THOMPSON, Wallace S | 22 | 10 | 1902-07-03 | | A5 |
| 1124 | " " | 22 | 12 | 1902-07-03 | | A5 |
| 1125 | " " | 22 | 6 | 1902-07-03 | | A5 |
| 962 | TIMS, James R | 14 | NWSE | 1902-07-03 | | A5 |
| 1026 | TRAXLER, John W | 10 | 8 | 1913-01-31 | | A5 |
| 1102 | TULLIS, Stephen | 28 | SESW | 1853-05-10 | | A1 |
| 1101 | " " | 28 | NWSE | 1859-08-10 | | A1 |
| 1103 | " " | 29 | SENE | 1859-08-10 | | A1 |
| 1119 | TULLIS, Vincent | 33 | SWSW | 1859-03-01 | | A1 |
| 1120 | " " | 34 | S½4 | 1859-03-01 | | A1 |
| 1121 | " " | 34 | S½5 | 1859-03-01 | | A1 |
| 1122 | " " | 34 | SE6 | 1859-03-01 | | A1 |
| 1150 | TULLIS, Willoughby | 28 | SWSW | 1859-03-01 | | A1 |
| 1151 | " " | 33 | SESW | 1859-03-01 | | A1 |

| ID | Individual in Patent | Sec. | Sec. Part | Date Issued | Other Counties | For More Info . . . |
|---|---|---|---|---|---|---|
| 840 | TULLOS, Cisiar | 32 | SESE | 1902-02-12 | | A5 |
| 1033 | TULLOS, Joseph S | 32 | NWSW | 1900-11-28 | | A1 |
| 1034 | " " | 32 | SENW | 1900-11-28 | | A1 |
| 1035 | " " | 32 | W½NW | 1900-11-28 | | A1 |
| 1149 | TULLOS, Willoby | 13 | NESE | 1841-01-05 | | A1 |
| 864 | VALENTINE, Derrel | 26 | SWNW | 1848-09-01 | | A1 |
| 963 | VINCANT, James | 13 | SWSE | 1841-01-05 | | A1 |
| 1055 | WALTERS, Ernes M | 1 | E½SW | 1895-06-19 | | A5 G105 |
| 1055 | WALTERS, Nellie S | 1 | E½SW | 1895-06-19 | | A5 G105 |
| 1105 | WARREN, Taylor | 21 | SESE | 1892-03-17 | | A5 |
| 1106 | " " | 22 | S½2 | 1892-03-17 | | A5 |
| 1107 | " " | 27 | N½2 | 1892-03-17 | | A5 |
| 1108 | " " | 28 | NENE | 1892-03-17 | | A5 |
| 896 | WEDGEWORTH, George W | 13 | SW | 1888-02-25 | | A5 V968, 897 |
| 988 | WILLIAMS, John D | 12 | NE | 1890-08-16 | | A5 V1066, 935, 901 |
| 1028 | WOOLEY, Joseph J | 21 | N½NE | 1901-02-27 | | A1 |
| 1029 | " " | 21 | SENE | 1901-02-27 | | A1 |
| 1104 | YATES, Surintha A | 12 | SESE | 1906-05-23 | | A5 G20 |

## Patent Map

T3-N R6-E
Choctaw Meridian

Map Group 5

### Township Statistics

| | | |
|---|---|---|
| Parcels Mapped | : | 340 |
| Number of Patents | : | 175 |
| Number of Individuals | : | 162 |
| Patentees Identified | : | 157 |
| Number of Surnames | : | 82 |
| Multi-Patentee Parcels | : | 16 |
| Oldest Patent Date | : | 12/10/1840 |
| Most Recent Patent | : | 8/14/1929 |
| Block/Lot Parcels | : | 89 |
| Parcels Re - Issued | : | 1 |
| Parcels that Overlap | : | 9 |
| Cities and Towns | : | 4 |
| Cemeteries | : | 6 |

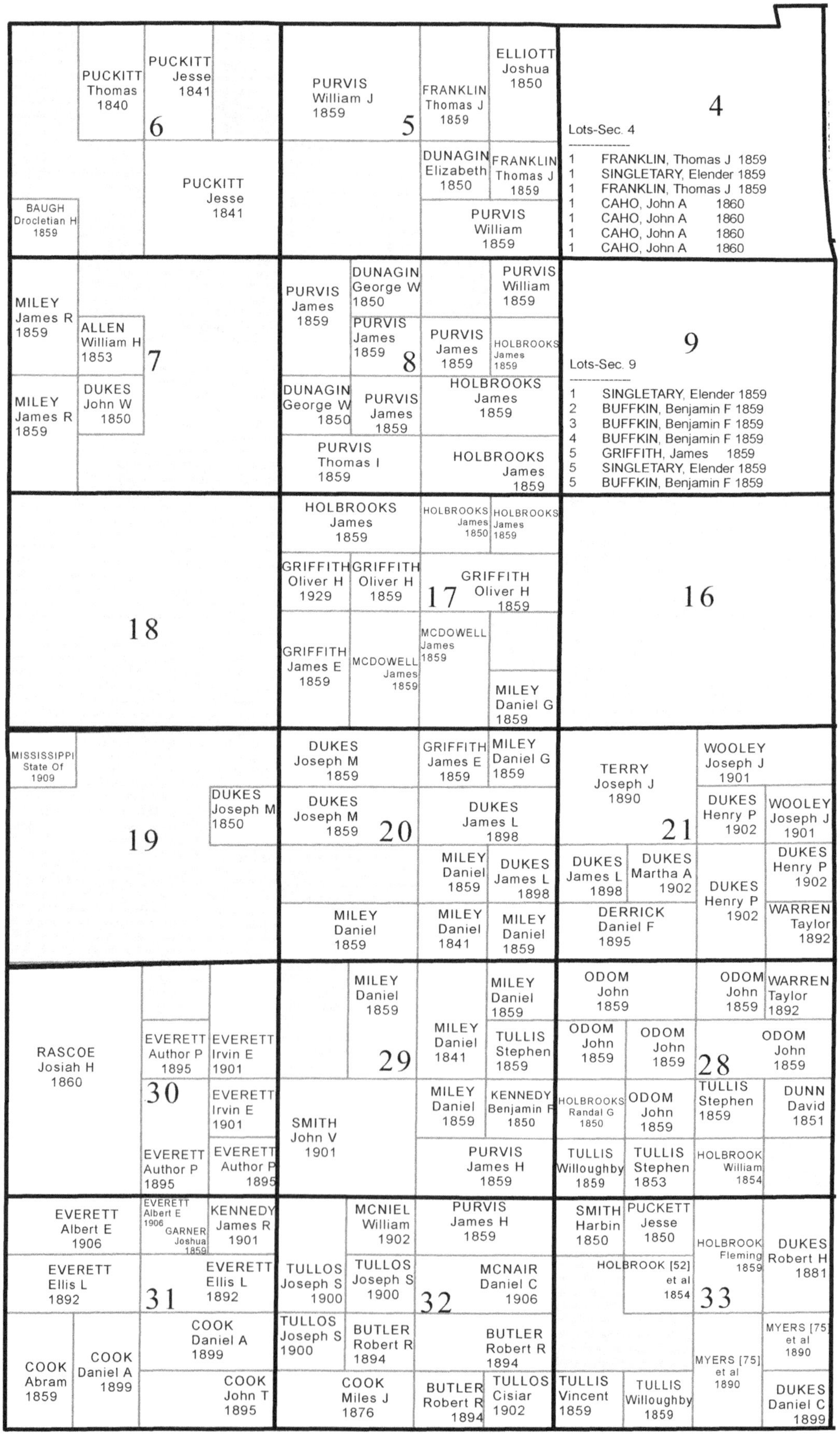

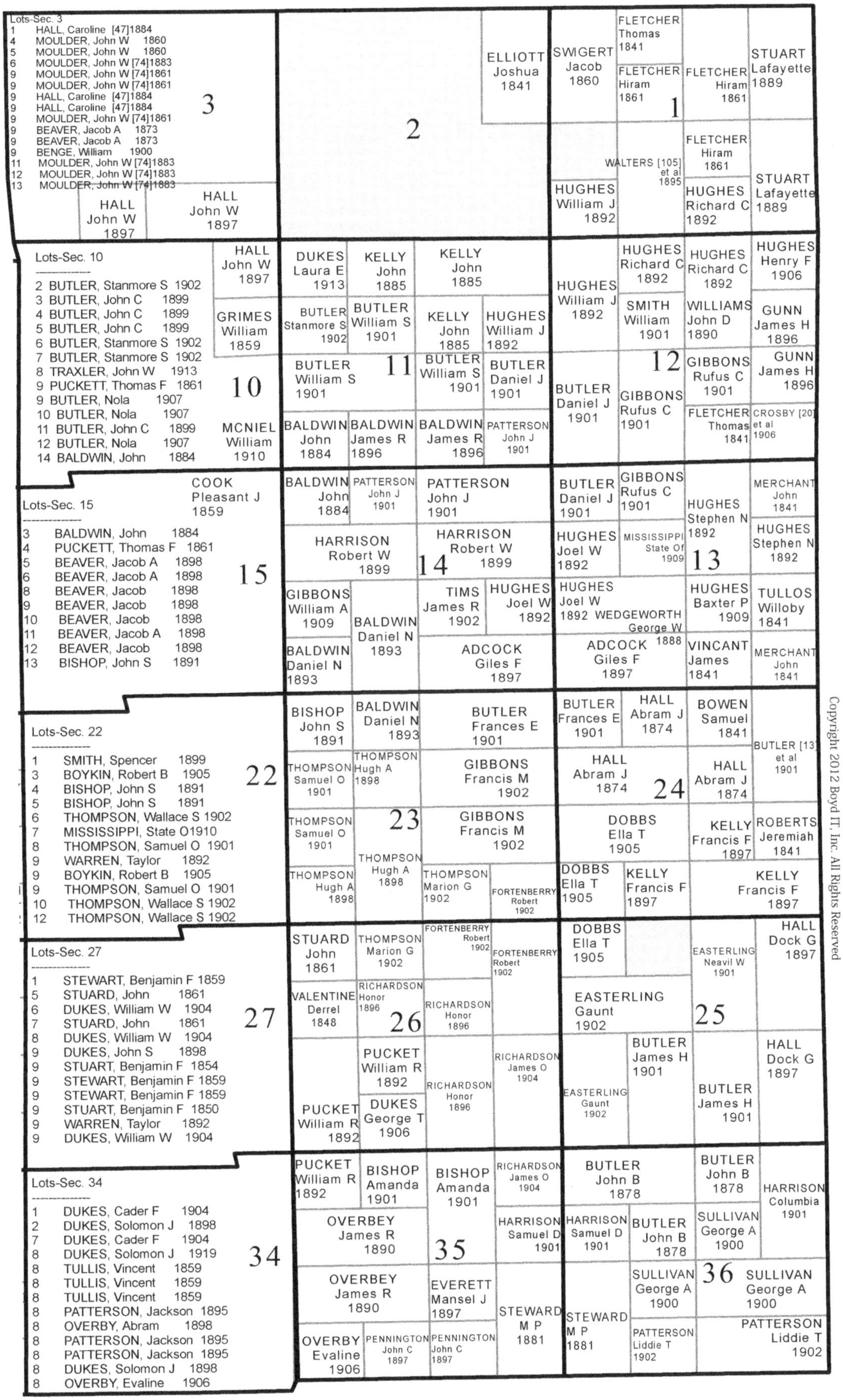




## Helpful Hints

1. This Map's INDEX can be found on the preceding pages.
2. Refer to Map "C" to see where this Township lies within Smith County, Mississippi.
3. Numbers within square brackets [ ] denote a multi-patentee land parcel (multi-owner). Refer to Appendix "C" for a full list of members in this group.
4. Areas that look to be crowded with Patentees usually indicate multiple sales of the same parcel (Re-issues) or Overlapping parcels. See this Township's Index for an explanation of these and other circumstances that might explain "odd" groupings of Patentees on this map.

## Legend

- Patent Boundary
- Section Boundary
- No Patents Found (or Outside County)
- 1., 2., 3., ... Lot Numbers (when beside a name)
- [ ] Group Number (see Appendix "C")

**Scale**: Section = 1 mile X 1 mile (generally, with some exceptions)

# Road Map

T3-N R6-E
Choctaw Meridian

Map Group 5

## Cities & Towns

Daniel
Gunn
Heater
White Oak

## Cemeteries

Dukes Cemetery
Everett Cemetery
Miley Cemetery
Old Field Cemetery
Rock Bluff Cemetery
Terry Cemetery

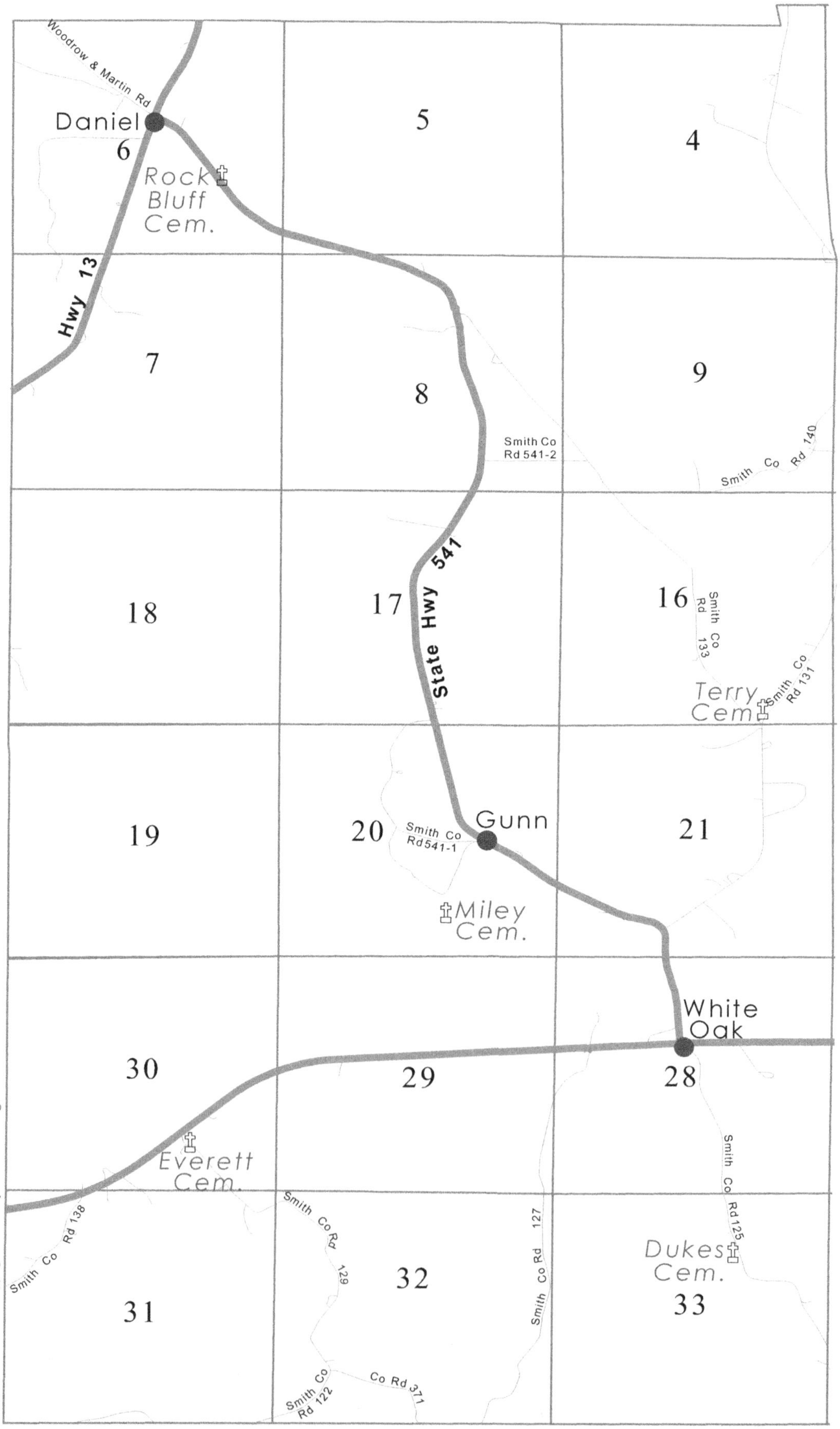

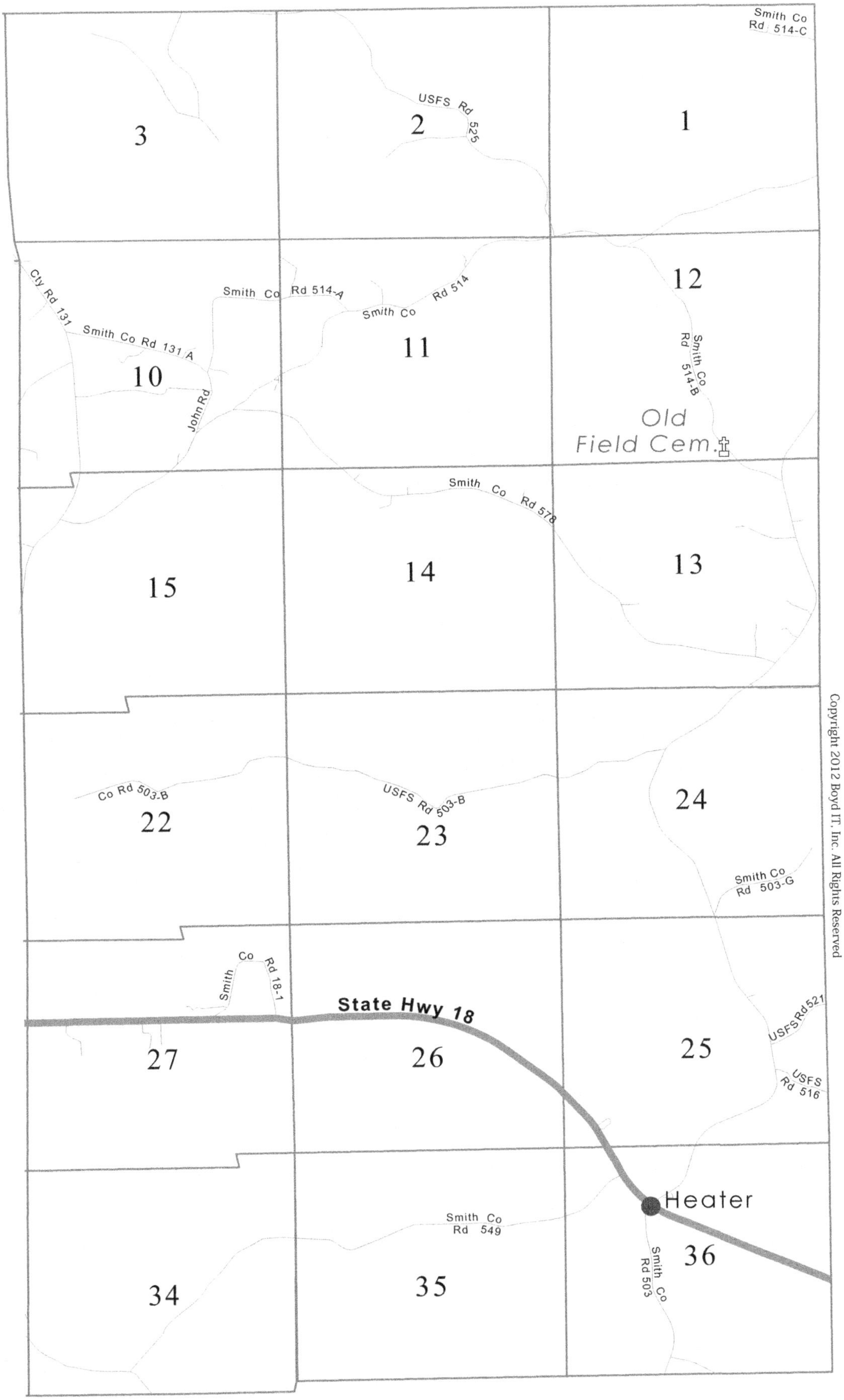




## Helpful Hints

1. This road map has a number of uses, but primarily it is to help you: a) find the present location of land owned by your ancestors (at least the general area), b) find cemeteries and city-centers, and c) estimate the route/roads used by Census-takers & tax-assessors.
2. If you plan to travel to Smith County to locate cemeteries or land parcels, please pick up a modern travel map for the area before you do. Mapping old land parcels on modern maps is not as exact a science as you might think. Just the slightest variations in public land survey coordinates, estimates of parcel boundaries, or road-map deviations can greatly alter a map's representation of how a road either does or doesn't cross a particular parcel of land.

## Legend

Section Lines
Interstates
Highways
Other Roads
Cities/Towns
Cemeteries

**Scale**: Section = 1 mile X 1 mile
(generally, with some exceptions)

# Historical Map

T3-N R6-E
Choctaw Meridian

Map Group 5

Cities & Towns
- Daniel
- Gunn
- Heater
- White Oak

Cemeteries
- Dukes Cemetery
- Everett Cemetery
- Miley Cemetery
- Old Field Cemetery
- Rock Bluff Cemetery
- Terry Cemetery

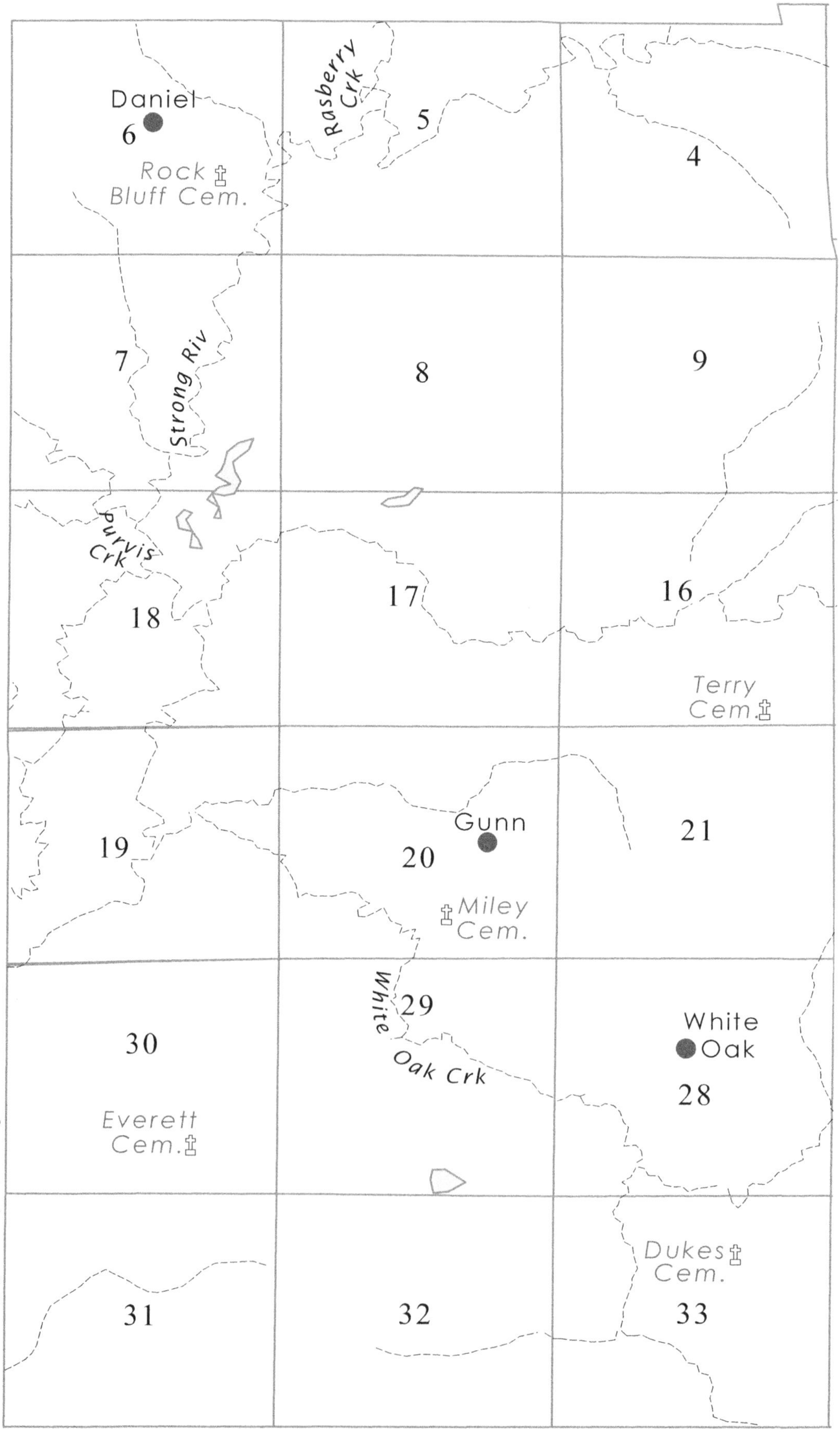

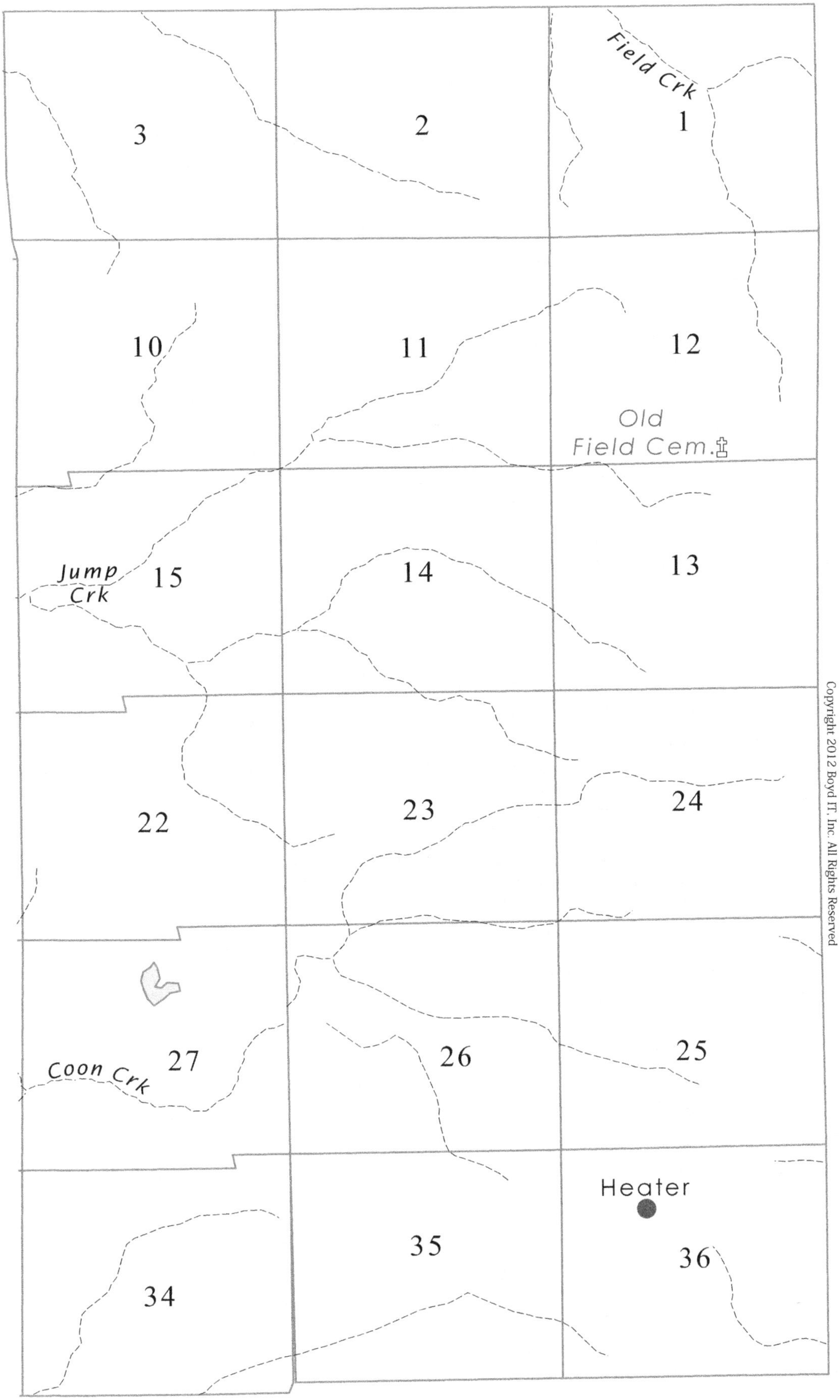




## Helpful Hints

1. This Map takes a different look at the same Congressional Township displayed in the preceding two maps. It presents features that can help you better envision the historical development of the area: a) Water-bodies (lakes & ponds), b) Water-courses (rivers, streams, etc.), c) Railroads, d) City/town center-points (where they were oftentimes located when first settled), and e) Cemeteries.
2. Using this "Historical" map in tandem with this Township's Patent Map and Road Map, may lead you to some interesting discoveries. You will often find roads, towns, cemeteries, and waterways are named after nearby landowners: sometimes those names will be the ones you are researching. See how many of these research gems you can find here in Smith County.

## Legend

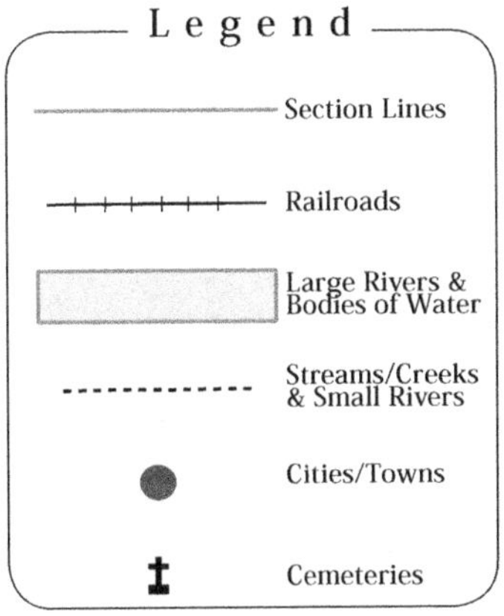


**Scale**: Section = 1 mile X 1 mile
(there are some exceptions)

# Map Group 6: Index to Land Patents

## Township 3-North Range 7-East (Choctaw)

After you locate an individual in this Index, take note of the Section and Section Part then proceed to the Land Patent map on the pages immediately following. You should have no difficulty locating the corresponding parcel of land.

The "For More Info" Column will lead you to more information about the underlying Patents. See the *Legend* at right, and the "How to Use this Book" chapter, for more information.

**LEGEND**

**"For More Info . . . " column**

**A** = Authority (Legislative Act, See Appendix "A")
**B** = Block or Lot (location in Section unknown)
**C** = Cancelled Patent
**F** = Fractional Section
**G** = Group (Multi-Patentee Patent, see Appendix "C")
**V** = Overlaps another Parcel
**R** = Re-Issued (Parcel patented more than once)

*(A & G items require you to look in the Appendixes referred to above. All other Letter-designations followed by a number require you to locate line-items in this index that possess the ID number found after the letter).*

| ID | Individual in Patent | Sec. | Sec. Part | Date Issued | Other Counties | For More Info . . . |
|---|---|---|---|---|---|---|
| 1197 | ANDERSON, Edgar P | 18 | SE | 1890-08-16 | | A5 |
| 1306 | ANDERSON, John W | 34 | NESW | 1859-06-01 | | A1 |
| 1158 | AUSTIN, Absalom D | 24 | S½SE | 1861-07-01 | | A1 V1392 |
| 1196 | AUSTIN, Dennis R | 25 | S½SE | 1904-10-28 | | A1 |
| 1218 | AUSTIN, Frank L | 23 | SENE | 1906-06-30 | | A1 |
| 1219 | " " | 24 | S½NW | 1906-06-30 | | A1 |
| 1220 | " " | 24 | SWNE | 1906-06-30 | | A1 |
| 1169 | BARBER, Anna E | 7 | E½SW | 1899-07-15 | | A5 G3 |
| 1170 | " " | 7 | W½SE | 1899-07-15 | | A5 G3 |
| 1169 | BARBER, George W | 7 | E½SW | 1899-07-15 | | A5 G3 |
| 1170 | " " | 7 | W½SE | 1899-07-15 | | A5 G3 |
| 1239 | BARBER, Henretta | 5 | SWNW | 1905-12-13 | | A5 |
| 1299 | BARDWELL, John L | 14 | SWNE | 1882-05-10 | | A1 V1183 |
| 1323 | BARKER, Joseph Z | 6 | S½SE | 1892-04-29 | | A5 |
| 1324 | " " | 7 | N½NE | 1892-04-29 | | A5 |
| 1371 | BARNETT, Robert | 23 | NESE | 1874-11-05 | | A1 |
| 1372 | " " | 23 | NESW | 1874-11-05 | | A1 |
| 1373 | " " | 23 | W½SE | 1874-11-05 | | A1 |
| 1162 | BEAVER, Adam W | 2 | NENW | 1859-05-02 | | A1 |
| 1163 | " " | 2 | SWNW | 1859-05-02 | | A1 |
| 1225 | BEAVER, George H | 12 | SENE | 1881-06-30 | | A5 |
| 1363 | BISHOP, Ransom B | 32 | SW | 1901-06-08 | | A5 |
| 1427 | BISHOP, William F | 31 | W½NE | 1898-03-15 | | A5 |
| 1202 | BOYKIN, Elenar A | 34 | E½SE | 1896-07-11 | | A5 |
| 1203 | " " | 34 | SENE | 1896-07-11 | | A5 |
| 1204 | " " | 35 | SWNW | 1896-07-11 | | A5 |
| 1288 | BOYKIN, John | 22 | SESW | 1856-06-16 | | A8 |
| 1280 | " " | 15 | E½SE | 1859-05-02 | | A1 |
| 1281 | " " | 15 | E½SW | 1859-05-02 | | A1 |
| 1285 | " " | 22 | E½NE | 1859-05-02 | | A1 |
| 1286 | " " | 22 | NENW | 1859-05-02 | | A1 |
| 1287 | " " | 22 | NESW | 1859-05-02 | | A1 |
| 1282 | " " | 17 | SESE | 1896-05-16 | | A1 |
| 1283 | " " | 17 | W½SE | 1896-05-16 | | A1 |
| 1284 | " " | 20 | NWNE | 1896-05-16 | | A1 |
| 1336 | BOYKIN, Lorenzo D | 21 | NENE | 1892-05-26 | | A5 |
| 1337 | " " | 22 | NWNW | 1892-05-26 | | A5 |
| 1350 | BUCHANAN, Molsey | 25 | N½SE | 1906-06-16 | | A5 G10 |
| 1351 | " " | 25 | S½NE | 1906-06-16 | | A5 G10 |
| 1237 | BUTLER, Hattie | 18 | SWSW | 1901-12-04 | | A5 G13 |
| 1238 | " " | 19 | NWNW | 1901-12-04 | | A5 G13 |
| 1205 | CANTERBURY, Elijah | 30 | N½SW | 1901-08-08 | | A1 |
| 1206 | " " | 30 | SESW | 1901-08-08 | | A1 |
| 1207 | " " | 30 | SWSE | 1901-08-08 | | A1 |
| 1300 | CANTERBURY, John M | 14 | SENW | 1893-07-31 | | A5 |
| 1301 | " " | 28 | N½NW | 1897-06-07 | | A5 |

| ID | Individual in Patent | Sec. | Sec. Part | Date Issued | Other Counties | For More Info . . . |
|---|---|---|---|---|---|---|
| 1302 | CANTERBURY, John M (Cont'd) | 28 | SWNW | 1897-06-07 | | A5 |
| 1295 | CANTWELL, John H | 27 | S½SE | 1861-05-01 | | A1 |
| 1193 | CAUGHMAN, Daniel M | 2 | NWNW | 1882-05-20 | | A5 |
| 1333 | CAUGHMAN, Levi J | 12 | SENW | 1882-05-20 | | A5 |
| 1243 | CHILDRE, James B | 20 | E½SE | 1890-09-26 | | A5 |
| 1244 | " " | 20 | SENE | 1890-09-26 | | A5 |
| 1245 | " " | 21 | SWNW | 1890-09-26 | | A5 |
| 1393 | CORLEY, Simpson | 1 | NWNW | 1896-05-16 | | A1 |
| 1321 | COWEN, Isabel L | 25 | SW | 1906-08-31 | | A4 G66 |
| 1307 | COX, John W | 18 | E½SW | 1901-02-27 | | A1 |
| 1308 | " " | 19 | NENW | 1901-02-27 | | A1 |
| 1309 | " " | 19 | NWNE | 1901-02-27 | | A1 |
| 1463 | CRAIG, Zachariah Q | 1 | SWNW | 1859-05-02 | | A1 |
| 1192 | CROSBY, Daniel J | 7 | NESE | 1906-06-26 | | A5 |
| 1410 | CROSBY, Surintha A | 7 | SWSW | 1906-05-23 | | A5 G20 |
| 1290 | DAMPEER, John | 5 | NENW | 1841-01-05 | | A1 |
| 1291 | " " | 5 | W½NE | 1841-01-05 | | A1 |
| 1198 | DERRICK, Edward L | 5 | NESW | 1899-08-03 | | A5 |
| 1417 | DOBBS, Thomas N | 20 | NESW | 1896-12-11 | | A1 |
| 1418 | " " | 20 | NWSE | 1896-12-11 | | A1 |
| 1440 | DOBBS, William T | 20 | SWSE | 1899-12-30 | | A5 |
| 1441 | " " | 29 | NWNE | 1899-12-30 | | A5 |
| 1310 | DRISKELL, John W | 17 | S½SW | 1892-05-16 | | A5 |
| 1213 | DURR, Elizabeth C | 4 | W½SW | 1841-01-05 | | A1 |
| 1214 | " " | 5 | E½NE | 1841-01-05 | | A1 |
| 1215 | " " | 5 | E½SE | 1841-01-05 | | A1 |
| 1216 | " " | 9 | E½NW | 1841-01-05 | | A1 |
| 1345 | DURR, Michael | 10 | E½NW | 1841-01-05 | | A1 |
| 1346 | " " | 10 | E½SW | 1841-01-05 | | A1 |
| 1347 | " " | 10 | W½NE | 1841-01-05 | | A1 |
| 1431 | EASTERLING, William I | 19 | NWSE | 1901-06-08 | | A5 |
| 1432 | " " | 19 | S½NW | 1901-06-08 | | A5 |
| 1433 | " " | 19 | SWNE | 1901-06-08 | | A5 |
| 1350 | ELLIS, Molsey | 25 | N½SE | 1906-06-16 | | A5 G10 |
| 1351 | " " | 25 | S½NE | 1906-06-16 | | A5 G10 |
| 1322 | FINLEY, Nancy | 19 | S½SE | 1906-06-30 | | A8 G68 |
| 1176 | FISHER, Charles | 1 | SW | 1840-06-09 | | A1 |
| 1177 | " " | 11 | E½NE | 1840-06-09 | | A1 |
| 1178 | " " | 11 | SE | 1840-06-09 | | A1 |
| 1179 | " " | 12 | SW | 1840-06-09 | | A1 |
| 1180 | " " | 13 | E½NW | 1840-06-09 | | A1 |
| 1181 | " " | 13 | NE | 1840-06-09 | | A1 V1436 |
| 1182 | " " | 14 | NESE | 1840-06-09 | | A1 |
| 1183 | " " | 14 | W½NE | 1840-06-09 | | A1 V1299 |
| 1411 | FLETCHER, Thomas | 19 | NESE | 1861-05-01 | | A1 |
| 1412 | " " | 19 | SENE | 1861-05-01 | | A1 |
| 1413 | " " | 20 | NWSW | 1861-05-01 | | A1 |
| 1414 | " " | 20 | SWNW | 1861-05-01 | | A1 |
| 1237 | GIBBENS, Hattie | 18 | SWSW | 1901-12-04 | | A5 G13 |
| 1238 | " " | 19 | NWNW | 1901-12-04 | | A5 G13 |
| 1230 | GOODMAN, George N | 21 | NWNW | 1859-05-02 | | A1 |
| 1234 | GORDON, George W | 36 | S½SW | 1898-12-01 | | A5 |
| 1235 | " " | 36 | SWSE | 1898-12-01 | | A5 |
| 1210 | GRAVES, Eliza | 1 | E½NW | 1841-01-05 | | A1 |
| 1211 | " " | 1 | NE | 1841-01-05 | | A1 |
| 1212 | " " | 11 | E½SW | 1841-01-05 | | A1 |
| 1242 | GRUBER, Jacob | 3 | S½ | 1841-01-05 | | A1 |
| 1152 | GUNN, A G | 5 | NWNW | 1879-05-06 | | A5 |
| 1153 | " " | 6 | NENE | 1879-05-06 | | A5 |
| 1248 | GUNN, James H | 7 | NWSW | 1896-12-14 | | A5 |
| 1249 | " " | 7 | SWNW | 1896-12-14 | | A5 |
| 1157 | HALL, Abram J | 14 | NWNW | 1841-01-05 | | A1 |
| 1173 | HARRISON, Benjamin F | 29 | NENE | 1904-10-17 | | A5 |
| 1276 | HARRISON, John B | 30 | W½NW | 1905-03-30 | | A5 |
| 1294 | HARRISON, John G | 21 | N½SW | 1873-09-20 | | A5 |
| 1383 | HARRISON, Sam | 30 | E½SE | 1881-08-20 | | A5 F |
| 1384 | " " | 30 | NWSE | 1881-08-20 | | A5 F |
| 1385 | " " | 30 | SENE | 1881-08-20 | | A5 F |
| 1259 | HILL, James O | 35 | N½SW | 1898-12-27 | | A5 |
| 1260 | " " | 35 | NWSE | 1898-12-27 | | A5 |
| 1261 | " " | 35 | SWNE | 1898-12-27 | | A5 |
| 1430 | HOLBROOKS, William | 20 | NENE | 1859-11-10 | | A1 |
| 1428 | " " | 17 | NESW | 1896-10-26 | | A1 |

| ID | Individual in Patent | Sec. | Sec. Part | Date Issued | Other Counties | For More Info . . . |
|---|---|---|---|---|---|---|
| 1429 | HOLBROOKS, William (Cont'd) | 17 | SENW | 1896-10-26 | | A1 |
| 1460 | HOLLINGSWORTH, Willis S | 29 | E½NW | 1900-11-28 | | A1 |
| 1461 | " " | 29 | NWNW | 1900-11-28 | | A1 |
| 1462 | " " | 30 | NENE | 1900-11-28 | | A1 |
| 1246 | HORD, James B | 29 | E½SE | 1897-09-09 | | A5 |
| 1247 | " " | 29 | S½NE | 1897-09-09 | | A5 |
| 1368 | HORD, Rhodin | 34 | W½NE | 1876-02-01 | | A5 |
| 1338 | HOWELL, Loyed Z | 18 | NWNW | 1906-10-09 | | A1 |
| 1296 | HUCKABAY, John | 26 | NWSW | 1874-11-05 | | A1 |
| 1297 | " " | 26 | S½NW | 1874-11-05 | | A1 |
| 1298 | " " | 27 | SENE | 1874-11-05 | | A1 |
| 1226 | HUGHES, George M | 2 | NWSW | 1859-06-01 | | A1 |
| 1228 | " " | 7 | SENE | 1896-12-26 | | A1 |
| 1229 | " " | 8 | W½NW | 1896-12-26 | | A1 |
| 1227 | " " | 20 | N½NW | 1897-02-15 | | A5 |
| 1274 | HUGHES, Joel W | 8 | NWNE | 1896-06-06 | | A1 |
| 1314 | HUGHES, Joseph B | 35 | S½SW | 1905-03-11 | | A1 |
| 1353 | HUGHES, Optamus J | 17 | NENW | 1861-05-01 | | A1 |
| 1354 | " " | 17 | W½NE | 1861-05-01 | | A1 |
| 1364 | HUGHES, Ransom L | 8 | E½NW | 1897-09-09 | | A5 |
| 1365 | " " | 8 | NWSE | 1897-09-09 | | A5 |
| 1366 | " " | 8 | SWNE | 1897-09-09 | | A5 |
| 1394 | HUGHES, Stephen N | 18 | SWNW | 1892-01-18 | | A5 |
| 1415 | HUSBAND, Thomas J | 10 | W½SE | 1841-01-05 | | A1 |
| 1416 | " " | 3 | W½NE | 1841-01-05 | | A1 |
| 1253 | KELLEY, James | 17 | E½NE | 1896-05-16 | | A1 |
| 1254 | " " | 17 | NESE | 1896-05-16 | | A1 |
| 1191 | KELLY, Daniel D | 19 | SW | 1904-09-28 | | A5 |
| 1255 | KELLY, James | 20 | SENW | 1878-06-24 | | A5 |
| 1256 | " " | 20 | SWNE | 1878-06-24 | | A5 |
| 1330 | KELLY, Laughlin | 20 | S½SW | 1876-02-01 | | A5 |
| 1331 | KELLY, Lawrence M | 30 | E½NW | 1902-07-03 | | A5 |
| 1332 | " " | 30 | W½NE | 1902-07-03 | | A5 |
| 1367 | KELLY, Rebecca J | 19 | NENE | 1906-09-14 | | A5 |
| 1174 | KENNEDY, Benjamin F | 14 | SWNW | 1854-03-15 | | A1 |
| 1250 | KEYES, James H | 7 | E½NW | 1901-12-12 | | A1 |
| 1251 | " " | 7 | NWNW | 1901-12-12 | | A1 |
| 1252 | " " | 7 | SWNE | 1901-12-12 | | A1 |
| 1209 | LACY, Elisha J | 11 | SENW | 1896-05-16 | | A1 |
| 1266 | LONG, Janie L | 26 | S½SE | 1896-10-31 | | A5 |
| 1267 | " " | 35 | N½NE | 1896-10-31 | | A5 |
| 1184 | LORING, Charles | 11 | W½NE | 1841-01-05 | | A1 |
| 1185 | " " | 2 | SE | 1841-01-05 | | A1 |
| 1159 | LOTT, Ada E | 17 | W½NW | 1906-06-16 | | A5 |
| 1160 | " " | 7 | SESE | 1906-06-16 | | A5 |
| 1161 | " " | 8 | SWSW | 1906-06-16 | | A5 |
| 1325 | MADISON, Josie F | 28 | SENW | 1904-10-10 | | A5 |
| 1257 | MAGEE, James | 10 | W½SW | 1841-01-05 | | A1 G64 |
| 1258 | " " | 9 | E½NE | 1841-01-05 | | A1 G64 |
| 1271 | MAGEE, Jocephus | 24 | E½NE | 1898-12-12 | | A5 |
| 1272 | " " | 24 | NENW | 1898-12-12 | | A5 |
| 1273 | " " | 24 | NWNE | 1898-12-12 | | A5 |
| 1257 | MAGEE, Michael | 10 | W½SW | 1841-01-05 | | A1 G64 |
| 1258 | " " | 9 | E½NE | 1841-01-05 | | A1 G64 |
| 1376 | MAGEE, Robert | 3 | NW | 1841-01-05 | | A1 |
| 1377 | " " | 4 | E½NE | 1841-01-05 | | A1 |
| 1378 | " " | 4 | E½SE | 1841-01-05 | | A1 |
| 1339 | MANNING, John M | 26 | N½SE | 1904-11-15 | | A5 G65 |
| 1340 | " " | 26 | S½NE | 1904-11-15 | | A5 G65 |
| 1339 | MANNING, Lucy W | 26 | N½SE | 1904-11-15 | | A5 G65 |
| 1340 | " " | 26 | S½NE | 1904-11-15 | | A5 G65 |
| 1270 | MARTIN, Jerry | 9 | S½SE | 1875-08-20 | | A5 V1451 |
| 1322 | MARTIN, Joseph M | 19 | S½SE | 1906-06-30 | | A8 G68 |
| 1319 | " " | 36 | N½NE | 1906-08-07 | | A4 |
| 1320 | " " | 36 | N½NW | 1906-08-07 | | A4 |
| 1321 | " " | 25 | SW | 1906-08-31 | | A4 G66 |
| 1316 | " " | 31 | N½NW | 1906-10-11 | | A4 |
| 1318 | " " | 31 | SENW | 1906-10-11 | | A4 |
| 1315 | " " | 31 | E½SE | 1907-04-15 | | A4 |
| 1317 | " " | 31 | SENE | 1907-04-15 | | A4 |
| 1194 | MAYERS, Daniel | 36 | S½NE | 1906-06-26 | | A5 |
| 1164 | MCLAURIN, Albert | 25 | NENW | 1906-06-26 | | A5 |
| 1165 | " " | 25 | NWNE | 1906-06-26 | | A5 |

| ID | Individual in Patent | Sec. | Sec. Part | Date Issued | Other Counties | For More Info . . . |
|---|---|---|---|---|---|---|
| 1166 | MCLAURIN, Albert (Cont'd) | 25 | S½NW | 1906-06-26 | | A5 |
| 1221 | MCLAURIN, George A | 25 | NWNW | 1906-05-01 | | A1 |
| 1222 | " " | 26 | NENE | 1906-05-01 | | A1 |
| 1327 | MCLAURIN, Lauchlin | 32 | SENE | 1874-11-05 | | A1 |
| 1328 | " " | 33 | N½SW | 1874-11-05 | | A1 |
| 1329 | " " | 33 | SWNW | 1874-11-05 | | A1 |
| 1434 | MCLAURIN, William L | 4 | W½NE | 1906-05-01 | | A5 |
| 1435 | MCMURRY, William S | 22 | SENW | 1909-05-20 | | A1 |
| 1289 | MOSS, John C | 8 | E½NE | 1885-05-25 | | A5 |
| 1303 | MOSS, John O | 8 | E½SE | 1896-05-16 | | A1 |
| 1304 | " " | 9 | W½SW | 1896-05-16 | | A1 |
| 1195 | MOULDER, Daniel W | 4 | NENW | 1859-05-02 | | A1 |
| 1326 | MOULDER, Julis M | 5 | NWSE | 1859-05-02 | | A1 |
| 1348 | MOULDER, Milton G | 6 | N½NW | 1861-05-01 | | A1 |
| 1349 | " " | 6 | NWNE | 1861-05-01 | | A1 |
| 1360 | NELSON, Pleasant E | 36 | NWSW | 1859-05-02 | | A1 |
| 1361 | " " | 36 | SENW | 1859-05-02 | | A1 |
| 1362 | " " | 36 | SWNW | 1859-05-02 | | A1 |
| 1190 | OWENS, Cornelius | 32 | W½SE | 1881-05-10 | | A5 |
| 1236 | OWENS, George W | 32 | E½SE | 1897-07-03 | | A5 |
| 1305 | OWENS, John | 33 | SESW | 1859-05-02 | | A1 |
| 1395 | OWENS, Stephen | 32 | NENE | 1875-07-01 | | A5 |
| 1396 | " " | 33 | NWNW | 1875-07-01 | | A5 |
| 1154 | PACE, Abner L | 35 | NESE | 1891-06-30 | | A5 |
| 1155 | " " | 35 | S½SE | 1891-06-30 | | A5 |
| 1156 | " " | 35 | SENE | 1891-06-30 | | A5 |
| 1217 | PAGE, Feroby | 24 | NWSW | 1905-03-30 | | A5 |
| 1265 | PAGE, James W | 23 | NENE | 1889-01-12 | | A5 |
| 1334 | PAGE, Lewis | 23 | SESE | 1901-06-08 | | A5 |
| 1335 | " " | 24 | SWSW | 1901-06-08 | | A5 |
| 1391 | PAGE, Sidney | 24 | E½SW | 1906-06-26 | | A5 |
| 1392 | " " | 24 | W½SE | 1906-06-26 | | A5 V1158 |
| 1269 | PARKER, Jencie P | 31 | W½SE | 1906-06-16 | | A5 |
| 1186 | PARKS, Charner | 26 | NWNE | 1859-06-01 | | A1 |
| 1187 | " " | 26 | NWNW | 1859-06-01 | | A1 |
| 1172 | RATTS, B R | 34 | W½SE | 1881-06-30 | | A5 |
| 1231 | ROBINSON, George | 15 | NWSW | 1892-04-29 | | A5 |
| 1232 | " " | 15 | SWNW | 1892-04-29 | | A5 |
| 1369 | ROBINSON, Ritchard T | 28 | NESW | 1898-09-28 | | A5 |
| 1370 | " " | 28 | W½SW | 1898-09-28 | | A5 |
| 1171 | SMITH, Archibald | 12 | SE | 1896-06-06 | | A1 |
| 1292 | SMITH, John F | 6 | NWSW | 1873-09-20 | | A5 |
| 1293 | " " | 6 | SWNW | 1873-09-20 | | A5 |
| 1359 | SMITH, Phillip | 36 | E½SE | 1906-06-21 | | A5 |
| 1436 | SPEIGHTS, William | 13 | E½ | 1841-01-05 | | A1 V1181, 1167 |
| 1437 | " " | 13 | SWSW | 1841-01-05 | | A1 |
| 1438 | " " | 14 | E½NE | 1841-01-05 | | A1 |
| 1439 | " " | 23 | E½NW | 1841-01-05 | | A1 |
| 1342 | SULLIVAN, Mary | 18 | E½NE | 1901-12-17 | | A5 |
| 1343 | " " | 18 | NENW | 1901-12-17 | | A5 |
| 1344 | " " | 18 | NWNE | 1901-12-17 | | A5 |
| 1374 | SULLIVAN, Robert C | 18 | SENW | 1906-05-23 | | A5 |
| 1375 | " " | 18 | SWNE | 1906-05-23 | | A5 |
| 1379 | SULLIVAN, Roderick S | 32 | NENW | 1892-04-29 | | A5 |
| 1380 | " " | 32 | NWNE | 1892-04-29 | | A5 |
| 1381 | SULLIVAN, Rodrick S | 29 | SESW | 1898-06-01 | | A5 |
| 1382 | " " | 29 | SWSE | 1898-06-01 | | A5 |
| 1386 | SULLIVAN, Sarah | 18 | NWSW | 1901-12-04 | | A5 |
| 1452 | SULLIVAN, William V | 32 | NWNW | 1906-05-23 | | A5 |
| 1453 | " " | 32 | S½NW | 1906-05-23 | | A5 |
| 1454 | " " | 32 | SWNE | 1906-05-23 | | A5 |
| 1390 | THAMES, Shadrick | 31 | SWNW | 1841-01-05 | | A1 |
| 1188 | THOMPSON, Colon | 6 | N½SE | 1901-11-16 | | A5 |
| 1189 | " " | 6 | S½NE | 1901-11-16 | | A5 |
| 1277 | THOMPSON, John B | 6 | NESW | 1901-08-12 | | A5 |
| 1278 | " " | 6 | S½SW | 1901-08-12 | | A5 |
| 1279 | " " | 6 | SENW | 1901-08-12 | | A5 |
| 1167 | THORNTON, Alexander | 13 | SE | 1896-05-16 | | A1 V1436 |
| 1275 | THORNTON, John A | 9 | W½NW | 1905-03-30 | | A5 |
| 1397 | TILLONS, Stephen | 15 | SENE | 1859-05-02 | | A1 |
| 1401 | TULLAS, Stephen | 28 | SESW | 1859-05-02 | | A1 |
| 1398 | " " | 10 | E½SE | 1859-11-10 | | A1 |
| 1399 | " " | 15 | NENE | 1859-11-10 | | A1 |

| ID | Individual in Patent | Sec. | Sec. Part | Date Issued | Other Counties | For More Info . . . |
|---|---|---|---|---|---|---|
| 1400 | TULLAS, Stephen (Cont'd) | 15 | NWNW | 1859-11-10 | | A1 |
| 1200 | TULLONS, Edwin G | 29 | NESW | 1860-05-10 | | A4 F |
| 1201 | " " | 29 | NWSE | 1860-05-10 | | A4 F |
| 1208 | TULLOS, Elinder C | 23 | SESW | 1841-01-05 | | A1 |
| 1233 | TULLOS, George S | 26 | NENW | 1841-01-05 | | A1 |
| 1240 | TULLOS, Jackson | 13 | NWSW | 1841-01-05 | | A1 |
| 1241 | " " | 14 | NENW | 1841-01-05 | | A1 |
| 1311 | TULLOS, Joseph A | 8 | E½SW | 1860-07-02 | | A1 |
| 1312 | " " | 8 | NWSW | 1860-07-02 | | A1 |
| 1313 | " " | 8 | SWSE | 1860-07-02 | | A1 |
| 1352 | TULLOS, Nancy A | 25 | NENE | 1841-01-05 | | A1 |
| 1387 | TULLOS, Seaborn | 15 | NENW | 1841-01-05 | | A1 |
| 1388 | " " | 15 | SWSW | 1841-01-05 | | A1 |
| 1389 | " " | 23 | SWNW | 1841-01-05 | | A1 |
| 1402 | TULLOS, Stephen | 11 | W½SW | 1841-01-05 | | A1 |
| 1403 | " " | 13 | W½NW | 1841-01-05 | | A1 |
| 1404 | " " | 14 | SESE | 1841-01-05 | | A1 |
| 1405 | " " | 14 | W½SE | 1841-01-05 | | A1 |
| 1406 | " " | 22 | W½NE | 1841-01-05 | | A1 |
| 1422 | TULLOS, Vincian | 23 | NWNW | 1841-01-05 | | A1 |
| 1423 | " " | 24 | NWNW | 1841-01-05 | | A1 |
| 1444 | TULLOS, William | 14 | E½SW | 1841-01-05 | | A1 |
| 1445 | " " | 23 | W½NE | 1841-01-05 | | A1 |
| 1446 | " " | 23 | W½SW | 1841-01-05 | | A1 |
| 1447 | " " | 4 | E½SW | 1841-01-05 | | A1 |
| 1448 | " " | 4 | NWNW | 1841-01-05 | | A1 |
| 1449 | " " | 4 | W½SE | 1841-01-05 | | A1 |
| 1450 | " " | 9 | W½NE | 1841-01-05 | | A1 |
| 1451 | " " | 9 | W½SE | 1841-01-05 | | A1 V1270 |
| 1407 | TULLOUS, Stephen | 14 | W½SW | 1841-01-05 | | A1 |
| 1408 | " " | 15 | W½NE | 1841-01-05 | | A1 |
| 1409 | " " | 15 | W½SE | 1841-01-05 | | A1 |
| 1175 | VANSANT, Berry | 4 | SWNW | 1841-01-05 | | A1 |
| 1168 | VANZANT, Alfred | 12 | W½NE | 1841-01-05 | | A1 |
| 1455 | VANZANT, William | 1 | W½SE | 1841-01-05 | | A1 |
| 1199 | VINZANT, Edward | 12 | NENE | 1841-01-05 | | A1 |
| 1456 | VINZANT, William | 1 | E½SE | 1841-01-05 | | A1 |
| 1459 | " " | 2 | SENE | 1859-05-02 | | A1 |
| 1457 | " " | 12 | NENW | 1860-04-02 | | A1 |
| 1458 | " " | 12 | W½NW | 1860-04-02 | | A1 |
| 1442 | WARD, William T | 36 | NESW | 1859-05-02 | | A1 |
| 1443 | " " | 36 | NWSE | 1859-05-02 | | A1 |
| 1341 | WARREN, Martha L | 29 | SWSW | 1906-06-30 | | A1 |
| 1419 | WARREN, Thomas | 31 | SW | 1901-08-12 | | A5 |
| 1262 | WATERS, James R | 5 | SESW | 1904-06-27 | | A1 |
| 1263 | " " | 5 | SWSE | 1904-06-27 | | A1 |
| 1264 | " " | 5 | W½SW | 1904-06-27 | | A1 |
| 1355 | WEATHERSBY, Owen | 10 | E½NE | 1841-01-05 | | A1 |
| 1356 | " " | 10 | W½NW | 1841-01-05 | | A1 |
| 1357 | " " | 5 | SENW | 1841-01-05 | | A1 |
| 1358 | " " | 9 | E½SW | 1841-01-05 | | A1 |
| 1223 | WIGINGTON, George C | 29 | NWSW | 1878-06-24 | | A5 |
| 1224 | " " | 29 | SWNW | 1878-06-24 | | A5 |
| 1420 | WILLIAMSON, Thomas | 11 | NENW | 1848-09-01 | | A1 |
| 1421 | " " | 2 | SESW | 1848-09-01 | | A1 |
| 1425 | WINSTEAD, Wiley H | 22 | SWNW | 1882-08-03 | | A5 |
| 1426 | " " | 22 | W½SW | 1882-08-03 | | A5 |
| 1424 | WOMACK, Wallace Green | 27 | NESE | 1917-08-14 | | A1 |
| 1268 | WYATT, Jeff D | 33 | E½NW | 1892-03-17 | | A5 |
| 1410 | YATES, Surintha A | 7 | SWSW | 1906-05-23 | | A5 G20 |

# Patent Map

T3-N R7-E
Choctaw Meridian

Map Group 6

## Township Statistics

| | | |
|---|---|---|
| Parcels Mapped | : | 312 |
| Number of Patents | : | 192 |
| Number of Individuals | : | 161 |
| Patentees Identified | : | 155 |
| Number of Surnames | : | 95 |
| Multi-Patentee Parcels | : | 13 |
| Oldest Patent Date | : | 6/9/1840 |
| Most Recent Patent | : | 8/14/1917 |
| Block/Lot Parcels | : | 0 |
| Parcels Re - Issued | : | 0 |
| Parcels that Overlap | : | 9 |
| Cities and Towns | : | 0 |
| Cemeteries | : | 6 |

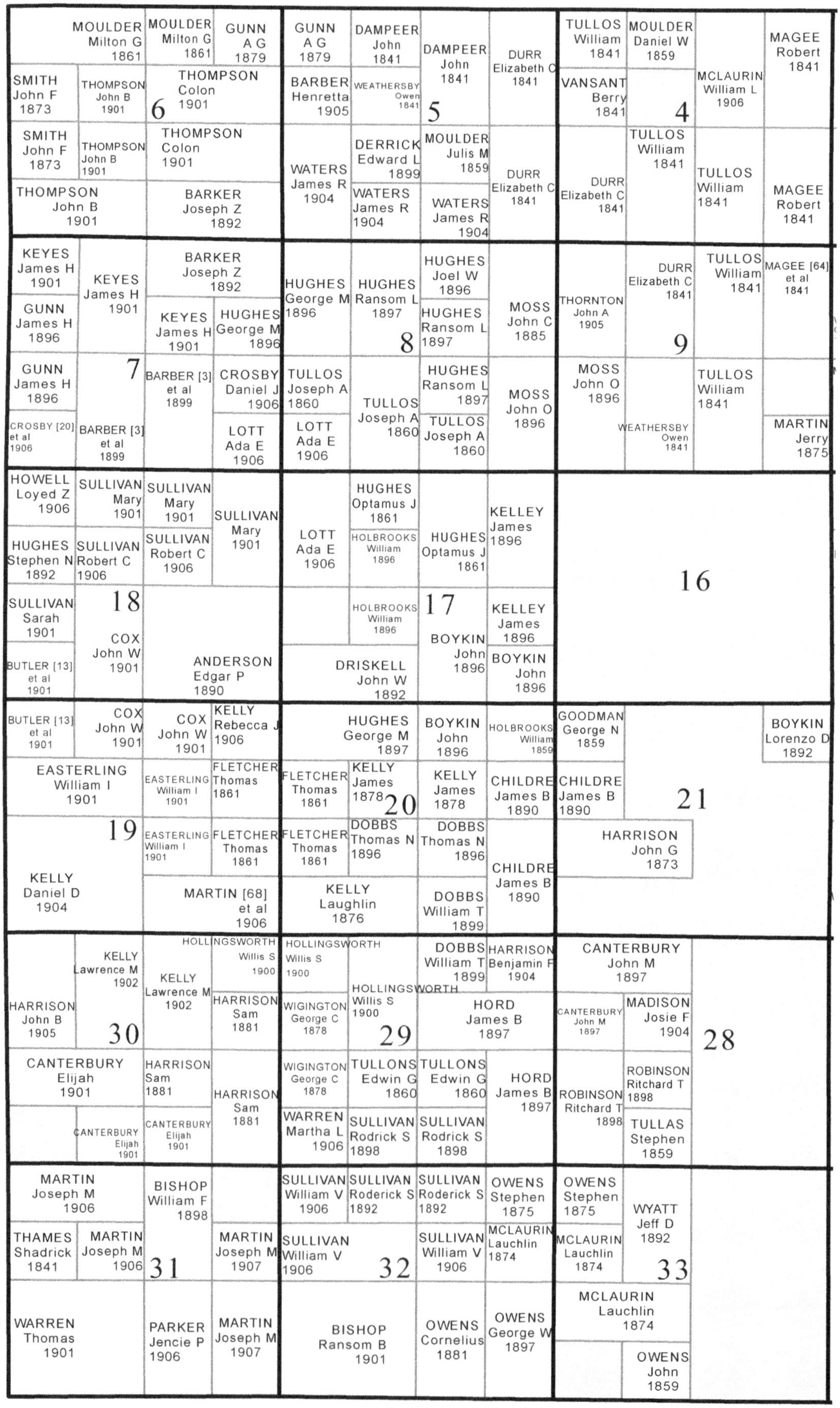

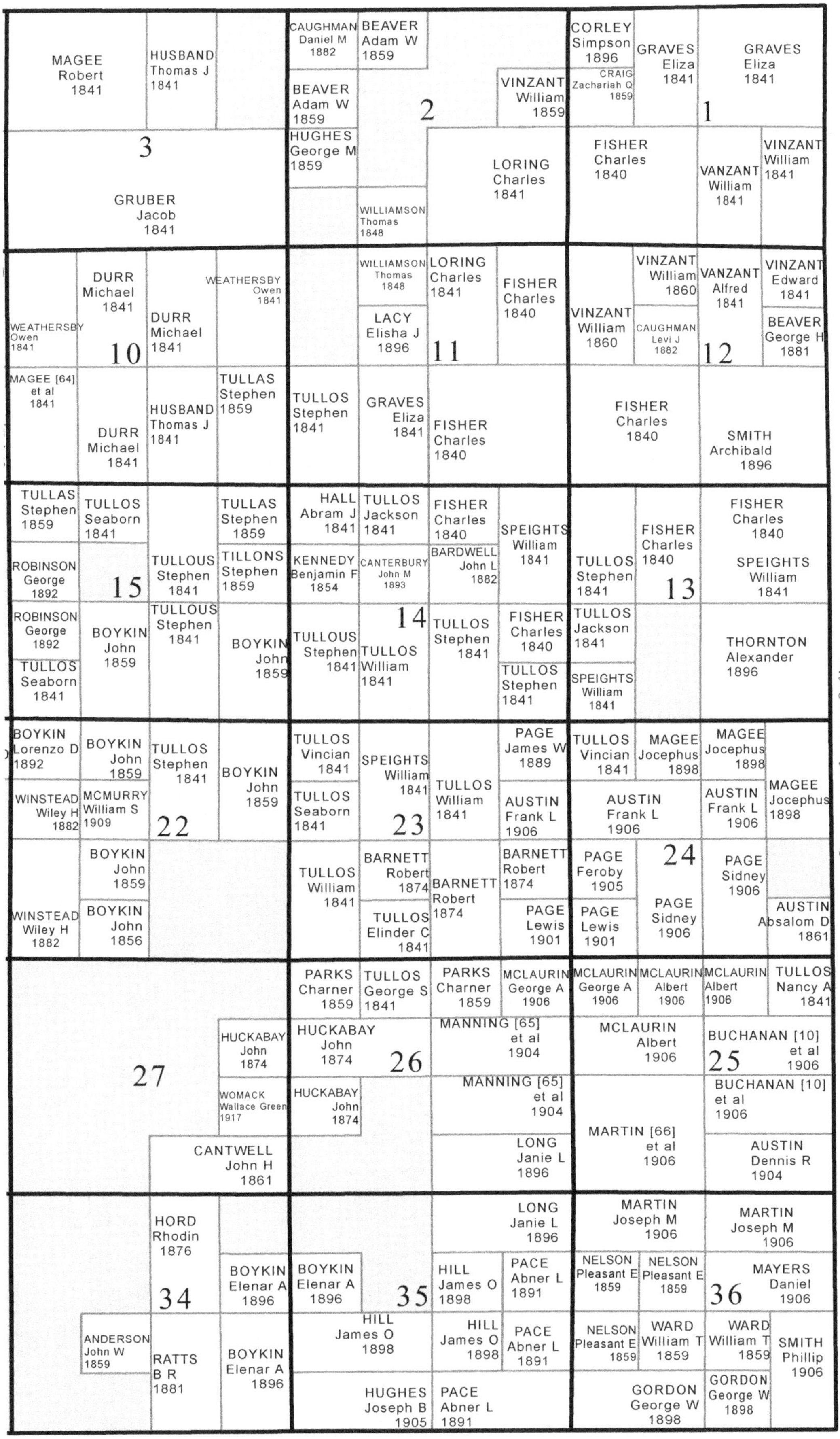




## Helpful Hints

1. This Map's INDEX can be found on the preceding pages.
2. Refer to Map "C" to see where this Township lies within Smith County, Mississippi.
3. Numbers within square brackets [ ] denote a multi-patentee land parcel (multi-owner). Refer to Appendix "C" for a full list of members in this group.
4. Areas that look to be crowded with Patentees usually indicate multiple sales of the same parcel (Re-issues) or Overlapping parcels. See this Township's Index for an explanation of these and other circumstances that might explain "odd" groupings of Patentees on this map.

## Legend

- Patent Boundary
- Section Boundary
- No Patents Found (or Outside County)
- 1., 2., 3., ... Lot Numbers (when beside a name)
- [ ] Group Number (see Appendix "C")

**Scale**: Section = 1 mile X 1 mile (generally, with some exceptions)

## Road Map

T3-N R7-E
Choctaw Meridian

Map Group 6

Cities & Towns

None

Cemeteries

Craft Cemetery
Gordan Cemetery
Moss Cemetery
Moulder Cemetery
Myers Cemetery
Page Cemetery

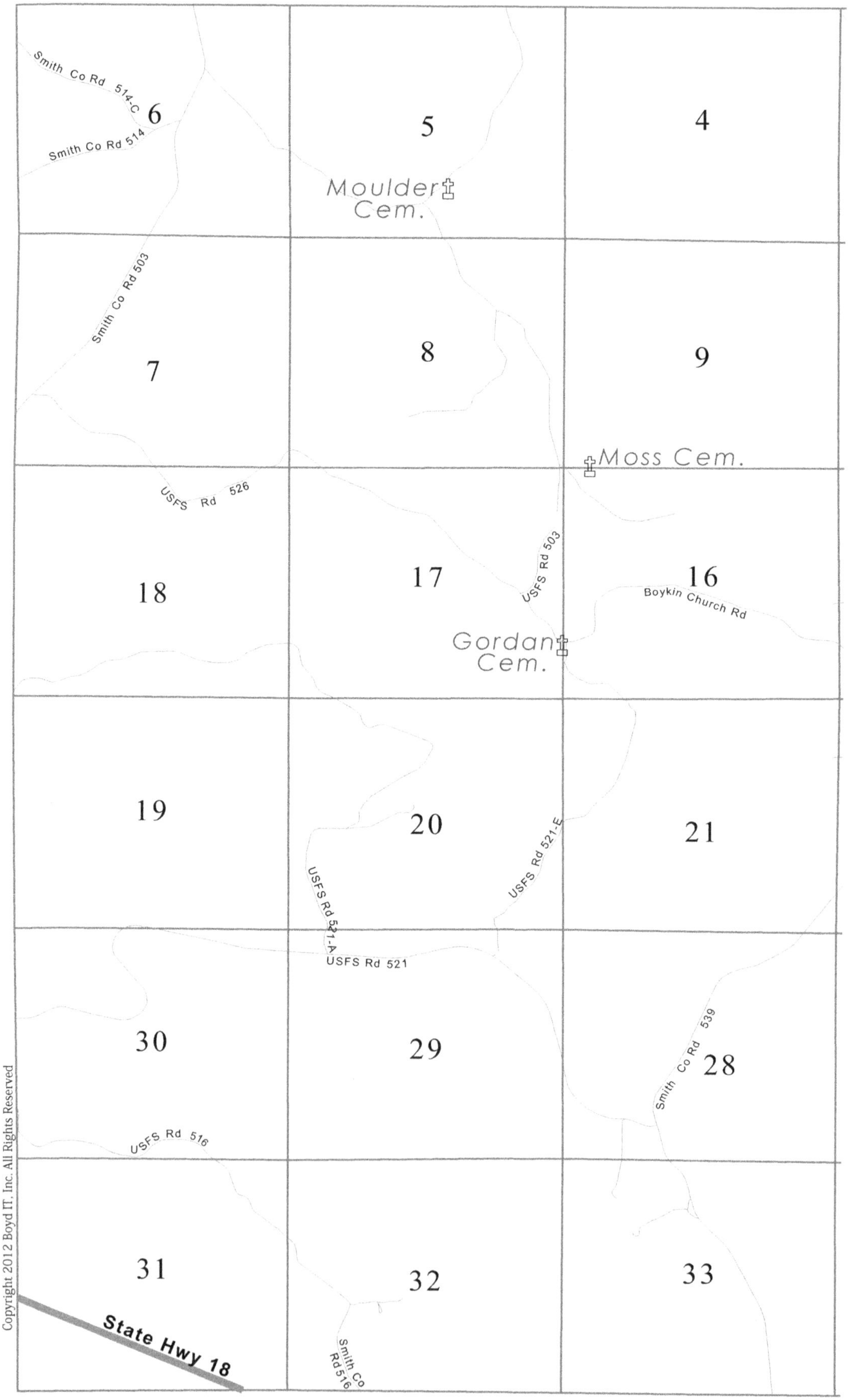

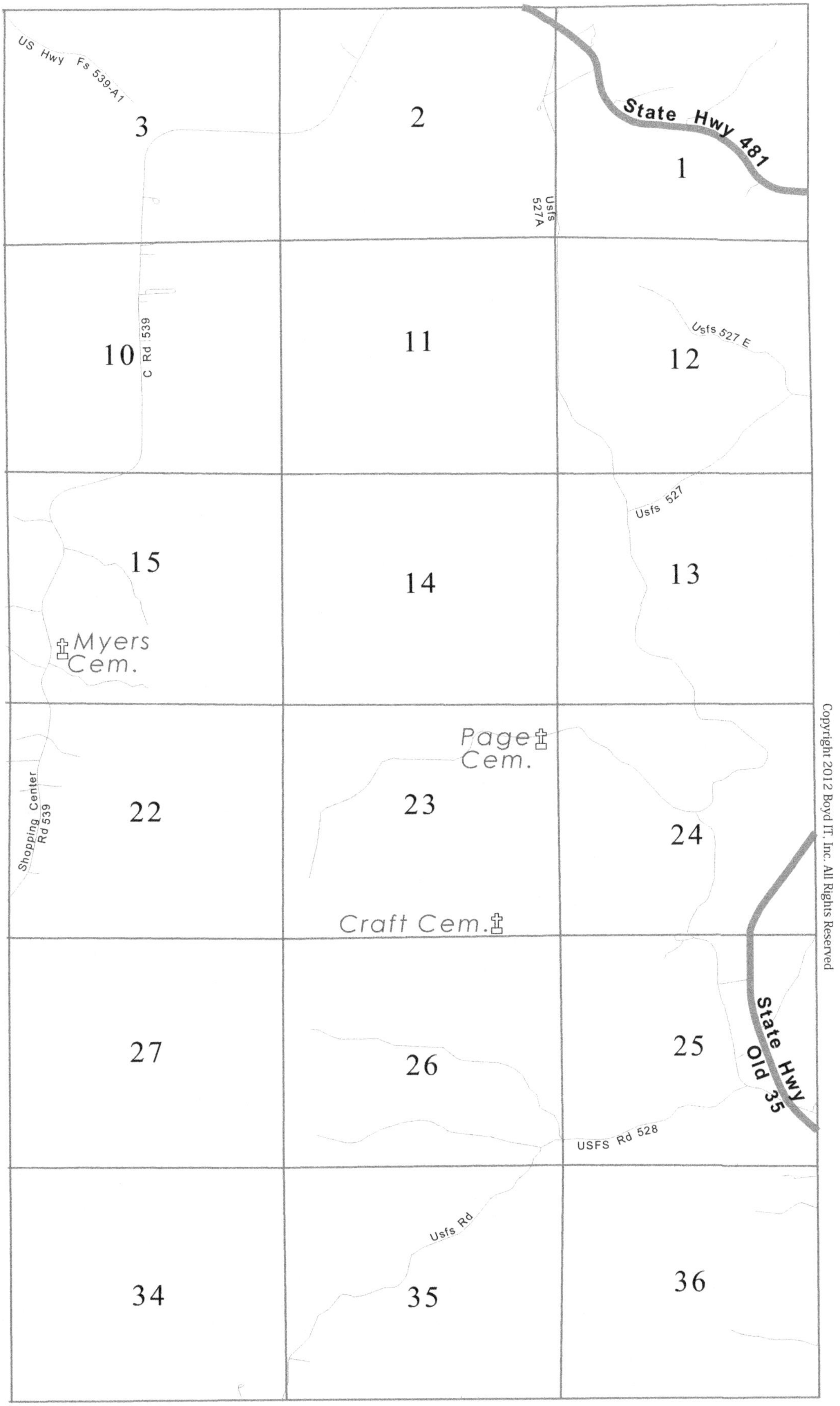




## Helpful Hints

1. This road map has a number of uses, but primarily it is to help you: a) find the present location of land owned by your ancestors (at least the general area), b) find cemeteries and city-centers, and c) estimate the route/roads used by Census-takers & tax-assessors.
2. If you plan to travel to Smith County to locate cemeteries or land parcels, please pick up a modern travel map for the area before you do. Mapping old land parcels on modern maps is not as exact a science as you might think. Just the slightest variations in public land survey coordinates, estimates of parcel boundaries, or road-map deviations can greatly alter a map's representation of how a road either does or doesn't cross a particular parcel of land.

## Legend

- Section Lines
- Interstates
- Highways
- Other Roads
- Cities/Towns
- Cemeteries

**Scale**: Section = 1 mile X 1 mile
(generally, with some exceptions)

## Historical Map

T3-N R7-E
Choctaw Meridian

Map Group 6

### Cities & Towns

None

### Cemeteries

Craft Cemetery
Gordan Cemetery
Moss Cemetery
Moulder Cemetery
Myers Cemetery
Page Cemetery

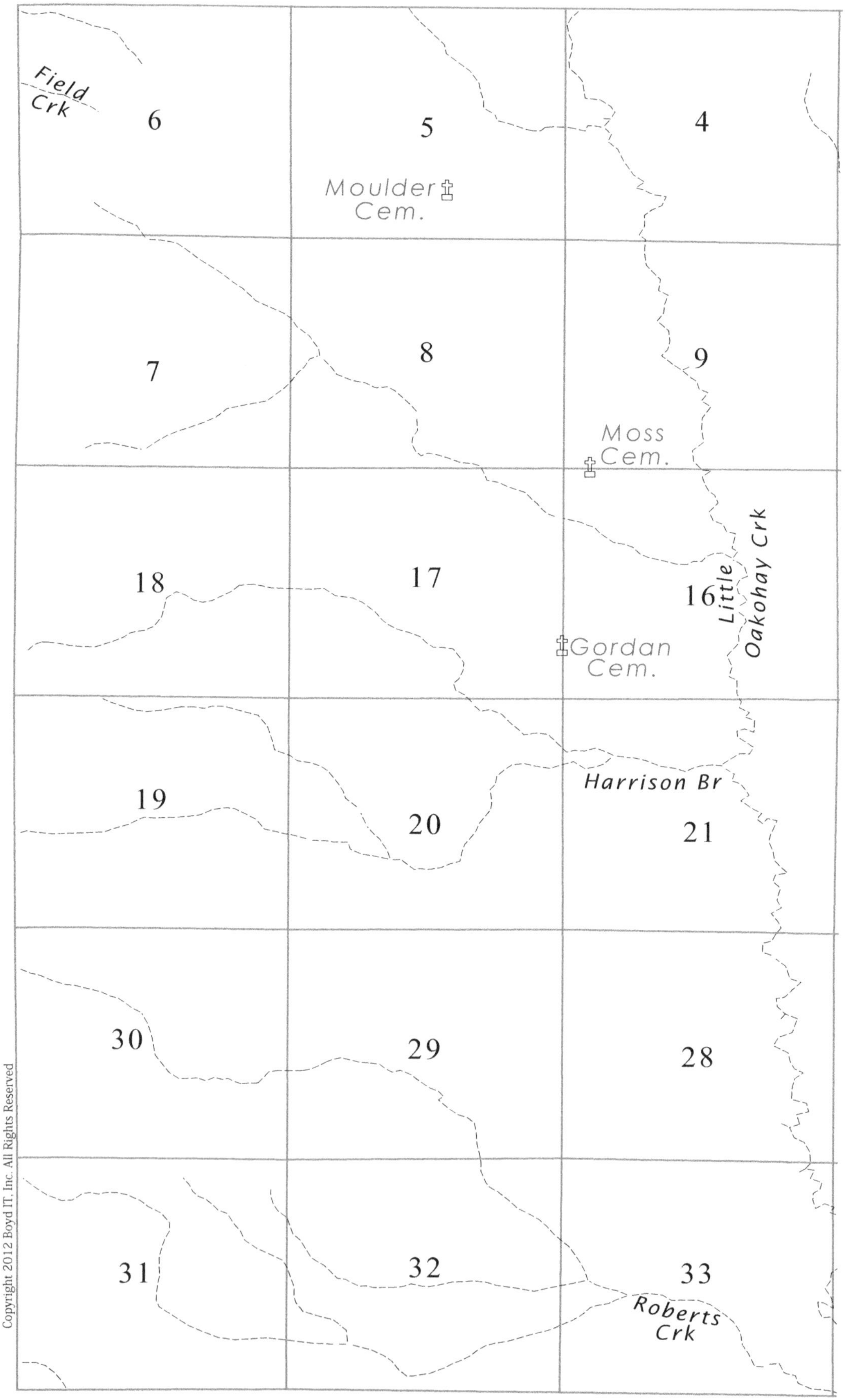

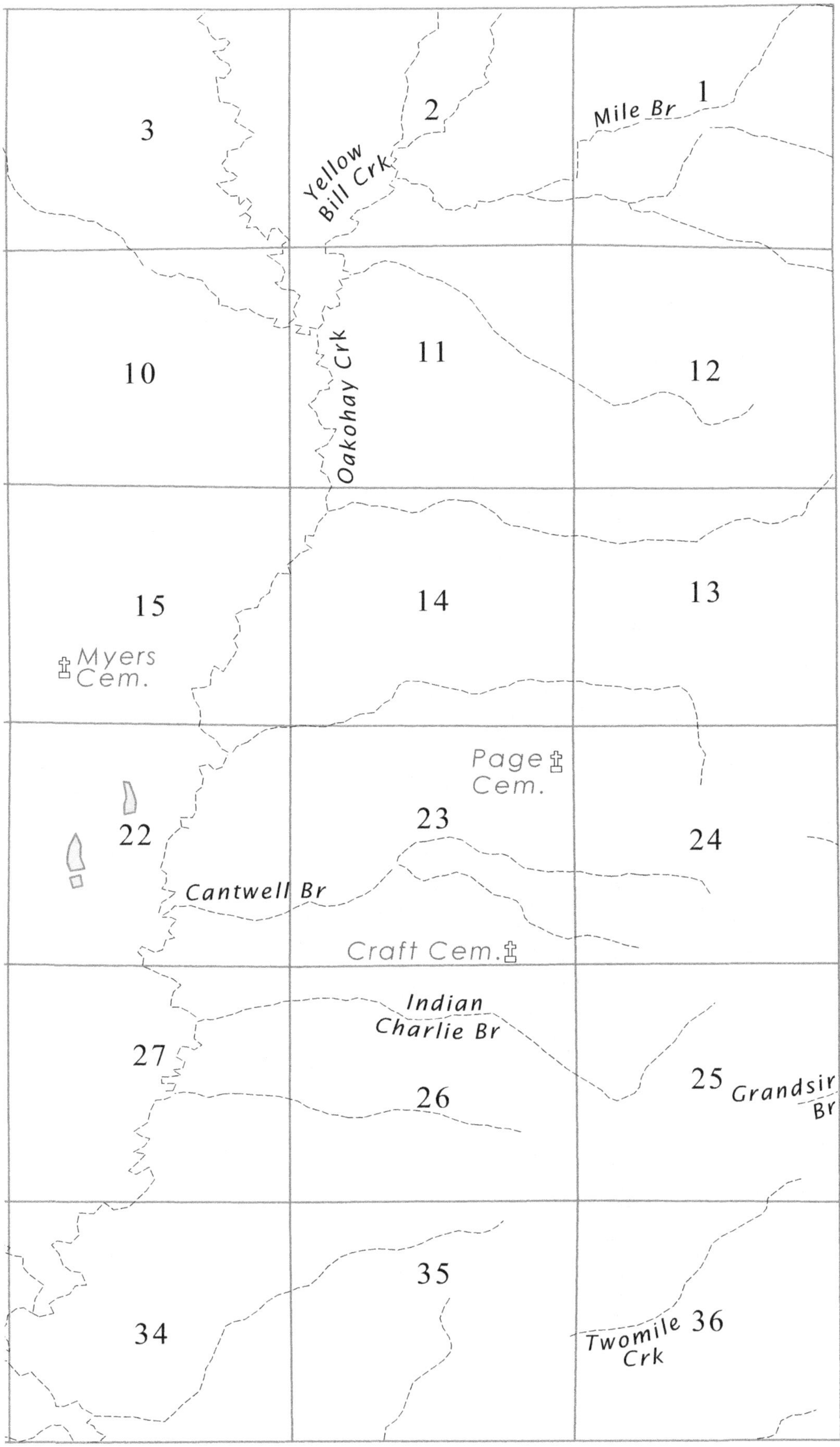




## Helpful Hints

1. This Map takes a different look at the same Congressional Township displayed in the preceding two maps. It presents features that can help you better envision the historical development of the area: a) Water-bodies (lakes & ponds), b) Water-courses (rivers, streams, etc.), c) Railroads, d) City/town center-points (where they were oftentimes located when first settled), and e) Cemeteries.
2. Using this "Historical" map in tandem with this Township's Patent Map and Road Map, may lead you to some interesting discoveries. You will often find roads, towns, cemeteries, and waterways are named after nearby landowners: sometimes those names will be the ones you are researching. See how many of these research gems you can find here in Smith County.

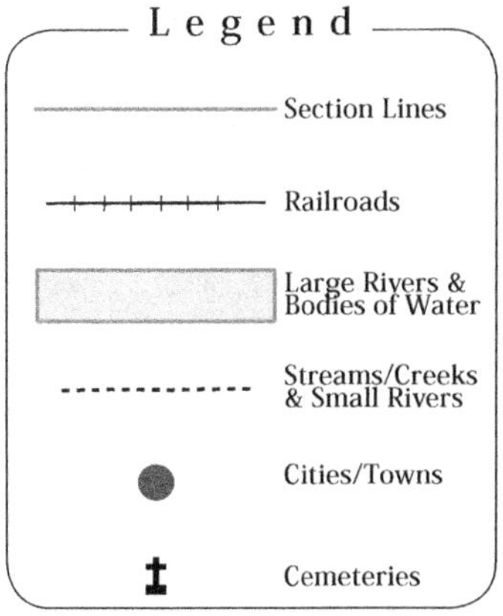


**Scale**: Section = 1 mile X 1 mile
(there are some exceptions)

# Map Group 7: Index to Land Patents

## Township 3-North Range 8-East (Choctaw)

After you locate an individual in this Index, take note of the Section and Section Part then proceed to the Land Patent map on the pages immediately following. You should have no difficulty locating the corresponding parcel of land.

The "For More Info" Column will lead you to more information about the underlying Patents. See the *Legend* at right, and the "How to Use this Book" chapter, for more information.

**LEGEND**

**"For More Info . . . " column**

- **A** = Authority (Legislative Act, See Appendix "A")
- **B** = Block or Lot (location in Section unknown)
- **C** = Cancelled Patent
- **F** = Fractional Section
- **G** = Group (Multi-Patentee Patent, see Appendix "C")
- **V** = Overlaps another Parcel
- **R** = Re-Issued (Parcel patented more than once)

*(A & G items require you to look in the Appendixes referred to above. All other Letter-designations followed by a number require you to locate line-items in this index that possess the ID number found after the letter).*

| ID | Individual in Patent | Sec. | Sec. Part | Date Issued | Other Counties | For More Info . . . |
|---|---|---|---|---|---|---|
| 1496 | AUSTIN, Christian D | 19 | SW | 1861-05-01 | | A1 |
| 1497 | AUSTIN, Christian M | 30 | E½SW | 1897-06-07 | | A5 |
| 1498 | " " | 30 | W½SE | 1897-06-07 | | A5 |
| 1590 | AUSTIN, James E | 18 | NWSE | 1874-11-05 | | A1 |
| 1657 | AUSTIN, Josiah | 18 | SWSW | 1861-05-01 | | A1 |
| 1658 | " " | 19 | SENW | 1861-05-01 | | A1 |
| 1659 | " " | 19 | W½NW | 1861-05-01 | | A1 |
| 1559 | AVERY, Henry | 21 | NENW | 1841-01-05 | | A1 |
| 1560 | " " | 21 | NWNW | 1841-01-05 | | A1 |
| 1561 | " " | 21 | SENW | 1841-01-05 | | A1 |
| 1579 | AVREY, James | 10 | E½NW | 1841-01-05 | | A1 |
| 1580 | " " | 26 | E½SE | 1841-01-05 | | A1 |
| 1477 | AYMER, Benjamin | 6 | N½ | 1839-05-25 | | A1 |
| 1505 | BAILEY, David L | 11 | NWSW | 1908-10-26 | | A5 |
| 1563 | BAILEY, Henry T | 3 | S½NE | 1891-05-20 | | A5 |
| 1641 | BAILEY, John J | 2 | N½NW | 1897-01-12 | | A5 |
| 1709 | BAILEY, Thomas J | 2 | E½NE | 1906-06-16 | | A5 |
| 1710 | " " | 2 | NESE | 1906-06-16 | | A5 |
| 1711 | " " | 2 | SWNE | 1906-06-16 | | A5 |
| 1688 | BARNES, Richard F | 25 | SESE | 1859-05-02 | | A1 |
| 1638 | BLACKWELL, John G | 36 | NWSE | 1854-10-02 | | A8 |
| 1636 | " " | 35 | NWSE | 1859-06-01 | | A1 |
| 1637 | " " | 35 | SENE | 1859-06-01 | | A1 |
| 1634 | " " | 32 | NWSE | 1901-03-23 | | A5 |
| 1635 | " " | 32 | SWNE | 1901-03-23 | | A5 |
| 1733 | BOON, Zachariah J | 3 | SE | 1892-05-16 | | A5 |
| 1686 | BOUNDS, Richard E | 8 | NENE | 1899-05-31 | | A5 |
| 1687 | " " | 9 | NWNW | 1899-05-31 | | A5 V1597 |
| 1722 | BOWLING, William F | 15 | E½NE | 1848-09-01 | | A1 |
| 1720 | " " | 10 | S½SE | 1860-07-02 | | A1 |
| 1721 | " " | 10 | SESW | 1860-07-02 | | A1 |
| 1723 | " " | 15 | N½NW | 1860-07-02 | | A1 |
| 1724 | " " | 15 | W½NE | 1860-07-02 | | A1 |
| 1652 | BOYD, Joseph J | 11 | E½SE | 1896-05-26 | | A1 |
| 1653 | " " | 12 | NWSW | 1896-05-26 | | A1 |
| 1654 | " " | 14 | NENE | 1896-05-26 | | A1 |
| 1545 | BOYKIN, Francis | 12 | NWNE | 1841-01-05 | | A1 |
| 1541 | " " | 10 | NESW | 1859-06-01 | | A1 |
| 1542 | " " | 10 | NWSE | 1859-06-01 | | A1 |
| 1543 | " " | 10 | SWNE | 1859-06-01 | | A1 |
| 1544 | " " | 10 | W½NW | 1859-06-01 | | A1 |
| 1546 | " " | 9 | SENE | 1859-06-01 | | A1 |
| 1588 | BOYKIN, James | 3 | E½SW | 1861-05-01 | | A1 |
| 1589 | " " | 3 | NWSW | 1861-05-01 | | A1 |
| 1601 | BOYKIN, James O | 11 | S½NW | 1910-03-17 | | A5 |
| 1612 | BOYKIN, Jasper | 14 | SWNW | 1859-05-02 | | A1 |

| ID | Individual in Patent | Sec. | Sec. Part | Date Issued | Other Counties | For More Info . . . |
|---|---|---|---|---|---|---|
| 1628 | BOYKIN, John | 12 | E½NW | 1841-01-05 | | A1 |
| 1631 | BOYKIN, John F | 14 | SWSE | 1859-05-02 | | A1 |
| 1633 | " " | 23 | NWNE | 1859-05-02 | | A1 |
| 1629 | " " | 13 | SWSW | 1861-05-01 | | A1 |
| 1630 | " " | 14 | E½SE | 1861-05-01 | | A1 |
| 1632 | " " | 23 | NENE | 1861-05-01 | | A1 |
| 1672 | BOYKIN, Nathaniel B | 9 | SWNE | 1904-08-26 | | A5 |
| 1703 | BOYKIN, Sarah M | 13 | NWSW | 1906-06-16 | | A5 |
| 1704 | " " | 14 | SENE | 1906-06-16 | | A5 |
| 1707 | BOYKIN, Solomon R | 14 | E½SW | 1848-09-01 | | A1 |
| 1706 | " " | 13 | NESW | 1859-05-02 | | A1 |
| 1712 | BOYKIN, Thomas J | 15 | W½SE | 1912-06-27 | | A5 |
| 1472 | BROWN, Ansolum D | 32 | SWSE | 1906-06-26 | | A5 |
| 1660 | BROWN, James | 11 | S½SW | 1895-06-27 | | A5 G8 |
| 1661 | " " | 11 | SWSE | 1895-06-27 | | A5 G8 |
| 1662 | " " | 14 | NENW | 1895-06-27 | | A5 G8 |
| 1660 | BROWN, Laney | 11 | S½SW | 1895-06-27 | | A5 G8 |
| 1661 | " " | 11 | SWSE | 1895-06-27 | | A5 G8 |
| 1662 | " " | 14 | NENW | 1895-06-27 | | A5 G8 |
| 1485 | BRUCE, Calvin B | 21 | NWSE | 1910-01-17 | | A1 |
| 1539 | BRYANT, Emily | 35 | NENE | 1861-05-01 | | A1 |
| 1540 | " " | 36 | NWNW | 1861-05-01 | | A1 |
| 1581 | CAMPBELL, James B | 24 | E½NW | 1874-11-05 | | A1 |
| 1582 | " " | 24 | W½NE | 1874-11-05 | | A1 |
| 1572 | CARR, Isaac | 29 | NE | 1841-01-05 | | A1 G17 |
| 1504 | CARTER, David | 18 | NESE | 1860-10-01 | | A1 R1537 |
| 1731 | CHUBB, Zachariah | 36 | NWSW | 1859-06-01 | | A1 |
| 1732 | " " | 36 | SWNW | 1859-06-01 | | A1 |
| 1699 | CLARK, Samuel A | 30 | NENW | 1909-01-11 | | A1 |
| 1734 | CRAIG, Zachariah Q | 8 | N½NW | 1859-11-10 | | A1 |
| 1602 | CURRIE, James P | 32 | SESW | 1912-06-03 | | A1 |
| 1626 | CURRIE, John B | 32 | NESW | 1909-08-16 | | A8 |
| 1488 | DAVIS, Charles | 36 | NENE | 1859-05-02 | | A1 |
| 1554 | DAVIS, George S | 23 | NWSW | 1901-12-17 | | A5 |
| 1555 | " " | 23 | W½NW | 1901-12-17 | | A5 |
| 1622 | DICKERSON, Jethro W | 32 | E½SE | 1901-03-23 | | A5 |
| 1685 | DRUMMOND, Rebecca A | 14 | W½NE | 1896-12-14 | | A5 |
| 1717 | DRUMMOND, William | 14 | NWSW | 1848-09-01 | | A1 |
| 1718 | " " | 15 | E½SE | 1859-05-02 | | A1 |
| 1719 | " " | 23 | NENW | 1859-05-02 | | A1 |
| 1534 | DURR, Emanuel A | 28 | W½NE | 1841-01-05 | | A1 G34 |
| 1535 | " " | 29 | NW | 1841-01-05 | | A1 G34 |
| 1528 | FERGUSON, Elizabeth | 35 | SESW | 1874-11-05 | | A1 |
| 1529 | " " | 35 | SWSE | 1874-11-05 | | A1 |
| 1530 | " " | 35 | W½SW | 1874-11-05 | | A1 R1693 |
| 1489 | FISHER, Charles | 1 | W½ | 1840-06-09 | | A1 |
| 1490 | " " | 1 | W½NE | 1840-06-09 | | A1 |
| 1491 | " " | 1 | W½SE | 1840-06-09 | | A1 |
| 1492 | " " | 29 | NESE | 1840-06-09 | | A1 |
| 1493 | " " | 29 | W½SE | 1840-06-09 | | A1 |
| 1649 | GATLIN, John W | 10 | SENE | 1889-01-12 | | A5 |
| 1534 | GORDON, George H | 28 | W½NE | 1841-01-05 | | A1 G34 |
| 1535 | " " | 29 | NW | 1841-01-05 | | A1 G34 |
| 1664 | GORDON, Martin | 5 | | 1841-01-05 | | A1 |
| 1729 | GORDON, Willis | 11 | NESW | 1895-05-11 | | A5 |
| 1730 | " " | 11 | NWSE | 1895-05-11 | | A5 |
| 1593 | GRAHAM, James G | 31 | SWNW | 1841-01-05 | | A1 |
| 1547 | GUTHRIE, Francis | 23 | NWSE | 1848-09-01 | | A1 |
| 1548 | " " | 23 | SWNE | 1848-09-01 | | A1 |
| 1678 | HAGWOOD, Pleasant | 6 | NESE | 1859-05-02 | | A1 |
| 1679 | " " | 6 | W½SE | 1859-05-02 | | A1 |
| 1680 | " " | 7 | NWNE | 1859-05-02 | | A1 |
| 1681 | " " | 7 | SENE | 1859-05-02 | | A1 V1598 |
| 1728 | HAYMAN, William W | 15 | SESW | 1913-02-14 | | A5 |
| 1465 | HENDERSON, Alex H | 13 | SWNE | 1900-11-28 | | A5 |
| 1466 | " " | 13 | W½SE | 1900-11-28 | | A5 |
| 1500 | HENDERSON, Daniel | 10 | SWSW | 1841-01-05 | | A1 |
| 1501 | " " | 32 | E½NE | 1841-01-05 | | A1 |
| 1502 | " " | 9 | NENE | 1852-09-01 | | A8 |
| 1696 | HENDERSON, Sallie | 12 | NESW | 1900-11-28 | | A5 |
| 1697 | " " | 12 | NWSE | 1900-11-28 | | A5 |
| 1698 | " " | 12 | SWNE | 1900-11-28 | | A5 |
| 1568 | HERRINGTON, Hudson B | 28 | E½NW | 1841-01-05 | | A1 |

| ID | Individual in Patent | Sec. | Sec. Part | Date Issued | Other Counties | For More Info . . . |
|---|---|---|---|---|---|---|
| 1569 | HERRINGTON, Hudson B (Cont'd) | 28 | W½NW | 1841-01-05 | | A1 |
| 1666 | HILL, Mary J | 31 | E½SW | 1892-08-08 | | A5 |
| 1594 | HOOD, James H | 22 | W½SE | 1875-07-01 | | A5 |
| 1570 | HOUGH, Hugh A | 2 | NWSE | 1906-12-17 | | A5 |
| 1571 | " " | 2 | S½SE | 1906-12-17 | | A5 |
| 1663 | HOUGH, Lee A | 11 | NE | 1906-06-16 | | A5 |
| 1735 | HOUGH, Zeno | 12 | NWNW | 1860-07-02 | | A1 |
| 1557 | KEYES, Handy | 15 | N½SW | 1896-11-13 | | A5 |
| 1673 | LEE, Needham W | 18 | NWSW | 1841-01-05 | | A1 |
| 1682 | LINDSEY, Polk | 31 | NESE | 1905-02-13 | | A5 |
| 1683 | " " | 32 | NWSW | 1905-02-13 | | A5 |
| 1655 | LOGAN, Joseph | 32 | SWSW | 1902-07-03 | | A5 |
| 1583 | MAYFIELD, James B | 25 | S½NW | 1891-05-20 | | A5 |
| 1584 | " " | 26 | S½NE | 1891-05-20 | | A5 |
| 1708 | MAYFIELD, Stephen W | 24 | SWNW | 1883-09-15 | | A1 |
| 1576 | MCCRAW, Ivey | 26 | NWSE | 1859-05-02 | | A1 |
| 1577 | MCCRAW, Ivy | 26 | E½SW | 1874-11-05 | | A1 |
| 1578 | " " | 26 | S½NW | 1874-11-05 | | A1 |
| 1656 | MCCRAW, Joseph R | 21 | E½NE | 1892-05-16 | | A5 |
| 1572 | MCLAUREN, Hugh | 29 | NE | 1841-01-05 | | A1 G17 |
| 1476 | MCLAURIN, Ap | 30 | NWSW | 1904-08-26 | | A5 |
| 1651 | MOSS, Joseph H | 36 | SWSE | 1968-08-29 | | A7 |
| 1558 | MOULDER, Harret | 4 | NESW | 1896-04-23 | | A5 |
| 1695 | NEWCOMB, Robert A | 26 | W½SW | 1898-12-01 | | A5 |
| 1713 | NICHOLS, Timan H | 30 | E½SE | 1901-12-30 | | A5 |
| 1714 | " " | 30 | SENE | 1901-12-30 | | A5 |
| 1591 | NORRIS, James E | 13 | SESW | 1904-09-28 | | A5 |
| 1639 | ONEAL, John H | 2 | NWSW | 1905-12-13 | | A5 |
| 1640 | " " | 2 | SWNW | 1905-12-13 | | A5 |
| 1567 | PARKER, Hickman | 27 | SWSW | 1861-05-01 | | A1 |
| 1701 | PEVY, Sandford | 6 | E½SW | 1896-05-26 | | A1 |
| 1702 | " " | 7 | NENW | 1896-05-26 | | A1 |
| 1507 | PLATT, David W | 23 | S½SW | 1860-09-04 | | A4 G78 |
| 1508 | " " | 23 | SWSE | 1860-09-04 | | A4 G78 |
| 1509 | " " | 26 | NENW | 1860-09-04 | | A4 G78 |
| 1650 | PRICE, John W | 24 | NWSE | 1859-05-02 | | A1 |
| 1521 | REYNOLDS, Edmond | 4 | NE | 1896-05-16 | | A1 |
| 1644 | REYNOLDS, John | 10 | NWNE | 1859-11-10 | | A1 |
| 1645 | " " | 3 | W½NW | 1896-05-16 | | A1 |
| 1531 | ROBINSON, Ellen | 2 | NESW | 1906-06-16 | | A5 |
| 1532 | " " | 2 | S½SW | 1906-06-16 | | A5 |
| 1533 | " " | 2 | SENW | 1906-06-16 | | A5 |
| 1627 | RODGERS, John B | 21 | W½NE | 1859-11-10 | | A1 |
| 1565 | ROGERS, Henry W | 15 | S½NW | 1904-12-31 | | A5 |
| 1642 | ROGERS, John M | 25 | N½NW | 1874-11-05 | | A1 |
| 1643 | " " | 26 | N½NE | 1874-11-05 | | A1 |
| 1598 | ROOKER, James M | 7 | S½NE | 1860-09-04 | | A4 V1681 |
| 1599 | " " | 7 | SENW | 1860-09-04 | | A4 |
| 1600 | " " | 8 | SWNW | 1896-05-16 | | A1 |
| 1556 | ROYALS, Gideon | 35 | NESW | 1859-05-02 | | A1 |
| 1671 | ROYALS, Nathan B | 6 | SESE | 1841-01-05 | | A1 |
| 1716 | ROYALS, Uriah | 3 | E½NW | 1876-02-15 | | A5 |
| 1486 | RUNNELS, Catharine | 18 | SESE | 1841-01-05 | | A1 |
| 1487 | " " | 21 | SW | 1841-01-05 | | A1 |
| 1484 | SIMS, Benjamin L | 11 | N½NW | 1894-12-17 | | A5 |
| 1467 | SMITH, Alexander | 18 | NWNW | 1896-12-11 | | A1 |
| 1499 | SMITH, Colin C | 7 | SW | 1896-05-16 | | A1 |
| 1507 | SMITH, Mary B | 23 | S½SW | 1860-09-04 | | A4 G78 |
| 1508 | " " | 23 | SWSE | 1860-09-04 | | A4 G78 |
| 1509 | " " | 26 | NENW | 1860-09-04 | | A4 G78 |
| 1674 | SMITH, Neill W | 4 | N½SE | 1861-05-01 | | A1 |
| 1693 | SPENCER, Richard | 35 | W½SW | 1879-05-06 | | A5 R1530 |
| 1613 | STEVENS, Jasper C | 21 | E½SE | 1861-05-01 | | A1 |
| 1614 | " " | 21 | SWSE | 1861-05-01 | | A1 |
| 1618 | STONE, Jesse W | 9 | NESW | 1859-11-10 | | A1 |
| 1619 | " " | 9 | NWSE | 1859-11-10 | | A1 |
| 1700 | STONE, Samuel | 9 | W½SW | 1841-01-05 | | A1 |
| 1494 | STREBECK, Charlie F | 26 | SWSE | 1899-08-14 | | A5 |
| 1495 | " " | 35 | W½NE | 1899-08-14 | | A5 |
| 1527 | TAYLOR, Elijah B | 6 | W½SW | 1841-01-05 | | A1 |
| 1506 | THOMPSON, David M | 35 | NW | 1874-11-05 | | A1 |
| 1468 | THORNTON, Alexander | 22 | N½SW | 1894-03-12 | | A5 |
| 1469 | " " | 22 | SESW | 1894-03-12 | | A5 |

| ID | Individual in Patent | Sec. | Sec. Part | Date Issued | Other Counties | For More Info . . . |
|---|---|---|---|---|---|---|
| 1470 | THORNTON, Alexander (Cont'd) | 22 | SWNW | 1894-03-12 | | A5 |
| 1473 | THORNTON, Ansylum J | 12 | SWSW | 1894-07-24 | | A5 |
| 1474 | " " | 13 | SENW | 1894-07-24 | | A5 |
| 1475 | " " | 13 | W½NW | 1894-07-24 | | A5 |
| 1478 | THORNTON, Benjamin C | 18 | E½SW | 1841-01-05 | | A1 |
| 1482 | THORNTON, Benjamin F | 35 | SESE | 1859-06-01 | | A1 |
| 1483 | " " | 36 | SWSW | 1859-06-01 | | A1 |
| 1479 | " " | 15 | SWSW | 1895-12-14 | | A5 |
| 1480 | " " | 22 | E½NW | 1895-12-14 | | A5 |
| 1481 | " " | 22 | NWNW | 1895-12-14 | | A5 |
| 1503 | THORNTON, Daniel | 26 | NWNW | 1906-08-10 | | A5 |
| 1526 | THORNTON, Elbert J | 3 | SWSW | 1901-12-04 | | A5 |
| 1562 | THORNTON, Henry J | 28 | E½NE | 1896-12-11 | | A1 |
| 1573 | THORNTON, Isabella | 30 | N½NE | 1892-04-29 | | A5 G100 |
| 1574 | " " | 30 | SENW | 1892-04-29 | | A5 G100 |
| 1575 | " " | 30 | SWNE | 1892-04-29 | | A5 G100 |
| 1573 | THORNTON, Jacob M | 30 | N½NE | 1892-04-29 | | A5 G100 |
| 1574 | " " | 30 | SENW | 1892-04-29 | | A5 G100 |
| 1575 | " " | 30 | SWNE | 1892-04-29 | | A5 G100 |
| 1604 | THORNTON, James | 18 | SWSE | 1841-01-05 | | A1 |
| 1605 | " " | 19 | NENW | 1859-05-02 | | A1 |
| 1585 | THORNTON, James B | 22 | SWSW | 1891-06-30 | | A5 |
| 1586 | " " | 27 | NENW | 1891-06-30 | | A5 |
| 1587 | " " | 27 | W½NW | 1891-06-30 | | A5 |
| 1592 | THORNTON, James E | 27 | NE | 1861-05-01 | | A1 |
| 1603 | THORNTON, James S | 25 | NESW | 1910-06-02 | | A5 |
| 1610 | THORNTON, James W | 22 | E½NE | 1895-02-21 | | A5 |
| 1611 | " " | 22 | E½SE | 1895-02-21 | | A5 |
| 1615 | THORNTON, Jeff D | 4 | N½NW | 1906-09-26 | | A5 |
| 1616 | " " | 4 | SENW | 1906-09-26 | | A5 |
| 1667 | THORNTON, Mary J | 12 | SESW | 1898-09-28 | | A5 |
| 1668 | " " | 12 | SWSE | 1898-09-28 | | A5 |
| 1669 | " " | 13 | NENW | 1898-09-28 | | A5 |
| 1670 | " " | 13 | NWNE | 1898-09-28 | | A5 |
| 1684 | THORNTON, Ransum | 21 | SWNW | 1841-01-05 | | A1 |
| 1694 | THORNTON, Richard | 8 | NESW | 1841-01-05 | | A1 |
| 1692 | THORNTON, Richard R | 4 | SWSW | 1860-07-02 | | A1 |
| 1690 | " " | 4 | NWSW | 1896-05-26 | | A1 |
| 1691 | " " | 4 | SWNW | 1896-05-26 | | A1 |
| 1725 | THORNTON, William | 29 | SESE | 1841-01-05 | | A1 |
| 1726 | " " | 8 | NWNE | 1859-05-02 | | A1 |
| 1715 | TIMMS, Timothy | 2 | NWNE | 1859-05-02 | | A1 |
| 1564 | TOLAR, Henry | 36 | E½SE | 1841-01-05 | | A1 |
| 1464 | TRAMEL, Albert Leath | 27 | SENW | 1951-02-08 | | A5 |
| 1675 | TULLOS, Nick | 30 | SWSW | 1898-01-19 | | A5 |
| 1676 | " " | 31 | NWNW | 1898-01-19 | | A5 |
| 1727 | TULLOS, William | 31 | W½SW | 1841-01-05 | | A1 |
| 1606 | VINSANT, James | 4 | SESW | 1848-09-01 | | A1 |
| 1519 | VINZANT, Easter M | 18 | SWNE | 1841-01-05 | | A1 |
| 1520 | " " | 18 | SWNW | 1841-01-05 | | A1 |
| 1522 | VINZANT, Edward B | 10 | NWSW | 1901-03-23 | | A5 |
| 1523 | " " | 9 | E½SE | 1901-03-23 | | A5 |
| 1524 | " " | 9 | SWSE | 1901-03-23 | | A5 |
| 1525 | VINZANT, Edward V | 7 | NWNW | 1841-01-05 | | A1 |
| 1536 | VINZANT, Emanuel H | 18 | E½NE | 1874-11-05 | | A1 |
| 1537 | " " | 18 | NESE | 1874-11-05 | | A1 R1504 |
| 1538 | " " | 18 | NWNE | 1874-11-05 | | A1 |
| 1607 | VINZANT, James | 4 | SWSE | 1859-06-01 | | A1 |
| 1608 | " " | 9 | NENW | 1859-06-01 | | A1 V1597 |
| 1609 | " " | 9 | NWNE | 1859-06-01 | | A1 |
| 1617 | VINZANT, Jehu C | 9 | SESW | 1890-06-25 | | A5 |
| 1646 | VINZANT, John | 18 | NENW | 1841-01-05 | | A1 |
| 1647 | " " | 18 | SENW | 1841-01-05 | | A1 |
| 1648 | " " | 36 | SENE | 1841-01-05 | | A1 |
| 1705 | VINZANT, Sarah | 8 | N½SE | 1841-01-05 | | A1 |
| 1665 | WALKER, Martin W | 30 | W½NW | 1904-10-27 | | A5 |
| 1510 | WALSH, Dennis R | 29 | NESW | 1859-05-02 | | A1 |
| 1511 | " " | 29 | W½SW | 1859-05-02 | | A1 |
| 1512 | " " | 31 | SENW | 1860-07-02 | | A1 |
| 1513 | " " | 31 | SESE | 1860-07-02 | | A1 |
| 1514 | " " | 31 | SWNE | 1860-07-02 | | A1 |
| 1515 | " " | 31 | W½SE | 1860-07-02 | | A1 |
| 1623 | WAMACK, John A | 23 | E½SE | 1860-05-10 | | A4 |

| ID | Individual in Patent | Sec. | Sec. Part | Date Issued | Other Counties | For More Info . . . |
|---|---|---|---|---|---|---|
| 1624 | WAMACK, John A (Cont'd) | 24 | SWSW | 1860-05-10 | | A4 |
| 1566 | WARREN, Henry | 25 | W½SW | 1896-05-26 | | A1 |
| 1516 | WELCH, Dennis R | 29 | SESW | 1874-11-05 | | A1 |
| 1517 | " " | 32 | NENW | 1874-11-05 | | A1 |
| 1518 | " " | 32 | NWNE | 1874-11-05 | | A1 |
| 1471 | WESTBROOK, Amanda | 8 | S½NE | 1893-07-31 | | A5 |
| 1677 | WESTBROOK, Norman W | 3 | N½NE | 1896-04-03 | | A5 |
| 1552 | WOMACK, Francis | 8 | SESE | 1841-01-05 | | A1 |
| 1553 | " " | 8 | SESW | 1841-01-05 | | A1 |
| 1551 | " " | 8 | SENW | 1852-09-01 | | A8 |
| 1549 | " " | 23 | NESW | 1859-05-02 | | A1 |
| 1550 | " " | 23 | SENW | 1859-05-02 | | A1 |
| 1620 | WOMACK, Jesse | 14 | SENW | 1859-05-02 | | A1 |
| 1621 | " " | 14 | SWSW | 1859-05-02 | | A1 |
| 1625 | WOMACK, John A | 8 | SWSE | 1841-01-05 | | A1 |
| 1597 | WOOD, James H | 9 | N½NW | 1856-06-16 | | A8 V1608, 1687 |
| 1596 | " " | 8 | SWSW | 1859-05-02 | | A1 |
| 1595 | " " | 8 | NWSW | 1860-07-02 | | A1 |
| 1689 | WRIGHT, Richard M | 7 | SE | 1861-05-01 | | A1 |

## Patent Map

T3-N R8-E
Choctaw Meridian

Map Group 7

## Township Statistics

| | | |
|---|---|---|
| Parcels Mapped | : | 272 |
| Number of Patents | : | 179 |
| Number of Individuals | : | 155 |
| Patentees Identified | : | 150 |
| Number of Surnames | : | 88 |
| Multi-Patentee Parcels | : | 12 |
| Oldest Patent Date | : | 5/25/1839 |
| Most Recent Patent | : | 8/29/1968 |
| Block/Lot Parcels | : | 0 |
| Parcels Re - Issued | : | 2 |
| Parcels that Overlap | : | 5 |
| Cities and Towns | : | 2 |
| Cemeteries | : | 8 |

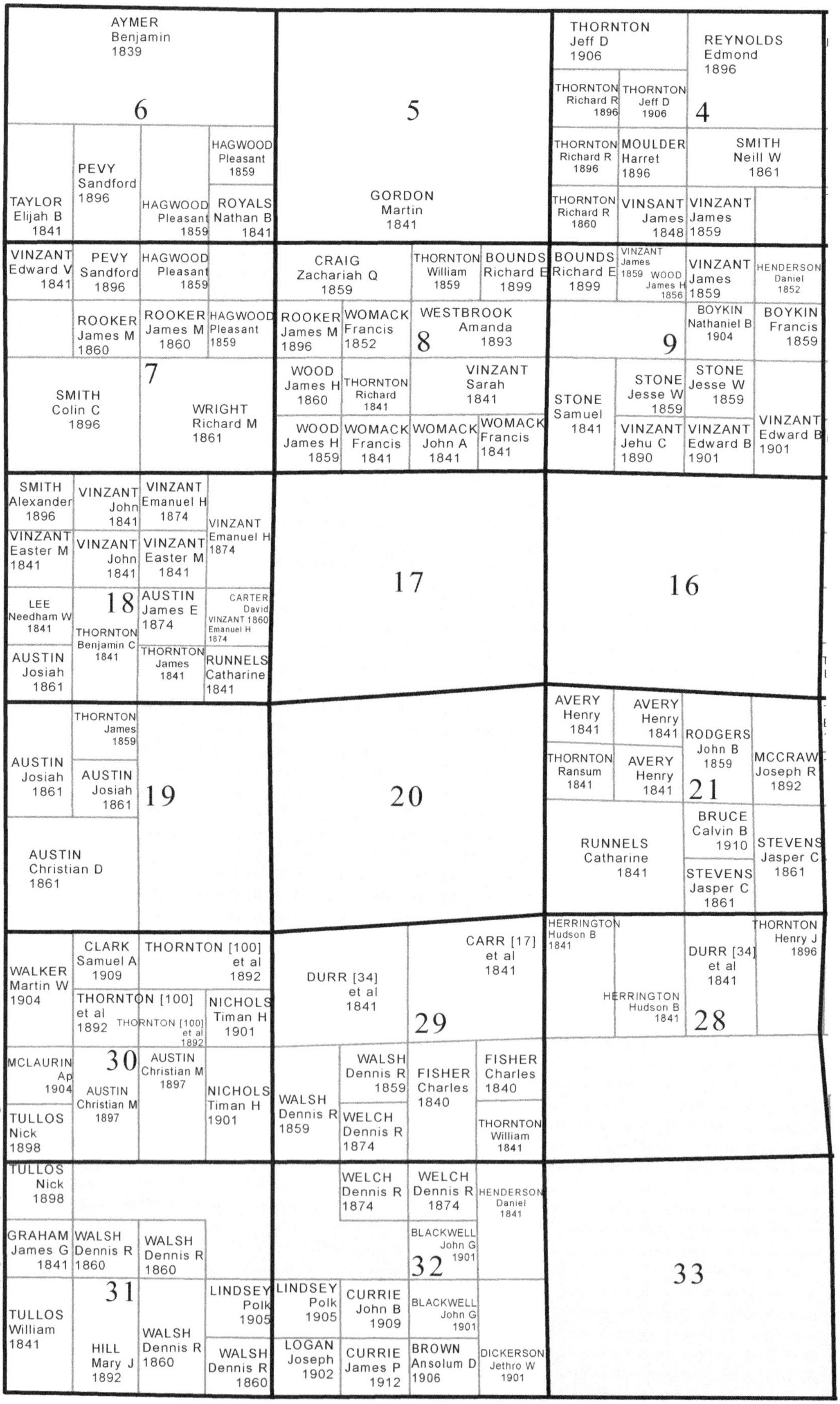

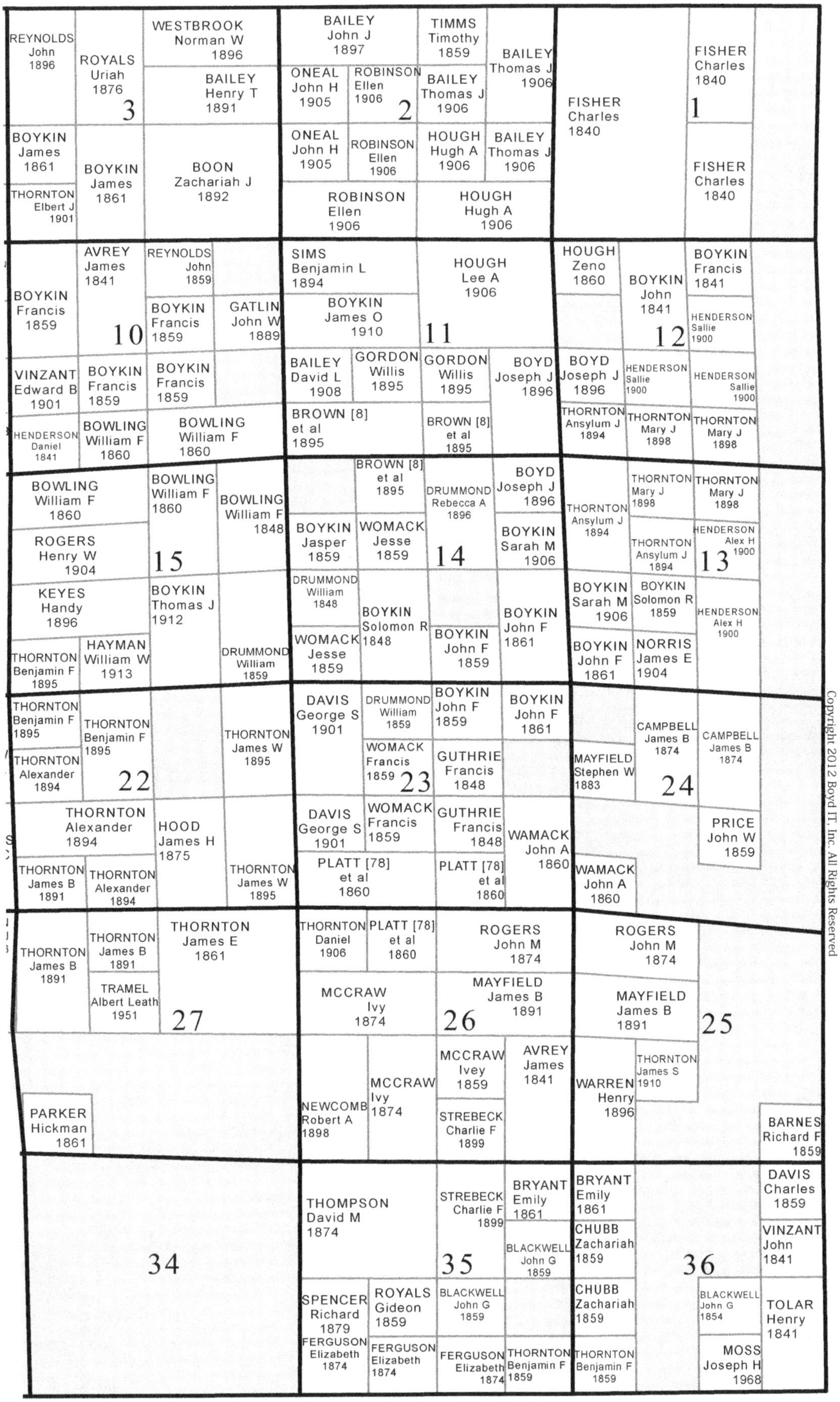




## Helpful Hints

1. This Map's INDEX can be found on the preceding pages.
2. Refer to Map "C" to see where this Township lies within Smith County, Mississippi.
3. Numbers within square brackets [ ] denote a multi-patentee land parcel (multi-owner). Refer to Appendix "C" for a full list of members in this group.
4. Areas that look to be crowded with Patentees usually indicate multiple sales of the same parcel (Re-issues) or Overlapping parcels. See this Township's Index for an explanation of these and other circumstances that might explain "odd" groupings of Patentees on this map.

## Legend

Patent Boundary

Section Boundary

No Patents Found (or Outside County)

1., 2., 3., ... Lot Numbers (when beside a name)

[ ] Group Number (see Appendix "C")

**Scale**: Section = 1 mile X 1 mile (generally, with some exceptions)

## Road Map

T3-N R8-E
Choctaw Meridian

Map Group 7

### Cities & Towns

Sand Point
Shongelo

### Cemeteries

Austin Cemetery
Barber Cemetery
Barnes Cemetery
Elam Cemetery
Mount Nebo Cemetery
Mount Pisgah Cemetery
Sylvan Grove Cemetery
Trinity Cemetery

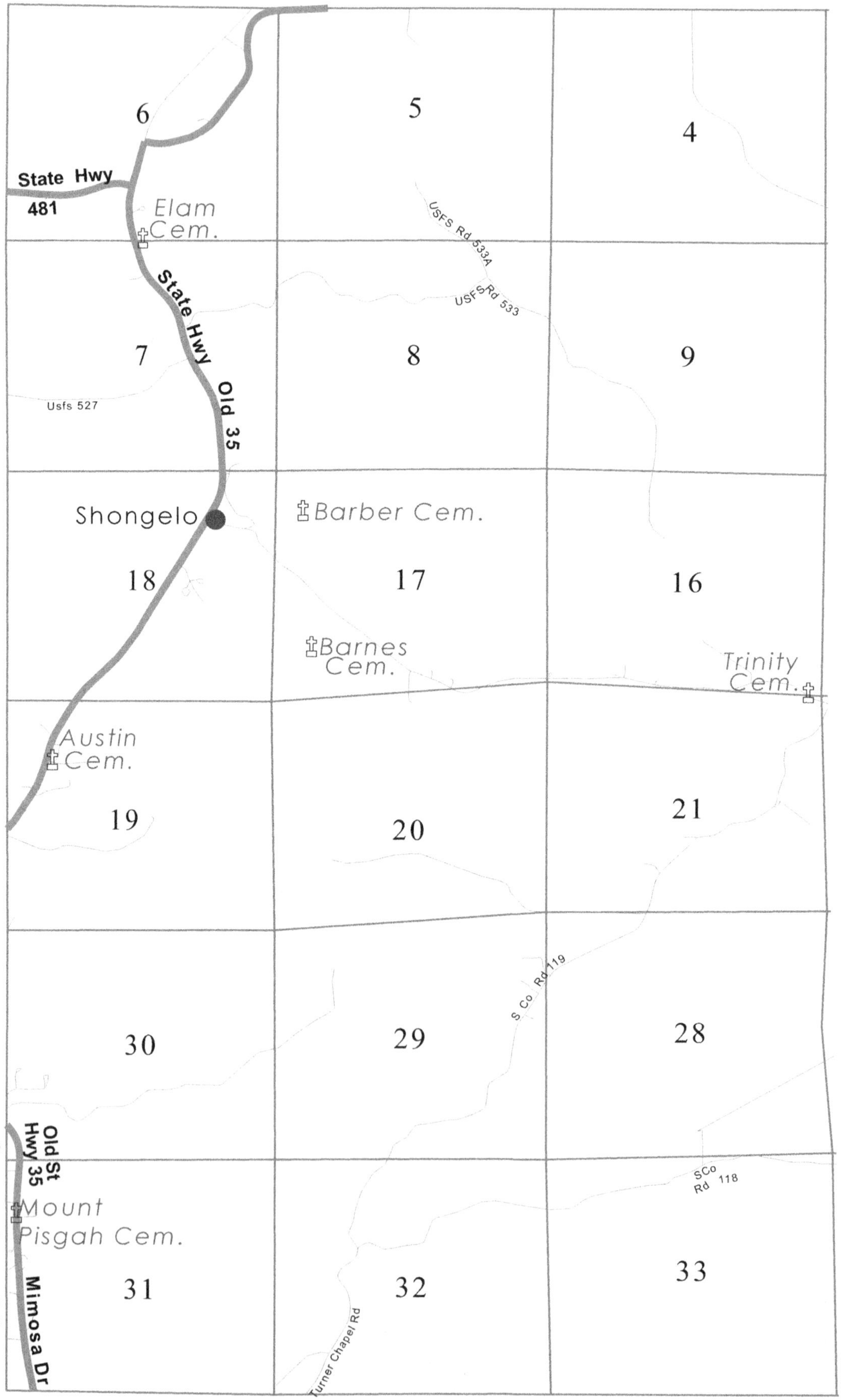

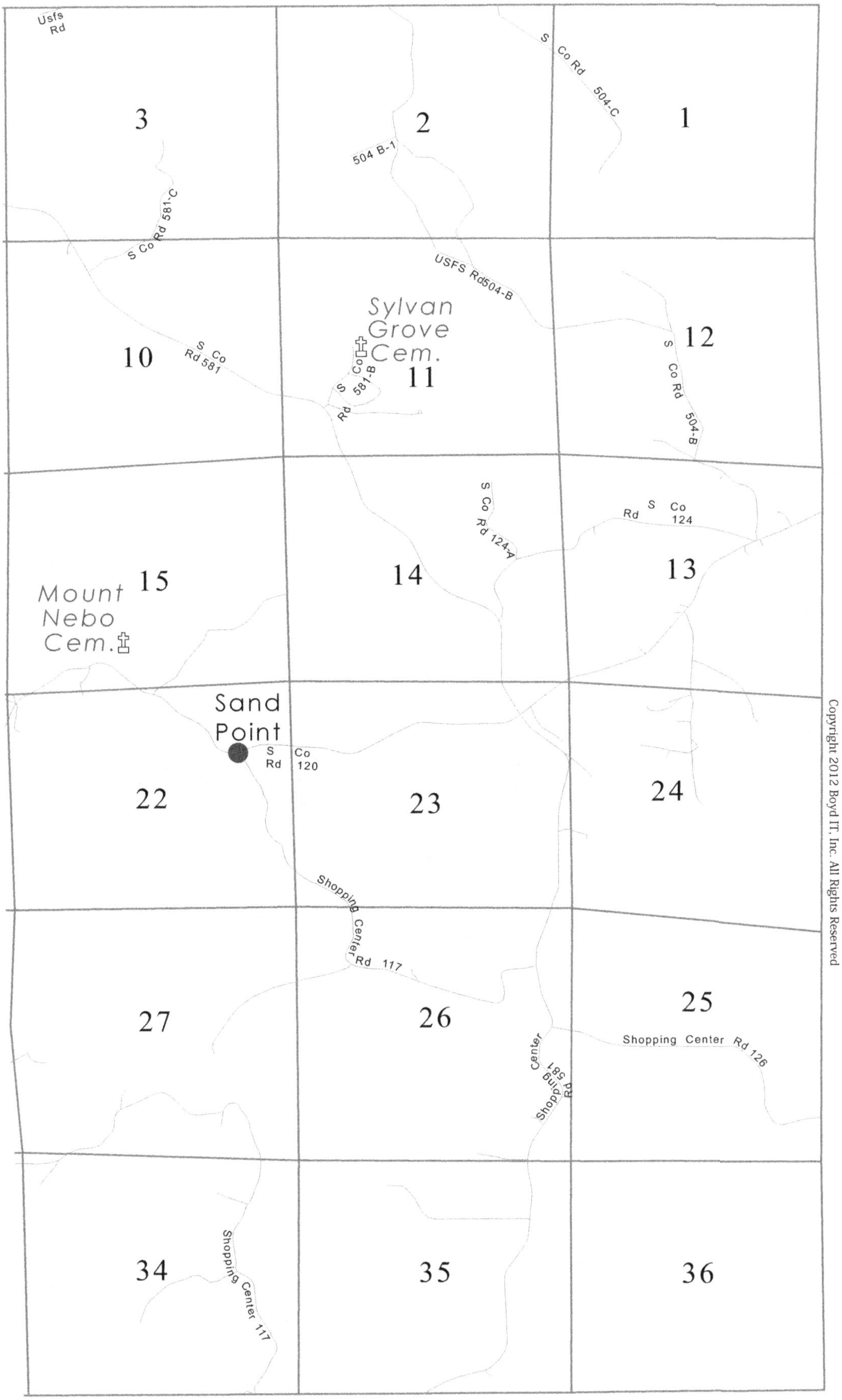




## Helpful Hints

1. This road map has a number of uses, but primarily it is to help you: a) find the present location of land owned by your ancestors (at least the general area), b) find cemeteries and city-centers, and c) estimate the route/roads used by Census-takers & tax-assessors.
2. If you plan to travel to Smith County to locate cemeteries or land parcels, please pick up a modern travel map for the area before you do. Mapping old land parcels on modern maps is not as exact a science as you might think. Just the slightest variations in public land survey coordinates, estimates of parcel boundaries, or road-map deviations can greatly alter a map's representation of how a road either does or doesn't cross a particular parcel of land.

## Legend

- Section Lines
- Interstates
- Highways
- Other Roads
- Cities/Towns
- Cemeteries

**Scale**: Section = 1 mile X 1 mile
(generally, with some exceptions)

## Historical Map

T3-N R8-E
Choctaw Meridian

Map Group 7

### Cities & Towns

Sand Point
Shongelo

### Cemeteries

Austin Cemetery
Barber Cemetery
Barnes Cemetery
Elam Cemetery
Mount Nebo Cemetery
Mount Pisgah Cemetery
Sylvan Grove Cemetery
Trinity Cemetery

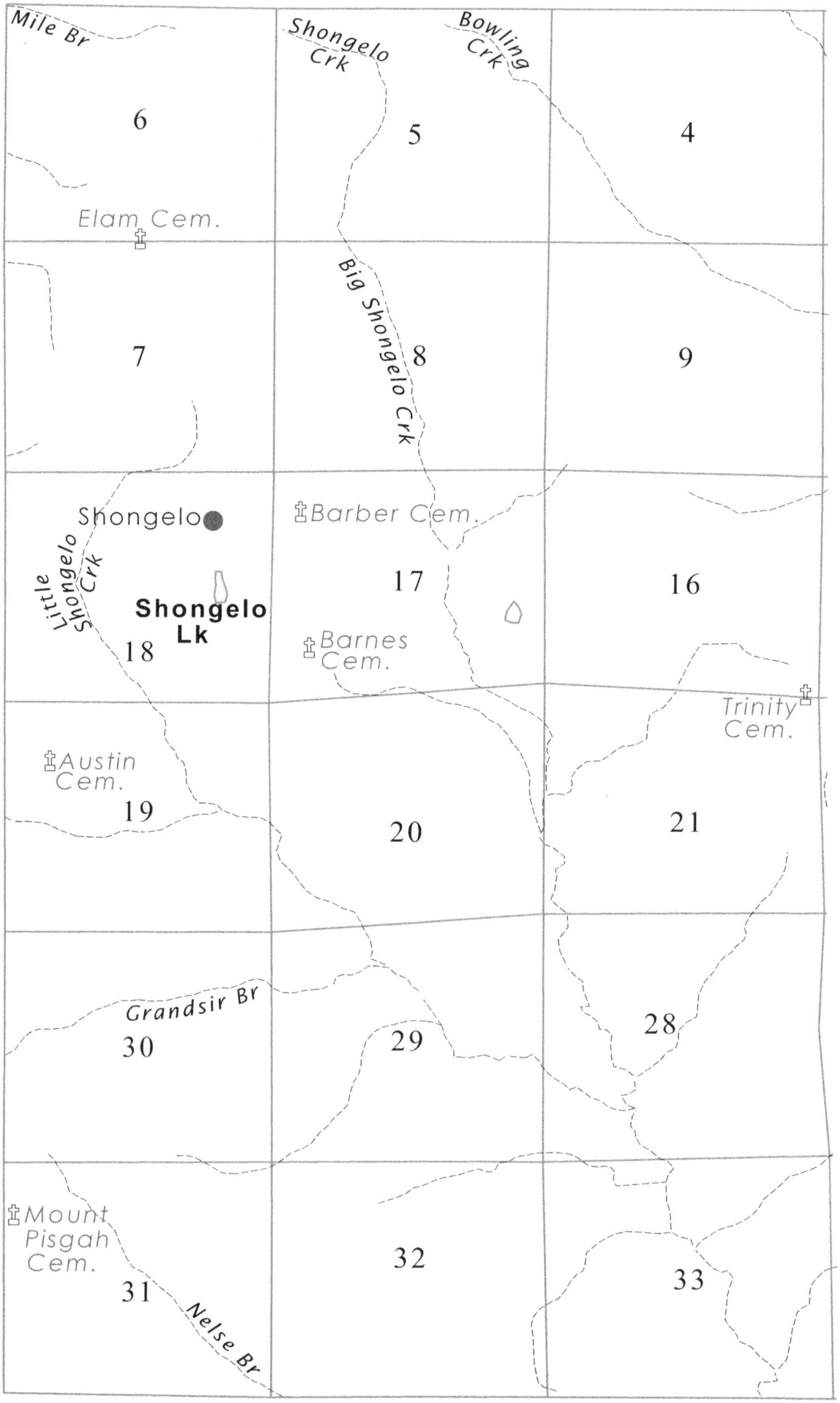

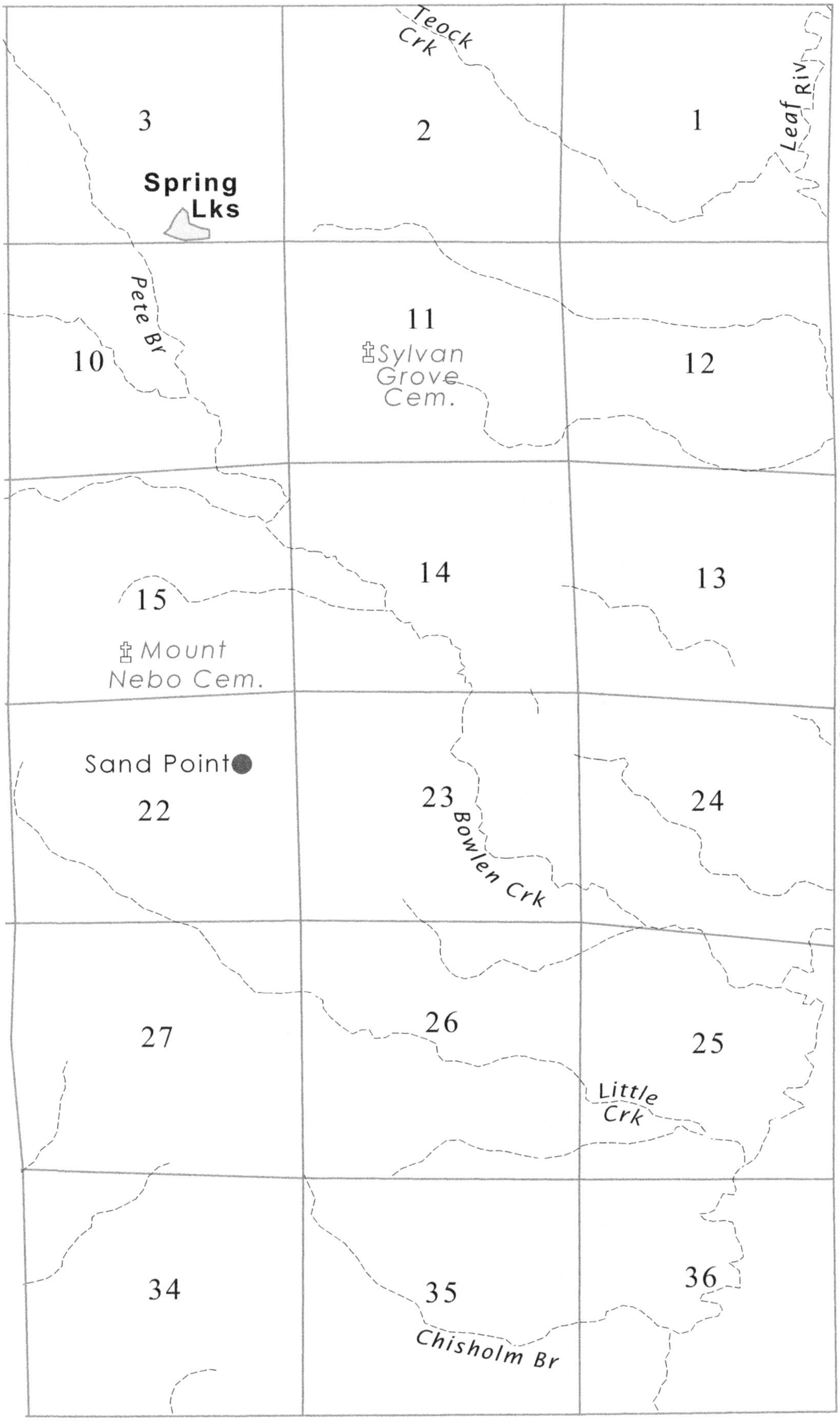




## Helpful Hints

1. This Map takes a different look at the same Congressional Township displayed in the preceding two maps. It presents features that can help you better envision the historical development of the area: a) Water-bodies (lakes & ponds), b) Water-courses (rivers, streams, etc.), c) Railroads, d) City/town center-points (where they were oftentimes located when first settled), and e) Cemeteries.
2. Using this "Historical" map in tandem with this Township's Patent Map and Road Map, may lead you to some interesting discoveries. You will often find roads, towns, cemeteries, and waterways are named after nearby landowners: sometimes those names will be the ones you are researching. See how many of these research gems you can find here in Smith County.

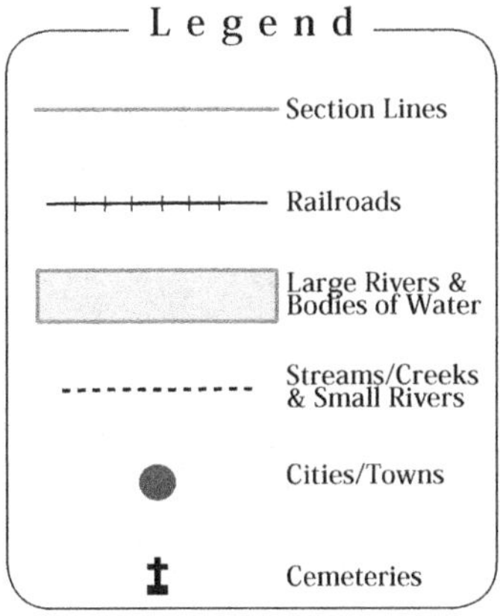


**Scale**: Section = 1 mile X 1 mile
(there are some exceptions)

# Map Group 8: Index to Land Patents

## Township 3-North Range 9-East (Choctaw)

After you locate an individual in this Index, take note of the Section and Section Part then proceed to the Land Patent map on the pages immediately following. You should have no difficulty locating the corresponding parcel of land.

The "For More Info" Column will lead you to more information about the underlying Patents. See the *Legend* at right, and the "How to Use this Book" chapter, for more information.

**LEGEND**

**"For More Info . . . " column**

**A** = Authority (Legislative Act, See Appendix "A")
**B** = Block or Lot (location in Section unknown)
**C** = Cancelled Patent
**F** = Fractional Section
**G** = Group (Multi-Patentee Patent, see Appendix "C")
**V** = Overlaps another Parcel
**R** = Re-Issued (Parcel patented more than once)

*(A & G items require you to look in the Appendixes referred to above. All other Letter-designations followed by a number require you to locate line-items in this index that possess the ID number found after the letter).*

| ID | Individual in Patent | Sec. | Sec. Part | Date Issued | Other Counties | For More Info . . . |
|---|---|---|---|---|---|---|
| 1856 | ADAMS, James | 33 | NWNE | 1854-10-02 | | A8 |
| 1855 | " " | 28 | W½SW | 1859-05-02 | | A1 |
| 1886 | ADAMS, John Q | 34 | N½NW | 1859-11-10 | | A1 |
| 1887 | " " | 34 | SENW | 1859-11-10 | | A1 |
| 1857 | ANDERSON, James | 11 | E½SE | 1878-06-24 | | A5 V1821 |
| 1858 | " " | 11 | S½NE | 1878-06-24 | | A5 V1821 |
| 1904 | ANDOE, Joseph M | 18 | S½NE | 1861-05-01 | | A1 |
| 1853 | ANDREWS, Jacob W | 32 | SESW | 1862-04-10 | | A1 |
| 1854 | " " | 32 | W½SW | 1862-04-10 | | A1 |
| 1899 | BAKER, Rebecca | 35 | SE | 1861-08-15 | | A4 G22 |
| 1808 | BASSETT, Hancford R | 7 | NESE | 1895-02-21 | | A5 |
| 1809 | " " | 7 | SENE | 1895-02-21 | | A5 |
| 1810 | " " | 8 | NWSW | 1895-02-21 | | A5 |
| 1811 | " " | 8 | SWNW | 1895-02-21 | | A5 |
| 1906 | BASSETT, Lorenzo D | 10 | NESW | 1901-08-12 | | A5 |
| 1907 | " " | 10 | W½SW | 1901-08-12 | | A5 |
| 1908 | " " | 15 | NWNW | 1901-08-12 | | A5 |
| 2001 | BASSETT, William H | 11 | NESW | 1906-06-16 | | A5 |
| 2002 | " " | 11 | SENW | 1906-06-16 | | A5 |
| 1758 | BATES, Booker B | 26 | SWNW | 1886-04-10 | | A5 |
| 1759 | " " | 27 | SENE | 1886-04-10 | | A5 |
| 1792 | BATES, Erasmus W | 7 | SESE | 1860-04-02 | | A1 |
| 1901 | BENNETT, Sarah | 34 | NWNE | 1861-01-01 | | A2 G24 |
| 1944 | BLANCHARD, Robert | 25 | NENE | 1861-02-01 | | A1 |
| 1741 | BOYKIN, Alexander | 29 | N½SE | 1895-08-30 | | A5 |
| 1742 | " " | 29 | NESW | 1895-08-30 | | A5 |
| 1743 | " " | 29 | SWNE | 1895-08-30 | | A5 |
| 1814 | BOYKIN, Henry F | 30 | NWSE | 1891-05-20 | | A5 |
| 1923 | BOYKIN, Ollie E | 29 | NWSW | 1905-08-26 | | A5 |
| 1969 | BOYKIN, Solomon | 17 | SESE | 1858-10-09 | | A8 |
| 1970 | " " | 20 | E½NE | 1860-05-10 | | A4 |
| 1971 | " " | 20 | NWNE | 1860-05-10 | | A4 |
| 1993 | BOYKIN, William C | 7 | W½SW | 1848-09-01 | | A1 |
| 1990 | " " | 17 | N½NE | 1859-06-01 | | A1 |
| 1992 | " " | 17 | SWNE | 1859-06-01 | | A1 |
| 1994 | " " | 8 | SESE | 1859-06-01 | | A1 |
| 1991 | " " | 17 | NWSE | 1860-04-02 | | A1 |
| 1995 | " " | 8 | SESW | 1860-04-02 | | A1 |
| 1996 | " " | 8 | SWSE | 1860-04-02 | | A1 |
| 1866 | BRADLEY, James M | 33 | N½NW | 1860-07-03 | | A8 |
| 1973 | BUCKALIEW, Susan C | 6 | N½NE | 1891-05-20 | | A5 G11 |
| 1974 | " " | 6 | NENW | 1891-05-20 | | A5 G11 |
| 1973 | BUCKALIEW, William | 6 | N½NE | 1891-05-20 | | A5 G11 |
| 1974 | " " | 6 | NENW | 1891-05-20 | | A5 G11 |
| 1736 | CARR, Abraham | 19 | E½SE | 1841-01-05 | | A1 |
| 1737 | " " | 20 | W½SW | 1841-01-05 | | A1 |

| ID | Individual in Patent | Sec. | Sec. Part | Date Issued | Other Counties | For More Info . . . |
|---|---|---|---|---|---|---|
| 1852 | CARR, Jacob | 18 | SE | 1841-01-05 | | A1 |
| 1888 | CARR, John W | 10 | W½NW | 1906-06-30 | | A1 |
| 1913 | CARR, Martha E | 3 | NESE | 1896-12-14 | | A5 |
| 1914 | " " | 3 | S½NE | 1896-12-14 | | A5 |
| 1915 | " " | 3 | SENW | 1896-12-14 | | A5 |
| 1862 | CHRISMAN, James G | 21 | SWSW | 1848-09-01 | | A1 |
| 1756 | CLARK, Bartholomew W | 5 | SENE | 1860-04-02 | | A1 |
| 2012 | CLARK, William M | 10 | E½NW | 1860-10-01 | | A1 |
| 1863 | COCKRELL, James H | 15 | S½SE | 1899-05-31 | | A5 |
| 1945 | COCKRELL, Robert F | 36 | SENW | 1906-05-01 | | A1 |
| 1946 | " " | 36 | SWNE | 1906-05-01 | | A1 |
| 1788 | CRAVEN, Edward T | 1 | NENW | 1893-12-21 | | A5 |
| 1789 | " " | 1 | W½NW | 1893-12-21 | | A5 |
| 2019 | DAUGHDRILL, William T | 29 | NWNE | 1841-01-05 | | A1 |
| 1893 | DOUGLASS, Augustus N | 34 | E½NE | 1860-09-04 | | A4 G26 |
| 1894 | " " | 34 | SWNE | 1860-09-04 | | A4 G26 |
| 1768 | DOVE, Christian | 11 | N½NW | 1874-11-05 | | A1 |
| 1807 | DOVE, Godfrey | 15 | S½NW | 1859-11-10 | | A1 |
| 1889 | DUCKWORTH, Joseph D | 34 | NESW | 1860-04-02 | | A1 |
| 1898 | DUCKWORTH, Joseph D W | 33 | S½SW | 1860-09-04 | | A4 G28 |
| 1893 | " " | 34 | E½NE | 1860-09-04 | | A4 G26 |
| 1900 | " " | 34 | N½SE | 1860-09-04 | | A4 G27 |
| 1890 | " " | 34 | NWSW | 1860-09-04 | | A4 |
| 1902 | " " | 34 | S½SE | 1860-09-04 | | A4 G31 |
| 1895 | " " | 34 | S½SW | 1860-09-04 | | A4 G30 |
| 1894 | " " | 34 | SWNE | 1860-09-04 | | A4 G26 |
| 1891 | " " | 34 | SWNW | 1860-09-04 | | A4 |
| 1896 | " " | 35 | E½NW | 1860-09-04 | | A4 G29 |
| 1892 | " " | 35 | N½SW | 1860-09-04 | | A4 |
| 1897 | " " | 35 | NWNW | 1860-09-04 | | A4 G29 |
| 1901 | " " | 34 | NWNE | 1861-01-01 | | A2 G24 |
| 1899 | " " | 35 | SE | 1861-08-15 | | A4 G22 |
| 2006 | EATON, William J | 36 | E½SE | 1892-06-30 | | A5 |
| 2007 | " " | 36 | NWSE | 1892-06-30 | | A5 |
| 2008 | " " | 36 | SENE | 1892-06-30 | | A5 |
| 1916 | EDWARDS, Moses | 26 | W½SW | 1898-09-28 | | A5 |
| 1747 | ELLIS, Andrew | 25 | N½SW | 1892-05-16 | | A5 |
| 1748 | " " | 25 | SWNW | 1892-05-16 | | A5 |
| 1749 | " " | 26 | SENE | 1892-05-16 | | A5 |
| 1878 | ELLIS, John J | 35 | SENE | 1892-05-16 | | A5 |
| 1879 | " " | 35 | W½NE | 1892-05-16 | | A5 |
| 1880 | " " | 36 | SWNW | 1892-05-16 | | A5 |
| 1964 | ELLIS, Simon | 26 | SESW | 1892-05-16 | | A5 |
| 1965 | " " | 26 | SWSE | 1892-05-16 | | A5 |
| 1961 | " " | 24 | SWSE | 1895-05-11 | | A5 |
| 1962 | " " | 25 | NWNE | 1895-05-11 | | A5 |
| 1963 | " " | 25 | S½NE | 1895-05-11 | | A5 |
| 1975 | ELLIS, Thomas H | 25 | N½SE | 1896-10-31 | | A5 |
| 1976 | " " | 25 | SESE | 1896-10-31 | | A5 |
| 1998 | EVANS, William E | 20 | NESW | 1904-08-30 | | A5 |
| 1764 | FISHER, Charles | 22 | W½SW | 1840-06-09 | | A1 |
| 1765 | " " | 27 | E½SW | 1840-06-09 | | A1 |
| 1766 | " " | 27 | SE | 1840-06-09 | | A1 |
| 1767 | " " | 32 | E½ | 1840-06-09 | | A1 |
| 1815 | FLOWERS, Henry | 2 | W½NW | 1841-01-05 | | A1 |
| 1800 | FLOYD, Francis | 35 | SWNW | 1854-03-15 | | A1 |
| 1801 | " " | 33 | NESW | 1854-10-02 | | A8 G41 |
| 1802 | " " | 33 | NWSE | 1854-10-02 | | A8 G41 |
| 1798 | " " | 33 | NWSW | 1859-05-02 | | A1 |
| 1799 | " " | 33 | S½NW | 1859-05-02 | | A1 |
| 1860 | FURLOW, James | 30 | NENE | 1841-01-05 | | A1 |
| 1861 | " " | 30 | NWNE | 1841-01-05 | | A1 |
| 1960 | GAINEY, Sarah A | 1 | SESW | 1898-12-01 | | A5 |
| 1940 | GALLAVANT, Richard B | 27 | SWSW | 1860-04-02 | | A1 |
| 1757 | GAMAGE, Bartlet V | 13 | NENE | 1860-09-04 | | A4 |
| 1805 | GARDNER, George W | 22 | N½NE | 1892-05-16 | | A5 |
| 1806 | " " | 22 | SENE | 1892-05-16 | | A5 |
| 1786 | GOWIN, Ebenezer | 3 | NENE | 1860-10-01 | | A1 |
| 1903 | GRIFFITH, Joseph | 24 | SESE | 1859-11-10 | | A1 |
| 1865 | HARDY, James | 1 | SWSE | 1859-05-02 | | A1 |
| 2003 | HARDY, William H | 11 | SWNW | 1859-11-10 | | A1 |
| 1900 | HARTLEY, Rebecca | 34 | N½SE | 1860-09-04 | | A4 G27 |
| 1790 | HAYES, Elias | 15 | SESW | 1859-05-02 | | A1 |

| ID | Individual in Patent | Sec. | Sec. Part | Date Issued | Other Counties | For More Info . . . |
|---|---|---|---|---|---|---|
| 1791 | HAYES, Elias (Cont'd) | 22 | N½NW | 1859-05-02 | | A1 |
| 1816 | HICKMAN, Henry | 22 | SESW | 1874-11-05 | | A1 |
| 1817 | " " | 22 | SWSE | 1874-11-05 | | A1 |
| 1818 | " " | 27 | NENW | 1874-11-05 | | A1 |
| 1864 | HOOD, James H | 35 | S½SW | 1874-11-05 | | A1 |
| 1871 | HULL, James R | 3 | SESE | 1906-06-16 | | A5 |
| 1988 | HULL, Olive | 29 | NW | 1861-08-15 | | A4 G97 |
| 1966 | JAMES, Solaman P | 22 | SESE | 1900-02-02 | | A5 |
| 1967 | " " | 23 | SWSW | 1900-02-02 | | A5 |
| 1968 | " " | 27 | N½NE | 1900-02-02 | | A5 |
| 1905 | JOHNSON, Lee A | 8 | SWSW | 1901-08-12 | | A5 |
| 1898 | JOHNSON, Mary | 33 | S½SW | 1860-09-04 | | A4 G28 |
| 1803 | JONES, George F | 6 | NESE | 1896-10-31 | | A5 |
| 1804 | " " | 6 | SENE | 1896-10-31 | | A5 |
| 1917 | JONES, Nancy A | 6 | NWSE | 1881-09-17 | | A5 |
| 1918 | " " | 6 | SWNE | 1881-09-17 | | A5 |
| 1999 | LANCASTER, William G | 8 | NWSE | 1861-05-01 | | A1 |
| 2000 | " " | 8 | SWNE | 1861-05-01 | | A1 |
| 2013 | LANCASTER, William P | 5 | N½NE | 1860-09-04 | | A4 |
| 2014 | " " | 5 | NENW | 1860-09-04 | | A4 |
| 2009 | LEWIS, William J | 5 | W½NW | 1895-12-14 | | A5 |
| 1909 | LILES, Loyd | 25 | SESW | 1896-03-25 | | A5 |
| 1910 | " " | 25 | SWSE | 1896-03-25 | | A5 |
| 1911 | " " | 36 | NENW | 1896-03-25 | | A5 |
| 1912 | " " | 36 | NWNE | 1896-03-25 | | A5 |
| 1947 | LOURY, Robert | 1 | NESW | 1860-04-02 | | A1 |
| 1948 | " " | 1 | NWSE | 1860-04-02 | | A1 |
| 1949 | " " | 1 | SENW | 1860-04-02 | | A1 |
| 1950 | " " | 1 | SESE | 1860-04-02 | | A1 |
| 1951 | " " | 1 | SWNE | 1860-04-02 | | A1 |
| 2010 | LYLES, William | 22 | NESW | 1890-06-25 | | A5 |
| 2011 | " " | 22 | SENW | 1890-06-25 | | A5 |
| 1787 | MCCARTY, Edward A | 7 | W½NE | 1859-06-01 | | A1 |
| 1896 | MCLAIN, Kenneth | 35 | E½NW | 1860-09-04 | | A4 G29 |
| 1897 | " " | 35 | NWNW | 1860-09-04 | | A4 G29 |
| 1750 | MCLAURIN, Angus | 28 | W½NW | 1841-01-05 | | A1 |
| 1751 | " " | 29 | E½NE | 1841-01-05 | | A1 |
| 1989 | MCNEAL, William B | 15 | NESE | 1906-05-01 | | A1 |
| 1859 | MILLER, James C | 2 | W½SW | 1859-06-01 | | A1 |
| 1972 | MISSISSIPPI, State Of | 18 | NWNE | 1909-05-14 | | A9 |
| 1986 | MITCHELL, Ann | 28 | E½NW | 1860-09-04 | | A4 G98 |
| 1987 | " " | 28 | E½SW | 1860-09-04 | | A4 G98 |
| 1877 | MIZE, John C | 9 | NENW | 1888-12-29 | | A1 |
| 1752 | MOFFETT, Ann | 23 | SESE | 1901-08-12 | | A5 |
| 1753 | " " | 24 | SWSW | 1901-08-12 | | A5 |
| 1754 | " " | 25 | NWNW | 1901-08-12 | | A5 |
| 1755 | " " | 26 | NENE | 1901-08-12 | | A5 |
| 1882 | NELSON, John | 15 | N½NE | 1859-05-02 | | A1 |
| 1883 | " " | 15 | NENW | 1859-05-02 | | A1 |
| 1885 | " " | 15 | S½NE | 1860-05-10 | | A4 |
| 1881 | " " | 14 | NWNW | 1860-10-01 | | A1 |
| 1884 | " " | 15 | NWSE | 1861-07-01 | | A1 |
| 1986 | NEWBURGER, L | 28 | E½NW | 1860-09-04 | | A4 G98 |
| 1987 | " " | 28 | E½SW | 1860-09-04 | | A4 G98 |
| 1895 | NICHOLS, Elizabeth | 34 | S½SW | 1860-09-04 | | A4 G30 |
| 1744 | PEACOCK, Alice | 27 | SENW | 1900-02-02 | | A5 G83 |
| 1745 | " " | 27 | SWNE | 1900-02-02 | | A5 G83 |
| 1769 | PEACOCK, Claiborn | 21 | NWNW | 1859-05-02 | | A1 |
| 1794 | PITMAN, Everet L | 30 | E½SW | 1841-01-05 | | A1 |
| 1795 | " " | 30 | NWSW | 1841-01-05 | | A1 |
| 1793 | " " | 30 | E½SE | 1860-04-02 | | A1 |
| 1796 | PITMAN, Everet S | 30 | SWSE | 1841-01-05 | | A1 |
| 1797 | PITMAN, Everit L | 30 | SWSW | 1859-05-02 | | A1 |
| 1760 | RAUSON, Chancelor L | 25 | SWSW | 1890-06-25 | | A5 |
| 1761 | " " | 26 | SESE | 1890-06-25 | | A5 |
| 1762 | " " | 35 | NENE | 1890-06-25 | | A5 |
| 1763 | " " | 36 | NWNW | 1890-06-25 | | A5 |
| 1770 | RAWLS, Daniel | 8 | NESW | 1890-09-26 | | A5 |
| 1771 | " " | 8 | SENW | 1890-09-26 | | A5 |
| 1774 | RAWLS, David | 10 | W½NE | 1892-06-15 | | A5 |
| 1775 | " " | 3 | SESW | 1892-06-15 | | A5 |
| 1776 | " " | 3 | SWSE | 1892-06-15 | | A5 |
| 1812 | RAWLS, Hardy | 4 | E½NW | 1859-06-01 | | A1 |

| ID | Individual in Patent | Sec. | Sec. Part | Date Issued | Other Counties | For More Info . . . |
|---|---|---|---|---|---|---|
| 1813 | RAWLS, Hardy (Cont'd) | 4 | SWNE | 1859-11-10 | | A1 |
| 1744 | RAYNER, Alice | 27 | SENW | 1900-02-02 | | A5 G83 |
| 1745 | " " | 27 | SWNE | 1900-02-02 | | A5 G83 |
| 1981 | ROYAL, Uriah | 8 | NWNE | 1859-05-02 | | A1 |
| 1980 | " " | 4 | NESW | 1860-07-02 | | A1 |
| 1784 | ROYALS, Dunkin P | 20 | NWSE | 1895-02-21 | | A5 |
| 1785 | " " | 20 | SWNE | 1895-02-21 | | A5 |
| 1872 | ROYALS, James R | 17 | E½NW | 1893-08-14 | | A5 |
| 1873 | " " | 17 | NWNW | 1893-08-14 | | A5 |
| 1874 | " " | 18 | NENE | 1893-08-14 | | A5 |
| 1875 | ROYALS, John A | 19 | NWSE | 1888-02-25 | | A5 |
| 1876 | " " | 19 | SWNE | 1888-02-25 | | A5 |
| 1920 | ROYALS, Nathan B | 19 | N½NE | 1859-05-02 | | A1 |
| 1919 | " " | 17 | SWNW | 1860-04-02 | | A1 |
| 1921 | " " | 19 | SENE | 1860-10-01 | | A1 |
| 1930 | ROYALS, Rankin | 5 | NESE | 1859-05-02 | | A1 |
| 1931 | " " | 5 | S½SE | 1859-05-02 | | A1 |
| 1932 | " " | 8 | NENE | 1859-05-02 | | A1 |
| 1927 | ROYALS, Rankin K | 17 | S½SW | 1861-05-01 | | A1 |
| 1928 | " " | 17 | SWSE | 1861-05-01 | | A1 |
| 1929 | " " | 20 | NWNW | 1861-05-01 | | A1 |
| 2021 | ROYALS, Zachariah | 15 | N½SW | 1859-11-10 | | A1 |
| 2004 | RUSHING, William H | 27 | NWSW | 1841-01-05 | | A1 |
| 2005 | " " | 27 | W½NW | 1841-01-05 | | A1 |
| 1781 | RUSSELL, Dempsey | 30 | E½NW | 1860-04-02 | | A1 |
| 1782 | " " | 30 | S½NE | 1860-04-02 | | A1 |
| 1783 | " " | 30 | SWNW | 1860-04-02 | | A1 |
| 1780 | " " | 19 | SWSE | 1860-07-02 | | A1 |
| 1819 | SAGE, Henry W | 1 | W½SW | 1890-07-03 | | A1 |
| 1820 | " " | 10 | E½NE | 1890-07-03 | | A1 |
| 1821 | " " | 11 | E½ | 1890-07-03 | | A1 |
| 1822 | " " | 11 | SESW | 1890-07-03 | | A1 |
| 1823 | " " | 13 | S½ | 1890-07-03 | | A1 |
| 1824 | " " | 13 | S½NE | 1890-07-03 | | A1 |
| 1825 | " " | 13 | SENW | 1890-07-03 | | A1 |
| 1826 | " " | 13 | W½NW | 1890-07-03 | | A1 |
| 1827 | " " | 14 | E½ | 1890-07-03 | | A1 |
| 1828 | " " | 14 | E½NW | 1890-07-03 | | A1 |
| 1829 | " " | 14 | SW | 1890-07-03 | | A1 |
| 1830 | " " | 14 | SWNW | 1890-07-03 | | A1 |
| 1831 | " " | 23 | N½NE | 1890-07-03 | | A1 |
| 1832 | " " | 23 | SWNE | 1890-07-03 | | A1 |
| 1833 | " " | 24 | E½NW | 1890-07-03 | | A1 |
| 1834 | " " | 24 | N½SE | 1890-07-03 | | A1 |
| 1835 | " " | 24 | NE | 1890-07-03 | | A1 |
| 1836 | " " | 24 | NWNW | 1890-07-03 | | A1 |
| 1837 | " " | 24 | SESW | 1890-07-03 | | A1 |
| 1838 | " " | 25 | E½NW | 1890-07-03 | | A1 |
| 1839 | " " | 3 | N½NW | 1890-07-03 | | A1 |
| 1840 | " " | 3 | N½SW | 1890-07-03 | | A1 |
| 1841 | " " | 3 | NWNE | 1890-07-03 | | A1 |
| 1842 | " " | 3 | NWSE | 1890-07-03 | | A1 |
| 1843 | " " | 3 | SWNW | 1890-07-03 | | A1 |
| 1844 | " " | 3 | SWSW | 1890-07-03 | | A1 |
| 1845 | " " | 36 | NENE | 1890-07-03 | | A1 |
| 1846 | " " | 36 | SW | 1890-07-03 | | A1 |
| 1847 | " " | 5 | SENW | 1890-07-03 | | A1 |
| 1848 | " " | 5 | SW | 1890-07-03 | | A1 |
| 1849 | " " | 6 | SESE | 1890-07-03 | | A1 |
| 1850 | " " | 8 | N½NW | 1890-07-03 | | A1 |
| 1851 | " " | 9 | E½ | 1890-07-03 | | A1 |
| 1977 | STONE, Thomas | 20 | E½NW | 1841-01-05 | | A1 |
| 1952 | TALLY, Samuel J | 13 | NENW | 1906-05-01 | | A1 |
| 1953 | " " | 13 | NWNE | 1906-05-01 | | A1 |
| 2016 | TALLY, William R | 1 | E½NE | 1896-08-26 | | A5 |
| 2017 | " " | 1 | NESE | 1896-08-26 | | A5 |
| 2018 | " " | 1 | NWNE | 1896-08-26 | | A5 |
| 1746 | THOMPSON, Amos | 23 | NW | 1892-05-16 | | A5 |
| 1957 | THOMPSON, Sandy | 23 | SESW | 1892-05-16 | | A5 |
| 1958 | " " | 26 | E½NW | 1892-05-16 | | A5 |
| 1959 | " " | 26 | NWNE | 1892-05-16 | | A5 |
| 1983 | THOMPSON, Waddy | 21 | E½SW | 1859-05-02 | | A1 |
| 1982 | " " | 20 | E½SE | 1860-09-04 | | A4 |

| ID | Individual in Patent | Sec. | Sec. Part | Date Issued | Other Counties | For More Info . . . |
|---|---|---|---|---|---|---|
| 1984 | THOMPSON, Waddy (Cont'd) | 21 | NWSW | 1860-09-04 | | A4 |
| 1985 | " " | 21 | SWNW | 1860-09-04 | | A4 |
| 1986 | " " | 28 | E½NW | 1860-09-04 | | A4 G98 |
| 1987 | " " | 28 | E½SW | 1860-09-04 | | A4 G98 |
| 1988 | " " | 29 | NW | 1861-08-15 | | A4 G97 |
| 1941 | WALKER, Richard | 26 | N½SE | 1874-11-05 | | A1 |
| 1942 | " " | 26 | NESW | 1874-11-05 | | A1 |
| 1943 | " " | 26 | SWNE | 1874-11-05 | | A1 |
| 1902 | WALKER, Susannah | 34 | S½SE | 1860-09-04 | | A4 G31 |
| 1779 | WARD, David | 32 | NWNW | 1854-10-02 | | A8 |
| 1777 | " " | 29 | S½SE | 1874-11-05 | | A1 |
| 1778 | " " | 29 | S½SW | 1874-11-05 | | A1 |
| 1772 | WARD, David J | 6 | SWSE | 1859-06-01 | | A1 |
| 1773 | " " | 7 | W½SE | 1859-06-01 | | A1 |
| 1867 | WARD, James P | 32 | NENW | 1860-04-02 | | A1 |
| 1868 | " " | 32 | NESW | 1860-04-02 | | A1 |
| 1869 | " " | 32 | SENW | 1860-04-02 | | A1 |
| 1870 | " " | 32 | SWNW | 1860-04-02 | | A1 |
| 1801 | WARD, Nancy | 33 | NESW | 1854-10-02 | | A8 G41 |
| 1802 | " " | 33 | NWSE | 1854-10-02 | | A8 G41 |
| 1922 | WARD, Nathan | 5 | NWSE | 1861-02-01 | | A1 |
| 1935 | WARREN, Reuben | 23 | NWSW | 1859-11-10 | | A1 |
| 1933 | " " | 22 | N½SE | 1860-09-04 | | A4 |
| 1934 | " " | 22 | SWNE | 1860-09-04 | | A4 |
| 1956 | WARREN, Sanders W | 22 | SWNW | 1859-05-02 | | A1 |
| 2020 | WARREN, William | 7 | NENE | 1859-05-02 | | A1 |
| 1997 | WEBB, William C | 20 | SWNW | 1904-12-31 | | A5 |
| 1936 | WEDGEWORTH, Reubin | 9 | E½SW | 1860-10-01 | | A1 |
| 1937 | " " | 9 | SENW | 1860-10-01 | | A1 |
| 1938 | WEDGEWORTH, Rheubin | 8 | NESE | 1859-05-02 | | A1 |
| 1939 | " " | 8 | SENE | 1859-05-02 | | A1 |
| 1978 | WEDGWORTH, Thomas | 10 | E½SE | 1859-11-10 | | A1 |
| 1979 | " " | 11 | W½SW | 1859-11-10 | | A1 |
| 2015 | WILKINS, William P | 17 | N½SW | 1890-09-26 | | A5 |
| 1738 | WILLIAMSON, Alex | 23 | N½SE | 1892-05-16 | | A5 |
| 1739 | " " | 23 | NESW | 1892-05-16 | | A5 |
| 1740 | " " | 23 | SWSE | 1892-05-16 | | A5 |
| 1924 | WILLIAMSON, Phillis | 23 | SENE | 1892-05-16 | | A5 |
| 1925 | " " | 24 | N½SW | 1892-05-16 | | A5 |
| 1926 | " " | 24 | SWNW | 1892-05-16 | | A5 |
| 1954 | YAGER, Samuel T | 20 | SESW | 1892-03-17 | | A5 |
| 1955 | " " | 20 | SWSE | 1892-03-17 | | A5 |

# Patent Map

T3-N R9-E
Choctaw Meridian

Map Group 8

## Township Statistics

| | | |
|---|---|---|
| Parcels Mapped | : | 286 |
| Number of Patents | : | 162 |
| Number of Individuals | : | 130 |
| Patentees Identified | : | 127 |
| Number of Surnames | : | 83 |
| Multi-Patentee Parcels | : | 19 |
| Oldest Patent Date | : | 6/9/1840 |
| Most Recent Patent | : | 5/14/1909 |
| Block/Lot Parcels | : | 0 |
| Parcels Re - Issued | : | 0 |
| Parcels that Overlap | : | 2 |
| Cities and Towns | : | 1 |
| Cemeteries | : | 1 |

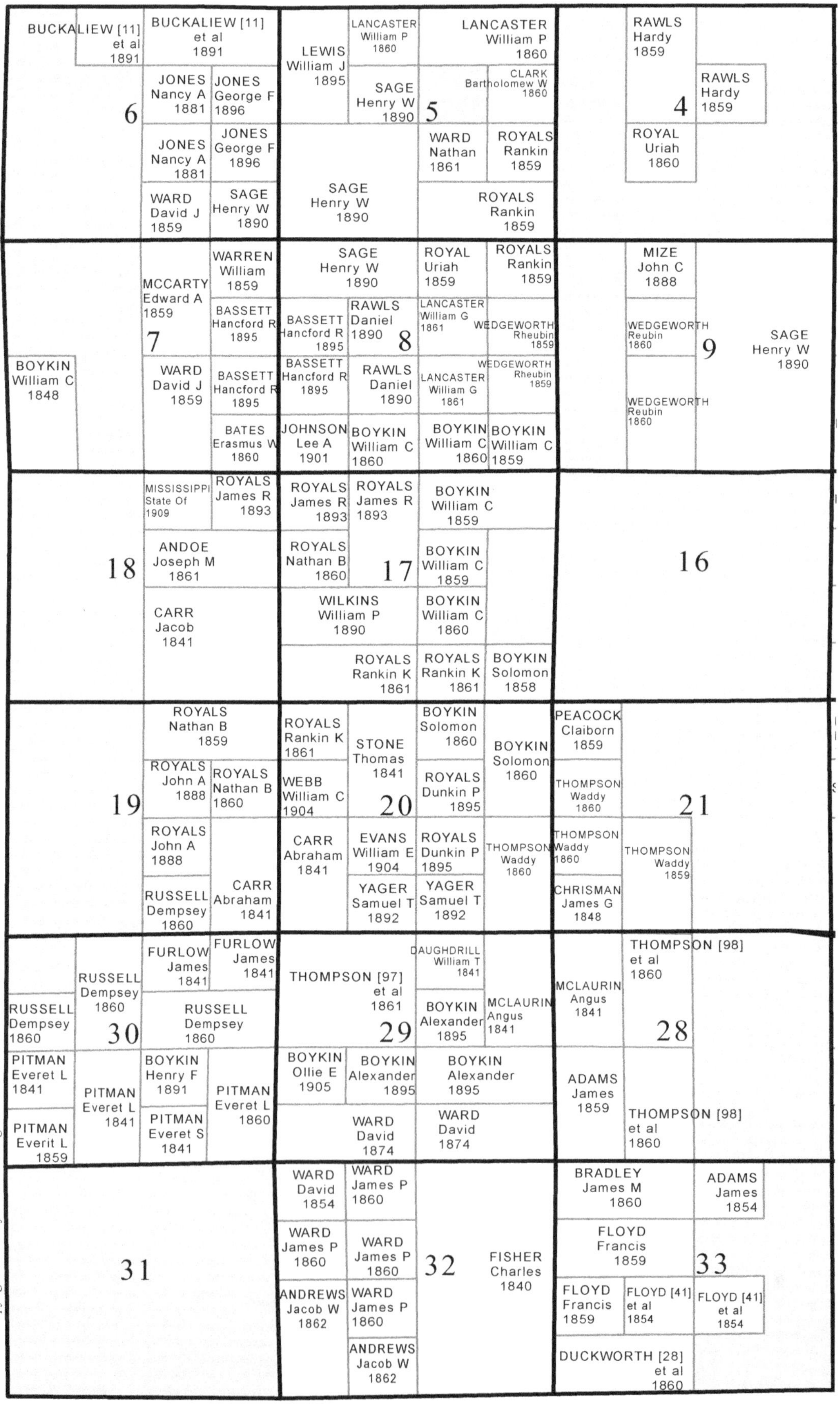

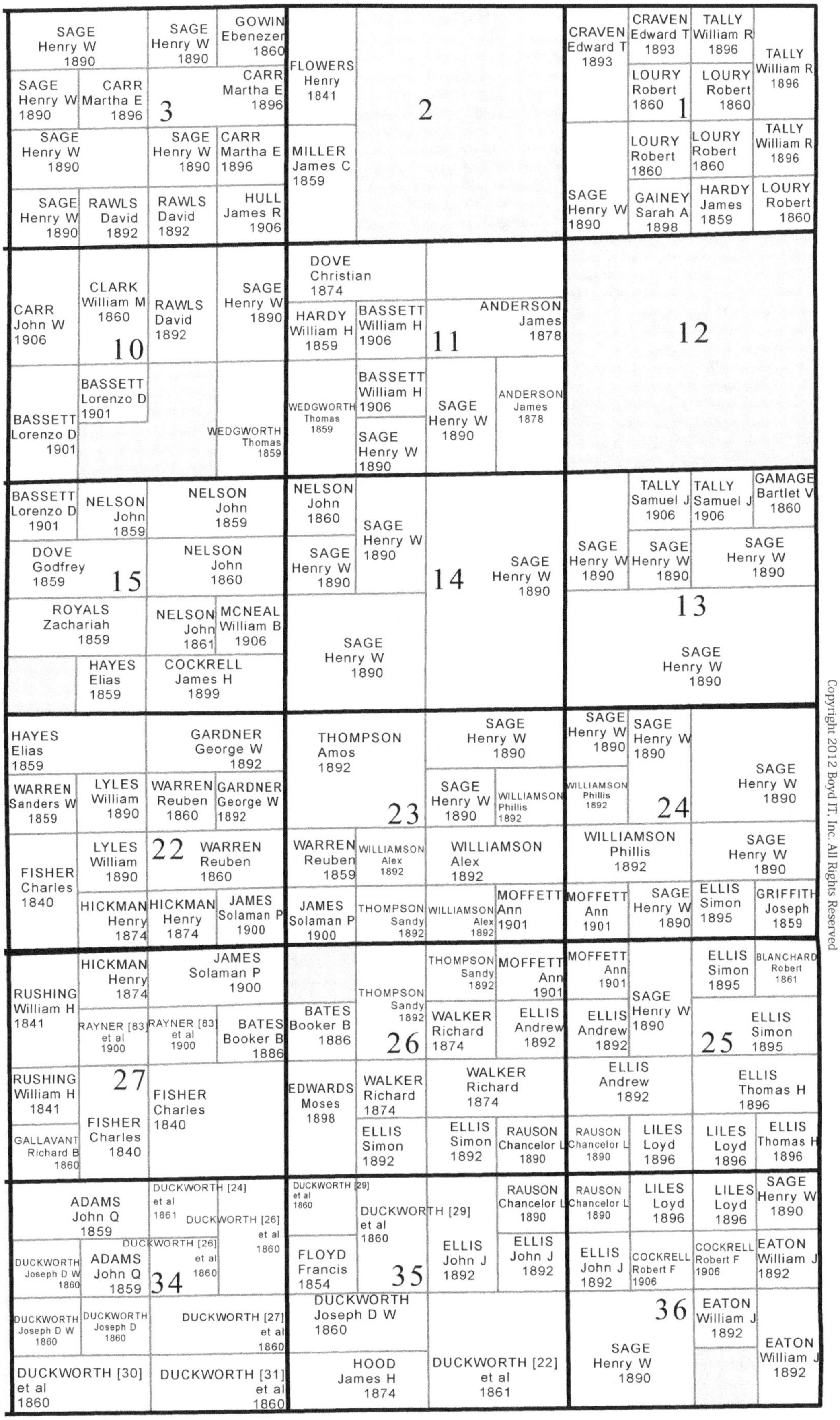




## Helpful Hints

1. This Map's INDEX can be found on the preceding pages.
2. Refer to Map "C" to see where this Township lies within Smith County, Mississippi.
3. Numbers within square brackets [ ] denote a multi-patentee land parcel (multi-owner). Refer to Appendix "C" for a full list of members in this group.
4. Areas that look to be crowded with Patentees usually indicate multiple sales of the same parcel (Re-issues) or Overlapping parcels. See this Township's Index for an explanation of these and other circumstances that might explain "odd" groupings of Patentees on this map.

## Legend

Patent Boundary

Section Boundary

No Patents Found (or Outside County)

1., 2., 3., ... Lot Numbers (when beside a name)

[ ] Group Number (see Appendix "C")

**Scale**: Section = 1 mile X 1 mile (generally, with some exceptions)

## Road Map

T3-N R9-E
Choctaw Meridian

Map Group 8

Cities & Towns
Pineville

Cemeteries
Royals Cemetery

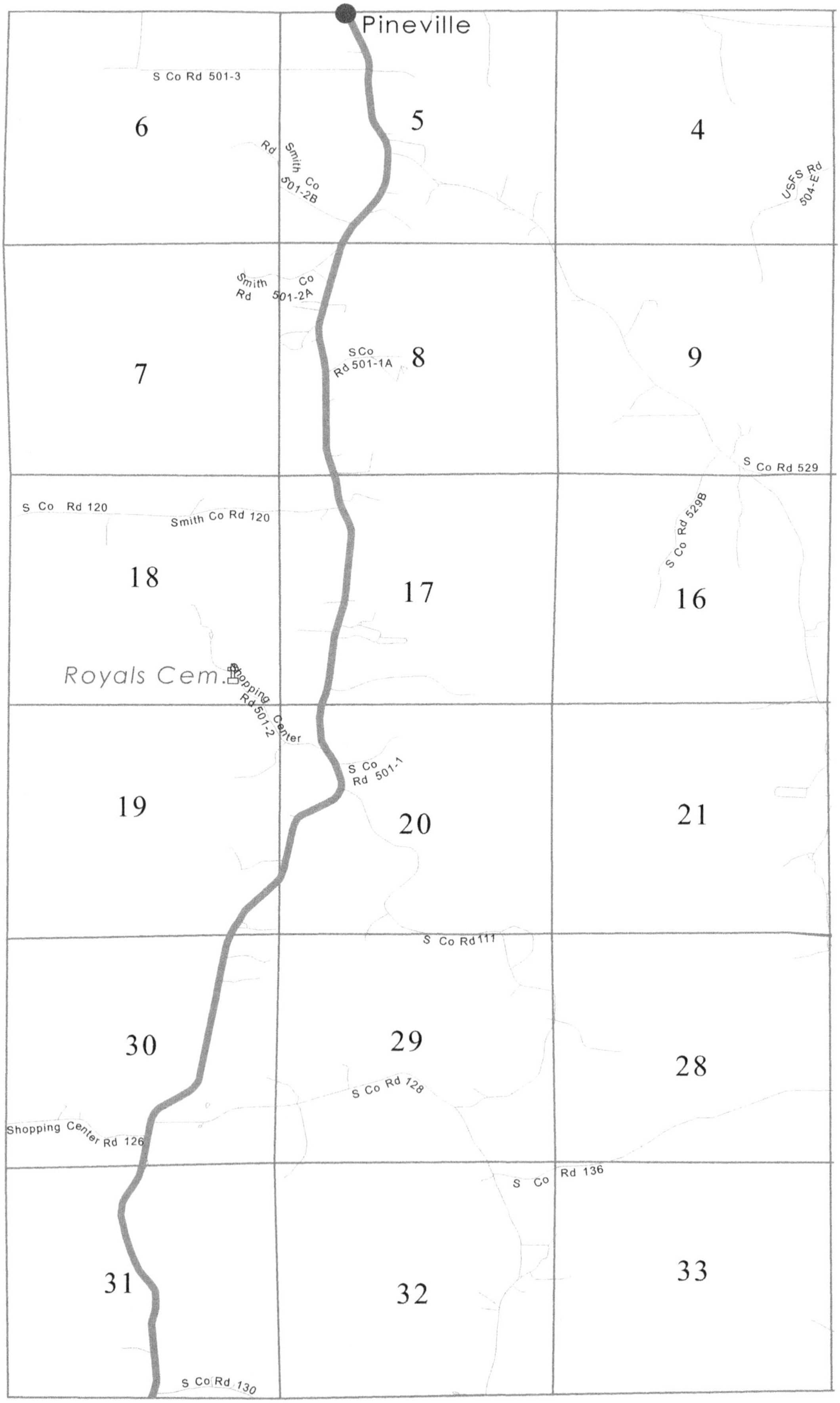

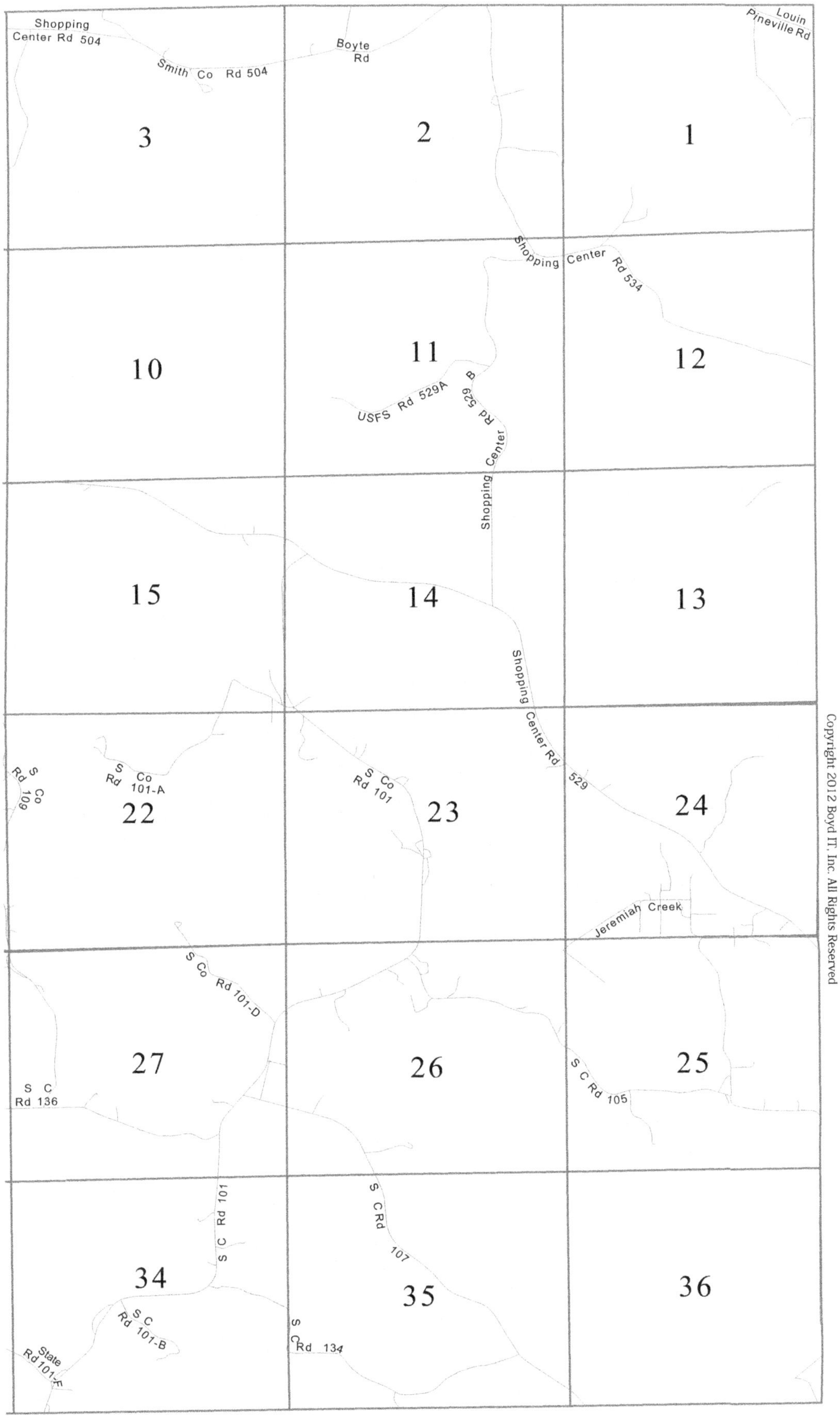




## Helpful Hints

1. This road map has a number of uses, but primarily it is to help you: a) find the present location of land owned by your ancestors (at least the general area), b) find cemeteries and city-centers, and c) estimate the route/roads used by Census-takers & tax-assessors.
2. If you plan to travel to Smith County to locate cemeteries or land parcels, please pick up a modern travel map for the area before you do. Mapping old land parcels on modern maps is not as exact a science as you might think. Just the slightest variations in public land survey coordinates, estimates of parcel boundaries, or road-map deviations can greatly alter a map's representation of how a road either does or doesn't cross a particular parcel of land.

## Legend

- Section Lines
- Interstates
- Highways
- Other Roads
- Cities/Towns
- Cemeteries

**Scale**: Section = 1 mile X 1 mile
(generally, with some exceptions)

# Historical Map

T3-N R9-E
Choctaw Meridian

Map Group 8

Cities & Towns
Pineville

Cemeteries
Royals Cemetery

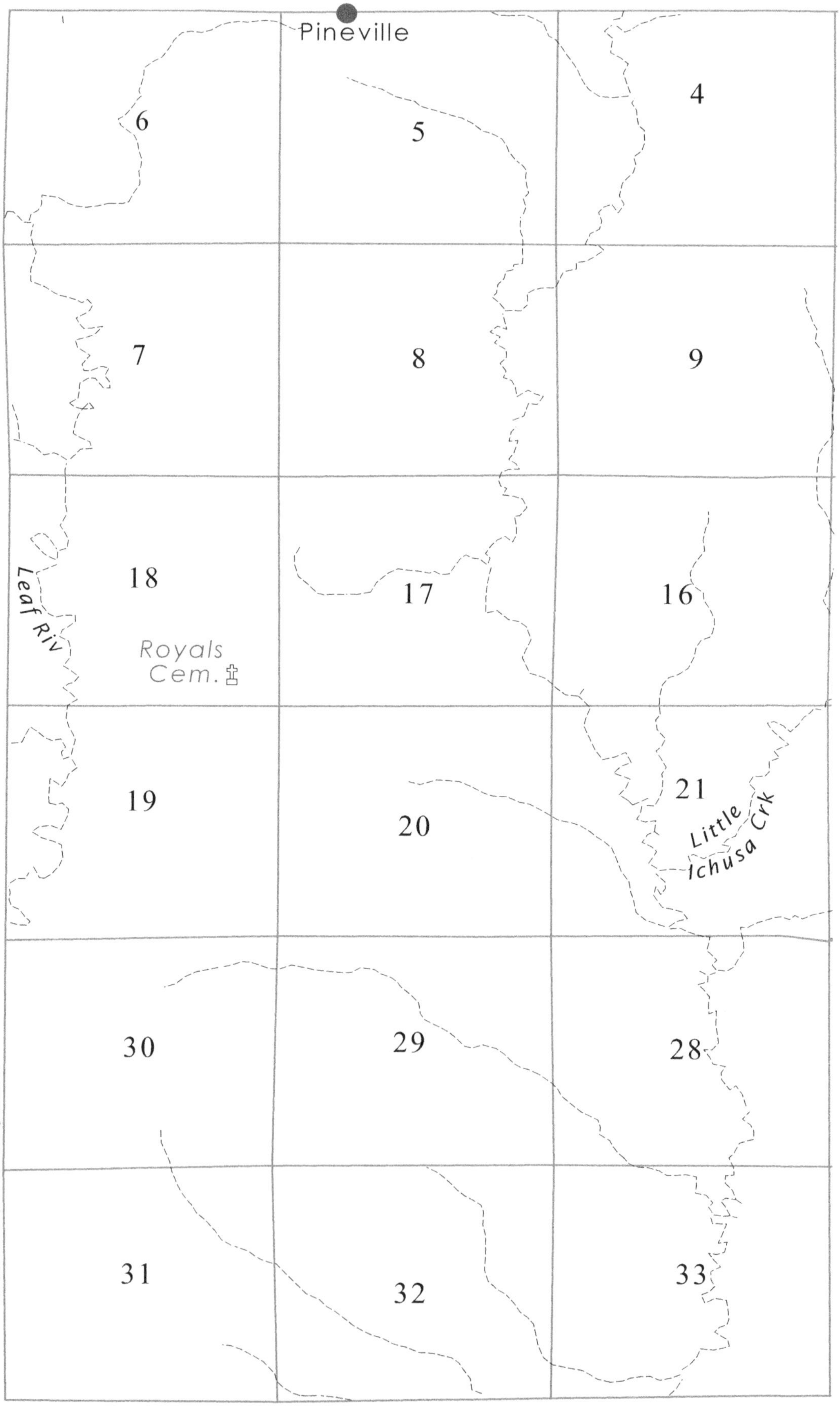

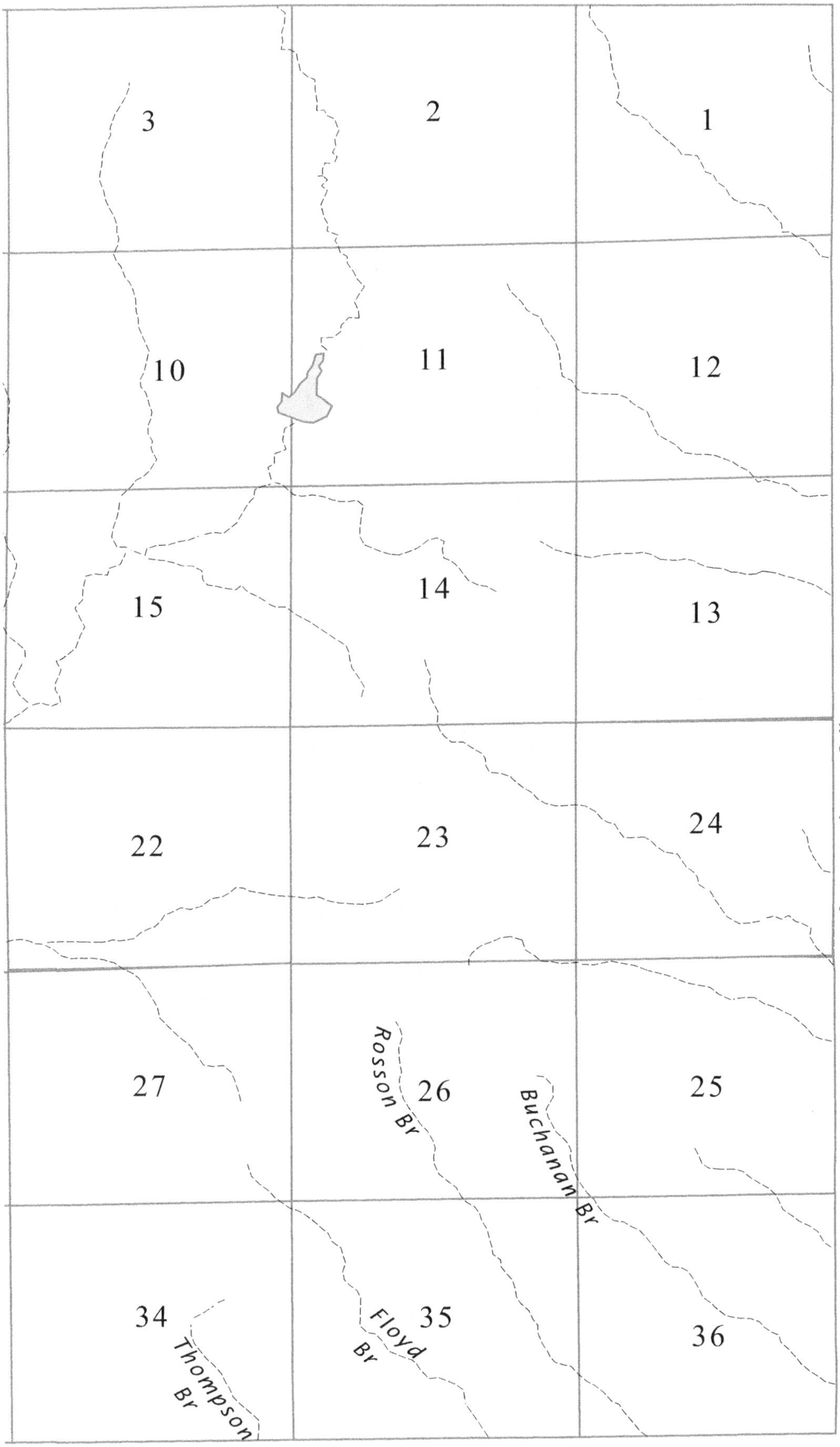




## Helpful Hints

1. This Map takes a different look at the same Congressional Township displayed in the preceding two maps. It presents features that can help you better envision the historical development of the area: a) Water-bodies (lakes & ponds), b) Water-courses (rivers, streams, etc.), c) Railroads, d) City/town center-points (where they were oftentimes located when first settled), and e) Cemeteries.
2. Using this "Historical" map in tandem with this Township's Patent Map and Road Map, may lead you to some interesting discoveries. You will often find roads, towns, cemeteries, and waterways are named after nearby landowners: sometimes those names will be the ones you are researching. See how many of these research gems you can find here in Smith County.

## Legend

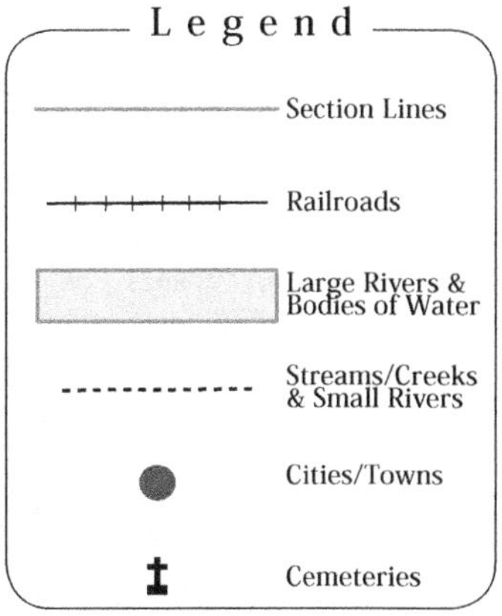


**Scale**: Section = 1 mile X 1 mile
(there are some exceptions)

# Map Group 9: Index to Land Patents

## Township 2-North Range 6-East (Choctaw)

After you locate an individual in this Index, take note of the Section and Section Part then proceed to the Land Patent map on the pages immediately following. You should have no difficulty locating the corresponding parcel of land.

The "For More Info" Column will lead you to more information about the underlying Patents. See the *Legend* at right, and the "How to Use this Book" chapter, for more information.

LEGEND

**"For More Info . . . " column**

**A** = Authority (Legislative Act, See Appendix "A")
**B** = Block or Lot (location in Section unknown)
**C** = Cancelled Patent
**F** = Fractional Section
**G** = Group (Multi-Patentee Patent, see Appendix "C")
**V** = Overlaps another Parcel
**R** = Re-Issued (Parcel patented more than once)

*(A & G items require you to look in the Appendixes referred to above. All other Letter-designations followed by a number require you to locate line-items in this index that possess the ID number found after the letter).*

| ID | Individual in Patent | Sec. | Sec. Part | Date Issued | Other Counties | For More Info . . . |
|---|---|---|---|---|---|---|
| 2147 | BRYANT, William T | 25 | E½NE | 1906-06-26 | | A5 |
| 2064 | BURNHAM, James E | 24 | N½NE | 1901-04-22 | | A5 |
| 2065 | " " | 24 | NESE | 1901-04-22 | | A5 |
| 2066 | " " | 24 | SENE | 1901-04-22 | | A5 |
| 2023 | BUTLER, Andrew W | 2 | 10 | 1896-08-26 | Simpson | A5 |
| 2024 | " " | 2 | 14 | 1896-08-26 | Simpson | A5 |
| 2025 | " " | 2 | 15 | 1896-08-26 | Simpson | A5 |
| 2026 | " " | 2 | 9 | 1896-08-26 | Simpson | A5 |
| 2037 | BUTLER, Edna M | 1 | SW | 1901-02-27 | | A1 V2142 |
| 2046 | BUTLER, Elizabeth | 26 | 10 | 1898-01-19 | Simpson | A5 |
| 2047 | " " | 26 | 8 | 1898-01-19 | Simpson | A5 |
| 2048 | " " | 26 | 9 | 1898-01-19 | Simpson | A5 |
| 2060 | BUTLER, James | 35 | 1 | 1859-03-01 | Simpson | A1 |
| 2061 | BUTLER, James C | 14 | 10 | 1896-08-26 | Simpson | A5 |
| 2062 | " " | 14 | 6 | 1896-08-26 | Simpson | A5 |
| 2063 | " " | 14 | 9 | 1896-08-26 | Simpson | A5 |
| 2107 | BUTLER, Margurett E | 12 | SENW | 1905-03-30 | | A5 |
| 2128 | BUTLER, Samuel | 12 | SESW | 1895-12-14 | | A5 |
| 2129 | " " | 12 | SWNW | 1895-12-14 | | A5 |
| 2130 | " " | 12 | W½SW | 1895-12-14 | | A5 |
| 2051 | BYRD, George E | 24 | SWNE | 1906-06-30 | | A1 |
| 2042 | COOK, Elijah H | 11 | 12 | 1886-04-10 | Simpson | A5 |
| 2043 | " " | 13 | SWNW | 1886-04-10 | | A5 |
| 2044 | " " | 14 | 3 | 1886-04-10 | Simpson | A5 |
| 2045 | " " | 14 | 7 | 1886-04-10 | Simpson | A5 |
| 2117 | COOK, Pleasant J | 12 | SESE | 1861-07-01 | | A1 |
| 2118 | " " | 13 | E½NW | 1892-07-25 | | A5 |
| 2119 | " " | 13 | SWNE | 1892-07-25 | | A5 |
| 2038 | CURRIE, Edward J | 25 | S½SE | 1895-05-11 | | A5 |
| 2039 | " " | 36 | N½NE | 1895-05-11 | | A5 |
| 2040 | CURRIE, Edward L | 25 | E½SW | 1899-06-13 | | A5 |
| 2041 | " " | 25 | N½SE | 1899-06-13 | | A5 |
| 2049 | CURRIE, Ellen M | 36 | E½SW | 1900-11-28 | | A1 |
| 2052 | CURRIE, George R | 13 | W½SW | 1898-02-24 | | A5 |
| 2053 | " " | 14 | E½SE | 1898-02-24 | Simpson | A5 |
| 2058 | CURRIE, Henry C | 26 | 1 | 1905-02-13 | Simpson | A5 |
| 2075 | CURRIE, James R | 25 | SWSW | 1901-02-27 | | A1 |
| 2076 | " " | 36 | E½NW | 1901-02-27 | | A1 |
| 2077 | " " | 36 | NWNW | 1901-02-27 | | A1 |
| 2104 | CURRIE, Manerva C | 35 | 3 | 1900-11-28 | Simpson | A1 |
| 2105 | " " | 35 | 6 | 1900-11-28 | Simpson | A1 |
| 2106 | " " | 36 | SWNW | 1900-11-28 | | A1 |
| 2078 | DUKES, James W | 11 | 1 | 1898-01-19 | Simpson | A5 |
| 2079 | " " | 11 | 2 | 1898-01-19 | Simpson | A5 |
| 2080 | " " | 12 | N½NW | 1898-01-19 | | A5 |
| 2095 | DUKES, Joseph J | 23 | 10 | 1899-04-28 | Simpson | A5 |

| ID | Individual in Patent | Sec. | Sec. Part | Date Issued | Other Counties | For More Info . . . |
|---|---|---|---|---|---|---|
| 2096 | DUKES, Joseph J (Cont'd) | 25 | W½NW | 1899-04-28 | | A5 |
| 2097 | " " | 26 | 3 | 1899-04-28 | Simpson | A5 |
| 2131 | DUKES, Samuel T | 11 | 11 | 1901-02-27 | Simpson | A5 |
| 2132 | " " | 14 | 4 | 1901-02-27 | Simpson | A5 |
| 2103 | GARNER, Louisa | 35 | 4 | 1902-07-03 | Simpson | A5 |
| 2109 | GARNER, Martha | 35 | 5 | 1883-09-15 | Simpson | A5 |
| 2110 | " " | 35 | 8 | 1883-09-15 | Simpson | A5 |
| 2111 | " " | 35 | 9 | 1883-09-15 | Simpson | A5 |
| 2127 | GARNER, Rufus W | 35 | 2 | 1894-12-17 | Simpson | A5 |
| 2135 | GARNER, Thomas I | 35 | 10 | 1896-12-18 | Simpson | A5 |
| 2136 | " " | 35 | 7 | 1896-12-18 | Simpson | A5 |
| 2137 | " " | 36 | W½SW | 1896-12-18 | | A5 |
| 2050 | JOHNSON, George A | 2 | | 1859-08-10 | Simpson | A1 F |
| 2054 | JOHNSON, George W | 36 | SE | 1906-06-30 | | A1 |
| 2029 | KENNEDY, Caroline | 23 | S½1 | 1904-12-31 | Simpson | A5 |
| 2114 | KNIGHT, Peter S | 13 | SESW | 1899-05-31 | | A5 |
| 2115 | " " | 23 | 3 | 1899-05-31 | Simpson | A5 |
| 2116 | " " | 24 | N½NW | 1899-05-31 | | A5 |
| 2100 | MARTIN, Joseph M | 2 | 11 | 1907-04-15 | Simpson | A4 |
| 2101 | " " | 2 | 12 | 1907-04-15 | Simpson | A4 |
| 2102 | " " | 2 | 6 | 1907-04-15 | Simpson | A4 |
| 2120 | MARTIN, Rachel | 25 | E½NW | 1901-03-23 | | A1 |
| 2121 | " " | 25 | W½NE | 1901-03-23 | | A1 |
| 2138 | MARTIN, William C | 24 | NWSE | 1901-10-09 | | A1 |
| 2139 | " " | 24 | S½SE | 1901-10-09 | | A1 |
| 2140 | " " | 24 | SESW | 1901-10-09 | | A1 |
| 2031 | MCNAIR, Daniel H | 12 | NESW | 1901-10-09 | | A1 |
| 2032 | " " | 12 | NWSE | 1901-10-09 | | A1 |
| 2033 | " " | 12 | S½NE | 1901-10-09 | | A1 |
| 2081 | MCNAIR, John A | 13 | E½NE | 1899-04-17 | | A5 |
| 2082 | " " | 13 | NESE | 1899-04-17 | | A5 |
| 2084 | MCNAIR, John C | 13 | NESW | 1895-02-21 | | A5 |
| 2085 | " " | 13 | NWSE | 1895-02-21 | | A5 |
| 2086 | " " | 13 | S½SE | 1895-02-21 | | A5 |
| 2072 | MERCHANT, James | 13 | NWNE | 1854-03-15 | | A1 |
| 2074 | " " | 23 | N½1 | 1859-03-01 | Simpson | A1 |
| 2073 | " " | 23 | 4 | 1859-06-01 | Simpson | A1 |
| 2071 | " " | 12 | NESE | 1859-11-10 | | A1 |
| 2059 | MERCHANT, James A | 14 | S½1 | 1859-03-01 | Simpson | A1 |
| 2112 | MYERS, Mary E | 1 | NW | 1901-06-08 | | A5 |
| 2055 | PARKER, George W | 25 | NWSW | 1900-11-28 | | A1 |
| 2056 | " " | 26 | 6 | 1900-11-28 | Simpson | A1 |
| 2057 | " " | 26 | 7 | 1900-11-28 | Simpson | A1 |
| 2027 | PATTERSON, Anna L | 23 | 6 | 1906-06-16 | Simpson | A5 |
| 2030 | PATTERSON, Charlie J | 11 | 10 | 1905-02-13 | Simpson | A5 |
| 2067 | PATTERSON, James I | 11 | 6 | 1890-12-31 | Simpson | A5 |
| 2068 | " " | 11 | 7 | 1890-12-31 | Simpson | A5 |
| 2069 | " " | 11 | 8 | 1890-12-31 | Simpson | A5 |
| 2070 | " " | 11 | 9 | 1890-12-31 | Simpson | A5 |
| 2098 | PATTERSON, Joseph J | 24 | N½SW | 1901-10-09 | | A1 |
| 2099 | " " | 24 | S½NW | 1901-10-09 | | A1 |
| 2087 | PENNINGTON, John C | 2 | 2 | 1897-11-01 | Simpson | A5 |
| 2088 | " " | 2 | 3 | 1897-11-01 | Simpson | A5 |
| 2083 | PURVIS, John B | 23 | 2 | 1901-08-08 | Simpson | A1 |
| 2134 | PURVIS, Susan J | 13 | NWNW | 1906-08-10 | | A5 G81 |
| 2028 | RASBERRY, Benjamin | 14 | 2 | 1850-11-02 | Simpson | A1 G82 |
| 2028 | RASBERRY, William | 14 | 2 | 1850-11-02 | Simpson | A1 G82 |
| 2145 | RICHARDSON, William M | 2 | 4 | 1891-06-30 | Simpson | A5 |
| 2146 | " " | 2 | 5 | 1891-06-30 | Simpson | A5 |
| 2034 | ROBINSON, Dewit A | 23 | 5 | 1906-06-16 | Simpson | A5 |
| 2035 | " " | 23 | 7 | 1906-06-16 | Simpson | A5 |
| 2036 | " " | 23 | 8 | 1906-06-16 | Simpson | A5 |
| 2089 | ROBINSON, John T | 1 | SWSE | 1902-07-22 | | A1 |
| 2090 | " " | 12 | NWNE | 1902-07-22 | | A1 |
| 2123 | STEWORD, Robert E | 1 | NE | 1902-02-12 | | A5 |
| 2142 | STUARD, William J | 1 | E½SW | 1894-08-04 | | A5 V2037 |
| 2143 | " " | 1 | NWSE | 1894-08-04 | | A5 |
| 2144 | " " | 12 | NENE | 1894-08-04 | | A5 |
| 2124 | SULLIVAN, Rodrick | 23 | 9 | 1900-11-28 | Simpson | A1 |
| 2125 | " " | 26 | 4 | 1900-11-28 | Simpson | A1 |
| 2126 | " " | 26 | 5 | 1900-11-28 | Simpson | A1 |
| 2148 | SULLIVAN, Willoughoby O | 26 | 2 | 1902-02-12 | Simpson | A5 |
| 2091 | THORNTON, Joseph E | 11 | 3 | 1901-05-08 | Simpson | A1 |

| ID | Individual in Patent | Sec. | Sec. Part | Date Issued | Other Counties | For More Info . . . |
|---|---|---|---|---|---|---|
| 2092 | THORNTON, Joseph E (Cont'd) | 11 | 4 | 1901-05-08 | Simpson | A1 |
| 2093 | " " | 11 | 5 | 1901-05-08 | Simpson | A1 |
| 2094 | " " | 2 | 13 | 1901-05-08 | Simpson | A1 |
| 2141 | TRAWEEK, William E | 12 | SWSE | 1901-04-09 | | A1 |
| 2133 | TULLOS, Stephen | 2 | 1 | 1848-09-01 | Simpson | A1 F |
| 2108 | WALTERS, Marida A | 2 | 7 | 1906-05-01 | Simpson | A1 |
| 2122 | WARE, Richard T | 36 | S½NE | 1901-08-08 | | A1 |
| 2022 | WELLS, Albert P | 24 | SWSW | 1906-05-01 | | A1 |
| 2113 | WILLIAMS, Milard O | 14 | N½1 | 1901-04-22 | Simpson | A5 |
| 2134 | WILLIAMS, Susan J | 13 | NWNW | 1906-08-10 | | A5 G81 |

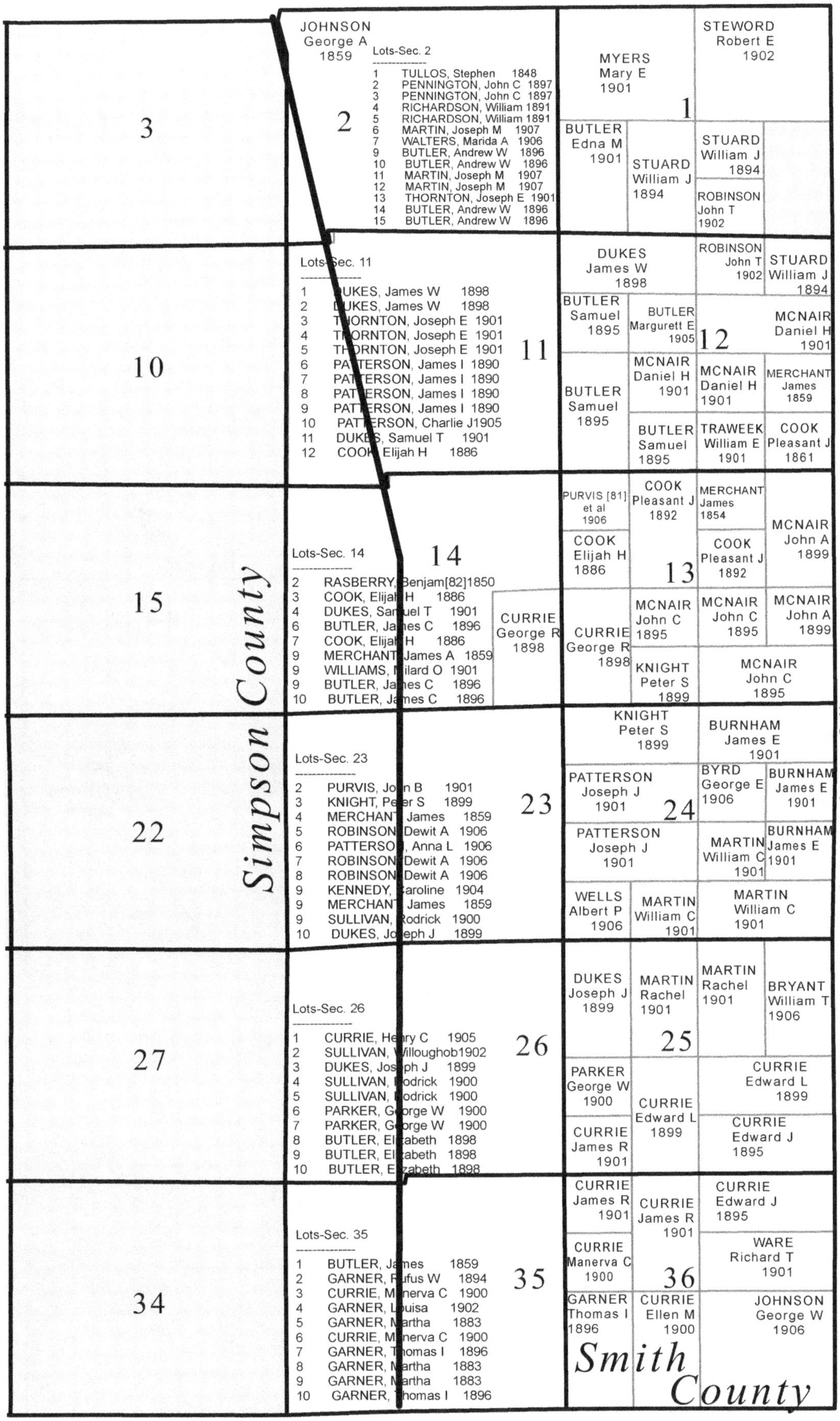




## Patent Map

T2-N R6-E
Choctaw Meridian

Map Group 9

## Township Statistics

| | | |
|---|---|---|
| Parcels Mapped | : | 127 |
| Number of Patents | : | 66 |
| Number of Individuals | : | 64 |
| Patentees Identified | : | 62 |
| Number of Surnames | : | 32 |
| Multi-Patentee Parcels | : | 2 |
| Oldest Patent Date | : | 9/1/1848 |
| Most Recent Patent | : | 4/15/1907 |
| Block/Lot Parcels | : | 66 |
| Parcels Re - Issued | : | 0 |
| Parcels that Overlap | : | 2 |
| Cities and Towns | : | 1 |
| Cemeteries | : | 1 |

Note: the area contained in this map amounts to far less than a full Township. Therefore, its contents are completely on this single page (instead of a "normal" 2-page spread).

## Legend

Patent Boundary

Section Boundary

No Patents Found (or Outside County)

1., 2., 3., ... Lot Numbers (when beside a name)

[ ] Group Number (see Appendix "C")

**Scale**: Section = 1 mile X 1 mile (generally, with some exceptions)

## Road Map

T2-N R6-E
Choctaw Meridian

Map Group 9

Note: the area contained in this map amounts to far less than a full Township. Therefore, its contents are completely on this single page (instead of a "normal" 2-page spread).

**Cities & Towns**
Traxler

**Cemeteries**
Merchant Cemetery

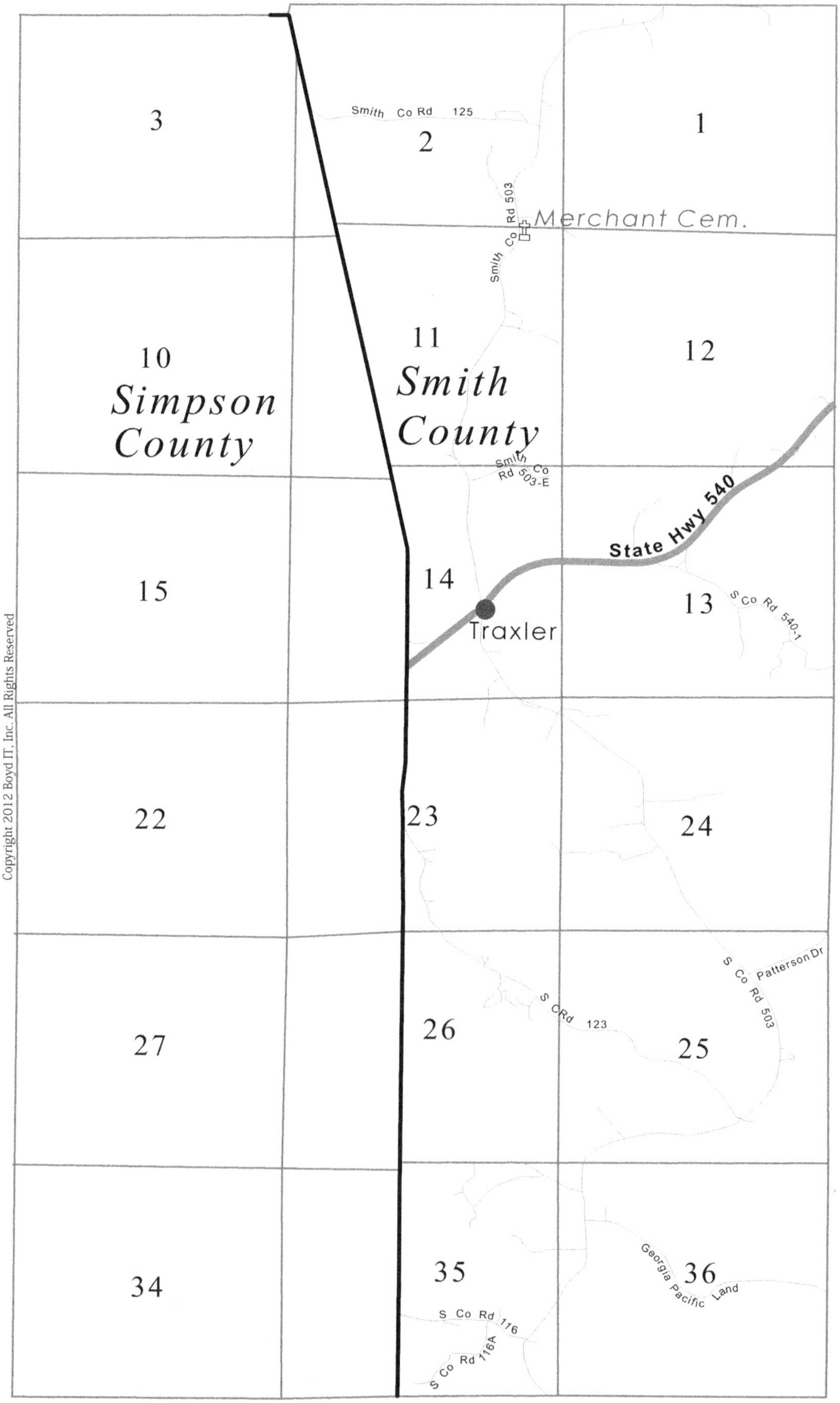




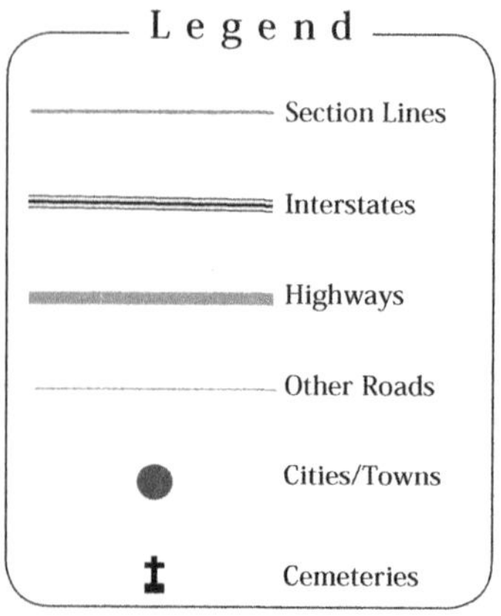


**Scale**: Section = 1 mile X 1 mile
(generally, with some exceptions)

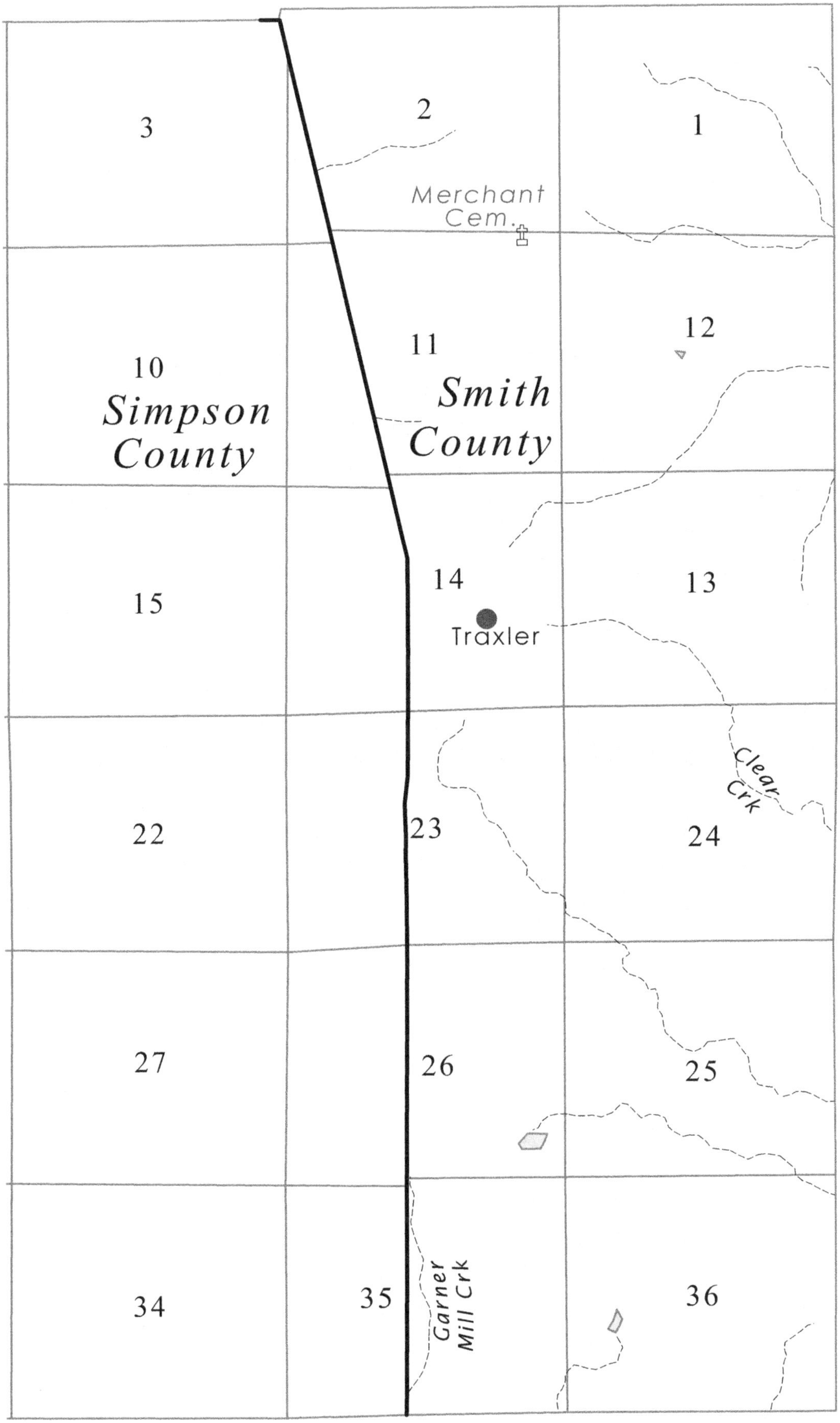


# Historical Map

T2-N R6-E
Choctaw Meridian

Map Group 9

Note: the area contained in this map amounts to far less than a full Township. Therefore, its contents are completely on this single page (instead of a "normal" 2-page spread).

**Cities & Towns**

Traxler

**Cemeteries**

Merchant Cemetery



## Legend

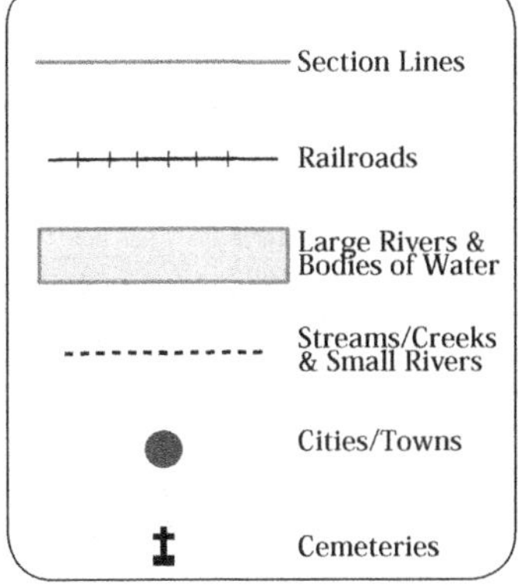


**Scale**: Section = 1 mile X 1 mile
(there are some exceptions)

# Map Group 10: Index to Land Patents

## Township 2-North Range 7-East (Choctaw)

After you locate an individual in this Index, take note of the Section and Section Part then proceed to the Land Patent map on the pages immediately following. You should have no difficulty locating the corresponding parcel of land.

The "For More Info" Column will lead you to more information about the underlying Patents. See the *Legend* at right, and the "How to Use this Book" chapter, for more information.

**LEGEND**

"For More Info . . . " column

**A** = Authority (Legislative Act, See Appendix "A")
**B** = Block or Lot (location in Section unknown)
**C** = Cancelled Patent
**F** = Fractional Section
**G** = Group (Multi-Patentee Patent, see Appendix "C")
**V** = Overlaps another Parcel
**R** = Re-Issued (Parcel patented more than once)

*(A & G items require you to look in the Appendixes referred to above. All other Letter-designations followed by a number require you to locate line-items in this index that possess the ID number found after the letter).*

| ID | Individual in Patent | Sec. | Sec. Part | Date Issued | Other Counties | For More Info . . . |
|---|---|---|---|---|---|---|
| 2252 | ANDERSON, James R | 36 | SWSW | 1859-06-01 | | A1 |
| 2256 | ANDERSON, James W | 1 | N½SW | 1859-05-02 | | A1 |
| 2257 | " " | 1 | SWNW | 1859-05-02 | | A1 |
| 2258 | " " | 1 | W½SE | 1859-05-02 | | A1 |
| 2368 | ARENDER, Porter L | 33 | NWSW | 1913-10-27 | | A5 |
| 2238 | ASHLEY, James L | 19 | SW | 1900-11-28 | | A1 |
| 2420 | ASHLEY, Wiley R | 36 | NENE | 1901-08-08 | | A1 |
| 2421 | ASHLEY, Wiley T | 26 | NESE | 1901-12-12 | | A1 |
| 2422 | " " | 26 | SENE | 1901-12-12 | | A1 |
| 2429 | ASHLEY, William E | 19 | NW | 1900-11-28 | | A1 |
| 2418 | AXTON, Washington L | 23 | SESE | 1899-12-21 | | A1 |
| 2419 | " " | 24 | SWSW | 1899-12-21 | | A1 |
| 2394 | BANKSTON, Thomas C | 25 | NWSW | 1901-03-23 | | A5 |
| 2395 | " " | 25 | W½NW | 1901-03-23 | | A5 |
| 2396 | " " | 26 | NENE | 1901-03-23 | | A5 |
| 2430 | BEVER, William H | 27 | N½SE | 1899-06-28 | | A5 |
| 2277 | BLACKWELL, John G | 15 | W½NE | 1854-10-02 | | A8 |
| 2354 | BLAKENEY, Nancy | 35 | SESW | 1890-03-28 | | A5 |
| 2329 | BOYKIN, Lorenzo R | 5 | E½SE | 1901-03-23 | | A5 |
| 2330 | " " | 8 | NENE | 1901-03-23 | | A5 |
| 2331 | " " | 9 | NWNW | 1901-03-23 | | A5 |
| 2171 | BRYANT, Charles F | 35 | S½NE | 1899-12-21 | | A1 |
| 2204 | BRYANT, George A | 13 | NWSE | 1892-05-16 | | A5 |
| 2205 | " " | 13 | S½SE | 1892-05-16 | | A5 |
| 2226 | BRYANT, Ida J | 12 | SWSE | 1901-06-08 | | A5 G9 |
| 2227 | " " | 13 | NENW | 1901-06-08 | | A5 G9 |
| 2228 | " " | 13 | W½NE | 1901-06-08 | | A5 G9 |
| 2239 | BRYANT, James M | 25 | E½SE | 1896-01-25 | | A5 |
| 2439 | BRYANT, William T | 30 | W½NW | 1906-06-26 | | A5 |
| 2198 | BUTLER, Francis | 32 | N½NW | 1895-11-11 | | A5 G12 |
| 2199 | " " | 32 | SENW | 1895-11-11 | | A5 G12 |
| 2200 | " " | 32 | SWNE | 1895-11-11 | | A5 G12 |
| 2198 | BUTLER, Robert | 32 | N½NW | 1895-11-11 | | A5 G12 |
| 2199 | " " | 32 | SENW | 1895-11-11 | | A5 G12 |
| 2200 | " " | 32 | SWNE | 1895-11-11 | | A5 G12 |
| 2184 | CAMPBELL, Dougald | 2 | NWNE | 1841-01-05 | | A1 |
| 2269 | CAMPBELL, John | 10 | SESW | 1841-01-05 | | A1 |
| 2270 | " " | 15 | E½NE | 1841-01-05 | | A1 |
| 2271 | " " | 15 | NENW | 1841-01-05 | | A1 |
| 2272 | " " | 15 | W½NW | 1841-01-05 | | A1 |
| 2273 | " " | 3 | E½NE | 1841-01-05 | | A1 |
| 2297 | CAMPBELL, John P | 1 | NENE | 1906-05-01 | | A1 |
| 2191 | CANTWELL, Elizabeth J | 35 | E½SE | 1861-05-01 | | A1 |
| 2192 | " " | 36 | NWSW | 1861-05-01 | | A1 |
| 2193 | " " | 36 | SWNW | 1861-05-01 | | A1 |
| 2397 | CANTWELL, Thomas | 25 | SESW | 1860-07-02 | | A1 |

| ID | Individual in Patent | Sec. | Sec. Part | Date Issued | Other Counties | For More Info . . . |
|---|---|---|---|---|---|---|
| 2398 | CANTWELL, Thomas (Cont'd) | 36 | E½NW | 1860-07-02 | | A1 |
| 2279 | CHILDRE, John M | 1 | SESW | 1896-08-26 | | A5 |
| 2280 | " " | 12 | NENW | 1896-08-26 | | A5 |
| 2281 | " " | 12 | NWNE | 1896-08-26 | | A5 |
| 2240 | COOK, James M | 17 | SWSW | 1901-08-12 | | A5 |
| 2241 | " " | 18 | S½SE | 1901-08-12 | | A5 |
| 2242 | " " | 19 | NENE | 1901-08-12 | | A5 |
| 2350 | COOK, Mollie J | 17 | E½SW | 1901-08-12 | | A5 |
| 2351 | " " | 17 | SENW | 1901-08-12 | | A5 |
| 2352 | " " | 17 | SWSE | 1901-08-12 | | A5 |
| 2366 | COOK, Pleasant J | 7 | S½SW | 1861-07-01 | | A1 |
| 2367 | " " | 7 | SWSE | 1861-07-01 | | A1 |
| 2153 | COTTON, America A | 34 | E½SE | 1898-02-24 | | A5 |
| 2154 | " " | 34 | NWSE | 1898-02-24 | | A5 |
| 2156 | CURRIE, Ann C | 13 | NENE | 1901-12-12 | | A1 |
| 2157 | " " | 13 | NWNW | 1901-12-12 | | A1 V2401 |
| 2179 | CURRIE, Daniel | 24 | E½SE | 1841-01-05 | | A1 |
| 2206 | CURRIE, George W | 17 | E½NE | 1878-06-24 | | A5 |
| 2207 | " " | 17 | NWNE | 1878-06-24 | | A5 |
| 2208 | " " | 8 | SWSE | 1878-06-24 | | A5 |
| 2357 | CURRIE, Neile | 10 | SWNE | 1841-01-05 | | A1 |
| 2358 | CURRIE, Neill | 10 | NESE | 1841-01-05 | | A1 |
| 2359 | " " | 10 | W½SE | 1841-01-05 | | A1 |
| 2170 | DICKERSON, Charles B | 11 | NW | 1894-12-17 | | A5 |
| 2276 | DICKERSON, John F | 21 | SENE | 1902-03-07 | | A5 |
| 2166 | DUCKWORTH, Benjamin P | 36 | SESW | 1861-05-01 | | A1 |
| 2167 | " " | 36 | W½SE | 1861-05-01 | | A1 |
| 2284 | EVANS, Elizabeth | 10 | E½NE | 1860-05-10 | | A4 G42 |
| 2282 | FLOYD, John M | 14 | SESE | 1859-05-02 | | A1 |
| 2283 | " " | 23 | NWNE | 1859-05-02 | | A1 |
| 2284 | " " | 10 | E½NE | 1860-05-10 | | A4 G42 |
| 2285 | FLOYED, John M | 13 | SENW | 1854-06-15 | | A1 |
| 2286 | " " | 23 | NENE | 1854-06-15 | | A1 |
| 2424 | FORD, William C | 25 | NESW | 1902-07-22 | | A1 |
| 2425 | " " | 25 | SENW | 1902-07-22 | | A1 |
| 2426 | " " | 25 | SWNE | 1902-07-22 | | A1 |
| 2201 | FOREMAN, Francis L | 11 | E½SE | 1897-05-20 | | A5 G43 |
| 2202 | " " | 11 | S½NE | 1897-05-20 | | A5 G43 |
| 2300 | FOREMAN, John R | 11 | SESW | 1905-10-19 | | A5 |
| 2301 | " " | 14 | NENW | 1905-10-19 | | A5 |
| 2201 | FOREMAN, William | 11 | E½SE | 1897-05-20 | | A5 G43 |
| 2202 | " " | 11 | S½NE | 1897-05-20 | | A5 G43 |
| 2434 | FOREMAN, William K | 2 | E½NE | 1861-05-01 | | A1 |
| 2435 | " " | 2 | SENW | 1861-05-01 | | A1 |
| 2436 | " " | 2 | SWNE | 1861-05-01 | | A1 |
| 2379 | GORVON, Sanford C | 11 | N½NE | 1901-03-23 | | A5 |
| 2380 | " " | 2 | W½SE | 1901-03-23 | | A5 |
| 2377 | HAM, Rufus J | 35 | SWSE | 1902-04-08 | | A5 |
| 2339 | HARRELSON, Marcellous D | 12 | E½NE | 1901-08-12 | | A5 |
| 2340 | " " | 12 | SWNE | 1901-08-12 | | A5 |
| 2216 | HAWTHORNE, Harvey H | 19 | S½SE | 1900-11-28 | | A1 |
| 2217 | " " | 30 | N½NE | 1900-11-28 | | A1 |
| 2447 | HOLLINGSWORTH, Willis R | 4 | SENW | 1901-12-12 | | A1 |
| 2176 | HOPKINS, Cicero L | 36 | NESW | 1901-04-09 | | A1 |
| 2353 | HOPKINS, Moses P | 27 | SWSW | 1906-06-30 | | A1 |
| 2337 | HOUGH, Luther | 23 | NWSW | 1912-11-12 | | A5 |
| 2375 | HOUGH, Rosella | 24 | N½NE | 1906-06-30 | | A1 |
| 2376 | HOUGH, Rufus F | 23 | SESW | 1908-07-23 | | A1 |
| 2158 | JOHNSON, Asa | 25 | SWSW | 1906-06-30 | | A1 |
| 2159 | " " | 36 | NWNW | 1906-06-30 | | A1 |
| 2390 | JONES, George | 14 | NESW | 1893-04-12 | | A5 G56 |
| 2391 | " " | 14 | SENW | 1893-04-12 | | A5 G56 |
| 2229 | JONES, Ira H | 17 | SWNE | 1859-05-02 | | A1 |
| 2346 | JONES, Mary A | 36 | NESE | 1899-12-21 | | A1 |
| 2378 | JONES, Samuel I | 5 | S½NE | 1901-08-12 | | A5 |
| 2390 | JONES, Tempy | 14 | NESW | 1893-04-12 | | A5 G56 |
| 2391 | " " | 14 | SENW | 1893-04-12 | | A5 G56 |
| 2433 | JONES, William | 21 | NWNW | 1859-05-02 | | A1 |
| 2209 | JORDAN, George W | 29 | W½NE | 1900-07-21 | | A1 |
| 2338 | KELLEY, Malcom | 36 | SENE | 1841-01-05 | | A1 |
| 2320 | KENADY, Kader H | 21 | NENE | 1881-09-17 | | A5 |
| 2321 | " " | 21 | NENW | 1881-09-17 | | A5 |
| 2322 | " " | 21 | W½NE | 1881-09-17 | | A5 |

| ID | Individual in Patent | Sec. | Sec. Part | Date Issued | Other Counties | For More Info . . . |
|---|---|---|---|---|---|---|
| 2149 | KENNEDY, Albert B | 13 | NESE | 1898-08-27 | | A5 |
| 2150 | " " | 13 | SENE | 1898-08-27 | | A5 |
| 2261 | KENNEDY, Jefferson K | 24 | N½SW | 1899-08-30 | | A1 |
| 2262 | " " | 24 | S½NW | 1899-08-30 | | A1 |
| 2326 | KENNEDY, Lemuel N | 23 | N½SE | 1896-04-03 | | A5 |
| 2327 | " " | 23 | SENE | 1896-04-03 | | A5 |
| 2328 | " " | 23 | SWSE | 1896-04-03 | | A5 |
| 2311 | LITTLE, Joseph M | 25 | W½SE | 1896-08-26 | | A5 |
| 2312 | " " | 36 | W½NE | 1896-08-26 | | A5 |
| 2364 | LITTLE, Oliver C | 20 | SWSW | 1901-10-09 | | A1 |
| 2365 | " " | 29 | NWNW | 1901-10-09 | | A1 |
| 2401 | MANAR, Thomas S | 13 | W½NW | 1893-12-18 | | A5 V2157 |
| 2402 | " " | 14 | NESE | 1893-12-18 | | A5 |
| 2403 | " " | 14 | SENE | 1893-12-18 | | A5 |
| 2161 | MARTIN, Augustus | 8 | NWNE | 1902-01-17 | | A5 |
| 2162 | " " | 8 | NWSE | 1902-01-17 | | A5 |
| 2163 | " " | 8 | S½NE | 1902-01-17 | | A5 |
| 2168 | MARTIN, Carter | 21 | SWSW | 1859-05-02 | | A1 |
| 2169 | " " | 28 | NWNW | 1859-05-02 | | A1 |
| 2214 | MARTIN, Gideon L | 4 | W½NW | 1889-01-12 | | A5 |
| 2215 | " " | 4 | W½SW | 1889-01-12 | | A5 |
| 2411 | MARTIN, Volentine J | 21 | N½SW | 1861-05-01 | | A1 |
| 2412 | " " | 21 | S½NW | 1861-05-01 | | A1 |
| 2432 | MCALPIN, William J | 36 | SESE | 1901-03-23 | | A5 |
| 2259 | MCCRAW, James W | 26 | SENW | 1901-11-16 | | A5 |
| 2260 | " " | 26 | W½NE | 1901-11-16 | | A5 |
| 2248 | MCDOWELL, James | 17 | NWSE | 1860-07-02 | | A1 |
| 2290 | MCINTOSH, John | 15 | SENW | 1841-01-05 | | A1 |
| 2274 | MCKAY, John D | 8 | SW | 1861-07-01 | | A1 |
| 2399 | MCKAY, Thomas D | 6 | E½SE | 1861-05-01 | | A1 |
| 2400 | " " | 6 | NWSE | 1861-05-01 | | A1 |
| 2392 | MCLAURIN, Theodore C | 26 | S½SW | 1900-11-28 | | A1 |
| 2393 | " " | 35 | E½NW | 1900-11-28 | | A1 |
| 2172 | MCNAIR, Charles | 3 | E½SE | 1849-12-01 | | A1 R2173 |
| 2173 | " " | 3 | E½SE | 1849-12-01 | | A1 R2172 |
| 2263 | MCNAIR, John A | 18 | NWNW | 1899-04-17 | | A5 |
| 2210 | MCNEECE, George W | 20 | NE | 1902-07-03 | | A5 |
| 2249 | MERCHANT, James | 17 | NWSW | 1854-03-15 | | A1 |
| 2250 | " " | 7 | S½NE | 1854-10-02 | | A8 |
| 2174 | MYERS, Charlie A | 1 | SWSW | 1896-12-14 | | A5 |
| 2175 | " " | 2 | E½SE | 1896-12-14 | | A5 |
| 2294 | OWEN, John | 4 | NWNE | 1859-05-02 | | A1 |
| 2438 | OWEN, William | 8 | NW | 1874-11-05 | | A1 |
| 2211 | OWENS, George W | 5 | N½NE | 1898-08-27 | | A5 |
| 2295 | OWENS, John | 4 | NENW | 1859-05-02 | | A1 |
| 2296 | " " | 4 | SWNE | 1859-05-02 | | A1 |
| 2385 | OWENS, Stephen | 4 | SWSE | 1860-04-10 | | A1 |
| 2298 | PADGET, John | 4 | SESW | 1902-01-17 | | A5 |
| 2299 | " " | 9 | NWNE | 1902-01-17 | | A5 |
| 2181 | PADGETT, Dennis | 31 | SENW | 1900-07-21 | | A1 |
| 2182 | " " | 31 | SWNE | 1900-07-21 | | A1 |
| 2183 | " " | 31 | W½NW | 1900-07-21 | | A1 |
| 2253 | PADGETT, James S | 30 | NWSE | 1901-08-12 | | A5 |
| 2254 | " " | 30 | S½SE | 1901-08-12 | | A5 |
| 2255 | " " | 30 | SWNE | 1901-08-12 | | A5 |
| 2413 | PADGETT, Walter J | 19 | NWSE | 1914-06-15 | | A1 |
| 2414 | " " | 19 | SENE | 1914-06-15 | | A1 |
| 2415 | " " | 19 | W½NE | 1914-06-15 | | A1 |
| 2323 | PADGETTE, Leanzer P | 12 | NWSW | 1901-12-17 | | A5 |
| 2324 | " " | 12 | SENW | 1901-12-17 | | A5 |
| 2325 | " " | 12 | W½NW | 1901-12-17 | | A5 |
| 2335 | PAGET, Luke | 9 | E½NW | 1892-05-16 | | A5 |
| 2336 | " " | 9 | E½SW | 1892-05-16 | | A5 |
| 2197 | PARKER, Eugenia F | 18 | NESW | 1900-11-28 | | A1 |
| 2243 | PARKER, James M | 18 | E½NW | 1901-04-22 | | A5 |
| 2244 | " " | 18 | W½NE | 1901-04-22 | | A5 |
| 2251 | PARKER, James O | 18 | N½SE | 1900-11-28 | | A5 |
| 2264 | PARKER, John A | 29 | E½SW | 1901-02-27 | | A1 |
| 2265 | " " | 29 | W½SE | 1901-02-27 | | A1 |
| 2381 | PIERCE, Solomon | 32 | NWSE | 1854-03-15 | | A1 |
| 2383 | " " | 33 | SWSW | 1854-03-15 | | A1 |
| 2382 | " " | 32 | SESE | 1859-11-10 | | A1 |
| 2347 | POSEY, Mary J | 1 | E½NW | 1891-05-20 | | A5 |

| ID | Individual in Patent | Sec. | Sec. Part | Date Issued | Other Counties | For More Info . . . |
|---|---|---|---|---|---|---|
| 2348 | POSEY, Mary J (Cont'd) | 1 | W½NE | 1891-05-20 | | A5 |
| 2332 | PUCKET, Louis | 6 | NE | 1899-04-28 | | A5 |
| 2233 | PUCKETT, James B | 29 | SESE | 1906-06-30 | | A2 |
| 2245 | RICHARDSON, James M | 19 | NESE | 1900-11-28 | | A1 |
| 2246 | " " | 20 | N½SW | 1900-11-28 | | A1 |
| 2247 | " " | 20 | NWSE | 1900-11-28 | | A1 |
| 2305 | ROBINSON, Jolly | 17 | W½NW | 1861-07-01 | | A1 |
| 2306 | " " | 18 | E½NE | 1861-07-01 | | A1 |
| 2315 | ROBINSON, Joseph | 30 | SW | 1861-05-01 | | A1 |
| 2361 | ROBINSON, Noah R | 31 | NESE | 1895-08-30 | | A5 |
| 2362 | " " | 32 | SESW | 1895-08-30 | | A5 |
| 2363 | " " | 32 | W½SW | 1895-08-30 | | A5 |
| 2237 | RUNNELS, James F | 30 | E½NW | 1901-03-23 | | A1 |
| 2203 | SALLAS, Frank | 2 | SW | 1892-03-17 | | A5 |
| 2212 | SHERMAN, George W | 14 | W½NE | 1906-06-26 | | A5 |
| 2213 | " " | 14 | W½SE | 1906-06-26 | | A5 |
| 2180 | SMITH, Daniel N | 26 | NWSW | 1906-06-30 | | A1 |
| 2278 | SMITH, John J | 13 | SW | 1854-10-02 | | A8 |
| 2423 | SMITH, William A | 1 | NWNW | 1904-12-31 | | A5 |
| 2155 | SPANGLER, Andrew A | 9 | SWNW | 1901-02-27 | | A1 |
| 2230 | STEWART, James A | 35 | NESW | 1900-11-28 | | A1 |
| 2231 | " " | 35 | NWSE | 1900-11-28 | | A1 |
| 2232 | " " | 35 | W½SW | 1900-11-28 | | A1 |
| 2404 | STEWART, Vardy L | 6 | SESW | 1860-07-02 | | A1 |
| 2405 | " " | 6 | SWSE | 1860-07-02 | | A1 |
| 2406 | " " | 7 | N½NE | 1860-07-02 | | A1 |
| 2407 | " " | 7 | NENW | 1860-07-02 | | A1 |
| 2408 | " " | 7 | W½NW | 1860-07-02 | | A1 |
| 2287 | STUARD, John M | 18 | NWSW | 1899-07-15 | | A5 |
| 2288 | " " | 18 | S½SW | 1899-07-15 | | A5 |
| 2289 | " " | 18 | SWNW | 1899-07-15 | | A5 |
| 2308 | STUARD, Joseph E | 6 | NESW | 1904-10-27 | | A5 |
| 2309 | " " | 6 | W½SW | 1904-10-27 | | A5 |
| 2409 | STUARD, Vardy L | 8 | E½SE | 1901-04-22 | | A5 |
| 2410 | " " | 9 | W½SW | 1901-04-22 | | A5 |
| 2310 | STUBBS, Joseph J | 12 | SESE | 1904-12-31 | | A5 |
| 2437 | STYRON, William M | 12 | SWSW | 1901-06-25 | | A5 |
| 2194 | SULLIVAN, Emanuel | 20 | E½SE | 1899-11-24 | | A5 |
| 2195 | " " | 20 | SESW | 1899-11-24 | | A5 |
| 2196 | " " | 20 | SWSE | 1899-11-24 | | A5 |
| 2218 | SULLIVAN, Henderson | 28 | SWNW | 1901-08-12 | | A5 |
| 2219 | " " | 29 | E½NE | 1901-08-12 | | A5 |
| 2220 | " " | 29 | NESE | 1901-08-12 | | A5 |
| 2317 | SULLIVAN, Joseph | 5 | SWSW | 1892-05-16 | | A5 |
| 2316 | " " | 5 | SESW | 1898-12-01 | | A5 |
| 2318 | " " | 5 | W½SE | 1898-12-01 | | A5 |
| 2373 | SULLIVAN, Robert | 6 | NW | 1898-08-27 | | A5 |
| 2374 | SULLIVAN, Robinson | 20 | NW | 1902-02-12 | | A5 |
| 2384 | SULLIVAN, Stancel S | 17 | NESE | 1894-06-28 | | A5 |
| 2386 | SULLIVAN, Stephen | 11 | N½SW | 1861-05-01 | | A1 |
| 2387 | " " | 11 | W½SE | 1861-05-01 | | A1 |
| 2431 | SULLIVAN, William H | 5 | N½SW | 1898-08-27 | | A5 |
| 2291 | TANNER, John N | 29 | E½NW | 1900-11-28 | | A1 |
| 2292 | " " | 29 | SWNW | 1900-11-28 | | A1 |
| 2293 | " " | 30 | SENE | 1900-11-28 | | A1 |
| 2427 | THORNTON, William C | 2 | NENW | 1897-08-09 | | A1 |
| 2428 | " " | 2 | W½NW | 1897-08-09 | | A1 |
| 2313 | TRAXLER, Joseph R | 7 | N½SE | 1895-02-21 | | A5 |
| 2314 | " " | 7 | NWSW | 1895-02-21 | | A5 |
| 2341 | TULLOS, James M | 1 | SESE | 1912-02-05 | | A1 G103 |
| 2341 | TULLOS, Margaret A | 1 | SESE | 1912-02-05 | | A1 G103 |
| 2360 | TULLOS, Nevel E | 14 | NENE | 1901-08-08 | | A1 |
| 2266 | TURNBOW, John A | 32 | N½NE | 1900-11-28 | | A1 |
| 2267 | " " | 32 | NESE | 1900-11-28 | | A1 |
| 2268 | " " | 32 | SENE | 1900-11-28 | | A1 |
| 2443 | UPTEN, William | 28 | SWSE | 1854-03-15 | | A1 |
| 2444 | " " | 33 | NENE | 1854-03-15 | | A1 |
| 2302 | UPTON, John | 27 | SESW | 1888-02-25 | | A5 |
| 2303 | " " | 34 | E½NW | 1888-02-25 | | A5 |
| 2304 | " " | 34 | NESW | 1888-02-25 | | A5 |
| 2349 | UPTON, Mary M | 31 | SW | 1906-06-30 | | A1 |
| 2355 | UPTON, Nancy | 26 | NESW | 1900-11-28 | | A5 |
| 2356 | " " | 26 | NWSE | 1900-11-28 | | A5 |

| ID | Individual in Patent | Sec. | Sec. Part | Date Issued | Other Counties | For More Info . . . |
|---|---|---|---|---|---|---|
| 2371 | UPTON, Robert S | 26 | S½SE | 1896-12-14 | | A5 |
| 2372 | " " | 35 | N½NE | 1896-12-14 | | A5 |
| 2388 | UPTON, Suna | 27 | S½SE | 1901-08-12 | | A5 |
| 2389 | " " | 34 | W½NE | 1901-08-12 | | A5 |
| 2416 | UPTON, Warren | 33 | SENE | 1901-12-12 | | A1 |
| 2417 | " " | 34 | SWNW | 1901-12-12 | | A1 |
| 2445 | UPTON, William | 28 | SESE | 1859-05-02 | | A1 |
| 2446 | " " | 34 | NWNW | 1859-05-02 | | A1 |
| 2190 | WALKER, Elbert F | 28 | SWSW | 1859-05-02 | | A1 |
| 2189 | " " | 28 | NWSW | 1860-07-02 | | A1 |
| 2345 | WALKER, Martin | 21 | SWSE | 1859-05-02 | | A1 |
| 2151 | WARD, Alice A | 12 | E½SW | 1901-12-04 | | A5 G106 |
| 2152 | " " | 12 | N½SE | 1901-12-04 | | A5 G106 |
| 2160 | WARD, Ashby W | 24 | N½NW | 1904-10-27 | | A5 |
| 2151 | WARD, David J | 12 | E½SW | 1901-12-04 | | A5 G106 |
| 2152 | " " | 12 | N½SE | 1901-12-04 | | A5 G106 |
| 2226 | WARD, Ida J | 12 | SWSE | 1901-06-08 | | A5 G9 |
| 2227 | " " | 13 | NENW | 1901-06-08 | | A5 G9 |
| 2228 | " " | 13 | W½NE | 1901-06-08 | | A5 G9 |
| 2234 | WARD, James C | 21 | SESE | 1878-06-24 | | A5 |
| 2235 | " " | 21 | SESW | 1878-06-24 | | A5 |
| 2236 | " " | 25 | SENE | 1886-07-20 | | A1 |
| 2440 | WARD, William T | 14 | SESW | 1860-05-10 | | A4 |
| 2442 | " " | 23 | NENW | 1860-05-10 | | A4 |
| 2441 | " " | 21 | N½SE | 1881-05-10 | | A5 |
| 2177 | WATKINS, Cyntha J | 1 | NESE | 1897-05-12 | | A1 |
| 2178 | " " | 1 | SENE | 1897-05-12 | | A1 |
| 2342 | WESBROOKS, Martin E | 24 | SESW | 1898-05-10 | | A5 |
| 2343 | " " | 25 | N½NE | 1898-05-10 | | A5 |
| 2344 | " " | 25 | NENW | 1898-05-10 | | A5 |
| 2333 | WESTMOLAND, Louisa | 31 | NWSE | 1900-11-28 | | A1 |
| 2334 | " " | 31 | S½SE | 1900-11-28 | | A1 |
| 2164 | WILKINSON, Ava J | 34 | NWSW | 1897-07-03 | | A5 |
| 2165 | " " | 34 | S½SW | 1897-07-03 | | A5 |
| 2185 | WILKINSON, Duncan A | 33 | E½SE | 1874-11-05 | | A1 |
| 2186 | " " | 33 | NWSE | 1874-11-05 | | A1 |
| 2187 | " " | 33 | SWNE | 1874-11-05 | | A1 |
| 2188 | " " | 34 | SWSE | 1883-09-15 | | A1 |
| 2221 | WILKINSON, Henry B | 26 | N½NW | 1898-06-01 | | A5 |
| 2222 | " " | 26 | SWNW | 1898-06-01 | | A5 |
| 2223 | " " | 27 | SENE | 1898-06-01 | | A5 |
| 2369 | WOMACK, Richard R | 7 | NESW | 1861-05-01 | | A1 |
| 2370 | " " | 7 | SENW | 1861-05-01 | | A1 |
| 2275 | WOOLEY, John D | 17 | NENW | 1895-11-11 | | A5 |
| 2307 | WOOLEY, Joseph B | 7 | SESE | 1904-10-17 | | A5 |
| 2319 | WOOLY, Joseph | 23 | SENW | 1859-05-02 | | A1 |
| 2224 | YELVERTON, Hugh | 29 | W½SW | 1901-03-23 | | A1 |
| 2225 | " " | 30 | NESE | 1901-03-23 | | A1 |

# Patent Map

T2-N R7-E
Choctaw Meridian

Map Group 10

## Township Statistics

| | | |
|---|---|---|
| Parcels Mapped | : | 299 |
| Number of Patents | : | 177 |
| Number of Individuals | : | 167 |
| Patentees Identified | : | 161 |
| Number of Surnames | : | 90 |
| Multi-Patentee Parcels | : | 14 |
| Oldest Patent Date | : | 1/5/1841 |
| Most Recent Patent | : | 6/15/1914 |
| Block/Lot Parcels | : | 0 |
| Parcels Re - Issued | : | 1 |
| Parcels that Overlap | : | 2 |
| Cities and Towns | : | 0 |
| Cemeteries | : | 0 |

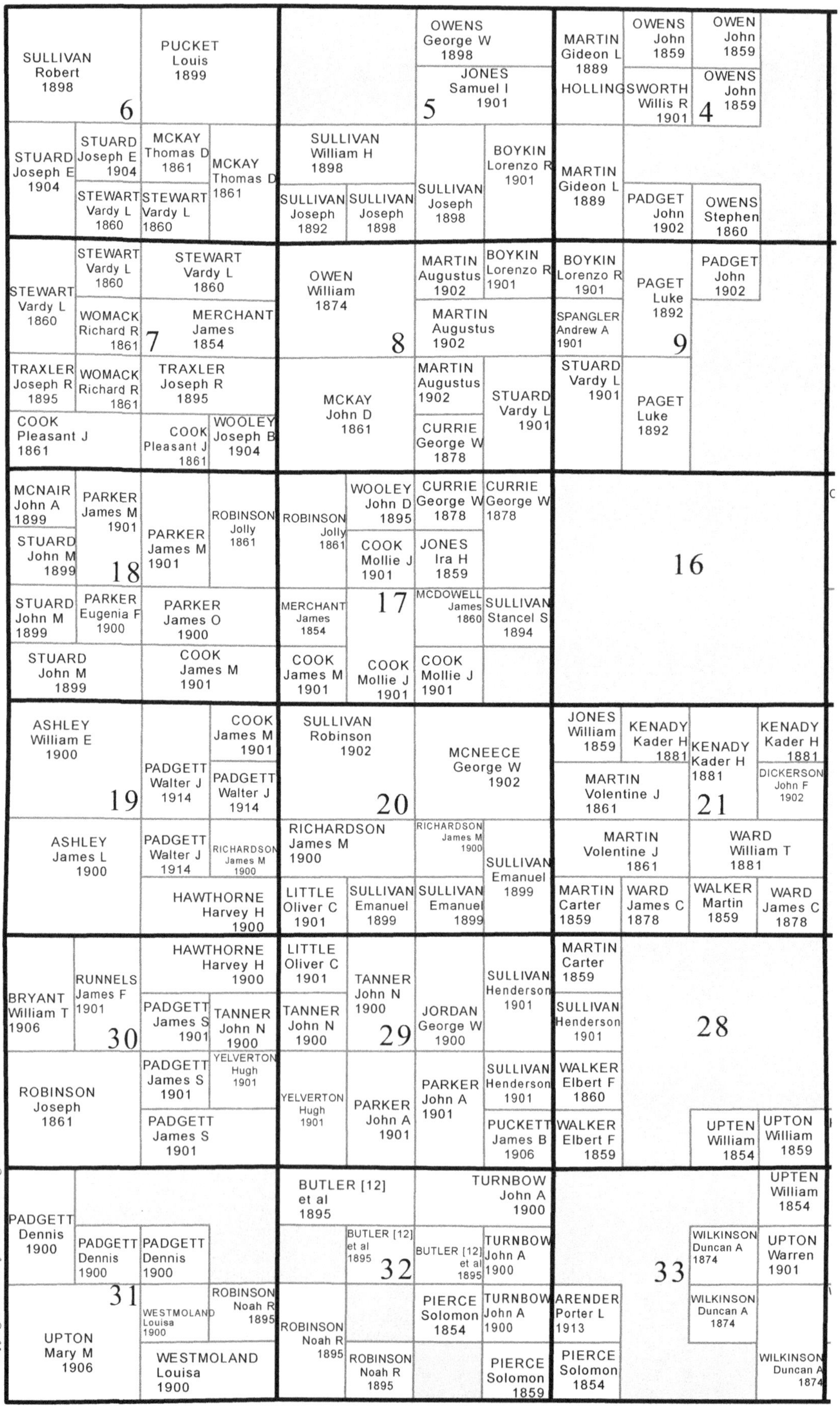

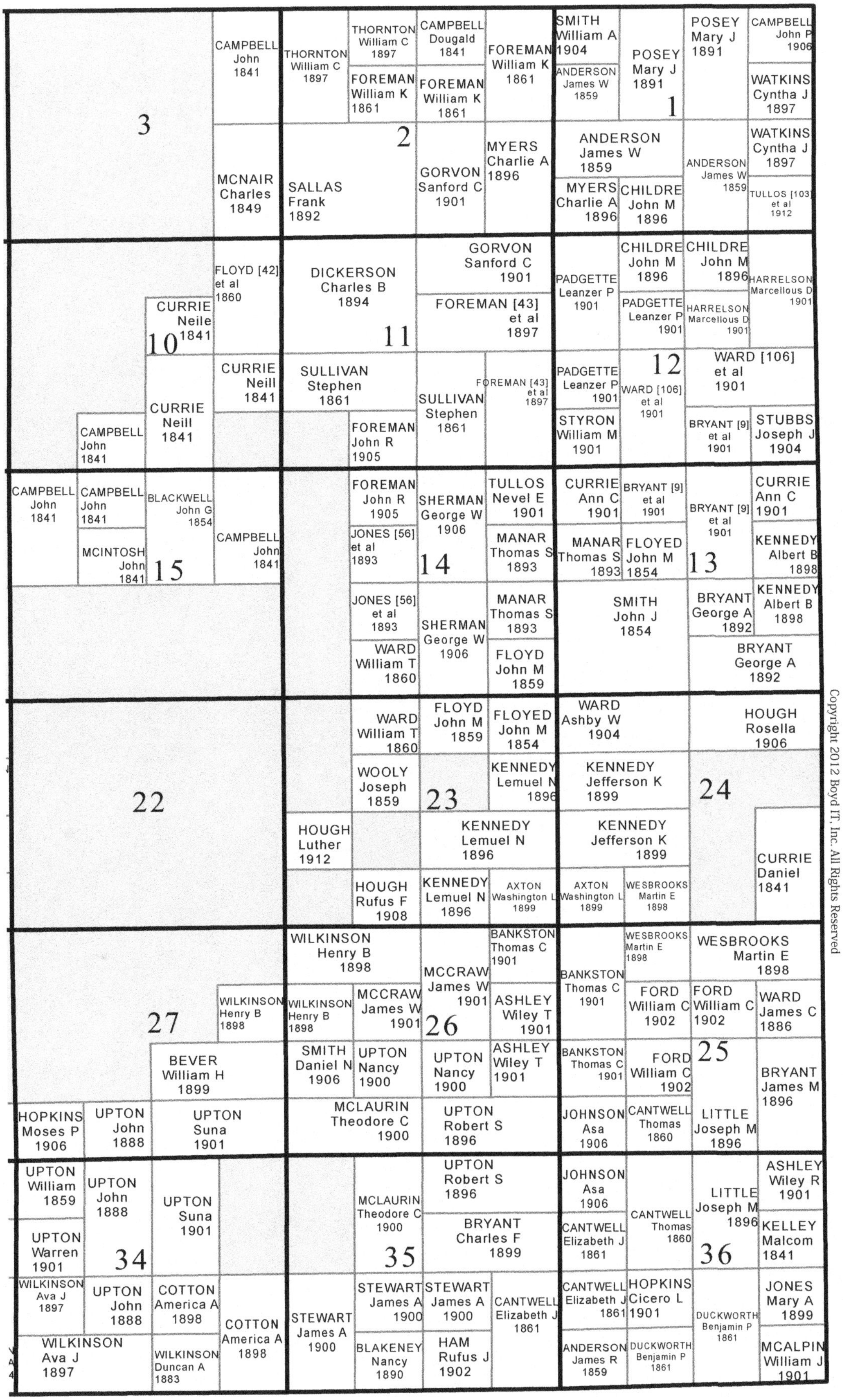




## Helpful Hints

1. This Map's INDEX can be found on the preceding pages.
2. Refer to Map "C" to see where this Township lies within Smith County, Mississippi.
3. Numbers within square brackets [ ] denote a multi-patentee land parcel (multi-owner). Refer to Appendix "C" for a full list of members in this group.
4. Areas that look to be crowded with Patentees usually indicate multiple sales of the same parcel (Re-issues) or Overlapping parcels. See this Township's Index for an explanation of these and other circumstances that might explain "odd" groupings of Patentees on this map.

## Legend

- Patent Boundary
- Section Boundary
- No Patents Found (or Outside County)
- 1., 2., 3., ... Lot Numbers (when beside a name)
- [ ] Group Number (see Appendix "C")

**Scale**: Section = 1 mile X 1 mile (generally, with some exceptions)

# Road Map

T2-N R7-E
Choctaw Meridian

Map Group 10

## Cities & Towns

None

## Cemeteries

None

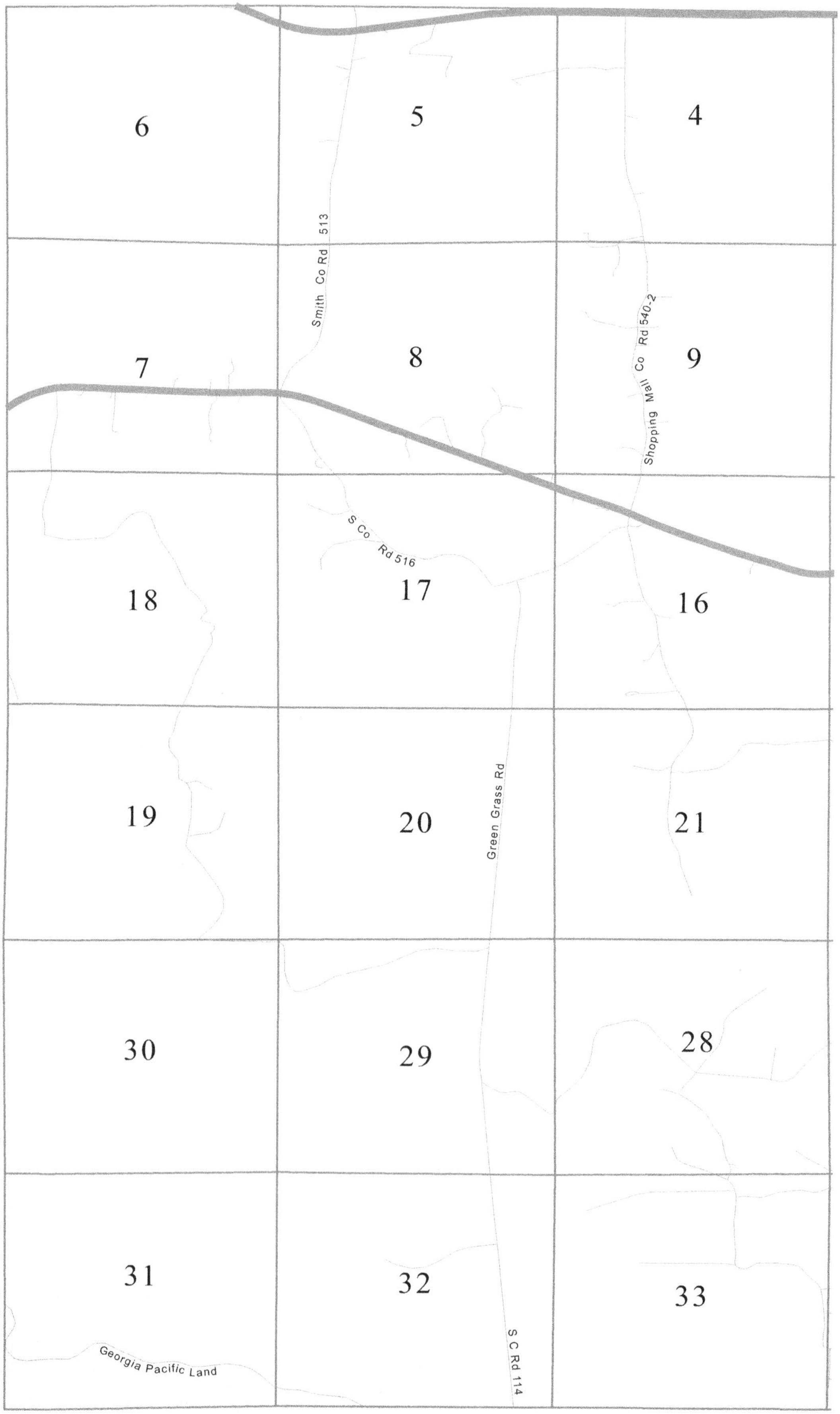

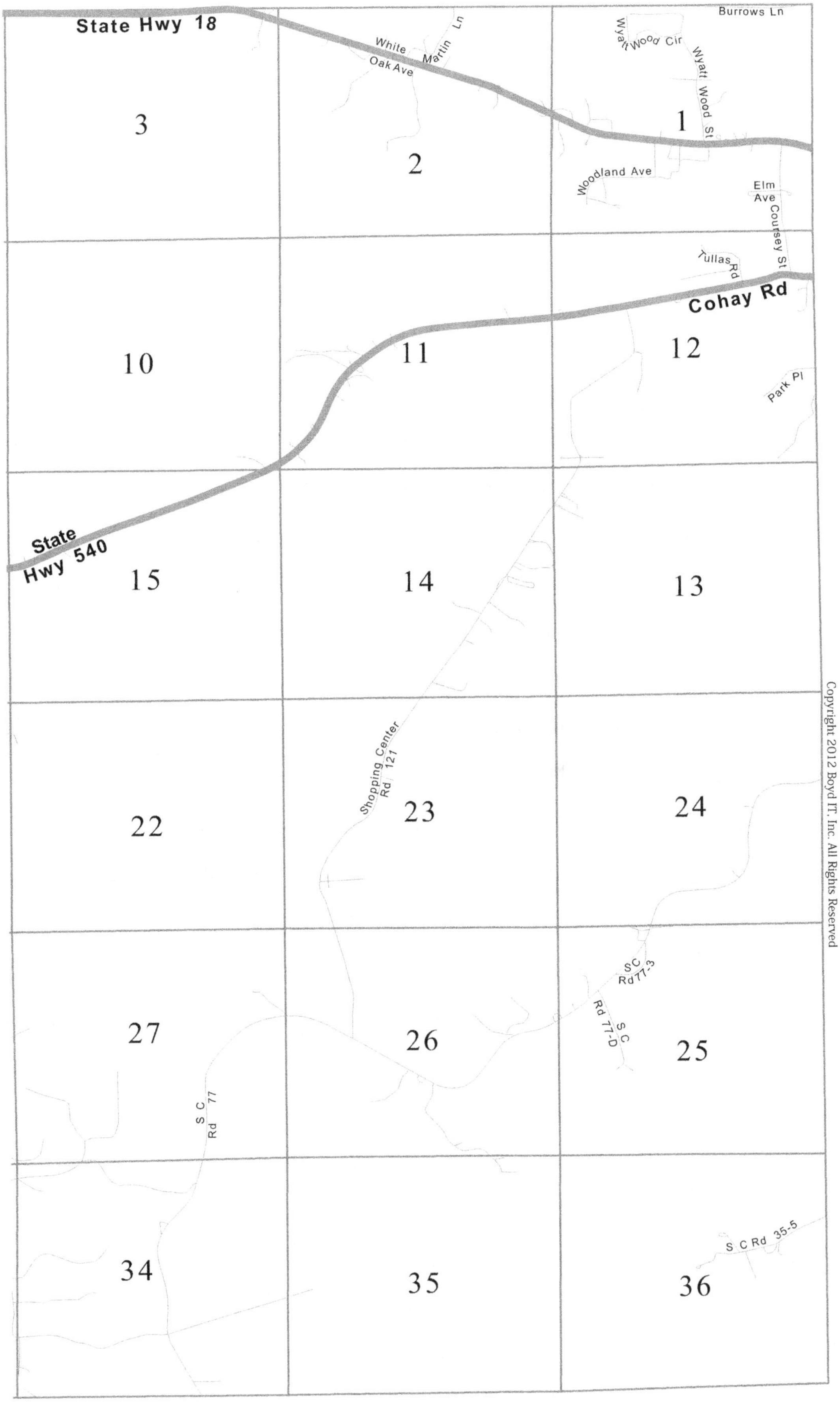




## Helpful Hints

1. This road map has a number of uses, but primarily it is to help you: a) find the present location of land owned by your ancestors (at least the general area), b) find cemeteries and city-centers, and c) estimate the route/roads used by Census-takers & tax-assessors.
2. If you plan to travel to Smith County to locate cemeteries or land parcels, please pick up a modern travel map for the area before you do. Mapping old land parcels on modern maps is not as exact a science as you might think. Just the slightest variations in public land survey coordinates, estimates of parcel boundaries, or road-map deviations can greatly alter a map's representation of how a road either does or doesn't cross a particular parcel of land.

## Legend

- Section Lines
- Interstates
- Highways
- Other Roads
- Cities/Towns
- Cemeteries

**Scale**: Section = 1 mile X 1 mile
(generally, with some exceptions)

# Historical Map

T2-N R7-E
Choctaw Meridian

Map Group 10

Cities & Towns

None

Cemeteries

None

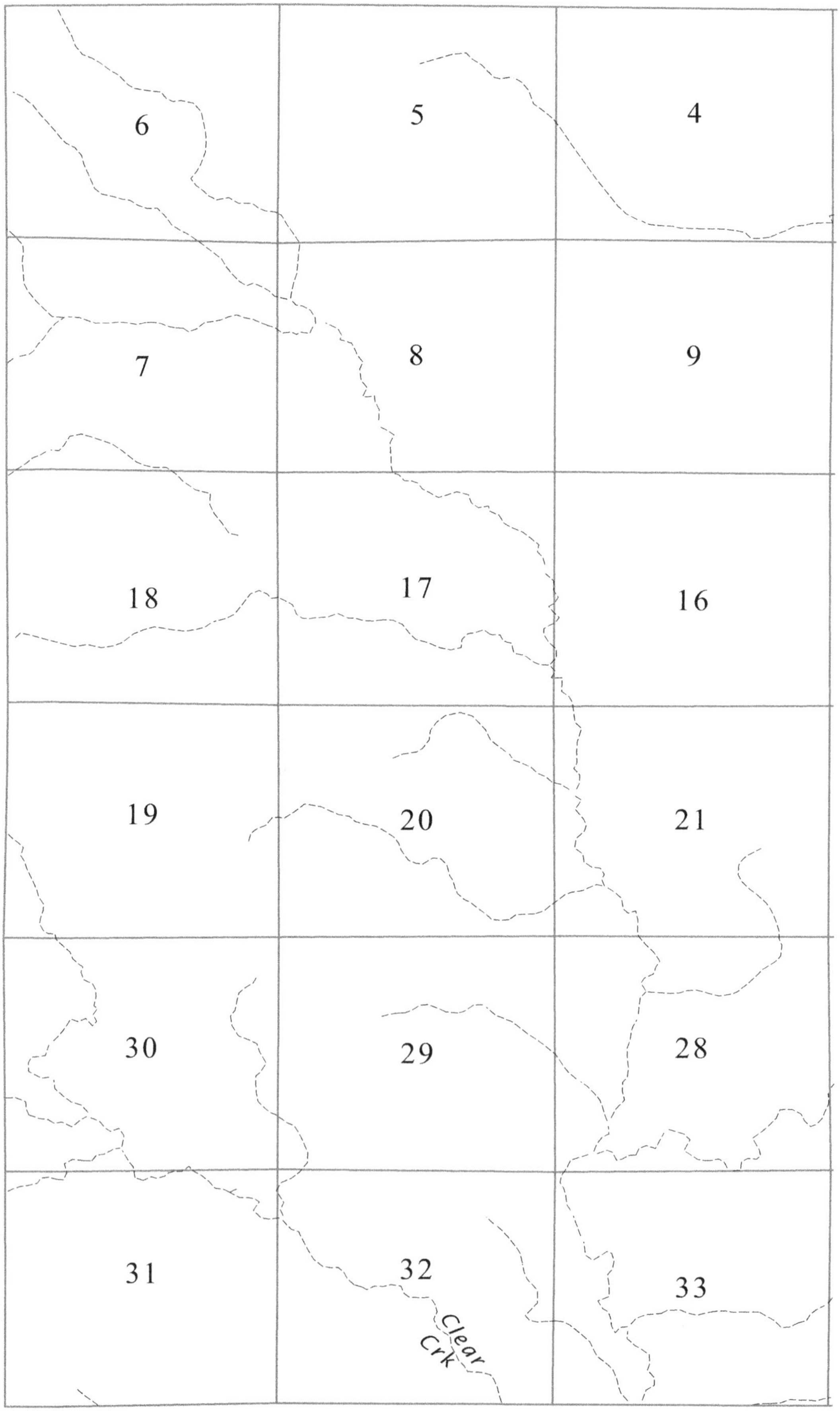

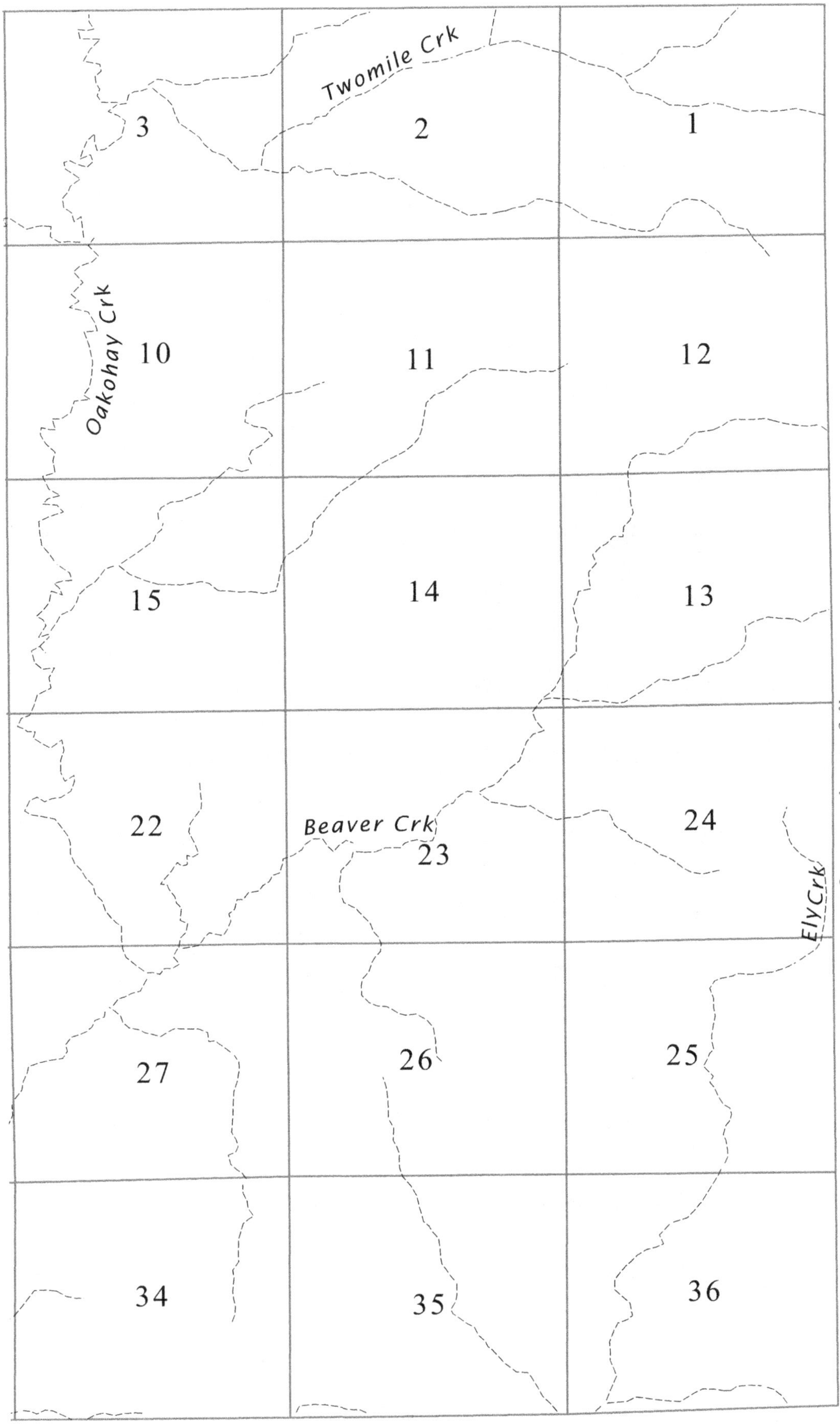




## Helpful Hints

1. This Map takes a different look at the same Congressional Township displayed in the preceding two maps. It presents features that can help you better envision the historical development of the area: a) Water-bodies (lakes & ponds), b) Water-courses (rivers, streams, etc.), c) Railroads, d) City/town center-points (where they were oftentimes located when first settled), and e) Cemeteries.

2. Using this "Historical" map in tandem with this Township's Patent Map and Road Map, may lead you to some interesting discoveries. You will often find roads, towns, cemeteries, and waterways are named after nearby landowners: sometimes those names will be the ones you are researching. See how many of these research gems you can find here in Smith County.

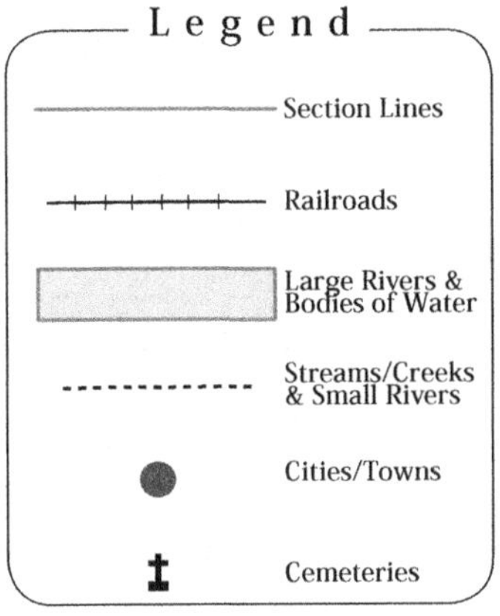


**Scale**: Section = 1 mile X 1 mile
(there are some exceptions)

# Map Group 11: Index to Land Patents

## Township 2-North Range 8-East (Choctaw)

After you locate an individual in this Index, take note of the Section and Section Part then proceed to the Land Patent map on the pages immediately following. You should have no difficulty locating the corresponding parcel of land.

The "For More Info" Column will lead you to more information about the underlying Patents. See the *Legend* at right, and the "How to Use this Book" chapter, for more information.

**LEGEND**

"For More Info . . . " column

- **A** = Authority (Legislative Act, See Appendix "A")
- **B** = Block or Lot (location in Section unknown)
- **C** = Cancelled Patent
- **F** = Fractional Section
- **G** = Group (Multi-Patentee Patent, see Appendix "C")
- **V** = Overlaps another Parcel
- **R** = Re-Issued (Parcel patented more than once)

*(A & G items require you to look in the Appendixes referred to above. All other Letter-designations followed by a number require you to locate line-items in this index that possess the ID number found after the letter).*

| ID | Individual in Patent | Sec. | Sec. Part | Date Issued | Other Counties | For More Info . . . |
|---|---|---|---|---|---|---|
| 2617 | ADCOCK, John E | 36 | SWSE | 1861-02-01 | | A1 |
| 2666 | AINSWORTH, Nathaniel | 30 | NWSW | 1860-07-02 | | A1 R2695 |
| 2667 | " " | 30 | SWNW | 1860-07-02 | | A1 R2697 |
| 2482 | ANDERSON, Bennie E | 18 | NWNE | 1895-11-11 | | A5 |
| 2483 | " " | 7 | SESW | 1895-11-11 | | A5 R2645 |
| 2484 | " " | 7 | SWSE | 1895-11-11 | | A5 |
| 2487 | ANDERSON, Clarissa E | 33 | NESE | 1881-09-17 | | A5 |
| 2488 | " " | 33 | SENE | 1881-09-17 | | A5 |
| 2489 | " " | 34 | W½NW | 1881-09-17 | | A5 |
| 2539 | ASHLEY, Francis M | 31 | SESE | 1890-06-25 | | A5 |
| 2540 | " " | 32 | SWSW | 1890-06-25 | | A5 |
| 2773 | BARNES, William G | 12 | SENE | 1841-01-05 | | A1 |
| 2691 | BARNWELL, Robert | 19 | SESW | 1859-05-02 | | A1 |
| 2692 | " " | 30 | NENW | 1859-05-02 | | A1 |
| 2693 | " " | 30 | NESE | 1859-05-02 | | A1 |
| 2694 | " " | 30 | NESW | 1859-05-02 | | A1 |
| 2695 | " " | 30 | NWSW | 1859-05-02 | | A1 R2666 |
| 2696 | " " | 30 | SESW | 1859-05-02 | | A1 |
| 2697 | " " | 30 | SWNW | 1859-05-02 | | A1 R2667 |
| 2698 | " " | 30 | SWSE | 1859-05-02 | | A1 |
| 2699 | " " | 30 | W½NE | 1859-05-02 | | A1 |
| 2719 | BARNWELL, Sarah | 34 | NWSE | 1906-06-16 | | A5 |
| 2720 | " " | 34 | SWNE | 1906-06-16 | | A5 |
| 2456 | BLACKWELL, Albert G | 35 | SESW | 1884-12-30 | | A5 |
| 2493 | BLACKWELL, Cournelious L | 34 | SWSE | 1892-05-16 | | A5 |
| 2518 | BLACKWELL, Duncan F | 34 | SW | 1892-06-25 | | A5 |
| 2620 | BLACKWELL, John G | 15 | W½NE | 1854-10-02 | | A8 |
| 2621 | " " | 7 | NESE | 1859-05-02 | | A1 |
| 2622 | " " | 8 | E½NE | 1859-05-02 | | A1 |
| 2623 | " " | 9 | NESW | 1859-05-02 | | A1 |
| 2767 | BLACKWELL, William | 34 | SESE | 1892-06-15 | | A5 |
| 2768 | " " | 35 | SWSW | 1892-06-15 | | A5 |
| 2770 | BLACKWELL, William C | 29 | SENE | 1889-04-23 | | A1 |
| 2769 | " " | 28 | SWSW | 1892-08-01 | | A1 |
| 2771 | " " | 33 | NWNW | 1892-08-01 | | A1 |
| 2461 | BLAKENEY, Alvin | 34 | N½NE | 1897-06-07 | | A5 |
| 2462 | " " | 34 | NESE | 1897-06-07 | | A5 |
| 2463 | " " | 34 | SENE | 1897-06-07 | | A5 |
| 2478 | BLAKENEY, Benjamin F | 36 | NESW | 1891-06-30 | | A5 |
| 2479 | " " | 36 | NWSE | 1891-06-30 | | A5 |
| 2480 | " " | 36 | SENW | 1897-06-07 | | A5 |
| 2585 | BLAKENEY, James M | 25 | SWSW | 1891-06-30 | | A5 |
| 2588 | " " | 36 | NWNW | 1891-06-30 | | A5 |
| 2586 | " " | 36 | NENW | 1904-10-17 | | A5 |
| 2587 | " " | 36 | NWNE | 1904-10-17 | | A5 |
| 2618 | BLAKENEY, John F | 33 | SWNE | 1895-02-21 | | A5 |

| ID | Individual in Patent | Sec. | Sec. Part | Date Issued | Other Counties | For More Info . . . |
|---|---|---|---|---|---|---|
| 2458 | BRATCHER, Allen | 15 | SESW | 1861-05-01 | | A1 |
| 2589 | BRYANT, James M | 30 | SWSW | 1896-01-25 | | A5 |
| 2721 | BRYANT, Sarah | 19 | N½SW | 1890-09-26 | | A5 |
| 2722 | " " | 19 | S½NW | 1890-09-26 | | A5 |
| 2731 | BRYANT, Terrel | 10 | NWNE | 1848-09-01 | | A1 |
| 2732 | BRYANT, Terrell | 14 | E½NW | 1859-05-02 | | A1 |
| 2734 | " " | 14 | SWNE | 1859-05-02 | | A1 |
| 2733 | " " | 14 | N½SW | 1861-05-01 | | A1 |
| 2735 | " " | 14 | W½NW | 1861-05-01 | | A1 |
| 2717 | BUFKIN, Sarah A | 8 | SESW | 1900-11-28 | | A5 |
| 2718 | " " | 8 | SWSE | 1900-11-28 | | A5 |
| 2749 | BUFKIN, Walter E | 9 | NWSW | 1906-06-30 | | A1 |
| 2450 | CARR, Abram | 2 | W½NW | 1841-01-05 | | A1 |
| 2451 | CARR, Abreham | 6 | SWSW | 1841-01-05 | | A1 |
| 2636 | CHISHOLM, John T | 2 | SENW | 1885-07-27 | | A5 |
| 2761 | CHISHOLM, William A | 10 | NESW | 1902-02-12 | | A5 |
| 2576 | CHRISMAN, James G | 14 | S½SW | 1861-05-01 | | A1 |
| 2577 | " " | 23 | E½NW | 1861-05-01 | | A1 |
| 2737 | CLARK, Thomas T | 10 | S½NW | 1861-02-01 | | A1 |
| 2738 | " " | 9 | S½NE | 1861-02-01 | | A1 |
| 2796 | COLLUM, Willis | 10 | SESW | 1859-05-02 | | A1 |
| 2513 | CRAFT, Don J | 10 | NWNW | 1899-06-28 | | A5 |
| 2514 | " " | 9 | NENE | 1899-06-28 | | A5 |
| 2538 | CRAFT, Florus A | 4 | E½SE | 1891-05-20 | | A5 |
| 2573 | CRAFT, James | 32 | NESW | 1861-07-01 | | A1 |
| 2574 | " " | 32 | W½SE | 1861-07-01 | | A1 |
| 2602 | CRAFT, Jesse | 10 | NENW | 1859-11-10 | | A1 |
| 2603 | " " | 3 | NWSE | 1862-12-15 | | A1 |
| 2604 | " " | 3 | SESW | 1862-12-15 | | A1 |
| 2605 | " " | 4 | E½SW | 1894-12-17 | | A5 |
| 2607 | " " | 4 | SWSE | 1894-12-17 | | A5 |
| 2608 | " " | 4 | SWSW | 1894-12-17 | | A5 |
| 2606 | " " | 4 | NWSE | 1896-05-08 | | A1 |
| 2649 | CRAFT, Lewis | 23 | NWNE | 1881-09-17 | | A5 |
| 2676 | CRAFT, Reuben | 20 | NWSE | 1841-01-05 | | A1 |
| 2677 | " " | 23 | SWNW | 1841-01-05 | | A1 |
| 2678 | " " | 3 | W½SW | 1841-01-05 | | A1 |
| 2679 | " " | 32 | NENE | 1841-01-05 | | A1 |
| 2686 | CRAFT, Reubin | 20 | SWNW | 1848-09-01 | | A1 |
| 2682 | " " | 15 | W½SE | 1859-05-02 | | A1 |
| 2687 | " " | 22 | NWNE | 1859-05-02 | | A1 |
| 2683 | " " | 20 | E½NW | 1861-08-15 | | A4 |
| 2684 | " " | 20 | NWNW | 1861-08-15 | | A4 |
| 2685 | " " | 20 | SWNE | 1861-08-15 | | A4 |
| 2750 | CRAFT, Whitmel L | 22 | W½SE | 1919-10-01 | | A5 |
| 2752 | CRAFT, Whitmill | 23 | NWNW | 1841-01-05 | | A1 |
| 2751 | " " | 14 | W½SE | 1848-09-01 | | A1 |
| 2753 | " " | 3 | E½SE | 1848-09-01 | | A1 |
| 2754 | " " | 3 | NESW | 1848-09-01 | | A1 |
| 2755 | " " | 3 | SWSE | 1848-09-01 | | A1 |
| 2645 | CRISE, Catharine | 7 | SESW | 1906-10-11 | | A4 G67 C R2483 |
| 2646 | " " | 8 | SWSW | 1906-10-11 | | A4 G67 C |
| 2494 | CURRIE, Daniel | 18 | E½NW | 1841-01-05 | | A1 |
| 2495 | " " | 18 | E½SW | 1841-01-05 | | A1 |
| 2496 | " " | 18 | NWSE | 1841-01-05 | | A1 |
| 2497 | " " | 18 | SWNE | 1841-01-05 | | A1 |
| 2498 | " " | 9 | E½SE | 1841-01-05 | | A1 |
| 2499 | " " | 9 | W½SE | 1841-01-05 | | A1 |
| 2562 | CURRIE, Isabella | 18 | SWSE | 1841-01-05 | | A1 |
| 2793 | DAUGHDRILL, William T | 2 | NENW | 1859-05-02 | | A1 |
| 2531 | DURR, Emanuel A | 13 | NE | 1841-01-05 | | A1 G34 |
| 2530 | " " | 20 | NWSW | 1841-01-05 | | A1 |
| 2762 | EASTERLING, William B | 11 | NW | 1841-01-05 | | A1 |
| 2763 | " " | 11 | W½NE | 1841-01-05 | | A1 |
| 2764 | " " | 2 | W½SW | 1841-01-05 | | A1 |
| 2459 | ELLISON, Allen | 35 | SESE | 1896-12-11 | | A1 |
| 2460 | " " | 36 | SWSW | 1896-12-11 | | A1 |
| 2619 | FAGAN, John | 6 | SENW | 1861-05-01 | | A1 |
| 2783 | FLOWERS, Hardy L | 1 | NWNE | 1854-03-15 | | A1 G40 |
| 2553 | " " | 1 | W½SE | 1854-03-15 | | A1 |
| 2555 | FLOWERS, Henry | 1 | NWSW | 1859-05-02 | | A1 |
| 2571 | FLOWERS, Jackson | 13 | E½SE | 1841-01-05 | | A1 |
| 2572 | " " | 24 | E½NE | 1841-01-05 | | A1 |

| ID | Individual in Patent | Sec. | Sec. Part | Date Issued | Other Counties | For More Info . . . |
|---|---|---|---|---|---|---|
| 2783 | FLOWERS, William K | 1 | NWNE | 1854-03-15 | | A1 G40 |
| 2452 | FORD, Adolphus | 17 | NWSW | 1897-04-02 | | A5 |
| 2453 | " " | 18 | NESE | 1897-04-02 | | A5 |
| 2592 | FORD, James P | 17 | S½SW | 1882-05-20 | | A5 |
| 2593 | " " | 18 | SESE | 1882-05-20 | | A5 |
| 2594 | " " | 19 | NENE | 1882-05-20 | | A5 |
| 2596 | FORD, James T | 32 | NESE | 1899-11-24 | | A5 |
| 2661 | FORD, Nancy C | 17 | E½SE | 1895-02-21 | | A5 |
| 2662 | " " | 17 | NESW | 1895-02-21 | | A5 |
| 2663 | " " | 17 | NWSE | 1895-02-21 | | A5 |
| 2712 | FORD, Sanford V | 20 | NESE | 1884-12-30 | | A1 |
| 2715 | " " | 21 | SWNW | 1889-11-21 | | A1 |
| 2713 | " " | 20 | SESE | 1895-10-09 | | A5 |
| 2714 | " " | 21 | NESW | 1895-10-09 | | A5 |
| 2716 | " " | 21 | W½SW | 1895-10-09 | | A5 |
| 2786 | FORD, William M | 20 | NESW | 1901-05-08 | | A1 |
| 2700 | FROSHOUR, Robert C | 28 | NWNE | 1861-05-01 | | A1 |
| 2575 | FURLOW, James | 15 | NENE | 1859-05-02 | | A1 |
| 2758 | GARNER, Wiley J | 35 | NESE | 1895-08-30 | | A5 |
| 2759 | " " | 36 | NWSW | 1895-08-30 | | A5 |
| 2760 | " " | 36 | SWNW | 1895-08-30 | | A5 |
| 2701 | GATEWOOD, Robert T | 25 | W½SE | 1846-09-01 | | A1 G44 |
| 2688 | GOINS, Richard | 20 | SWSW | 1841-01-05 | | A1 |
| 2531 | GORDON, George H | 13 | NE | 1841-01-05 | | A1 G34 |
| 2567 | HALL, Jabez | 1 | E½SE | 1841-01-05 | | A1 |
| 2568 | " " | 12 | NENE | 1841-01-05 | | A1 |
| 2448 | HARDIN, Aaron G | 19 | SWSW | 1895-02-21 | | A5 |
| 2449 | " " | 30 | NWNW | 1895-02-21 | | A5 |
| 2537 | HELTON, Fannie | 23 | S½SE | 1879-05-06 | | A5 |
| 2628 | HESTEN, John | 15 | NESW | 1841-01-05 | | A1 |
| 2474 | HIGHTOWER, Arnold | 17 | W½NW | 1890-02-21 | | A5 |
| 2475 | " " | 18 | E½NE | 1890-02-21 | | A5 |
| 2655 | HILL, Mary J | 6 | N½NW | 1892-08-08 | | A5 |
| 2525 | HORN, Elijah W | 27 | N½SE | 1894-03-30 | | A5 |
| 2526 | " " | 27 | SENE | 1894-03-30 | | A5 |
| 2527 | " " | 27 | SESE | 1894-03-30 | | A5 |
| 2629 | HOUSTON, John | 12 | E½SE | 1861-05-01 | | A1 |
| 2569 | HULL, Jabez | 1 | SENE | 1841-01-05 | | A1 |
| 2570 | " " | 12 | W½SE | 1841-01-05 | | A1 |
| 2723 | HULL, Solomon | 2 | NWNE | 1859-05-02 | | A1 |
| 2724 | " " | 2 | SWNE | 1859-05-02 | | A1 |
| 2780 | HUSBAND, William J | 6 | NWSW | 1841-01-05 | | A1 |
| 2521 | HUSSEY, Edward G | 7 | NWNW | 1841-01-05 | | A1 |
| 2702 | JOHNSON, Robert W | 17 | E½NW | 1895-10-09 | | A5 |
| 2703 | " " | 17 | W½NE | 1895-10-09 | | A5 |
| 2580 | JOLLEY, James L | 20 | SESW | 1841-01-05 | | A1 |
| 2581 | " " | 20 | SWSE | 1841-01-05 | | A1 |
| 2598 | JONES, Jefferson | 27 | SENW | 1904-12-31 | | A5 |
| 2599 | " " | 27 | SWNE | 1904-12-31 | | A5 |
| 2650 | JONES, Mack | 26 | W½NW | 1898-09-28 | | A5 |
| 2656 | JONES, Mathew | 26 | N½SE | 1896-08-26 | | A5 |
| 2657 | " " | 26 | N½SW | 1896-08-26 | | A5 |
| 2665 | JONES, Nathan | 27 | N½NE | 1902-12-30 | | A5 |
| 2653 | KELLEY, Malcom | 31 | NWNW | 1841-01-05 | | A1 |
| 2454 | KENNEDY, Albert B | 18 | NWSW | 1898-08-27 | | A5 |
| 2455 | " " | 18 | SWNW | 1898-08-27 | | A5 |
| 2590 | KING, James M | 29 | E½NW | 1881-09-17 | | A5 |
| 2591 | " " | 29 | W½NE | 1881-09-17 | | A5 |
| 2610 | LAIRD, Jesse S | 36 | S½NE | 1901-10-09 | | A1 |
| 2583 | LEE, James | 8 | NWNE | 1841-01-05 | | A1 |
| 2584 | " " | 9 | SENW | 1841-01-05 | | A1 |
| 2556 | LEWIS, Howell | 35 | NWNW | 1859-05-02 | | A1 |
| 2613 | LEWIS, Joel | 12 | NWNE | 1854-03-15 | | A1 |
| 2726 | LEWIS, Susan | 15 | SWNW | 1882-03-30 | | A5 C R2648 |
| 2643 | LITTLE, Joseph M | 22 | SW | 1912-02-08 | | A2 |
| 2641 | LOGAN, Joseph | 5 | NWNW | 1902-07-03 | | A5 |
| 2642 | " " | 6 | E½NE | 1902-07-03 | | A5 |
| 2708 | LOGAN, Samuel | 9 | SESW | 1907-04-17 | | A5 |
| 2797 | LOGAN, Wyatt | 5 | N½SE | 1906-06-04 | | A5 |
| 2798 | " " | 5 | N½SW | 1906-06-04 | | A5 |
| 2736 | LONG, Thomas J | 23 | NESW | 1854-11-01 | | A8 |
| 2645 | MARTIN, Joseph M | 7 | SESW | 1906-10-11 | | A4 G67 C R2483 |
| 2646 | " " | 8 | SWSW | 1906-10-11 | | A4 G67 C |

| ID | Individual in Patent | Sec. | Sec. Part | Date Issued | Other Counties | For More Info . . . |
|---|---|---|---|---|---|---|
| 2644 | MARTIN, Joseph M (Cont'd) | 4 | NWSW | 1907-05-20 | | A8 |
| 2668 | MAYERS, Nelson | 5 | S½SE | 1881-09-17 | | A5 |
| 2669 | " " | 5 | SESW | 1881-09-17 | | A5 |
| 2670 | " " | 8 | NENW | 1881-09-17 | | A5 |
| 2609 | MAYFIELD, Jesse N | 29 | NESE | 1907-05-09 | | A5 |
| 2781 | MCALPIN, William J | 31 | S½SW | 1901-03-23 | | A5 |
| 2782 | " " | 31 | SWSE | 1901-03-23 | | A5 |
| 2578 | MCCAUGHAN, James J | 19 | NESE | 1885-05-25 | | A5 |
| 2579 | " " | 19 | S½NE | 1885-05-25 | | A5 |
| 2582 | MCCAUGHAN, James L | 25 | E½SW | 1846-09-01 | | A1 |
| 2701 | " " | 25 | W½SE | 1846-09-01 | | A1 G44 |
| 2528 | MCCRAW, Elizabeth A | 8 | N½SE | 1906-06-16 | | A5 |
| 2529 | " " | 8 | N½SW | 1906-06-16 | | A5 |
| 2502 | MCCRIMMON, Daniel | 26 | E½NE | 1892-06-30 | | A5 |
| 2503 | " " | 26 | NWNE | 1892-06-30 | | A5 |
| 2519 | MCCRIMMON, Duncan | 30 | NWSE | 1841-01-05 | | A1 |
| 2504 | MCCUMMER, Daniel | 30 | E½NE | 1841-01-05 | | A1 |
| 2505 | " " | 30 | SENW | 1841-01-05 | | A1 |
| 2774 | MCDONNEAL, William H | 28 | S½NW | 1890-04-22 | | A1 |
| 2520 | MCGILL, Duncan | 7 | E½NW | 1841-01-05 | | A1 |
| 2651 | MCGILL, Madison | 26 | SENW | 1889-11-23 | | A5 |
| 2652 | " " | 26 | SWNE | 1889-11-23 | | A5 |
| 2490 | MCLAURIN, Cornelius J | 29 | E½SW | 1884-12-30 | | A5 |
| 2491 | " " | 32 | NENW | 1884-12-30 | | A5 |
| 2492 | " " | 32 | NWNE | 1884-12-30 | | A5 |
| 2515 | MCLAURIN, Donald B | 27 | SESW | 1892-06-25 | | A5 |
| 2516 | " " | 27 | SWSE | 1892-06-25 | | A5 |
| 2517 | " " | 34 | E½NW | 1892-06-25 | | A5 |
| 2559 | MCLAURIN, Hugh L | 33 | SENW | 1859-06-01 | | A1 |
| 2557 | " " | 28 | SESW | 1875-07-01 | | A5 |
| 2558 | " " | 33 | NENW | 1875-07-01 | | A5 |
| 2564 | MCLAURIN, J T | 27 | SWNW | 1881-09-17 | | A5 |
| 2565 | " " | 27 | W½SW | 1881-09-17 | | A5 |
| 2566 | " " | 28 | NESE | 1881-09-17 | | A5 |
| 2658 | MCLAURIN, Moses | 32 | SENW | 1884-12-30 | | A5 |
| 2659 | " " | 32 | SWNE | 1884-12-30 | | A5 |
| 2709 | MCLAURIN, Samuel R | 28 | NENE | 1892-07-11 | | A5 |
| 2710 | " " | 28 | NWSE | 1892-07-11 | | A5 |
| 2711 | " " | 28 | S½NE | 1892-07-11 | | A5 |
| 2485 | MCNAIR, Charles | 10 | W½SW | 1841-01-05 | | A1 |
| 2486 | " " | 15 | NENW | 1841-01-05 | | A1 |
| 2743 | MCNEASE, Vernon | 3 | NW | 1898-09-28 | | A5 |
| 2739 | MCREE, Timothy L | 5 | SWSW | 1906-06-26 | | A5 |
| 2740 | " " | 6 | SESE | 1906-06-26 | | A5 |
| 2741 | " " | 7 | NENE | 1906-06-26 | | A5 |
| 2742 | " " | 8 | NWNW | 1906-06-26 | | A5 |
| 2522 | MCWHORTER, Eli T | 7 | SENE | 1906-06-30 | | A1 |
| 2523 | " " | 8 | S½NW | 1906-06-30 | | A1 |
| 2524 | " " | 8 | SWNE | 1906-06-30 | | A1 |
| 2725 | MISSISSIPPI, State Of | 5 | SWNW | 1909-05-14 | | A9 |
| 2545 | MOORE, George W | 15 | NESE | 1859-05-02 | | A1 |
| 2654 | MOORE, Mary A | 32 | SESE | 1874-04-10 | | A5 |
| 2756 | MOORE, Wiley G | 15 | SWSW | 1888-04-05 | | A5 |
| 2757 | " " | 22 | NWNW | 1888-04-05 | | A5 |
| 2775 | MOORE, William H | 15 | NWSW | 1860-04-02 | | A1 |
| 2776 | " " | 15 | SENW | 1860-04-02 | | A1 |
| 2614 | MORGAN, John D | 17 | SWSE | 1885-05-25 | | A5 |
| 2615 | " " | 20 | N½NE | 1885-05-25 | | A5 |
| 2616 | " " | 20 | SENE | 1885-05-25 | | A5 |
| 2772 | NICHOLS, William D | 36 | E½SE | 1881-08-20 | | A5 |
| 2727 | NUBBE, Susan | 23 | NWSE | 1859-05-02 | | A1 |
| 2728 | " " | 23 | SESW | 1859-05-02 | | A1 |
| 2729 | " " | 23 | SWSW | 1859-05-02 | | A1 |
| 2730 | " " | 26 | NENW | 1859-05-02 | | A1 |
| 2548 | PAGE, Green | 5 | E½NW | 1906-06-26 | | A5 |
| 2549 | " " | 5 | W½NE | 1906-06-26 | | A5 |
| 2554 | PARKER, Hardy | 33 | NESW | 1841-01-05 | | A1 |
| 2473 | PERRY, Anthonia | 27 | N½NW | 1904-09-28 | | A5 |
| 2664 | RAYNES, Nancy | 33 | SWSW | 1874-04-10 | | A5 |
| 2777 | ROBERTS, William H | 18 | SWSW | 1897-06-07 | | A5 |
| 2778 | " " | 19 | N½NW | 1897-06-07 | | A5 |
| 2779 | " " | 19 | NWNE | 1897-06-07 | | A5 |
| 2680 | ROGERS, Reuben | 11 | NESE | 1854-10-02 | | A8 |

| ID | Individual in Patent | Sec. | Sec. Part | Date Issued | Other Counties | For More Info . . . |
|---|---|---|---|---|---|---|
| 2681 | ROGERS, Reuben (Cont'd) | 12 | NWSW | 1854-10-02 | | A8 |
| 2542 | RUSSELL, Frank | 32 | SENE | 1884-12-30 | | A1 |
| 2541 | " " | 28 | NWSW | 1904-09-28 | | A5 |
| 2633 | RUSSELL, John | 33 | S½SE | 1881-09-17 | | A5 |
| 2634 | " " | 33 | SESW | 1881-09-17 | | A5 |
| 2624 | RUSSELL, John H | 35 | E½NE | 1892-06-30 | | A5 |
| 2625 | " " | 35 | SENW | 1892-06-30 | | A5 |
| 2626 | " " | 35 | SWNE | 1892-06-30 | | A5 |
| 2660 | RUSSELL, Nace | 36 | SESW | 1894-12-17 | | A5 |
| 2671 | RUSSELL, Noah B | 35 | NESW | 1899-06-28 | | A5 |
| 2672 | " " | 35 | W½SE | 1899-06-28 | | A5 |
| 2689 | RUSSELL, Richmond | 35 | NWSW | 1899-04-01 | | A1 |
| 2690 | " " | 35 | SWNW | 1899-04-01 | | A1 |
| 2787 | RUSSELL, William M | 27 | NESW | 1887-05-27 | | A1 |
| 2791 | RUSSELL, William R | 26 | S½SE | 1895-08-30 | | A5 |
| 2792 | " " | 26 | S½SW | 1895-08-30 | | A5 |
| 2550 | SANDIFER, Hansford D | 21 | SESE | 1879-05-06 | | A5 V2470 |
| 2532 | SELLARS, Evander C | 31 | NWNE | 1885-05-20 | | A5 |
| 2533 | " " | 31 | S½NE | 1885-05-20 | | A5 |
| 2534 | " " | 32 | SWNW | 1885-05-20 | | A5 |
| 2535 | SELLERS, Evander C | 31 | NENW | 1886-07-20 | | A1 |
| 2536 | " " | 31 | SENW | 1889-04-23 | | A1 |
| 2457 | SMITH, Alford T | 33 | SWNW | 1897-05-12 | | A1 |
| 2472 | SMITH, Annis | 15 | SENE | 1912-11-12 | | A5 |
| 2500 | SMITH, Daniel H | 6 | N½SE | 1905-02-13 | | A5 |
| 2501 | " " | 6 | W½NE | 1905-02-13 | | A5 |
| 2506 | SMITH, Daniel N | 11 | E½SW | 1848-09-01 | | A1 |
| 2508 | " " | 11 | W½SE | 1848-09-01 | | A1 |
| 2510 | " " | 14 | NWNE | 1859-05-02 | | A1 |
| 2509 | " " | 11 | W½SW | 1859-06-01 | | A1 |
| 2507 | " " | 11 | SESE | 1859-11-10 | | A1 |
| 2560 | SMITH, Ira F | 14 | E½NE | 1861-07-01 | | A1 |
| 2561 | " " | 14 | NESE | 1861-07-01 | | A1 |
| 2597 | SMITH, Jasper B | 15 | SESE | 1859-05-02 | | A1 |
| 2648 | SMITH, Leroy Y | 15 | SWNW | 1859-05-02 | | A1 R2726 |
| 2673 | SMITH, Peter B | 31 | NESE | 1846-09-01 | | A1 |
| 2704 | SMITH, Sam | 32 | NWSW | 1894-07-24 | | A5 |
| 2784 | SMITH, William L | 28 | S½SE | 1859-05-02 | | A1 |
| 2785 | " " | 33 | N½NE | 1859-05-02 | | A1 |
| 2476 | STEPHENS, Arthur J | 9 | N½NW | 1892-03-17 | | A5 |
| 2477 | " " | 9 | NWNE | 1892-03-17 | | A5 |
| 2635 | STEPHENS, John | 33 | NWSE | 1841-01-05 | | A1 |
| 2630 | STEPHENS, John M | 7 | NESW | 1896-04-28 | | A5 |
| 2631 | " " | 7 | NWSE | 1896-04-28 | | A5 |
| 2632 | " " | 7 | W½NE | 1896-04-28 | | A5 |
| 2640 | STUBBS, Joseph J | 7 | W½SW | 1904-12-31 | | A5 |
| 2611 | STYRON, Jessy H | 19 | NWSE | 1893-08-23 | | A5 |
| 2612 | " " | 19 | S½SE | 1893-08-23 | | A5 |
| 2546 | SUMRALL, Giles | 29 | SESE | 1841-01-05 | | A1 |
| 2547 | " " | 29 | W½SE | 1841-01-05 | | A1 |
| 2551 | TAYLOR, Hardin | 15 | NWNW | 1859-05-02 | | A1 |
| 2552 | " " | 22 | NENE | 1859-05-02 | | A1 |
| 2543 | THOMPSON, George M | 10 | N½SE | 1896-05-26 | | A1 |
| 2544 | " " | 10 | S½NE | 1896-05-26 | | A1 |
| 2674 | THOMPSON, Ransom | 1 | W½NW | 1861-07-01 | | A1 |
| 2675 | " " | 2 | SENE | 1861-07-01 | | A1 |
| 2705 | THOMPSON, Samuel D | 11 | NENE | 1859-05-02 | | A1 |
| 2706 | " " | 2 | SESE | 1859-05-02 | | A1 |
| 2707 | THOMPSON, Samuel F | 5 | E½NE | 1905-03-11 | | A1 |
| 2744 | THOMPSON, Waddy | 1 | SWNE | 1854-03-15 | | A1 |
| 2746 | " " | 11 | SENE | 1854-10-02 | | A8 |
| 2748 | " " | 2 | W½SE | 1854-10-02 | | A8 |
| 2745 | " " | 10 | NENE | 1859-05-02 | | A1 |
| 2747 | " " | 2 | NESE | 1859-05-02 | | A1 |
| 2481 | THORNTON, Benjamin F | 2 | NENE | 1859-05-02 | | A1 |
| 2600 | THORNTON, Jehu G | 29 | W½NW | 1892-05-16 | | A5 |
| 2601 | " " | 29 | W½SW | 1892-05-16 | | A5 |
| 2637 | THORNTON, John | 2 | E½SW | 1841-01-05 | | A1 |
| 2788 | THORNTON, William M | 30 | SESE | 1901-06-25 | | A5 |
| 2789 | " " | 31 | NENE | 1901-06-25 | | A5 |
| 2790 | " " | 32 | NWNW | 1901-06-25 | | A5 |
| 2467 | TILLSON, Andrew J | 31 | N½SW | 1892-06-15 | | A5 |
| 2468 | " " | 31 | NWSE | 1892-06-15 | | A5 |

| ID | Individual in Patent | Sec. | Sec. Part | Date Issued | Other Counties | For More Info . . . |
|---|---|---|---|---|---|---|
| 2469 | TILLSON, Andrew J (Cont'd) | 31 | SWNW | 1892-06-15 | | A5 |
| 2647 | TILLSON, Joseph W | 28 | NESW | 1904-09-28 | | A5 |
| 2638 | TULLOS, William | 6 | E½SW | 1841-01-05 | | A1 G104 |
| 2638 | VINZANT, John | 6 | E½SW | 1841-01-05 | | A1 G104 |
| 2638 | VINZANT, William | 6 | E½SW | 1841-01-05 | | A1 G104 |
| 2765 | WALKER, William B | 35 | NENW | 1896-12-14 | | A5 |
| 2766 | " " | 35 | NWNE | 1896-12-14 | | A5 |
| 2511 | WARD, David | 1 | NENE | 1841-01-05 | | A1 |
| 2512 | " " | 12 | SWNE | 1841-01-05 | | A1 |
| 2471 | WARE, Andrew L | 33 | NWSW | 1884-12-30 | | A1 |
| 2470 | " " | 21 | SE | 1904-09-28 | | A5 V2550 |
| 2794 | WARE, William W | 21 | E½NW | 1900-11-28 | | A1 |
| 2795 | " " | 21 | W½NE | 1900-11-28 | | A1 |
| 2563 | WEATHERSBY, Isom D | 21 | NWNW | 1904-11-22 | | A1 |
| 2595 | WEEMS, James S | 24 | W½NE | 1841-01-05 | | A1 |
| 2639 | WEEMS, John W | 14 | SESE | 1849-12-01 | | A1 |
| 2799 | WELLS, Zachariah | 23 | NENE | 1851-03-01 | | A2 |
| 2627 | WOOD, John H | 7 | SWNW | 1859-05-02 | | A1 |
| 2464 | WORD, Amanda B | 21 | SESW | 1902-07-03 | | A5 |
| 2465 | " " | 28 | N½NW | 1902-07-03 | | A5 |
| 2466 | " " | 29 | NENE | 1902-07-03 | | A5 |

# Patent Map

T2-N R8-E
Choctaw Meridian

Map Group 11

## Township Statistics

| | | |
|---|---|---|
| Parcels Mapped | : | 352 |
| Number of Patents | : | 231 |
| Number of Individuals | : | 185 |
| Patentees Identified | : | 183 |
| Number of Surnames | : | 104 |
| Multi-Patentee Parcels | : | 6 |
| Oldest Patent Date | : | 1/5/1841 |
| Most Recent Patent | : | 10/1/1919 |
| Block/Lot Parcels | : | 0 |
| Parcels Re - Issued | : | 4 |
| Parcels that Overlap | : | 2 |
| Cities and Towns | : | 3 |
| Cemeteries | : | 4 |

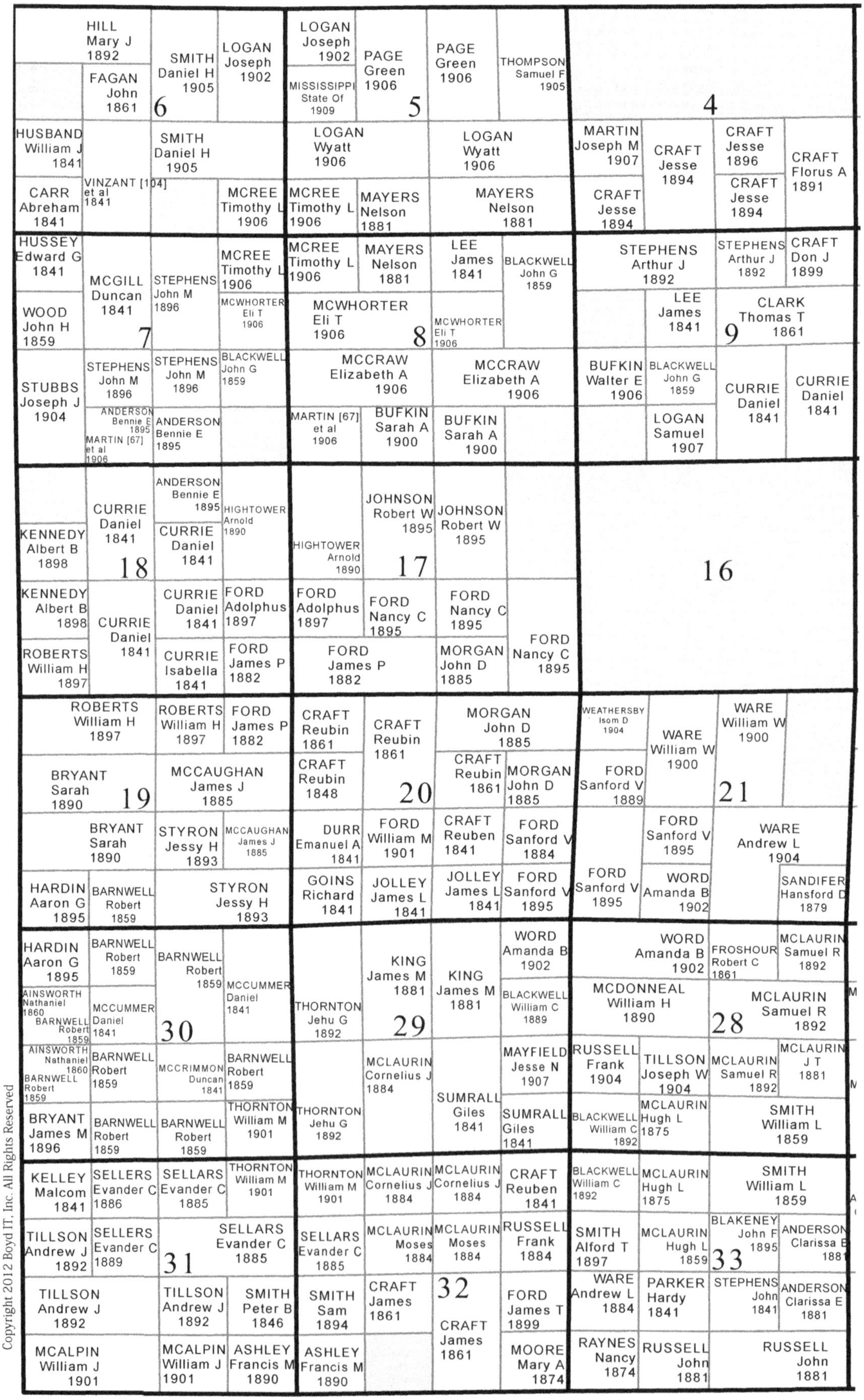

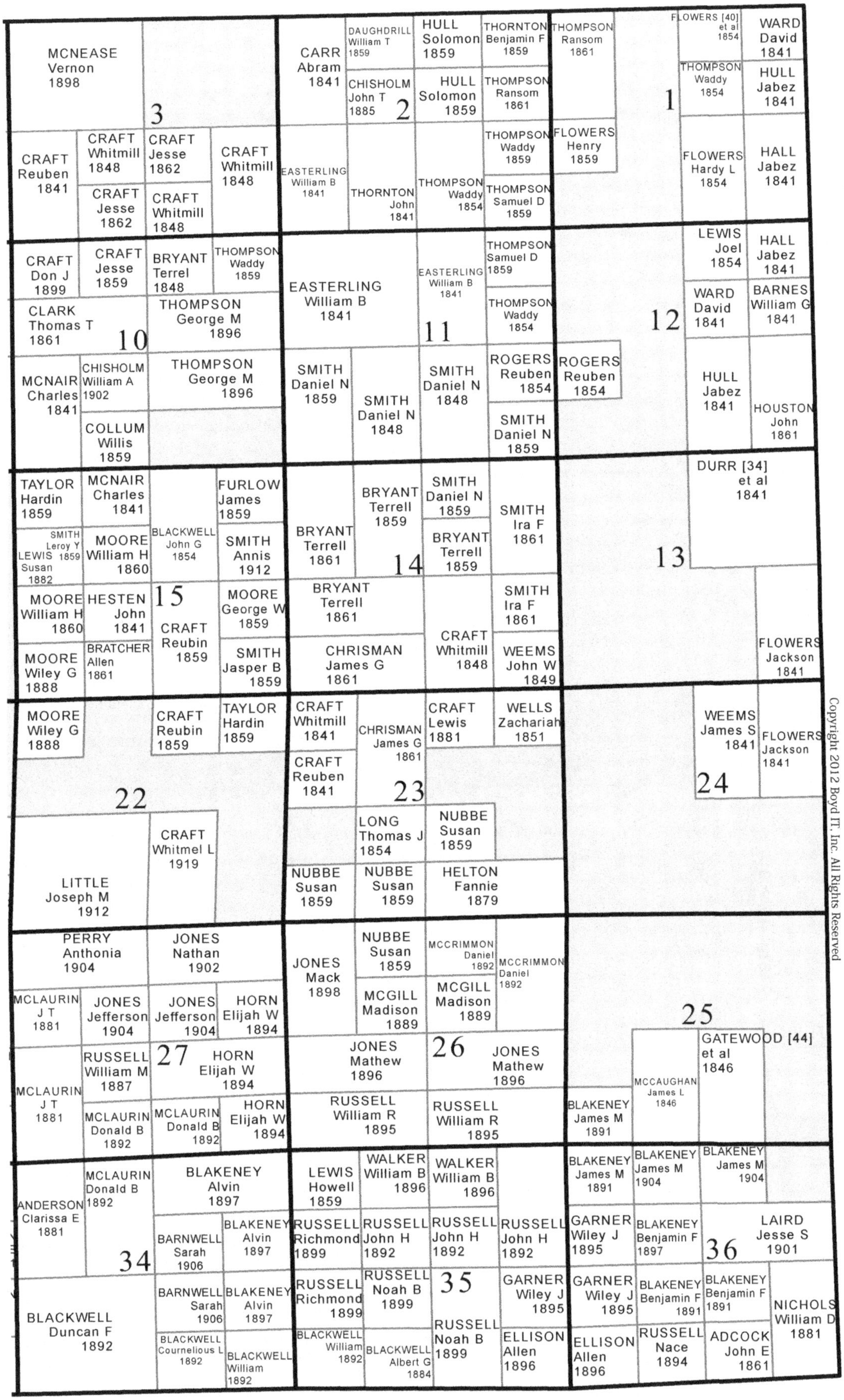




## Helpful Hints

1. This Map's INDEX can be found on the preceding pages.
2. Refer to Map "C" to see where this Township lies within Smith County, Mississippi.
3. Numbers within square brackets [ ] denote a multi-patentee land parcel (multi-owner). Refer to Appendix "C" for a full list of members in this group.
4. Areas that look to be crowded with Patentees usually indicate multiple sales of the same parcel (Re-issues) or Overlapping parcels. See this Township's Index for an explanation of these and other circumstances that might explain "odd" groupings of Patentees on this map.

## Legend

| | |
|---|---|
| ——— | Patent Boundary |
| ━━━ | Section Boundary |
| (shaded) | No Patents Found (or Outside County) |
| 1., 2., 3., ... | Lot Numbers (when beside a name) |
| [ ] | Group Number (see Appendix "C") |

**Scale**: Section = 1 mile X 1 mile (generally, with some exceptions)

## Road Map

T2-N R8-E
Choctaw Meridian

Map Group 11

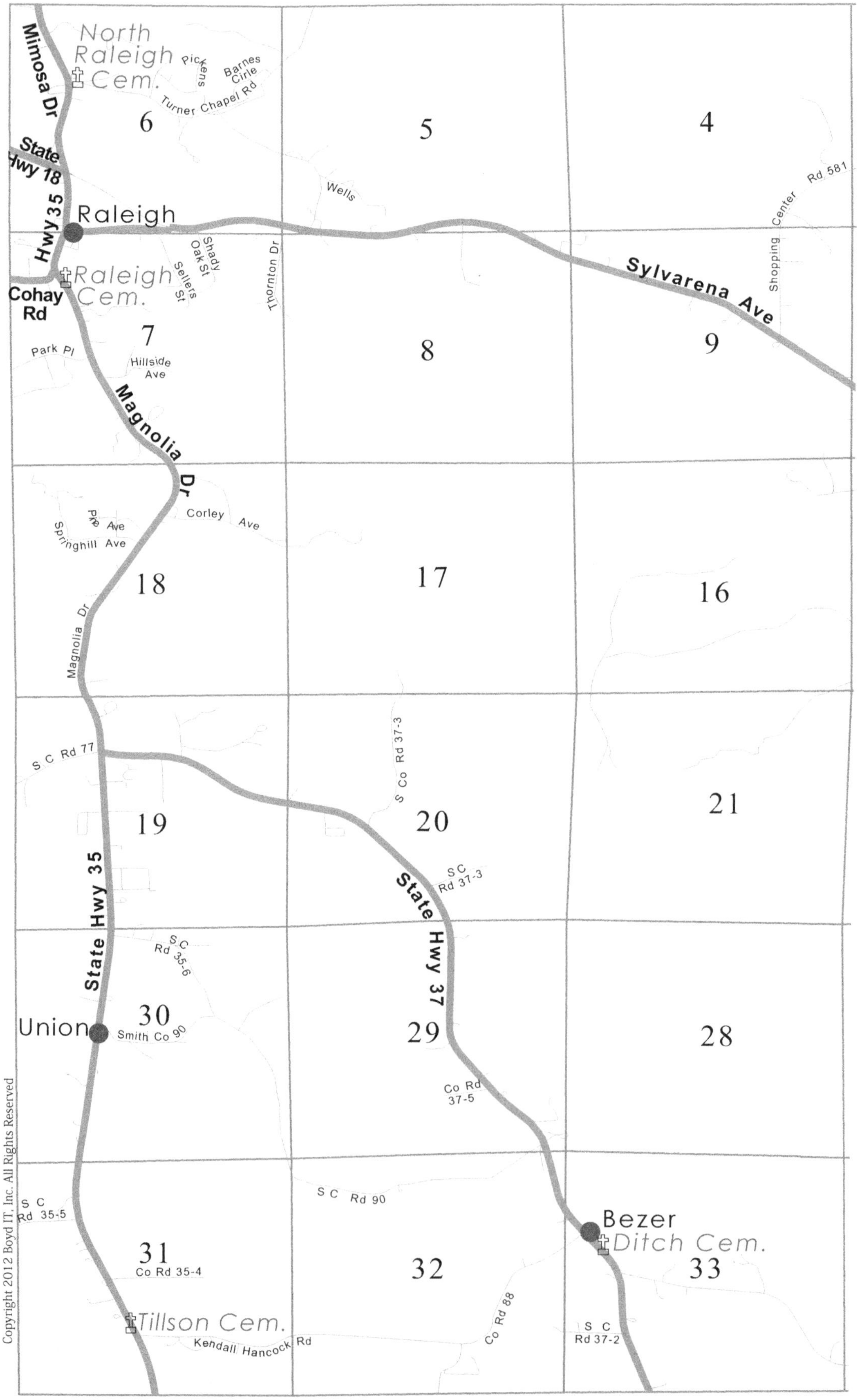




### Cities & Towns

Bezer
Raleigh
Union

### Cemeteries

Ditch Cemetery
North Raleigh Cemetery
Raleigh Cemetery
Tillson Cemetery

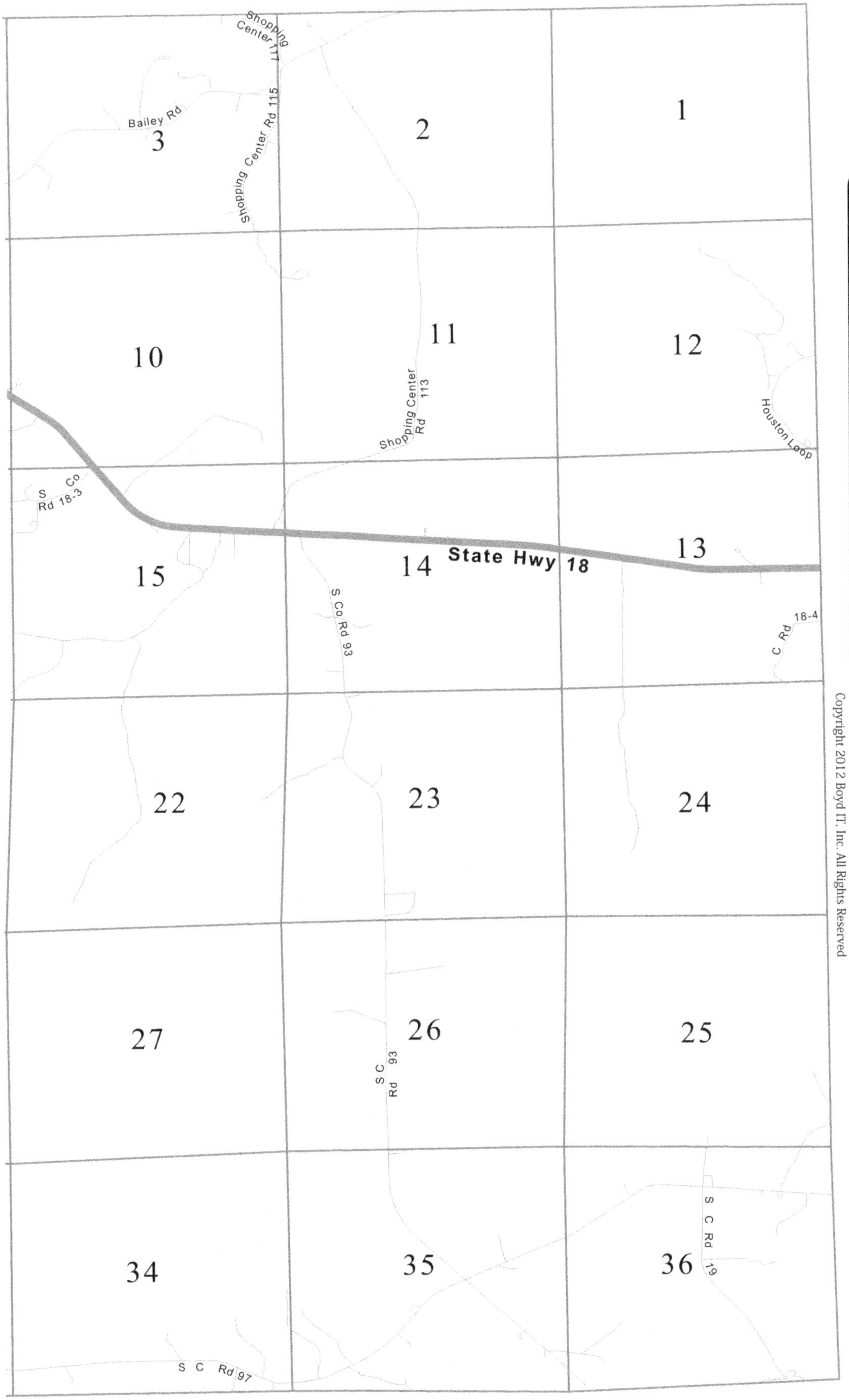




## Helpful Hints

1. This road map has a number of uses, but primarily it is to help you: a) find the present location of land owned by your ancestors (at least the general area), b) find cemeteries and city-centers, and c) estimate the route/roads used by Census-takers & tax-assessors.
2. If you plan to travel to Smith County to locate cemeteries or land parcels, please pick up a modern travel map for the area before you do. Mapping old land parcels on modern maps is not as exact a science as you might think. Just the slightest variations in public land survey coordinates, estimates of parcel boundaries, or road-map deviations can greatly alter a map's representation of how a road either does or doesn't cross a particular parcel of land.

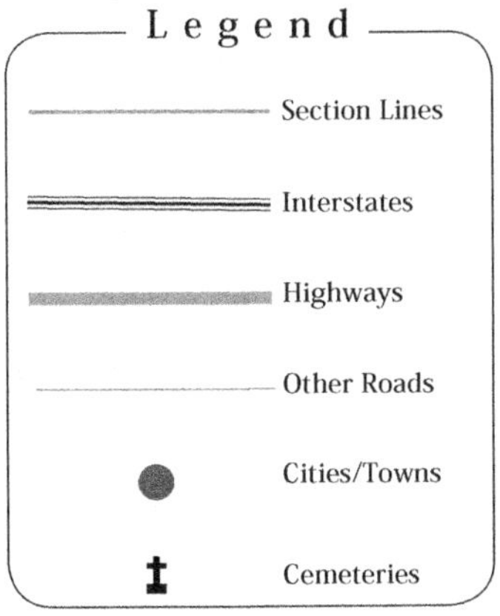


**Scale**: Section = 1 mile X 1 mile
(generally, with some exceptions)

# Historical Map

T2-N R8-E
Choctaw Meridian

Map Group 11

## Cities & Towns

Bezer
Raleigh
Union

## Cemeteries

Ditch Cemetery
North Raleigh Cemetery
Raleigh Cemetery
Tillson Cemetery

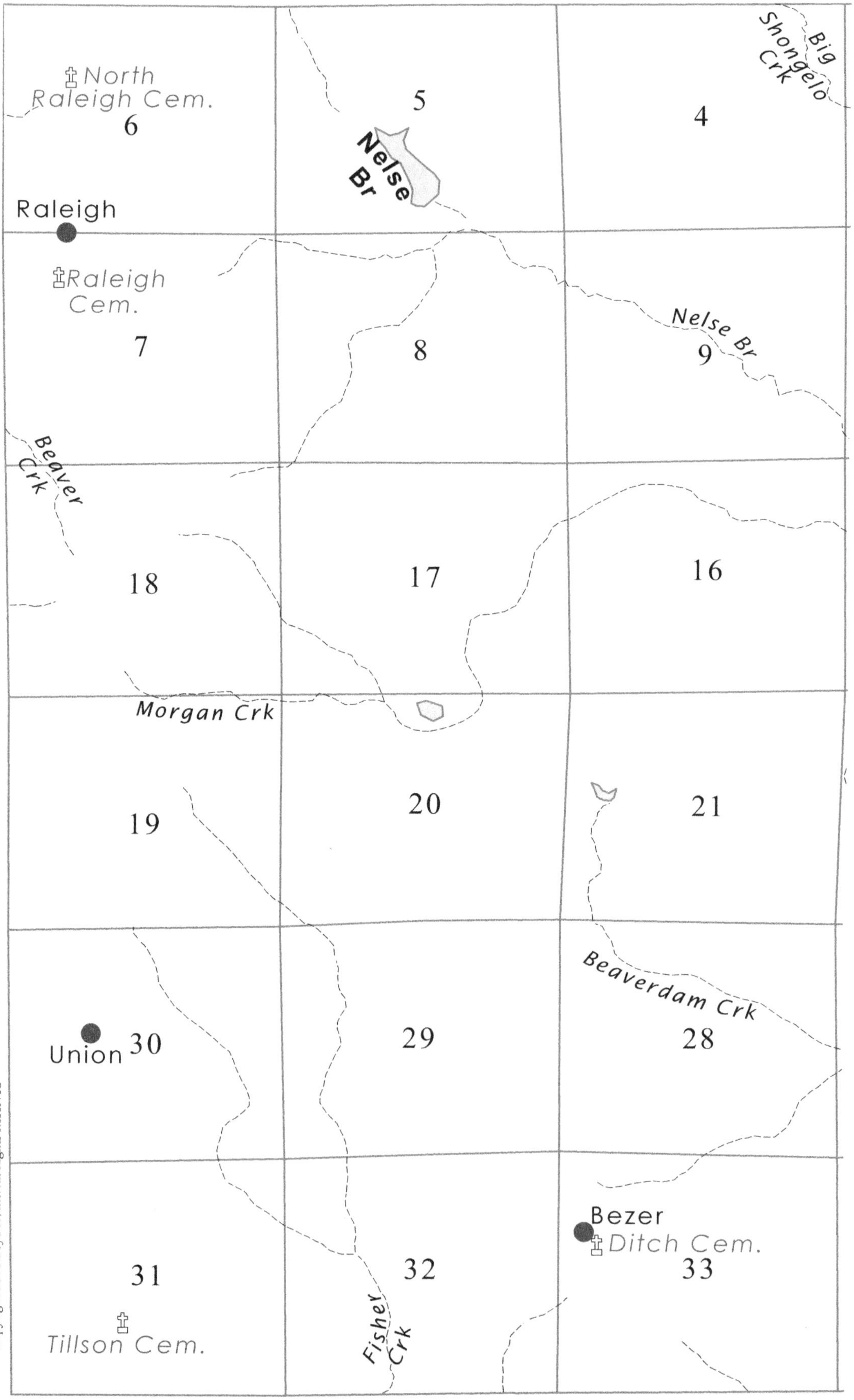

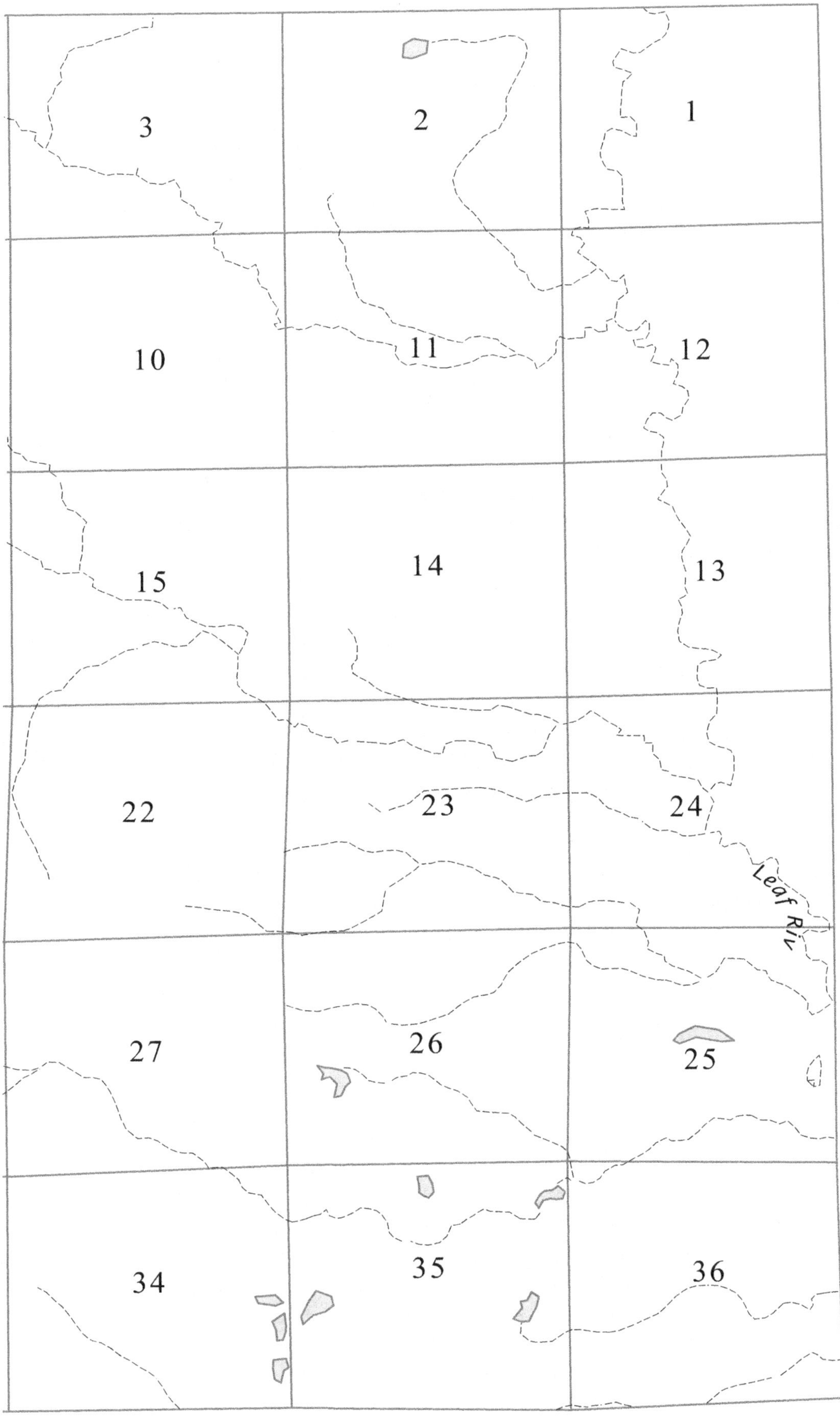




## Helpful Hints

1. This Map takes a different look at the same Congressional Township displayed in the preceding two maps. It presents features that can help you better envision the historical development of the area: a) Water-bodies (lakes & ponds), b) Water-courses (rivers, streams, etc.), c) Railroads, d) City/town center-points (where they were oftentimes located when first settled), and e) Cemeteries.
2. Using this "Historical" map in tandem with this Township's Patent Map and Road Map, may lead you to some interesting discoveries. You will often find roads, towns, cemeteries, and waterways are named after nearby landowners: sometimes those names will be the ones you are researching. See how many of these research gems you can find here in Smith County.

## Legend

- Section Lines
- Railroads
- Large Rivers & Bodies of Water
- Streams/Creeks & Small Rivers
- Cities/Towns
- Cemeteries

**Scale**: Section = 1 mile X 1 mile
(there are some exceptions)

# Map Group 12: Index to Land Patents

## Township 2-North Range 9-East (Choctaw)

After you locate an individual in this Index, take note of the Section and Section Part then proceed to the Land Patent map on the pages immediately following. You should have no difficulty locating the corresponding parcel of land.

The "For More Info" Column will lead you to more information about the underlying Patents. See the *Legend* at right, and the "How to Use this Book" chapter, for more information.

**LEGEND**

"For More Info . . . " column

**A** = Authority (Legislative Act, See Appendix "A")
**B** = Block or Lot (location in Section unknown)
**C** = Cancelled Patent
**F** = Fractional Section
**G** = Group (Multi-Patentee Patent, see Appendix "C")
**V** = Overlaps another Parcel
**R** = Re-Issued (Parcel patented more than once)

*(A & G items require you to look in the Appendixes referred to above. All other Letter-designations followed by a number require you to locate line-items in this index that possess the ID number found after the letter).*

| ID | Individual in Patent | Sec. | Sec. Part | Date Issued | Other Counties | For More Info . . . |
|---|---|---|---|---|---|---|
| 2844 | AINSWORTH, Edward L | 25 | W½NW | 1906-06-30 | | A5 |
| 2885 | AINSWORTH, Jackson | 24 | SESW | 1884-12-30 | | A5 |
| 2886 | " " | 25 | NWNE | 1884-12-30 | | A5 |
| 3054 | AINSWORTH, William L | 2 | W½SW | 1899-08-03 | | A5 |
| 3038 | ALEXANDER, William | 31 | SWSW | 1841-01-05 | | A1 |
| 2805 | ANDERSON, Amanda | 25 | S½SW | 1898-01-19 | | A5 G2 |
| 2806 | " " | 36 | NENW | 1898-01-19 | | A5 G2 |
| 2805 | ANDERSON, William | 25 | S½SW | 1898-01-19 | | A5 G2 |
| 2806 | " " | 36 | NENW | 1898-01-19 | | A5 G2 |
| 3014 | BANKSTON, Thomas J | 6 | SWSW | 1861-05-01 | | A1 |
| 3015 | " " | 7 | N½NW | 1861-05-01 | | A1 |
| 2912 | BARNES, John | 20 | SESE | 1841-01-05 | | A1 |
| 2913 | " " | 21 | NENW | 1841-01-05 | | A1 |
| 2914 | " " | 21 | SENW | 1841-01-05 | | A1 |
| 2937 | BARNES, John W | 15 | E½SE | 1874-11-05 | | A1 |
| 2938 | " " | 15 | NWSE | 1874-11-05 | | A1 |
| 2939 | " " | 15 | SWNE | 1874-11-05 | | A1 |
| 3039 | BARNES, William | 21 | NESW | 1841-01-05 | | A1 |
| 3045 | BARNES, William G | 21 | SESW | 1859-05-02 | | A1 |
| 2951 | BLACKWELL, Josiah J | 34 | SESE | 1861-02-01 | | A1 |
| 2952 | " " | 35 | SWSW | 1861-02-01 | | A1 |
| 2915 | BOYKIN, John | 20 | S½NW | 1881-06-30 | | A5 |
| 2916 | " " | 20 | W½SW | 1881-06-30 | | A5 |
| 2834 | BREWER, David | 17 | W½NW | 1874-11-05 | | A1 |
| 2918 | BROWN, John | 34 | E½NW | 1841-01-05 | | A1 |
| 2917 | " " | 33 | SENE | 1859-05-02 | | A1 |
| 2919 | " " | 34 | SWSW | 1859-05-02 | | A1 |
| 2920 | CARAWAY, John | 34 | SWNE | 1859-11-10 | | A1 V2877 |
| 2888 | CARLISLE, James E | 26 | E½SE | 1906-06-16 | | A5 |
| 2889 | " " | 26 | NWSE | 1906-06-16 | | A5 |
| 2890 | " " | 26 | SENE | 1906-06-16 | | A5 |
| 2958 | CARR, Lucretia | 26 | SWNE | 1854-07-01 | | A2 |
| 2863 | CHISHOLM, George C | 23 | E½SE | 1892-05-26 | | A5 |
| 2864 | " " | 24 | SWSW | 1892-05-26 | | A5 |
| 2810 | COLEMAN, Arick | 22 | E½SE | 1841-01-05 | | A1 |
| 2811 | " " | 23 | SWSW | 1841-01-05 | | A1 |
| 2814 | " " | 26 | W½NW | 1841-01-05 | | A1 |
| 2812 | " " | 26 | NWNE | 1859-05-02 | | A1 |
| 2813 | " " | 26 | SENW | 1859-05-02 | | A1 |
| 2815 | COLEMAN, Ary | 26 | NENW | 1854-03-15 | | A1 |
| 3016 | COLEMAN, Thomas J | 13 | NWSE | 1854-03-15 | | A1 |
| 3017 | " " | 13 | SESE | 1854-03-15 | | A1 |
| 2972 | COWEN, Richard | 14 | SWNE | 1859-05-02 | | A1 |
| 2962 | CROWDER, Mark E | 34 | SENE | 1895-11-13 | | A5 |
| 2963 | " " | 35 | NWSW | 1895-11-13 | | A5 |
| 2964 | " " | 35 | SENW | 1895-11-13 | | A5 |

| ID | Individual in Patent | Sec. | Sec. Part | Date Issued | Other Counties | For More Info . . . |
|---|---|---|---|---|---|---|
| 2965 | CROWDER, Mark E (Cont'd) | 35 | SWNW | 1895-11-13 | | A5 |
| 3060 | CROWDER, William R | 35 | E½SW | 1882-05-20 | | A5 |
| 3061 | " " | 35 | W½SE | 1882-05-20 | | A5 |
| 3046 | DAVIS, William H | 20 | NENE | 1902-01-17 | | A5 |
| 2887 | DILLON, Jacob | 9 | SW | 1878-06-24 | | A5 |
| 3026 | DILLON, Tom | 7 | NE | 1878-06-24 | | A5 V3052, 2922 |
| 2830 | DUCKSWORTH, Charley | 36 | NESE | 1895-06-27 | | A5 |
| 2831 | " " | 36 | SENE | 1895-06-27 | | A5 |
| 3010 | DUKE, Simeon | 13 | NESE | 1854-03-15 | | A1 |
| 2860 | DURR, Emanuel A | 17 | W½NE | 1841-01-05 | | A1 G34 |
| 2861 | " " | 18 | NW | 1841-01-05 | | A1 G34 |
| 2858 | " " | 21 | W½NW | 1841-01-05 | | A1 |
| 2859 | " " | 17 | E½SE | 1846-08-31 | | A1 G34 |
| 2905 | FAULK, Jesse | 17 | SWSE | 1841-01-05 | | A1 |
| 2906 | " " | 20 | SENE | 1841-01-05 | | A1 |
| 2907 | " " | 20 | W½NE | 1841-01-05 | | A1 |
| 2891 | FINCH, James | 9 | W½NW | 1875-07-01 | | A5 |
| 2821 | FISHER, Charles | 10 | | 1840-06-09 | | A1 |
| 2822 | " " | 18 | NE | 1840-06-09 | | A1 |
| 2823 | " " | 18 | SW | 1840-06-09 | | A1 |
| 2824 | " " | 19 | W½NW | 1840-06-09 | | A1 |
| 2825 | " " | 3 | | 1840-06-09 | | A1 |
| 2826 | " " | 5 | | 1840-06-09 | | A1 |
| 2827 | " " | 7 | SE | 1840-06-09 | | A1 |
| 2828 | " " | 8 | NE | 1840-06-09 | | A1 |
| 2829 | " " | 8 | W½ | 1840-06-09 | | A1 |
| 2960 | FLOWERS, Mahala | 31 | NENE | 1854-03-15 | | A1 |
| 2961 | " " | 31 | SENE | 1860-07-02 | | A1 |
| 2973 | FLOWERS, Richard | 21 | W½SW | 1841-01-05 | | A1 |
| 2974 | " " | 28 | SWSW | 1841-01-05 | | A1 |
| 2975 | " " | 28 | W½NE | 1841-01-05 | | A1 |
| 2976 | " " | 29 | E½NE | 1841-01-05 | | A1 |
| 2977 | " " | 29 | E½SE | 1841-01-05 | | A1 |
| 2978 | " " | 29 | E½SW | 1841-01-05 | | A1 |
| 2979 | " " | 29 | W½SE | 1841-01-05 | | A1 |
| 3043 | FLOWERS, William | 15 | W½SW | 1841-01-05 | | A1 |
| 3044 | " " | 30 | E½SW | 1841-01-05 | | A1 |
| 3047 | FLOWERS, William H | 21 | E½NE | 1841-01-05 | | A1 |
| 3048 | " " | 21 | SE | 1841-01-05 | | A1 |
| 3049 | " " | 31 | NENW | 1841-01-05 | | A1 |
| 3062 | FLOWERS, Wilson | 18 | SWSE | 1849-12-01 | | A1 R3063 |
| 3063 | " " | 18 | SWSE | 1849-12-01 | | A1 R3062 |
| 2994 | GIBSON, Robert C | 36 | E½SW | 1862-04-10 | | A1 |
| 2995 | " " | 36 | SENW | 1862-04-10 | | A1 |
| 2927 | GILL, Sarah | 31 | E½SW | 1854-10-02 | | A8 G88 |
| 2860 | GORDON, George H | 17 | W½NE | 1841-01-05 | | A1 G34 |
| 2861 | " " | 18 | NW | 1841-01-05 | | A1 G34 |
| 2865 | " " | 29 | W½NW | 1841-01-05 | | A1 |
| 2866 | " " | 29 | W½SW | 1841-01-05 | | A1 |
| 2867 | " " | 30 | E½NE | 1841-01-05 | | A1 |
| 2859 | " " | 17 | E½SE | 1846-08-31 | | A1 G34 |
| 2928 | GOUIN, John M | 23 | E½NW | 1860-04-02 | | A1 |
| 2929 | " " | 23 | W½NE | 1860-04-02 | | A1 |
| 2930 | " " | 24 | NWSW | 1860-04-02 | | A1 |
| 2908 | GOWAN, Jesse | 30 | SESE | 1841-01-05 | | A1 |
| 2931 | GOWEN, John M | 22 | NWSE | 1908-10-29 | | A1 R2997 |
| 2980 | GOWEN, Richard | 13 | NWSW | 1854-03-15 | | A1 |
| 2981 | " " | 13 | SESW | 1854-03-15 | | A1 |
| 2982 | " " | 13 | SWSW | 1854-03-15 | | A1 |
| 2984 | " " | 14 | N½SE | 1854-03-15 | | A1 |
| 2985 | " " | 14 | SWSE | 1854-03-15 | | A1 |
| 2987 | " " | 24 | NENE | 1854-03-15 | | A1 |
| 2988 | " " | 27 | NENW | 1854-07-01 | | A2 |
| 2986 | " " | 23 | SWSE | 1854-10-02 | | A8 V2969 |
| 2983 | " " | 14 | E½NE | 1898-08-15 | | A1 |
| 2909 | GOWENS, Jesse | 24 | NESW | 1846-09-01 | | A1 |
| 2989 | GOWIEN, Richard | 24 | SENE | 1849-12-01 | | A1 |
| 2990 | " " | 24 | SENW | 1849-12-01 | | A1 |
| 2924 | GOWIN, John | 23 | NENE | 1854-03-15 | | A1 |
| 2925 | " " | 23 | SENE | 1854-03-15 | | A1 |
| 2926 | " " | 24 | SWNW | 1854-03-15 | | A1 |
| 2991 | GOWIN, Richard | 13 | SWSE | 1854-03-15 | | A1 |
| 2992 | " " | 24 | N½NW | 1854-03-15 | | A1 |

| ID | Individual in Patent | Sec. | Sec. Part | Date Issued | Other Counties | For More Info . . . |
|---|---|---|---|---|---|---|
| 2993 | GOWIN, Richard (Cont'd) | 24 | SWNE | 1854-03-15 | | A1 |
| 2807 | GUNTER, Americus | 25 | E½NE | 1861-05-01 | | A1 |
| 2808 | " " | 25 | NESE | 1861-05-01 | | A1 |
| 2809 | " " | 25 | SWNE | 1861-05-01 | | A1 |
| 2911 | HANCOCK, Joel W | 11 | E½SW | 1895-06-27 | | A5 |
| 2955 | HANCOCK, Lawrence W | 33 | SESE | 1924-10-07 | | A1 |
| 3050 | HAWKINS, William | 25 | SESE | 1861-02-01 | | A1 |
| 3051 | " " | 36 | NENE | 1861-02-01 | | A1 |
| 2836 | HAYES, Ebenezar | 20 | E½SW | 1841-01-05 | | A1 |
| 2837 | " " | 21 | W½NE | 1841-01-05 | | A1 |
| 2941 | HAYES, Joseph | 17 | NWSE | 1841-01-05 | | A1 |
| 2942 | " " | 20 | NESE | 1841-01-05 | | A1 |
| 2838 | HAYS, Ebenezer | 14 | NESW | 1851-10-01 | | A1 |
| 2839 | " " | 14 | NWNW | 1859-05-02 | | A1 |
| 2840 | " " | 15 | E½NE | 1859-05-02 | | A1 |
| 2857 | HAYS, Elizabeth | 14 | SWNW | 1854-03-15 | | A1 |
| 2943 | HAYS, Joseph | 17 | E½NE | 1841-01-05 | | A1 |
| 2945 | " " | 20 | NWSE | 1841-01-05 | | A1 |
| 2947 | " " | 20 | SWSE | 1841-01-05 | | A1 G50 |
| 2944 | " " | 17 | NENW | 1859-05-02 | | A1 |
| 2946 | " " | 8 | SWSE | 1859-05-02 | | A1 |
| 2878 | HOLDER, Henry B | 2 | SWSE | 1906-05-01 | | A1 |
| 2892 | HOOD, James H | 2 | NENW | 1874-11-05 | | A1 |
| 2893 | HORNE, James J | 15 | NWNE | 1892-05-16 | | A5 |
| 2862 | HOUSTON, Erick L | 8 | NWSE | 1861-05-01 | | A1 |
| 2922 | HOUSTON, John F | 7 | S½NE | 1874-11-05 | | A1 V3026 |
| 2923 | " " | 7 | S½NW | 1874-11-05 | | A1 |
| 3009 | HOUSTON, Sandy | 11 | W½SW | 1889-05-23 | | A5 |
| 2947 | HOUZE, William J | 20 | SWSE | 1841-01-05 | | A1 G50 |
| 2879 | HUGHES, Isham | 2 | NENE | 1892-06-30 | | A5 |
| 2880 | " " | 2 | W½NE | 1892-06-30 | | A5 |
| 2835 | HULL, Dilly A | 6 | NWSW | 1841-01-05 | | A1 |
| 2881 | HULL, Jabez | 6 | E½NW | 1841-01-05 | | A1 |
| 2882 | " " | 6 | E½SW | 1841-01-05 | | A1 |
| 2883 | " " | 6 | NE | 1841-01-05 | | A1 |
| 2884 | " " | 6 | W½NW | 1841-01-05 | | A1 |
| 3019 | JENNINGS, Thomas L | 1 | SWNE | 1859-06-01 | | A1 |
| 3020 | " " | 1 | W½SE | 1859-06-01 | | A1 |
| 3018 | " " | 1 | NWSW | 1859-11-10 | | A1 |
| 3021 | " " | 2 | E½SE | 1860-05-10 | | A4 |
| 3022 | " " | 2 | SENE | 1860-05-10 | | A4 |
| 3011 | JERNAGAN, Stephen | 27 | NWSE | 1848-09-01 | | A1 |
| 3012 | " " | 27 | SESW | 1848-09-01 | | A1 |
| 2874 | JERNICAN, Harris | 27 | S½SE | 1861-05-01 | | A1 R2875 |
| 2877 | " " | 34 | W½NE | 1861-05-01 | | A1 V2920, 2876 |
| 2875 | " " | 27 | S½SE | 1956-01-19 | | A7 R2874 |
| 2876 | " " | 34 | N½NE | 1956-01-19 | | A7 V2877 |
| 2904 | JOHNSON, Jehu J | 30 | N½SE | 1890-03-28 | | A5 |
| 2953 | JOHNSON, Lanson | 14 | NWSW | 1861-05-01 | | A1 |
| 3053 | JOHNSON, William | 31 | NWNE | 1841-01-05 | | A1 |
| 2999 | KENON, Robert L | 19 | NESE | 1854-03-15 | | A1 |
| 3000 | KEOWN, Robert L | 15 | NW | 1862-04-10 | | A1 |
| 3004 | KEOWN, Samuel | 15 | NESW | 1859-05-02 | | A1 |
| 3005 | " " | 15 | SESW | 1859-05-02 | | A1 |
| 3006 | " " | 15 | SWSE | 1859-05-02 | | A1 |
| 3007 | " " | 22 | NW | 1859-05-02 | | A1 |
| 3008 | " " | 22 | NWNE | 1859-05-02 | | A1 |
| 2816 | KEYES, Berry | 32 | NWNE | 1908-10-26 | | A5 |
| 2954 | LANKSTON, Lark | 19 | SESE | 1906-06-21 | | A5 |
| 3001 | MAINUS, Rufus | 32 | E½NW | 1859-05-02 | | A1 |
| 3002 | " " | 32 | SWNW | 1859-05-02 | | A1 |
| 3003 | MANUP, Rufus | 28 | SESW | 1862-04-10 | | A1 |
| 2894 | MCCAUGHAN, James J | 31 | SWNE | 1862-04-10 | | A1 |
| 2899 | MCCAUGHAN, James L | 30 | E½NW | 1846-09-01 | | A1 |
| 2921 | MCCOUGHAN, John D | 32 | SWNE | 1859-05-02 | | A1 |
| 3033 | MCCULLOM, Walker | 36 | S½SE | 1895-02-21 | | A5 |
| 3013 | MELTON, Thomas H | 1 | NESE | 1859-05-02 | | A1 |
| 2996 | MIDDLETON, Robert D | 22 | E½SW | 1859-03-01 | | A1 |
| 2997 | " " | 22 | NWSE | 1859-03-01 | | A1 R2931 |
| 3024 | MILLER, Thomas | 6 | NWSE | 1848-09-01 | | A1 |
| 3023 | " " | 6 | NESE | 1859-05-02 | | A1 |
| 3056 | OWEN, William | 25 | NWSW | 1859-06-01 | | A1 |
| 3057 | OWENS, William | 28 | E½NW | 1859-11-10 | | A1 |

| ID | Individual in Patent | Sec. | Sec. Part | Date Issued | Other Counties | For More Info . . . |
|---|---|---|---|---|---|---|
| 3058 | OWENS, William (Cont'd) | 28 | NESW | 1859-11-10 | | A1 |
| 3059 | " " | 28 | NWNW | 1859-11-10 | | A1 |
| 2841 | PEACOCK, Edward B | 27 | NESW | 1854-03-15 | | A1 |
| 2842 | " " | 27 | NWNE | 1854-03-15 | | A1 |
| 2843 | " " | 27 | SWNE | 1854-03-15 | | A1 |
| 2852 | PEACOCK, Edwin | 19 | NWSE | 1850-03-20 | | A1 |
| 2851 | " " | 17 | NESW | 1854-03-15 | | A1 |
| 2853 | " " | 27 | NENE | 1854-03-15 | | A1 |
| 2854 | " " | 27 | NWSW | 1854-03-15 | | A1 |
| 2849 | PEACOCK, Edwin B | 27 | SENW | 1854-03-15 | | A1 |
| 2850 | " " | 27 | SWSW | 1854-03-15 | | A1 |
| 2845 | " " | 17 | W½SW | 1854-10-02 | | A8 |
| 2847 | " " | 27 | NESE | 1859-05-02 | | A1 |
| 2848 | " " | 27 | SENE | 1859-05-02 | | A1 |
| 2846 | " " | 18 | NWSE | 1861-05-01 | | A1 |
| 2903 | POOL, Jechonias P | 30 | SWSE | 1841-01-05 | | A1 |
| 2956 | RATCLIFF, Lemuel W | 1 | S½SW | 1862-04-10 | | A1 |
| 2872 | RAWLS, Hardy | 20 | NENW | 1841-01-05 | | A1 |
| 2873 | " " | 20 | NWNW | 1841-01-05 | | A1 |
| 2910 | RAWLS, Jesse | 7 | W½SW | 1841-01-05 | | A1 |
| 2934 | RAWLS, John | 17 | SESW | 1841-01-05 | | A1 |
| 2935 | " " | 19 | NENE | 1841-01-05 | | A1 |
| 2936 | " " | 19 | SENE | 1841-01-05 | | A1 |
| 2932 | RAWLS, John M | 19 | SWNE | 1841-01-05 | | A1 |
| 2933 | " " | 19 | SWSE | 1841-01-05 | | A1 |
| 2817 | ROGERS, Cade B | 35 | N½NE | 1904-12-31 | | A5 |
| 2818 | " " | 36 | W½NW | 1904-12-31 | | A5 |
| 2819 | ROGERS, Chapman C | 26 | S½SW | 1895-08-30 | | A5 |
| 2820 | " " | 35 | N½NW | 1895-08-30 | | A5 |
| 2957 | ROGERS, Leroy | 26 | SWSE | 1906-06-26 | | A5 |
| 2968 | ROGERS, Nevel E | 23 | E½SW | 1892-06-15 | | A5 |
| 2969 | " " | 23 | W½SE | 1892-06-15 | | A5 V2986 |
| 3040 | ROGERS, William E | 35 | NESE | 1905-06-30 | | A5 |
| 3041 | " " | 35 | S½NE | 1905-06-30 | | A5 |
| 3042 | " " | 36 | NWSW | 1905-06-30 | | A5 |
| 2967 | ROYALS, Nathan B | 11 | NENW | 1859-05-02 | | A1 |
| 2970 | ROYALS, Rankin | 2 | NWNW | 1854-11-01 | | A8 |
| 2868 | SHARBROUGH, George | 1 | W½NW | 1906-06-26 | | A5 |
| 2898 | SHARBROUGH, James J | 1 | SESE | 1859-11-10 | | A1 |
| 2895 | " " | 1 | E½NE | 1875-08-20 | | A5 |
| 2896 | " " | 1 | NESW | 1889-04-23 | | A1 |
| 2897 | " " | 1 | SENW | 1889-04-23 | | A1 |
| 2966 | SHAW, Murdoch | 7 | E½SW | 1874-11-05 | | A1 |
| 3025 | SHERMAN, Thomas W | 29 | SWNE | 1919-05-26 | | A5 |
| 2927 | SMITH, John J | 31 | E½SW | 1854-10-02 | | A8 G88 |
| 2998 | SMITH, Robert H | 26 | N½SW | 1905-12-30 | | A5 |
| 3064 | SMITH, Wilson T | 11 | W½NW | 1861-02-01 | | A1 |
| 3065 | SMYTH, Wilson T | 11 | SENW | 1859-05-02 | | A1 |
| 3066 | " " | 2 | SESW | 1860-07-02 | | A1 |
| 3027 | THOMAS, Tristram B | 32 | NWNW | 1841-01-05 | | A1 |
| 2855 | THOMPSON, Elen | 28 | NWSW | 1874-11-05 | | A1 |
| 2856 | " " | 28 | SWNW | 1874-11-05 | | A1 |
| 2949 | THOMPSON, Joseph | 33 | SESW | 1856-06-16 | | A8 |
| 2948 | " " | 33 | NESE | 1859-05-02 | | A1 |
| 2950 | " " | 33 | W½SE | 1859-05-02 | | A1 |
| 3030 | THOMPSON, Waddy | 32 | NENE | 1859-05-02 | | A1 |
| 3031 | " " | 33 | NWNW | 1859-05-02 | | A1 |
| 3032 | " " | 34 | NESW | 1859-05-02 | | A1 |
| 3028 | " " | 29 | E½NW | 1860-05-10 | | A4 |
| 3029 | " " | 29 | NWNE | 1860-05-10 | | A4 |
| 3034 | THOMPSON, Walton | 34 | NESE | 1892-03-23 | | A5 |
| 3035 | " " | 34 | SWSE | 1892-03-23 | | A5 |
| 2900 | WEEMS, James S | 13 | NESW | 1848-09-01 | | A1 |
| 2940 | WEEMS, John W | 18 | SESE | 1908-10-29 | | A1 |
| 2869 | WELBURN, Hannah | 2 | NESW | 1891-05-20 | | A5 G107 |
| 2870 | " " | 2 | NWSE | 1891-05-20 | | A5 G107 |
| 2871 | " " | 2 | S½NW | 1891-05-20 | | A5 G107 |
| 2869 | WELBURN, Jack | 2 | NESW | 1891-05-20 | | A5 G107 |
| 2870 | " " | 2 | NWSE | 1891-05-20 | | A5 G107 |
| 2871 | " " | 2 | S½NW | 1891-05-20 | | A5 G107 |
| 2832 | WELCH, Darius S | 14 | NENW | 1861-07-01 | | A1 |
| 2833 | " " | 14 | NWNE | 1861-07-01 | | A1 |
| 3052 | WEST, William J | 7 | N½NE | 1841-01-05 | | A1 V3026 |

| ID | Individual in Patent | Sec. | Sec. Part | Date Issued | Other Counties | For More Info . . . |
|---|---|---|---|---|---|---|
| 3055 | WEST, William N | 6 | S½SE | 1841-01-05 | | A1 |
| 2902 | WINDHAM, Jay D | 24 | SESE | 1905-12-13 | | A5 |
| 2959 | WINDHAM, Madison | 35 | SESE | 1899-06-13 | | A5 |
| 2971 | WINDHAM, Ransom | 36 | SWSW | 1906-05-01 | | A5 |
| 3036 | WINDHAM, Wiley C | 36 | NWSE | 1906-06-26 | | A5 |
| 3037 | " " | 36 | W½NE | 1906-06-26 | | A5 |
| 2800 | WINDOM, Albert | 25 | NESW | 1906-06-16 | | A5 |
| 2801 | " " | 25 | SENW | 1906-06-16 | | A5 |
| 2802 | " " | 25 | W½SE | 1906-06-16 | | A5 |
| 2803 | YELVERTON, Alfred | 24 | NESE | 1841-01-05 | | A1 |
| 2804 | " " | 24 | W½SE | 1841-01-05 | | A1 |
| 2901 | YELVERTON, James | 25 | NENW | 1859-05-02 | | A1 |

# Patent Map

T2-N R9-E
Choctaw Meridian

Map Group 12

## Township Statistics

| | | |
|---|---|---|
| Parcels Mapped | : | 267 |
| Number of Patents | : | 187 |
| Number of Individuals | : | 134 |
| Patentees Identified | : | 132 |
| Number of Surnames | : | 84 |
| Multi-Patentee Parcels | : | 10 |
| Oldest Patent Date | : | 6/9/1840 |
| Most Recent Patent | : | 1/19/1956 |
| Block/Lot Parcels | : | 0 |
| Parcels Re - Issued | : | 3 |
| Parcels that Overlap | : | 8 |
| Cities and Towns | : | 2 |
| Cemeteries | : | 2 |

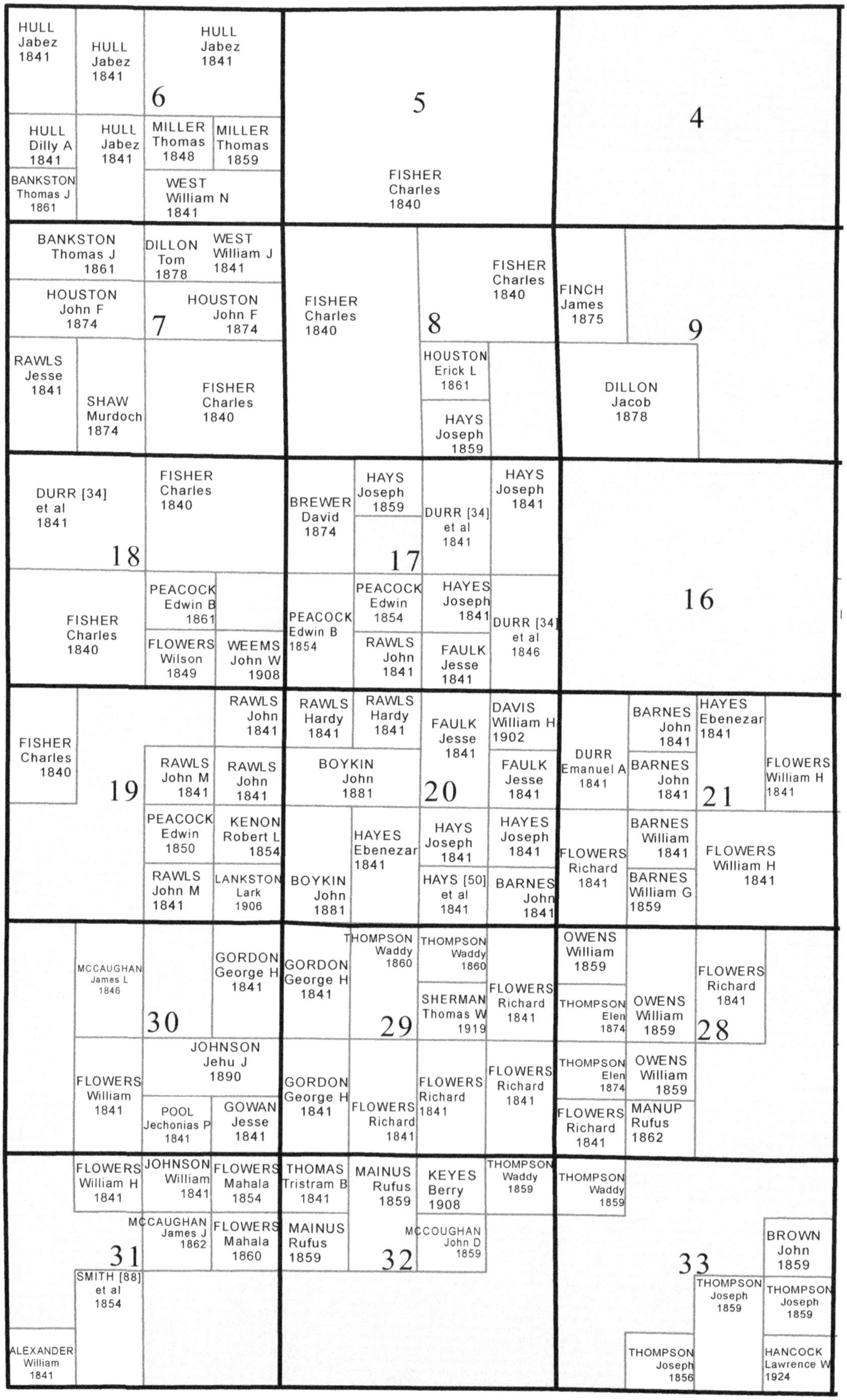

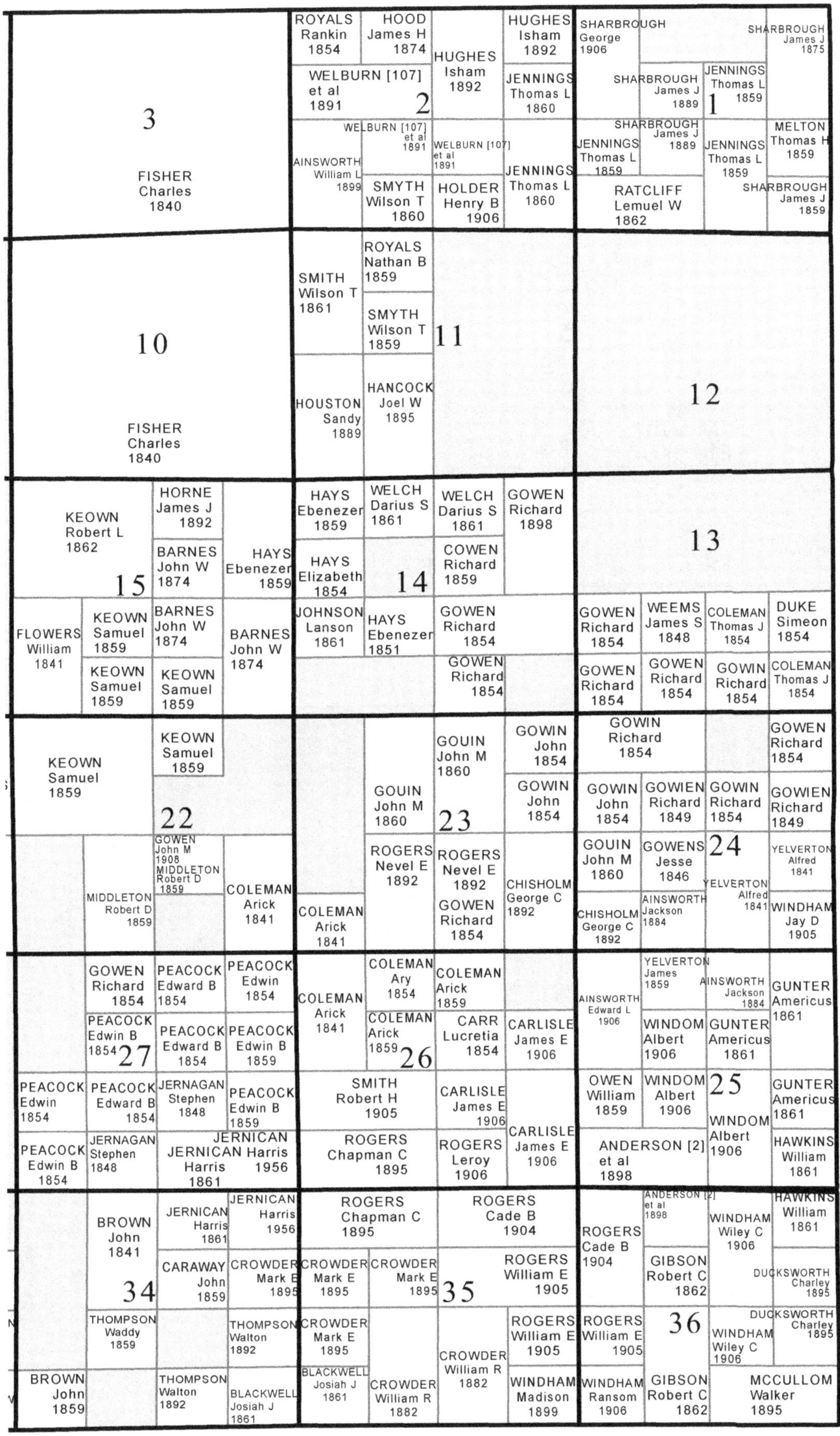




## Helpful Hints

1. This Map's INDEX can be found on the preceding pages.
2. Refer to Map "C" to see where this Township lies within Smith County, Mississippi.
3. Numbers within square brackets [ ] denote a multi-patentee land parcel (multi-owner). Refer to Appendix "C" for a full list of members in this group.
4. Areas that look to be crowded with Patentees usually indicate multiple sales of the same parcel (Re-issues) or Overlapping parcels. See this Township's Index for an explanation of these and other circumstances that might explain "odd" groupings of Patentees on this map.

## Legend

| | |
|---|---|
| —— | Patent Boundary |
| ▬▬ | Section Boundary |
| | No Patents Found (or Outside County) |
| 1., 2., 3., ... | Lot Numbers (when beside a name) |
| [ ] | Group Number (see Appendix "C") |

**Scale**: Section = 1 mile X 1 mile (generally, with some exceptions)

## Road Map

T2-N R9-E
Choctaw Meridian

Map Group 12

### Cities & Towns

Mount Pleasant
Sylvarena

### Cemeteries

Bethany Cemetery
Johnson Cemetery

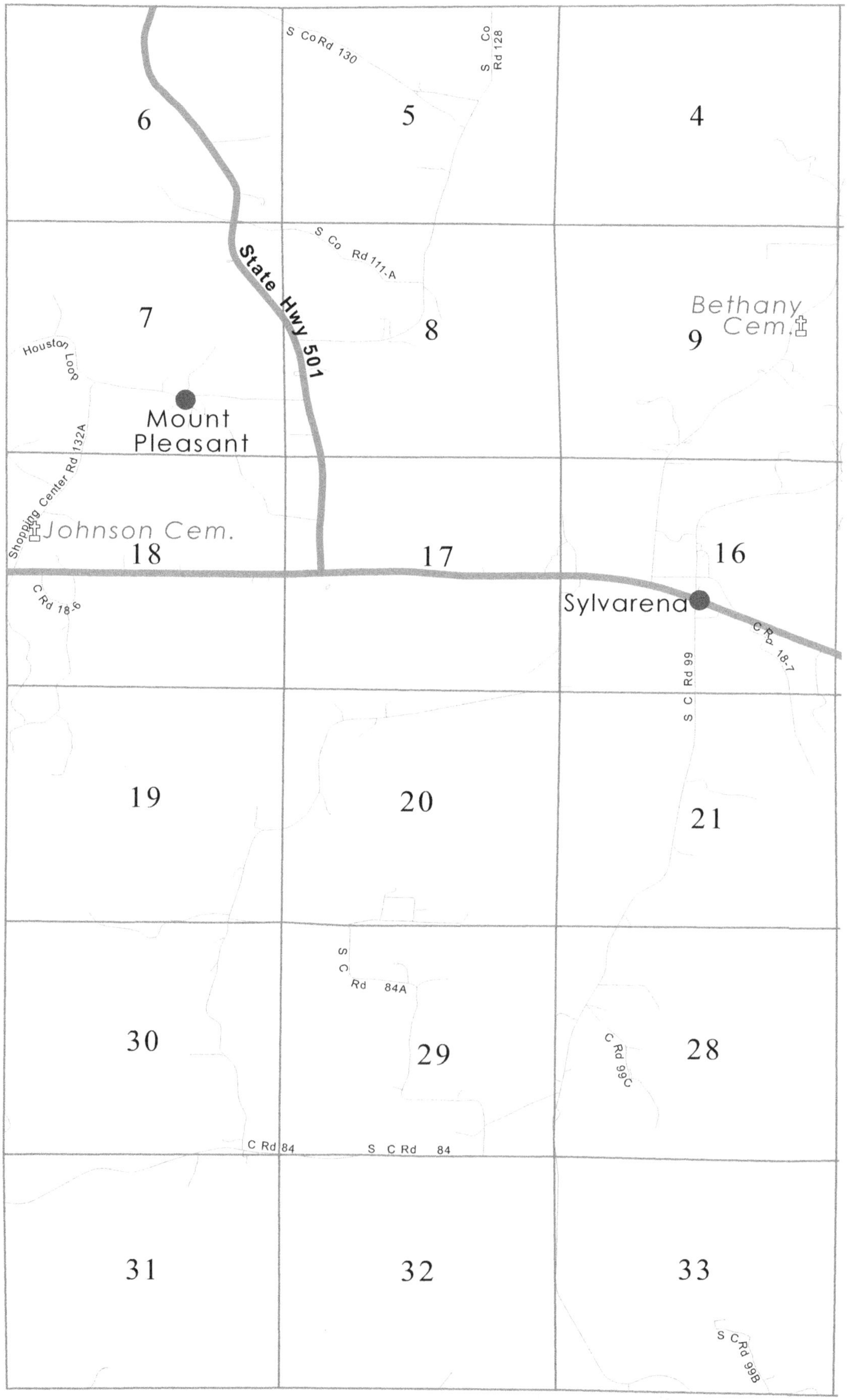

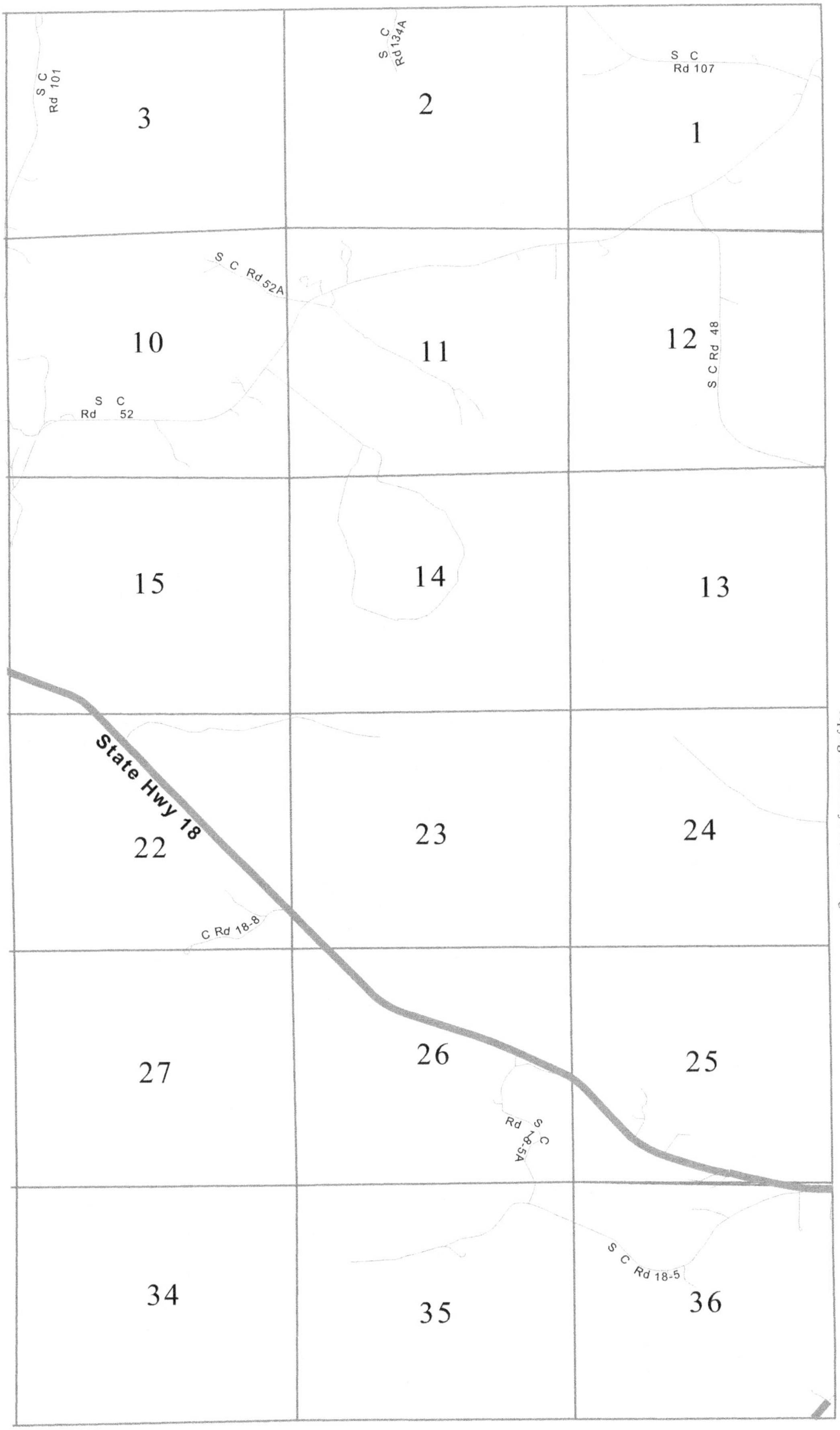




## Helpful Hints

1. This road map has a number of uses, but primarily it is to help you: a) find the present location of land owned by your ancestors (at least the general area), b) find cemeteries and city-centers, and c) estimate the route/roads used by Census-takers & tax-assessors.

2. If you plan to travel to Smith County to locate cemeteries or land parcels, please pick up a modern travel map for the area before you do. Mapping old land parcels on modern maps is not as exact a science as you might think. Just the slightest variations in public land survey coordinates, estimates of parcel boundaries, or road-map deviations can greatly alter a map's representation of how a road either does or doesn't cross a particular parcel of land.

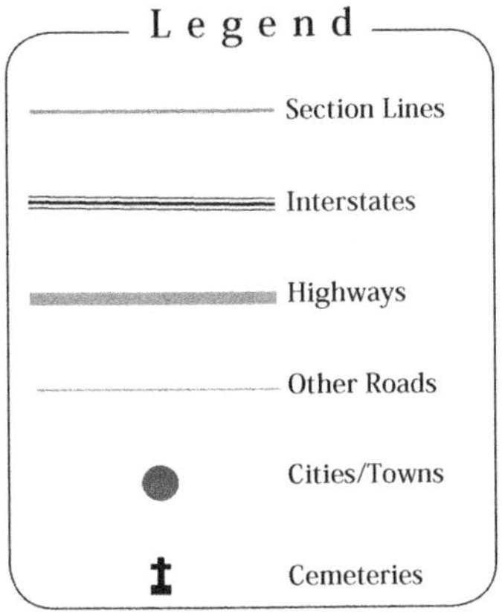


**Scale**: Section = 1 mile X 1 mile
(generally, with some exceptions)

# Historical Map

T2-N R9-E
Choctaw Meridian

Map Group 12

### Cities & Towns

Mount Pleasant
Sylvarena

### Cemeteries

Bethany Cemetery
Johnson Cemetery

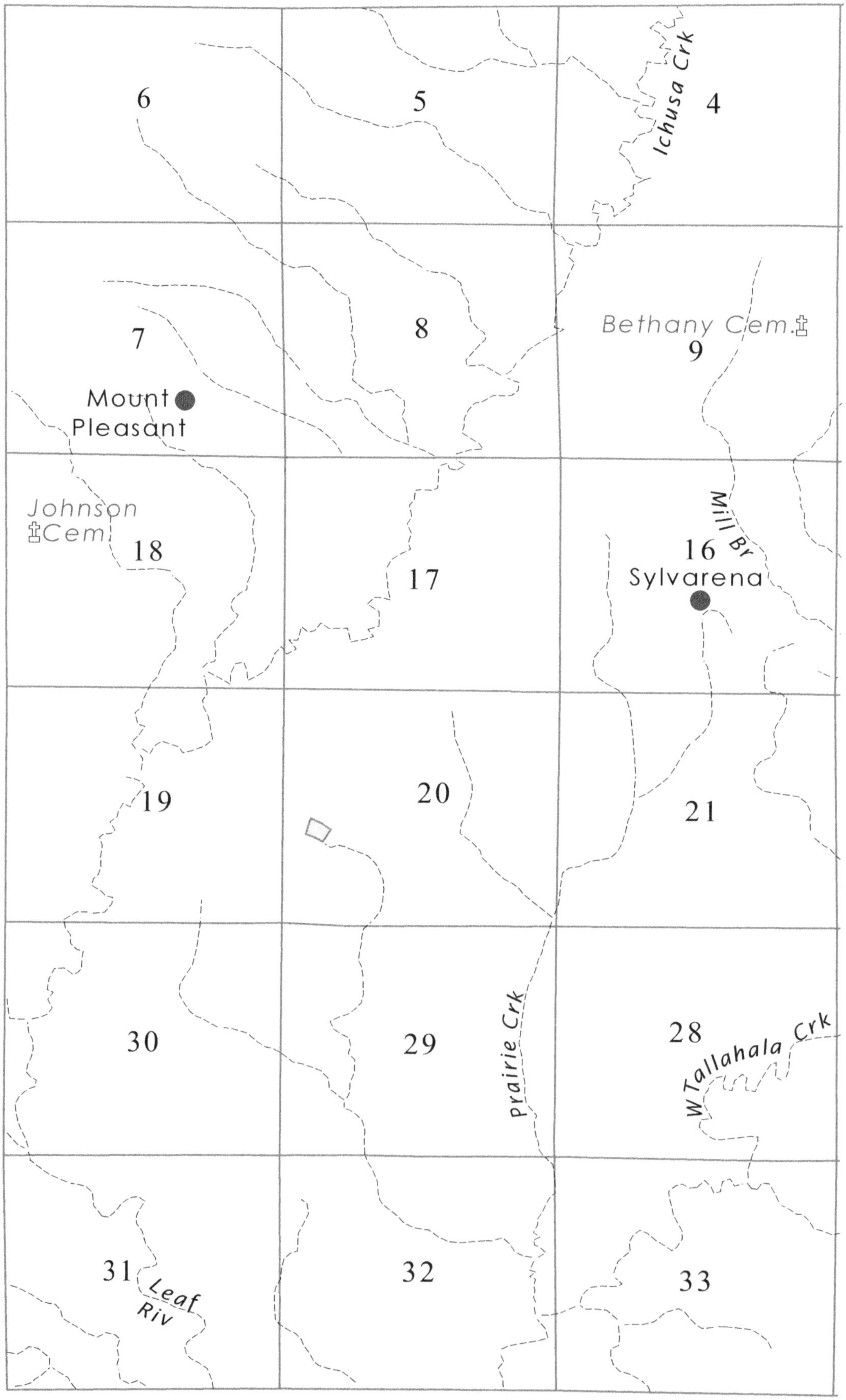

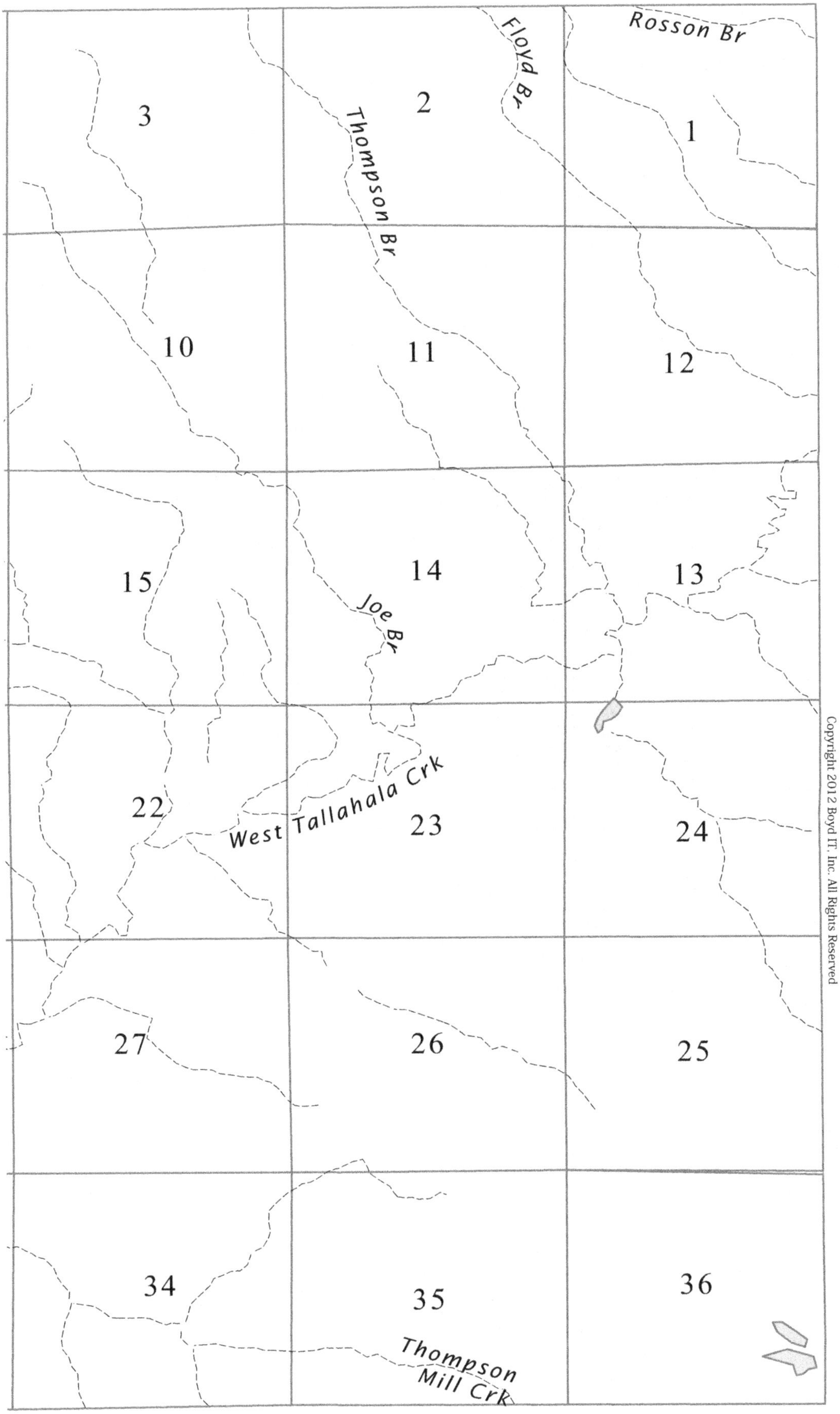




## Helpful Hints

1. This Map takes a different look at the same Congressional Township displayed in the preceding two maps. It presents features that can help you better envision the historical development of the area: a) Water-bodies (lakes & ponds), b) Water-courses (rivers, streams, etc.), c) Railroads, d) City/ town center-points (where they were oftentimes located when first settled), and e) Cemeteries.

2. Using this "Historical" map in tandem with this Township's Patent Map and Road Map, may lead you to some interesting discoveries. You will often find roads, towns, cemeteries, and waterways are named after nearby landowners: sometimes those names will be the ones you are researching. See how many of these research gems you can find here in Smith County.

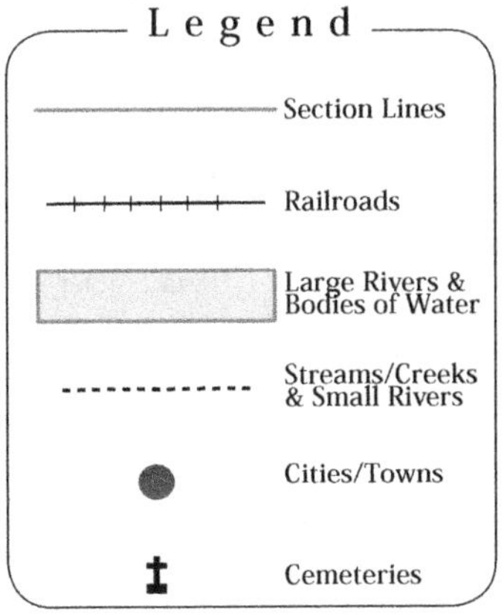


**Scale**: Section = 1 mile X 1 mile
(there are some exceptions)

## Map Group 13: Index to Land Patents

## Township 1-North Range 6-East (Choctaw)

After you locate an individual in this Index, take note of the Section and Section Part then proceed to the Land Patent map on the pages immediately following. You should have no difficulty locating the corresponding parcel of land.

The "For More Info" Column will lead you to more information about the underlying Patents. See the *Legend* at right, and the "How to Use this Book" chapter, for more information.

**LEGEND**

"For More Info . . . " column

**A** = Authority (Legislative Act, See Appendix "A")
**B** = Block or Lot (location in Section unknown)
**C** = Cancelled Patent
**F** = Fractional Section
**G** = Group (Multi-Patentee Patent, see Appendix "C")
**V** = Overlaps another Parcel
**R** = Re-Issued (Parcel patented more than once)

*(A & G items require you to look in the Appendixes referred to above. All other Letter-designations followed by a number require you to locate line-items in this index that possess the ID number found after the letter).*

| ID | Individual in Patent | Sec. | Sec. Part | Date Issued | Other Counties | For More Info . . . |
|---|---|---|---|---|---|---|
| 3135 | ALLEN, John H | 23 | 10 | 1899-06-13 | | A5 |
| 3136 | " " | 23 | 8 | 1899-06-13 | | A5 |
| 3137 | " " | 23 | 9 | 1899-06-13 | | A5 |
| 3205 | ALLEN, William T | 23 | 3 | 1894-09-28 | | A5 |
| 3206 | " " | 23 | 4 | 1894-09-28 | | A5 |
| 3207 | " " | 23 | 5 | 1894-09-28 | | A5 |
| 3105 | ATES, Harvey A | 13 | SWNW | 1905-05-09 | Simpson | A5 |
| 3150 | ATES, John W | 12 | E½SW | 1881-05-10 | | A5 |
| 3152 | " " | 12 | NWSE | 1881-05-10 | | A5 |
| 3151 | " " | 12 | NESE | 1892-09-15 | | A5 |
| 3169 | ATES, Peter A | 1 | NENE | 1905-08-24 | | A1 |
| 3177 | ATES, Thomas E | 14 | 8 | 1906-06-16 | Simpson | A5 |
| 3178 | " " | 14 | 9 | 1906-06-16 | Simpson | A5 |
| 3198 | ATES, William L | 14 | S½1 | 1898-08-15 | Simpson | A5 |
| 3199 | ATES, William N | 13 | E½NW | 1892-05-16 | Simpson | A5 |
| 3200 | " " | 13 | N½NE | 1892-05-16 | Simpson | A5 |
| 3184 | BOYCE, William | 12 | E½NE | 1861-05-01 | | A1 |
| 3185 | " " | 12 | SWNE | 1861-05-01 | | A1 |
| 3067 | BRYANT, Albert G | 24 | E½SW | 1890-06-25 | | A5 |
| 3068 | " " | 24 | SWSW | 1890-06-25 | | A5 |
| 3069 | " " | 25 | NWNW | 1890-06-25 | Simpson | A5 |
| 3147 | BRYANT, John S | 11 | 10 | 1899-06-13 | Simpson | A5 |
| 3148 | " " | 12 | W½SW | 1899-06-13 | | A5 |
| 3149 | " " | 13 | NWNW | 1899-06-13 | Simpson | A5 |
| 3189 | BRYANT, William | 26 | 7 | 1860-04-02 | Simpson | A1 |
| 3187 | " " | 25 | SWSW | 1874-11-05 | Simpson | A1 |
| 3188 | " " | 26 | 10 | 1874-11-05 | Simpson | A1 |
| 3190 | " " | 26 | 9 | 1874-11-05 | Simpson | A1 |
| 3191 | " " | 35 | 4 | 1874-11-05 | Simpson | A1 |
| 3186 | " " | 11 | 9 | 1875-07-01 | Simpson | A5 |
| 3111 | BUTLER, James | 2 | N½2 | 1860-05-02 | Simpson | A1 |
| 3103 | COCKRELL, H C | 36 | N½SE | 1883-09-15 | | A5 |
| 3104 | " " | 36 | SWSE | 1883-09-15 | | A5 |
| 3129 | COLE, John F | 23 | N½7 | 1883-05-25 | | A5 C |
| 3130 | " " | 23 | S½3 | 1883-05-25 | | A5 C |
| 3131 | " " | 24 | NWSW | 1883-05-25 | | A5 C R3132 |
| 3133 | " " | 24 | SWNW | 1883-05-25 | | A5 C R3134 |
| 3127 | " " | 23 | 6 | 1884-12-30 | | A5 |
| 3128 | " " | 23 | 7 | 1884-12-30 | | A5 |
| 3132 | " " | 24 | NWSW | 1884-12-30 | | A5 R3131 |
| 3134 | " " | 24 | SWNW | 1884-12-30 | | A5 R3133 |
| 3160 | COLE, Joseph S | 23 | S½2 | 1905-02-13 | | A5 |
| 3161 | " " | 26 | N½1 | 1905-02-13 | Simpson | A5 |
| 3084 | CURRIE, Edward | 11 | N½1 | 1860-04-02 | Simpson | A1 |
| 3085 | " " | 2 | S½2 | 1860-04-02 | Simpson | A1 |
| 3089 | CURRIE, Ellen M | 1 | N½NW | 1900-11-28 | | A1 |

| ID | Individual in Patent | Sec. | Sec. Part | Date Issued | Other Counties | For More Info . . . |
|---|---|---|---|---|---|---|
| 3099 | CURRIE, George W | 2 | 3 | 1861-05-01 | Simpson | A1 |
| 3100 | " " | 2 | 4 | 1861-05-01 | Simpson | A1 |
| 3101 | " " | 2 | 5 | 1861-05-01 | Simpson | A1 |
| 3102 | " " | 2 | 6 | 1861-05-01 | Simpson | A1 |
| 3110 | CURRIE, James A | 1 | W½SW | 1891-08-19 | | A5 |
| 3121 | CURRIE, John | 11 | 3 | 1874-11-05 | Simpson | A1 |
| 3122 | " " | 11 | 4 | 1874-11-05 | Simpson | A1 |
| 3123 | " " | 11 | 5 | 1874-11-05 | Simpson | A1 |
| 3124 | " " | 11 | 6 | 1874-11-05 | Simpson | A1 |
| 3141 | CURRIE, John M | 12 | NW | 1897-08-09 | | A1 |
| 3164 | CURRIE, Neill | 2 | 10 | 1874-11-05 | Simpson | A1 |
| 3165 | " " | 2 | 7 | 1874-11-05 | Simpson | A1 |
| 3166 | " " | 2 | 8 | 1874-11-05 | Simpson | A1 |
| 3167 | " " | 2 | 9 | 1874-11-05 | Simpson | A1 |
| 3082 | DOLLAR, Dunkin | 11 | W½2 | 1902-02-21 | Simpson | A1 |
| 3090 | DOLLAR, Everett B | 13 | N½SW | 1902-02-21 | Simpson | A1 |
| 3091 | " " | 14 | 10 | 1902-02-21 | Simpson | A1 |
| 3092 | " " | 14 | 7 | 1902-02-21 | Simpson | A1 |
| 3208 | DOLLAR, William W | 35 | E½1 | 1894-09-28 | Simpson | A5 |
| 3172 | FORTENBERRY, Rebecca | 23 | S½1 | 1904-03-19 | | A5 |
| 3142 | GARNER, John M | 2 | 1 | 1897-02-15 | Simpson | A5 |
| 3070 | HALES, Arthur C | 24 | NWSE | 1891-05-20 | | A5 |
| 3071 | " " | 24 | S½NE | 1891-05-20 | | A5 |
| 3072 | " " | 24 | SENW | 1891-05-20 | | A5 |
| 3093 | HILL, Ezekiel | 25 | S½SE | 1890-12-31 | Simpson | A5 |
| 3094 | " " | 36 | N½NE | 1890-12-31 | | A5 |
| 3173 | HOPKINS, Rebecer C | 35 | SE2 | 1905-03-11 | Simpson | A1 |
| 3179 | HUGHES, Thomas | 14 | N½1 | 1859-03-01 | Simpson | A1 |
| 3157 | KEYES, Joseph B | 25 | NWSW | 1896-12-14 | Simpson | A5 |
| 3158 | " " | 25 | S½NW | 1896-12-14 | Simpson | A5 |
| 3159 | " " | 25 | SWNE | 1896-12-14 | Simpson | A5 |
| 3083 | LANG, Edward A | 26 | SW1 | 1906-06-16 | Simpson | A5 |
| 3154 | LANG, Joseph A | 26 | E½2 | 1889-01-12 | Simpson | A5 |
| 3155 | " " | 26 | NW2 | 1889-01-12 | Simpson | A5 |
| 3156 | " " | 26 | SE1 | 1889-01-12 | Simpson | A5 |
| 3073 | LITTLE, Catherine | 14 | 3 | 1861-05-01 | Simpson | A1 |
| 3074 | " " | 14 | 4 | 1861-05-01 | Simpson | A1 |
| 3075 | " " | 14 | 5 | 1861-05-01 | Simpson | A1 |
| 3076 | " " | 14 | 6 | 1948-12-03 | Simpson | A1 |
| 3077 | LITTLE, Dallas | 26 | SWSW | 1888-04-05 | Simpson | A5 |
| 3078 | LITTLE, Duncan | 35 | 5 | 1889-07-19 | Simpson | A5 |
| 3079 | " " | 35 | 6 | 1889-07-19 | Simpson | A5 |
| 3080 | " " | 35 | 8 | 1889-07-19 | Simpson | A5 |
| 3088 | LITTLE, Elizabeth A | 36 | W½SW | 1891-03-16 | | A5 G63 |
| 3125 | LITTLE, John E | 36 | E½SW | 1898-07-18 | | A5 |
| 3126 | " " | 36 | SENW | 1898-07-18 | | A5 |
| 3140 | LITTLE, John J | 36 | S½NE | 1898-09-28 | | A5 |
| 3143 | LITTLE, John M | 25 | E½SW | 1914-08-27 | Simpson | A5 |
| 3144 | " " | 25 | NWSE | 1914-08-27 | Simpson | A5 |
| 3145 | " " | 36 | NENW | 1914-08-27 | | A5 |
| 3162 | LITTLE, Lovedy A | 35 | 3 | 1901-03-23 | Simpson | A5 |
| 3088 | LITTLE, Malcolm M | 36 | W½SW | 1891-03-16 | | A5 G63 |
| 3163 | LITTLE, Malcom M | 36 | SESE | 1859-05-02 | | A1 |
| 3201 | MADDOX, William R | 35 | 10 | 1898-09-28 | Simpson | A5 |
| 3202 | " " | 35 | 7 | 1898-09-28 | Simpson | A5 |
| 3203 | " " | 35 | 9 | 1898-09-28 | Simpson | A5 |
| 3106 | MANGUM, Henry L | 12 | SWSE | 1841-01-05 | | A1 |
| 3113 | MANGUM, James J | 12 | SESE | 1841-01-05 | | A1 |
| 3120 | MANGUM, John C | 35 | W½1 | 1890-08-16 | Simpson | A5 |
| 3086 | MARTIN, Elbert W | 11 | 8 | 1899-07-15 | Simpson | A5 |
| 3087 | " " | 11 | E½2 | 1899-07-15 | Simpson | A5 |
| 3095 | MARTIN, Francis M | 1 | NWSE | 1898-02-24 | | A5 |
| 3096 | " " | 1 | SENE | 1898-02-24 | | A5 |
| 3097 | " " | 1 | W½NE | 1898-02-24 | | A5 |
| 3107 | MARTIN, J E | 1 | E½SE | 1881-09-17 | | A5 |
| 3108 | " " | 1 | SWSE | 1881-09-17 | | A5 |
| 3109 | " " | 12 | NWNE | 1881-09-17 | | A5 |
| 3116 | MARTIN, Jessee N | 1 | E½SW | 1892-06-15 | | A5 |
| 3117 | " " | 1 | S½NW | 1892-06-15 | | A5 |
| 3180 | MARTIN, Wallace | 11 | 7 | 1905-10-19 | Simpson | A5 |
| 3195 | MARTIN, William H | 13 | NWSE | 1901-04-22 | Simpson | A5 |
| 3196 | " " | 13 | S½NE | 1901-04-22 | Simpson | A5 |
| 3081 | MCLAURIN, Duncan | 36 | W½NW | 1841-01-05 | | A1 |

| ID | Individual in Patent | Sec. | Sec. Part | Date Issued | Other Counties | For More Info . . . |
|---|---|---|---|---|---|---|
| 3168 | PURVIS, Newton | 11 | S½1 | 1898-02-24 | Simpson | A5 |
| 3114 | RANKIN, James L | 35 | N½SW | 1891-05-20 | Simpson | A5 |
| 3115 | " " | 35 | SWSW | 1891-05-20 | Simpson | A5 |
| 3153 | RANKIN, John W | 14 | 2 | 1897-11-01 | Simpson | A5 |
| 3204 | RANKIN, William R | 25 | SENE | 1898-07-12 | Simpson | A5 |
| 3174 | SANDAFORD, Samuel | 11 | NESW | 1878-06-24 | Simpson | A5 |
| 3175 | " " | 11 | S½SW | 1878-06-24 | Simpson | A5 |
| 3176 | " " | 11 | SWSE | 1878-06-24 | Simpson | A5 |
| 3118 | SCARBOROUGH, Joab L | 24 | S½SE | 1898-12-01 | | A5 |
| 3119 | " " | 25 | N½NE | 1898-12-01 | Simpson | A5 |
| 3098 | SELLERS, Francis M | 24 | NENE | 1901-04-09 | | A1 |
| 3112 | SELLERS, James F | 24 | NESE | 1902-01-17 | | A5 |
| 3138 | SELLERS, John H | 13 | S½SW | 1897-05-07 | Simpson | A5 |
| 3139 | " " | 24 | N½NW | 1897-05-07 | | A5 |
| 3197 | SELLERS, William H | 25 | NENW | 1906-06-30 | Simpson | A5 |
| 3170 | STUBBS, Peter B | 26 | 5 | 1895-05-11 | Simpson | A5 |
| 3171 | " " | 26 | 8 | 1895-05-11 | Simpson | A5 |
| 3146 | WALKER, John R | 25 | NESE | 1901-05-08 | Simpson | A1 |
| 3181 | WHITE, Walter L | 13 | E½SE | 1899-04-28 | Simpson | A5 |
| 3182 | " " | 13 | SWSE | 1899-04-28 | Simpson | A5 |
| 3183 | " " | 24 | NWNE | 1899-04-28 | | A5 |
| 3192 | WHITE, William G | 26 | 3 | 1897-05-07 | Simpson | A5 |
| 3193 | " " | 26 | 4 | 1897-05-07 | Simpson | A5 |
| 3194 | " " | 26 | 6 | 1897-05-07 | Simpson | A5 |

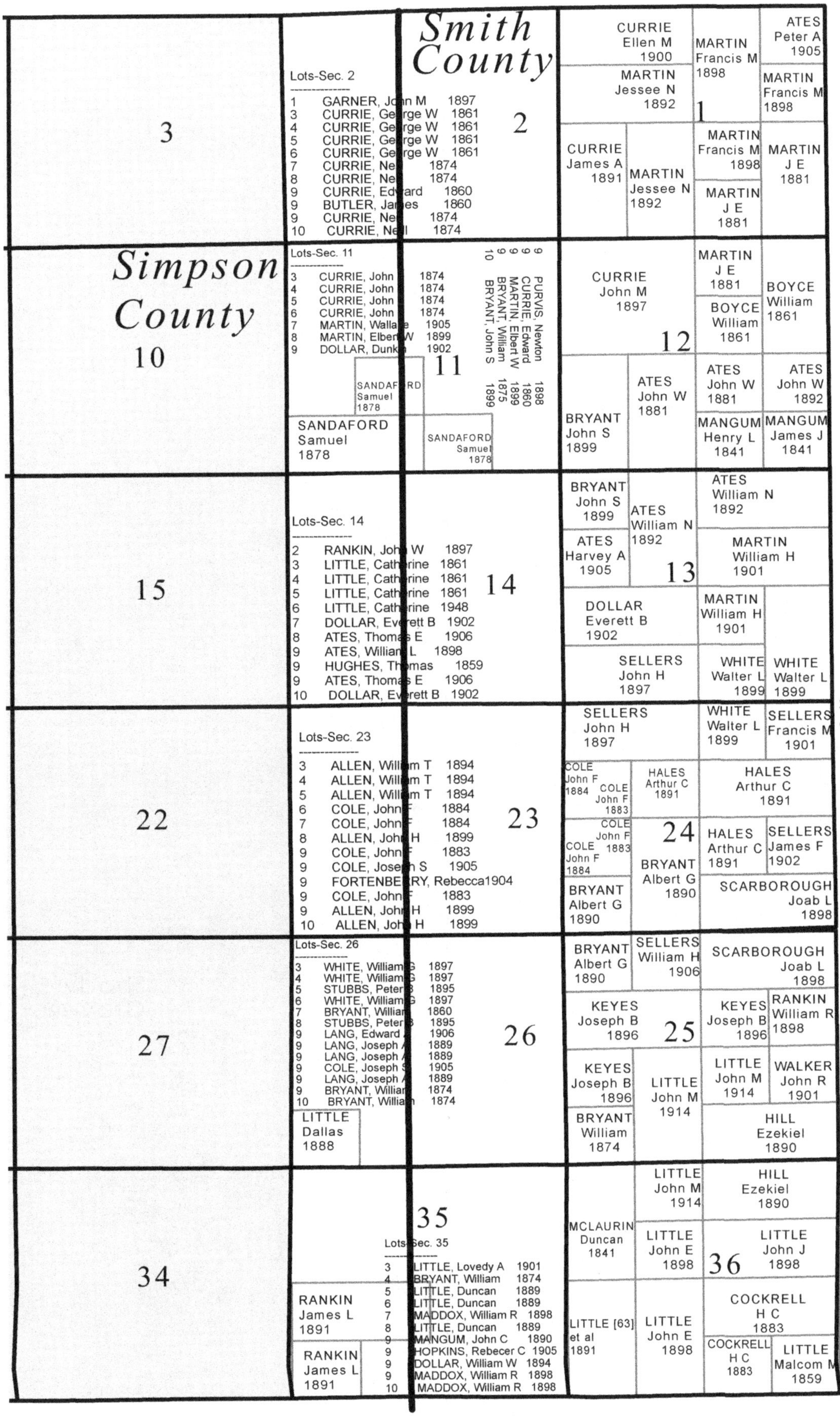




## Patent Map

T1-N R6-E
Choctaw Meridian

Map Group 13

### Township Statistics

| | |
|---|---|
| Parcels Mapped : | 142 |
| Number of Patents : | 75 |
| Number of Individuals : | 70 |
| Patentees Identified : | 69 |
| Number of Surnames : | 30 |
| Multi-Patentee Parcels : | 1 |
| Oldest Patent Date : | 1/5/1841 |
| Most Recent Patent : | 12/3/1948 |
| Block/Lot Parcels : | 70 |
| Parcels Re - Issued : | 2 |
| Parcels that Overlap : | 0 |
| Cities and Towns : | 1 |
| Cemeteries : | 1 |

Note: the area contained in this map amounts to far less than a full Township. Therefore, its contents are completely on this single page (instead of a "normal" 2-page spread).

### Legend

Patent Boundary

Section Boundary

No Patents Found (or Outside County)

1., 2., 3., ... Lot Numbers (when beside a name)

[ ] Group Number (see Appendix "C")

**Scale**: Section = 1 mile X 1 mile (generally, with some exceptions)

# Road Map

T1-N R6-E
Choctaw Meridian

Map Group 13

Note: the area contained in this map amounts to far less than a full Township. Therefore, its contents are completely on this single page (instead of a "normal" 2-page spread).

Cities & Towns
Shady Grove

Cemeteries
Shady Grove Cemetery

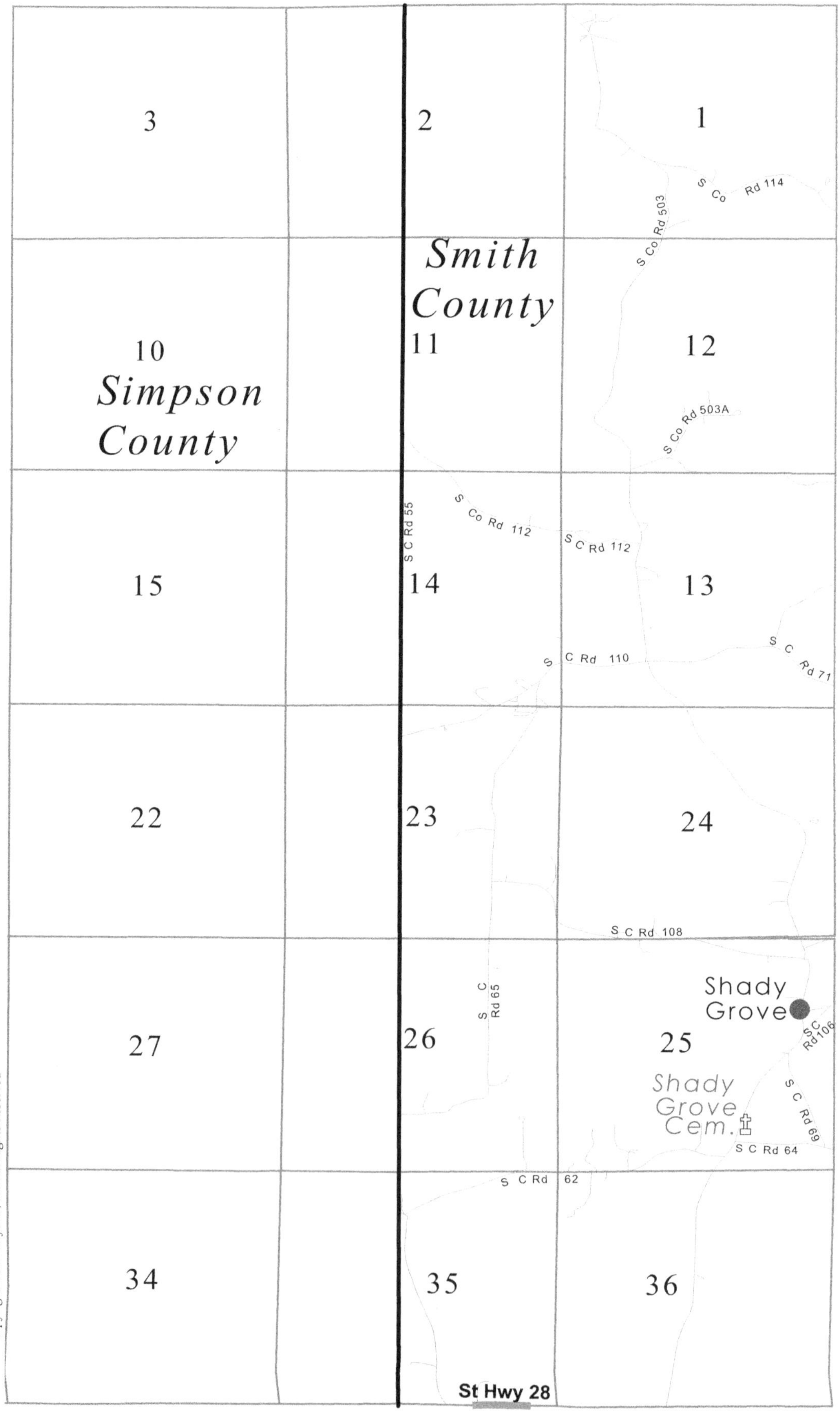




Legend

- Section Lines
- Interstates
- Highways
- Other Roads
- Cities/Towns
- Cemeteries

**Scale**: Section = 1 mile X 1 mile
(generally, with some exceptions)

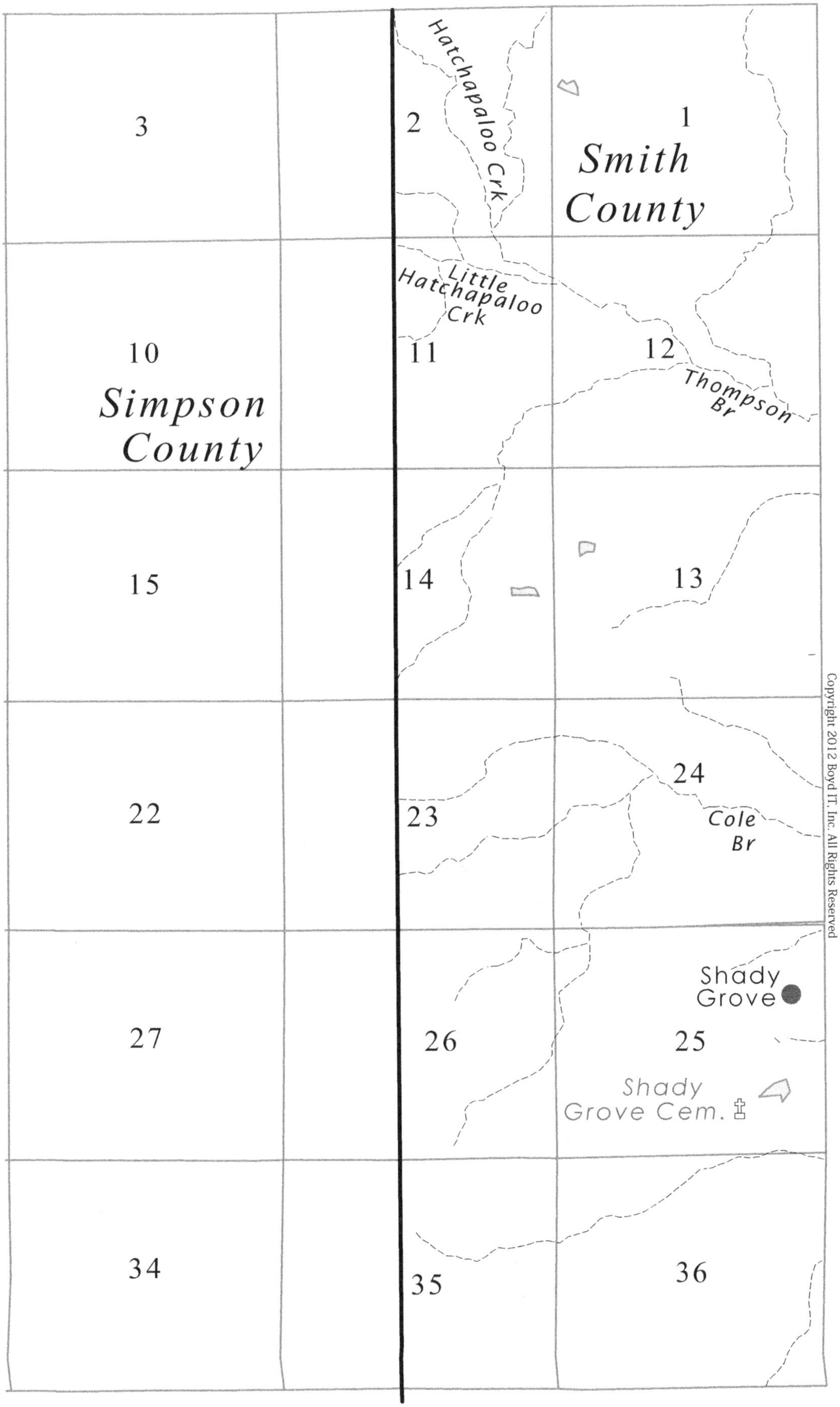




## Historical Map

T1-N R6-E
Choctaw Meridian

Map Group 13

Note: the area contained in this map amounts to far less than a full Township. Therefore, its contents are completely on this single page (instead of a "normal" 2-page spread).

Cities & Towns
Shady Grove

Cemeteries
Shady Grove Cemetery

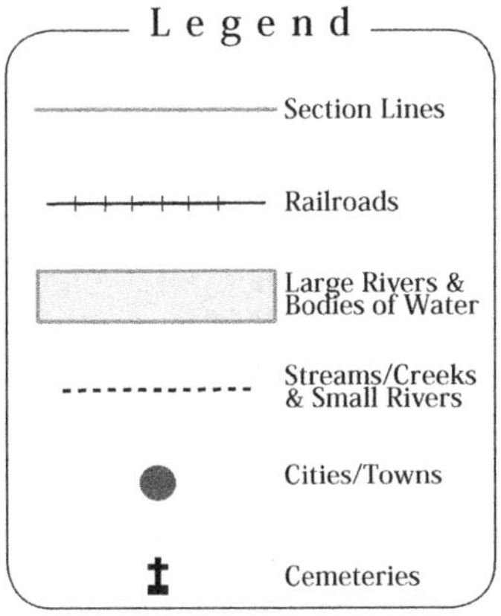


**Scale**: Section = 1 mile X 1 mile
(there are some exceptions)

# Map Group 14: Index to Land Patents

## Township 1-North Range 7-East (Choctaw)

After you locate an individual in this Index, take note of the Section and Section Part then proceed to the Land Patent map on the pages immediately following. You should have no difficulty locating the corresponding parcel of land.

The "For More Info" Column will lead you to more information about the underlying Patents. See the *Legend* at right, and the "How to Use this Book" chapter, for more information.

**LEGEND**

**"For More Info . . . " column**

**A** = Authority (Legislative Act, See Appendix "A")
**B** = Block or Lot (location in Section unknown)
**C** = Cancelled Patent
**F** = Fractional Section
**G** = Group (Multi-Patentee Patent, see Appendix "C")
**V** = Overlaps another Parcel
**R** = Re-Issued (Parcel patented more than once)

*(A & G items require you to look in the Appendixes referred to above. All other Letter-designations followed by a number require you to locate line-items in this index that possess the ID number found after the letter).*

| ID | Individual in Patent | Sec. | Sec. Part | Date Issued | Other Counties | For More Info . . . |
|---|---|---|---|---|---|---|
| 3365 | AINSWORTH, Joseph W | 25 | NWSE | 1901-08-12 | | A5 |
| 3366 | " " | 25 | SWNE | 1901-08-12 | | A5 |
| 3402 | AINSWORTH, Nathaniel G | 22 | NENW | 1890-08-16 | | A5 |
| 3403 | " " | 22 | NWNE | 1890-08-16 | | A5 |
| 3407 | AINSWORTH, Orange H | 11 | N½NW | 1899-05-31 | | A5 |
| 3408 | " " | 2 | SESW | 1899-05-31 | | A5 |
| 3398 | ASHLEY, Moses | 3 | E½SW | 1895-02-21 | | A5 |
| 3399 | " " | 3 | W½SE | 1895-02-21 | | A5 |
| 3353 | BLACKWELL, John G | 26 | N½NE | 1852-10-09 | | A8 |
| 3351 | " " | 23 | SENW | 1854-11-01 | | A8 |
| 3352 | " " | 23 | SWNE | 1854-11-01 | | A8 |
| 3349 | " " | 13 | SWNW | 1859-06-01 | | A1 |
| 3350 | " " | 14 | SENE | 1859-06-01 | | A1 |
| 3412 | BLACKWELL, Robert H | 3 | E½NW | 1896-08-26 | | A5 |
| 3413 | " " | 3 | W½NE | 1896-08-26 | | A5 |
| 3430 | BLACKWELL, Sarah D | 2 | E½SE | 1848-09-01 | | A1 |
| 3431 | " " | 2 | SENE | 1848-09-01 | | A1 |
| 3432 | " " | 2 | SWSE | 1848-09-01 | | A1 |
| 3400 | BLAKENEY, Nancy | 2 | N½NE | 1890-03-28 | | A5 |
| 3401 | " " | 2 | NENW | 1890-03-28 | | A5 |
| 3281 | BREWER, Enoch | 11 | N½SW | 1898-08-27 | | A5 |
| 3282 | " " | 11 | S½NW | 1898-08-27 | | A5 |
| 3294 | BREWER, Harvey | 8 | E½SW | 1898-02-24 | | A5 |
| 3295 | " " | 8 | SENW | 1898-02-24 | | A5 |
| 3296 | " " | 8 | SWSE | 1898-02-24 | | A5 |
| 3246 | BRYANT, Cooper | 1 | NESE | 1895-10-09 | | A5 |
| 3247 | " " | 1 | SENE | 1895-10-09 | | A5 |
| 3448 | BRYANT, Washington F | 35 | E½NE | 1906-06-16 | | A5 |
| 3477 | BRYANT, William P | 36 | NWSW | 1898-01-19 | | A5 |
| 3478 | " " | 36 | SENW | 1898-01-19 | | A5 |
| 3479 | " " | 36 | W½NW | 1898-01-19 | | A5 |
| 3347 | BUCHANAN, John | 4 | SWSE | 1841-01-05 | | A1 |
| 3331 | BUTLER, James W | 25 | N½NE | 1895-05-11 | | A5 |
| 3332 | " " | 25 | NESE | 1895-05-11 | | A5 |
| 3333 | " " | 25 | SENE | 1895-05-11 | | A5 |
| 3421 | BUTLER, Samuel | 9 | NWSW | 1854-03-15 | | A1 |
| 3418 | " " | 5 | SESE | 1861-05-01 | | A1 |
| 3419 | " " | 8 | E½NE | 1861-05-01 | | A1 |
| 3420 | " " | 8 | NESE | 1861-05-01 | | A1 |
| 3249 | CANTERBERRY, Daniel | 15 | NWSW | 1859-06-01 | | A1 |
| 3212 | CARR, Abraham | 14 | E½SW | 1841-01-05 | | A1 V3222, 3264 |
| 3213 | " " | 14 | W½NE | 1841-01-05 | | A1 R3266 |
| 3214 | " " | 14 | W½NW | 1841-01-05 | | A1 |
| 3275 | CARSON, Eli B | 23 | E½NE | 1861-05-01 | | A1 |
| 3292 | COCKRELL, H C | 31 | NWSW | 1883-09-15 | | A5 |
| 3223 | COTTON, America A | 3 | NENE | 1898-02-24 | | A5 |

| ID | Individual in Patent | Sec. | Sec. Part | Date Issued | Other Counties | For More Info . . . |
|---|---|---|---|---|---|---|
| 3288 | CRAFT, Fredrick | 25 | SESE | 1895-05-11 | | A5 |
| 3289 | " " | 36 | E½NE | 1895-05-11 | | A5 |
| 3290 | " " | 36 | SWNE | 1895-05-11 | | A5 |
| 3293 | CRAFT, Harris F | 36 | NWNE | 1911-02-23 | | A5 |
| 3427 | CRAFT, Samuel L | 1 | SESW | 1881-08-20 | | A5 |
| 3428 | " " | 1 | SWSE | 1881-08-20 | | A5 |
| 3429 | " " | 12 | E½NW | 1881-08-20 | | A5 |
| 3344 | DANIEL, John B | 5 | SENW | 1895-06-28 | | A5 |
| 3345 | " " | 5 | SWNE | 1895-06-28 | | A5 |
| 3346 | " " | 5 | W½SE | 1895-06-28 | | A5 |
| 3307 | DOLLAR, Jacob C | 7 | NW | 1861-05-01 | | A1 |
| 3240 | DUCKWORTH, Benjamin P | 1 | NWNE | 1861-05-01 | | A1 |
| 3457 | DUPREE, William C | 27 | SWSW | 1892-03-17 | | A5 |
| 3458 | " " | 34 | NWNW | 1892-03-17 | | A5 |
| 3279 | DURR, Emanuel A | 23 | W½NW | 1841-01-05 | | A1 |
| 3280 | " " | 26 | W½SE | 1841-01-05 | | A1 |
| 3241 | EUBANKS, Charles B | 26 | NESE | 1854-03-15 | | A1 |
| 3242 | EUBANKS, Charles T | 26 | SESW | 1904-10-17 | | A5 |
| 3443 | EUBANKS, Thomas | 23 | SESW | 1848-09-01 | | A1 |
| 3303 | FEAZELL, Isaac | 24 | SESW | 1896-10-31 | | A5 |
| 3304 | " " | 25 | E½NW | 1896-10-31 | | A5 |
| 3305 | " " | 25 | NWNW | 1896-10-31 | | A5 |
| 3411 | FEAZELL, Reuben | 24 | W½SE | 1897-11-01 | | A5 |
| 3466 | FEAZELL, William | 23 | E½SE | 1896-08-26 | | A5 |
| 3395 | FERGUSON, Matthew O | 22 | S½SE | 1860-07-02 | | A1 |
| 3271 | FLOYD, Elbert A | 2 | N½SW | 1898-09-28 | | A5 |
| 3272 | " " | 2 | NWSE | 1898-09-28 | | A5 |
| 3273 | " " | 2 | SENW | 1898-09-28 | | A5 |
| 3283 | FLOYD, Ervin A | 18 | NE | 1892-03-23 | | A5 |
| 3316 | FLOYD, James F | 32 | NENW | 1908-07-23 | | A1 |
| 3437 | GARNER, Silas L | 31 | SESE | 1906-06-30 | | A1 |
| 3319 | GLISSON, James L | 27 | NENE | 1904-10-17 | | A5 |
| 3334 | GLISSON, James W | 22 | NWSE | 1890-06-25 | | A5 |
| 3336 | " " | 22 | SWNE | 1890-06-25 | | A5 |
| 3335 | " " | 22 | SENW | 1893-08-28 | | A5 |
| 3342 | HANCOCK, Joe W | 25 | SWNW | 1915-04-12 | | A5 |
| 3341 | HERRON, Jessee T | 1 | NENE | 1896-08-26 | | A5 |
| 3329 | HESTER, James T | 24 | E½NE | 1896-04-23 | | A5 |
| 3330 | " " | 24 | E½SE | 1896-04-23 | | A5 |
| 3444 | HESTER, Thomas | 13 | E½SW | 1881-05-10 | | A5 |
| 3422 | HOPKINS, Samuel | 23 | SWSW | 1854-03-15 | | A1 |
| 3425 | " " | 27 | NESE | 1854-03-15 | | A1 |
| 3426 | " " | 27 | S½NE | 1854-10-02 | | A8 |
| 3424 | " " | 26 | SENW | 1859-05-02 | | A1 |
| 3423 | " " | 26 | S½NE | 1875-07-01 | | A5 |
| 3248 | INGRAM, Cornelius J | 17 | SENW | 1906-05-01 | | A1 |
| 3262 | INGRAM, Duncan C | 28 | E½SW | 1891-05-20 | | A5 |
| 3263 | " " | 28 | W½SE | 1891-05-20 | | A5 |
| 3308 | INGRAM, James A | 28 | SWNW | 1900-11-28 | | A5 |
| 3309 | " " | 29 | E½SE | 1900-11-28 | | A5 |
| 3310 | " " | 29 | SENE | 1900-11-28 | | A5 |
| 3386 | INGRAM, Make M | 33 | NESE | 1881-09-17 | | A5 |
| 3388 | " " | 33 | SENE | 1881-09-17 | | A5 |
| 3387 | " " | 33 | NWSE | 1892-08-13 | | A5 |
| 3389 | " " | 33 | SWNE | 1892-08-13 | | A5 |
| 3449 | INGRAM, William A | 32 | NESW | 1893-05-19 | | A5 |
| 3450 | " " | 32 | SENW | 1893-05-19 | | A5 |
| 3451 | " " | 32 | W½NE | 1893-05-19 | | A5 |
| 3230 | JOHNSON, Arnge | 10 | E½SE | 1898-12-27 | | A5 |
| 3231 | " " | 11 | S½SW | 1898-12-27 | | A5 |
| 3264 | JOHNSON, Ebenezer | 14 | NESW | 1891-05-20 | | A5 V3212 |
| 3265 | " " | 14 | SENW | 1891-05-20 | | A5 |
| 3266 | " " | 14 | W½NE | 1891-05-20 | | A5 R3213 |
| 3392 | JOHNSON, Mary H | 10 | W½NW | 1895-02-21 | | A5 |
| 3393 | " " | 9 | E½NE | 1895-02-21 | | A5 |
| 3221 | JONES, Alfred L | 23 | NENW | 1901-02-27 | | A1 |
| 3311 | JONES, James A | 10 | SWSW | 1901-10-09 | | A1 |
| 3325 | JONES, James M | 23 | NWSE | 1884-12-30 | | A1 |
| 3324 | " " | 21 | NESW | 1889-04-10 | | A1 |
| 3394 | JONES, Mary V | 27 | NWNE | 1889-04-23 | | A1 |
| 3456 | JONES, William B | 13 | SWSE | 1854-03-15 | | A1 |
| 3459 | JONES, William C | 1 | NESW | 1895-06-28 | | A5 |
| 3460 | " " | 1 | W½SW | 1895-06-28 | | A5 |

| ID | Individual in Patent | Sec. | Sec. Part | Date Issued | Other Counties | For More Info . . . |
|---|---|---|---|---|---|---|
| 3461 | JONES, William C (Cont'd) | 12 | NWNW | 1895-06-28 | | A5 |
| 3472 | JONES, William J | 2 | SWNE | 1906-06-30 | | A1 |
| 3251 | JORDAN, Daniel W | 3 | NWSW | 1906-06-26 | | A5 |
| 3252 | " " | 3 | W½NW | 1906-06-26 | | A5 |
| 3354 | JORDAN, John H | 4 | NE | 1898-09-28 | | A5 |
| 3480 | JORDAN, William R | 3 | SWSW | 1892-06-15 | | A5 |
| 3481 | " " | 4 | N½SE | 1892-06-15 | | A5 |
| 3482 | " " | 4 | SESE | 1892-06-15 | | A5 |
| 3416 | KENNEDY, Firdnan | 31 | N½SE | 1897-05-20 | | A5 G71 |
| 3417 | " " | 31 | S½NE | 1897-05-20 | | A5 G71 |
| 3409 | KENNEDY, Recey M | 30 | N½SE | 1891-05-20 | | A5 |
| 3410 | " " | 30 | S½NE | 1891-05-20 | | A5 |
| 3416 | KENNEDY, Rosetta C | 31 | N½SE | 1897-05-20 | | A5 G71 |
| 3417 | " " | 31 | S½NE | 1897-05-20 | | A5 G71 |
| 3370 | LACK, Joshua F | 29 | NWSW | 1898-07-18 | | A5 |
| 3371 | " " | 29 | S½SW | 1898-07-18 | | A5 |
| 3372 | " " | 32 | NWNW | 1898-07-18 | | A5 |
| 3375 | LACK, Lafayett J | 25 | NWSW | 1854-03-15 | | A1 |
| 3374 | " " | 25 | NESW | 1859-06-01 | | A1 |
| 3376 | " " | 26 | SESE | 1859-06-01 | | A1 |
| 3377 | LACK, Lafayette J | 31 | E½NW | 1861-05-01 | | A1 |
| 3378 | " " | 31 | NESW | 1861-05-01 | | A1 |
| 3379 | " " | 31 | NWNE | 1861-05-01 | | A1 |
| 3452 | LACK, William A | 11 | SENE | 1891-05-20 | | A5 |
| 3453 | " " | 11 | W½NE | 1891-05-20 | | A5 |
| 3454 | " " | 12 | SWNW | 1891-05-20 | | A5 |
| 3228 | LITTLE, Archibald B | 19 | SESW | 1854-03-15 | | A1 |
| 3229 | " " | 32 | W½SE | 1861-02-01 | | A1 |
| 3322 | LITTLE, James | 29 | NENW | 1854-03-15 | | A1 |
| 3323 | " " | 29 | NWNE | 1854-03-15 | | A1 |
| 3320 | " " | 21 | SWSW | 1859-05-02 | | A1 |
| 3321 | " " | 28 | NWNW | 1859-05-02 | | A1 |
| 3312 | LITTLE, James A | 29 | NESW | 1882-11-10 | | A5 |
| 3313 | " " | 29 | NWSE | 1882-11-10 | | A5 |
| 3314 | " " | 29 | SENW | 1882-11-10 | | A5 |
| 3315 | " " | 29 | SWNE | 1882-11-10 | | A5 |
| 3355 | LITTLE, John J | 31 | SWNW | 1898-09-28 | | A5 |
| 3440 | LITTLE, Stephen W | 20 | N½SE | 1898-11-11 | | A5 |
| 3441 | " " | 20 | SWSE | 1898-11-11 | | A5 |
| 3442 | " " | 21 | NWSW | 1898-11-11 | | A5 |
| 3445 | LONG, Thomas J | 23 | NESW | 1859-11-10 | | A1 |
| 3446 | " " | 23 | NWNE | 1859-11-10 | | A1 |
| 3339 | MADDOX, Jepthe C | 31 | SESW | 1897-05-07 | | A5 |
| 3340 | " " | 31 | SWSE | 1897-05-07 | | A5 |
| 3226 | MANGUM, Anselum W | 30 | NESW | 1897-09-09 | | A5 |
| 3227 | " " | 30 | SENW | 1897-09-09 | | A5 |
| 3348 | MARTIN, John C | 5 | SW | 1901-04-22 | | A5 |
| 3447 | MARTIN, Walter A | 7 | NE | 1906-06-26 | | A5 |
| 3467 | MARTIN, William H | 18 | SWNW | 1901-04-22 | | A5 |
| 3328 | MATHIS, James | 24 | NWNE | 1859-05-02 | | A1 |
| 3326 | MAYFIELD, James M | 36 | E½SW | 1884-12-30 | | A5 |
| 3327 | " " | 36 | W½SE | 1884-12-30 | | A5 |
| 3364 | MAYFIELD, Joseph T | 36 | E½SE | 1899-06-28 | | A5 |
| 3209 | MCALPIN, Abel E | 13 | NWSE | 1892-06-15 | | A5 |
| 3210 | " " | 13 | SWNE | 1892-06-15 | | A5 |
| 3211 | MCALPIN, Abell E | 13 | E½SE | 1875-07-01 | | A5 |
| 3382 | MCALPIN, Lawrence M | 15 | E½NE | 1901-03-23 | | A5 |
| 3462 | MCALPIN, William D | 14 | W½SE | 1896-12-14 | | A5 |
| 3224 | MCGILL, Angus | 13 | W½SW | 1841-01-05 | | A1 |
| 3225 | " " | 24 | N½NW | 1841-01-05 | | A1 |
| 3218 | MCRAE, Alexander L | 17 | E½NE | 1897-05-07 | | A5 |
| 3219 | " " | 17 | NWNE | 1897-05-07 | | A5 |
| 3220 | " " | 8 | SESE | 1897-05-07 | | A5 |
| 3270 | MEADOWS, Edward M | 30 | N½NE | 1897-11-01 | | A5 |
| 3267 | " " | 19 | NENW | 1898-07-12 | | A5 |
| 3268 | " " | 19 | NWNE | 1898-07-12 | | A5 |
| 3269 | " " | 19 | S½NE | 1898-07-12 | | A5 |
| 3297 | MEADOWS, Henry D | 19 | NESE | 1892-03-17 | | A5 |
| 3298 | " " | 20 | W½SW | 1892-03-17 | | A5 |
| 3299 | " " | 29 | NWNW | 1892-03-17 | | A5 |
| 3317 | MEADOWS, James J | 34 | SENW | 1896-02-13 | | A5 |
| 3318 | " " | 34 | SWSW | 1896-02-13 | | A5 |
| 3383 | MEADOWS, Leanar | 34 | NESW | 1897-07-03 | | A5 |

| ID | Individual in Patent | Sec. | Sec. Part | Date Issued | Other Counties | For More Info . . . |
|---|---|---|---|---|---|---|
| 3396 | MEADOWS, Mobley | 34 | NESE | 1854-03-15 | | A1 |
| 3397 | " " | 34 | SWNE | 1854-03-15 | | A1 |
| 3416 | MEADOWS, Rosetta C | 31 | N½SE | 1897-05-20 | | A5 G71 |
| 3417 | " " | 31 | S½NE | 1897-05-20 | | A5 G71 |
| 3433 | MEADOWS, Sarah J | 12 | W½SW | 1890-09-26 | | A5 |
| 3468 | MEADOWS, William H | 17 | SESW | 1901-04-22 | | A5 |
| 3469 | " " | 17 | SWSE | 1901-04-22 | | A5 |
| 3470 | " " | 20 | NENW | 1901-04-22 | | A5 |
| 3471 | " " | 20 | NWNE | 1901-04-22 | | A5 |
| 3473 | MEADOWS, William J | 34 | SESE | 1889-01-12 | | A5 |
| 3474 | " " | 34 | SESW | 1889-01-12 | | A5 |
| 3475 | " " | 34 | W½SE | 1889-01-12 | | A5 |
| 3261 | MEDDOWS, Dorswell | 35 | NWNE | 1859-05-02 | | A1 |
| 3476 | MILLING, William | 1 | SWNW | 1854-03-15 | | A1 |
| 3455 | MILLING, William A | 1 | NWNW | 1848-09-01 | | A1 |
| 3233 | PAGE, Ben | 24 | N½SW | 1892-04-29 | | A5 |
| 3234 | " " | 24 | SWNW | 1892-04-29 | | A5 |
| 3235 | " " | 24 | SWSW | 1892-04-29 | | A5 |
| 3276 | PAGE, Elizabeth | 31 | SWSW | 1848-09-01 | | A1 |
| 3414 | PAGE, Robert | 24 | SENW | 1875-07-01 | | A5 |
| 3415 | " " | 24 | SWNE | 1875-07-01 | | A5 |
| 3257 | PEOPLES, David | 11 | SESE | 1854-03-15 | | A1 |
| 3259 | " " | 14 | NENE | 1859-05-02 | | A1 |
| 3258 | " " | 11 | W½SE | 1859-06-01 | | A1 |
| 3260 | " " | 14 | NENW | 1860-07-02 | | A1 |
| 3438 | PETIFILS, Simeon B | 21 | E½NE | 1854-03-15 | | A1 |
| 3439 | " " | 22 | NWNW | 1854-03-15 | | A1 |
| 3232 | PRINCE, Arvila M | 33 | N½NE | 1899-06-28 | | A5 G80 |
| 3232 | PRINCE, William | 33 | N½NE | 1899-06-28 | | A5 G80 |
| 3255 | RANKIN, David M | 19 | NWSE | 1883-09-15 | | A1 |
| 3254 | " " | 19 | NESW | 1896-08-26 | | A5 |
| 3256 | " " | 19 | W½SW | 1896-08-26 | | A5 |
| 3300 | RANKIN, Hulon P | 18 | SWSW | 1899-08-30 | | A5 |
| 3301 | " " | 19 | NWNW | 1899-08-30 | | A5 |
| 3302 | " " | 19 | S½NW | 1899-08-30 | | A5 |
| 3483 | RANKIN, William R | 30 | N½NW | 1898-07-12 | | A5 |
| 3484 | " " | 30 | SWNW | 1898-07-12 | | A5 |
| 3250 | REDDOCK, Daniel | 35 | SWNE | 1859-05-02 | | A1 |
| 3238 | RISHER, Benjamin J | 13 | E½NE | 1885-05-25 | | A5 |
| 3239 | " " | 13 | NWNE | 1885-05-25 | | A5 |
| 3215 | ROBINSON, Albert S | 1 | E½NW | 1906-05-23 | | A5 |
| 3216 | " " | 1 | NWSE | 1906-05-23 | | A5 |
| 3217 | " " | 1 | SWNE | 1906-05-23 | | A5 |
| 3291 | SELLERS, George W | 17 | NWSE | 1910-03-14 | | A1 |
| 3222 | SHELBY, Alvin | 14 | SESW | 1848-09-01 | | A1 V3212 |
| 3343 | SIMS, Joel | 35 | E½NW | 1852-09-01 | | A8 |
| 3284 | STEVENS, Frank G | 25 | S½SW | 1890-03-28 | | A5 |
| 3285 | " " | 25 | SWSE | 1890-03-28 | | A5 |
| 3286 | " " | 36 | NENW | 1890-03-28 | | A5 |
| 3236 | TANNER, Benjamin A | 14 | W½SW | 1889-01-05 | | A5 |
| 3237 | " " | 15 | SESE | 1889-01-05 | | A5 |
| 3243 | TANNER, Charles W | 15 | NENW | 1892-05-16 | | A5 |
| 3245 | " " | 15 | S½NW | 1892-05-16 | | A5 |
| 3244 | " " | 15 | NWNW | 1898-09-28 | | A5 |
| 3390 | TANNER, Mary A | 15 | E½SW | 1890-08-16 | | A5 |
| 3391 | " " | 15 | W½SE | 1890-08-16 | | A5 |
| 3404 | TANNER, Nelson E | 10 | SESW | 1896-12-14 | | A5 |
| 3405 | " " | 10 | SWSE | 1896-12-14 | | A5 |
| 3406 | " " | 15 | W½NE | 1896-12-14 | | A5 |
| 3358 | THORNTON, John | 13 | NENW | 1878-06-24 | | A5 |
| 3373 | THORNTON, Josiah B | 12 | SE | 1892-03-17 | | A5 |
| 3434 | THORNTON, Sarah J | 32 | SENE | 1897-09-09 | | A5 |
| 3435 | " " | 33 | E½NW | 1897-09-09 | | A5 |
| 3436 | " " | 33 | SWNW | 1897-09-09 | | A5 |
| 3274 | TILLSON, Eleazer | 11 | NENE | 1859-06-01 | | A1 |
| 3367 | TILSON, Joseph W | 22 | E½NE | 1876-07-25 | | A5 |
| 3368 | " " | 22 | NESE | 1876-07-25 | | A5 |
| 3369 | " " | 23 | NWSW | 1876-07-25 | | A5 |
| 3384 | TILSON, Louis B | 1 | SESE | 1888-02-25 | | A5 |
| 3385 | " " | 12 | E½NE | 1888-02-25 | | A5 |
| 3356 | TURNBOUGH, John L | 14 | E½SE | 1852-09-01 | | A8 |
| 3306 | TURNBOW, Isaac | 11 | NESE | 1860-07-02 | | A1 |
| 3287 | WALKER, Franklin A | 19 | NENE | 1906-06-30 | | A1 |

| ID | Individual in Patent | Sec. | Sec. Part | Date Issued | Other Counties | For More Info . . . |
|---|---|---|---|---|---|---|
| 3357 | WALKER, John R | 30 | NWSW | 1901-05-08 | | A1 |
| 3253 | WELBORN, Daniel | 15 | NESE | 1898-01-19 | | A5 |
| 3337 | WELLS, Jasper L | 32 | E½SE | 1891-06-30 | | A5 |
| 3338 | " " | 33 | W½SW | 1891-06-30 | | A5 |
| 3380 | WELLS, Larkin | 33 | E½SW | 1891-06-30 | | A5 |
| 3381 | " " | 33 | S½SE | 1891-06-30 | | A5 |
| 3277 | WILLIAMS, Elizabeth | 30 | SWSW | 1881-05-10 | | A5 |
| 3278 | " " | 31 | NWNW | 1881-05-10 | | A5 |
| 3362 | WILLIAMS, John | 28 | W½SW | 1874-11-05 | | A1 |
| 3363 | " " | 33 | NWNW | 1874-11-05 | | A1 |
| 3359 | WILLIAMS, John W | 10 | NESW | 1897-09-09 | | A5 |
| 3360 | " " | 10 | NWSE | 1897-09-09 | | A5 |
| 3361 | " " | 10 | S½NE | 1897-09-09 | | A5 |
| 3463 | WILLIAMS, William F | 10 | N½NE | 1896-12-14 | | A5 |
| 3464 | " " | 2 | SWSW | 1896-12-14 | | A5 |
| 3465 | " " | 3 | SESE | 1896-12-14 | | A5 |

## Patent Map

T1-N R7-E
Choctaw Meridian

Map Group 14

### Township Statistics

| | | |
|---|---|---|
| Parcels Mapped | : | 276 |
| Number of Patents | : | 161 |
| Number of Individuals | : | 142 |
| Patentees Identified | : | 139 |
| Number of Surnames | : | 70 |
| Multi-Patentee Parcels | : | 3 |
| Oldest Patent Date | : | 1/5/1841 |
| Most Recent Patent | : | 4/12/1915 |
| Block/Lot Parcels | : | 0 |
| Parcels Re - Issued | : | 1 |
| Parcels that Overlap | : | 3 |
| Cities and Towns | : | 1 |
| Cemeteries | : | 0 |

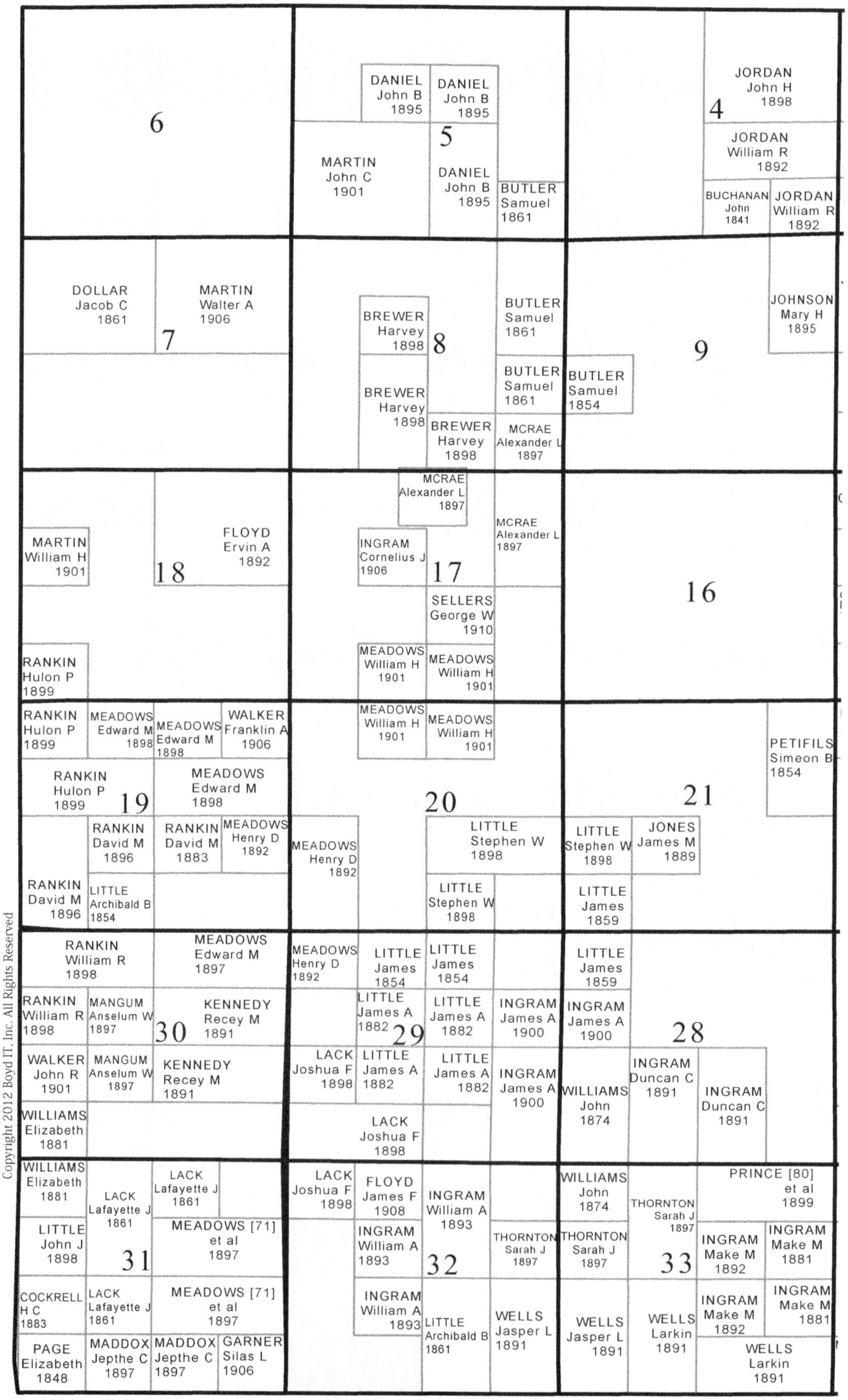

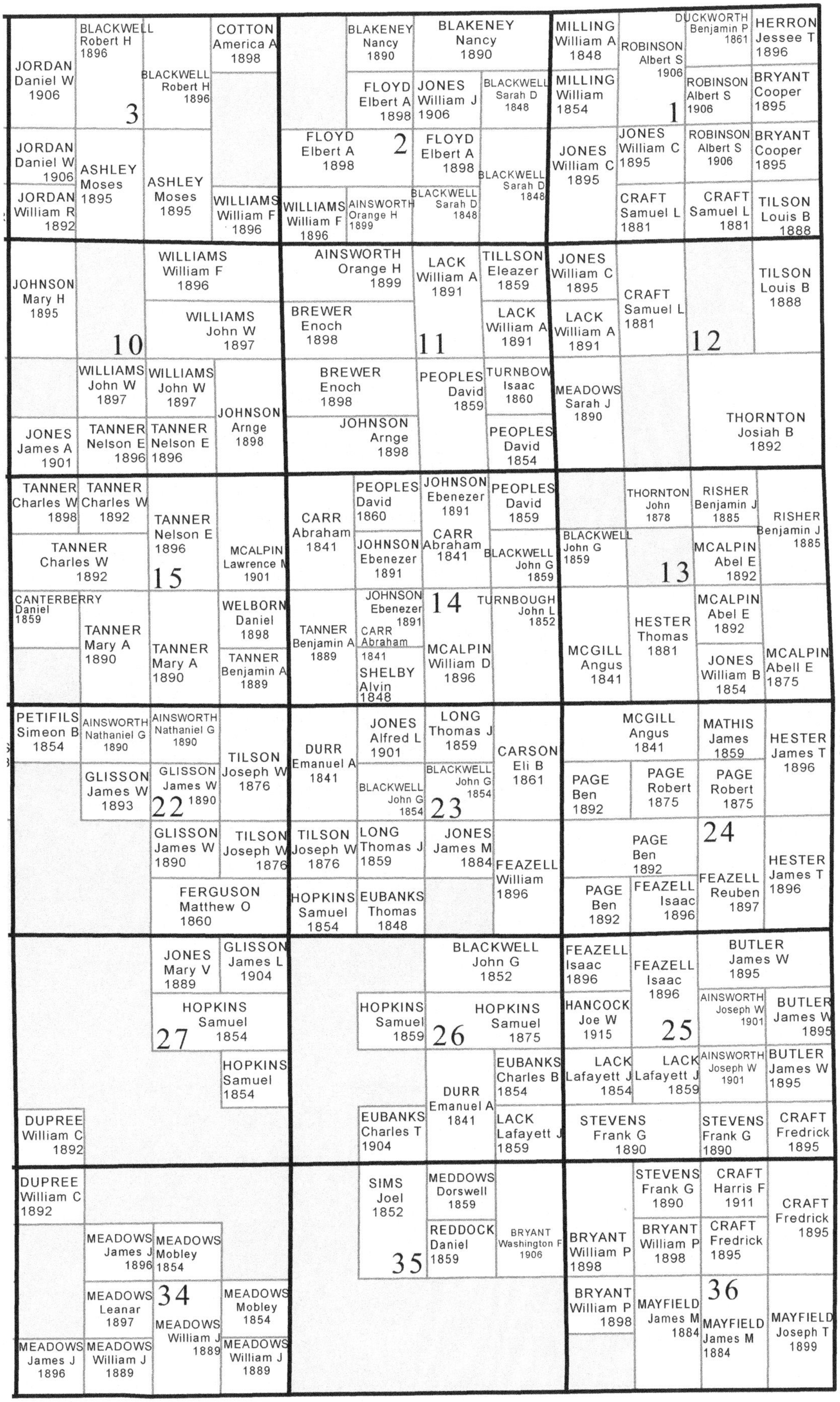




## Helpful Hints

1. This Map's INDEX can be found on the preceding pages.
2. Refer to Map "C" to see where this Township lies within Smith County, Mississippi.
3. Numbers within square brackets [ ] denote a multi-patentee land parcel (multi-owner). Refer to Appendix "C" for a full list of members in this group.
4. Areas that look to be crowded with Patentees usually indicate multiple sales of the same parcel (Re-issues) or Overlapping parcels. See this Township's Index for an explanation of these and other circumstances that might explain "odd" groupings of Patentees on this map.

## Legend

- Patent Boundary
- Section Boundary
- No Patents Found (or Outside County)
- 1., 2., 3., ... Lot Numbers (when beside a name)
- [ ] Group Number (see Appendix "C")

**Scale**: Section = 1 mile X 1 mile (generally, with some exceptions)

# Road Map

T1-N R7-E
Choctaw Meridian

Map Group 14

## Cities & Towns

Cohay

## Cemeteries

None

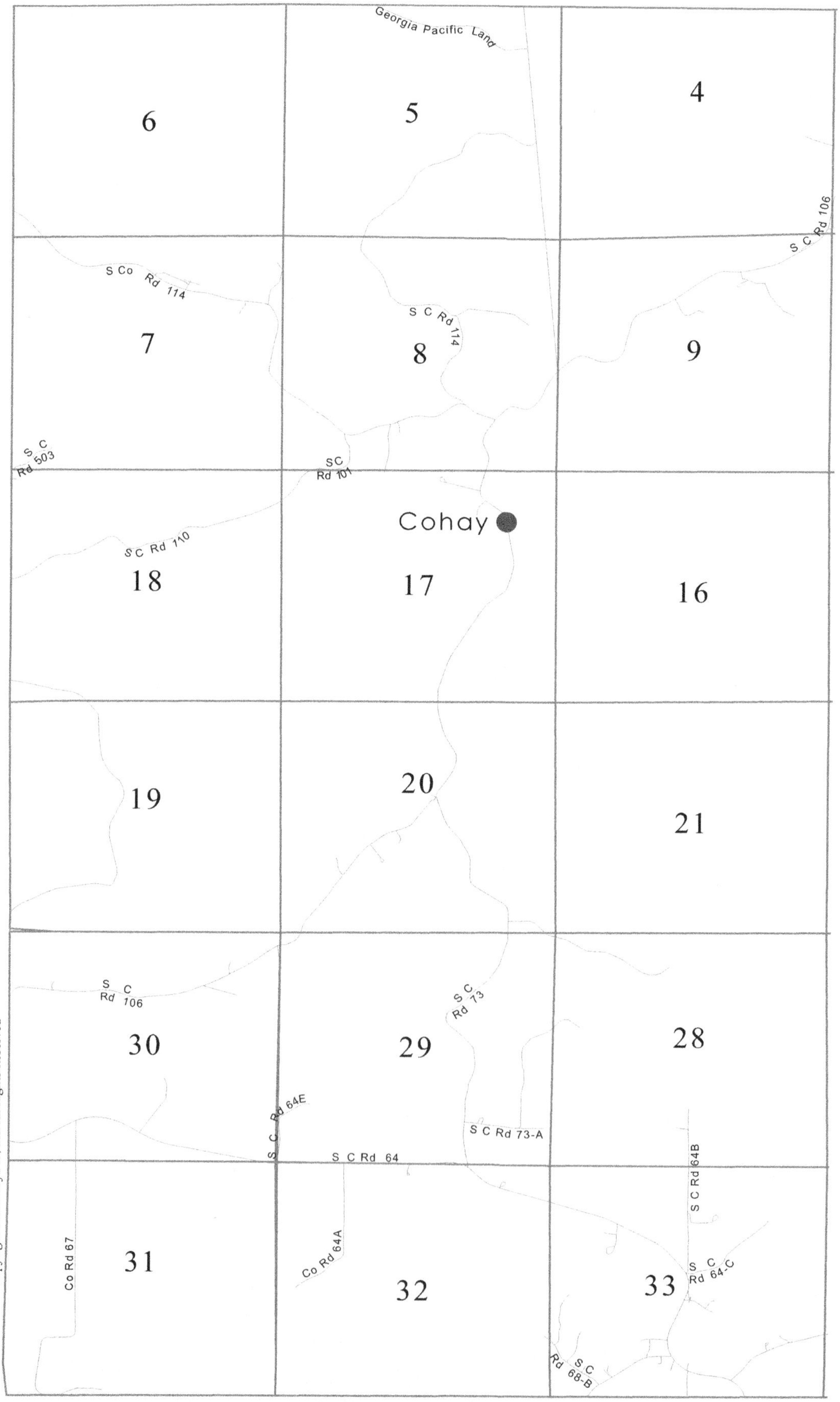

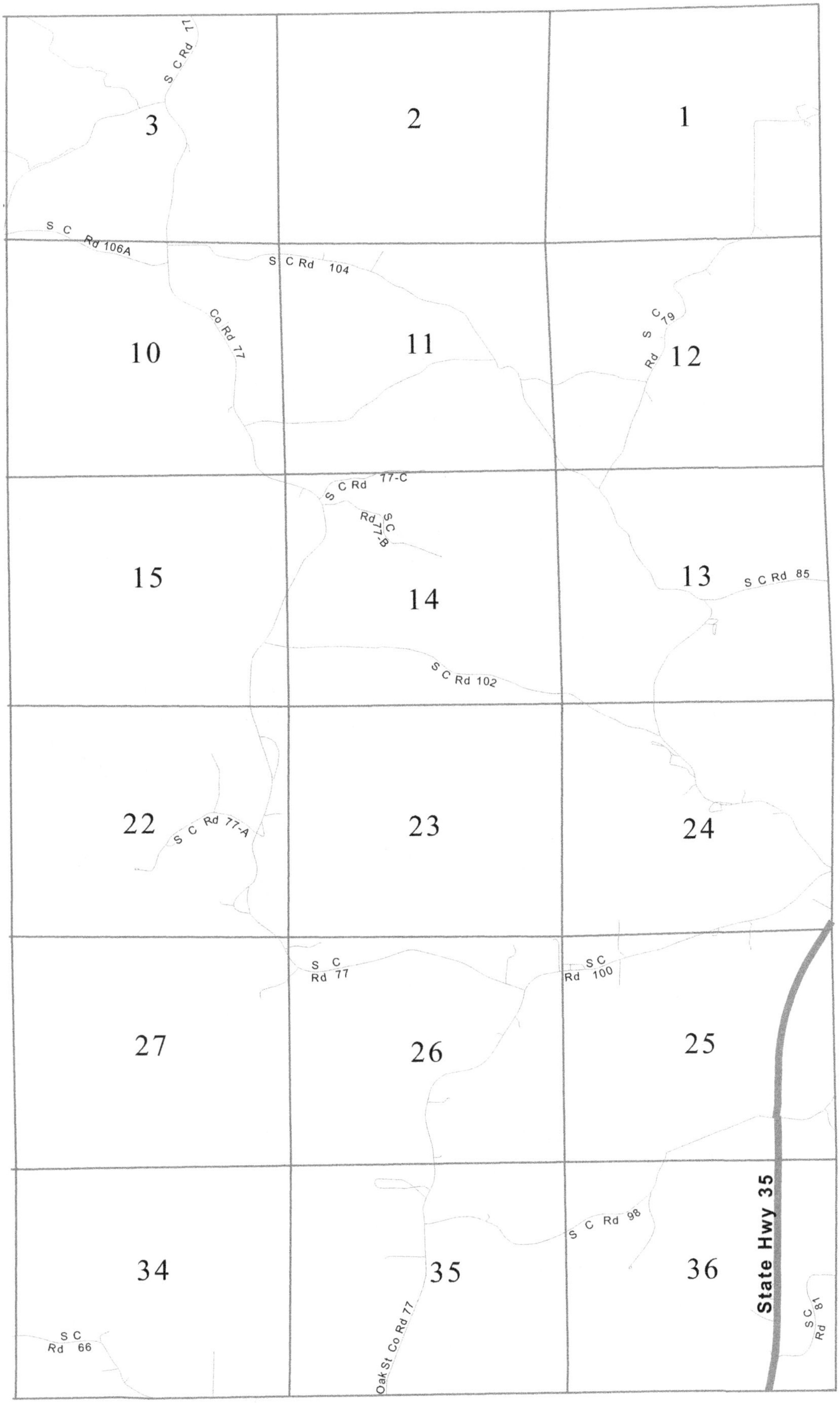




## Helpful Hints

1. This road map has a number of uses, but primarily it is to help you: a) find the present location of land owned by your ancestors (at least the general area), b) find cemeteries and city-centers, and c) estimate the route/roads used by Census-takers & tax-assessors.

2. If you plan to travel to Smith County to locate cemeteries or land parcels, please pick up a modern travel map for the area before you do. Mapping old land parcels on modern maps is not as exact a science as you might think. Just the slightest variations in public land survey coordinates, estimates of parcel boundaries, or road-map deviations can greatly alter a map's representation of how a road either does or doesn't cross a particular parcel of land.

## Legend

- Section Lines
- Interstates
- Highways
- Other Roads
- Cities/Towns
- Cemeteries

**Scale**: Section = 1 mile X 1 mile (generally, with some exceptions)

## Historical Map

T1-N R7-E
Choctaw Meridian

Map Group 14

### Cities & Towns

Cohay

### Cemeteries

None

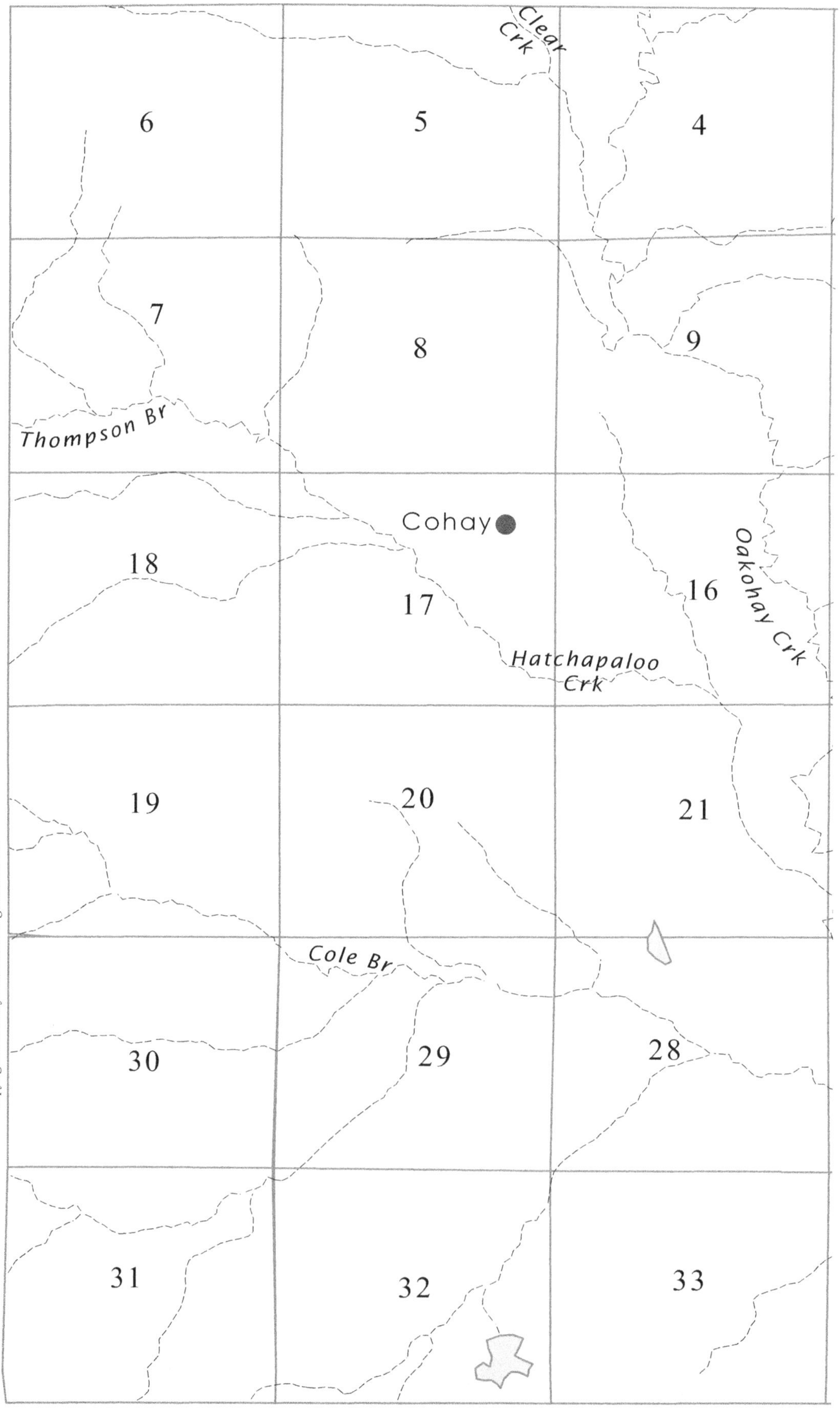

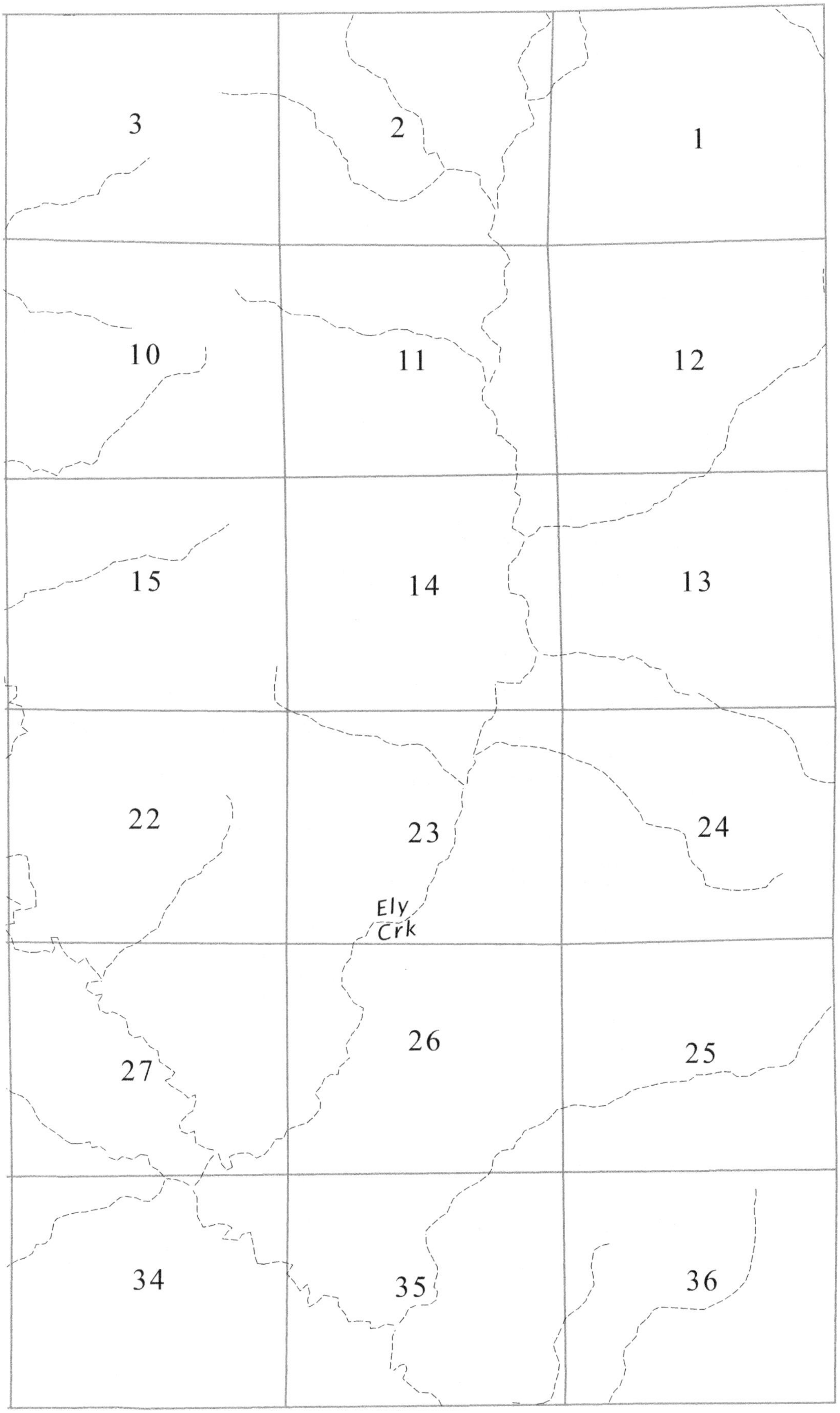




## Helpful Hints

1. This Map takes a different look at the same Congressional Township displayed in the preceding two maps. It presents features that can help you better envision the historical development of the area: a) Water-bodies (lakes & ponds), b) Water-courses (rivers, streams, etc.), c) Railroads, d) City/town center-points (where they were oftentimes located when first settled), and e) Cemeteries.

2. Using this "Historical" map in tandem with this Township's Patent Map and Road Map, may lead you to some interesting discoveries. You will often find roads, towns, cemeteries, and waterways are named after nearby landowners: sometimes those names will be the ones you are researching. See how many of these research gems you can find here in Smith County.

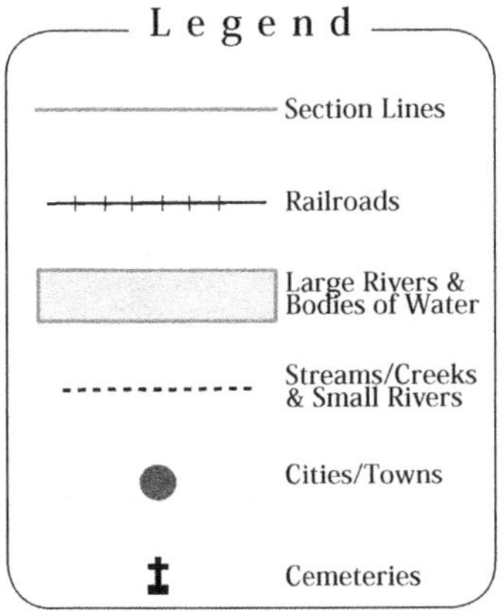


**Scale**: Section = 1 mile X 1 mile
(there are some exceptions)

# Map Group 15: Index to Land Patents

## Township 1-North Range 8-East (Choctaw)

After you locate an individual in this Index, take note of the Section and Section Part then proceed to the Land Patent map on the pages immediately following. You should have no difficulty locating the corresponding parcel of land.

The "For More Info" Column will lead you to more information about the underlying Patents. See the *Legend* at right, and the "How to Use this Book" chapter, for more information.

**LEGEND**

**"For More Info . . . " column**

**A** = Authority (Legislative Act, See Appendix "A")
**B** = Block or Lot (location in Section unknown)
**C** = Cancelled Patent
**F** = Fractional Section
**G** = Group (Multi-Patentee Patent, see Appendix "C")
**V** = Overlaps another Parcel
**R** = Re-Issued (Parcel patented more than once)

*(A & G items require you to look in the Appendixes referred to above. All other Letter-designations followed by a number require you to locate line-items in this index that possess the ID number found after the letter).*

| ID | Individual in Patent | Sec. | Sec. Part | Date Issued | Other Counties | For More Info . . . |
|---|---|---|---|---|---|---|
| 3665 | ADCOCK, John E | 1 | NENE | 1861-02-01 | | A1 |
| 3666 | " " | 1 | W½NE | 1861-02-01 | | A1 |
| 3803 | ADCOCK, William | 12 | NESE | 1859-05-02 | | A1 |
| 3804 | " " | 12 | SWNE | 1859-05-02 | | A1 |
| 3502 | AINSWORTH, Asburry G | 13 | W½SW | 1891-06-30 | | A5 |
| 3503 | " " | 14 | NESE | 1891-06-30 | | A5 |
| 3504 | " " | 14 | SENE | 1891-06-30 | | A5 |
| 3561 | AINSWORTH, Garrison | 31 | NENW | 1890-03-28 | | A5 |
| 3562 | " " | 31 | NWNE | 1890-03-28 | | A5 |
| 3563 | " " | 31 | S½NW | 1890-03-28 | | A5 |
| 3565 | AINSWORTH, George E | 24 | NWSW | 1901-03-23 | | A5 |
| 3566 | " " | 24 | SWNW | 1901-03-23 | | A5 |
| 3615 | AINSWORTH, James L | 33 | NWSE | 1884-12-30 | | A1 |
| 3616 | " " | 33 | SWNE | 1884-12-30 | | A1 |
| 3617 | AINSWORTH, James M | 27 | W½NW | 1892-05-16 | | A5 |
| 3618 | " " | 27 | W½SW | 1892-05-16 | | A5 |
| 3649 | AINSWORTH, Jessee N | 31 | NESW | 1882-05-10 | | A1 |
| 3647 | " " | 30 | S½SW | 1897-07-03 | | A5 |
| 3648 | " " | 30 | SWSE | 1897-07-03 | | A5 |
| 3650 | " " | 31 | NWNW | 1897-07-03 | | A5 |
| 3659 | AINSWORTH, John | 33 | NESW | 1884-12-30 | | A1 |
| 3657 | " " | 29 | E½NE | 1891-05-20 | | A5 |
| 3658 | " " | 29 | NWNE | 1891-05-20 | | A5 |
| 3683 | AINSWORTH, John W | 22 | SESW | 1906-05-01 | | A5 |
| 3684 | " " | 22 | SWSE | 1906-05-01 | | A5 |
| 3685 | " " | 27 | E½NW | 1906-05-01 | | A5 |
| 3699 | AINSWORTH, Julius P | 14 | E½NW | 1901-11-16 | | A5 |
| 3700 | " " | 14 | W½NE | 1901-11-16 | | A5 |
| 3728 | AINSWORTH, Mary V | 14 | S½SE | 1906-06-26 | | A5 |
| 3729 | " " | 14 | SESW | 1906-06-26 | | A5 |
| 3730 | " " | 23 | NENE | 1906-06-26 | | A5 |
| 3805 | AINSWORTH, William | 28 | W½SW | 1859-05-02 | | A1 |
| 3834 | AINSWORTH, William P | 11 | SE | 1906-06-26 | | A5 |
| 3839 | AINSWORTH, Young E | 36 | E½SE | 1890-03-28 | | A5 |
| 3840 | " " | 36 | SESW | 1890-03-28 | | A5 |
| 3841 | " " | 36 | SWSE | 1890-03-28 | | A5 |
| 3564 | ANDERSON, George C | 26 | SE | 1901-03-23 | | A5 |
| 3567 | ANDERSON, George W | 33 | E½SE | 1895-02-21 | | A5 |
| 3568 | " " | 33 | SWSE | 1895-02-21 | | A5 |
| 3569 | " " | 34 | SWSW | 1895-02-21 | | A5 |
| 3612 | ANDERSON, James H | 35 | SWSW | 1906-10-15 | | A5 |
| 3630 | ANDERSON, James R | 6 | SENE | 1859-05-02 | | A1 |
| 3627 | " " | 5 | NENW | 1859-06-01 | | A1 |
| 3628 | " " | 5 | SESW | 1861-05-01 | | A1 |
| 3629 | " " | 5 | SWSE | 1861-05-01 | | A1 |
| 3631 | " " | 8 | W½NE | 1861-05-01 | | A1 |

| ID | Individual in Patent | Sec. | Sec. Part | Date Issued | Other Counties | For More Info . . . |
|---|---|---|---|---|---|---|
| 3636 | ANDERSON, Jefferson D | 30 | SENW | 1896-04-03 | | A5 |
| 3637 | " " | 30 | W½NW | 1896-04-03 | | A5 |
| 3715 | ANDERSON, Mary A | 19 | NWSW | 1898-09-28 | | A5 |
| 3716 | " " | 19 | SWNW | 1898-09-28 | | A5 |
| 3755 | ANDERSON, Prior | 34 | S½NE | 1892-05-16 | | A5 |
| 3756 | " " | 34 | S½NW | 1892-05-16 | | A5 |
| 3701 | ARENDER, Lenoard P | 19 | SWSE | 1908-11-09 | | A1 |
| 3702 | " " | 30 | NWNE | 1908-11-09 | | A1 |
| 3632 | ASHBY, James R | 21 | SESW | 1861-05-01 | | A1 |
| 3633 | " " | 21 | SWSE | 1861-05-01 | | A1 |
| 3634 | " " | 28 | NENW | 1861-05-01 | | A1 |
| 3635 | " " | 28 | NWNE | 1861-05-01 | | A1 |
| 3528 | ASHLEY, Daniel W | 9 | E½SW | 1893-12-26 | | A5 |
| 3529 | " " | 9 | W½SE | 1893-12-26 | | A5 |
| 3556 | ASHLEY, Francis M | 5 | NWNW | 1890-06-25 | | A5 |
| 3557 | " " | 6 | NENE | 1890-06-25 | | A5 |
| 3835 | ASHLEY, William T | 7 | E½SW | 1890-08-16 | | A5 |
| 3584 | BALLARD, Ira W | 21 | N½SE | 1891-06-30 | | A5 |
| 3585 | " " | 21 | NESW | 1891-06-30 | | A5 |
| 3586 | " " | 21 | SENE | 1891-06-30 | | A5 |
| 3552 | BARKER, Elizabeth M | 1 | SE | 1899-09-30 | | A5 |
| 3573 | BARNWELL, Harvy A | 2 | NWSW | 1874-11-05 | | A1 |
| 3574 | " " | 2 | SWNW | 1874-11-05 | | A1 |
| 3575 | " " | 3 | N½SE | 1874-11-05 | | A1 |
| 3593 | BARNWELL, Jack | 11 | E½NW | 1892-05-31 | | A5 |
| 3594 | " " | 2 | S½SW | 1892-05-31 | | A5 |
| 3760 | BARNWELL, Robert | 12 | NESW | 1896-06-06 | | A1 |
| 3761 | " " | 12 | SENW | 1896-06-06 | | A1 |
| 3577 | BARR, Herbert F | 11 | NE | 1905-07-13 | | A5 |
| 3797 | BARR, Umphrey G | 12 | NWSW | 1898-12-01 | | A5 |
| 3798 | " " | 12 | SWNW | 1898-12-01 | | A5 |
| 3550 | BENISON, Elizabeth | 25 | SESE | 1859-11-10 | | A1 V3712 |
| 3551 | " " | 36 | NWNE | 1859-11-10 | | A1 |
| 3595 | BENISON, Jackson | 36 | NENE | 1841-01-05 | | A1 V3713 |
| 3661 | BENISON, John | 13 | E½SE | 1841-01-05 | | A1 |
| 3662 | " " | 24 | NENE | 1841-01-05 | | A1 |
| 3712 | BERRYHILL, Mark A | 25 | S½SE | 1879-05-06 | | A5 V3550, 3782 |
| 3713 | " " | 36 | E½NE | 1879-05-06 | | A5 V3595, 3596 |
| 3489 | BLACKWELL, Albert G | 2 | NENW | 1884-12-30 | | A5 |
| 3526 | BLACKWELL, Cournelious L | 3 | NENW | 1892-05-16 | | A5 |
| 3527 | " " | 3 | NWNE | 1892-05-16 | | A5 |
| 3571 | BLACKWELL, Haries A | 4 | E½SW | 1891-05-20 | | A5 |
| 3572 | " " | 4 | S½NW | 1891-05-20 | | A5 |
| 3742 | BLACKWELL, Neel W | 20 | N½SE | 1892-06-25 | | A5 |
| 3743 | " " | 20 | NESW | 1892-06-25 | | A5 |
| 3744 | " " | 20 | SESE | 1892-06-25 | | A5 |
| 3749 | BLACKWELL, Parshanie | 10 | E½NE | 1906-06-26 | | A5 |
| 3750 | " " | 11 | W½NW | 1906-06-26 | | A5 |
| 3806 | BLACKWELL, William | 2 | NWNW | 1892-06-15 | | A5 |
| 3807 | " " | 3 | NENE | 1892-06-15 | | A5 |
| 3809 | BLACKWELL, William C | 20 | S½NE | 1876-07-25 | | A5 |
| 3578 | BLAKENEY, Hugh | 4 | NESE | 1895-01-17 | | A5 |
| 3579 | " " | 4 | SWNE | 1895-01-17 | | A5 |
| 3580 | " " | 4 | W½SE | 1895-01-17 | | A5 |
| 3596 | BLAKENEY, Jacob | 36 | S½NE | 1896-07-11 | | A5 V3713 |
| 3597 | " " | 36 | S½NW | 1896-07-11 | | A5 |
| 3638 | BLAKENEY, Jefferson S | 18 | S½SE | 1889-01-12 | | A5 |
| 3639 | " " | 19 | N½NE | 1889-01-12 | | A5 |
| 3704 | BLAKENEY, Lucy A | 12 | SWSW | 1899-11-24 | | A5 |
| 3705 | " " | 13 | W½NW | 1899-11-24 | | A5 |
| 3706 | " " | 14 | NENE | 1899-11-24 | | A5 |
| 3775 | BLAKENEY, Ransom L | 1 | SENE | 1897-09-09 | | A5 G6 |
| 3765 | BLAKENEY, Robert J | 14 | N½SW | 1906-06-26 | | A5 |
| 3766 | " " | 14 | NWSE | 1906-06-26 | | A5 |
| 3767 | " " | 14 | SWSW | 1906-06-26 | | A5 |
| 3775 | BLAKENEY, Sarah M | 1 | SENE | 1897-09-09 | | A5 G6 |
| 3490 | BLAKENY, Alfred | 21 | W½SW | 1881-08-20 | | A5 |
| 3491 | " " | 28 | W½NW | 1881-08-20 | | A5 |
| 3600 | BLAKNEY, James | 15 | SESW | 1901-06-29 | | A1 |
| 3601 | " " | 15 | SWSE | 1901-06-29 | | A1 |
| 3602 | " " | 22 | NWNE | 1901-06-29 | | A1 |
| 3688 | BREWER, Joseph | 26 | SW | 1896-05-16 | | A1 |
| 3808 | BREWER, William | 3 | NWSW | 1896-08-26 | | A5 |

| ID | Individual in Patent | Sec. | Sec. Part | Date Issued | Other Counties | For More Info . . . |
|---|---|---|---|---|---|---|
| 3505 | BRIANT, Benjamin | 18 | SWNE | 1841-01-05 | | A1 |
| 3499 | BROWN, Armstrong | 31 | SENE | 1884-12-30 | | A1 |
| 3500 | " " | 31 | SESE | 1890-03-28 | | A5 |
| 3501 | " " | 32 | S½SW | 1890-03-28 | | A5 |
| 3506 | BRYANT, Benjamin | 8 | N½NW | 1875-07-01 | | A5 |
| 3524 | BRYANT, Cooper | 6 | NWSW | 1895-10-09 | | A5 |
| 3525 | " " | 6 | SWNW | 1895-10-09 | | A5 |
| 3762 | BRYANT, Robert C | 7 | N½SE | 1889-01-12 | | A5 |
| 3763 | " " | 7 | SENE | 1889-01-12 | | A5 |
| 3764 | BRYANT, Robert F | 20 | SWSW | 1854-03-15 | | A1 |
| 3770 | BRYANT, Samuel T | 6 | SWNE | 1898-11-11 | | A5 |
| 3826 | BRYANT, William N | 5 | SWSW | 1904-12-31 | | A5 |
| 3554 | BUTLER, Emanuel F | 23 | S½SW | 1906-06-26 | | A5 |
| 3555 | " " | 26 | N½NW | 1906-06-26 | | A5 |
| 3714 | BYNUM, Mark | 34 | NWSE | 1894-11-22 | | A5 |
| 3544 | CARTER, Elijah G | 5 | SENW | 1891-05-20 | | A5 |
| 3545 | " " | 5 | SWNE | 1891-05-20 | | A5 |
| 3836 | CHANDLER, William W | 4 | SESE | 1898-01-19 | | A5 |
| 3837 | " " | 9 | N½NE | 1898-01-19 | | A5 |
| 3718 | COPELAND, Mary | 2 | S½SE | 1875-11-20 | | A5 G18 |
| 3757 | COPELAND, Reuben | 2 | NESE | 1874-11-05 | | A1 |
| 3758 | " " | 2 | S½NE | 1874-11-05 | | A1 |
| 3759 | " " | 2 | SENW | 1874-11-05 | | A1 |
| 3718 | COPELAND, Robert | 2 | S½SE | 1875-11-20 | | A5 G18 |
| 3810 | COPELAND, William | 5 | SENE | 1892-08-01 | | A1 |
| 3814 | COPELAND, William J | 8 | W½SE | 1861-05-01 | | A1 |
| 3511 | CRAFT, Benjamin F | 17 | NENE | 1859-06-01 | | A1 |
| 3514 | CRAFT, Bryant | 17 | SESW | 1841-01-05 | | A1 |
| 3518 | CRAFT, Burwell | 20 | NENE | 1861-05-01 | | A1 |
| 3519 | " " | 21 | NWNW | 1861-05-01 | | A1 |
| 3541 | CRAFT, Eli M | 19 | E½SW | 1881-08-20 | | A5 |
| 3542 | " " | 19 | SWSW | 1881-08-20 | | A5 |
| 3543 | " " | 30 | NENW | 1881-08-20 | | A5 |
| 3606 | CRAFT, James | 3 | SENE | 1841-01-05 | | A1 |
| 3607 | " " | 3 | SWNE | 1841-01-05 | | A1 |
| 3608 | " " | 8 | NESE | 1841-01-05 | | A1 |
| 3609 | " " | 8 | SESE | 1841-01-05 | | A1 |
| 3610 | " " | 9 | W½SW | 1841-01-05 | | A1 |
| 3599 | CRAFT, James B | 7 | SWSE | 1859-06-01 | | A1 |
| 3725 | CRAFT, Mary R | 29 | S½SE | 1894-12-17 | | A5 |
| 3726 | " " | 32 | E½NE | 1894-12-17 | | A5 |
| 3733 | CRAFT, Nancy E | 30 | N½SW | 1905-03-30 | | A5 |
| 3734 | " " | 30 | NWSE | 1905-03-30 | | A5 |
| 3735 | " " | 30 | SWNE | 1905-03-30 | | A5 |
| 3800 | CRAFT, Whitmill | 5 | SWNW | 1841-01-05 | | A1 |
| 3819 | CRAFT, William L | 33 | NWSW | 1900-11-28 | | A1 |
| 3820 | " " | 33 | SENW | 1900-11-28 | | A1 |
| 3821 | " " | 33 | W½NW | 1900-11-28 | | A1 |
| 3495 | CROOMS, John | 10 | NESW | 1908-09-24 | | A5 G85 |
| 3507 | DUCKWORTH, Benjamin | 28 | SESW | 1861-05-01 | | A1 |
| 3508 | " " | 28 | SWSE | 1861-05-01 | | A1 |
| 3509 | " " | 33 | NENW | 1861-05-01 | | A1 |
| 3510 | " " | 33 | NWNE | 1861-05-01 | | A1 |
| 3603 | DUCKWORTH, James C | 24 | NENW | 1859-05-02 | | A1 |
| 3604 | " " | 24 | NWNW | 1859-05-02 | | A1 |
| 3605 | " " | 24 | SENW | 1859-06-01 | | A1 |
| 3492 | ELLISON, Allen | 1 | NWNW | 1896-12-11 | | A1 |
| 3493 | " " | 2 | NENE | 1896-12-11 | | A1 |
| 3675 | GARNER, John R | 10 | W½SW | 1890-08-16 | | A5 |
| 3676 | " " | 9 | E½SE | 1890-08-16 | | A5 |
| 3674 | " " | 1 | NESW | 1906-06-16 | | A5 |
| 3738 | GARNER, Nathan R | 3 | W½NW | 1888-04-05 | | A5 |
| 3739 | " " | 4 | E½NE | 1888-04-05 | | A5 |
| 3719 | GOLEMAN, Mary E | 15 | SWSW | 1902-04-08 | | A5 |
| 3720 | " " | 22 | NENW | 1902-04-08 | | A5 |
| 3721 | " " | 22 | W½NW | 1902-04-08 | | A5 |
| 3812 | GOLMAN, William | 21 | S½NW | 1861-05-01 | | A1 |
| 3813 | " " | 21 | SWNE | 1861-05-01 | | A1 |
| 3664 | GUNTER, John D | 6 | SE | 1895-12-14 | | A5 |
| 3558 | HANCOCK, Francis M | 28 | NESW | 1875-07-01 | | A5 |
| 3559 | " " | 28 | SENW | 1875-07-01 | | A5 |
| 3494 | HAYES, Allen | 35 | SESE | 1859-05-02 | | A1 |
| 3496 | HEALD, John S | 10 | SESW | 1908-09-24 | | A5 G86 |

| ID | Individual in Patent | Sec. | Sec. Part | Date Issued | Other Counties | For More Info . . . |
|---|---|---|---|---|---|---|
| 3651 | HERRON, Jessee T | 6 | N½NW | 1896-08-26 | | A5 |
| 3652 | " " | 6 | NWNE | 1896-08-26 | | A5 |
| 3653 | JOHNSON, Joel E | 12 | SESE | 1896-05-16 | | A1 |
| 3654 | " " | 12 | W½SE | 1896-05-16 | | A1 |
| 3531 | JONES, David | 29 | SWSW | 1885-05-25 | | A5 |
| 3532 | " " | 30 | SESE | 1885-05-25 | | A5 |
| 3533 | " " | 32 | NWNW | 1885-05-25 | | A5 |
| 3539 | JONES, Elcy | 31 | N½SE | 1897-09-09 | | A5 |
| 3540 | " " | 32 | NWSW | 1897-09-09 | | A5 |
| 3570 | JONES, George W | 15 | NW | 1906-06-26 | | A5 |
| 3669 | JONES, John | 22 | NESW | 1897-04-02 | | A5 |
| 3670 | " " | 22 | NWSE | 1897-04-02 | | A5 |
| 3671 | " " | 22 | SENW | 1897-04-02 | | A5 |
| 3672 | " " | 22 | SWNE | 1897-04-02 | | A5 |
| 3811 | KENNEDY, William F | 20 | SWSE | 1904-10-27 | | A5 |
| 3512 | KEYES, Benjamin F | 28 | E½SE | 1861-05-01 | | A1 |
| 3513 | " " | 28 | S½NE | 1861-05-01 | | A1 |
| 3692 | KEYES, Joseph | 31 | NENE | 1901-03-23 | | A1 |
| 3693 | " " | 31 | SWNE | 1901-03-23 | | A1 |
| 3613 | KNIGHTON, James J | 1 | SWNW | 1879-05-06 | | A5 |
| 3614 | " " | 1 | W½SW | 1879-05-06 | | A5 |
| 3485 | LAIRD, Abraham | 25 | E½SW | 1899-04-01 | | A1 |
| 3486 | " " | 36 | NENW | 1899-04-01 | | A1 |
| 3689 | LANDRUM, Joseph D | 15 | SESE | 1906-06-30 | | A1 |
| 3690 | " " | 22 | E½NE | 1906-06-30 | | A1 |
| 3691 | " " | 22 | NESE | 1906-06-30 | | A1 |
| 3737 | LEE, Nathan M | 17 | E½SE | 1861-05-01 | | A1 |
| 3590 | LEWIS, Isham | 2 | NWNE | 1859-05-02 | | A1 |
| 3731 | LEWIS, Moses | 3 | NESW | 1859-05-02 | | A1 |
| 3732 | " " | 3 | SENW | 1859-05-02 | | A1 |
| 3523 | LITTLE, Catharine | 7 | W½NE | 1875-03-15 | | A5 |
| 3784 | LUCAS, Stephen | 35 | SESW | 1859-05-02 | | A1 |
| 3619 | MAYFIELD, James M | 31 | SWSW | 1884-12-30 | | A1 |
| 3694 | MAYFIELD, Joseph T | 31 | NWSW | 1899-06-28 | | A5 |
| 3686 | MCALPIN, John W | 20 | NWSW | 1898-09-28 | | A5 |
| 3687 | " " | 20 | W½NW | 1898-09-28 | | A5 |
| 3534 | MCGILL, Duncan | 7 | E½NW | 1841-01-05 | | A1 |
| 3535 | " " | 7 | W½NW | 1841-01-05 | | A1 |
| 3773 | MEADOWS, Sarah J | 31 | SWSE | 1901-02-27 | | A1 |
| 3722 | MITCHELL, Mary | 12 | SESW | 1861-05-01 | | A1 |
| 3723 | " " | 13 | E½NW | 1861-05-01 | | A1 |
| 3724 | " " | 13 | NWNE | 1861-05-01 | | A1 |
| 3717 | MOORE, Mary A | 5 | NENE | 1874-04-10 | | A5 |
| 3815 | MOORE, William J | 21 | SESE | 1906-06-30 | | A5 |
| 3816 | " " | 22 | W½SW | 1906-06-30 | | A5 |
| 3817 | " " | 28 | NENE | 1906-06-30 | | A5 |
| 3536 | MURRAY, Eddie | 14 | W½NW | 1904-12-31 | | A5 |
| 3537 | " " | 15 | E½NE | 1904-12-31 | | A5 |
| 3790 | MURRAY, Thomas A | 10 | W½NW | 1894-12-17 | | A5 |
| 3791 | " " | 9 | S½NE | 1894-12-17 | | A5 |
| 3576 | NICHOLS, Harvy A | 3 | S½SE | 1892-05-26 | | A5 |
| 3829 | NORRIS, William | 17 | N½NW | 1859-11-10 | | A1 |
| 3830 | " " | 17 | SENE | 1859-11-10 | | A1 |
| 3831 | " " | 17 | W½NE | 1859-11-10 | | A1 |
| 3832 | " " | 18 | NESE | 1859-11-10 | | A1 |
| 3833 | " " | 8 | SESW | 1859-11-10 | | A1 |
| 3560 | PALMER, Francis M | 7 | NENE | 1906-06-16 | | A5 |
| 3736 | RAYNES, Nancy | 4 | NWNW | 1874-04-10 | | A5 |
| 3538 | ROBINSON, Edward M | 24 | E½SW | 1859-05-02 | | A1 |
| 3678 | ROBINSON, John | 27 | E½SW | 1889-01-05 | | A5 |
| 3679 | " " | 27 | SWSE | 1889-01-05 | | A5 |
| 3680 | " " | 34 | NWNE | 1889-01-05 | | A5 |
| 3663 | ROBINSON, John C | 27 | NE | 1899-07-15 | | A5 V3588, 3589 |
| 3667 | ROBINSON, John H | 6 | E½SW | 1895-12-14 | | A5 |
| 3668 | " " | 6 | SENW | 1895-12-14 | | A5 |
| 3818 | ROBINSON, William J | 34 | NENE | 1901-04-22 | | A5 |
| 3553 | ROGERS, Elizabeth | 12 | NENE | 1861-02-01 | | A1 |
| 3740 | ROGERS, Nathaniel | 13 | NESW | 1859-05-02 | | A1 |
| 3741 | " " | 13 | SWNE | 1859-05-02 | | A1 |
| 3487 | RUSSELL, Absalom | 5 | E½SE | 1861-05-01 | | A1 |
| 3488 | " " | 8 | E½NE | 1861-05-01 | | A1 |
| 3495 | RUSSELL, Alonzo J | 10 | NESW | 1908-09-24 | | A5 G85 |
| 3496 | " " | 10 | SESW | 1908-09-24 | | A5 G86 |

| ID | Individual in Patent | Sec. | Sec. Part | Date Issued | Other Counties | For More Info . . . |
|---|---|---|---|---|---|---|
| 3682 | RUSSELL, John | 9 | NW | 1861-07-01 | | A1 |
| 3681 | " " | 4 | NENW | 1881-09-17 | | A5 |
| 3660 | RUSSELL, John B | 4 | W½SW | 1875-07-01 | | A5 |
| 3588 | SANDIFER, Isaac | 27 | E½NE | 1878-06-24 | | A5 V3663 |
| 3589 | " " | 27 | NWNE | 1878-06-24 | | A5 V3663 |
| 3655 | SIMS, Joel | 17 | W½SE | 1841-01-05 | | A1 |
| 3656 | " " | 20 | NWNE | 1841-01-05 | | A1 |
| 3547 | SMITH, Eliza J | 10 | NENW | 1892-05-26 | | A5 G87 |
| 3548 | " " | 10 | NWNE | 1892-05-26 | | A5 G87 |
| 3549 | " " | 3 | S½SW | 1892-05-26 | | A5 G87 |
| 3546 | " " | 10 | SENW | 1901-08-12 | | A5 |
| 3547 | SMITH, Henry C | 10 | NENW | 1892-05-26 | | A5 G87 |
| 3548 | " " | 10 | NWNE | 1892-05-26 | | A5 G87 |
| 3549 | " " | 3 | S½SW | 1892-05-26 | | A5 G87 |
| 3581 | SMITH, Hugh L | 18 | E½SW | 1892-03-17 | | A5 |
| 3582 | " " | 18 | NWSE | 1892-03-17 | | A5 |
| 3583 | " " | 18 | NWSW | 1892-03-17 | | A5 |
| 3751 | SMITH, Peter B | 25 | NWNE | 1859-05-02 | | A1 |
| 3752 | SMITH, Peter L | 10 | SWNE | 1898-09-28 | | A5 |
| 3753 | " " | 10 | W½SE | 1898-09-28 | | A5 |
| 3754 | " " | 15 | NWNE | 1898-09-28 | | A5 |
| 3774 | SMITH, Sarah J | 8 | SWNW | 1901-08-12 | | A5 |
| 3776 | SMITH, Sebastian T | 8 | NESW | 1889-01-12 | | A5 |
| 3777 | " " | 8 | SENW | 1889-01-12 | | A5 |
| 3778 | " " | 8 | W½SW | 1889-01-12 | | A5 |
| 3787 | SMITH, Therissa | 24 | SWSW | 1901-11-16 | | A5 |
| 3788 | " " | 25 | N½NW | 1901-11-16 | | A5 |
| 3789 | " " | 25 | SWNW | 1901-11-16 | | A5 |
| 3795 | SMITH, Tobias | 4 | NWNE | 1841-01-05 | | A1 |
| 3796 | " " | 5 | NWNE | 1841-01-05 | | A1 |
| 3799 | SMITH, Walter J | 35 | E½NW | 1901-04-09 | | A1 |
| 3801 | SMITH, Wiley B | 33 | E½NE | 1894-11-22 | | A5 |
| 3802 | " " | 34 | N½NW | 1894-11-22 | | A5 |
| 3822 | SMITH, William L | 18 | E½NW | 1875-07-01 | | A5 |
| 3823 | " " | 29 | E½SW | 1896-08-26 | | A5 |
| 3824 | " " | 29 | NWSE | 1896-08-26 | | A5 |
| 3825 | " " | 32 | NENW | 1896-08-26 | | A5 |
| 3768 | STENNETT, John | 21 | N½NE | 1898-05-10 | | A5 G89 |
| 3769 | " " | 21 | NENW | 1898-05-10 | | A5 G89 |
| 3768 | STENNETT, Rutha J | 21 | N½NE | 1898-05-10 | | A5 G89 |
| 3769 | " " | 21 | NENW | 1898-05-10 | | A5 G89 |
| 3673 | STEPHENS, John M | 20 | SENW | 1841-01-05 | | A1 |
| 3497 | STRINGER, Alvin | 35 | N½SE | 1892-05-31 | | A5 |
| 3498 | " " | 35 | S½NE | 1892-05-31 | | A5 |
| 3515 | STRINGER, Burton A | 29 | NWSW | 1889-04-23 | | A1 |
| 3516 | " " | 30 | E½NE | 1895-06-27 | | A5 |
| 3517 | " " | 30 | NESE | 1895-06-27 | | A5 |
| 3592 | STRINGER, J M | 20 | NENW | 1879-05-06 | | A5 |
| 3598 | STRINGER, James A | 26 | NE | 1901-04-09 | | A1 |
| 3622 | STRINGER, James M | 20 | SESW | 1884-12-30 | | A1 |
| 3623 | " " | 29 | NWNW | 1884-12-30 | | A1 |
| 3620 | " " | 19 | N½SE | 1896-01-25 | | A5 |
| 3621 | " " | 19 | SESE | 1896-01-25 | | A5 |
| 3640 | STRINGER, Jesse M | 36 | N½SW | 1896-08-26 | | A5 |
| 3641 | " " | 36 | NWSE | 1896-08-26 | | A5 |
| 3642 | " " | 36 | SWSW | 1896-08-26 | | A5 |
| 3779 | STRINGER, Simeon D | 26 | S½NW | 1892-03-17 | | A5 |
| 3792 | STRINGER, Thomas M | 35 | SWSE | 1895-06-27 | | A5 |
| 3786 | SULLIVANT, Frederick | 18 | NWNW | 1841-01-05 | | A1 G94 |
| 3786 | SULLIVANT, Stephen | 18 | NWNW | 1841-01-05 | | A1 G94 |
| 3785 | " " | 7 | W½SW | 1841-01-05 | | A1 |
| 3645 | TANNER, Jesse | 34 | SESE | 1859-05-02 | | A1 |
| 3643 | " " | 27 | E½SE | 1896-05-16 | | A1 |
| 3644 | " " | 27 | NWSE | 1896-05-16 | | A1 |
| 3793 | TANNER, Thomas | 35 | NESW | 1859-11-10 | | A1 |
| 3828 | TANNER, William N | 34 | E½SW | 1896-05-16 | | A1 |
| 3827 | " " | 19 | S½NE | 1900-11-28 | | A1 |
| 3838 | TANNER, Wilson | 34 | NWSW | 1859-05-02 | | A1 |
| 3624 | THOMPSON, James O | 1 | SESW | 1861-08-15 | | A4 |
| 3625 | " " | 12 | N½NW | 1861-08-15 | | A4 |
| 3626 | " " | 12 | NWNE | 1861-08-15 | | A4 |
| 3703 | TILSON, Louis B | 6 | SWSW | 1888-02-25 | | A5 |
| 3727 | TONEY, Mary | 32 | S½NW | 1908-09-17 | | A1 |

| ID | Individual in Patent | Sec. | Sec. Part | Date Issued | Other Counties | For More Info . . . |
|---|---|---|---|---|---|---|
| 3646 | TURNER, Jesse | 34 | SWSE | 1859-05-02 | | A1 |
| 3794 | TURNER, Thomas | 35 | NWSW | 1859-05-02 | | A1 |
| 3707 | WALTERS, Mackadory M | 15 | N½SE | 1901-06-29 | | A1 |
| 3708 | " " | 15 | N½SW | 1901-06-29 | | A1 |
| 3771 | WARE, Sarah C | 2 | NESW | 1894-09-28 | | A5 |
| 3772 | " " | 2 | NWSE | 1894-09-28 | | A5 |
| 3591 | WEATHERSBY, Isham | 7 | SESE | 1841-01-05 | | A1 |
| 3696 | WEATHERSBY, Joseph | 18 | SWSW | 1901-06-25 | | A5 |
| 3697 | " " | 19 | N½NW | 1901-06-25 | | A5 |
| 3698 | " " | 19 | SENW | 1901-06-25 | | A5 |
| 3745 | WEATHERSBY, Owen | 17 | NESW | 1841-01-05 | | A1 |
| 3746 | " " | 17 | SENW | 1841-01-05 | | A1 |
| 3747 | " " | 17 | SWNW | 1841-01-05 | | A1 |
| 3748 | " " | 17 | W½SW | 1841-01-05 | | A1 |
| 3709 | WELBORN, Marion J | 25 | W½SW | 1906-05-01 | | A1 |
| 3710 | " " | 35 | NENE | 1906-05-01 | | A1 |
| 3711 | " " | 36 | NWNW | 1906-05-01 | | A1 |
| 3496 | WHELAN, Lilly Heald | 10 | SESW | 1908-09-24 | | A5 G86 |
| 3587 | WHITE, Irvin W | 35 | W½NW | 1892-06-15 | | A5 |
| 3677 | WHITE, John R | 34 | NESE | 1892-06-15 | | A5 |
| 3695 | WHITE, Joseph W | 35 | NWNE | 1906-06-16 | | A5 |
| 3611 | WILLIAMS, James E | 25 | NESE | 1919-05-26 | | A5 |
| 3530 | WILLIAMSON, Darling B | 13 | NENE | 1841-01-05 | | A1 |
| 3780 | WILLIAMSON, Solomon | 25 | SENW | 1890-06-25 | | A5 |
| 3781 | " " | 25 | SWNE | 1890-06-25 | | A5 |
| 3782 | " " | 25 | W½SE | 1890-06-25 | | A5 V3712 |
| 3783 | WILLIAMSON, Stanton G | 13 | W½SE | 1907-05-13 | | A5 |
| 3520 | WINGATE, Caroline | 32 | NESW | 1901-02-27 | | A1 G109 |
| 3521 | " " | 32 | SESE | 1901-02-27 | | A1 G109 |
| 3522 | " " | 32 | W½SE | 1901-02-27 | | A1 G109 |
| 3520 | WINGATE, Joseph T | 32 | NESW | 1901-02-27 | | A1 G109 |
| 3521 | " " | 32 | SESE | 1901-02-27 | | A1 G109 |
| 3522 | " " | 32 | W½SE | 1901-02-27 | | A1 G109 |

# Patent Map

T1-N R8-E
Choctaw Meridian

Map Group 15

## Township Statistics

| | | |
|---|---|---|
| Parcels Mapped | : | 357 |
| Number of Patents | : | 209 |
| Number of Individuals | : | 189 |
| Patentees Identified | : | 183 |
| Number of Surnames | : | 83 |
| Multi-Patentee Parcels | : | 13 |
| Oldest Patent Date | : | 1/5/1841 |
| Most Recent Patent | : | 5/26/1919 |
| Block/Lot Parcels | : | 0 |
| Parcels Re - Issued | : | 0 |
| Parcels that Overlap | : | 9 |
| Cities and Towns | : | 2 |
| Cemeteries | : | 1 |

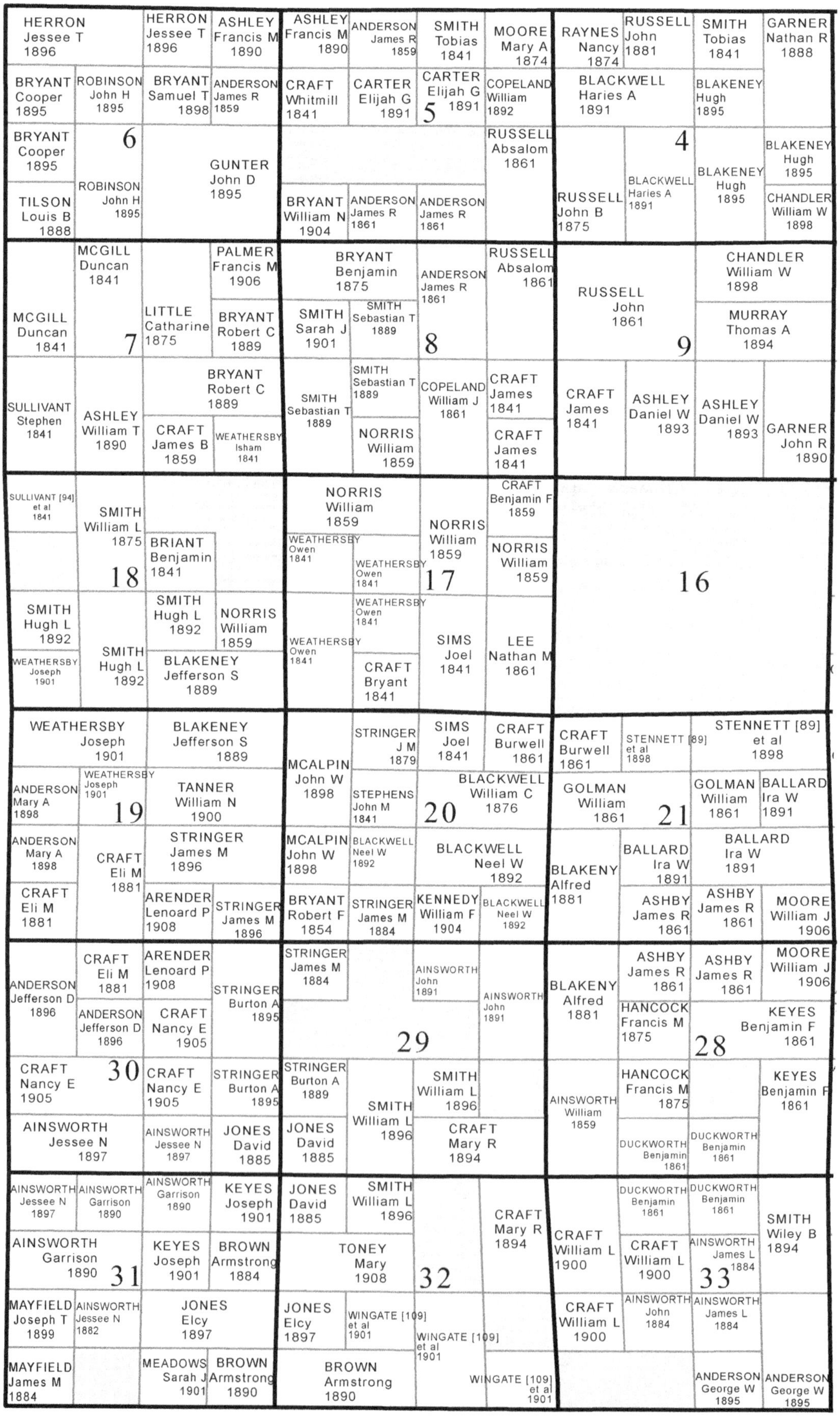

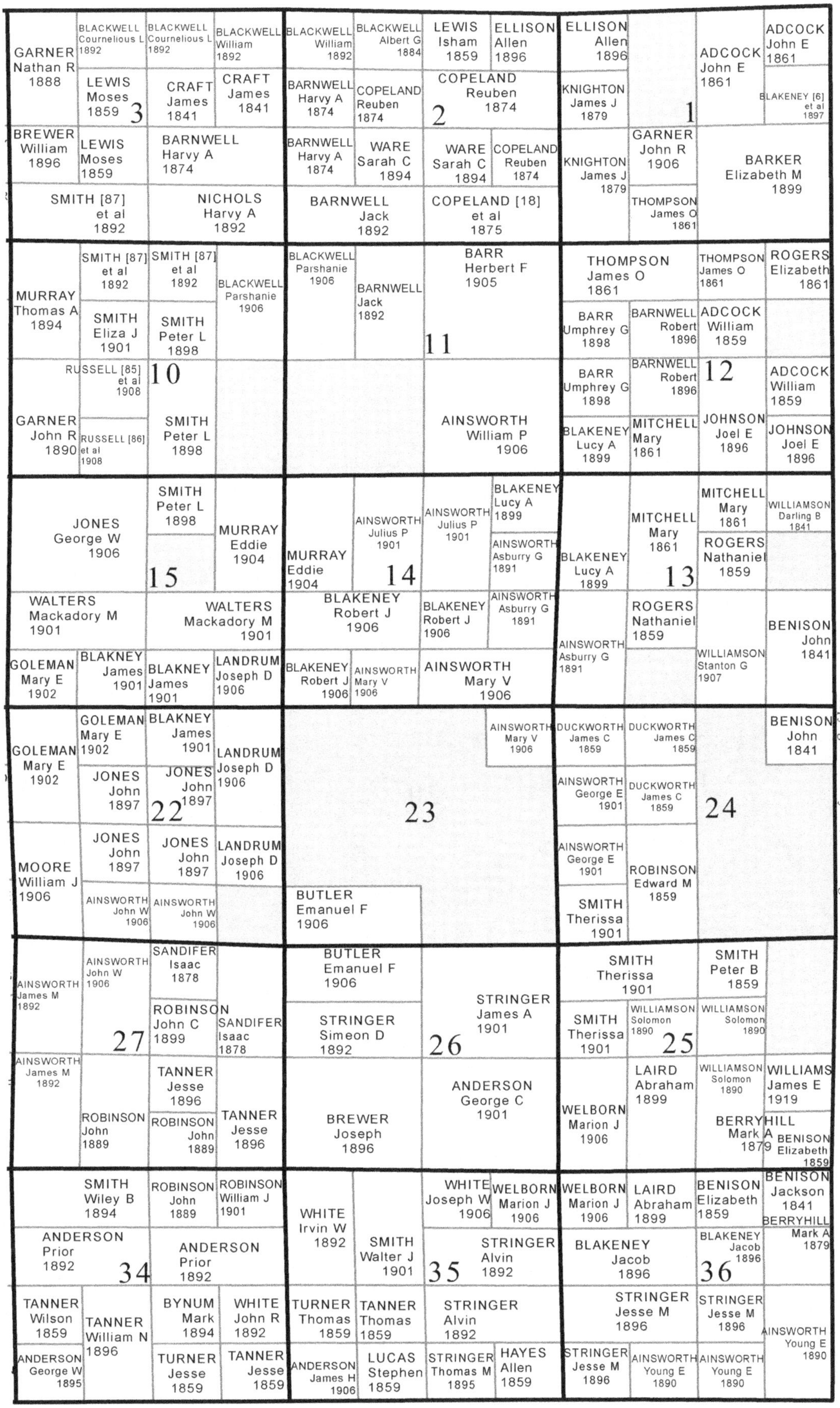




## Helpful Hints

1. This Map's INDEX can be found on the preceding pages.
2. Refer to Map "C" to see where this Township lies within Smith County, Mississippi.
3. Numbers within square brackets [ ] denote a multi-patentee land parcel (multi-owner). Refer to Appendix "C" for a full list of members in this group.
4. Areas that look to be crowded with Patentees usually indicate multiple sales of the same parcel (Re-issues) or Overlapping parcels. See this Township's Index for an explanation of these and other circumstances that might explain "odd" groupings of Patentees on this map.

## Legend

Patent Boundary

Section Boundary

No Patents Found (or Outside County)

1., 2., 3., ... Lot Numbers (when beside a name)

[ ] Group Number (see Appendix "C")

**Scale**: Section = 1 mile X 1 mile (generally, with some exceptions)

## Road Map

T1-N R8-E
Choctaw Meridian

Map Group 15

Cities & Towns
- Center Ridge
- Mineral Springs

Cemeteries
- Burnett Cemetery

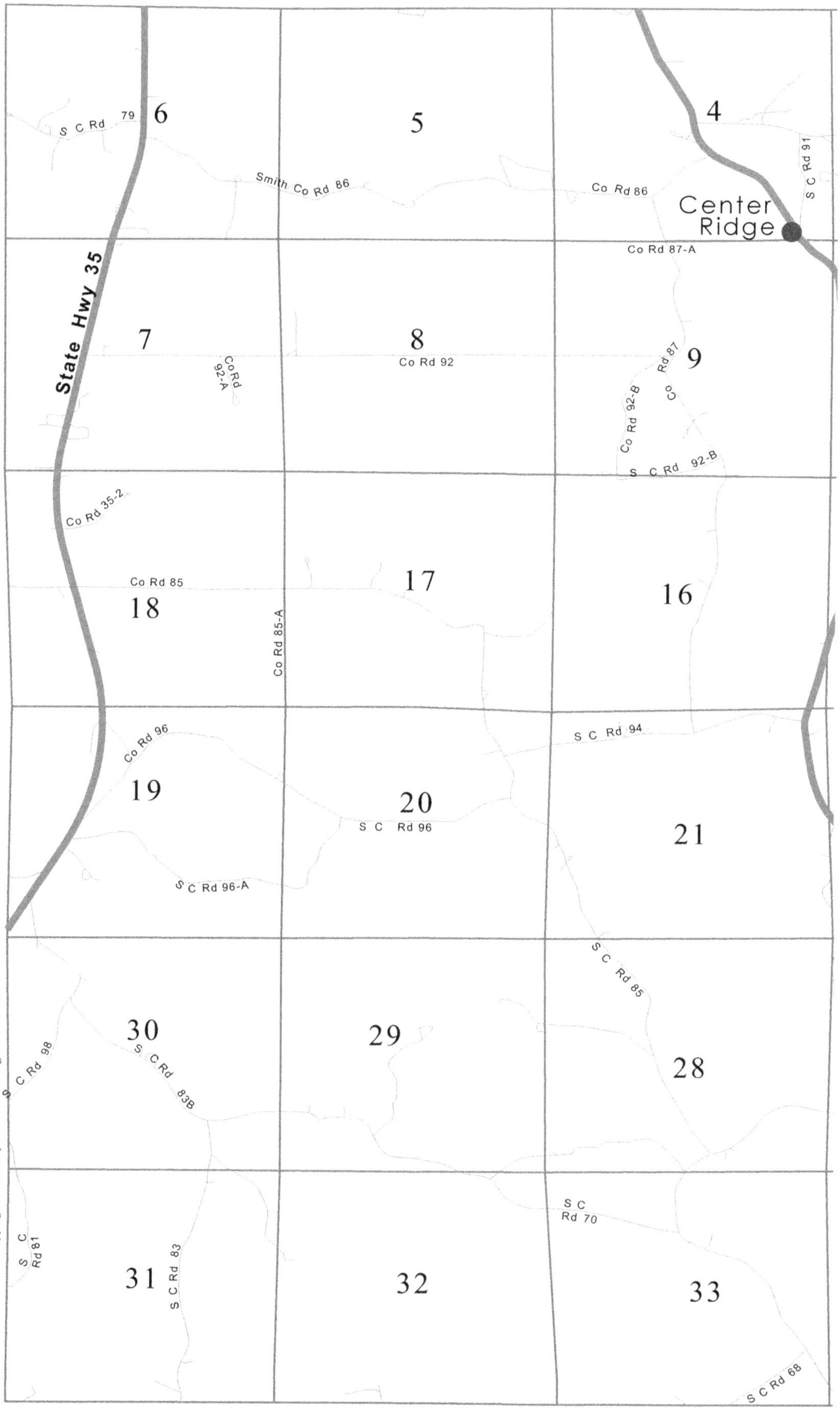

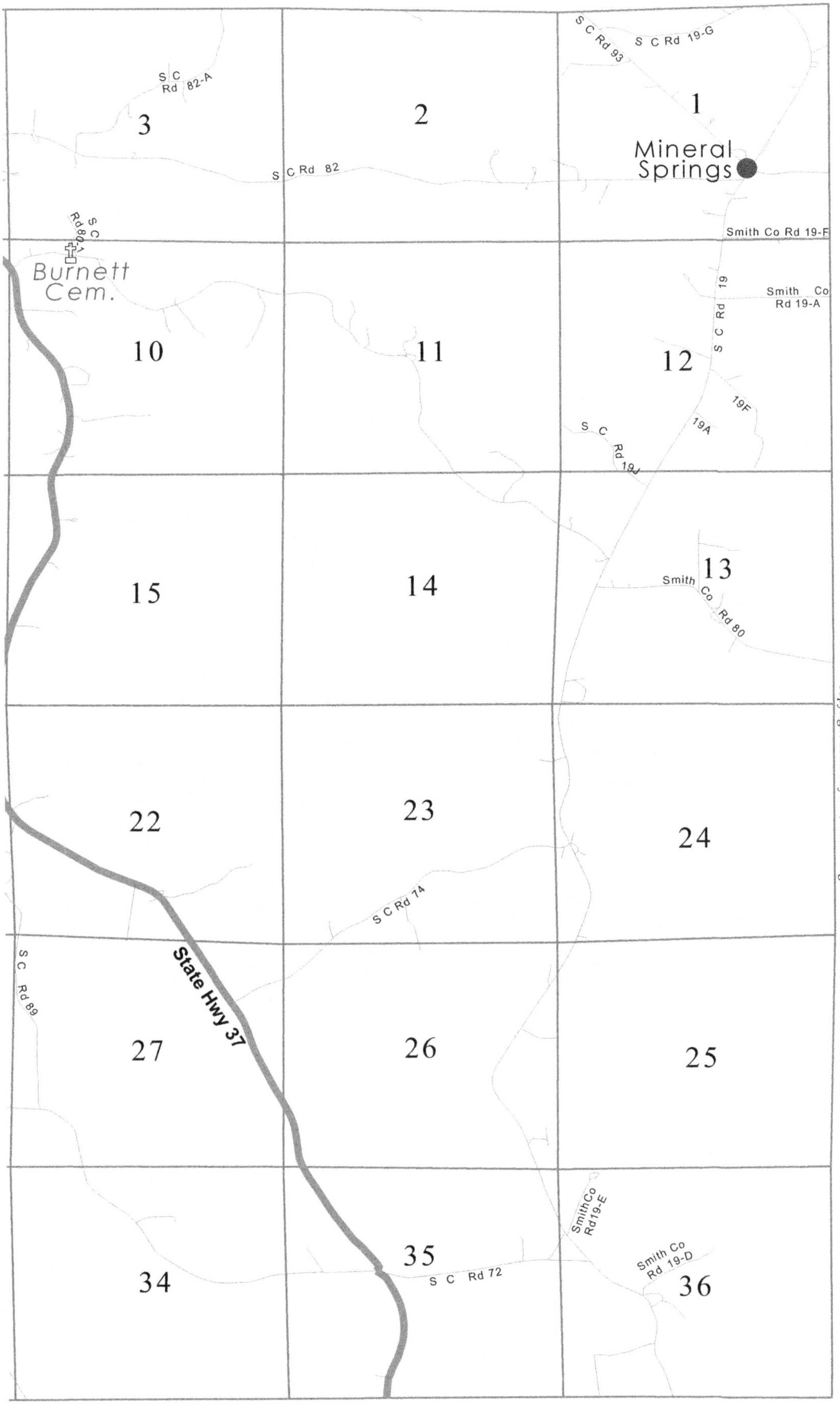




## Helpful Hints

1. This road map has a number of uses, but primarily it is to help you: a) find the present location of land owned by your ancestors (at least the general area), b) find cemeteries and city-centers, and c) estimate the route/roads used by Census-takers & tax-assessors.
2. If you plan to travel to Smith County to locate cemeteries or land parcels, please pick up a modern travel map for the area before you do. Mapping old land parcels on modern maps is not as exact a science as you might think. Just the slightest variations in public land survey coordinates, estimates of parcel boundaries, or road-map deviations can greatly alter a map's representation of how a road either does or doesn't cross a particular parcel of land.

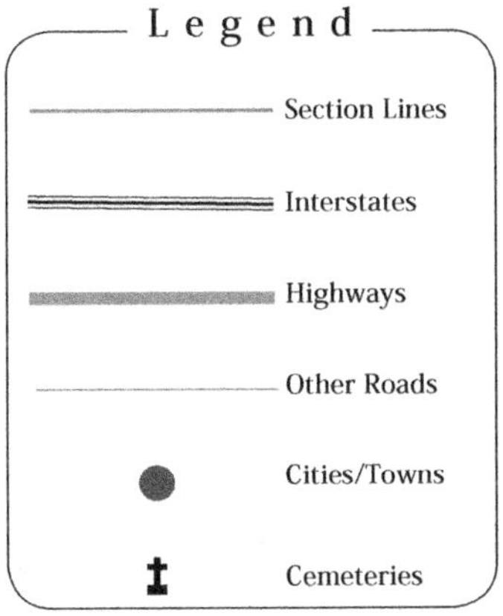


**Scale**: Section = 1 mile X 1 mile
(generally, with some exceptions)

## Historical Map

T1-N R8-E
Choctaw Meridian

Map Group 15

**Cities & Towns**

Center Ridge
Mineral Springs

**Cemeteries**

Burnett Cemetery

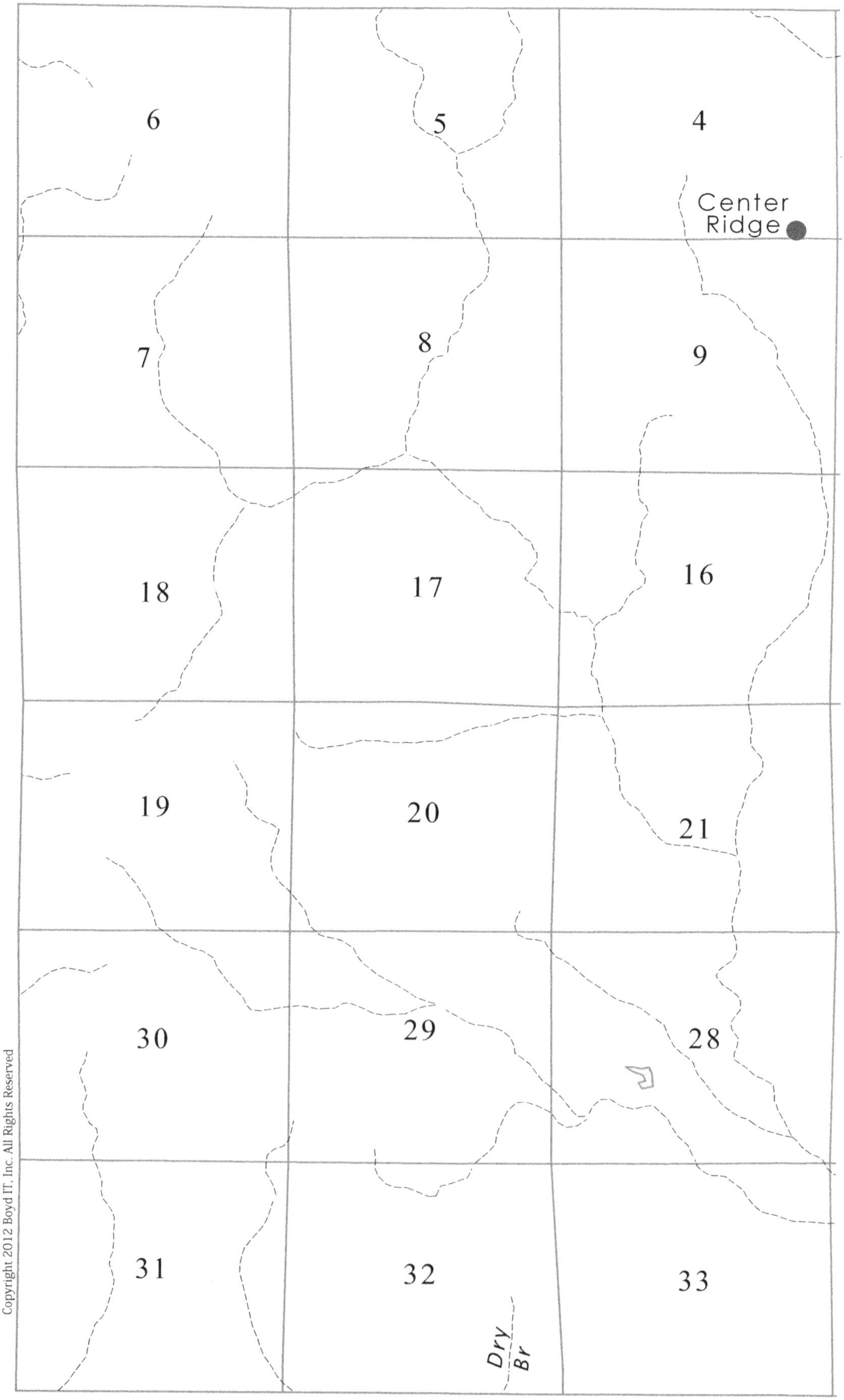

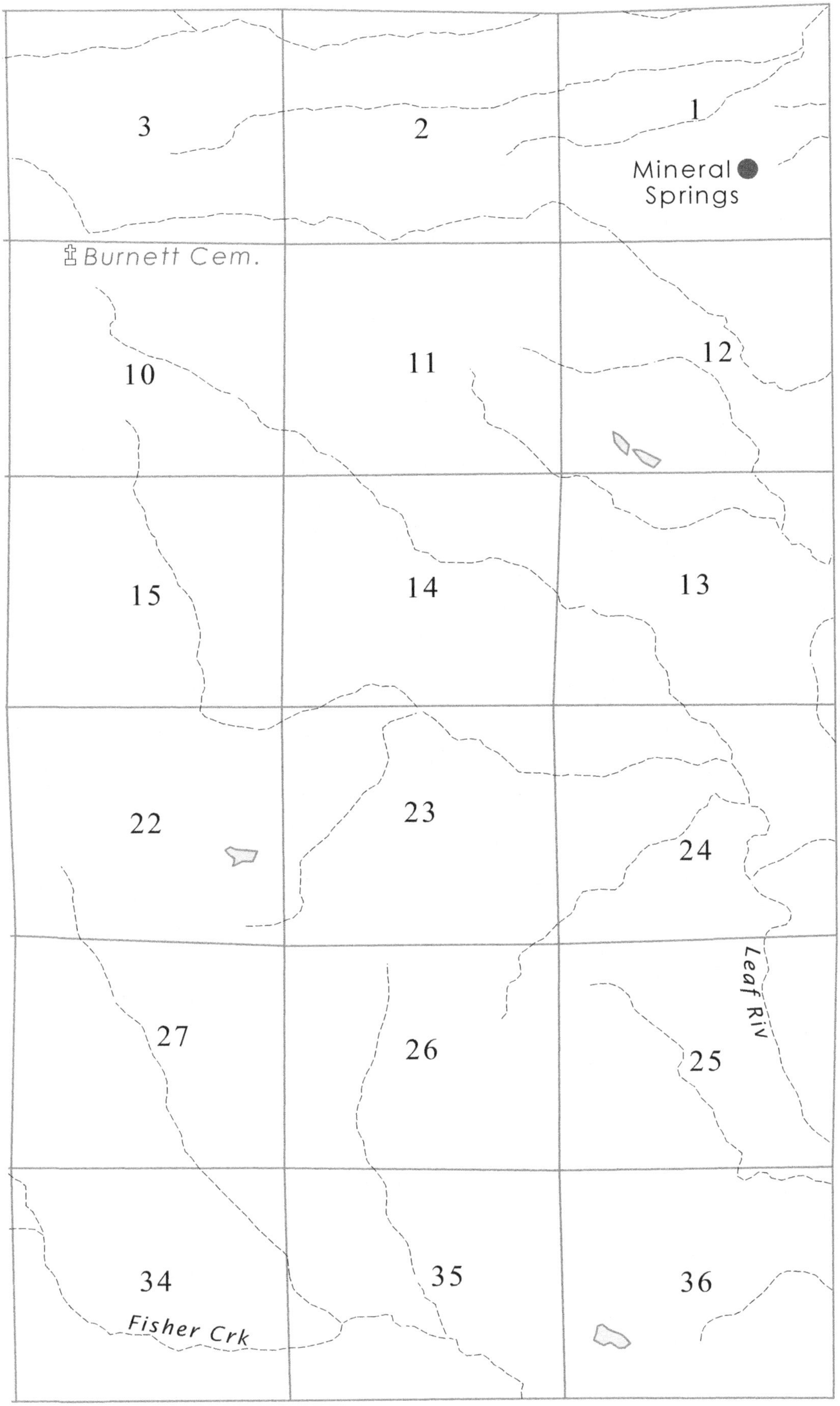




## Helpful Hints

1. This Map takes a different look at the same Congressional Township displayed in the preceding two maps. It presents features that can help you better envision the historical development of the area: a) Water-bodies (lakes & ponds), b) Water-courses (rivers, streams, etc.), c) Railroads, d) City/town center-points (where they were oftentimes located when first settled), and e) Cemeteries.

2. Using this "Historical" map in tandem with this Township's Patent Map and Road Map, may lead you to some interesting discoveries. You will often find roads, towns, cemeteries, and waterways are named after nearby landowners: sometimes those names will be the ones you are researching. See how many of these research gems you can find here in Smith County.

## Legend

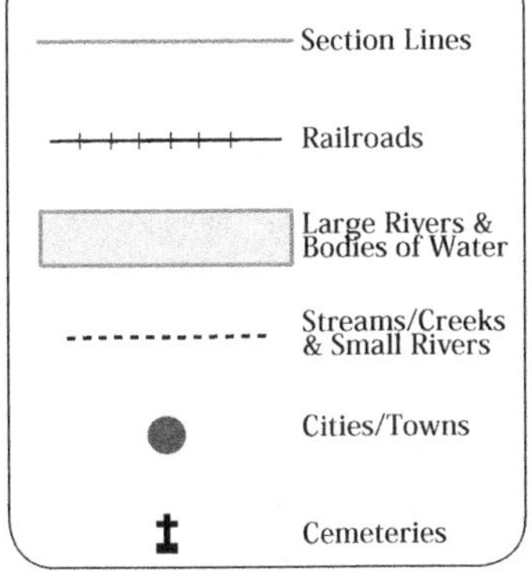


**Scale**: Section = 1 mile X 1 mile
(there are some exceptions)

# Map Group 16: Index to Land Patents

## Township 1-North Range 9-East (Choctaw)

After you locate an individual in this Index, take note of the Section and Section Part then proceed to the Land Patent map on the pages immediately following. You should have no difficulty locating the corresponding parcel of land.

The "For More Info" Column will lead you to more information about the underlying Patents. See the *Legend* at right, and the "How to Use this Book" chapter, for more information.

**LEGEND**

**"For More Info . . . " column**

**A** = Authority (Legislative Act, See Appendix "A")
**B** = Block or Lot (location in Section unknown)
**C** = Cancelled Patent
**F** = Fractional Section
**G** = Group (Multi-Patentee Patent, see Appendix "C")
**V** = Overlaps another Parcel
**R** = Re-Issued (Parcel patented more than once)

*(A & G items require you to look in the Appendixes referred to above. All other Letter-designations followed by a number require you to locate line-items in this index that possess the ID number found after the letter).*

| ID | Individual in Patent | Sec. | Sec. Part | Date Issued | Other Counties | For More Info . . . |
|---|---|---|---|---|---|---|
| 4101 | ADAMS, Washington B | 28 | NWSW | 1841-01-05 | | A1 |
| 3937 | AGEE, Jack | 11 | NW | 1899-05-05 | | A5 |
| 4056 | AGEE, Robert | 10 | SENE | 1912-06-27 | | A5 |
| 3867 | AINESWORTH, Arlow | 8 | NENE | 1841-01-05 | | A1 |
| 3868 | " " | 9 | NWNW | 1841-01-05 | | A1 |
| 3904 | AINSWORTH, Emma E | 3 | E½NW | 1910-12-08 | | A5 G1 |
| 3905 | " " | 3 | NESW | 1910-12-08 | | A5 G1 |
| 3945 | AINSWORTH, James L | 1 | NESE | 1861-02-01 | | A1 |
| 3946 | " " | 1 | S½NE | 1861-02-01 | | A1 |
| 3979 | AINSWORTH, John L | 12 | NENE | 1904-12-31 | | A5 |
| 3980 | " " | 12 | NWSE | 1904-12-31 | | A5 |
| 3981 | " " | 12 | S½NE | 1904-12-31 | | A5 |
| 4063 | AINSWORTH, Sampson | 13 | NW | 1841-01-05 | | A1 |
| 4064 | " " | 14 | NENW | 1841-01-05 | | A1 |
| 4062 | " " | 11 | W½SW | 1859-05-02 | | A1 |
| 3904 | AINSWORTH, Sloney | 3 | E½NW | 1910-12-08 | | A5 G1 |
| 3905 | " " | 3 | NESW | 1910-12-08 | | A5 G1 |
| 4081 | AINSWORTH, Thomas | 1 | NWSE | 1841-01-05 | | A1 |
| 4024 | ALFORD, Julius N | 31 | N½NW | 1878-06-24 | | A5 V4066 |
| 4025 | " " | 31 | W½NE | 1878-06-24 | | A5 V4067 |
| 4145 | ALFORD, William J | 20 | SENW | 1889-01-12 | | A5 |
| 3925 | ALLEN, Hardy A | 15 | S½NE | 1861-05-01 | | A1 |
| 3942 | ALLEN, James | 13 | SWSE | 1887-05-27 | | A1 |
| 4026 | ALLEN, Levi | 14 | E½SE | 1861-05-01 | | A1 |
| 4027 | ALLEN, Levi E | 12 | SWSE | 1901-06-25 | | A5 |
| 4028 | " " | 13 | SENE | 1901-06-25 | | A5 |
| 4029 | " " | 13 | W½NE | 1901-06-25 | | A5 |
| 3947 | BARBER, James M | 26 | E½SW | 1860-07-02 | | A1 |
| 3943 | BARNETT, James B | 28 | NESW | 1906-05-01 | | A1 |
| 3862 | BASS, Ananias | 23 | SENE | 1841-01-05 | | A1 |
| 3954 | BASS, Jeremiah | 23 | NENW | 1841-01-05 | | A1 |
| 3955 | " " | 23 | W½NE | 1841-01-05 | | A1 |
| 3956 | " " | 24 | NESE | 1841-01-05 | | A1 |
| 3963 | BENISON, John | 31 | NESW | 1841-01-05 | | A1 G4 |
| 3962 | " " | 31 | SESW | 1841-01-05 | | A1 |
| 4057 | BENSON, Robert | 28 | E½NW | 1898-09-28 | | A5 |
| 4058 | " " | 28 | NWSE | 1898-09-28 | | A5 |
| 4059 | " " | 28 | SWNE | 1898-09-28 | | A5 |
| 3881 | BICKER, Dorathy | 29 | SE | 1882-12-20 | | A4 G51 |
| 4021 | BLACKWELL, Josiah J | 2 | NWNW | 1861-02-01 | | A1 |
| 4022 | " " | 3 | NENE | 1861-02-01 | | A1 |
| 3878 | BLAKENEY, Benjamin H | 10 | N½SE | 1897-02-15 | | A5 |
| 3879 | " " | 10 | NESW | 1897-02-15 | | A5 |
| 3880 | " " | 10 | SWNE | 1897-02-15 | | A5 |
| 4085 | BLAKENEY, Thomas | 4 | E½SW | 1915-02-10 | | A4 |
| 4086 | " " | 9 | NENW | 1915-02-10 | | A4 |

| ID | Individual in Patent | Sec. | Sec. Part | Date Issued | Other Counties | For More Info . . . |
|---|---|---|---|---|---|---|
| 3934 | BOOTHE, Isham | 32 | NW | 1896-12-14 | | A5 |
| 4076 | BROCK, Hugh R | 25 | E½SW | 1879-12-15 | | A5 G7 V4087, 3846 |
| 4077 | " " | 36 | E½NW | 1879-12-15 | | A5 G7 V3910, 3938 |
| 4076 | BROCK, Sophronia L | 25 | E½SW | 1879-12-15 | | A5 G7 V4087, 3846 |
| 4077 | " " | 36 | E½NW | 1879-12-15 | | A5 G7 V3910, 3938 |
| 3965 | BROWN, John | 4 | NENE | 1841-01-05 | | A1 |
| 3964 | " " | 3 | W½NW | 1875-07-01 | | A5 |
| 3885 | BUCKLEY, Candis | 15 | W½SW | 1904-12-31 | | A5 |
| 4034 | BUCKLEY, Luke | 21 | E½NE | 1894-12-17 | | A5 |
| 4035 | " " | 22 | W½NW | 1894-12-17 | | A5 |
| 4140 | BUCKLEY, William F | 20 | SESW | 1912-06-03 | | A1 |
| 3911 | CANDEIA, George R | 5 | S½SE | 1897-05-05 | | A1 |
| 3912 | " " | 8 | W½NE | 1897-05-05 | | A1 |
| 3966 | CARAWAY, John | 25 | SENE | 1841-01-05 | | A1 |
| 3967 | " " | 3 | NWNE | 1859-05-02 | | A1 |
| 3863 | CARGILE, Andrew M | 34 | S½SW | 1895-10-09 | | A5 |
| 3919 | CARGILE, Gideon N | 30 | SWNE | 1859-05-02 | | A1 |
| 3917 | " " | 20 | W½SW | 1906-06-16 | | A5 |
| 3918 | " " | 29 | NENW | 1906-06-16 | | A5 |
| 3949 | CARGILE, James O | 29 | SWSW | 1906-06-16 | | A5 |
| 3950 | " " | 30 | SESE | 1906-06-16 | | A5 |
| 4038 | CARGILE, Mary A | 34 | NWSW | 1904-12-31 | | A5 |
| 4134 | CARGILE, William E | 29 | NWNW | 1882-05-10 | | A1 |
| 4137 | " " | 34 | NWSE | 1887-05-27 | | A1 |
| 4138 | " " | 34 | SWSE | 1887-05-27 | | A1 |
| 4135 | " " | 29 | SESW | 1889-11-29 | | A1 |
| 4136 | " " | 34 | NESW | 1889-11-29 | | A1 |
| 3920 | CARGILL, Gideon N | 20 | NWSE | 1854-03-15 | | A1 |
| 3960 | CLARK, John A | 14 | NESW | 1900-11-28 | | A5 |
| 3961 | " " | 14 | S½NW | 1900-11-28 | | A5 |
| 4049 | CLARK, Peter J | 10 | SESE | 1901-08-12 | | A5 |
| 4050 | " " | 14 | NWNW | 1901-08-12 | | A5 |
| 4051 | " " | 15 | N½NE | 1901-08-12 | | A5 |
| 4123 | COLE, William A | 27 | N½SW | 1894-12-17 | | A5 |
| 4124 | " " | 27 | W½NW | 1894-12-17 | | A5 |
| 4115 | COOPER, Mary | 8 | E½SW | 1856-06-16 | | A8 G57 |
| 4066 | COPELAND, Samuel | 31 | NENW | 1841-01-05 | | A1 V4024 |
| 4067 | " " | 31 | NWNE | 1841-01-05 | | A1 V4025 |
| 3866 | COX, Aris | 14 | NE | 1856-06-16 | | A8 |
| 3927 | CREAL, Henry | 28 | S½SW | 1888-04-05 | | A5 |
| 3928 | " " | 28 | SWSE | 1888-04-05 | | A5 |
| 3929 | " " | 33 | NWNE | 1888-04-05 | | A5 |
| 3843 | DARBY, Abednеggo | 24 | SWSW | 1902-02-12 | | A5 |
| 3999 | DAVIS, Joseph | 30 | E½SW | 1849-11-01 | | A2 |
| 4000 | " " | 30 | W½SE | 1849-11-01 | | A2 |
| 4170 | DUCKSWORTH, Zabard | 7 | E½SE | 1846-09-01 | | A1 |
| 3874 | DUCKWORTH, Benjamin | 31 | SWNW | 1846-09-01 | | A1 |
| 3875 | " " | 31 | W½SW | 1846-09-01 | | A1 |
| 3876 | " " | 5 | SWSW | 1846-09-01 | | A1 |
| 3877 | " " | 8 | NWNW | 1846-09-01 | | A1 |
| 3926 | DUCKWORTH, Harrison | 31 | E½NE | 1890-03-28 | | A5 |
| 4001 | DUCKWORTH, Joseph | 19 | NENE | 1851-10-01 | | A1 |
| 4002 | " " | 19 | NWSE | 1896-06-06 | | A1 |
| 4003 | " " | 19 | W½NE | 1896-06-06 | | A1 |
| 4004 | " " | 30 | NWNE | 1896-06-06 | | A1 |
| 4147 | DUCKWORTH, William M | 35 | SESW | 1860-07-02 | | A1 |
| 4148 | " " | 35 | SWSE | 1860-07-02 | | A1 |
| 4161 | DUCKWORTH, Willis | 10 | S½SW | 1901-08-12 | | A5 |
| 4162 | " " | 9 | E½SE | 1901-08-12 | | A5 |
| 3995 | EASON, John T | 20 | SENE | 1919-05-26 | | A5 |
| 4014 | FEAZELL, Joseph R | 28 | SWNW | 1881-09-17 | | A5 |
| 4015 | " " | 29 | NWNE | 1881-09-17 | | A5 |
| 4016 | " " | 29 | S½NE | 1881-09-17 | | A5 |
| 3971 | FENLEY, John | 32 | SENE | 1854-03-15 | | A1 |
| 4052 | FLOWERS, Richard | 5 | NWSW | 1848-09-01 | | A1 |
| 4053 | " " | 5 | SENW | 1848-09-01 | | A1 |
| 4054 | " " | 5 | W½NW | 1848-09-01 | | A1 |
| 4055 | " " | 6 | E½NE | 1848-09-01 | | A1 |
| 4017 | FORD, Joseph T | 21 | E½SE | 1890-08-16 | | A5 |
| 4018 | " " | 28 | N½NE | 1890-08-16 | | A5 |
| 4061 | GILMORE, Rufus A | 35 | NENW | 1919-05-26 | | A5 |
| 4142 | GLENN, William H | 2 | NENW | 1920-07-19 | | A1 |
| 4143 | " " | 2 | NWNE | 1920-07-19 | | A1 |

| ID | Individual in Patent | Sec. | Sec. Part | Date Issued | Other Counties | For More Info . . . |
|---|---|---|---|---|---|---|
| 4141 | GROZER, William | 22 | NENE | 1841-01-05 | | A1 |
| 3842 | GUNTER, Aaron | 18 | SWSW | 1848-09-01 | | A1 |
| 3852 | GUNTER, Allen | 17 | NWNW | 1841-01-05 | | A1 |
| 3854 | " " | 20 | SESE | 1841-01-05 | | A1 |
| 3853 | " " | 17 | SWSW | 1848-09-01 | | A1 |
| 4065 | HAINSWORTH, Sampson | 11 | SESW | 1841-01-05 | | A1 |
| 3869 | HEMBREE, Arthur L | 24 | SWNE | 1913-05-21 | | A5 |
| 3881 | HILL, Bennett | 29 | SE | 1882-12-20 | | A4 G51 |
| 4153 | HOSEY, William T | 10 | NWSW | 1901-04-22 | | A5 |
| 4154 | " " | 10 | SWNW | 1901-04-22 | | A5 |
| 4155 | " " | 9 | E½NE | 1901-04-22 | | A5 |
| 3908 | ISHEE, Freeman | 36 | NWNW | 1895-05-11 | | A5 |
| 3909 | " " | 36 | NWSW | 1895-05-11 | | A5 |
| 3910 | " " | 36 | S½NW | 1895-05-11 | | A5 V4077 |
| 3938 | ISHEE, Jacob B | 36 | NENW | 1898-02-24 | | A5 V4077 |
| 3973 | ISHEE, John | 34 | N½NE | 1892-03-17 | | A5 |
| 3974 | " " | 34 | NENW | 1892-03-17 | | A5 |
| 3975 | " " | 34 | SWNE | 1892-03-17 | | A5 |
| 3976 | ISHEE, John J | 33 | NESE | 1896-01-25 | | A5 |
| 3977 | " " | 33 | SENE | 1896-01-25 | | A5 |
| 3978 | " " | 34 | S½NW | 1896-01-25 | | A5 |
| 4171 | ISHEE, Zachariah | 36 | N½SE | 1898-03-08 | | A1 |
| 4172 | ISHEE, Zack | 36 | NESW | 1895-05-11 | | A5 |
| 4173 | " " | 36 | S½SW | 1895-05-11 | | A5 |
| 4174 | " " | 36 | SWSE | 1895-05-11 | | A5 |
| 4091 | IVY, Thomas | 25 | NENE | 1841-01-05 | | A1 |
| 3844 | JAMES, Acenith | 6 | W½SE | 1841-01-05 | | A1 |
| 3845 | " " | 7 | SWNE | 1841-01-05 | | A1 |
| 4078 | JAMES, Squire | 7 | NWNE | 1841-01-05 | | A1 |
| 3959 | JOHNSON, Joel A | 7 | NENW | 1888-12-29 | | A1 |
| 3871 | JONES, Benjamin C | 28 | E½SE | 1861-05-01 | | A1 |
| 3872 | " " | 33 | NENE | 1861-05-01 | | A1 |
| 3873 | " " | 34 | NWNW | 1861-05-01 | | A1 |
| 3913 | JONES, George W | 28 | SENE | 1901-08-12 | | A5 |
| 4023 | JONES, Julious C | 21 | SWSE | 1911-02-23 | | A5 |
| 4042 | JONES, Nancy E | 32 | NENE | 1892-06-30 | | A5 G55 |
| 4043 | " " | 33 | NENW | 1892-06-30 | | A5 G55 |
| 4044 | " " | 33 | W½NW | 1892-06-30 | | A5 G55 |
| 4040 | " " | 33 | SENW | 1899-07-15 | | A5 |
| 4041 | " " | 33 | SWNE | 1899-07-15 | | A5 |
| 4042 | JONES, William T | 32 | NENE | 1892-06-30 | | A5 G55 |
| 4043 | " " | 33 | NENW | 1892-06-30 | | A5 G55 |
| 4044 | " " | 33 | W½NW | 1892-06-30 | | A5 G55 |
| 4106 | KEES, Wiley | 5 | NESW | 1848-09-01 | | A1 |
| 4107 | " " | 8 | SWNW | 1848-09-01 | | A1 |
| 4108 | " " | 8 | W½SW | 1848-09-01 | | A1 |
| 4094 | KELLY, Thomas | 4 | E½NW | 1861-05-01 | | A1 |
| 4095 | " " | 4 | S½NE | 1861-05-01 | | A1 |
| 3859 | KEYES, Ambers T | 10 | SWSE | 1902-02-12 | | A5 |
| 3860 | KEYES, Ambros | 20 | N½NW | 1892-06-30 | | A5 |
| 3861 | " " | 20 | W½NE | 1892-06-30 | | A5 |
| 3864 | KEYES, Ann | 22 | S½SW | 1898-10-04 | | A5 |
| 3886 | KEYES, Cezar | 15 | SESW | 1923-02-09 | | A5 |
| 3902 | KEYES, Emiline | 9 | SWNE | 1896-11-04 | | A5 |
| 3903 | " " | 9 | W½SE | 1896-11-04 | | A5 |
| 3914 | KEYES, George W | 22 | N½SW | 1900-11-28 | | A5 |
| 3915 | " " | 22 | NWSE | 1900-11-28 | | A5 |
| 3932 | KEYES, Holbert | 15 | N½SE | 1895-11-13 | | A5 |
| 3933 | " " | 15 | SWSE | 1895-11-13 | | A5 |
| 3944 | KEYES, James E | 11 | NESW | 1904-12-31 | | A5 |
| 4005 | KEYES, Joseph E | 15 | N½NW | 1906-05-01 | | A1 |
| 4006 | " " | 15 | SWNW | 1906-05-01 | | A1 |
| 4115 | KEYES, Wiley | 8 | E½SW | 1856-06-16 | | A8 G57 |
| 4109 | " " | 17 | S½NW | 1859-05-02 | | A1 |
| 4111 | " " | 17 | SWNE | 1859-05-02 | | A1 |
| 4112 | " " | 18 | NE | 1859-05-02 | | A1 |
| 4110 | " " | 17 | SESW | 1859-06-01 | | A1 |
| 4114 | " " | 4 | W½SW | 1860-05-10 | | A4 |
| 4113 | " " | 19 | SENE | 1881-06-30 | | A1 |
| 4163 | KEYES, Willis | 8 | S½SE | 1902-08-22 | | A5 |
| 4164 | " " | 9 | S½SW | 1902-08-22 | | A5 |
| 3888 | KEYS, Charles | 9 | N½SW | 1895-05-11 | | A5 |
| 3889 | " " | 9 | S½NW | 1895-05-11 | | A5 |

| ID | Individual in Patent | Sec. | Sec. Part | Date Issued | Other Counties | For More Info . . . |
|---|---|---|---|---|---|---|
| 3897 | KEYS, Edney | 14 | SESW | 1893-08-14 | | A5 G59 |
| 3898 | " " | 14 | W½SW | 1893-08-14 | | A5 G59 |
| 3899 | " " | 15 | SESE | 1893-08-14 | | A5 G59 |
| 3935 | KEYS, Isom | 17 | N½SW | 1884-12-30 | | A5 |
| 3936 | " " | 17 | W½SE | 1884-12-30 | | A5 |
| 3897 | KEYS, James | 14 | SESW | 1893-08-14 | | A5 G59 |
| 3898 | " " | 14 | W½SW | 1893-08-14 | | A5 G59 |
| 3899 | " " | 15 | SESE | 1893-08-14 | | A5 G59 |
| 4020 | KEYS, Joshua | 8 | N½SE | 1904-09-28 | | A5 |
| 4116 | KEYS, Wiley | 13 | W½SW | 1841-01-05 | | A1 |
| 4117 | " " | 17 | NESE | 1851-10-01 | | A1 |
| 3891 | LANCASTER, Cicero C | 20 | NESE | 1890-08-16 | | A5 |
| 3892 | " " | 21 | SWNW | 1890-08-16 | | A5 V3906 |
| 3893 | " " | 21 | W½SW | 1890-08-16 | | A5 R3907 |
| 4139 | LIGHTSEY, William Edward | 5 | NESE | 1919-06-28 | | A1 |
| 4165 | LOTT, Willis | 20 | NENE | 1900-11-28 | | A5 |
| 4166 | " " | 21 | NWNW | 1900-11-28 | | A5 V3906 |
| 4030 | LUCAS, Levi | 19 | NENW | 1841-01-05 | | A1 |
| 3855 | MARTIN, Allen | 21 | W½NE | 1906-06-16 | | A5 |
| 3916 | MARTIN, George W | 32 | NESE | 1861-02-01 | | A1 |
| 3948 | MARTIN, James | 23 | SWSW | 1901-08-08 | | A1 |
| 3951 | MARTIN, James T | 26 | SWSW | 1861-05-01 | | A1 |
| 3952 | " " | 35 | NWNW | 1861-05-01 | | A1 |
| 3989 | MARTIN, John P | 24 | W½SE | 1841-01-05 | | A1 |
| 3990 | " " | 25 | NWNE | 1841-01-05 | | A1 |
| 3991 | " " | 33 | W½SW | 1860-05-10 | | A4 |
| 4012 | MARTIN, Joseph | 35 | SWNW | 1851-10-01 | | A1 |
| 4013 | " " | 35 | SWSW | 1851-10-01 | | A1 |
| 4009 | " " | 34 | SENE | 1859-05-02 | | A1 |
| 4010 | " " | 34 | SESE | 1859-05-02 | | A1 |
| 4011 | " " | 35 | NWSW | 1859-05-02 | | A1 |
| 4007 | MARTIN, Joseph J | 27 | S½SE | 1859-05-02 | | A1 |
| 4008 | " " | 27 | SWSW | 1859-05-02 | | A1 |
| 4048 | MARTIN, Oquin C | 27 | SESW | 1887-05-27 | | A1 |
| 4060 | MARTIN, Robert J | 36 | NE | 1901-03-23 | | A5 |
| 3985 | MAYFIELD, John | 31 | SESE | 1841-01-05 | | A1 |
| 3986 | " " | 32 | W½SW | 1847-04-01 | | A1 |
| 4031 | MAYFIELD, Levingston | 6 | NESW | 1890-03-28 | | A5 |
| 4032 | " " | 6 | SWNW | 1890-03-28 | | A5 |
| 4033 | " " | 6 | W½SW | 1890-03-28 | | A5 |
| 4092 | MCCAUGHAN, Thomas J | 3 | W½SW | 1874-11-05 | | A1 |
| 4093 | " " | 4 | NESE | 1874-11-05 | | A1 |
| 4099 | MCCULLOM, Walker | 1 | N½NE | 1895-02-21 | | A5 |
| 3882 | MCKINLEY, Berton | 35 | NWNE | 1895-06-28 | | A5 |
| 3883 | " " | 35 | NWSE | 1895-06-28 | | A5 |
| 3884 | " " | 35 | S½NE | 1895-06-28 | | A5 |
| 3987 | MCKINLEY, John | 35 | NESW | 1860-07-02 | | A1 |
| 3988 | " " | 35 | SENW | 1860-07-02 | | A1 |
| 3968 | MCKINLEY, John D | 25 | SWSW | 1890-02-21 | | A5 |
| 3969 | " " | 26 | SESE | 1890-02-21 | | A5 |
| 3970 | " " | 35 | NENE | 1890-02-21 | | A5 |
| 4149 | MCKINLEY, William | 25 | NWSW | 1875-04-20 | | A1 |
| 4150 | " " | 25 | W½NW | 1875-04-20 | | A1 |
| 4151 | " " | 26 | NESE | 1875-04-20 | | A1 |
| 3996 | MCNEASE, John W | 10 | N½NW | 1905-05-09 | | A5 |
| 3997 | " " | 10 | SENW | 1905-05-09 | | A5 |
| 3998 | " " | 3 | SESW | 1905-05-09 | | A5 |
| 3982 | MEEKS, John L | 18 | E½SE | 1861-07-01 | | A1 |
| 3983 | " " | 18 | NWSE | 1861-07-01 | | A1 |
| 3895 | MOFFETT, Edmon | 27 | N½SE | 1894-02-10 | | A5 |
| 3896 | " " | 27 | S½NE | 1894-02-10 | | A5 |
| 3923 | MOFFETT, Hannah | 15 | NESW | 1906-06-16 | | A5 |
| 3924 | " " | 15 | SENW | 1906-06-16 | | A5 |
| 4087 | MOFFETT, Thomas H | 25 | NESW | 1861-05-01 | | A1 V4076 |
| 4088 | " " | 25 | NWSE | 1861-05-01 | | A1 |
| 4089 | " " | 25 | SENW | 1861-05-01 | | A1 |
| 4090 | " " | 25 | SWNE | 1861-05-01 | | A1 |
| 4102 | MOFFETT, Washington | 13 | NWSE | 1904-10-27 | | A5 |
| 4105 | MOFFETT, Wheeler | 26 | SWNE | 1914-06-19 | | A5 |
| 4169 | MOFFETT, Willis | 27 | E½NW | 1896-12-14 | | A5 |
| 4047 | MOFFITT, Oliver | 28 | NWNW | 1913-03-17 | | A5 |
| 4070 | OWEN, Seborn P | 35 | E½SE | 1861-05-01 | | A1 |
| 3856 | PAGE, Allen | 13 | NESW | 1841-01-05 | | A1 |

| ID | Individual in Patent | Sec. | Sec. Part | Date Issued | Other Counties | For More Info . . . |
|---|---|---|---|---|---|---|
| 3858 | PAGE, Allen (Cont'd) | 13 | SESW | 1841-01-05 | | A1 G77 |
| 3857 | " " | 24 | SESE | 1841-01-05 | | A1 |
| 3957 | PAGE, Jessee | 22 | E½NW | 1895-02-21 | | A5 |
| 3958 | " " | 22 | W½NE | 1895-02-21 | | A5 |
| 3939 | PEARSON, James A | 32 | SESE | 1887-05-27 | | A1 |
| 3940 | " " | 32 | W½NE | 1894-12-17 | | A5 |
| 3941 | " " | 32 | W½SE | 1894-12-17 | | A5 |
| 4133 | PEARSON, William D | 32 | E½SW | 1895-10-09 | | A5 |
| 3850 | PHILIPS, Allanson | 24 | NWNE | 1841-01-05 | | A1 |
| 3851 | PHILLIPS, Allanson | 24 | E½NW | 1841-01-05 | | A1 |
| 4118 | REES, Wiley | 4 | W½SE | 1860-05-10 | | A4 R4119 |
| 4120 | " " | 9 | NWNE | 1860-05-10 | | A4 R4121 |
| 4119 | " " | 4 | W½SE | 1906-08-07 | | A4 R4118 |
| 4121 | " " | 9 | NWNE | 1906-08-07 | | A4 R4120 |
| 4152 | ROBINSON, William S | 7 | NESW | 1854-03-15 | | A1 |
| 4156 | ROBINSON, William T | 7 | SESW | 1854-03-15 | | A1 |
| 4045 | RODGERS, Nathaniel | 18 | SWSE | 1859-05-02 | | A1 |
| 3900 | ROGERS, Elizabeth | 7 | NWSW | 1861-02-01 | | A1 |
| 3901 | " " | 7 | W½NW | 1861-02-01 | | A1 |
| 3992 | ROGERS, John | 6 | N½NW | 1861-08-15 | | A4 |
| 3993 | " " | 6 | SENW | 1861-08-15 | | A4 |
| 3994 | " " | 6 | SWNE | 1861-08-15 | | A4 |
| 4074 | SHERMAN, Solomon | 33 | S½SE | 1894-11-22 | | A5 |
| 3906 | SHILLING, Esco M | 21 | W½NW | 1879-05-06 | | A5 V3892, 4166 |
| 3907 | " " | 21 | W½SW | 1879-05-06 | | A5 R3893 |
| 4075 | SINGLETON, Solomon | 2 | E½SE | 1882-05-20 | | A5 V4160 |
| 3870 | STATHAM, Barksdale Y | 24 | E½SW | 1861-05-01 | | A1 |
| 3846 | STRINGER, Adam B | 25 | SESW | 1896-12-14 | | A5 V4076 |
| 3847 | " " | 25 | SWSE | 1896-12-14 | | A5 |
| 3887 | STRINGER, Charles E | 11 | NE | 1906-10-18 | | A1 |
| 3972 | STRINGER, John H | 24 | NWNW | 1859-05-02 | | A1 |
| 4039 | STRINGER, Mathew B | 12 | NESE | 1841-01-05 | | A1 |
| 4071 | STRINGER, Simon W | 22 | NESE | 1891-06-30 | | A5 |
| 4072 | " " | 23 | N½SW | 1891-06-30 | | A5 |
| 4073 | " " | 23 | SENW | 1891-06-30 | | A5 |
| 4096 | STRINGER, Thomas M | 22 | SENE | 1859-05-02 | | A1 |
| 4097 | " " | 23 | W½NW | 1861-05-01 | | A1 |
| 4100 | STRINGER, Warren M | 23 | NWSE | 1906-06-30 | | A5 |
| 4103 | STRINGER, Wayn D | 13 | E½SE | 1895-12-14 | | A5 |
| 4104 | " " | 24 | E½NE | 1895-12-14 | | A5 |
| 4122 | STRINGER, Wiley W | 6 | SESW | 1884-12-30 | | A1 |
| 4126 | STRINGER, William B | 23 | SESW | 1882-05-10 | | A1 |
| 4127 | " " | 23 | SWSE | 1882-05-10 | | A1 |
| 4128 | " " | 26 | NENE | 1882-06-01 | | A1 |
| 4129 | " " | 26 | NWNE | 1884-12-30 | | A1 |
| 4125 | " " | 23 | SESE | 1887-05-27 | | A1 |
| 4130 | " " | 26 | NWNW | 1887-05-27 | | A1 |
| 4131 | " " | 26 | NWSW | 1895-12-14 | | A5 |
| 4132 | " " | 26 | SWNW | 1895-12-14 | | A5 |
| 4167 | STRINGER, Willis M | 22 | S½SE | 1895-11-11 | | A5 |
| 4168 | " " | 27 | N½NE | 1895-11-11 | | A5 |
| 4157 | TANNER, William | 30 | NWNW | 1841-01-05 | | A1 |
| 4019 | THOMPSON, Joseph | 4 | NWNE | 1859-05-02 | | A1 |
| 4098 | TILLES, Thomas | 26 | W½SE | 1841-01-05 | | A1 |
| 4146 | TIPPIT, William J | 18 | NESW | 1854-06-15 | | A1 |
| 4068 | TULLOS, Samuel | 33 | E½SW | 1897-04-02 | | A5 |
| 4069 | " " | 33 | NWSE | 1897-04-02 | | A5 |
| 3953 | TURNER, Jeddiah | 23 | NESE | 1841-01-05 | | A1 |
| 4079 | TURNER, Stokely | 23 | NENE | 1841-01-05 | | A1 |
| 4080 | TURNER, Stokly | 14 | SWSE | 1841-01-05 | | A1 |
| 4144 | TURNER, William H | 14 | NWSE | 1841-01-05 | | A1 |
| 3921 | WEBB, Gideon | 24 | NWSW | 1854-10-02 | | A8 |
| 3922 | " " | 24 | SWNW | 1854-10-02 | | A8 |
| 3984 | WILLIAMS, John M | 1 | SWSW | 1919-05-26 | | A5 |
| 4082 | WILLIAMS, Thomas B | 21 | E½SW | 1861-05-01 | | A1 |
| 4083 | " " | 21 | NWSE | 1861-05-01 | | A1 |
| 4084 | " " | 21 | SENW | 1861-05-01 | | A1 |
| 3858 | WILLIAMS, Zachariah | 13 | SESW | 1841-01-05 | | A1 G77 |
| 3963 | WILLIAMSON, Darling B | 31 | NESW | 1841-01-05 | | A1 G4 |
| 3894 | " " | 7 | SWSW | 1841-01-05 | | A1 |
| 3930 | WILLIAMSON, Henry P | 19 | SWSE | 1841-01-05 | | A1 |
| 3931 | " " | 19 | SWSW | 1841-01-05 | | A1 |
| 3890 | WILSON, Charlie | 36 | SESE | 1912-02-01 | | A5 |

| ID | Individual in Patent | Sec. | Sec. Part | Date Issued | Other Counties | For More Info . . . |
|---|---|---|---|---|---|---|
| 4046 | WILSON, Newton | 25 | SESE | 1859-06-01 | | A1 |
| 3848 | WINDHAM, Albert C | 19 | E½SE | 1889-01-05 | | A5 |
| 3849 | " " | 30 | E½NE | 1889-01-05 | | A5 |
| 3865 | WINDHAM, Ans | 12 | NWNE | 1906-06-04 | | A5 |
| 4036 | WINDHAM, Madison | 1 | N½NW | 1899-06-13 | | A5 |
| 4037 | " " | 2 | NENE | 1899-06-13 | | A5 |
| 4158 | WINDHAM, William W | 1 | E½SW | 1901-06-08 | | A5 |
| 4159 | " " | 1 | NWSW | 1901-06-08 | | A5 |
| 4160 | " " | 2 | NESE | 1901-06-08 | | A5 V4075 |

# Patent Map

T1-N R9-E
Choctaw Meridian

Map Group 16

## Township Statistics

| | | |
|---|---|---|
| Parcels Mapped | : | 333 |
| Number of Patents | : | 219 |
| Number of Individuals | : | 183 |
| Patentees Identified | : | 180 |
| Number of Surnames | : | 92 |
| Multi-Patentee Parcels | : | 14 |
| Oldest Patent Date | : | 1/5/1841 |
| Most Recent Patent | : | 2/9/1923 |
| Block/Lot Parcels | : | 0 |
| Parcels Re - Issued | : | 3 |
| Parcels that Overlap | : | 15 |
| Cities and Towns | : | 0 |
| Cemeteries | : | 0 |

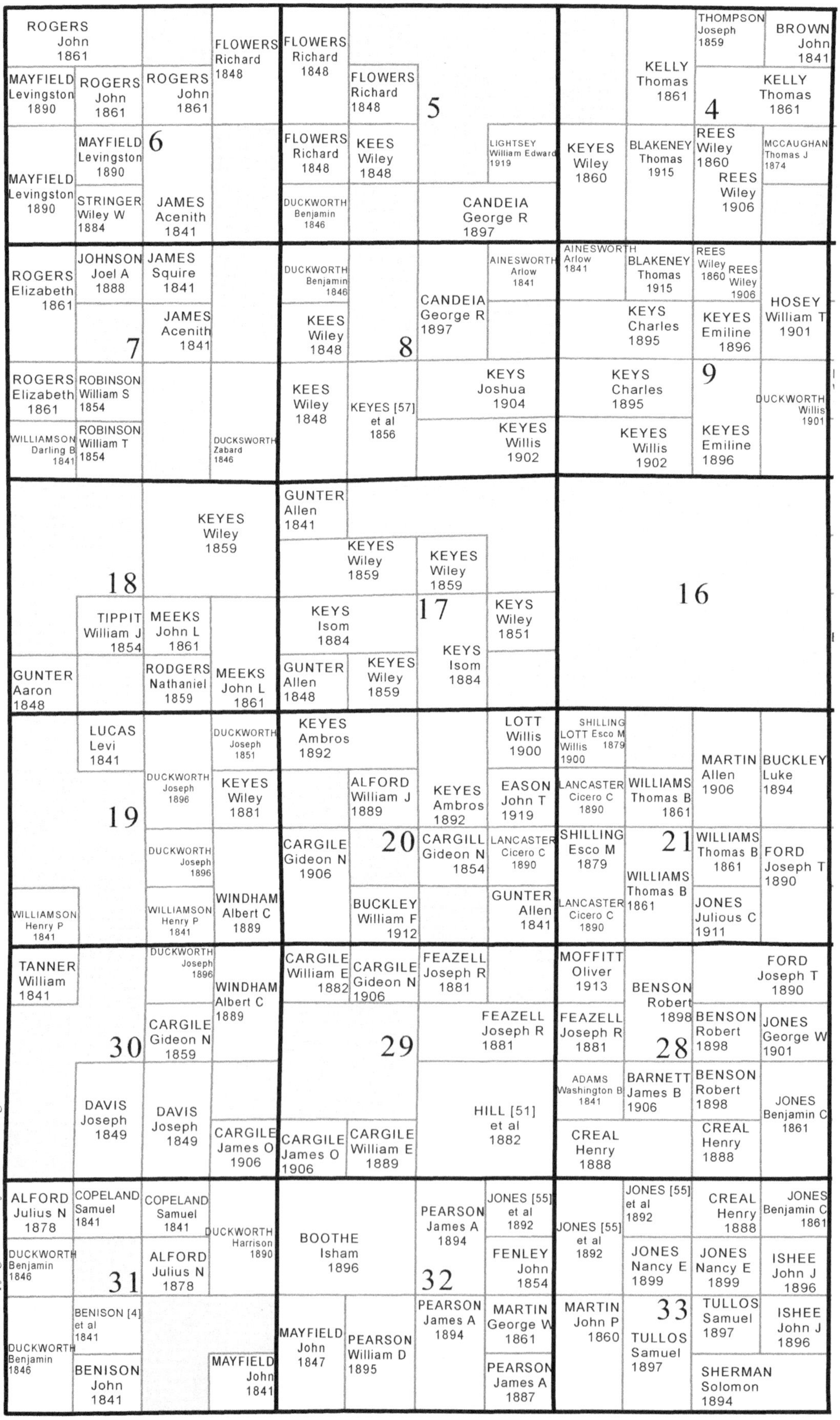

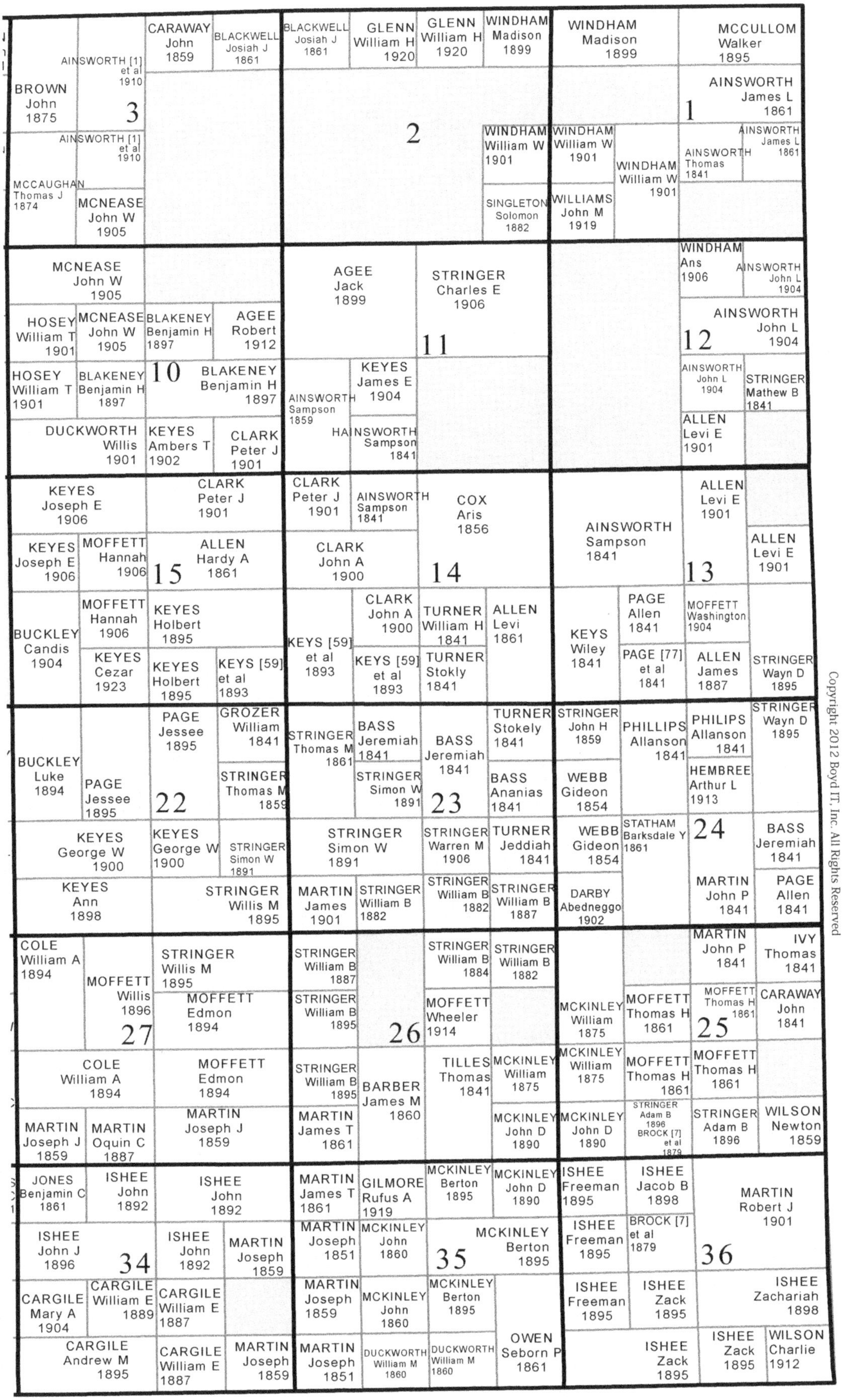




## Helpful Hints

1. This Map's INDEX can be found on the preceding pages.
2. Refer to Map "C" to see where this Township lies within Smith County, Mississippi.
3. Numbers within square brackets [ ] denote a multi-patentee land parcel (multi-owner). Refer to Appendix "C" for a full list of members in this group.
4. Areas that look to be crowded with Patentees usually indicate multiple sales of the same parcel (Re-issues) or Overlapping parcels. See this Township's Index for an explanation of these and other circumstances that might explain "odd" groupings of Patentees on this map.

## Legend

- Patent Boundary
- Section Boundary
- No Patents Found (or Outside County)
- 1., 2., 3., ... Lot Numbers (when beside a name)
- [ ] Group Number (see Appendix "C")

**Scale**: Section = 1 mile X 1 mile (generally, with some exceptions)

## Road Map

T1-N R9-E
Choctaw Meridian

Map Group 16

### Cities & Towns

None

### Cemeteries

None

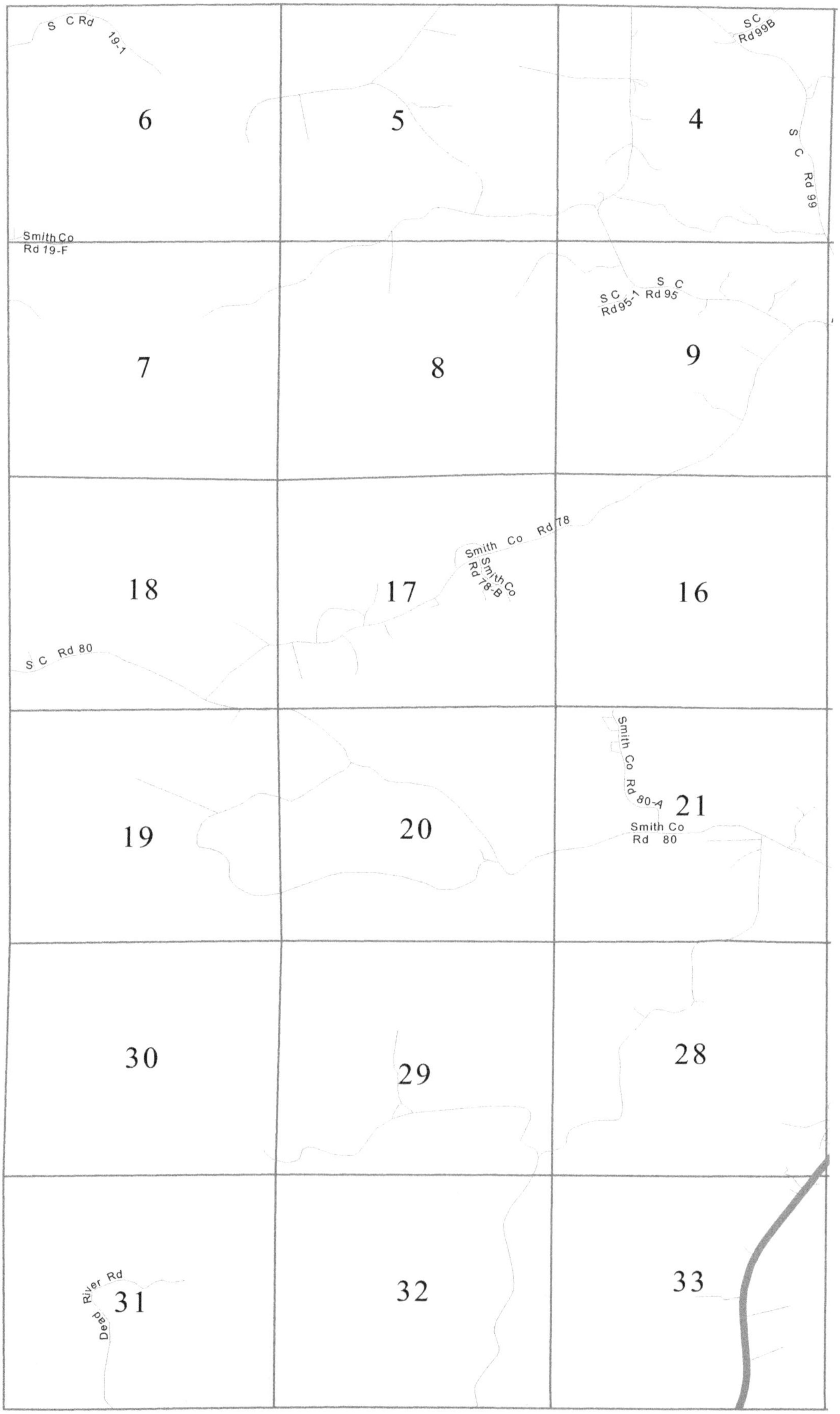

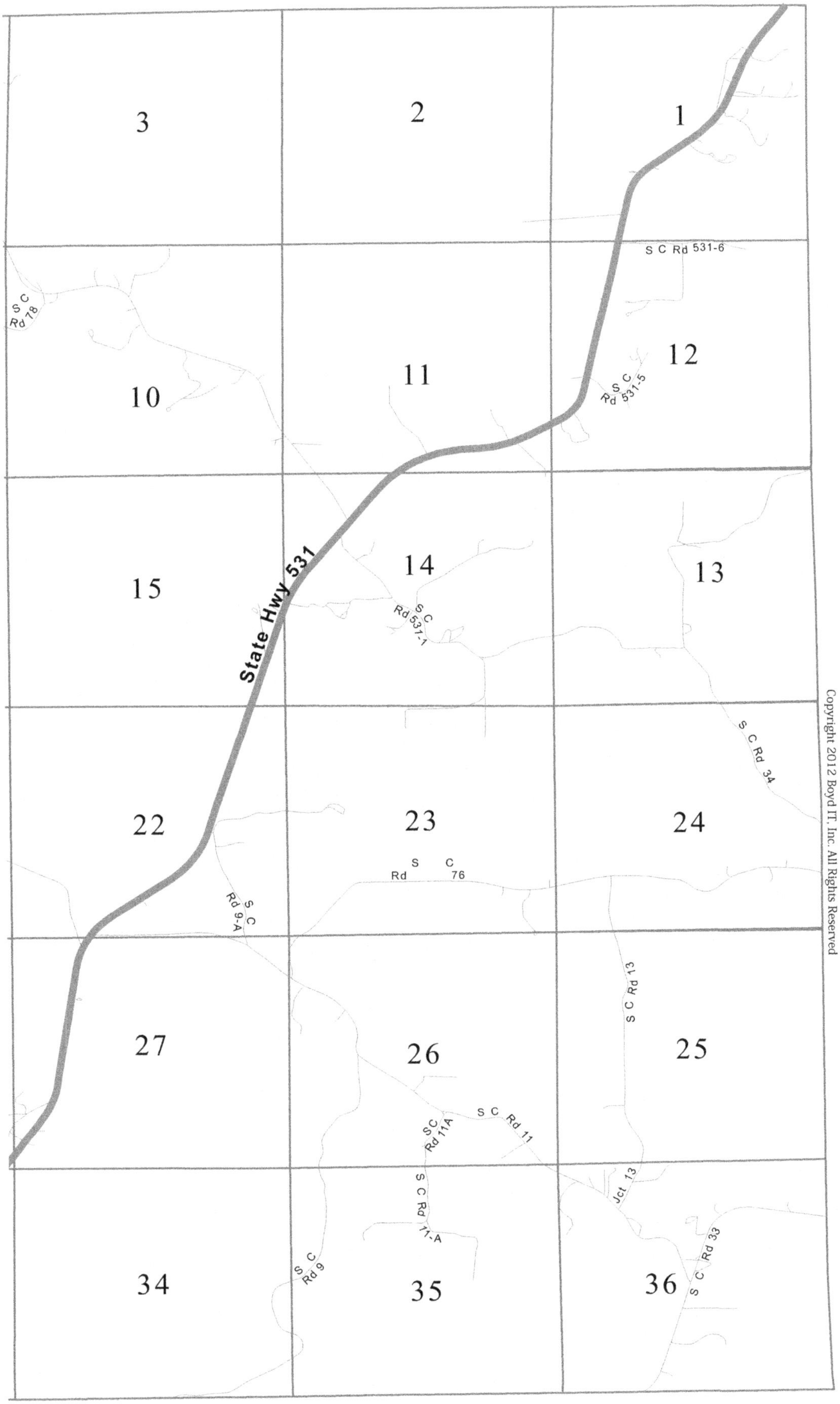




## Helpful Hints

1. This road map has a number of uses, but primarily it is to help you: a) find the present location of land owned by your ancestors (at least the general area), b) find cemeteries and city-centers, and c) estimate the route/roads used by Census-takers & tax-assessors.
2. If you plan to travel to Smith County to locate cemeteries or land parcels, please pick up a modern travel map for the area before you do. Mapping old land parcels on modern maps is not as exact a science as you might think. Just the slightest variations in public land survey coordinates, estimates of parcel boundaries, or road-map deviations can greatly alter a map's representation of how a road either does or doesn't cross a particular parcel of land.

## Legend

- Section Lines
- Interstates
- Highways
- Other Roads
- Cities/Towns
- Cemeteries

**Scale**: Section = 1 mile X 1 mile
(generally, with some exceptions)

# Historical Map

T1-N R9-E
Choctaw Meridian

Map Group 16

Cities & Towns
None

Cemeteries
None

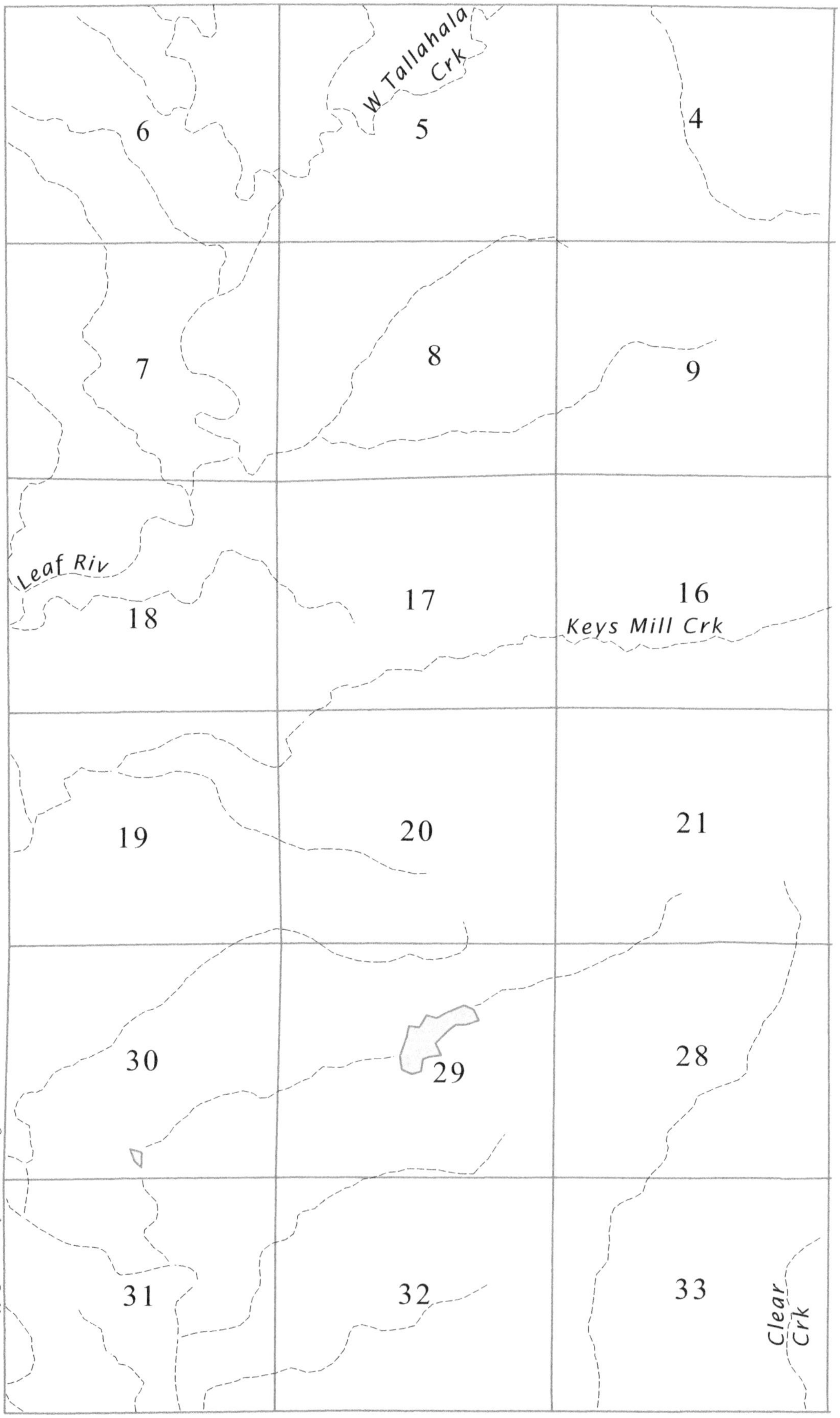

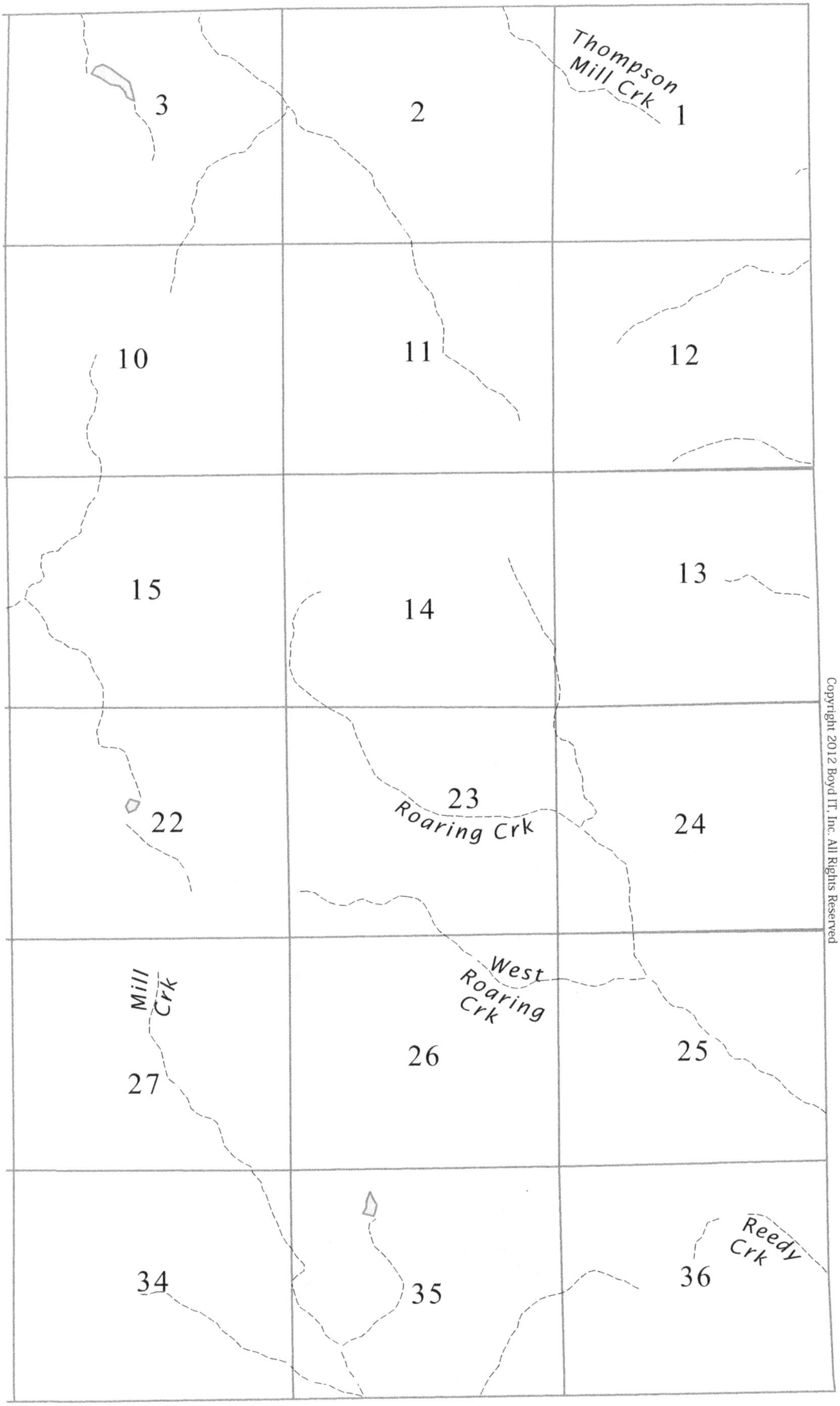




## Helpful Hints

1. This Map takes a different look at the same Congressional Township displayed in the preceding two maps. It presents features that can help you better envision the historical development of the area: a) Water-bodies (lakes & ponds), b) Water-courses (rivers, streams, etc.), c) Railroads, d) City/town center-points (where they were oftentimes located when first settled), and e) Cemeteries.

2. Using this "Historical" map in tandem with this Township's Patent Map and Road Map, may lead you to some interesting discoveries. You will often find roads, towns, cemeteries, and waterways are named after nearby landowners: sometimes those names will be the ones you are researching. See how many of these research gems you can find here in Smith County.

### Legend

- Section Lines
- Railroads
- Large Rivers & Bodies of Water
- Streams/Creeks & Small Rivers
- Cities/Towns
- Cemeteries

**Scale**: Section = 1 mile X 1 mile
(there are some exceptions)

## Map Group 17: Index to Land Patents

## Township 10-North Range 16-West (St Stephens)

After you locate an individual in this Index, take note of the Section and Section Part then proceed to the Land Patent map on the pages immediately following. You should have no difficulty locating the corresponding parcel of land.

The "For More Info" Column will lead you to more information about the underlying Patents. See the *Legend* at right, and the "How to Use this Book" chapter, for more information.

**LEGEND**

**"For More Info . . . " column**

**A** = Authority (Legislative Act, See Appendix "A")
**B** = Block or Lot (location in Section unknown)
**C** = Cancelled Patent
**F** = Fractional Section
**G** = Group (Multi-Patentee Patent, see Appendix "C")
**V** = Overlaps another Parcel
**R** = Re-Issued (Parcel patented more than once)

*(A & G items require you to look in the Appendixes referred to above. All other Letter-designations followed by a number require you to locate line-items in this index that possess the ID number found after the letter).*

| ID | Individual in Patent | Sec. | Sec. Part | Date Issued | Other Counties | For More Info . . . |
|---|---|---|---|---|---|---|
| 4260 | ALLEN, George W | 20 | N½NE | 1901-05-08 | | A1 |
| 4515 | ALLEN, William L | 22 | NW | 1896-12-14 | | A5 |
| 4528 | ALLEN, Willis H | 21 | N½NE | 1897-04-02 | | A5 |
| 4529 | " " | 21 | N½NW | 1897-04-02 | | A5 |
| 4302 | AMASON, Jessie | 7 | E½SE | 1900-11-28 | | A5 |
| 4303 | " " | 7 | SWSE | 1900-11-28 | | A5 |
| 4484 | AMASON, Thomas M | 17 | NE | 1897-04-02 | | A5 |
| 4490 | AMASON, Thomas U | 8 | SESE | 1881-09-17 | | A5 |
| 4491 | " " | 8 | W½SE | 1881-09-17 | | A5 |
| 4259 | ASHLEY, George B | 25 | NWNW | 1882-05-10 | | A1 |
| 4257 | " " | 24 | SESW | 1883-07-10 | | A5 |
| 4258 | " " | 25 | NENW | 1883-07-10 | | A5 |
| 4430 | ASHLEY, Oraanna | 25 | E½NE | 1893-08-14 | | A5 |
| 4431 | " " | 25 | NWNE | 1893-08-14 | | A5 |
| 4201 | ATES, Calvin | 27 | NENW | 1859-06-01 | | A1 |
| 4198 | " " | 15 | SWSE | 1876-02-01 | | A5 |
| 4199 | " " | 22 | NWSE | 1876-02-01 | | A5 |
| 4200 | " " | 22 | W½NE | 1876-02-01 | | A5 |
| 4475 | AYTS, Thomas | 11 | NWNE | 1854-03-15 | | A1 |
| 4476 | " " | 2 | SWSE | 1854-03-15 | | A1 |
| 4313 | BARNES, John | 32 | E½SE | 1897-06-07 | | A5 |
| 4327 | BLACKWELL, John G | 10 | W½SW | 1849-12-01 | | A1 G5 R4328 |
| 4328 | " " | 10 | W½SW | 1849-12-01 | | A1 G5 R4327 |
| 4217 | BRYANT, Chester C | 1 | SESE | 1911-03-23 | | A1 |
| 4441 | BUCHANAN, Rebecca | 31 | W½NE | 1882-11-10 | | A5 |
| 4500 | BUCHANNAN, Wiley | 32 | E½SW | 1885-05-25 | | A5 |
| 4501 | " " | 32 | W½SE | 1885-05-25 | | A5 |
| 4267 | BYRD, Henry A | 10 | NESE | 1854-03-15 | | A1 |
| 4268 | " " | 10 | SESE | 1854-03-15 | | A1 |
| 4269 | " " | 11 | NESW | 1859-05-02 | | A1 |
| 4271 | " " | 11 | SWNE | 1859-05-02 | | A1 |
| 4270 | " " | 11 | SENE | 1898-08-15 | | A1 |
| 4272 | " " | 2 | SESW | 1962-07-05 | | A7 |
| 4273 | BYRD, Henry F | 11 | S½SE | 1901-03-23 | | A5 |
| 4274 | " " | 14 | N½NE | 1901-03-23 | | A5 |
| 4286 | BYRD, James A | 15 | W½NE | 1884-12-30 | | A5 |
| 4436 | BYRD, Paul M | 11 | N½NW | 1883-09-15 | | A1 |
| 4437 | " " | 22 | E½NE | 1883-09-15 | | A1 |
| 4438 | " " | 23 | W½NW | 1883-09-15 | | A1 |
| 4334 | CALHOUN, John M | 31 | SE | 1881-09-17 | | A5 |
| 4246 | CARR, Felix | 14 | SENW | 1887-02-23 | | A5 |
| 4247 | " " | 14 | W½NW | 1887-02-23 | | A5 |
| 4373 | CARR, Lafayett | 13 | SWSW | 1909-03-22 | | A1 |
| 4374 | " " | 14 | SESE | 1909-03-22 | | A1 |
| 4375 | " " | 23 | N½NE | 1909-03-22 | | A1 |
| 4181 | CAZY, Amanda | 17 | W½NW | 1901-02-27 | | A5 |

| ID | Individual in Patent | Sec. | Sec. Part | Date Issued | Other Counties | For More Info . . . |
|---|---|---|---|---|---|---|
| 4244 | CHANDLER, Elvina | 18 | SENW | 1902-02-12 | | A5 |
| 4242 | CLARK, Elias | 27 | SW | 1892-03-17 | | A5 |
| 4319 | CLARK, John D | 33 | 11 | 1900-10-04 | | A5 |
| 4320 | " " | 33 | 13 | 1900-10-04 | | A5 |
| 4321 | " " | 33 | 14 | 1900-10-04 | | A5 |
| 4322 | " " | 33 | 6 | 1900-10-04 | | A5 |
| 4385 | CLARK, Malinda | 33 | 1 | 1892-04-29 | | A5 |
| 4386 | " " | 33 | 2 | 1892-04-29 | | A5 |
| 4387 | " " | 33 | 7 | 1892-04-29 | | A5 |
| 4388 | " " | 33 | 8 | 1892-04-29 | | A5 |
| 4382 | COLE, Lucy A | 36 | 1 | 1891-06-30 | Covington | A5 |
| 4283 | COX, Jacob S | 21 | N½SE | 1891-06-30 | | A5 |
| 4284 | " " | 21 | S½NE | 1891-06-30 | | A5 |
| 4178 | CRAFT, Allen | 29 | SWSW | 1906-06-30 | | A5 |
| 4427 | CRAFT, Nicholas B | 21 | N½SW | 1901-03-23 | | A5 |
| 4428 | " " | 21 | S½NW | 1901-03-23 | | A5 |
| 4318 | CURRIE, John | 2 | SWSW | 1888-12-29 | | A1 |
| 4455 | CURRIE, Roderick C | 25 | W½SW | 1882-11-10 | | A5 |
| 4456 | " " | 26 | E½SE | 1882-11-10 | | A5 |
| 4327 | DUCKWORTH, Joseph D | 10 | W½SW | 1849-12-01 | | A1 G5 R4328 |
| 4328 | " " | 10 | W½SW | 1849-12-01 | | A1 G5 R4327 |
| 4398 | FAIRCHILDS, Martha F | 5 | NWNE | 1899-06-28 | | A5 G39 |
| 4215 | FARLY, Cezer | 32 | N½NW | 1888-04-05 | | A5 |
| 4213 | " " | 29 | SESW | 1896-04-23 | | A5 |
| 4214 | " " | 31 | NENE | 1896-04-23 | | A5 |
| 4191 | GENTRY, Austin | 23 | W½SW | 1889-01-05 | | A5 |
| 4189 | " " | 22 | SESE | 1891-06-30 | | A5 |
| 4190 | " " | 23 | SESW | 1891-06-30 | | A5 |
| 4220 | GENTRY, Clarecey | 27 | NESE | 1904-10-17 | | A5 |
| 4221 | " " | 27 | W½SE | 1904-10-17 | | A5 |
| 4278 | GENTRY, Ira B | 28 | S½SW | 1896-08-26 | | A5 |
| 4279 | " " | 28 | W½SE | 1896-08-26 | | A5 |
| 4290 | GENTRY, James | 14 | S½NE | 1881-08-20 | | A5 |
| 4342 | GENTRY, John W | 28 | N½SW | 1896-10-31 | | A5 |
| 4343 | " " | 28 | S½NW | 1896-10-31 | | A5 |
| 4360 | GENTRY, Joseph S | 23 | NESW | 1885-06-20 | | A5 |
| 4361 | " " | 23 | SWNE | 1885-06-20 | | A5 |
| 4362 | " " | 23 | W½SE | 1885-06-20 | | A5 |
| 4404 | GENTRY, Mary C | 34 | 1 | 1897-02-15 | Covington | A5 G45 |
| 4405 | " " | 34 | 8 | 1897-02-15 | Covington | A5 G45 |
| 4406 | " " | 34 | 9 | 1897-02-15 | Covington | A5 G45 |
| 4407 | " " | 35 | 4 | 1897-02-15 | Covington | A5 G45 |
| 4412 | GIBSON, Milley | 31 | E½SW | 1884-12-30 | | A5 |
| 4413 | " " | 31 | SENW | 1884-12-30 | | A5 |
| 4526 | GILL, Willis G | 4 | NWNW | 1888-04-05 | | A5 |
| 4527 | " " | 5 | E½NE | 1888-04-05 | | A5 |
| 4207 | HARVEY, Catharine | 35 | 10 | 1897-05-20 | Covington | A5 G49 |
| 4208 | " " | 35 | 6 | 1897-05-20 | Covington | A5 G49 |
| 4209 | " " | 35 | N½11 | 1897-05-20 | Covington | A5 G49 |
| 4207 | HARVEY, Isaac | 35 | 10 | 1897-05-20 | Covington | A5 G49 |
| 4208 | " " | 35 | 6 | 1897-05-20 | Covington | A5 G49 |
| 4209 | " " | 35 | N½11 | 1897-05-20 | Covington | A5 G49 |
| 4280 | HARVEY, Isaac F | 35 | 8 | 1900-11-28 | Covington | A5 |
| 4329 | HARVEY, John | 35 | 13 | 1899-05-05 | Covington | A5 |
| 4330 | " " | 35 | 9 | 1899-05-05 | Covington | A5 |
| 4400 | HARVEY, Mary A | 35 | 1 | 1897-06-02 | Covington | A5 |
| 4401 | " " | 35 | 2 | 1897-06-02 | Covington | A5 |
| 4402 | " " | 35 | 3 | 1897-06-02 | Covington | A5 |
| 4403 | " " | 35 | 7 | 1897-06-02 | Covington | A5 |
| 4510 | HARVEY, William H | 35 | 14 | 1904-08-26 | Covington | A5 |
| 4514 | HAYS, William | 32 | NE | 1884-12-30 | | A5 |
| 4218 | HOPKINS, Cicero L | 1 | NESE | 1897-08-05 | | A5 |
| 4219 | " " | 1 | W½SE | 1897-08-05 | | A5 |
| 4230 | HOPKINS, Dock T | 12 | N½SE | 1891-03-16 | | A5 |
| 4231 | " " | 12 | S½NE | 1891-03-16 | | A5 |
| 4383 | HOPKINS, Luther D | 12 | NENE | 1895-06-27 | | A5 |
| 4222 | HUBBARD, Colin | 15 | SWNW | 1890-02-21 | | A5 |
| 4223 | " " | 15 | W½SW | 1890-02-21 | | A5 |
| 4439 | HUBBARD, Peter | 7 | N½SW | 1859-06-01 | | A1 |
| 4408 | INGRAM, Mary C | 17 | E½NW | 1898-08-27 | | A5 |
| 4445 | INGRAM, Richmond C | 15 | E½SW | 1895-08-30 | | A5 |
| 4448 | INGRAM, Robert G | 8 | SW | 1897-10-05 | | A5 |
| 4197 | KEES, Benjamin | 24 | SENE | 1841-01-05 | | A1 V4487 |

| ID | Individual in Patent | Sec. | Sec. Part | Date Issued | Other Counties | For More Info . . . |
|---|---|---|---|---|---|---|
| 4384 | KELLEY, Malcom | 10 | W½NE | 1841-01-05 | | A1 |
| 4519 | KING, William W | 36 | 4 | 1884-12-30 | Covington | A5 |
| 4520 | " " | 36 | 5 | 1884-12-30 | Covington | A5 |
| 4522 | " " | 36 | 8 | 1884-12-30 | Covington | A5 |
| 4521 | " " | 36 | 6 | 1895-05-11 | Covington | A5 |
| 4344 | LANKFORD, John W | 2 | NWSW | 1892-04-29 | | A5 |
| 4345 | " " | 3 | NESE | 1892-04-29 | | A5 |
| 4185 | LITTLE, Archibald B | 3 | W½NW | 1861-02-01 | | A1 |
| 4202 | LITTLE, Calvin | 1 | SWSW | 1854-03-15 | | A1 |
| 4203 | " " | 2 | SESE | 1859-05-02 | | A1 |
| 4204 | " " | 1 | SESW | 1895-06-27 | | A5 G62 |
| 4205 | " " | 12 | E½NW | 1895-06-27 | | A5 G62 |
| 4206 | " " | 12 | NWNW | 1895-06-27 | | A5 G62 |
| 4204 | LITTLE, Caroline | 1 | SESW | 1895-06-27 | | A5 G62 |
| 4205 | " " | 12 | E½NW | 1895-06-27 | | A5 G62 |
| 4206 | " " | 12 | NWNW | 1895-06-27 | | A5 G62 |
| 4339 | LITTLE, John P | 2 | NESE | 1860-07-02 | | A1 |
| 4341 | LITTLE, John T | 34 | | 1897-04-10 | Covington | A5 F |
| 4404 | LITTLE, Mary C | 34 | 1 | 1897-02-15 | Covington | A5 G45 |
| 4405 | " " | 34 | 8 | 1897-02-15 | Covington | A5 G45 |
| 4406 | " " | 34 | 9 | 1897-02-15 | Covington | A5 G45 |
| 4407 | " " | 35 | 4 | 1897-02-15 | Covington | A5 G45 |
| 4323 | LUCAS, John F | 23 | E½SE | 1878-06-24 | | A5 |
| 4300 | MADDOX, Jepthe C | 8 | NESE | 1885-04-04 | | A5 |
| 4301 | " " | 9 | NWSW | 1885-04-04 | | A5 |
| 4398 | MADDOX, Martha F | 5 | NWNE | 1899-06-28 | | A5 G39 |
| 4410 | MADDOX, Mathew F | 4 | N½SE | 1902-02-12 | | A5 |
| 4411 | " " | 4 | SWNE | 1902-02-12 | | A5 |
| 4264 | MANGUM, Greenberry | 27 | NE | 1892-04-29 | | A5 |
| 4275 | MANGUM, Henry L | 25 | SENW | 1890-02-21 | | A5 |
| 4276 | " " | 26 | SENE | 1890-02-21 | | A5 |
| 4511 | MANGUM, William H | 26 | NENW | 1890-02-21 | | A5 |
| 4512 | " " | 26 | NWNE | 1890-02-21 | | A5 |
| 4513 | " " | 26 | W½NW | 1890-02-21 | | A5 |
| 4281 | MATHISON, Isaiah | 32 | S½NW | 1882-03-30 | | A5 |
| 4351 | MAYFIELD, Joseph D | 31 | SENE | 1909-11-26 | | A5 |
| 4336 | MCALLUM, John | 9 | NWNE | 1854-03-15 | | A1 |
| 4337 | " " | 9 | SENE | 1854-03-15 | | A1 |
| 4335 | " " | 10 | SWNW | 1859-05-02 | | A1 |
| 4314 | MCALLUM, John C | 9 | SWNE | 1881-09-17 | | A5 |
| 4315 | " " | 9 | W½SE | 1881-09-17 | | A5 |
| 4182 | MCCALLUM, Angus | 10 | NENE | 1852-07-10 | | A8 |
| 4232 | MCCALLUM, Duncan | 10 | SENW | 1854-03-15 | | A1 |
| 4236 | MCCALLUM, Duncan T | 4 | SWSW | 1879-05-06 | | A5 |
| 4237 | " " | 9 | N½NW | 1879-05-06 | | A5 |
| 4235 | " " | 10 | NESW | 1898-03-15 | | A5 |
| 4277 | MCCALLUM, Hugh M | 3 | W½SW | 1902-07-03 | | A5 |
| 4417 | MCCALLUM, Nancy | 4 | E½SW | 1898-08-27 | | A5 |
| 4418 | " " | 4 | NWSW | 1898-08-27 | | A5 |
| 4452 | MCCALLUM, Roda A | 10 | NWNW | 1884-12-30 | | A5 |
| 4453 | " " | 4 | S½SE | 1884-12-30 | | A5 |
| 4454 | " " | 9 | NENE | 1884-12-30 | | A5 |
| 4419 | MCCOLLUM, Duncan | 10 | W½SE | 1881-05-10 | | A5 G69 |
| 4239 | MCCOLLUM, Edward H | 3 | S½SE | 1882-11-10 | | A5 |
| 4419 | MCCOLLUM, Nancy | 10 | W½SE | 1881-05-10 | | A5 G69 |
| 4293 | MCGILL, James | 14 | NENW | 1841-01-05 | | A1 |
| 4294 | " " | 15 | NENE | 1851-10-01 | | A1 |
| 4291 | " " | 11 | SESW | 1854-03-15 | | A1 |
| 4292 | " " | 11 | SWSW | 1875-07-01 | | A5 |
| 4338 | MCNAIR, John | 15 | N½NW | 1859-05-02 | | A1 |
| 4399 | MCNAIR, Martin | 10 | SESW | 1841-01-05 | | A1 |
| 4409 | MCNAIR, Mary F | 31 | W½SW | 1890-08-16 | | A5 |
| 4442 | MCNAIR, Reuben | 9 | E½SE | 1882-11-10 | | A5 |
| 4461 | MCNAIR, Sam | 30 | S½SE | 1883-09-15 | | A5 |
| 4462 | " " | 30 | SESW | 1883-09-15 | | A5 |
| 4216 | MEADOWS, Charley G | 6 | SESE | 1907-04-17 | | A5 |
| 4349 | MEADOWS, Joseph B | 2 | E½NW | 1891-06-30 | | A5 |
| 4350 | " " | 2 | NESW | 1891-06-30 | | A5 |
| 4465 | MEADOWS, Samuel | 2 | E½NE | 1882-03-04 | | A5 |
| 4466 | " " | 2 | SWNE | 1882-03-04 | | A5 |
| 4506 | MEADOWS, William B | 2 | W½NW | 1898-11-11 | | A5 |
| 4183 | MILLER, Annie L | 36 | 11 | 1904-08-30 | Covington | A5 |
| 4184 | " " | 36 | 12 | 1904-08-30 | Covington | A5 |

| ID | Individual in Patent | Sec. | Sec. Part | Date Issued | Other Counties | For More Info . . . |
|---|---|---|---|---|---|---|
| 4395 | MILLER, Martha E | 36 | 13 | 1892-05-04 | Covington | A5 |
| 4396 | " " | 36 | 14 | 1892-05-04 | Covington | A5 |
| 4397 | " " | 36 | 7 | 1892-05-04 | Covington | A5 |
| 4356 | MORGAN, Joseph | 26 | NESW | 1882-11-10 | | A5 |
| 4357 | " " | 26 | NWSE | 1882-11-10 | | A5 |
| 4358 | " " | 26 | SENW | 1882-11-10 | | A5 |
| 4359 | " " | 26 | SWNE | 1882-11-10 | | A5 |
| 4434 | PATTERSON, Patient | 3 | E½SW | 1901-04-09 | | A1 |
| 4435 | " " | 3 | NWSE | 1901-04-09 | | A1 |
| 4261 | PICKERING, George W | 22 | NWSW | 1899-06-13 | | A5 |
| 4262 | " " | 22 | S½SW | 1899-06-13 | | A5 |
| 4393 | PICKERING, Martha A | 27 | NWNW | 1884-12-30 | | A1 |
| 4394 | " " | 27 | SENW | 1884-12-30 | | A1 |
| 4390 | " " | 22 | NESE | 1888-02-25 | | A5 |
| 4391 | " " | 22 | NESW | 1888-02-25 | | A5 |
| 4392 | " " | 22 | SWSE | 1888-02-25 | | A5 |
| 4340 | REDDICK, John | 36 | S½NE | 1841-01-05 | Covington | A1 |
| 4282 | RUNNELS, Jackson | 17 | NESE | 1904-11-15 | | A5 |
| 4316 | RUNNELS, John C | 18 | N½SE | 1902-03-07 | | A5 |
| 4317 | " " | 18 | SWSE | 1902-03-07 | | A5 |
| 4468 | RUNNELS, Samuel | 18 | NE | 1890-08-16 | | A5 |
| 4210 | SHELBY, Ceaser | 29 | NWSW | 1901-10-09 | | A1 |
| 4211 | " " | 29 | SWNW | 1901-10-09 | | A1 |
| 4212 | " " | 30 | NESE | 1901-10-09 | | A1 |
| 4485 | SILLIVANT, Thomas | 24 | NESW | 1849-12-01 | | A1 R4486 |
| 4486 | " " | 24 | NESW | 1849-12-01 | | A1 R4485 |
| 4192 | SMITH, Ava A | 18 | NENW | 1897-04-02 | | A5 |
| 4233 | SMITH, Duncan | 28 | E½SE | 1901-02-27 | | A5 |
| 4234 | " " | 28 | S½NE | 1901-02-27 | | A5 |
| 4240 | SMITH, Eli | 18 | NWNW | 1860-07-02 | | A1 |
| 4241 | " " | 7 | SWSW | 1860-07-02 | | A1 |
| 4243 | SMITH, Elias | 18 | E½SW | 1859-05-02 | | A1 |
| 4299 | SMITH, Jeptha | 18 | SWNW | 1892-05-16 | | A5 |
| 4429 | SMITH, Niel M | 32 | W½SW | 1841-01-05 | | A1 |
| 4530 | SMITH, Zachariah T | 18 | W½SW | 1899-11-24 | | A5 |
| 4304 | SPELL, John A | 13 | NESW | 1898-09-28 | | A5 |
| 4305 | " " | 13 | S½NW | 1898-09-28 | | A5 |
| 4463 | SPELL, Samuel L | 12 | SWSW | 1901-03-23 | | A5 |
| 4464 | " " | 13 | NWNW | 1901-03-23 | | A5 |
| 4487 | SULEVANT, Thomas | 24 | NE | 1841-01-05 | | A1 V4197, 4256, 4488 |
| 4488 | " " | 24 | SWNE | 1841-01-05 | | A1 V4487 |
| 4175 | SULLIVAN, Alexander | 13 | SESW | 1883-09-15 | | A1 |
| 4176 | " " | 13 | SWNE | 1883-09-15 | | A1 |
| 4177 | " " | 13 | W½SE | 1883-09-15 | | A1 |
| 4193 | SULLIVAN, Benjamin A | 12 | SESW | 1898-09-28 | | A5 |
| 4194 | " " | 12 | SWSE | 1898-09-28 | | A5 |
| 4195 | " " | 13 | NENW | 1898-09-28 | | A5 |
| 4196 | " " | 13 | NWNE | 1898-09-28 | | A5 |
| 4224 | SULLIVAN, Cornelius | 24 | NWSE | 1895-08-08 | | A5 |
| 4225 | " " | 24 | S½SE | 1895-08-08 | | A5 |
| 4226 | SULLIVAN, Daniel B | 34 | 4 | 1881-05-10 | Covington | A5 |
| 4227 | " " | 34 | 5 | 1881-05-10 | Covington | A5 |
| 4238 | SULLIVAN, E J | 19 | N½SE | 1878-06-24 | | A5 |
| 4295 | SULLIVAN, James | 34 | 2 | 1854-03-15 | Covington | A1 F |
| 4296 | " " | 34 | 3 | 1854-03-15 | Covington | A1 F |
| 4298 | SULLIVAN, Jefferson D | 20 | SWSE | 1906-06-16 | | A5 |
| 4306 | SULLIVAN, John A | 19 | SESW | 1875-08-20 | | A5 |
| 4307 | " " | 30 | NENW | 1875-08-20 | | A5 |
| 4308 | " " | 30 | W½NW | 1875-08-20 | | A5 |
| 4309 | SULLIVAN, John B | 34 | 10 | 1895-12-14 | Covington | A5 |
| 4310 | " " | 34 | 11 | 1895-12-14 | Covington | A5 |
| 4311 | " " | 34 | 6 | 1895-12-14 | Covington | A5 |
| 4312 | " " | 34 | 7 | 1895-12-14 | Covington | A5 |
| 4346 | SULLIVAN, John W | 14 | NWSW | 1882-05-10 | | A1 |
| 4363 | SULLIVAN, Joseph | 19 | SESE | 1861-07-01 | | A1 |
| 4367 | " " | 20 | W½SW | 1861-07-01 | | A1 |
| 4368 | " " | 29 | NWNW | 1861-07-01 | | A1 |
| 4364 | " " | 20 | E½NW | 1892-03-23 | | A5 |
| 4365 | " " | 20 | NESW | 1892-03-23 | | A5 |
| 4366 | " " | 20 | SWNE | 1892-03-23 | | A5 |
| 4369 | " " | 29 | NWSE | 1895-12-14 | | A5 |
| 4370 | " " | 29 | SENE | 1895-12-14 | | A5 |
| 4371 | " " | 29 | W½NE | 1895-12-14 | | A5 |

| ID | Individual in Patent | Sec. | Sec. Part | Date Issued | Other Counties | For More Info . . . |
|---|---|---|---|---|---|---|
| 4354 | SULLIVAN, Joseph M | 30 | N½SW | 1906-06-16 | | A5 |
| 4355 | " " | 30 | SENW | 1906-06-16 | | A5 |
| 4380 | SULLIVAN, Lenora C | 29 | NESE | 1906-06-30 | | A5 |
| 4381 | " " | 29 | S½SE | 1906-06-30 | | A5 |
| 4389 | SULLIVAN, Mark | 24 | SENW | 1860-04-02 | | A1 |
| 4432 | SULLIVAN, Orlando J | 19 | NESW | 1891-06-30 | | A5 |
| 4433 | " " | 19 | SENE | 1891-06-30 | | A5 |
| 4446 | SULLIVAN, Robert E | 12 | N½SW | 1897-09-09 | | A5 |
| 4447 | " " | 12 | SWNW | 1897-09-09 | | A5 |
| 4449 | SULLIVAN, Robert H | 23 | SENE | 1889-01-12 | | A5 |
| 4450 | " " | 24 | NENW | 1889-01-12 | | A5 |
| 4451 | " " | 24 | W½NW | 1889-01-12 | | A5 |
| 4458 | SULLIVAN, Rufus | 34 | 14 | 1899-06-28 | Covington | A5 |
| 4459 | " " | 34 | 15 | 1899-06-28 | Covington | A5 |
| 4460 | " " | 34 | 16 | 1899-06-28 | Covington | A5 |
| 4467 | SULLIVAN, Samuel R | 11 | NENE | 1883-09-15 | | A1 |
| 4471 | SULLIVAN, T J | 2 | NWSE | 1882-05-10 | | A1 |
| 4489 | SULLIVAN, Thomas | 3 | SENE | 1854-03-15 | | A1 |
| 4472 | SULLIVAN, Thomas A | 30 | E½NE | 1896-10-31 | | A5 |
| 4473 | " " | 30 | NWSE | 1896-10-31 | | A5 |
| 4474 | " " | 30 | SWNE | 1896-10-31 | | A5 |
| 4477 | SULLIVAN, Thomas F | 13 | NWSW | 1884-12-30 | | A5 |
| 4478 | " " | 14 | N½SE | 1884-12-30 | | A5 |
| 4479 | " " | 14 | SWSE | 1884-12-30 | | A5 |
| 4482 | SULLIVAN, Thomas J | 1 | SWNW | 1848-09-01 | | A1 |
| 4481 | " " | 1 | SWNE | 1881-06-30 | | A5 |
| 4483 | " " | 2 | NWNE | 1882-05-10 | | A1 |
| 4480 | " " | 1 | N½NW | 1896-12-11 | | A1 |
| 4492 | SULLIVAN, Tillman | 19 | SWSE | 1896-12-18 | | A5 |
| 4493 | " " | 30 | NWNE | 1896-12-18 | | A5 |
| 4497 | SULLIVAN, Victor J | 20 | SESE | 1906-06-16 | | A5 |
| 4498 | " " | 28 | N½NW | 1906-06-16 | | A5 |
| 4499 | " " | 29 | NENE | 1906-06-16 | | A5 |
| 4502 | SULLIVAN, Wiley P | 11 | N½SE | 1883-09-15 | | A5 |
| 4503 | SULLIVAN, Wilkie | 23 | E½NW | 1882-05-20 | | A5 |
| 4508 | SULLIVAN, William C | 13 | E½SE | 1894-07-24 | | A5 |
| 4509 | " " | 13 | SENE | 1894-07-24 | | A5 |
| 4256 | SULLIVANT, Frederick | 24 | NWNE | 1841-01-05 | | A1 V4487 |
| 4372 | SULLIVANT, Joseph | 24 | W½SW | 1841-01-05 | | A1 |
| 4179 | SWOR, Almeda | 25 | E½SE | 1886-10-12 | | A5 |
| 4180 | " " | 36 | 3 | 1886-10-12 | Covington | A5 |
| 4324 | SWOR, John F | 25 | NESW | 1891-05-20 | | A5 |
| 4325 | " " | 25 | SWNE | 1891-05-20 | | A5 |
| 4326 | " " | 25 | W½SE | 1891-05-20 | | A5 |
| 4516 | SWOR, William T | 25 | SESW | 1906-06-16 | | A5 |
| 4287 | TEW, James A | 33 | S½SE | 1905-03-30 | | A5 |
| 4288 | " " | 34 | 13 | 1905-03-30 | Covington | A5 |
| 4186 | THOMPSON, Archibald | 15 | N½SE | 1851-10-01 | | A1 |
| 4187 | " " | 15 | SENW | 1854-03-15 | | A1 |
| 4494 | TUGGLE, Ursula | 35 | 12 | 1896-12-18 | Covington | A5 |
| 4495 | " " | 35 | 5 | 1896-12-18 | Covington | A5 |
| 4496 | " " | 35 | S½11 | 1896-12-18 | Covington | A5 |
| 4469 | WADE, Seabron G | 12 | SESE | 1907-05-10 | | A1 |
| 4470 | " " | 13 | NENE | 1907-05-10 | | A1 |
| 4228 | WARE, David C | 5 | NWNW | 1897-02-15 | | A5 |
| 4229 | " " | 6 | N½NE | 1897-02-15 | | A5 |
| 4245 | WARE, Estus O | 1 | NWSW | 1908-10-29 | | A1 |
| 4248 | WARE, Francis M | 5 | SESW | 1859-05-02 | | A1 |
| 4251 | " " | 8 | E½NW | 1861-05-01 | | A1 |
| 4253 | " " | 8 | S½NE | 1861-05-01 | | A1 |
| 4250 | " " | 5 | W½SW | 1878-06-24 | | A5 |
| 4252 | " " | 8 | NWNW | 1878-06-24 | | A5 |
| 4249 | " " | 5 | SWNW | 1882-05-10 | | A1 |
| 4263 | WARE, George W | 7 | NE | 1875-07-01 | | A5 |
| 4289 | WARE, James A | 7 | SWNW | 1859-06-01 | | A1 |
| 4347 | WARE, Johnson Z | 6 | N½SE | 1898-01-19 | | A5 |
| 4348 | " " | 6 | SENE | 1898-01-19 | | A5 |
| 4352 | WARE, Joseph J | 7 | NWSE | 1896-01-25 | | A5 |
| 4353 | " " | 7 | SESW | 1896-01-25 | | A5 |
| 4423 | WARE, Newton J | 5 | SESE | 1878-06-24 | | A5 |
| 4425 | " " | 8 | NENE | 1878-06-24 | | A5 |
| 4424 | " " | 5 | SWSE | 1883-09-15 | | A1 |
| 4426 | " " | 8 | NWNE | 1884-12-30 | | A1 |

| ID | Individual in Patent | Sec. | Sec. Part | Date Issued | Other Counties | For More Info . . . |
|---|---|---|---|---|---|---|
| 4422 | WARE, Newton J (Cont'd) | 5 | NESE | 1892-05-04 | | A5 |
| 4507 | WARE, William B | 6 | NW | 1890-08-16 | | A5 |
| 4517 | WARE, William T | 7 | N½NW | 1892-07-11 | | A5 |
| 4518 | " " | 7 | SENW | 1892-07-11 | | A5 |
| 4523 | WARE, Willie A | 6 | SWNE | 1901-08-08 | | A1 |
| 4285 | WARREN, Jake W | 27 | SESE | 1913-07-16 | | A5 |
| 4414 | WARREN, Molcie | 26 | SESW | 1897-05-07 | | A5 |
| 4415 | " " | 26 | SWSE | 1897-05-07 | | A5 |
| 4416 | " " | 26 | W½SW | 1897-05-07 | | A5 |
| 4265 | WATKINS, Harvey A | 9 | E½SW | 1895-05-11 | | A5 |
| 4266 | " " | 9 | S½NW | 1895-05-11 | | A5 |
| 4188 | WELLS, Asberry | 17 | N½SW | 1897-09-09 | | A5 |
| 4254 | WELLS, Francis M | 3 | N½NE | 1892-05-04 | | A5 |
| 4255 | " " | 3 | SWNE | 1892-05-04 | | A5 |
| 4331 | WELLS, John L | 17 | NWSE | 1895-02-21 | | A5 |
| 4332 | " " | 17 | S½SE | 1895-02-21 | | A5 |
| 4333 | " " | 17 | SESW | 1895-02-21 | | A5 |
| 4376 | WELLS, Larkin | 17 | SWSW | 1874-11-05 | | A1 |
| 4377 | " " | 18 | SESE | 1874-11-05 | | A1 |
| 4378 | " " | 19 | NENE | 1874-11-05 | | A1 |
| 4379 | " " | 20 | NWNW | 1874-11-05 | | A1 |
| 4504 | WELLS, William A | 19 | SENW | 1897-05-07 | | A5 |
| 4505 | " " | 19 | SWNE | 1897-05-07 | | A5 |
| 4524 | WELLS, Willis A | 19 | N½NW | 1888-03-15 | | A5 |
| 4525 | " " | 19 | NWNE | 1888-03-15 | | A5 |
| 4420 | WEST, Nathan C | 21 | S½SE | 1889-12-19 | | A5 |
| 4421 | " " | 28 | N½NE | 1889-12-19 | | A5 |
| 4297 | YELVERTON, James W | 6 | SW | 1888-04-05 | | A5 |
| 4440 | YELVERTON, Peter | 21 | S½SW | 1901-03-23 | | A1 |
| 4443 | YELVERTON, Richard L | 5 | E½NW | 1896-08-26 | | A5 |
| 4444 | " " | 5 | SWNE | 1896-08-26 | | A5 |
| 4457 | YELVERTON, Rufus S | 4 | S½NW | 1899-05-31 | | A5 |

## Patent Map

T10-N R16-W
St Stephens Meridian

Map Group 17

### Township Statistics

| | | |
|---|---|---|
| Parcels Mapped | : | 356 |
| Number of Patents | : | 211 |
| Number of Individuals | : | 185 |
| Patentees Identified | : | 180 |
| Number of Surnames | : | 71 |
| Multi-Patentee Parcels | : | 14 |
| Oldest Patent Date | : | 1/5/1841 |
| Most Recent Patent | : | 7/5/1962 |
| Block/Lot Parcels | : | 49 |
| Parcels Re - Issued | : | 2 |
| Parcels that Overlap | : | 4 |
| Cities and Towns | : | 4 |
| Cemeteries | : | 4 |

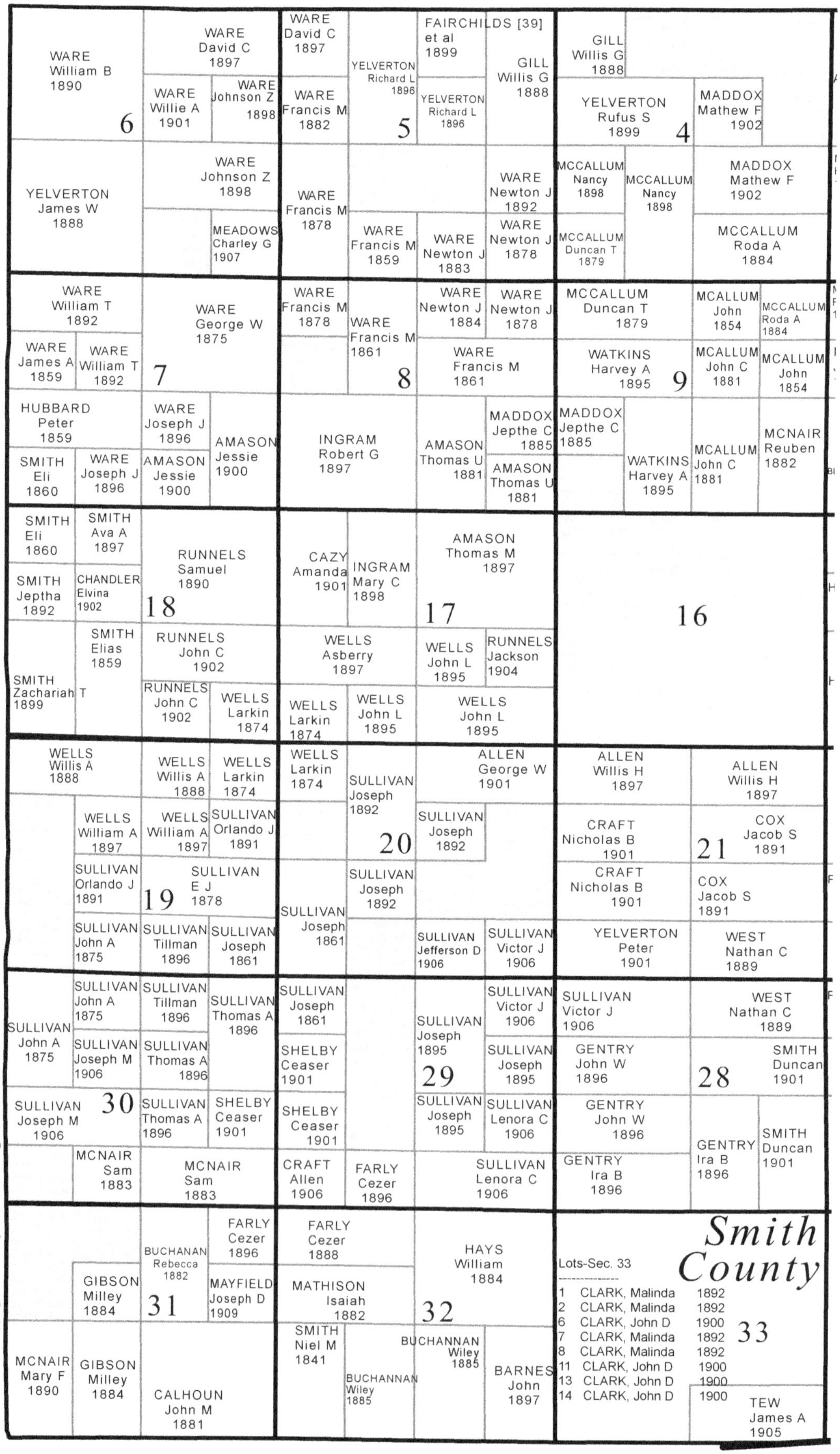

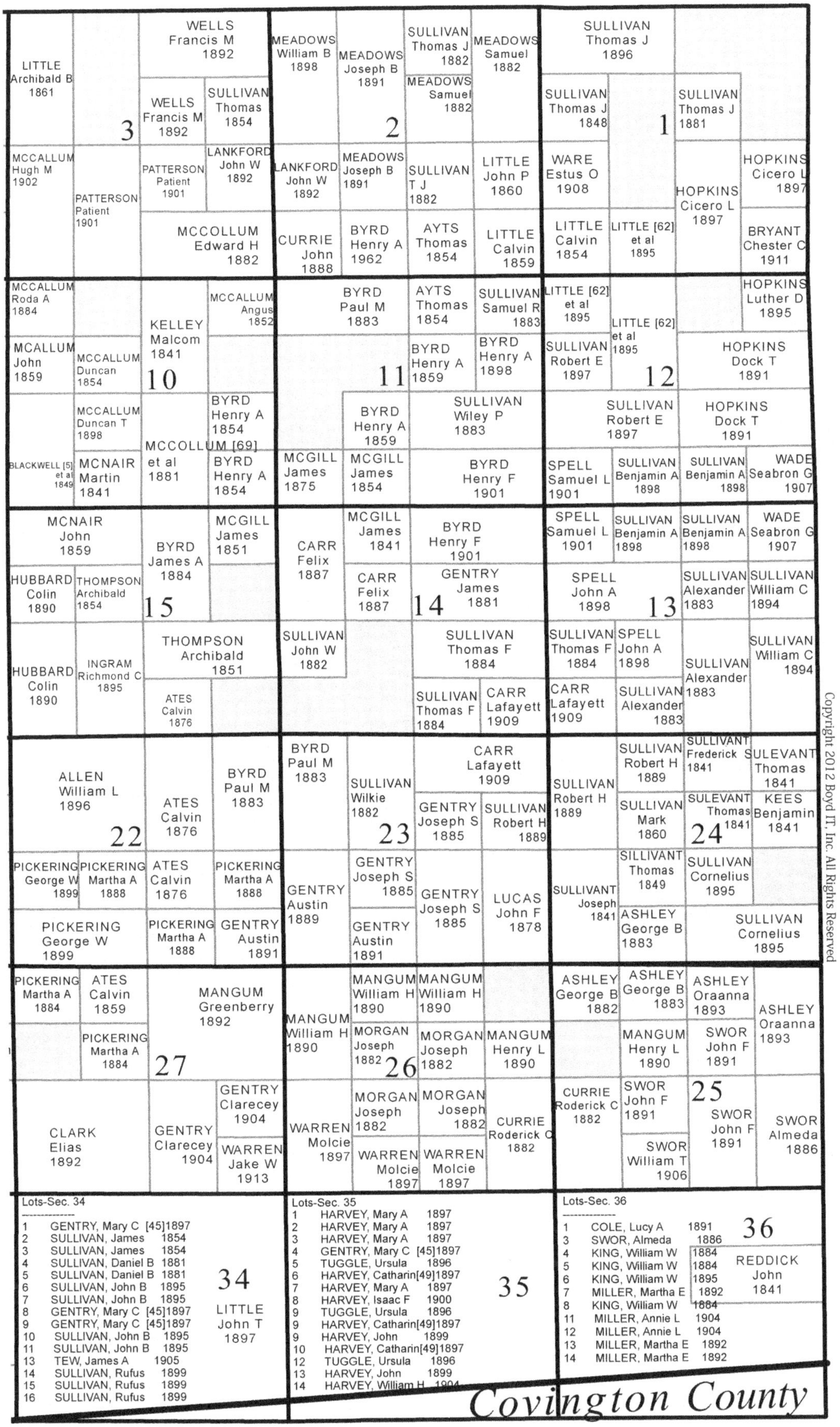




## Helpful Hints

1. This Map's INDEX can be found on the preceding pages.
2. Refer to Map "C" to see where this Township lies within Smith County, Mississippi.
3. Numbers within square brackets [ ] denote a multi-patentee land parcel (multi-owner). Refer to Appendix "C" for a full list of members in this group.
4. Areas that look to be crowded with Patentees usually indicate multiple sales of the same parcel (Re-issues) or Overlapping parcels. See this Township's Index for an explanation of these and other circumstances that might explain "odd" groupings of Patentees on this map.

## Legend

| | |
|---|---|
| ——— | Patent Boundary |
| ━━━ | Section Boundary |
| | No Patents Found (or Outside County) |
| 1., 2., 3., ... | Lot Numbers (when beside a name) |
| [ ] | Group Number (see Appendix "C") |

**Scale**: Section = 1 mile X 1 mile (generally, with some exceptions)

# Road Map

T10-N R16-W
St Stephens Meridian

Map Group 17

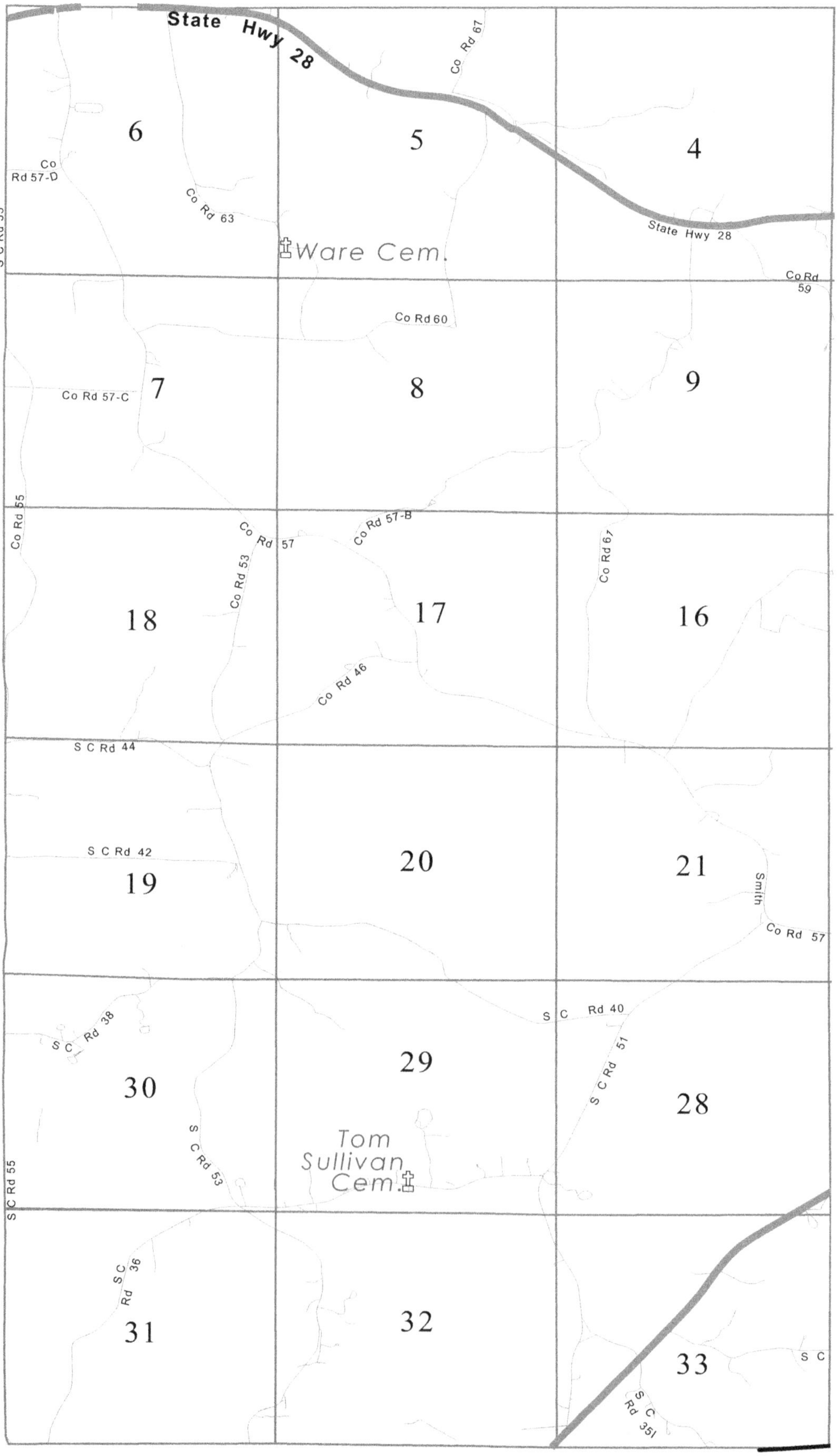


## Cities & Towns

- Milton
- Mize
- New Haven
- Zion Hill

## Cemeteries

- Sullivan Cemetery
- Sullivan Cemetery
- Tom Sullivan Cemetery
- Ware Cemetery

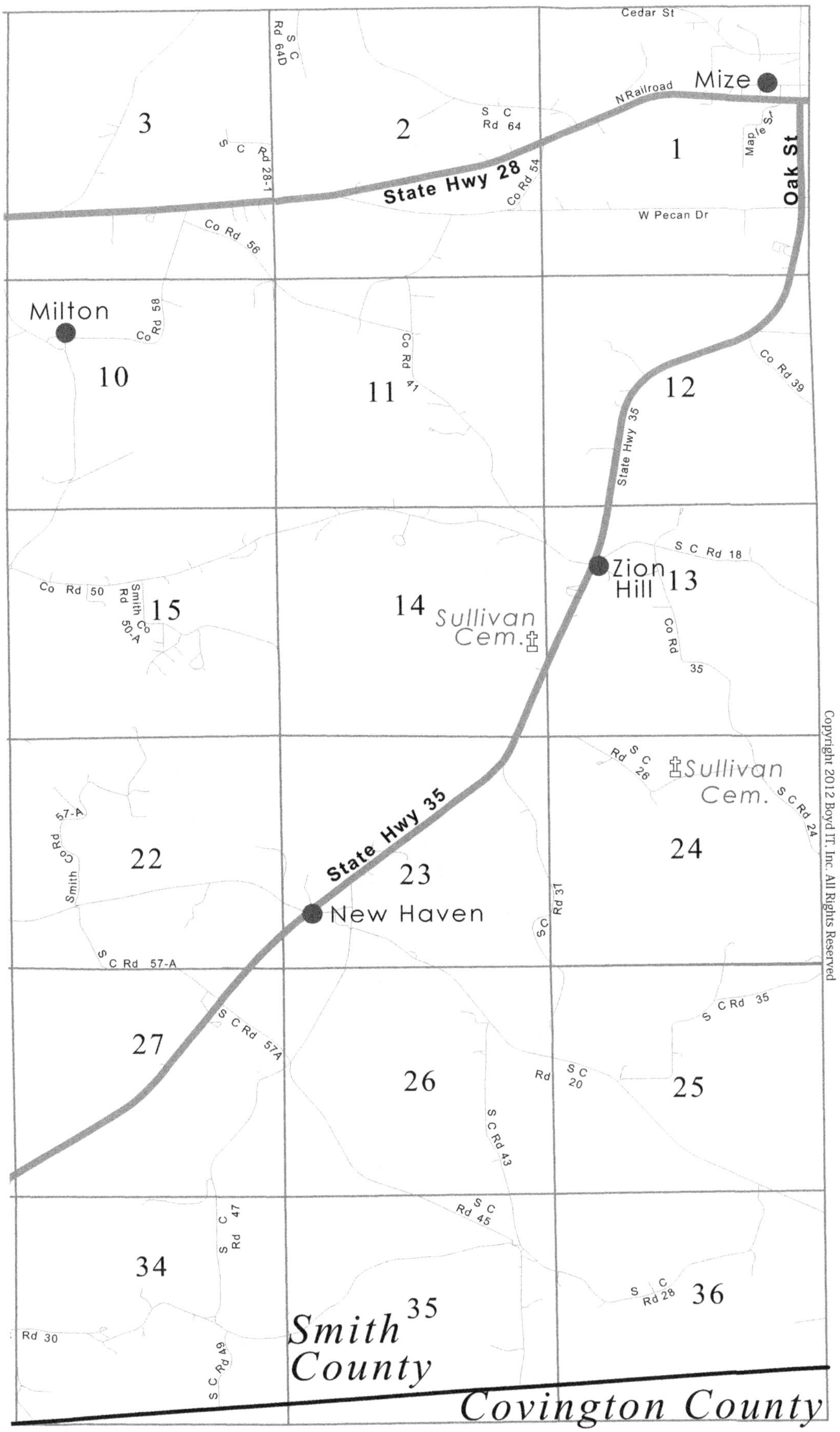



## Helpful Hints

1. This road map has a number of uses, but primarily it is to help you: a) find the present location of land owned by your ancestors (at least the general area), b) find cemeteries and city-centers, and c) estimate the route/roads used by Census-takers & tax-assessors.

2. If you plan to travel to Smith County to locate cemeteries or land parcels, please pick up a modern travel map for the area before you do. Mapping old land parcels on modern maps is not as exact a science as you might think. Just the slightest variations in public land survey coordinates, estimates of parcel boundaries, or road-map deviations can greatly alter a map's representation of how a road either does or doesn't cross a particular parcel of land.

## Legend

- Section Lines
- Interstates
- Highways
- Other Roads
- Cities/Towns
- Cemeteries

**Scale**: Section = 1 mile X 1 mile
(generally, with some exceptions)

## Historical Map

T10-N R16-W
St Stephens Meridian

Map Group 17

### Cities & Towns

Milton
Mize
New Haven
Zion Hill

### Cemeteries

Sullivan Cemetery
Sullivan Cemetery
Tom Sullivan Cemetery
Ware Cemetery

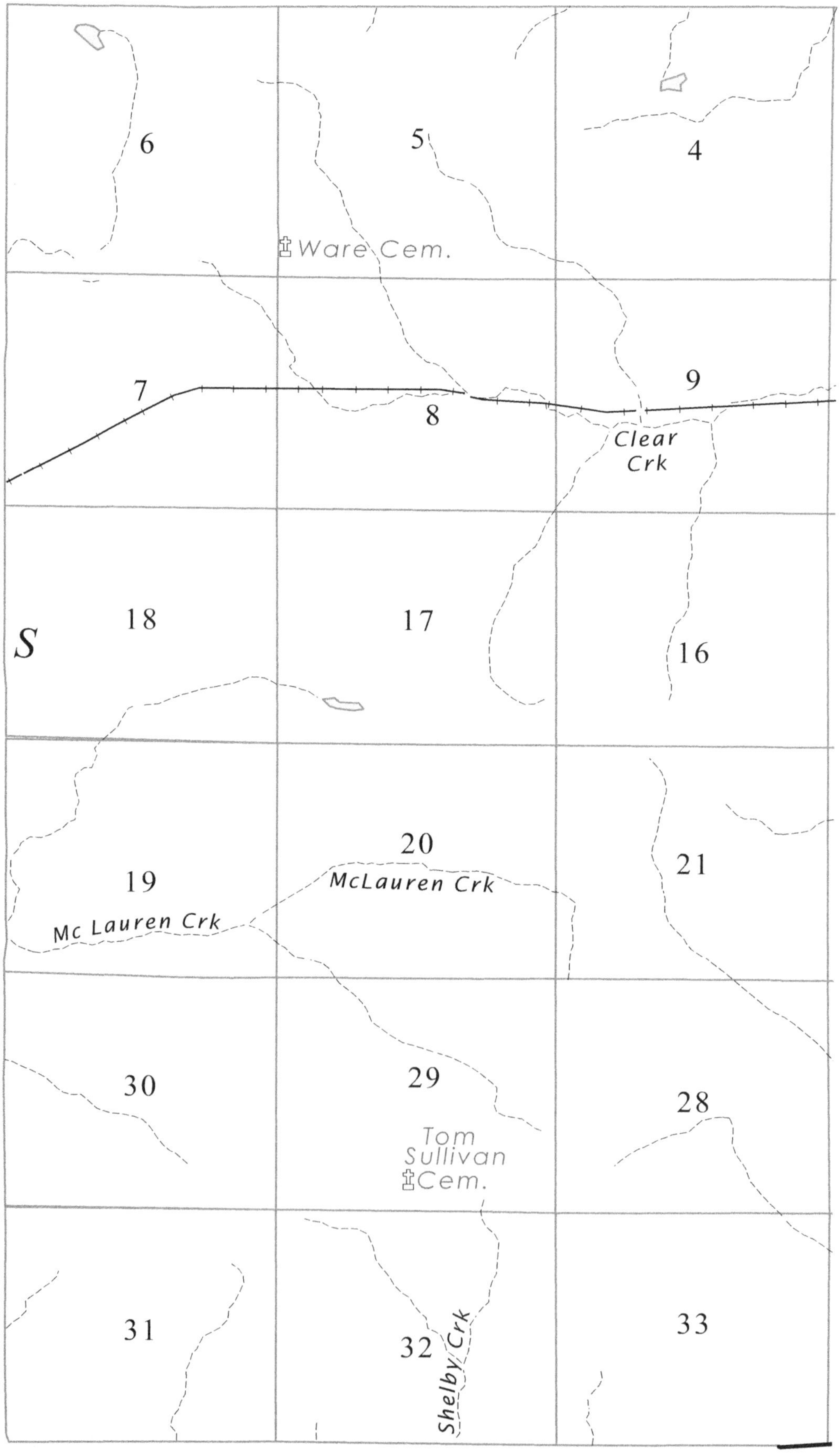

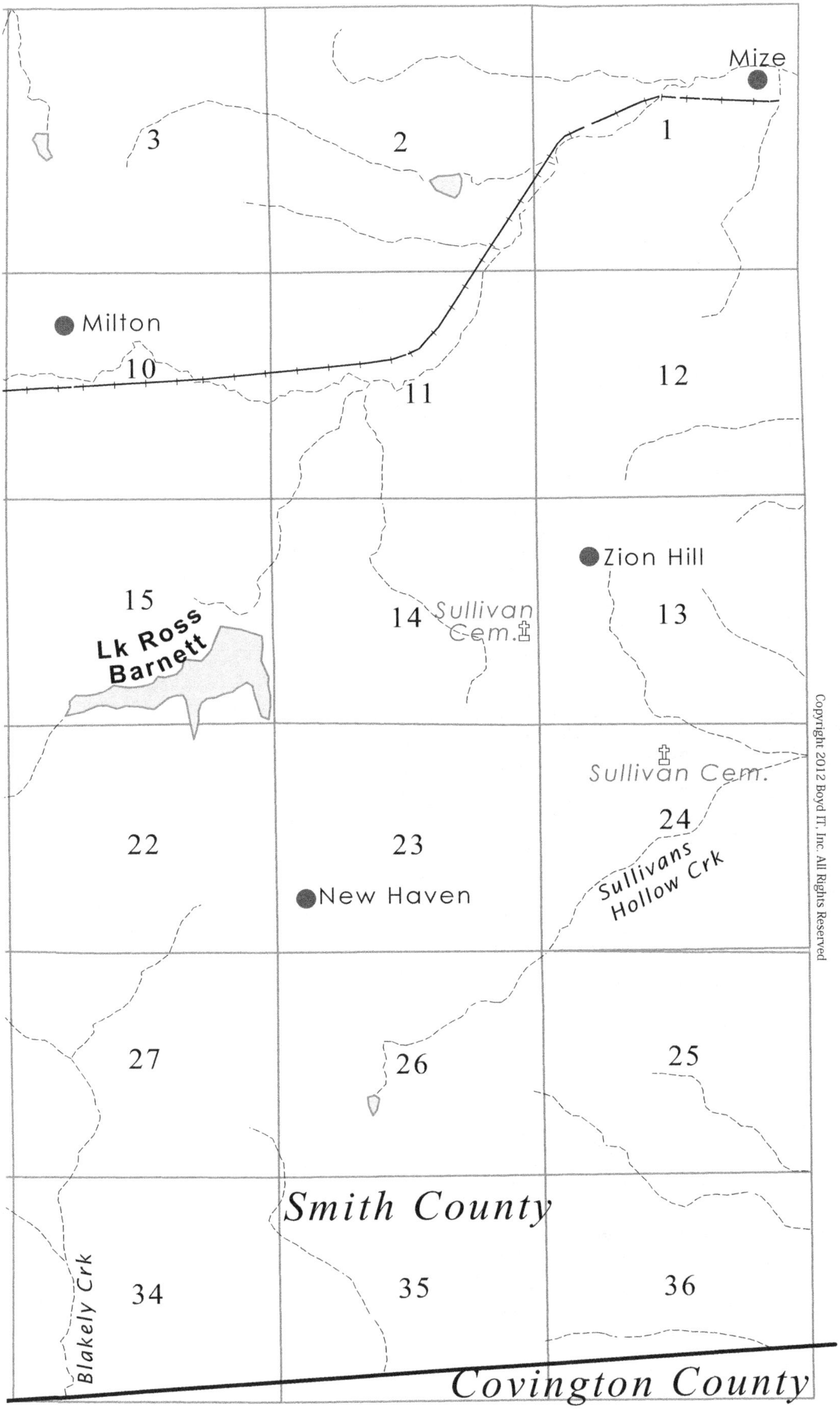




## Helpful Hints

1. This Map takes a different look at the same Congressional Township displayed in the preceding two maps. It presents features that can help you better envision the historical development of the area: a) Water-bodies (lakes & ponds), b) Water-courses (rivers, streams, etc.), c) Railroads, d) City/town center-points (where they were oftentimes located when first settled), and e) Cemeteries.
2. Using this "Historical" map in tandem with this Township's Patent Map and Road Map, may lead you to some interesting discoveries. You will often find roads, towns, cemeteries, and waterways are named after nearby landowners: sometimes those names will be the ones you are researching. See how many of these research gems you can find here in Smith County.

**Legend**

- Section Lines
- Railroads
- Large Rivers & Bodies of Water
- Streams/Creeks & Small Rivers
- Cities/Towns
- Cemeteries

**Scale**: Section = 1 mile X 1 mile
(there are some exceptions)

# Map Group 18: Index to Land Patents

## Township 10-North Range 15-West (St Stephens)

After you locate an individual in this Index, take note of the Section and Section Part then proceed to the Land Patent map on the pages immediately following. You should have no difficulty locating the corresponding parcel of land.

The "For More Info" Column will lead you to more information about the underlying Patents. See the *Legend* at right, and the "How to Use this Book" chapter, for more information.

**LEGEND**

**"For More Info . . . " column**

**A** = Authority (Legislative Act, See Appendix "A")
**B** = Block or Lot (location in Section unknown)
**C** = Cancelled Patent
**F** = Fractional Section
**G** = Group (Multi-Patentee Patent, see Appendix "C")
**V** = Overlaps another Parcel
**R** = Re-Issued (Parcel patented more than once)

*(A & G items require you to look in the Appendixes referred to above. All other Letter-designations followed by a number require you to locate line-items in this index that possess the ID number found after the letter).*

| ID | Individual in Patent | Sec. | Sec. Part | Date Issued | Other Counties | For More Info . . . |
|---|---|---|---|---|---|---|
| 4805 | ADOCK, William T | 25 | SW | 1901-03-23 | | A1 |
| 4635 | AMAKER, Jacob L | 28 | NWNW | 1841-01-05 | | A1 |
| 4615 | ANDERSON, George H | 1 | E½NE | 1896-08-26 | | A5 |
| 4712 | ANDERSON, Martha J | 34 | 8 | 1896-12-14 | Covington | A5 |
| 4713 | " " | 34 | 9 | 1896-12-14 | Covington | A5 |
| 4734 | ANDERSON, Robert G | 15 | SWSE | 1890-08-16 | | A5 |
| 4735 | " " | 22 | SENE | 1890-08-16 | | A5 |
| 4736 | " " | 22 | W½NE | 1890-08-16 | | A5 |
| 4731 | ASHLEY, Oraanna | 30 | NWNW | 1893-08-14 | | A5 |
| 4696 | ATES, Lillie E | 25 | W½SE | 1901-04-09 | | A1 |
| 4697 | " " | 36 | 7 | 1901-04-09 | Covington | A1 |
| 4698 | " " | 36 | 8 | 1901-04-09 | Covington | A1 |
| 4809 | BEAVER, William W | 31 | E½NE | 1896-10-31 | Covington | A5 |
| 4810 | " " | 32 | W½NW | 1896-10-31 | Covington | A5 |
| 4589 | BLACKWELL, Elly H | 31 | 14 | 1891-05-20 | Covington | A5 |
| 4590 | " " | 31 | 2 | 1891-05-20 | Covington | A5 |
| 4591 | " " | 31 | 3 | 1891-05-20 | Covington | A5 |
| 4582 | BREAZEALE, Elijah | 36 | 11 | 1901-10-09 | Covington | A1 |
| 4583 | " " | 36 | 9 | 1901-10-09 | Covington | A1 |
| 4543 | BROWN, Armstrong | 4 | NENE | 1890-03-28 | | A5 |
| 4534 | BUCKHALTER, Almeda | 33 | S½3 | 1892-05-04 | Covington | A5 |
| 4620 | BURKHALTER, George W | 33 | 1 | 1890-02-21 | Covington | A5 |
| 4621 | " " | 33 | 2 | 1890-02-21 | Covington | A5 |
| 4636 | BUTLER, Jacob S | 3 | N½NE | 1901-03-23 | | A1 |
| 4637 | " " | 3 | NENW | 1901-03-23 | | A1 |
| 4707 | BYNUM, Mark | 1 | S½NW | 1901-02-27 | | A1 |
| 4531 | CAMMON, Abigail | 4 | NESE | 1902-07-03 | | A5 G14 |
| 4562 | CAMP, Charles | 24 | SESE | 1901-06-08 | | A5 |
| 4638 | CANTERBURY, James C | 27 | NESE | 1849-12-01 | | A1 |
| 4577 | CARTER, Dudley | 32 | 2 | 1854-03-15 | Covington | A1 |
| 4576 | " " | 32 | 1 | 1859-05-02 | Covington | A1 |
| 4578 | " " | 33 | 4 | 1859-05-02 | Covington | A1 |
| 4706 | CARTER, Marion | 28 | N½SE | 1841-01-05 | | A1 |
| 4786 | CARTER, William | 28 | NWNE | 1841-01-05 | | A1 |
| 4785 | " " | 28 | E½NE | 1844-04-10 | | A1 |
| 4787 | " " | 28 | SENW | 1844-04-10 | | A1 |
| 4702 | COLE, Lucy A | 31 | 4 | 1891-06-30 | Covington | A5 |
| 4797 | COLE, Mark | 28 | NESW | 1848-09-01 | | A1 G58 |
| 4708 | " " | 28 | SESW | 1854-03-15 | | A1 |
| 4709 | " " | 28 | SWNE | 1854-03-15 | | A1 |
| 4710 | " " | 28 | SWSE | 1854-03-15 | | A1 |
| 4711 | " " | 29 | E½SE | 1859-06-01 | | A1 |
| 4571 | CRAFT, David | 3 | NWSE | 1894-12-17 | | A5 |
| 4572 | " " | 3 | SENW | 1894-12-17 | | A5 |
| 4573 | " " | 3 | SWNE | 1894-12-17 | | A5 |
| 4569 | CRAFT, David A | 4 | NWSE | 1889-01-05 | | A5 |

| ID | Individual in Patent | Sec. | Sec. Part | Date Issued | Other Counties | For More Info . . . |
|---|---|---|---|---|---|---|
| 4570 | CRAFT, David A (Cont'd) | 4 | S½SE | 1889-01-05 | | A5 |
| 4639 | CRAFT, James | 10 | NESE | 1900-11-28 | | A1 |
| 4640 | " " | 11 | N½SW | 1900-11-28 | | A1 |
| 4641 | " " | 11 | SESW | 1900-11-28 | | A1 |
| 4652 | CRAFT, Jefferson | 10 | N½NW | 1891-05-20 | | A5 |
| 4653 | " " | 3 | SWSW | 1891-05-20 | | A5 |
| 4661 | CRAFT, John G | 26 | NENW | 1892-03-17 | | A5 |
| 4662 | " " | 26 | NWNE | 1892-03-17 | | A5 |
| 4663 | " " | 26 | W½NW | 1892-03-17 | | A5 |
| 4747 | CRAFT, Swinton B | 24 | S½SW | 1895-11-11 | | A5 |
| 4748 | " " | 25 | N½NW | 1895-11-11 | | A5 |
| 4749 | CRAFT, Taylor J | 2 | N½SW | 1901-02-27 | | A1 |
| 4750 | " " | 2 | SESW | 1901-02-27 | | A1 |
| 4753 | CRAFT, Thomas | 11 | N½NE | 1900-11-28 | | A1 |
| 4754 | " " | 2 | SWSE | 1900-11-28 | | A1 |
| 4798 | CRAFT, William M | 10 | NWSW | 1901-04-22 | | A5 |
| 4799 | " " | 10 | SWNW | 1901-04-22 | | A5 |
| 4788 | DARDEN, William D | 18 | E½SW | 1897-02-15 | | A5 |
| 4789 | " " | 18 | SWSE | 1897-02-15 | | A5 |
| 4790 | " " | 18 | SWSW | 1897-02-15 | | A5 |
| 4558 | DUCKWORTH, Benjamin D | 26 | E½NE | 1897-07-03 | | A5 G21 |
| 4559 | " " | 26 | SWNE | 1897-07-03 | | A5 G21 |
| 4557 | DUCKWORTH, Benjamin P | 26 | SENW | 1882-04-20 | | A1 |
| 4558 | DUCKWORTH, Casandra | 26 | E½NE | 1897-07-03 | | A5 G21 |
| 4559 | " " | 26 | SWNE | 1897-07-03 | | A5 G21 |
| 4593 | DURR, Emanuel A | 5 | E½SE | 1841-01-05 | | A1 |
| 4594 | " " | 5 | NWSE | 1841-01-05 | | A1 |
| 4595 | " " | 5 | SWSE | 1841-01-05 | | A1 G35 |
| 4700 | EUBANKS, Louvina | 10 | W½NE | 1901-03-23 | | A5 |
| 4701 | " " | 3 | SWSE | 1901-03-23 | | A5 |
| 4721 | EUBANKS, Michael S | 10 | E½SW | 1891-05-20 | | A5 |
| 4722 | " " | 10 | NWSE | 1891-05-20 | | A5 |
| 4723 | " " | 10 | SENW | 1891-05-20 | | A5 |
| 4681 | FLYNT, Joseph D | 30 | NESW | 1895-10-09 | | A5 |
| 4682 | " " | 30 | S½NW | 1895-10-09 | | A5 |
| 4665 | FRITH, John H | 10 | E½NE | 1897-05-07 | | A5 |
| 4666 | " " | 11 | W½NW | 1897-05-07 | | A5 |
| 4579 | GIBSON, Edward L | 11 | E½NW | 1900-11-28 | | A1 |
| 4580 | " " | 11 | S½NE | 1900-11-28 | | A1 |
| 4767 | GIBSON, Thomas M | 2 | NESE | 1901-02-27 | | A1 |
| 4768 | " " | 2 | S½NE | 1901-02-27 | | A1 |
| 4623 | GRAY, Hesey L | 13 | N½NW | 1902-01-25 | | A1 |
| 4624 | " " | 13 | W½NE | 1902-01-25 | | A1 |
| 4649 | GRAY, Jasper N | 13 | SWSW | 1900-11-28 | | A1 |
| 4650 | " " | 14 | S½SE | 1900-11-28 | | A1 |
| 4651 | " " | 24 | NWNW | 1900-11-28 | | A1 |
| 4664 | GREGG, John | 36 | 12 | 1901-02-27 | Covington | A1 |
| 4744 | GREGG, Susan | 36 | 1 | 1901-04-09 | Covington | A1 |
| 4563 | HAYNES, Columbus | 36 | 6 | 1900-10-04 | Covington | A5 |
| 4587 | HESTER, Ellis | 10 | SWSE | 1860-04-02 | | A1 |
| 4588 | " " | 15 | NWNE | 1860-04-02 | | A1 |
| 4660 | HESTER, John F | 25 | E½NE | 1900-11-28 | | A1 |
| 4642 | HOLEFIELD, James W | 13 | NWSW | 1892-04-29 | | A5 |
| 4643 | " " | 13 | S½NW | 1892-04-29 | | A5 |
| 4644 | " " | 14 | NESE | 1892-04-29 | | A5 |
| 4703 | HOPKINS, Luther D | 7 | E½NW | 1895-06-27 | | A5 |
| 4704 | " " | 7 | NWNW | 1895-06-27 | | A5 |
| 4654 | HOUSTON, Jesse H | 12 | E½W½ | 1906-06-26 | | A5 |
| 4604 | HOWELL, Francis M | 32 | 6 | 1861-05-01 | Covington | A1 |
| 4605 | " " | 32 | 7 | 1861-05-01 | Covington | A1 |
| 4602 | " " | 19 | E½SE | 1896-04-03 | | A5 |
| 4603 | " " | 30 | N½NE | 1896-04-03 | | A5 |
| 4606 | HOWELL, Frederick C | 29 | SESW | 1895-02-21 | | A5 |
| 4607 | " " | 29 | SWNW | 1895-02-21 | | A5 |
| 4608 | " " | 29 | W½SW | 1895-02-21 | | A5 |
| 4732 | HOWELL, Reuben T | 30 | N½SE | 1898-02-24 | | A5 |
| 4733 | " " | 30 | S½NE | 1898-02-24 | | A5 |
| 4781 | HOWELL, Vernon A | 18 | N½SE | 1901-03-23 | | A1 |
| 4794 | HOWELL, William | 7 | SESW | 1851-10-01 | | A1 |
| 4791 | " " | 32 | 10 | 1874-11-05 | Covington | A1 |
| 4792 | " " | 32 | 11 | 1874-11-05 | Covington | A1 |
| 4793 | " " | 32 | 14 | 1874-11-05 | Covington | A1 |
| 4800 | HOWELL, William M | 20 | N½NE | 1901-06-08 | | A5 R4745 |

| ID | Individual in Patent | Sec. | Sec. Part | Date Issued | Other Counties | For More Info . . . |
|---|---|---|---|---|---|---|
| 4801 | HOWELL, William M (Cont'd) | 20 | NESE | 1901-06-08 | | A5 |
| 4802 | " " | 20 | SENE | 1901-06-08 | | A5 R4746 |
| 4670 | HUDSON, John S | 22 | NWSE | 1892-04-29 | | A5 |
| 4671 | " " | 22 | S½SE | 1892-04-29 | | A5 |
| 4672 | " " | 23 | SWSW | 1892-04-29 | | A5 |
| 4667 | JOHNSON, John | 35 | NWNW | 1841-01-05 | Covington | A1 |
| 4685 | JOHNSON, Joseph W | 3 | E½SW | 1901-03-23 | | A1 |
| 4751 | JONES, Thomas C | 4 | NENW | 1895-12-14 | | A5 |
| 4752 | " " | 4 | W½NW | 1895-12-14 | | A5 |
| 4774 | JONES, Timothy | 22 | SESW | 1854-03-15 | | A1 |
| 4775 | JONES, Timothy V | 11 | N½SE | 1901-08-08 | | A1 |
| 4550 | KEES, Benjamin | 19 | NWNW | 1841-01-05 | | A1 |
| 4795 | KEES, William | 19 | SENE | 1841-01-05 | | A1 |
| 4542 | KELLY, Archibald | 6 | W½SW | 1844-04-10 | | A1 |
| 4555 | KEYES, Benjamin | 35 | N½4 | 1854-03-15 | Covington | A1 |
| 4551 | " " | 34 | 7 | 1859-05-02 | Covington | A1 |
| 4552 | " " | 34 | N½2 | 1859-05-02 | Covington | A1 |
| 4553 | " " | 34 | N½3 | 1896-05-29 | Covington | A1 |
| 4554 | " " | 34 | S½1 | 1896-05-29 | Covington | A1 |
| 4796 | KEYES, William | 20 | NWSW | 1844-04-10 | | A1 |
| 4797 | " " | 28 | NESW | 1848-09-01 | | A1 G58 |
| 4556 | KEYS, Benjamin | 27 | NWSE | 1851-10-01 | | A1 |
| 4584 | KEYS, Elizabeth | 31 | 1 | 1888-04-05 | Covington | A5 G60 |
| 4585 | " " | 31 | 13 | 1888-04-05 | Covington | A5 G60 |
| 4586 | " " | 32 | 4 | 1888-04-05 | Covington | A5 G60 |
| 4584 | KEYS, Robert N | 31 | 1 | 1888-04-05 | Covington | A5 G60 |
| 4585 | " " | 31 | 13 | 1888-04-05 | Covington | A5 G60 |
| 4586 | " " | 32 | 4 | 1888-04-05 | Covington | A5 G60 |
| 4656 | KING, John D | 20 | NESW | 1891-05-20 | | A5 |
| 4657 | " " | 20 | NWSE | 1891-05-20 | | A5 |
| 4658 | " " | 20 | SENW | 1891-05-20 | | A5 |
| 4659 | " " | 20 | SWNE | 1891-05-20 | | A5 |
| 4560 | KNIGHT, Charles C | 20 | SESW | 1859-05-02 | | A1 |
| 4561 | " " | 29 | NENW | 1859-05-02 | | A1 |
| 4536 | LEGGATE, Andrew J | 28 | SWNW | 1859-05-02 | | A1 |
| 4532 | LITTLE, Albert L | 4 | N½SW | 1896-08-26 | | A5 |
| 4533 | " " | 4 | SENW | 1896-08-26 | | A5 |
| 4690 | LITTLE, Lafayette C | 34 | S½2 | 1890-06-25 | Covington | A5 |
| 4691 | " " | 34 | S½3 | 1890-06-25 | Covington | A5 |
| 4581 | LUCKY, Effie A | 24 | N½S½ | 1901-10-09 | | A1 G91 |
| 4581 | LUCKY, John C | 24 | N½S½ | 1901-10-09 | | A1 G91 |
| 4693 | LUCKY, Lewis C | 23 | E½SE | 1898-08-27 | | A1 |
| 4694 | " " | 23 | SENE | 1898-08-27 | | A1 |
| 4695 | " " | 24 | SWNW | 1898-08-27 | | A1 |
| 4683 | MAYFIELD, Joseph J | 1 | NENW | 1861-05-01 | | A1 |
| 4684 | " " | 1 | W½NE | 1861-05-01 | | A1 |
| 4776 | MCCULLOUGH, Tomes | 24 | SWSE | 1896-08-26 | | A5 |
| 4777 | " " | 25 | SENW | 1896-08-26 | | A5 |
| 4778 | " " | 25 | W½NE | 1896-08-26 | | A5 |
| 4595 | MCLAUREN, Hugh | 5 | SWSE | 1841-01-05 | | A1 G35 |
| 4724 | MCLEMORE, Moses | 34 | 10 | 1841-01-05 | Covington | A1 F |
| 4725 | " " | 34 | 11 | 1841-01-05 | Covington | A1 F |
| 4531 | MEADOWS, Abigail | 4 | NESE | 1902-07-03 | | A5 G14 |
| 4540 | MILLER, Annie L | 31 | 15 | 1904-08-30 | Covington | A5 |
| 4541 | " " | 31 | 16 | 1904-08-30 | Covington | A5 |
| 4544 | MILLER, Aron S | 27 | SWSW | 1890-02-21 | | A5 |
| 4545 | " " | 28 | SESE | 1890-02-21 | | A5 |
| 4546 | " " | 33 | 5 | 1890-02-21 | Covington | A5 |
| 4625 | MILLER, Hiram | 27 | NESW | 1854-03-15 | | A1 |
| 4626 | " " | 27 | NWSW | 1854-03-15 | | A1 |
| 4782 | MILLER, William A | 31 | 10 | 1881-09-17 | Covington | A5 |
| 4783 | " " | 31 | 9 | 1881-09-17 | Covington | A5 |
| 4692 | NORRIS, Laura C | 33 | N½3 | 1906-06-16 | Covington | A5 G76 |
| 4757 | NORRIS, Thomas J | 4 | S½SW | 1896-02-19 | | A5 |
| 4616 | OWENS, George | 31 | 7 | 1841-01-05 | Covington | A1 F |
| 4729 | OWENS, Norris | 14 | N½SW | 1892-04-29 | | A5 |
| 4730 | " " | 15 | N½SE | 1892-04-29 | | A5 |
| 4574 | POWELL, Docia L | 23 | N½NE | 1897-02-15 | | A5 G79 |
| 4575 | " " | 23 | N½NW | 1897-02-15 | | A5 G79 |
| 4547 | POWERS, Augustus B | 35 | 1 | 1897-01-12 | Covington | A5 |
| 4568 | PRINCE, Darling D | 12 | SESE | 1906-06-26 | | A5 |
| 4600 | PRINCE, Francis L | 4 | SENE | 1901-03-23 | | A1 |
| 4601 | " " | 4 | W½NE | 1901-03-23 | | A1 |

| ID | Individual in Patent | Sec. | Sec. Part | Date Issued | Other Counties | For More Info . . . |
|---|---|---|---|---|---|---|
| 4567 | REDDOCK, Daniel | 22 | NWNW | 1854-03-15 | | A1 |
| 4726 | RILEY, Nancy C | 13 | SESE | 1901-03-23 | | A1 |
| 4727 | " " | 24 | N½NE | 1901-03-23 | | A1 |
| 4728 | " " | 24 | SWNE | 1901-03-23 | | A1 |
| 4716 | RIVERS, Mary J | 2 | NENW | 1906-06-30 | | A1 |
| 4592 | ROBINSON, Elvira E | 1 | SESE | 1900-11-28 | | A1 |
| 4627 | ROBINSON, Hiram | 12 | N½SE | 1906-06-16 | | A5 |
| 4628 | " " | 12 | SWSE | 1906-06-16 | | A5 |
| 4745 | ROBINSON, Susan | 20 | N½NE | 1901-06-29 | | A1 R4800 |
| 4746 | " " | 20 | SENE | 1901-06-29 | | A1 R4802 |
| 4655 | SAMFORD, Jessee | 13 | E½NE | 1895-12-26 | | A5 |
| 4673 | SELLERS, John | 20 | SWSE | 1854-03-15 | | A1 |
| 4674 | " " | 29 | N½NE | 1854-03-15 | | A1 |
| 4699 | SHERMAN, Lorenzo D | 12 | W½W½ | 1906-06-26 | | A5 |
| 4779 | SMITH, Uin A | 20 | SWSW | 1854-03-15 | | A1 |
| 4780 | " " | 29 | NWNW | 1854-03-15 | | A1 |
| 4668 | STORY, John L | 29 | SWSE | 1859-06-01 | | A1 |
| 4769 | SULEVANT, Thomas | 19 | NENW | 1841-01-05 | | A1 |
| 4770 | " " | 19 | W½NE | 1841-01-05 | | A1 |
| 4720 | SULLIVAN, Alfred | 17 | N½SW | 1897-05-20 | | A5 G93 |
| 4537 | SULLIVAN, Andrew J | 18 | N½NE | 1895-02-21 | | A5 |
| 4538 | " " | 18 | N½NW | 1895-02-21 | | A5 |
| 4564 | SULLIVAN, Cornelius | 29 | NWSE | 1885-05-25 | | A5 |
| 4565 | " " | 29 | S½NE | 1885-05-25 | | A5 |
| 4566 | " " | 29 | SENW | 1885-05-25 | | A5 |
| 4581 | SULLIVAN, Effie A | 24 | N½S½ | 1901-10-09 | | A1 G91 |
| 4596 | SULLIVAN, Ezekiel Q | 28 | SWSW | 1896-08-26 | | A5 |
| 4597 | " " | 33 | 10 | 1896-08-26 | Covington | A5 |
| 4598 | " " | 33 | 7 | 1896-08-26 | Covington | A5 |
| 4599 | " " | 33 | 8 | 1896-08-26 | Covington | A5 |
| 4610 | SULLIVAN, Frederick | 19 | SENW | 1859-05-02 | | A1 |
| 4609 | " " | 19 | NENE | 1883-09-15 | | A1 |
| 4611 | " " | 20 | W½NW | 1883-09-15 | | A1 |
| 4612 | SULLIVAN, Frederick T | 19 | NESW | 1895-02-21 | | A5 |
| 4613 | " " | 19 | W½SE | 1895-02-21 | | A5 |
| 4614 | SULLIVAN, Fredrick | 19 | SWNW | 1897-04-02 | | A5 |
| 4622 | SULLIVAN, Henderson | 7 | W½SW | 1890-06-25 | | A5 |
| 4686 | SULLIVAN, Josephine A | 7 | NESW | 1905-03-30 | | A5 G92 |
| 4687 | SULLIVAN, Julius E | 18 | S½NE | 1901-02-27 | | A5 |
| 4688 | " " | 18 | S½NW | 1901-02-27 | | A5 |
| 4692 | SULLIVAN, Laura C | 33 | N½3 | 1906-06-16 | Covington | A5 G76 |
| 4705 | SULLIVAN, Maggie | 32 | 3 | 1906-06-04 | Covington | A5 |
| 4720 | SULLIVAN, Mary | 17 | N½SW | 1897-05-20 | | A5 G93 |
| 4717 | SULLIVAN, Mary K | 19 | SESW | 1895-02-21 | | A5 |
| 4718 | " " | 19 | W½SW | 1895-02-21 | | A5 |
| 4719 | " " | 30 | NENW | 1895-02-21 | | A5 |
| 4737 | SULLIVAN, Robert J | 29 | NESW | 1905-05-09 | | A5 |
| 4738 | SULLIVAN, Samuel R | 32 | 12 | 1901-02-27 | Covington | A5 |
| 4739 | " " | 32 | 13 | 1901-02-27 | Covington | A5 |
| 4740 | " " | 33 | 9 | 1901-02-27 | Covington | A5 |
| 4743 | SULLIVAN, Stephen H | 32 | 5 | 1899-04-28 | Covington | A5 |
| 4758 | SULLIVAN, Thomas J | 30 | 8 | 1872-12-27 | | A5 |
| 4763 | " " | 31 | NWNW | 1872-12-27 | Covington | A5 |
| 4761 | " " | 31 | 11 | 1890-12-20 | Covington | A1 |
| 4762 | " " | 31 | 6 | 1890-12-20 | Covington | A1 |
| 4759 | " " | 30 | SESW | 1892-05-26 | | A5 |
| 4760 | " " | 30 | SWSE | 1892-05-26 | | A5 |
| 4755 | SULLIVAN, Thomas J H | 30 | SWSW | 1990-09-10 | | A5 |
| 4756 | " " | 31 | 8 | 1990-09-10 | Covington | A5 |
| 4771 | SULLIVAN, Thomas W | 33 | 11 | 1901-03-23 | Covington | A5 |
| 4772 | " " | 33 | 12 | 1901-03-23 | Covington | A5 |
| 4773 | " " | 33 | 6 | 1901-03-23 | Covington | A5 |
| 4784 | SULLIVAN, William C | 18 | NWSW | 1894-07-24 | | A5 |
| 4806 | SULLIVAN, William T | 17 | S½SW | 1900-11-28 | | A5 |
| 4807 | " " | 18 | SESE | 1900-11-28 | | A5 |
| 4808 | " " | 20 | NENW | 1900-11-28 | | A5 |
| 4686 | SULLIVAN, Wilson W | 7 | NESW | 1905-03-30 | | A5 G92 |
| 4535 | SWOR, Almeda | 30 | NWSW | 1886-10-12 | | A5 |
| 4675 | SWOR, John | 28 | NENW | 1848-09-01 | | A1 |
| 4539 | TEMPLES, Andrew J | 25 | E½SE | 1901-03-23 | | A1 |
| 4689 | THOMAS, Kizzia | 27 | S½NE | 1854-03-15 | | A1 |
| 4669 | TUGGLE, John M | 30 | SESE | 1906-06-30 | | A1 |
| 4548 | WALKER, Benjamin F | 11 | S½SE | 1897-02-15 | | A5 |

| ID | Individual in Patent | Sec. | Sec. Part | Date Issued | Other Counties | For More Info . . . |
|---|---|---|---|---|---|---|
| 4549 | WALKER, Benjamin F (Cont'd) | 14 | N½NE | 1897-02-15 | | A5 |
| 4574 | WALKER, Docia L | 23 | N½NE | 1897-02-15 | | A5 G79 |
| 4575 | " " | 23 | N½NW | 1897-02-15 | | A5 G79 |
| 4632 | WALKER, Ivy | 14 | S½SW | 1888-03-29 | | A5 |
| 4633 | " " | 15 | SESE | 1888-03-29 | | A5 |
| 4634 | " " | 22 | NENE | 1888-03-29 | | A5 |
| 4629 | WALKER, Ivy W | 14 | NWSE | 1896-12-14 | | A5 |
| 4630 | " " | 14 | S½NW | 1896-12-14 | | A5 |
| 4631 | " " | 14 | SWNE | 1896-12-14 | | A5 |
| 4678 | WALKER, Joseph C | 22 | NESE | 1901-03-23 | | A5 |
| 4679 | " " | 23 | NWSW | 1901-03-23 | | A5 |
| 4680 | " " | 23 | S½NW | 1901-03-23 | | A5 |
| 4714 | WALKER, Martin W | 3 | E½SE | 1901-03-23 | | A1 |
| 4715 | " " | 3 | SENE | 1901-03-23 | | A1 |
| 4765 | WALKER, Thomas L | 15 | E½NE | 1889-01-05 | | A5 |
| 4766 | " " | 15 | SWNE | 1889-01-05 | | A5 |
| 4764 | " " | 10 | SESE | 1897-04-02 | | A5 |
| 4803 | WALKER, William R | 23 | E½SW | 1888-02-25 | | A5 |
| 4804 | " " | 23 | W½SE | 1888-02-25 | | A5 |
| 4676 | WILLIAMS, John W | 13 | N½SE | 1901-02-27 | | A5 |
| 4677 | " " | 13 | NESW | 1901-02-27 | | A5 |
| 4741 | WILLIAMS, Sarah A | 3 | NWSW | 1901-03-23 | | A1 |
| 4742 | " " | 3 | W½NW | 1901-03-23 | | A1 |
| 4647 | WINDHAM, Jarrett C | 2 | NWNW | 1900-11-28 | | A1 |
| 4648 | " " | 2 | S½NW | 1900-11-28 | | A1 |
| 4617 | YARBOR, George R | 13 | SESW | 1898-09-28 | | A5 |
| 4618 | " " | 13 | SWSE | 1898-09-28 | | A5 |
| 4619 | " " | 24 | E½NW | 1898-09-28 | | A5 |
| 4645 | YELVERTON, James Y | 1 | S½SW | 1899-04-01 | | A1 |
| 4646 | " " | 2 | SESE | 1899-04-01 | | A1 |

# Patent Map

T10-N R15-W
St Stephens Meridian

Map Group 18

## Township Statistics

| | | |
|---|---|---|
| Parcels Mapped | : | 280 |
| Number of Patents | : | 158 |
| Number of Individuals | : | 152 |
| Patentees Identified | : | 144 |
| Number of Surnames | : | 77 |
| Multi-Patentee Parcels | : | 14 |
| Oldest Patent Date | : | 1/5/1841 |
| Most Recent Patent | : | 9/10/1990 |
| Block/Lot Parcels | : | 59 |
| Parcels Re - Issued | : | 2 |
| Parcels that Overlap | : | 0 |
| Cities and Towns | : | 2 |
| Cemeteries | : | 3 |

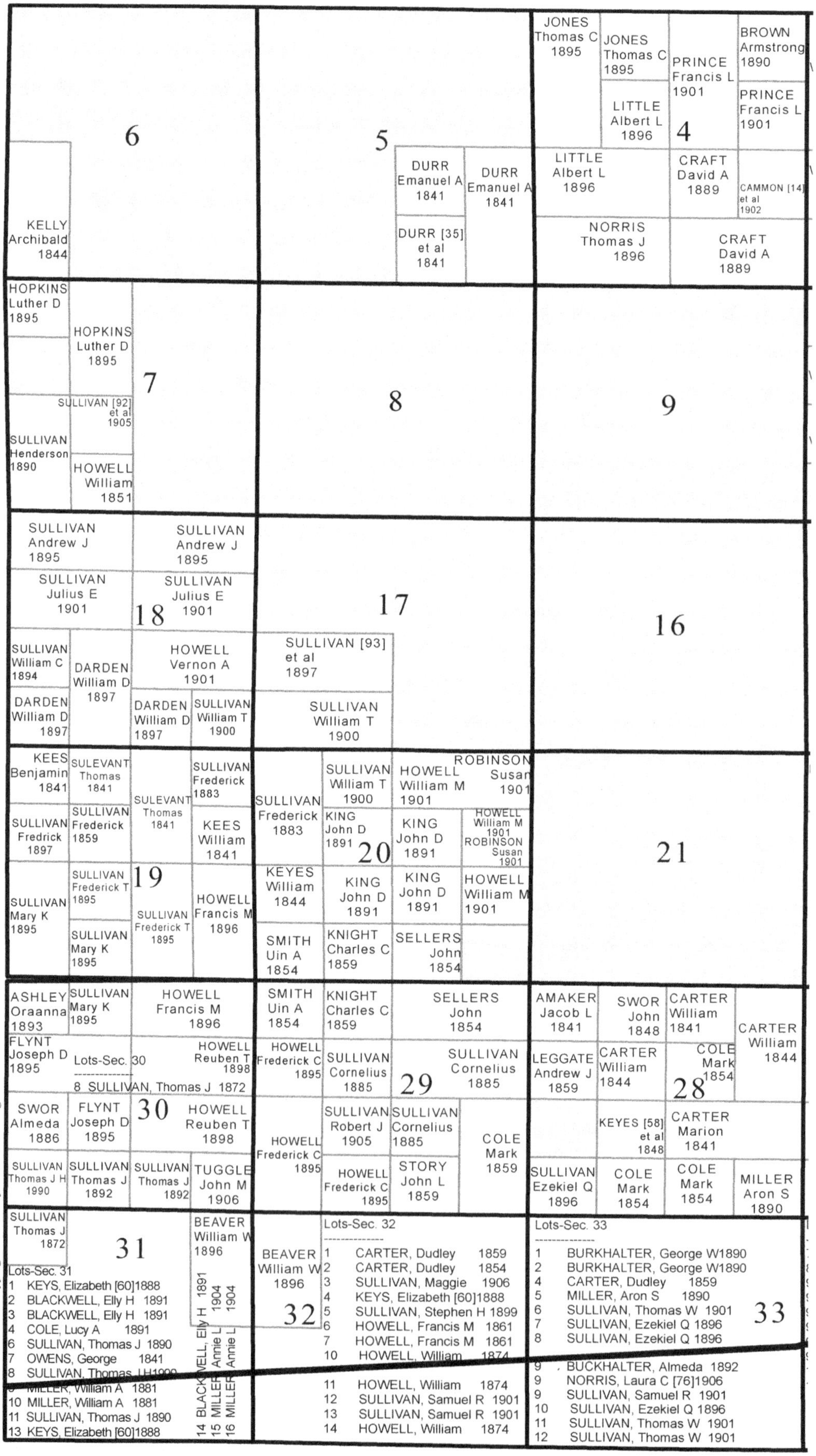

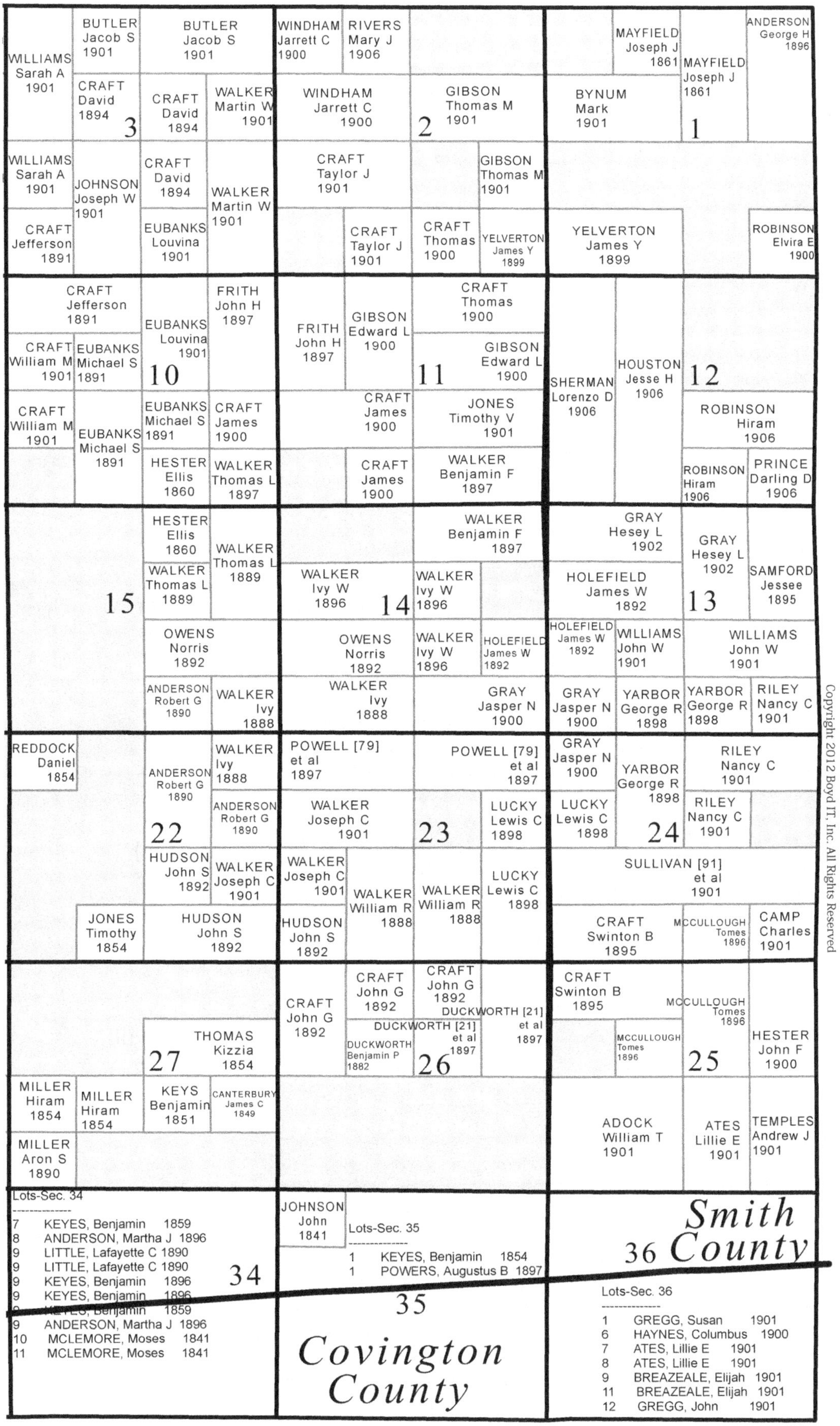


## Helpful Hints

1. This Map's INDEX can be found on the preceding pages.
2. Refer to Map "C" to see where this Township lies within Smith County, Mississippi.
3. Numbers within square brackets [ ] denote a multi-patentee land parcel (multi-owner). Refer to Appendix "C" for a full list of members in this group.
4. Areas that look to be crowded with Patentees usually indicate multiple sales of the same parcel (Re-issues) or Overlapping parcels. See this Township's Index for an explanation of these and other circumstances that might explain "odd" groupings of Patentees on this map.

## Legend

| | |
|---|---|
| (thin line) | Patent Boundary |
| (thick line) | Section Boundary |
| (shaded area) | No Patents Found (or Outside County) |
| 1., 2., 3., ... | Lot Numbers (when beside a name) |
| [ ] | Group Number (see Appendix "C") |

**Scale**: Section = 1 mile X 1 mile (generally, with some exceptions)

## Road Map

T10-N R15-W
St Stephens Meridian

Map Group 18

### Cities & Towns

- Bunker Hill
- Wisner

### Cemeteries

- Jones Cemetery
- Old Zion Hill Cemetery
- Sullivan Cemetery

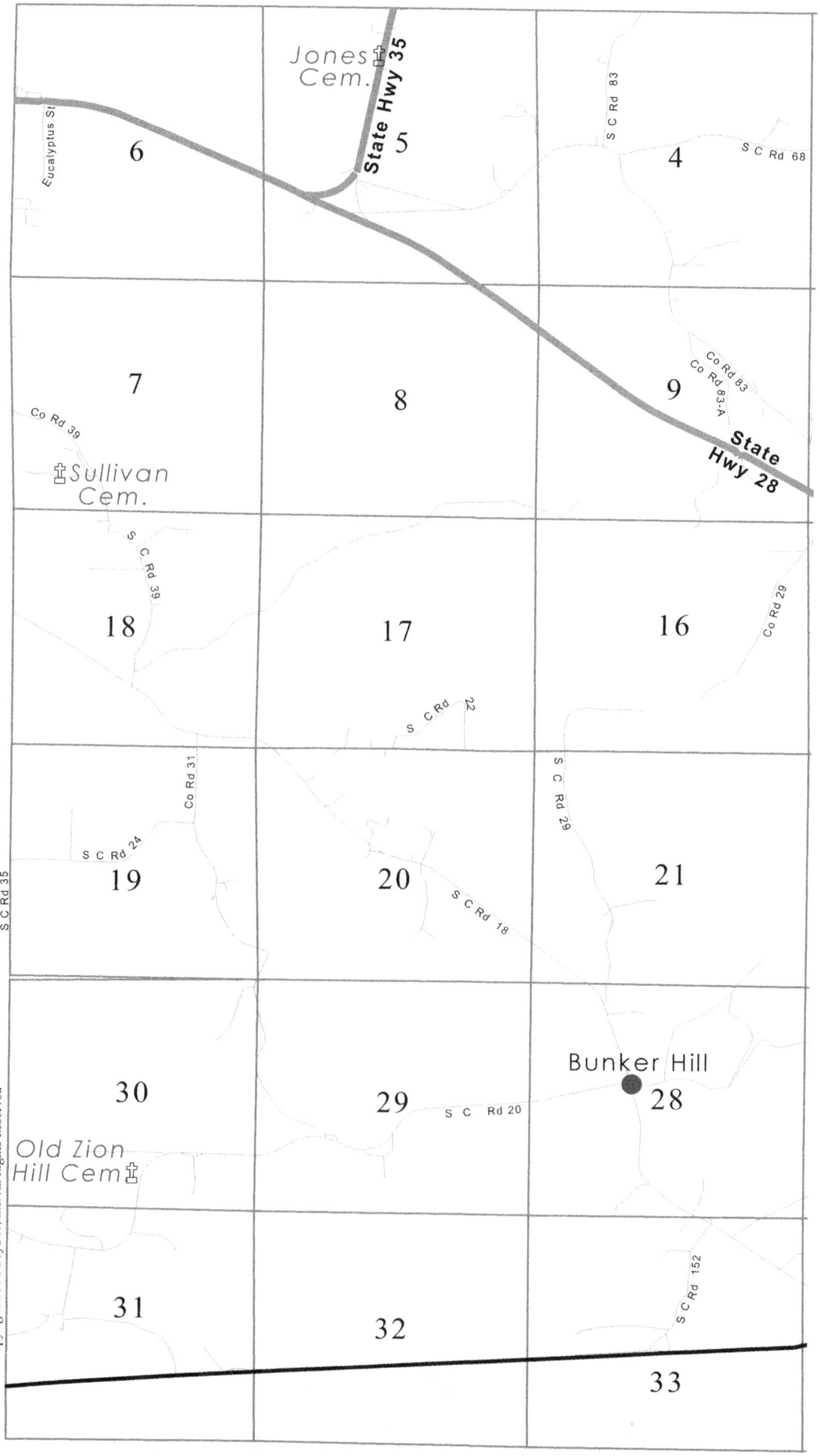

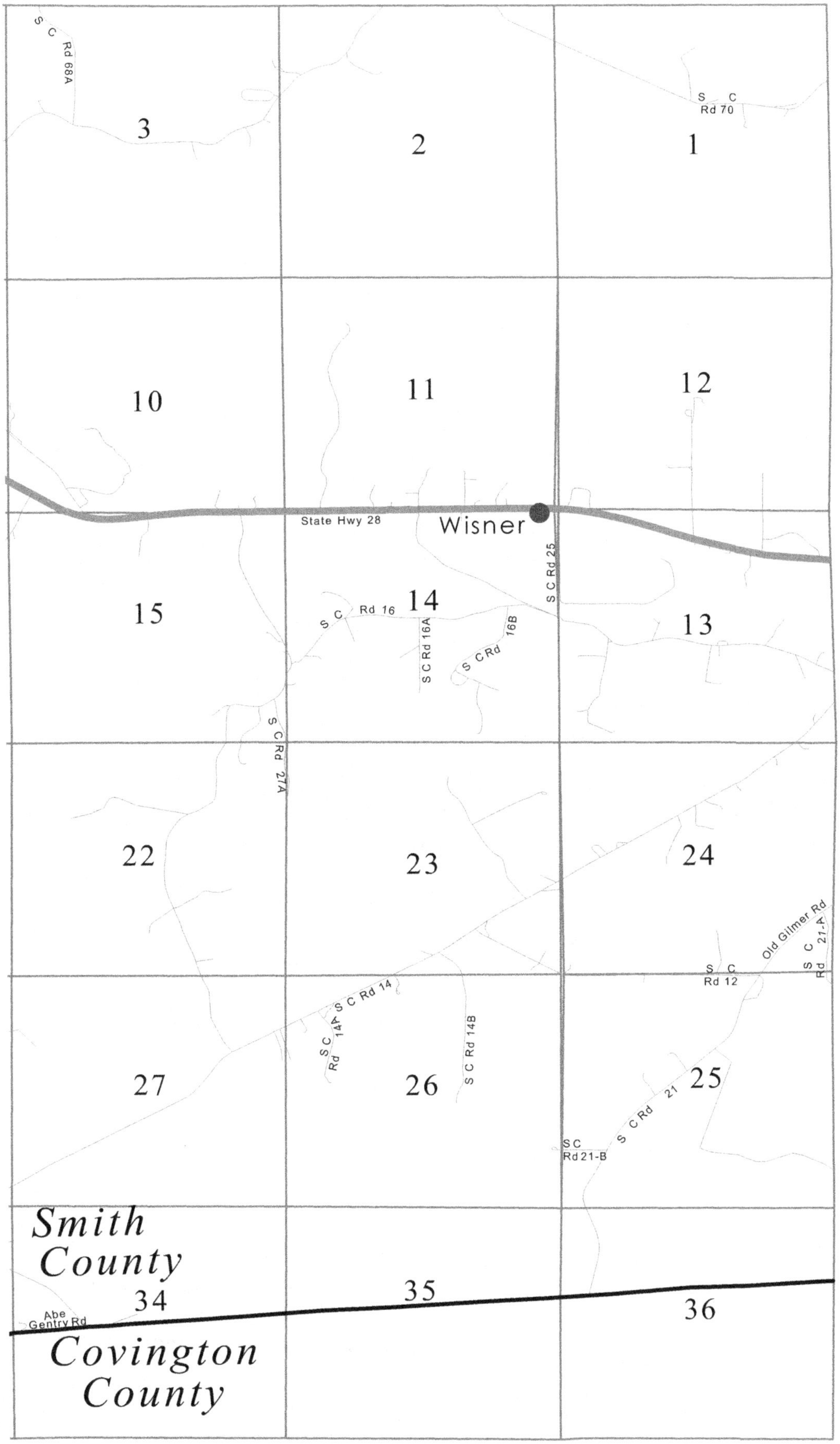




## Helpful Hints

1. This road map has a number of uses, but primarily it is to help you: a) find the present location of land owned by your ancestors (at least the general area), b) find cemeteries and city-centers, and c) estimate the route/roads used by Census-takers & tax-assessors.

2. If you plan to travel to Smith County to locate cemeteries or land parcels, please pick up a modern travel map for the area before you do. Mapping old land parcels on modern maps is not as exact a science as you might think. Just the slightest variations in public land survey coordinates, estimates of parcel boundaries, or road-map deviations can greatly alter a map's representation of how a road either does or doesn't cross a particular parcel of land.

## Legend

- Section Lines
- Interstates
- Highways
- Other Roads
- Cities/Towns
- Cemeteries

**Scale**: Section = 1 mile X 1 mile (generally, with some exceptions)

## Historical Map

T10-N R15-W
St Stephens Meridian

Map Group 18

### Cities & Towns

Bunker Hill
Wisner

### Cemeteries

Jones Cemetery
Old Zion Hill Cemetery
Sullivan Cemetery

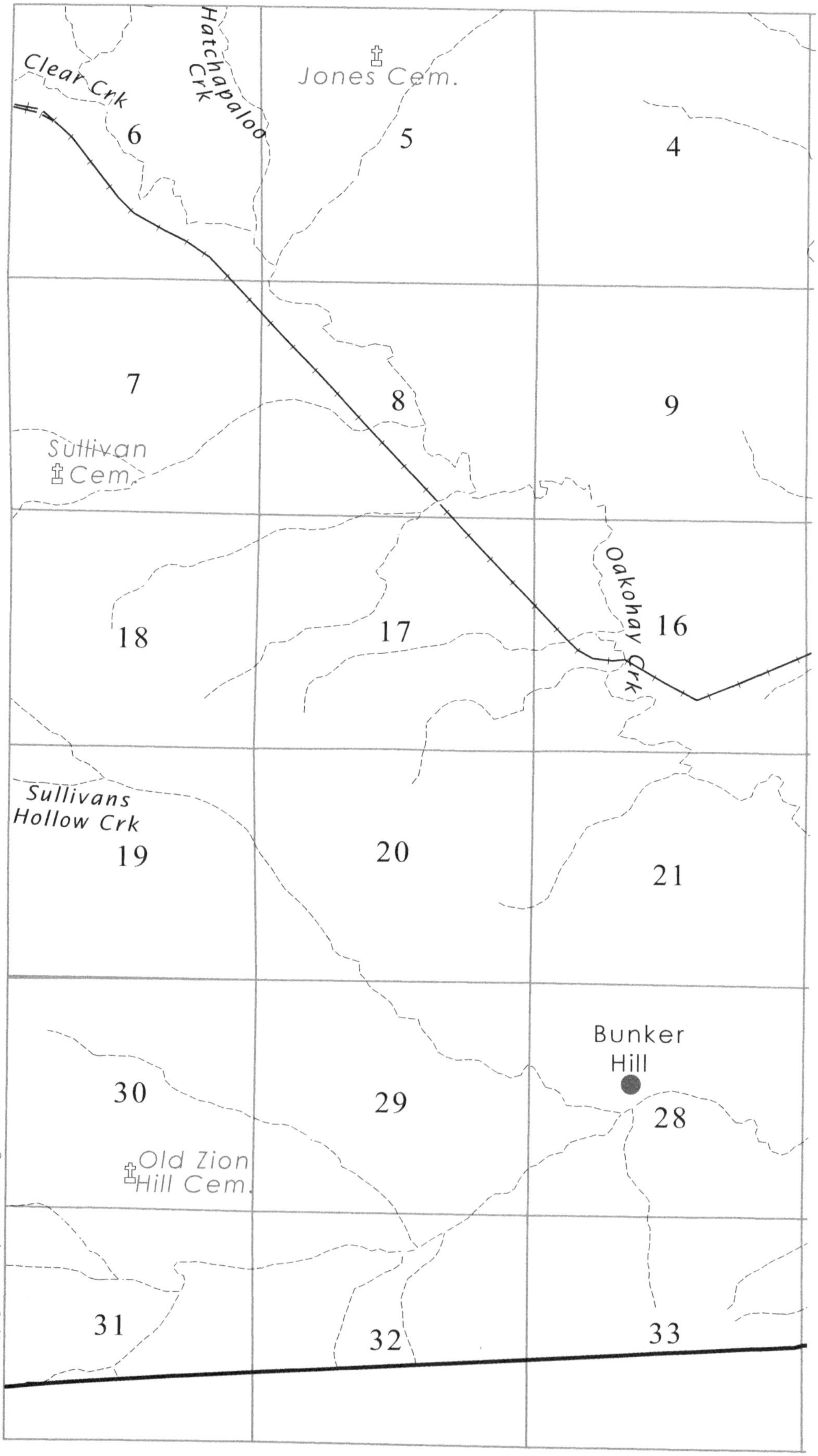

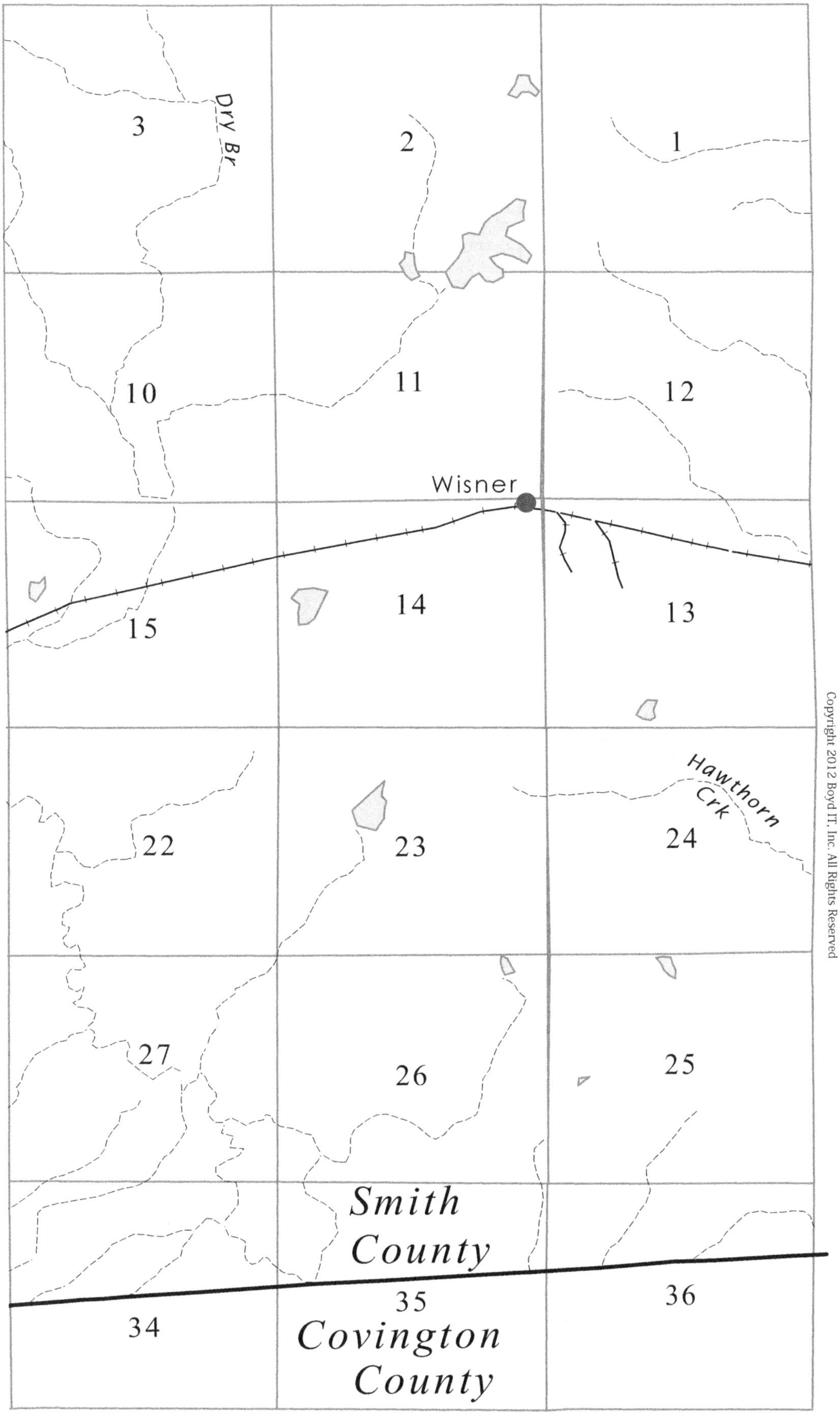




## Helpful Hints

1. This Map takes a different look at the same Congressional Township displayed in the preceding two maps. It presents features that can help you better envision the historical development of the area: a) Water-bodies (lakes & ponds), b) Water-courses (rivers, streams, etc.), c) Railroads, d) City/town center-points (where they were oftentimes located when first settled), and e) Cemeteries.
2. Using this "Historical" map in tandem with this Township's Patent Map and Road Map, may lead you to some interesting discoveries. You will often find roads, towns, cemeteries, and waterways are named after nearby landowners: sometimes those names will be the ones you are researching. See how many of these research gems you can find here in Smith County.

## Legend

- Section Lines
- Railroads
- Large Rivers & Bodies of Water
- Streams/Creeks & Small Rivers
- Cities/Towns
- Cemeteries

**Scale**: Section = 1 mile X 1 mile
(there are some exceptions)

# Map Group 19: Index to Land Patents

## Township 10-North Range 14-West (St Stephens)

After you locate an individual in this Index, take note of the Section and Section Part then proceed to the Land Patent map on the pages immediately following. You should have no difficulty locating the corresponding parcel of land.

The "For More Info" Column will lead you to more information about the underlying Patents. See the *Legend* at right, and the "How to Use this Book" chapter, for more information.

**LEGEND**

"For More Info . . . " column

- A = Authority (Legislative Act, See Appendix "A")
- B = Block or Lot (location in Section unknown)
- C = Cancelled Patent
- F = Fractional Section
- G = Group (Multi-Patentee Patent, see Appendix "C")
- V = Overlaps another Parcel
- R = Re-Issued (Parcel patented more than once)

*(A & G items require you to look in the Appendixes referred to above. All other Letter-designations followed by a number require you to locate line-items in this index that possess the ID number found after the letter).*

| ID | Individual in Patent | Sec. | Sec. Part | Date Issued | Other Counties | For More Info . . . |
|---|---|---|---|---|---|---|
| 4953 | ALDERMAN, John E | 13 | N½SE | 1897-05-07 | | A5 |
| 4954 | " " | 13 | SENE | 1897-05-07 | | A5 |
| 4889 | ANDERSON, George H | 6 | SWNW | 1896-08-26 | | A5 |
| 4905 | ANDERSON, Henry P | 29 | SE | 1859-05-02 | | A1 |
| 4906 | " " | 29 | SENW | 1859-05-02 | | A1 |
| 4907 | " " | 29 | SWNE | 1859-05-02 | | A1 |
| 4909 | ANDERSON, Hiram | 32 | 1 | 1859-05-02 | Covington | A1 |
| 4908 | " " | 28 | 4 | 1859-11-10 | | A1 |
| 4910 | " " | 33 | 2 | 1859-11-10 | Covington | A1 |
| 4911 | " " | 33 | 3 | 1859-11-10 | Covington | A1 |
| 4912 | " " | 33 | 4 | 1859-11-10 | Covington | A1 |
| 4987 | ANDERSON, Latson D | 34 | 3 | 1892-03-23 | Jones | A5 |
| 5019 | ANDERSON, Prior | 28 | 2 | 1848-09-01 | | A1 F |
| 5020 | " " | 28 | N½1 | 1848-09-01 | | A1 F |
| 4946 | BARNES, Jesse | 31 | 4 | 1895-12-14 | Covington | A5 R4961 |
| 4947 | " " | 31 | 5 | 1895-12-14 | Covington | A5 |
| 5041 | BARNETT, Robert F | 14 | NWSW | 1906-05-01 | | A5 |
| 5042 | " " | 14 | SWNW | 1906-05-01 | | A5 |
| 5043 | " " | 15 | NESE | 1906-05-01 | | A5 |
| 5044 | " " | 15 | SENE | 1906-05-01 | | A5 |
| 4927 | BARNETTE, James C | 12 | NWNW | 1901-02-27 | | A5 |
| 4925 | BEAVERS, James | 10 | NENW | 1841-01-05 | | A1 |
| 4926 | " " | 11 | SWSE | 1841-01-05 | | A1 |
| 4888 | BENISON, George | 5 | SENE | 1844-04-10 | | A1 F |
| 4952 | BENISON, John | 6 | NWSE | 1848-09-01 | | A1 |
| 4950 | " " | 6 | NESE | 1849-12-01 | | A1 R4951 |
| 4951 | " " | 6 | NESE | 1849-12-01 | | A1 R4950 |
| 4957 | BLACKWELL, John G | 3 | SWSW | 1860-10-15 | | A4 |
| 4958 | " " | 4 | 14 | 1860-10-15 | | A4 |
| 4959 | " " | 4 | 15 | 1860-10-15 | | A4 |
| 5084 | BLACKWELL, Warren | 25 | NWNW | 1882-03-04 | Jones | A5 V5098 |
| 5085 | " " | 26 | E½NE | 1882-03-04 | | A5 |
| 5086 | " " | 26 | NESE | 1882-03-04 | | A5 |
| 4824 | BRYANT, Benjamin | 2 | E½SW | 1851-10-01 | | A1 |
| 5104 | BUSH, William H | 14 | SWSE | 1900-11-28 | | A5 |
| 5105 | " " | 23 | N½NE | 1900-11-28 | | A5 |
| 5106 | " " | 24 | NWNW | 1900-11-28 | | A5 |
| 4850 | CAMP, Charles | 19 | W½SW | 1901-06-08 | | A5 |
| 4821 | CARGILE, Andrew M | 2 | E½NE | 1895-10-09 | | A5 |
| 5130 | CARTER, William P | 28 | SESW | 1841-01-05 | | A1 G33 |
| 5125 | " " | 28 | 10 | 1848-09-01 | | A1 F |
| 4916 | CO, International Paper | 4 | 16 | 1965-08-02 | | A7 |
| 4917 | " " | 4 | 17 | 1965-08-02 | | A7 |
| 4873 | COKER, Ensworth | 27 | NWNW | 1841-01-05 | | A1 |
| 4876 | COLEY, Eugena T | 1 | NESW | 1897-07-03 | | A5 |
| 4877 | " " | 1 | SENW | 1897-07-03 | | A5 |

| ID | Individual in Patent | Sec. | Sec. Part | Date Issued | Other Counties | For More Info . . . |
|---|---|---|---|---|---|---|
| 4878 | COLEY, Eugena T (Cont'd) | 1 | SWNE | 1897-07-03 | | A5 |
| 5067 | COLEY, Thomas | 1 | N½NW | 1894-06-28 | | A5 |
| 5068 | " " | 1 | NWNE | 1894-06-28 | | A5 |
| 4984 | COOK, Lafayett F | 23 | E½SE | 1896-08-26 | | A5 |
| 4985 | " " | 23 | SENE | 1896-08-26 | | A5 |
| 4986 | " " | 24 | NWSW | 1896-08-26 | | A5 |
| 4836 | CRAFT, Briant | 8 | 10 | 1848-09-01 | | A1 F |
| 4837 | " " | 8 | 11 | 1848-09-01 | | A1 F |
| 4835 | " " | 17 | NENE | 1859-11-10 | | A1 |
| 4838 | " " | 8 | 15 | 1859-11-10 | | A1 |
| 4839 | " " | 8 | 7 | 1859-11-10 | | A1 |
| 4845 | CRAFT, Bryant | 17 | E½NW | 1890-02-18 | | A5 |
| 4846 | " " | 17 | NWSW | 1890-02-18 | | A5 |
| 4847 | " " | 17 | SWNW | 1890-02-18 | | A5 |
| 4885 | CRAFT, Francis B | 17 | E½SW | 1896-01-10 | | A5 |
| 4886 | " " | 17 | SWSW | 1896-01-10 | | A5 |
| 4887 | " " | 18 | SESE | 1896-01-10 | | A5 |
| 5051 | CRAFT, Samuel | 9 | 2 | 1841-01-05 | | A1 F |
| 5079 | DAVIS, Thomas S | 25 | 12 | 1898-01-19 | Jones | A5 |
| 5080 | " " | 25 | 5 | 1898-01-19 | Jones | A5 |
| 5081 | " " | 25 | 6 | 1898-01-19 | Jones | A5 |
| 5082 | " " | 25 | 7 | 1898-01-19 | Jones | A5 |
| 5087 | DUCKSWORTH, Washington | 28 | SWNW | 1841-01-05 | | A1 |
| 5095 | DUCKSWORTH, William | 4 | 1 | 1841-01-05 | | A1 F |
| 4867 | DUCKWORTH, Elnathan D | 10 | NWNW | 1841-01-05 | | A1 |
| 4868 | " " | 4 | 7 | 1841-01-05 | | A1 F |
| 4897 | DUCKWORTH, Hall L | 26 | 13 | 1900-10-04 | | A1 |
| 4898 | " " | 26 | 14 | 1900-10-04 | | A1 |
| 4899 | DUCKWORTH, Hark | 23 | SESW | 1890-08-16 | | A5 |
| 4900 | " " | 23 | SWSE | 1890-08-16 | | A5 |
| 4901 | " " | 26 | 2 | 1890-08-16 | | A5 |
| 4902 | " " | 26 | 7 | 1890-08-16 | | A5 |
| 4993 | DUCKWORTH, James | 26 | 3 | 1905-03-30 | | A5 G32 |
| 4994 | " " | 26 | 6 | 1905-03-30 | | A5 G32 |
| 4982 | DUCKWORTH, Joseph | 3 | NWSW | 1841-01-05 | | A1 |
| 4993 | DUCKWORTH, Lizzie | 26 | 3 | 1905-03-30 | | A5 G32 |
| 4994 | " " | 26 | 6 | 1905-03-30 | | A5 G32 |
| 5038 | DUCKWORTH, Robert C | 3 | NESE | 1854-10-02 | | A8 |
| 5039 | " " | 3 | NWSE | 1859-05-02 | | A1 |
| 5037 | " " | 10 | NWNE | 1896-05-08 | | A1 |
| 5040 | " " | 3 | SESW | 1896-05-08 | | A1 |
| 5065 | DUCKWORTH, Tennessee | 23 | NESW | 1898-12-01 | | A5 |
| 5066 | " " | 23 | NWSE | 1898-12-01 | | A5 |
| 5096 | DUCKWORTH, William | 33 | 14 | 1841-01-05 | Covington | A1 F |
| 5097 | " " | 33 | 9 | 1841-01-05 | Covington | A1 F |
| 5130 | DUCKWORTH, Williams | 28 | SESW | 1841-01-05 | | A1 G33 |
| 4997 | EAST, Margaret | 26 | NWSW | 1860-05-10 | | A4 |
| 4998 | " " | 26 | W½NW | 1860-05-10 | | A4 |
| 4930 | EASTERLING, James | 22 | SWNW | 1841-01-05 | | A1 |
| 4929 | " " | 22 | NWNW | 1854-05-09 | | A1 |
| 4928 | " " | 21 | 1 | 1899-08-03 | | A1 F |
| 5001 | EATON, Harvey O | 10 | SENW | 1883-05-25 | | A5 G37 |
| 4940 | EATON, James S | 4 | 9 | 1882-08-03 | | A1 G36 |
| 4938 | " " | 3 | SWNW | 1889-04-23 | | A1 |
| 4939 | " " | 3 | SWSE | 1889-04-23 | | A1 |
| 5001 | EATON, Martha | 10 | SENW | 1883-05-25 | | A5 G37 |
| 4940 | EATON, William J | 4 | 9 | 1882-08-03 | | A1 G36 |
| 4863 | EDWARDS, David V | 13 | SWSE | 1906-06-30 | | A1 |
| 4864 | " " | 24 | W½NE | 1906-06-30 | | A1 |
| 4848 | GAMBRELL, Champ B | 27 | NWSE | 1906-05-23 | | A5 |
| 4849 | " " | 27 | SWNE | 1906-05-23 | | A5 |
| 4870 | GAMBRELL, Emmette W | 27 | SWSE | 1902-03-07 | | A5 |
| 4871 | " " | 34 | 1 | 1902-03-07 | Jones | A5 |
| 4872 | " " | 34 | E½1 | 1902-03-07 | Jones | A5 |
| 4976 | GAMBRELL, John S | 34 | E½2 | 1911-06-26 | Jones | A1 R5005 |
| 4988 | GAMBRELL, Lawrence G | 22 | S½SE | 1859-05-02 | | A1 |
| 4989 | " " | 22 | S½SW | 1859-05-02 | | A1 |
| 4990 | GAMBRELL, Lawrence W | 27 | NENW | 1878-06-24 | | A5 |
| 4991 | " " | 27 | NWNE | 1878-06-24 | | A5 |
| 4992 | " " | 27 | S½NW | 1878-06-24 | | A5 |
| 5005 | GAMBRELL, Mary M | 34 | E½2 | 1899-04-01 | Jones | A5 R4976 |
| 5006 | " " | 34 | W½1 | 1899-04-01 | Jones | A5 |
| 5045 | GAMBRELL, Robert L | 27 | E½NE | 1896-12-14 | | A5 |

| ID | Individual in Patent | Sec. | Sec. Part | Date Issued | Other Counties | For More Info . . . |
|---|---|---|---|---|---|---|
| 5046 | GAMBRELL, Robert L (Cont'd) | 27 | E½SE | 1896-12-14 | | A5 |
| 5117 | GAMBRELL, William L | 27 | SW | 1893-08-14 | | A5 |
| 5126 | GAMBRELL, William S | 22 | NWSW | 1884-12-30 | | A1 |
| 4862 | GARRISON, David B | 3 | SESE | 1841-01-05 | | A1 |
| 4949 | GIBSON, John A | 24 | E½NE | 1899-06-28 | | A5 |
| 4960 | GLENN, John | 15 | SESW | 1905-05-12 | | A1 |
| 4811 | GRAY, Alex L | 18 | N½SE | 1898-02-24 | | A5 |
| 4812 | " " | 18 | NESW | 1898-02-24 | | A5 |
| 4813 | " " | 18 | SENE | 1898-02-24 | | A5 |
| 4961 | GREGG, John | 31 | 4 | 1901-02-27 | Covington | A1 R4946 |
| 5012 | GREGG, Nehemiah K | 30 | SWSE | 1892-03-17 | | A5 |
| 5013 | " " | 31 | 2 | 1892-03-17 | Covington | A5 |
| 5014 | " " | 31 | 3 | 1892-03-17 | Covington | A5 R4855 |
| 5063 | GREGG, Susan | 31 | W½2 | 1901-04-09 | Covington | A1 |
| 5024 | GRISSOM, Reubin W | 25 | 10 | 1898-01-19 | Jones | A5 |
| 5025 | " " | 25 | 15 | 1898-01-19 | Jones | A5 |
| 5026 | " " | 25 | 16 | 1898-01-19 | Jones | A5 |
| 5100 | GRISSOM, William | 25 | E½SW | 1861-05-01 | Jones | A1 V5098 |
| 5099 | " " | 25 | 13 | 1889-10-15 | Jones | A5 |
| 5101 | " " | 26 | 10 | 1889-10-15 | | A5 |
| 5102 | " " | 26 | 15 | 1889-10-15 | | A5 |
| 5103 | " " | 26 | 16 | 1889-10-15 | | A5 |
| 5098 | GRISSOM, William G | 25 | | 1902-02-07 | Jones | A1 |
| 4856 | HALL, Daniel D | 13 | SW | 1897-06-07 | | A5 |
| 4962 | HANCOCK, John | 2 | SESE | 1841-01-05 | | A1 |
| 5088 | HANCOCK, Wiley J | 29 | E½SW | 1898-02-24 | | A5 |
| 5089 | " " | 29 | NWSW | 1898-02-24 | | A5 |
| 5002 | HANKINS, Mary A | 1 | S½SE | 1890-03-28 | | A5 |
| 5003 | " " | 1 | SESW | 1890-03-28 | | A5 |
| 5004 | " " | 12 | NWNE | 1890-03-28 | | A5 |
| 5047 | HANKINS, Robert L | 12 | E½NW | 1895-06-28 | | A5 |
| 5048 | " " | 12 | SWNE | 1895-06-28 | | A5 |
| 5049 | " " | 12 | SWNW | 1895-06-28 | | A5 |
| 4832 | HARRISON, Berry | 17 | NWNW | 1888-04-05 | | A5 |
| 4833 | " " | 7 | E½SE | 1888-04-05 | | A5 |
| 4834 | " " | 8 | 12 | 1888-04-05 | | A5 |
| 4855 | HAYNES, Columbus | 31 | 3 | 1900-10-04 | Covington | A5 R5014 |
| 4903 | HESTER, Henry | 18 | E½NW | 1895-11-11 | | A5 |
| 4904 | " " | 18 | W½NE | 1895-11-11 | | A5 |
| 4963 | HESTER, John | 29 | NWNW | 1891-05-20 | | A5 |
| 4964 | " " | 30 | NENE | 1891-05-20 | | A5 |
| 4965 | " " | 30 | NENW | 1896-12-14 | | A5 |
| 4966 | " " | 30 | NWNE | 1896-12-14 | | A5 |
| 4955 | HESTER, John F | 30 | W½NW | 1900-11-28 | | A1 |
| 5128 | HESTER, William T | 19 | NW | 1901-03-23 | | A1 |
| 4918 | JACKSON, Irvine | 22 | NESE | 1901-06-08 | | A5 |
| 5072 | JAMES, Thomas M | 12 | N½SW | 1899-06-13 | | A5 |
| 5073 | " " | 12 | SESW | 1899-06-13 | | A5 |
| 5074 | " " | 13 | NENW | 1899-06-13 | | A5 |
| 4881 | JARNIGAN, Frances M | 5 | SWSW | 1896-12-18 | | A5 |
| 4882 | " " | 8 | 2 | 1896-12-18 | | A5 |
| 4883 | " " | 8 | 3 | 1896-12-18 | | A5 |
| 4884 | " " | 8 | 4 | 1896-12-18 | | A5 |
| 4852 | JOHNSON, Charles H | 5 | NWNW | 1896-08-26 | | A5 |
| 4853 | " " | 6 | NENE | 1896-08-26 | | A5 |
| 4874 | JOHNSON, Etha Dora | 8 | 5 | 1956-10-01 | | A7 |
| 4875 | " " | 8 | 6 | 1956-10-01 | | A7 |
| 4968 | JOHNSON, John | 9 | 12 | 1893-04-12 | | A5 |
| 4969 | " " | 9 | 13 | 1893-04-12 | | A5 |
| 4967 | " " | 5 | 3 | 1906-06-26 | | A5 |
| 4825 | JONES, Benjamin F | 15 | E½NW | 1902-04-08 | | A5 |
| 4826 | " " | 15 | NESW | 1902-04-08 | | A5 |
| 4827 | " " | 15 | SWNE | 1902-04-08 | | A5 |
| 4840 | JONES, Britain | 15 | NWNW | 1841-01-05 | | A1 |
| 4841 | " " | 23 | NWSW | 1859-11-10 | | A1 |
| 4842 | " " | 23 | SWNW | 1859-11-10 | | A1 |
| 4843 | JONES, Britton | 23 | NWNW | 1860-07-02 | | A1 |
| 4844 | " " | 23 | SWSW | 1860-07-02 | | A1 |
| 4970 | JONES, John M | 19 | E½SE | 1901-08-08 | | A1 |
| 4995 | JONES, Malisa | 12 | SWSW | 1899-09-30 | | A5 |
| 4996 | " " | 13 | NWNW | 1899-09-30 | | A5 |
| 5116 | JONES, William | 15 | SWNW | 1841-01-05 | | A1 |
| 4828 | KENNEDY, Benjamin F | 24 | E½SW | 1874-11-05 | | A1 |

| ID | Individual in Patent | Sec. | Sec. Part | Date Issued | Other Counties | For More Info . . . |
|---|---|---|---|---|---|---|
| 4829 | KENNEDY, Benjamin F (Cont'd) | 24 | SWSW | 1874-11-05 | | A1 |
| 4830 | " " | 25 | 3 | 1874-11-05 | Jones | A1 |
| 4943 | KENNEDY, James W | 15 | W½SW | 1861-05-01 | | A1 |
| 4854 | KEYES, Charley | 15 | NWSE | 1906-09-25 | | A1 |
| 4895 | KEYES, Hall | 11 | NWSW | 1892-04-29 | | A5 |
| 4894 | " " | 11 | NWNW | 1894-02-17 | | A5 |
| 4896 | " " | 11 | S½NW | 1894-02-17 | | A5 |
| 4944 | KEYES, Jane | 2 | E½NW | 1901-08-12 | | A5 G108 |
| 5052 | KEYS, Sarah M | 10 | SWNW | 1861-05-01 | | A1 |
| 5053 | " " | 9 | SENE | 1861-05-01 | | A1 |
| 5083 | KEYS, Vinson | 1 | SWSW | 1894-12-17 | | A5 |
| 5131 | KNIGHT, Wyatt D | 24 | SE | 1896-08-26 | | A5 |
| 4934 | MARTIN, James M | 11 | NE | 1895-05-11 | | A5 |
| 4974 | MARTIN, John P | 12 | E½NE | 1859-05-02 | | A1 |
| 4983 | MARTIN, Joseph | 1 | NENE | 1859-05-02 | | A1 |
| 5016 | MARTIN, Oquin C | 1 | NWSE | 1886-10-22 | | A1 |
| 5015 | " " | 1 | NESE | 1889-01-05 | | A5 |
| 5017 | " " | 1 | SENE | 1889-01-05 | | A5 |
| 4814 | MATHIS, Alison W | 14 | NWSE | 1893-08-14 | | A5 |
| 4815 | " " | 14 | SENW | 1893-08-14 | | A5 |
| 4816 | " " | 14 | W½NE | 1893-08-14 | | A5 |
| 5107 | MATHONE, William H | 18 | SWSE | 1901-11-08 | | A5 |
| 5108 | " " | 19 | NENE | 1901-11-08 | | A5 |
| 5109 | " " | 19 | W½NE | 1901-11-08 | | A5 |
| 4971 | MAYFIELD, John | 4 | 2 | 1847-04-01 | | A1 F |
| 4972 | " " | 4 | SWNE | 1859-06-01 | | A1 |
| 4978 | MAYFIELD, John W | 32 | 5 | 1859-05-02 | Covington | A1 |
| 4979 | " " | 32 | 6 | 1859-05-02 | Covington | A1 |
| 4977 | " " | 32 | 4 | 1860-07-02 | Covington | A1 |
| 4980 | " " | 32 | E½2 | 1860-07-02 | Covington | A1 |
| 5021 | MAYFIELD, Rebecca | 29 | E½NE | 1861-05-01 | | A1 |
| 5022 | " " | 29 | NENW | 1861-05-01 | | A1 |
| 5023 | " " | 29 | NWNE | 1861-05-01 | | A1 |
| 5076 | MAYFIELD, Thomas | 5 | 11 | 1901-03-23 | | A5 |
| 5077 | " " | 5 | 14 | 1901-03-23 | | A5 |
| 5078 | " " | 5 | 6 | 1901-03-23 | | A5 |
| 4973 | MCALPIN, John | 3 | W½NE | 1841-01-05 | | A1 |
| 4941 | MCINTOSH, James V | 30 | E½SW | 1900-11-28 | | A1 |
| 4942 | " " | 30 | SENW | 1900-11-28 | | A1 |
| 4919 | MCKENZIE, Isaac | 11 | SWSW | 1897-06-07 | | A5 |
| 5132 | MCKENZIE, Wyatt | 10 | W½SE | 1901-08-12 | | A5 |
| 4865 | MCKINLEY, Elbert | 19 | E½SW | 1895-06-27 | | A5 |
| 4866 | " " | 19 | W½SE | 1895-06-27 | | A5 |
| 5027 | MCKINLEY, Richard A | 29 | SWNW | 1901-08-08 | | A1 |
| 5122 | MCKINLEY, William | 29 | SWSW | 1895-05-11 | | A5 |
| 5123 | " " | 30 | SESE | 1895-05-11 | | A5 |
| 5124 | " " | 32 | 2 | 1895-05-11 | Covington | A5 |
| 4935 | MOFFETT, James | 14 | N½NW | 1896-10-10 | | A5 |
| 4936 | " " | 15 | N½NE | 1896-10-10 | | A5 |
| 4945 | MOFFETT, Jerry | 11 | E½SW | 1894-09-28 | | A5 |
| 4999 | MOFFETT, Marsellus | 23 | SENW | 1901-04-09 | | A1 |
| 5000 | " " | 23 | SWNE | 1901-04-09 | | A1 |
| 5050 | MOFFETT, Marsett | 10 | SESW | 1905-03-30 | | A5 G73 |
| 5050 | MOFFETT, Sallie | 10 | SESW | 1905-03-30 | | A5 G73 |
| 5056 | MOFFETT, Sidney | 11 | N½SE | 1892-03-17 | | A5 |
| 5057 | " " | 11 | SESE | 1892-03-17 | | A5 |
| 5058 | " " | 14 | NENE | 1892-03-17 | | A5 |
| 4879 | MOSS, Feraby J | 30 | N½SE | 1898-02-24 | | A5 |
| 4880 | " " | 30 | S½NE | 1898-02-24 | | A5 |
| 4937 | NOBLES, James R | 18 | S½SW | 1901-03-23 | | A1 |
| 4920 | NORRIS, Isiah | 20 | SESW | 1884-12-30 | | A5 |
| 4921 | " " | 20 | SWSE | 1884-12-30 | | A5 |
| 4922 | " " | 20 | W½SW | 1884-12-30 | | A5 |
| 5054 | NORRIS, Seburn | 20 | N½NW | 1895-11-11 | | A5 |
| 5055 | " " | 20 | W½NE | 1895-11-11 | | A5 |
| 4890 | PARKER, George W | 22 | NENW | 1895-02-21 | | A5 |
| 4891 | " " | 22 | NWSE | 1895-02-21 | | A5 |
| 4892 | " " | 22 | W½NE | 1895-02-21 | | A5 |
| 4931 | PARKER, James H | 13 | N½NE | 1906-06-26 | | A5 |
| 4932 | " " | 13 | SENW | 1906-06-26 | | A5 |
| 4933 | " " | 13 | SWNE | 1906-06-26 | | A5 |
| 5060 | PARKER, Stonewall J | 31 | 1 | 1901-02-27 | Covington | A1 R4851 |
| 5061 | " " | 31 | E½2 | 1901-02-27 | Covington | A1 |

| ID | Individual in Patent | Sec. | Sec. Part | Date Issued | Other Counties | For More Info . . . |
|---|---|---|---|---|---|---|
| 5062 | PARKER, Stonewall J (Cont'd) | 32 | W½ | 1901-02-27 | Covington | A1 |
| 5110 | PARKER, William H | 15 | S½SE | 1898-08-27 | | A5 |
| 5111 | " " | 22 | E½NE | 1898-08-27 | | A5 |
| 5094 | PEARSON, William D | 3 | N½NW | 1895-10-09 | | A5 |
| 4817 | PEOPLES, Andrew D | 25 | 1 | 1896-09-29 | Jones | A5 |
| 4818 | " " | 25 | 8 | 1896-09-29 | Jones | A5 |
| 4819 | " " | 25 | 9 | 1896-09-29 | Jones | A5 |
| 4860 | PRINCE, Darling D | 7 | SWSW | 1906-06-26 | | A5 |
| 5112 | RAYNER, William H | 13 | SWNW | 1904-10-28 | | A1 |
| 5113 | " " | 14 | E½SE | 1904-10-28 | | A1 |
| 5114 | " " | 14 | SENE | 1904-10-28 | | A1 |
| 4914 | REYNOLDS, Hugh W | 10 | E½SE | 1899-09-30 | | A5 |
| 4915 | " " | 10 | S½NE | 1899-09-30 | | A5 |
| 4831 | ROBINSON, Benjamin J | 5 | SWNW | 1895-06-19 | | A5 |
| 4858 | ROBINSON, Daniel N | 7 | SESW | 1901-08-12 | | A5 |
| 4859 | " " | 7 | SWSE | 1901-08-12 | | A5 |
| 4869 | ROBINSON, Elvira E | 6 | W½SW | 1900-11-28 | | A1 |
| 4913 | ROBINSON, Hiram | 7 | NWSW | 1906-06-16 | | A5 |
| 5018 | ROBINSON, Peter C | 18 | NENE | 1898-02-24 | | A5 |
| 5064 | ROBINSON, Susan | 7 | SWNW | 1901-06-29 | | A1 |
| 5070 | ROBINSON, Thomas H | 6 | SESW | 1897-11-01 | | A5 |
| 5071 | " " | 7 | E½NW | 1897-11-01 | | A5 |
| 5121 | ROBINSON, William M | 7 | S½NE | 1878-06-24 | | A5 |
| 5118 | " " | 7 | NENE | 1882-05-20 | | A1 |
| 5119 | " " | 7 | NESW | 1893-07-31 | | A5 |
| 5120 | " " | 7 | NWSE | 1893-07-31 | | A5 |
| 4948 | SAMFORD, Jessee | 18 | W½NW | 1895-12-26 | | A5 |
| 4975 | SHELBY, John P | 2 | NWSW | 1854-03-15 | | A1 |
| 5059 | SHERMAN, Solomon | 2 | W½NE | 1894-11-22 | | A5 |
| 5032 | SIMPSON, Richmond | 4 | 8 | 1841-01-05 | | A1 F |
| 5033 | " " | 9 | 3 | 1848-09-01 | | A1 F |
| 5031 | SMITH, Richard L | 26 | 11 | 1904-12-31 | | A5 |
| 5127 | SMITH, William | 20 | E½SE | 1841-01-05 | | A1 |
| 4857 | STRICKLAND, Daniel M | 12 | SE | 1892-07-11 | | A5 |
| 5028 | STRINGER, Richard B | 1 | NWSW | 1892-04-29 | | A5 |
| 5029 | " " | 1 | SWNW | 1892-04-29 | | A5 |
| 5030 | " " | 2 | NESE | 1892-04-29 | | A5 |
| 5075 | STRINGER, Thomas M | 6 | N½NW | 1895-06-27 | | A5 |
| 5090 | STRINGER, Willey W | 10 | SWSW | 1889-11-29 | | A1 |
| 5115 | STRINGER, William J | 2 | NWSE | 1887-05-27 | | A1 |
| 5133 | STRINGER, Wylie W | 11 | NENW | 1885-06-12 | | A1 |
| 4851 | STUBBS, Charles E | 31 | 1 | 1900-11-28 | Covington | A1 R5060 |
| 5093 | SUGGS, William C | 13 | SESE | 1889-04-23 | | A1 |
| 4820 | TEMPLES, Andrew J | 30 | W½SW | 1901-03-23 | | A1 |
| 4956 | THOMPSON, John F | 8 | 13 | 1857-04-02 | | A2 |
| 5135 | THOMPSON, Zachariah | 8 | 8 | 1848-09-01 | | A1 F |
| 5136 | " " | 9 | 11 | 1854-03-15 | | A1 |
| 5137 | " " | 9 | 5 | 1854-03-15 | | A1 |
| 5129 | WARD, William | 3 | NESW | 1848-09-01 | | A1 |
| 4893 | WEBB, Gideon | 6 | W½NE | 1860-05-10 | | A4 |
| 4822 | WELBORN, Ann | 25 | 2 | 1905-02-13 | Jones | A5 |
| 5134 | WILBORN, Younger | 2 | SWSE | 1841-01-05 | | A1 |
| 4944 | WILEY, Jane | 2 | E½NW | 1901-08-12 | | A5 G108 |
| 4981 | WILLIAMS, John W | 18 | NWSW | 1901-02-27 | | A5 |
| 5034 | WILLIAMS, Robert B | 19 | SENE | 1895-06-28 | | A5 |
| 5035 | " " | 20 | NESW | 1895-06-28 | | A5 |
| 5036 | " " | 20 | S½NW | 1895-06-28 | | A5 |
| 5069 | WILLIAMS, Thomas D | 34 | W½ | 1897-04-14 | Jones | A1 |
| 5091 | WILLIAMS, William A | 2 | W½NW | 1861-05-01 | | A1 |
| 5092 | " " | 3 | E½NE | 1861-05-01 | | A1 |
| 4861 | WILLIAMSON, Darling | 5 | 7 | 1851-10-01 | | A1 |
| 5007 | WILLIS, Mary | 34 | 5 | 1901-03-23 | Jones | A1 |
| 5008 | " " | 34 | 6 | 1901-03-23 | Jones | A1 |
| 5009 | WINDHAM, Murdock | 14 | NESW | 1892-05-16 | | A5 |
| 5010 | " " | 14 | S½SW | 1892-05-16 | | A5 |
| 5011 | " " | 23 | NENW | 1892-05-16 | | A5 |
| 4823 | YELVERTON, Auffie | 5 | 12 | 1901-10-09 | | A1 |
| 4923 | YELVINTON, James B | 6 | NESW | 1892-01-20 | | A5 |
| 4924 | " " | 6 | SENW | 1892-01-20 | | A5 |

# Patent Map

T10-N R14-W
St Stephens Meridian

Map Group 19

## Township Statistics

| | | |
|---|---|---|
| Parcels Mapped | : | 327 |
| Number of Patents | : | 191 |
| Number of Individuals | : | 173 |
| Patentees Identified | : | 169 |
| Number of Surnames | : | 88 |
| Multi-Patentee Parcels | : | 7 |
| Oldest Patent Date | : | 1/5/1841 |
| Most Recent Patent | : | 8/2/1965 |
| Block/Lot Parcels | : | 92 |
| Parcels Re - Issued | : | 5 |
| Parcels that Overlap | : | 2 |
| Cities and Towns | : | 3 |
| Cemeteries | : | 2 |

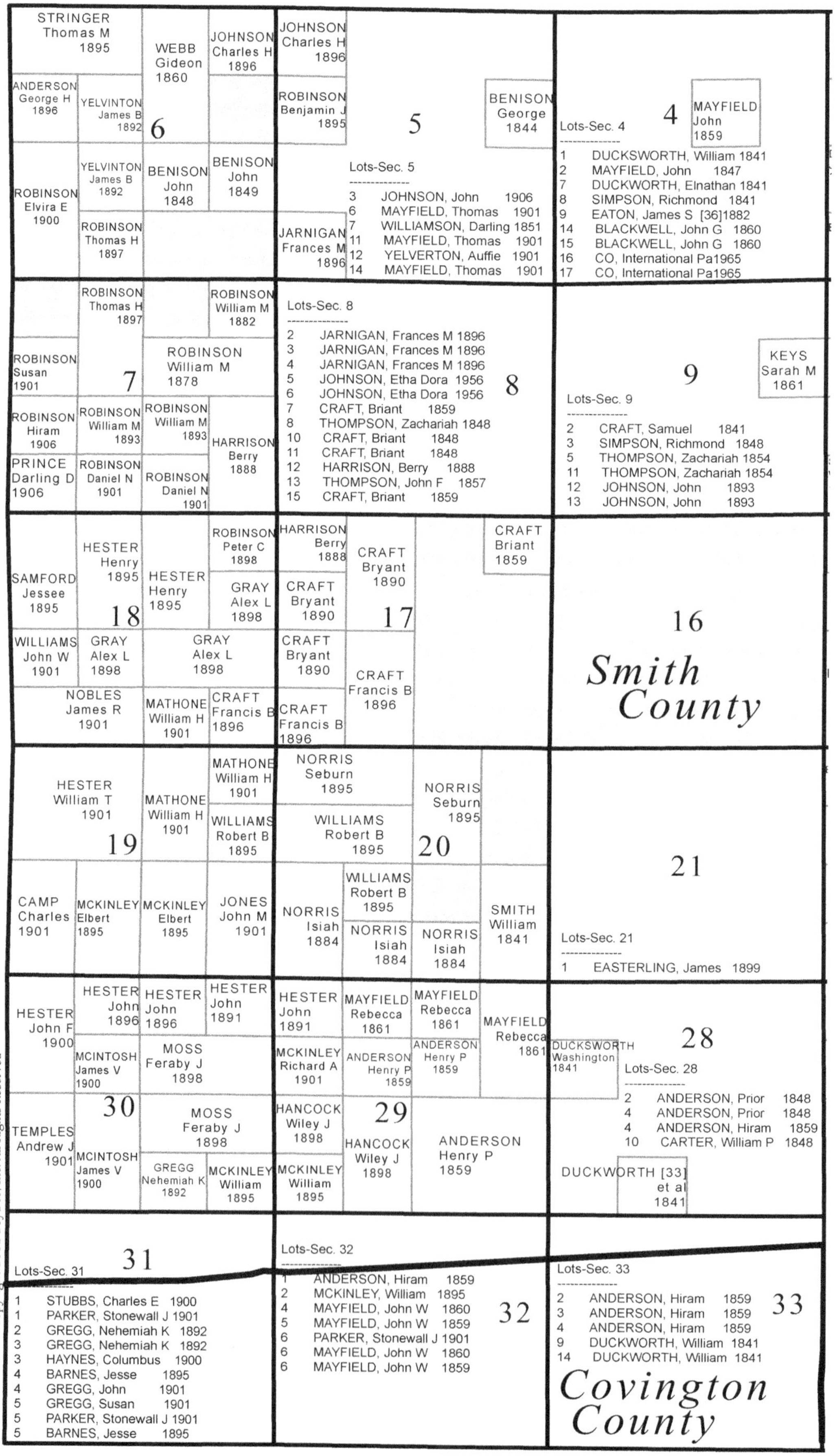

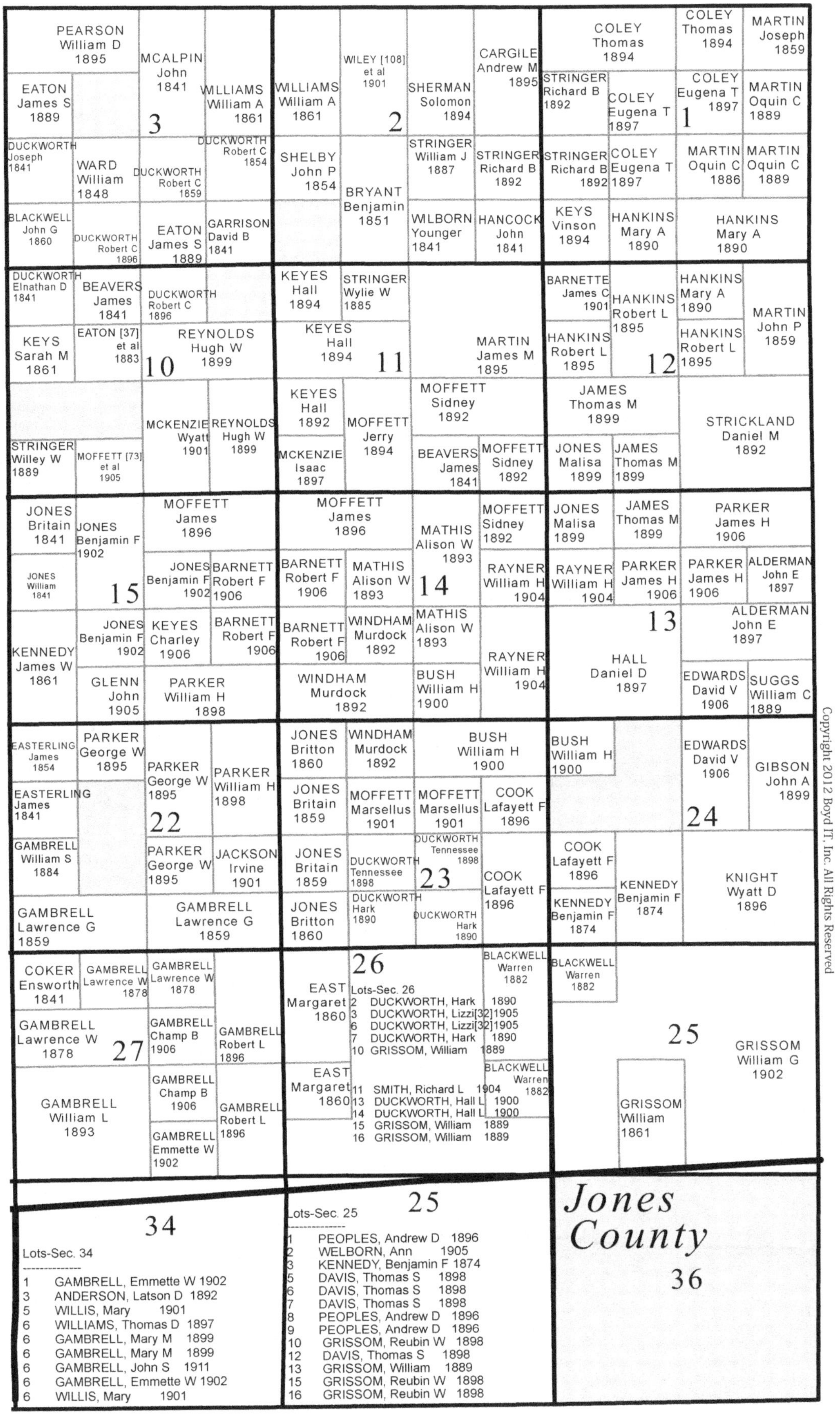




## Helpful Hints

1. This Map's INDEX can be found on the preceding pages.
2. Refer to Map "C" to see where this Township lies within Smith County, Mississippi.
3. Numbers within square brackets [ ] denote a multi-patentee land parcel (multi-owner). Refer to Appendix "C" for a full list of members in this group.
4. Areas that look to be crowded with Patentees usually indicate multiple sales of the same parcel (Re-issues) or Overlapping parcels. See this Township's Index for an explanation of these and other circumstances that might explain "odd" groupings of Patentees on this map.

## Legend

- Patent Boundary
- Section Boundary
- No Patents Found (or Outside County)
- 1., 2., 3., ... Lot Numbers (when beside a name)
- [ ] Group Number (see Appendix "C")

**Scale**: Section = 1 mile X 1 mile (generally, with some exceptions)

# Road Map

T10-N R14-W
St Stephens Meridian

Map Group 19

Cities & Towns
- Gambrell
- Summerland
- Taylorsville

Cemeteries
- Clear Creek Cemetery
- Summerland Cemetery

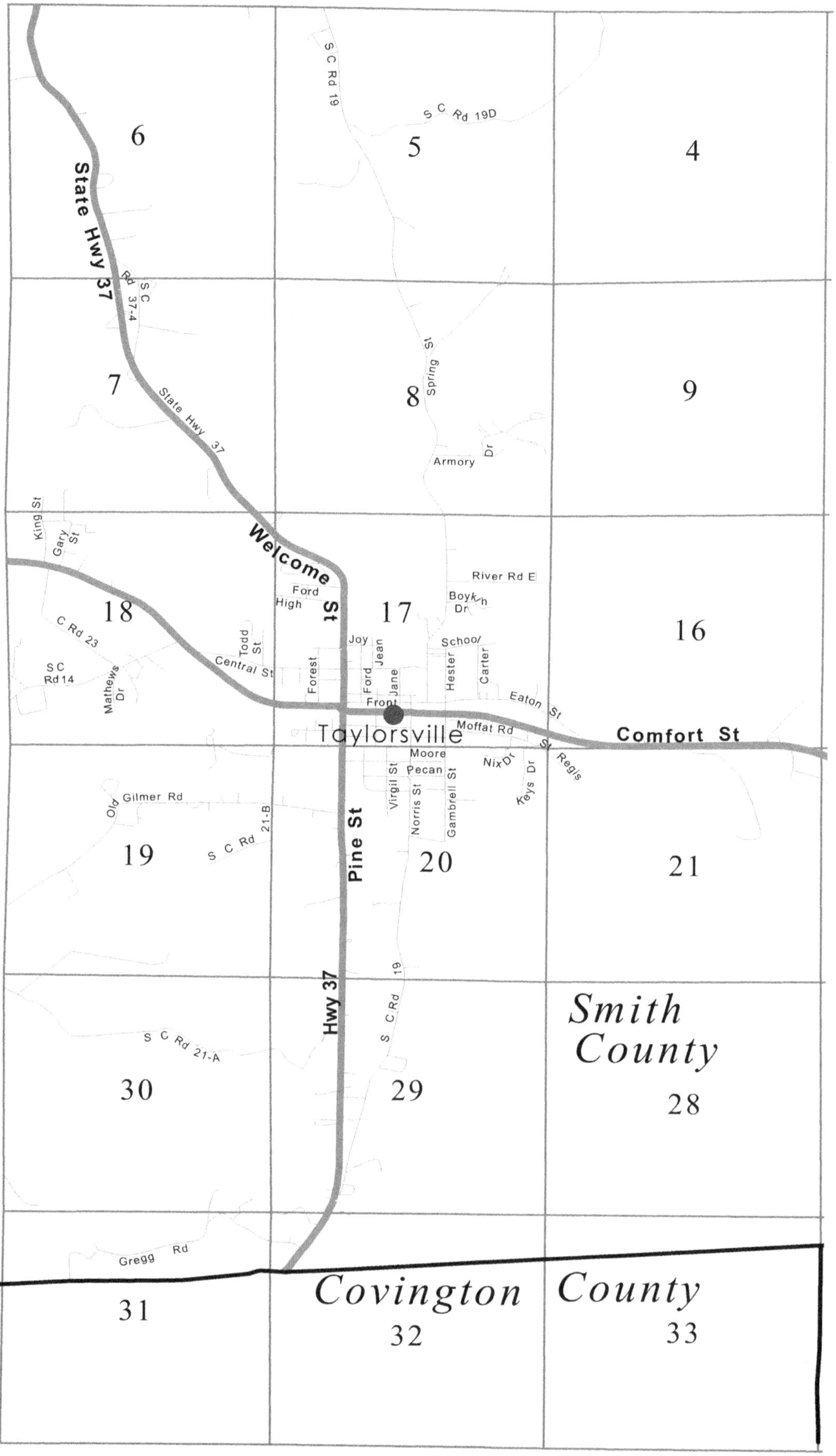

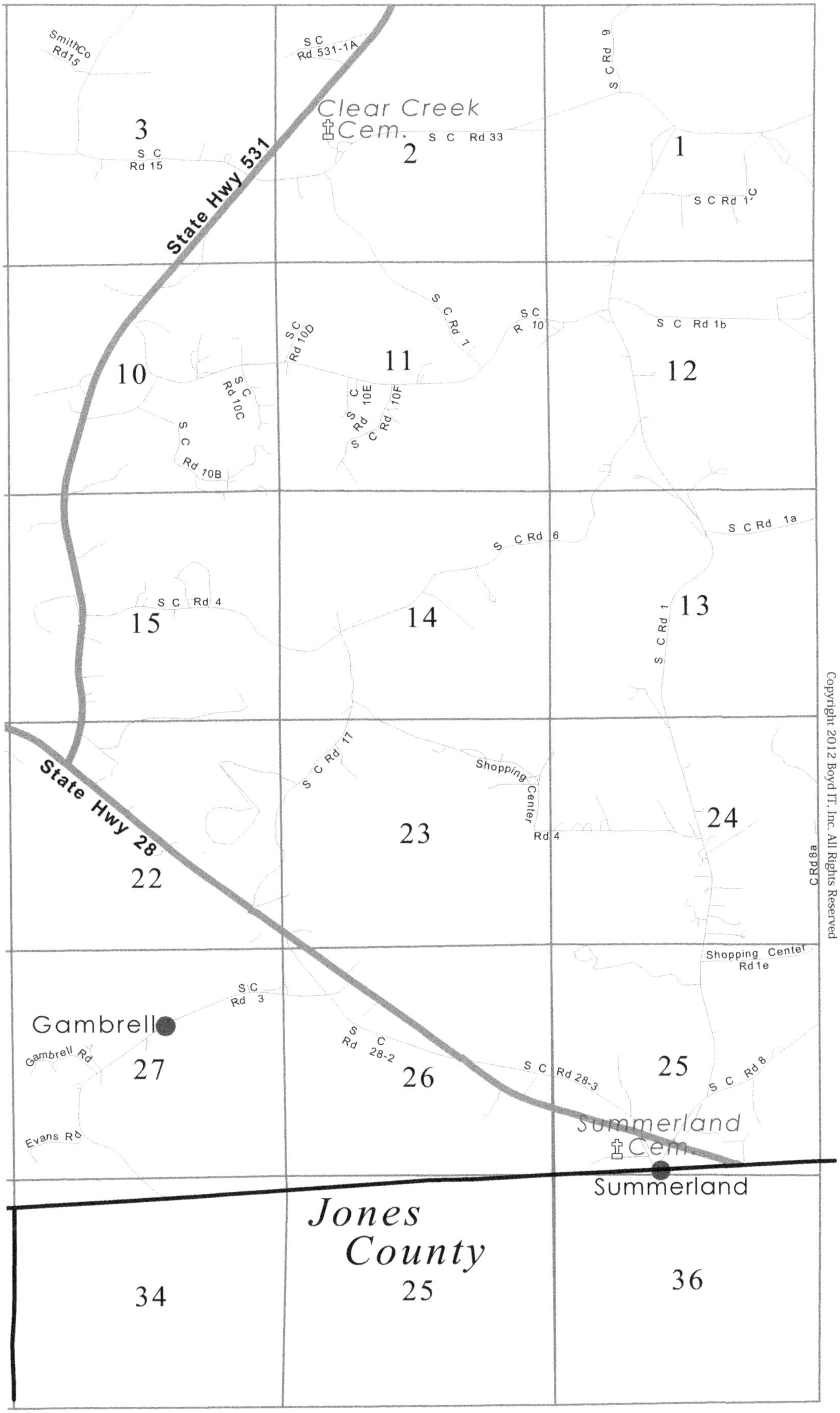




## Helpful Hints

1. This road map has a number of uses, but primarily it is to help you: a) find the present location of land owned by your ancestors (at least the general area), b) find cemeteries and city-centers, and c) estimate the route/roads used by Census-takers & tax-assessors.
2. If you plan to travel to Smith County to locate cemeteries or land parcels, please pick up a modern travel map for the area before you do. Mapping old land parcels on modern maps is not as exact a science as you might think. Just the slightest variations in public land survey coordinates, estimates of parcel boundaries, or road-map deviations can greatly alter a map's representation of how a road either does or doesn't cross a particular parcel of land.

### Legend

- Section Lines
- Interstates
- Highways
- Other Roads
- Cities/Towns
- Cemeteries

**Scale**: Section = 1 mile X 1 mile
(generally, with some exceptions)

## Historical Map

T10-N R14-W
St Stephens Meridian

Map Group 19

### Cities & Towns

Gambrell
Summerland
Taylorsville

### Cemeteries

Summerland Cemetery
Clear Creek Cemetery

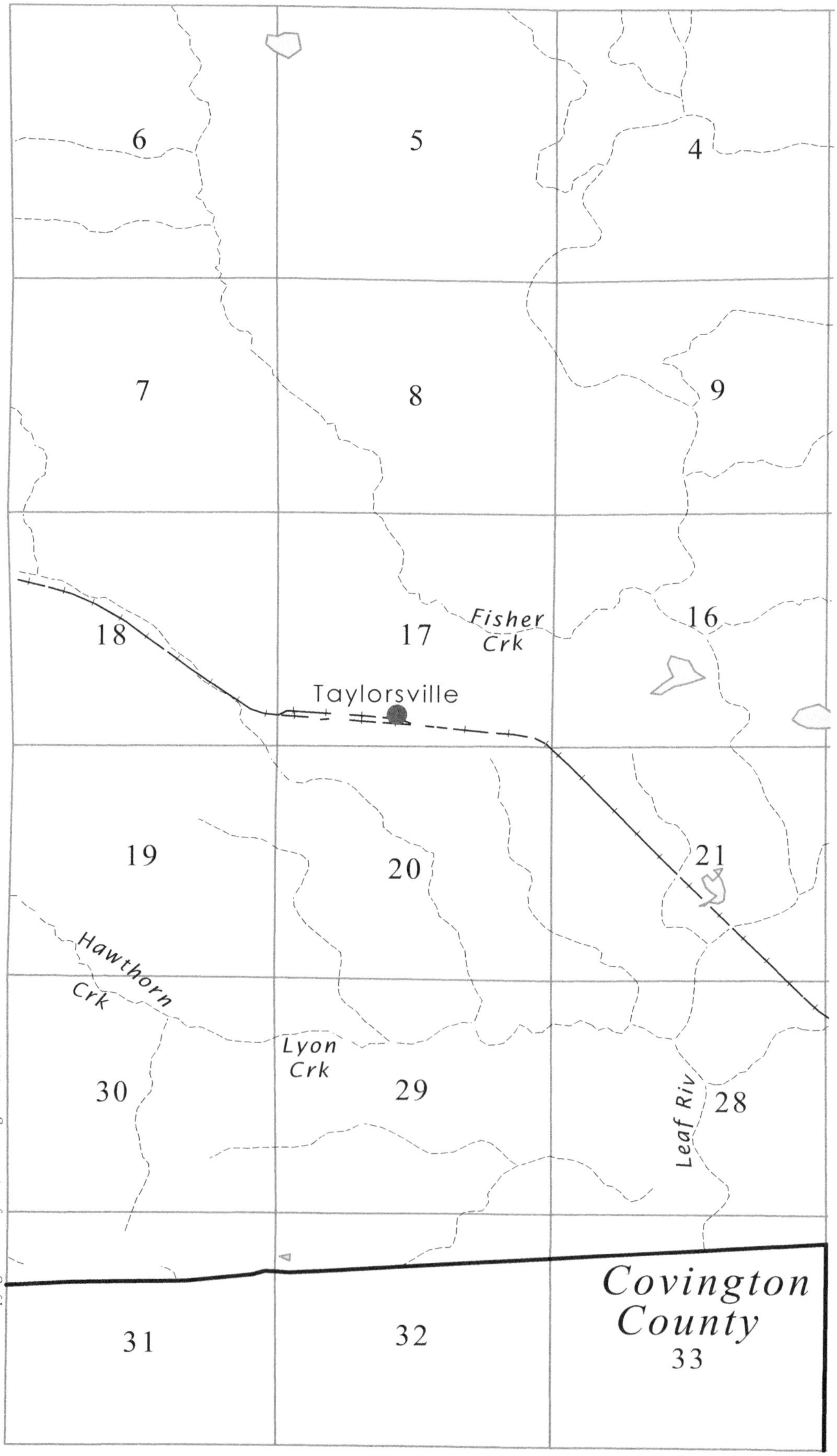

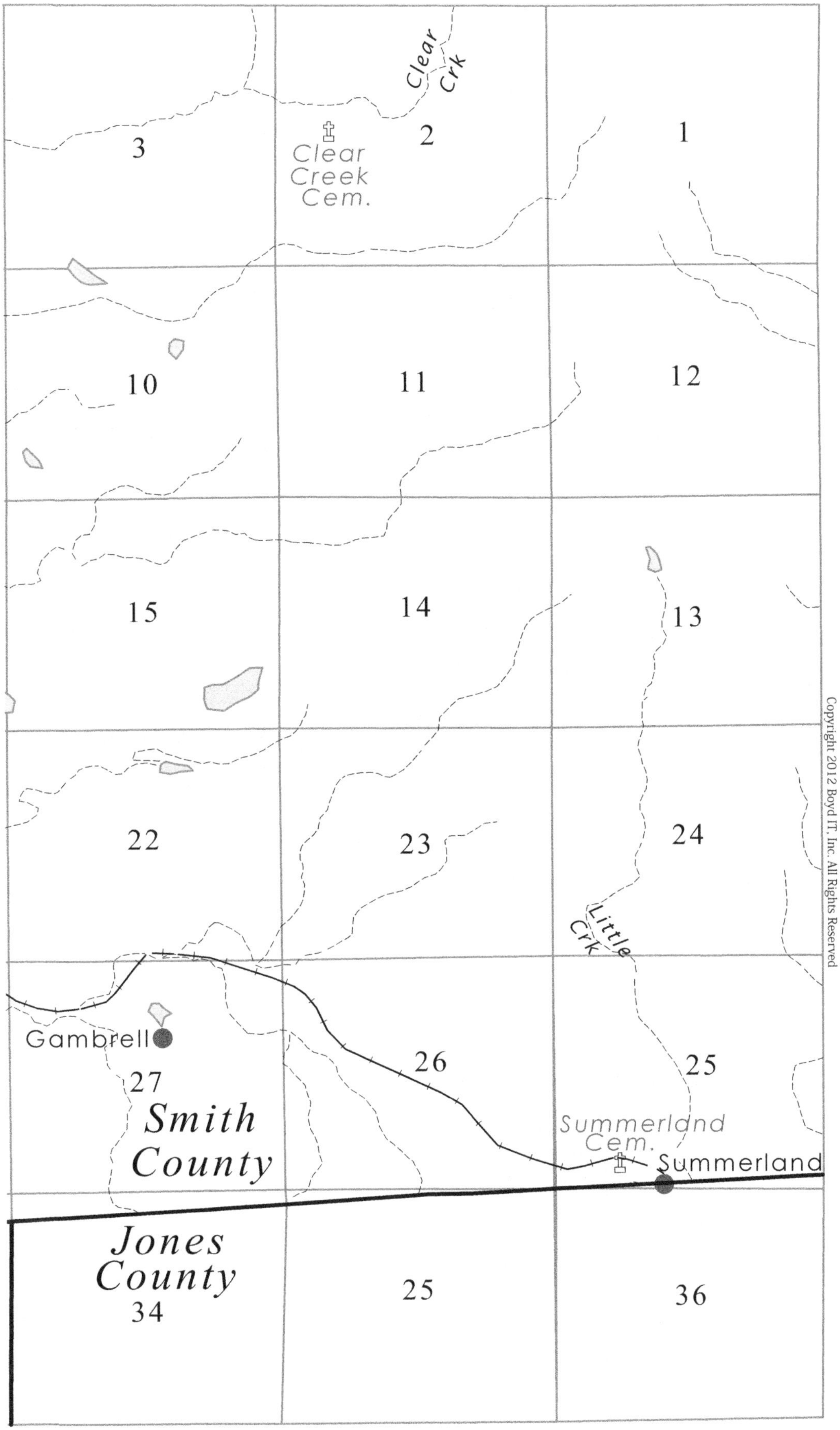




## Helpful Hints

1. This Map takes a different look at the same Congressional Township displayed in the preceding two maps. It presents features that can help you better envision the historical development of the area: a) Water-bodies (lakes & ponds), b) Water-courses (rivers, streams, etc.), c) Railroads, d) City/town center-points (where they were oftentimes located when first settled), and e) Cemeteries.

2. Using this "Historical" map in tandem with this Township's Patent Map and Road Map, may lead you to some interesting discoveries. You will often find roads, towns, cemeteries, and waterways are named after nearby landowners: sometimes those names will be the ones you are researching. See how many of these research gems you can find here in Smith County.

## Legend

- Section Lines
- Railroads
- Large Rivers & Bodies of Water
- Streams/Creeks & Small Rivers
- Cities/Towns
- Cemeteries

**Scale**: Section = 1 mile X 1 mile
(there are some exceptions)

# Map Group 20: Index to Land Patents

## Township 10-North Range 13-West (St Stephens)

After you locate an individual in this Index, take note of the Section and Section Part then proceed to the Land Patent map on the pages immediately following. You should have no difficulty locating the corresponding parcel of land.

The "For More Info" Column will lead you to more information about the underlying Patents. See the *Legend* at right, and the "How to Use this Book" chapter, for more information.

**LEGEND**

"For More Info . . . " column

**A** = Authority (Legislative Act, See Appendix "A")
**B** = Block or Lot (location in Section unknown)
**C** = Cancelled Patent
**F** = Fractional Section
**G** = Group (Multi-Patentee Patent, see Appendix "C")
**V** = Overlaps another Parcel
**R** = Re-Issued (Parcel patented more than once)

*(A & G items require you to look in the Appendixes referred to above. All other Letter-designations followed by a number require you to locate line-items in this index that possess the ID number found after the letter).*

| ID | Individual in Patent | Sec. | Sec. Part | Date Issued | Other Counties | For More Info . . . |
|---|---|---|---|---|---|---|
| 5182 | ALDERMAN, John E | 18 | SWNW | 1897-05-07 | | A5 |
| 5218 | BARNES, Richard | 30 | 10 | 1895-05-11 | Jones | A5 |
| 5219 | " " | 30 | 11 | 1895-05-11 | Jones | A5 |
| 5220 | " " | 30 | 13 | 1895-05-11 | Jones | A5 |
| 5154 | BRASWELL, Henry | 29 | 1 | 1897-04-10 | Jones | A5 |
| 5152 | COLEY, Francis M | 18 | E½SW | 1900-02-02 | | A5 |
| 5153 | " " | 18 | W½SE | 1900-02-02 | | A5 |
| 5149 | CRAVEN, Emeline H | 5 | NESE | 1902-07-22 | | A1 G19 |
| 5150 | DAVIS, Enoch | 19 | W½NE | 1874-11-05 | | A1 |
| 5151 | " " | 19 | W½SE | 1874-11-05 | | A1 |
| 5231 | DEARMAN, William | 29 | N½NE | 1906-05-01 | Jones | A5 |
| 5236 | DUCKWORTH, William M | 6 | SENW | 1859-05-02 | | A1 |
| 5237 | " " | 6 | W½NE | 1859-05-02 | | A1 |
| 5138 | FORD, Albert M | 5 | SWSW | 1902-01-17 | | A5 |
| 5149 | FORD, Emeline H | 5 | NESE | 1902-07-22 | | A1 G19 |
| 5166 | FORD, James P | 5 | SWSE | 1851-10-01 | | A1 |
| 5167 | " " | 8 | NWNE | 1851-10-01 | | A1 |
| 5164 | " " | 5 | NWSE | 1859-05-02 | | A1 |
| 5165 | " " | 5 | SESW | 1859-05-02 | | A1 |
| 5168 | " " | 8 | NWSE | 1859-05-02 | | A1 |
| 5169 | " " | 8 | SENW | 1859-05-02 | | A1 |
| 5170 | " " | 8 | SESW | 1859-05-02 | | A1 |
| 5171 | " " | 8 | SWNE | 1859-05-02 | | A1 |
| 5172 | " " | 8 | SWSE | 1859-05-02 | | A1 |
| 5177 | FORD, James T | 8 | NENE | 1884-12-30 | | A1 |
| 5183 | FORD, John H | 20 | NENE | 1879-05-06 | | A5 |
| 5185 | " " | 5 | SENW | 1889-04-23 | | A1 |
| 5184 | " " | 5 | NESW | 1899-05-05 | | A5 |
| 5186 | " " | 5 | SWNE | 1899-05-05 | | A5 |
| 5187 | FORD, John M | 5 | N½NW | 1899-11-24 | | A5 |
| 5195 | FORD, John V | 6 | NWSE | 1859-05-02 | | A1 |
| 5193 | " " | 5 | NWSW | 1892-04-29 | | A5 |
| 5194 | " " | 6 | E½SE | 1892-04-29 | | A5 |
| 5238 | FORD, William M | 5 | SESE | 1886-02-10 | | A1 |
| 5239 | " " | 8 | SENE | 1886-02-10 | | A1 |
| 5181 | GIBSON, John A | 19 | SWNW | 1899-06-28 | | A5 |
| 5144 | GRISSOM, Benjamin C | 20 | NWSE | 1899-04-01 | | A5 |
| 5145 | " " | 20 | SESE | 1899-04-01 | | A5 |
| 5201 | GRISSOM, Joseph C | 29 | 3 | 1899-04-28 | Jones | A5 |
| 5202 | " " | 29 | 4 | 1899-04-28 | Jones | A5 |
| 5203 | " " | 29 | 9 | 1899-04-28 | Jones | A5 |
| 5204 | GUNTER, Joseph M | 30 | S½ | 1859-05-02 | Jones | A1 F |
| 5178 | HANKINS, Joel G | 18 | E½NW | 1892-07-11 | | A5 |
| 5179 | " " | 18 | W½NE | 1892-07-11 | | A5 |
| 5180 | HAWKINS, Joel G | 7 | SWSW | 1889-04-23 | | A1 |
| 5162 | ISHEE, James | 5 | E½NE | 1892-03-23 | | A5 |

| ID | Individual in Patent | Sec. | Sec. Part | Date Issued | Other Counties | For More Info . . . |
|---|---|---|---|---|---|---|
| 5163 | ISHEE, James (Cont'd) | 5 | NWNE | 1896-01-10 | | A5 |
| 5148 | KEYES, Edmond | 19 | NESE | 1917-01-13 | | A5 |
| 5196 | KING, John W | 17 | NENE | 1902-01-17 | | A5 |
| 5197 | " " | 8 | E½SE | 1902-01-17 | | A5 |
| 5155 | KNIGHT, Jack | 30 | 12 | 1896-10-10 | Jones | A5 |
| 5156 | " " | 30 | 5 | 1896-10-10 | Jones | A5 |
| 5157 | " " | 30 | 6 | 1896-10-10 | Jones | A5 |
| 5158 | " " | 30 | 7 | 1896-10-10 | Jones | A5 |
| 5188 | MARTIN, John P | 6 | E½SW | 1841-01-05 | | A1 |
| 5192 | " " | 7 | W½NW | 1852-07-10 | | A8 |
| 5189 | " " | 6 | SWSW | 1859-05-02 | | A1 |
| 5190 | " " | 7 | NWSW | 1859-05-02 | | A1 |
| 5191 | " " | 7 | SESW | 1859-05-02 | | A1 |
| 5212 | MARTIN, Oquin C | 6 | NENW | 1859-05-02 | | A1 |
| 5213 | " " | 6 | NWNW | 1859-05-02 | | A1 |
| 5215 | " " | 6 | SWNW | 1859-05-02 | | A1 |
| 5214 | " " | 6 | NWSW | 1889-01-05 | | A5 |
| 5143 | PEOPLES, Andrew D | 30 | 4 | 1896-09-29 | Jones | A5 |
| 5226 | SHERMAN, William A | 5 | SWNW | 1895-02-21 | | A5 |
| 5227 | " " | 6 | E½NE | 1895-02-21 | | A5 |
| 5139 | SIMPSON, Alfred M | 30 | 9 | 1859-06-01 | Jones | A1 |
| 5146 | SIMPSON, Charles | 17 | SESW | 1841-01-05 | | A1 |
| 5205 | SIMPSON, Josiah | 29 | 6 | 1859-05-02 | Jones | A1 |
| 5208 | SIMPSON, Nathan | 18 | NENE | 1841-01-05 | | A1 |
| 5221 | SIMPSON, Richmond | 7 | E½NW | 1841-01-05 | | A1 |
| 5224 | SIMPSON, Wesley | 20 | NESE | 1859-11-10 | | A1 |
| 5225 | " " | 20 | SENE | 1862-04-10 | | A1 |
| 5240 | SIMPSON, William | 20 | SWSW | 1859-05-02 | | A1 |
| 5242 | SIMPSON, Willis | 18 | SENE | 1859-06-01 | | A1 |
| 5241 | " " | 18 | E½SE | 1861-02-01 | | A1 |
| 5140 | SUGGS, Amy J | 19 | E½SW | 1896-12-18 | | A5 |
| 5141 | " " | 19 | NWSW | 1896-12-18 | | A5 |
| 5142 | " " | 30 | 3 | 1896-12-18 | Jones | A5 |
| 5147 | SUGGS, Charley V | 19 | SWSW | 1906-06-30 | | A5 |
| 5173 | SUGGS, James S | 19 | SESE | 1891-06-30 | | A5 |
| 5174 | " " | 29 | 7 | 1891-06-30 | Jones | A5 |
| 5175 | " " | 30 | 1 | 1891-06-30 | Jones | A5 |
| 5176 | " " | 30 | 8 | 1891-06-30 | Jones | A5 |
| 5211 | SUGGS, Oliver C | 30 | 2 | 1906-06-30 | Jones | A5 |
| 5228 | SUGGS, William C | 18 | SWSW | 1891-06-30 | | A5 |
| 5229 | " " | 19 | E½NW | 1891-06-30 | | A5 |
| 5230 | " " | 19 | NWNW | 1891-06-30 | | A5 |
| 5232 | SUGGS, William G | 19 | E½NE | 1894-12-17 | | A5 |
| 5233 | " " | 20 | W½NW | 1894-12-17 | | A5 |
| 5234 | TIPPIT, William J | 17 | E½NW | 1874-11-05 | | A1 |
| 5235 | " " | 17 | W½NE | 1874-11-05 | | A1 |
| 5222 | TULLOS, Thomas | 8 | W½SW | 1859-05-02 | | A1 |
| 5223 | TULLUS, Thomas | 8 | NESW | 1859-05-02 | | A1 |
| 5159 | WADE, James I | 17 | NESE | 1891-06-30 | | A5 |
| 5160 | " " | 17 | W½SE | 1891-06-30 | | A5 |
| 5161 | " " | 20 | NWNE | 1891-06-30 | | A5 |
| 5198 | WADE, John W | 7 | NENE | 1861-05-01 | | A1 |
| 5199 | " " | 8 | NENW | 1861-05-01 | | A1 |
| 5200 | " " | 8 | W½NW | 1861-05-01 | | A1 |
| 5209 | WADE, Norvel C | 17 | SENE | 1902-01-17 | | A5 |
| 5210 | " " | 17 | SESE | 1902-01-17 | | A5 |
| 5216 | WADE, Pinkney D | 29 | 10 | 1897-02-15 | Jones | A5 |
| 5217 | " " | 29 | 11 | 1897-02-15 | Jones | A5 |
| 5206 | WILLIAMS, Matthew H | 29 | 12 | 1899-04-01 | Jones | A1 |
| 5207 | " " | 29 | 14 | 1899-04-01 | Jones | A1 |

## Patent Map

T10-N R13-W
St Stephens Meridian

Map Group 20

### Township Statistics

| | | |
|---|---|---|
| Parcels Mapped | : | 105 |
| Number of Patents | : | 65 |
| Number of Individuals | : | 52 |
| Patentees Identified | : | 51 |
| Number of Surnames | : | 28 |
| Multi-Patentee Parcels | : | 1 |
| Oldest Patent Date | : | 1/5/1841 |
| Most Recent Patent | : | 1/13/1917 |
| Block/Lot Parcels | : | 23 |
| Parcels Re - Issued | : | 0 |
| Parcels that Overlap | : | 0 |
| Cities and Towns | : | 1 |
| Cemeteries | : | 0 |

Note: the area contained in this map amounts to far less than a full Township. Therefore, its contents are completely on this single page (instead of a "normal" 2-page spread).

### Legend

Patent Boundary

Section Boundary

No Patents Found (or Outside County)

1., 2., 3., ... Lot Numbers (when beside a name)

[ ] Group Number (see Appendix "C")

**Scale**: Section = 1 mile X 1 mile (generally, with some exceptions)



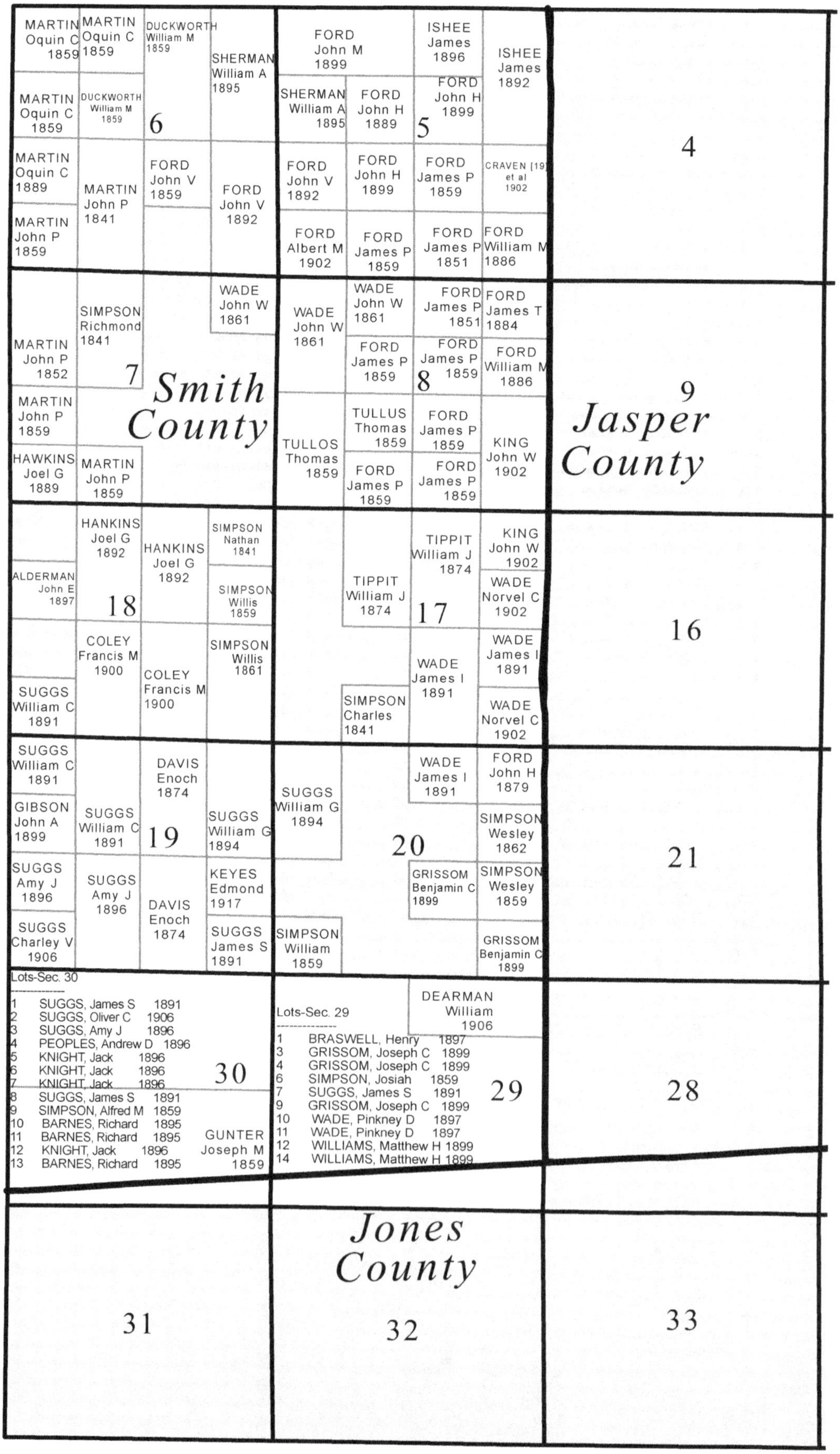

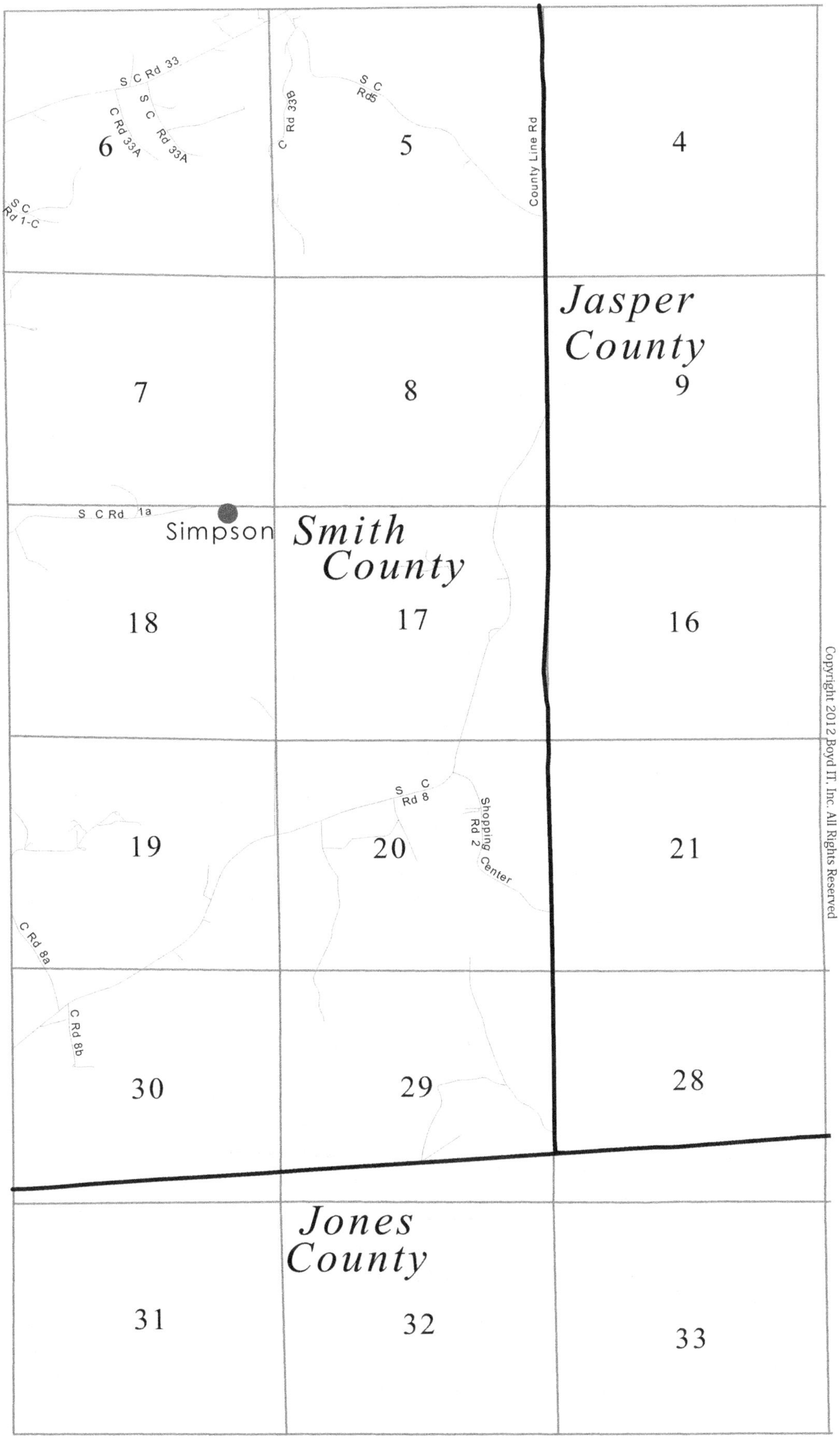




## Road Map

T10-N R13-W
St Stephens Meridian

Map Group 20

Note: the area contained in this map amounts to far less than a full Township. Therefore, its contents are completely on this single page (instead of a "normal" 2-page spread).

**Cities & Towns**

Simpson

**Cemeteries**

None

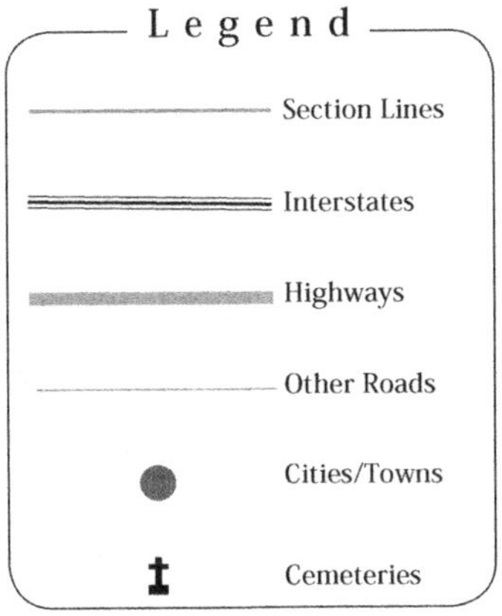


**Scale**: Section = 1 mile X 1 mile
(generally, with some exceptions)

## Historical Map

T10-N R13-W
St Stephens Meridian

Map Group 20

Note: the area contained in this map amounts to far less than a full Township. Therefore, its contents are completely on this single page (instead of a "normal" 2-page spread).

**Cities & Towns**
Simpson

**Cemeteries**
None

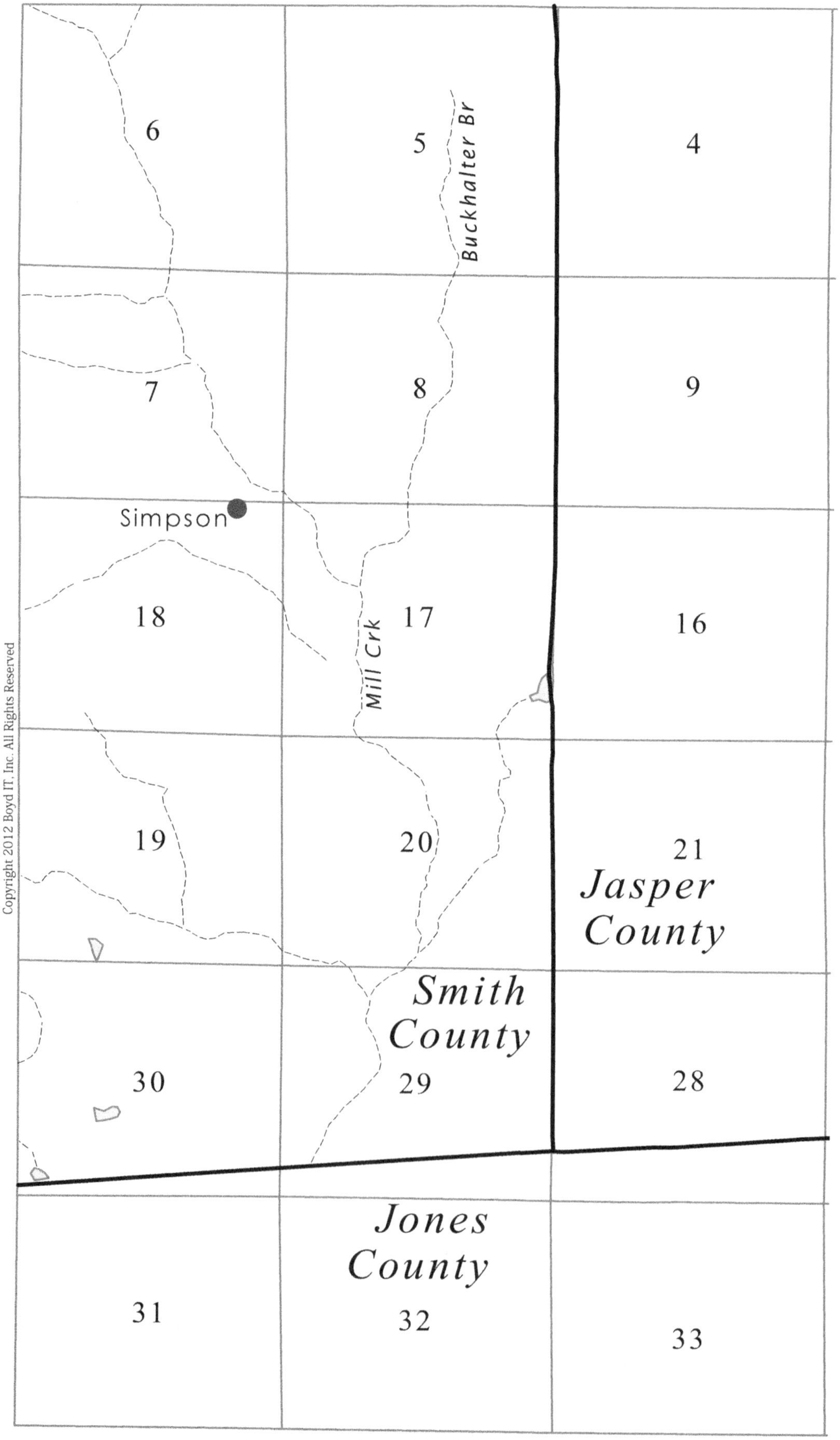




**Legend**

- Section Lines
- Railroads
- Large Rivers & Bodies of Water
- Streams/Creeks & Small Rivers
- Cities/Towns
- Cemeteries

**Scale**: Section = 1 mile X 1 mile
(there are some exceptions)

# Map Group 21: Index to Land Patents

## Township 9-North Range 16-West (St Stephens)

After you locate an individual in this Index, take note of the Section and Section Part then proceed to the Land Patent map on the pages immediately following. You should have no difficulty locating the corresponding parcel of land.

The "For More Info" Column will lead you to more information about the underlying Patents. See the *Legend* at right, and the "How to Use this Book" chapter, for more information.

**LEGEND**

"For More Info . . . " column

**A** = Authority (Legislative Act, See Appendix "A")
**B** = Block or Lot (location in Section unknown)
**C** = Cancelled Patent
**F** = Fractional Section
**G** = Group (Multi-Patentee Patent, see Appendix "C")
**V** = Overlaps another Parcel
**R** = Re-Issued (Parcel patented more than once)

*(A & G items require you to look in the Appendixes referred to above. All other Letter-designations followed by a number require you to locate line-items in this index that possess the ID number found after the letter).*

| ID | Individual in Patent | Sec. | Sec. Part | Date Issued | Other Counties | For More Info . . . |
|---|---|---|---|---|---|---|
| 5245 | BUCHANAN, Archy M | 6 | 2 | 1890-06-25 | Covington | A5 |
| 5246 | " " | 6 | 3 | 1890-06-25 | Covington | A5 |
| 5247 | " " | 6 | 9 | 1890-06-25 | Covington | A5 |
| 5250 | BUCHANAN, Duncan | 6 | 4 | 1841-01-05 | Covington | A1 F |
| 5252 | " " | 6 | N½5 | 1841-01-05 | Covington | A1 F |
| 5251 | " " | 6 | 6 | 1859-11-10 | Covington | A1 |
| 5248 | CALHOUN, Daniel A | 5 | E½SE | 1879-05-06 | Covington | A5 |
| 5249 | " " | 5 | SWSE | 1879-05-06 | Covington | A5 |
| 5261 | CALHOUN, John M | 6 | 1 | 1882-05-10 | Covington | A1 |
| 5243 | GILLIS, Aaron | 4 | 6 | 1891-05-20 | Covington | A5 G46 |
| 5244 | " " | 4 | 7 | 1891-05-20 | Covington | A5 G46 |
| 5243 | GILLIS, Anna | 4 | 6 | 1891-05-20 | Covington | A5 G46 |
| 5244 | " " | 4 | 7 | 1891-05-20 | Covington | A5 G46 |
| 5265 | MCLEOD, Miles | 5 | S½6 | 1901-05-08 | Covington | A1 |
| 5266 | MCLEOD, Neill | 5 | NWSE | 1859-05-02 | Covington | A1 |
| 5257 | MCNAIR, John H | 5 | 2 | 1901-12-17 | Covington | A5 |
| 5260 | " " | 5 | S½1 | 1901-12-17 | Covington | A5 |
| 5258 | " " | 5 | N½3 | 1912-03-01 | Covington | A5 |
| 5259 | " " | 5 | N½4 | 1912-03-01 | Covington | A5 |
| 5263 | SMITH, Malcom | 6 | N½7 | 1841-01-05 | Covington | A1 F |
| 5264 | " " | 6 | N½8 | 1841-01-05 | Covington | A1 F |
| 5267 | SULLIVAN, Oliver B | 4 | 1 | 1895-06-28 | Covington | A5 |
| 5254 | TEW, James A | 4 | 10 | 1905-03-30 | Covington | A5 |
| 5255 | " " | 4 | 9 | 1905-03-30 | Covington | A5 |
| 5256 | " " | 4 | N½2 | 1905-03-30 | Covington | A5 |
| 5262 | TEW, Lucinda L | 4 | SESE | 1899-06-28 | Covington | A5 |
| 5268 | TEW, Susan J | 4 | 11 | 1910-10-27 | Covington | A1 |
| 5269 | " " | 5 | 10 | 1910-10-27 | Covington | A1 |
| 5270 | " " | 5 | 9 | 1910-10-27 | Covington | A1 |
| 5253 | TUGGLE, George T | 4 | S½2 | 1901-10-09 | Covington | A1 |

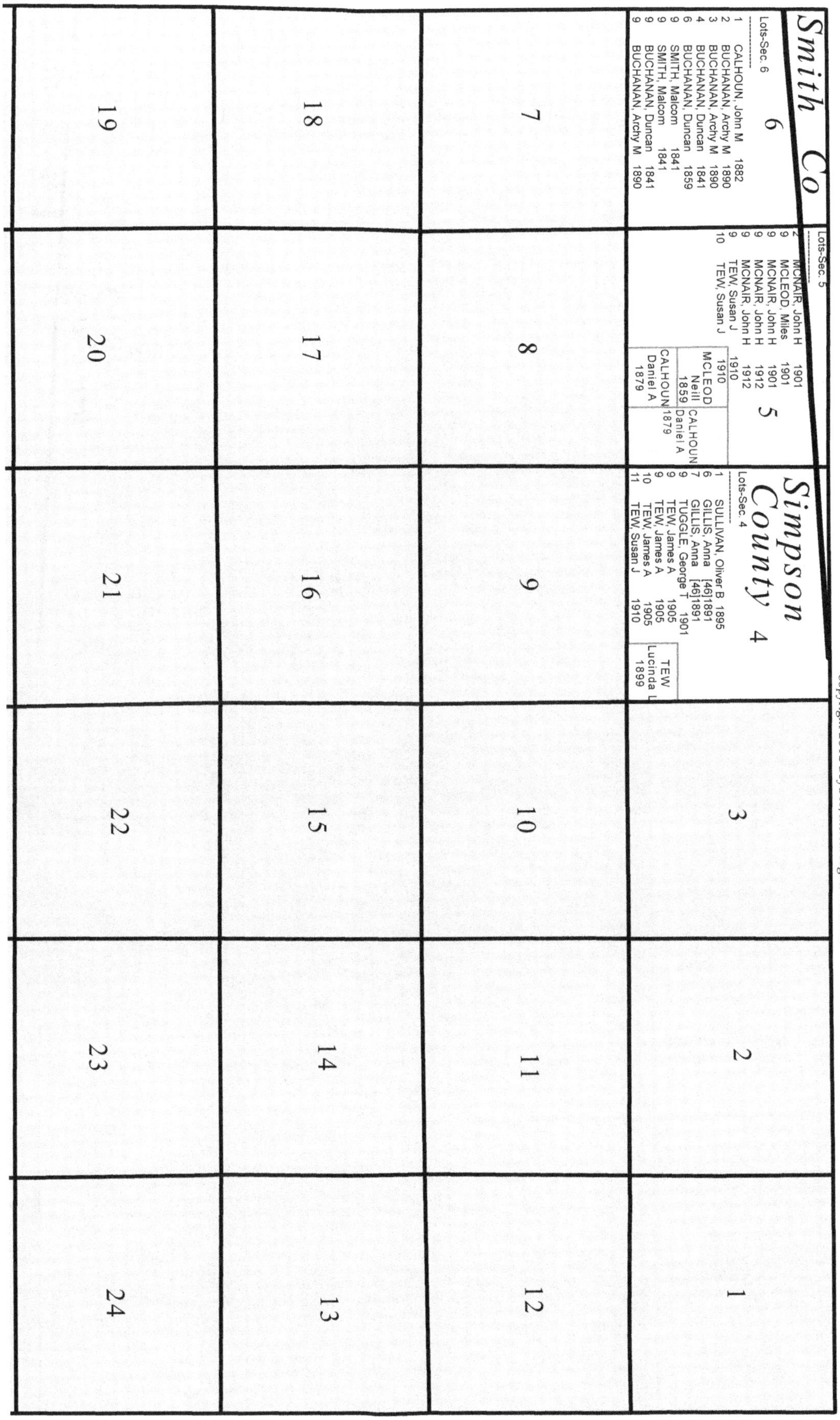




## Patent Map

T9-N R16-W
St Stephens Meridian

Map Group 21

### Township Statistics

| | | |
|---|---|---|
| Parcels Mapped | : | 28 |
| Number of Patents | : | 16 |
| Number of Individuals | : | 15 |
| Patentees Identified | : | 14 |
| Number of Surnames | : | 9 |
| Multi-Patentee Parcels | : | 2 |
| Oldest Patent Date | : | 1/5/1841 |
| Most Recent Patent | : | 3/1/1912 |
| Block/Lot Parcels | : | 24 |
| Parcels Re - Issued | : | 0 |
| Parcels that Overlap | : | 0 |
| Cities and Towns | : | 0 |
| Cemeteries | : | 0 |

Note: the area contained in this map amounts to far less than a full Township. Therefore, its contents are completely on this single page (instead of a "normal" 2-page spread).

### Legend

Patent Boundary

Section Boundary

No Patents Found (or Outside County)

1., 2., 3., ... Lot Numbers (when beside a name)

[ ] Group Number (see Appendix "C")

**Scale**: Section = 1 mile X 1 mile (generally, with some exceptions)

# Road Map

T9-N R16-W
St Stephens Meridian

Map Group 21

Note: the area contained in this map amounts to far less than a full Township. Therefore, its contents are completely on this single page (instead of a "normal" 2-page spread).

## Cities & Towns

None

## Cemeteries

None

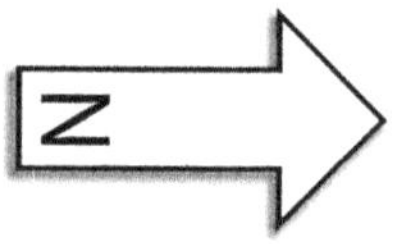


## Legend

- Section Lines
- Interstates
- Highways
- Other Roads
- Cities/Towns
- Cemeteries

**Scale**: Section = 1 mile X 1 mile
(generally, with some exceptions)

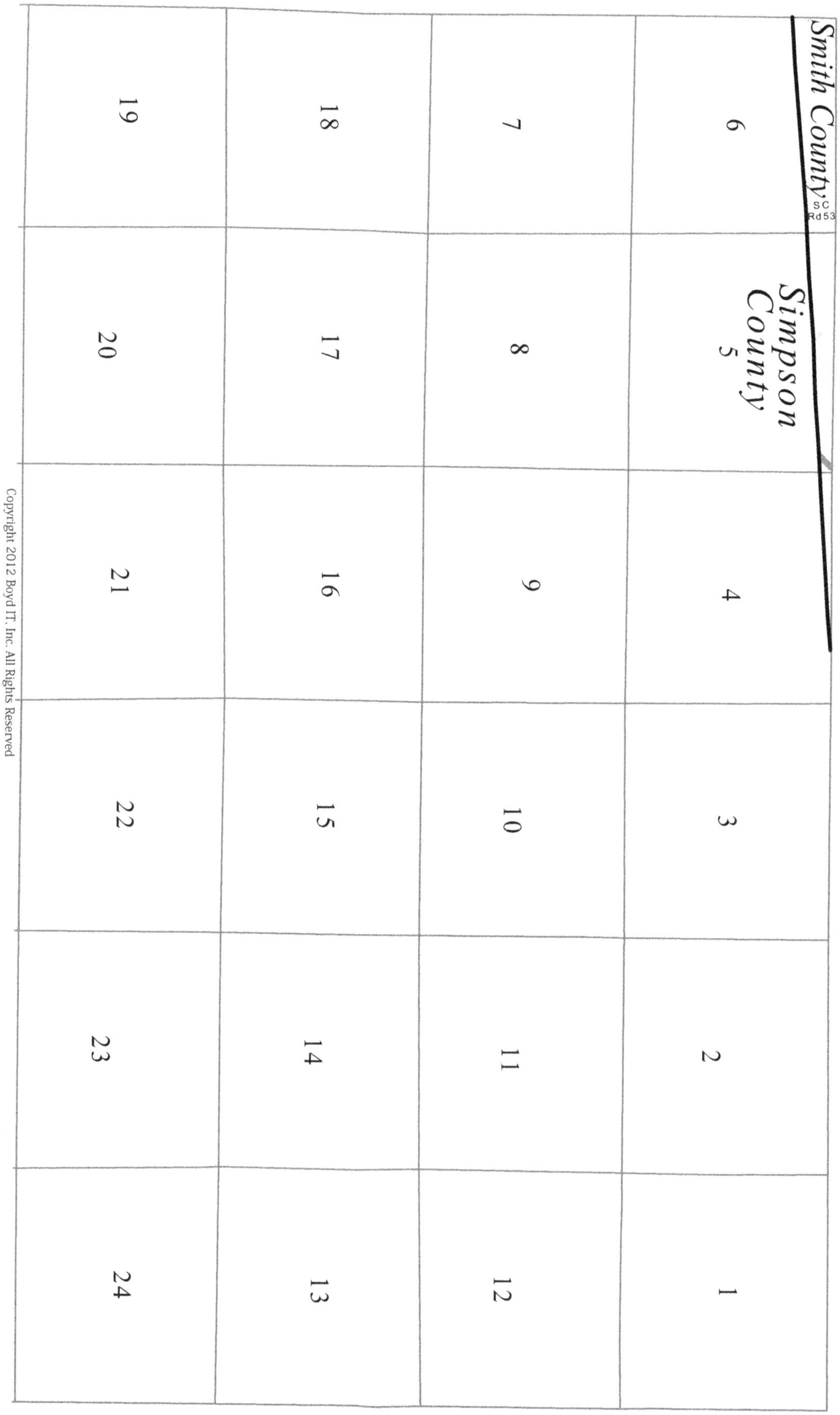

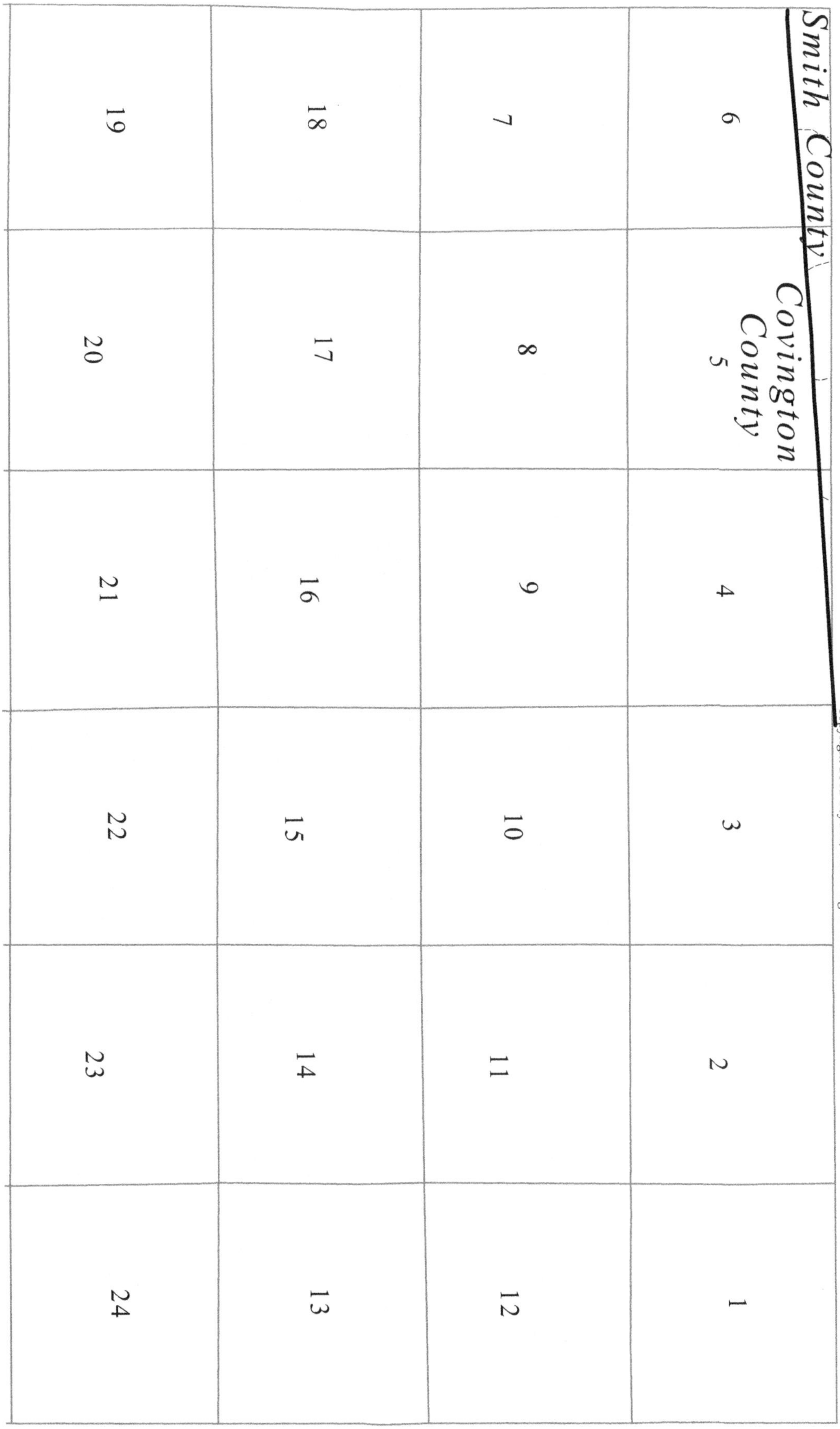




# Historical Map

T9-N R16-W
St Stephens Meridian

Map Group 21

Note: the area contained in this map amounts to far less than a full Township. Therefore, its contents are completely on this single page (instead of a "normal" 2-page spread).

## Cities & Towns

None

## Cemeteries

None

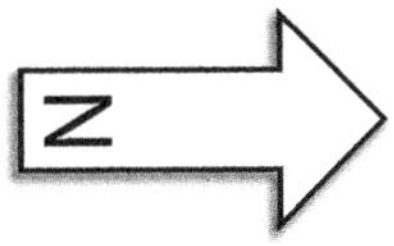


## Legend

Section Lines

Railroads

Large Rivers & Bodies of Water

Streams/Creeks & Small Rivers

Cities/Towns

Cemeteries

**Scale**: Section = 1 mile X 1 mile
(there are some exceptions)

# Appendices

# Appendix A - Acts of Congress Authorizing the Patents Contained in this Book

The following Acts of Congress are referred to throughout the Indexes in this book. The text of the Federal Statutes referred to below can usually be found on the web. For more information on such laws, check out the publishers's web-site at *www.arphax.com*, go to the "Research" page, and click on the "Land-Law" link.

| Ref. No. | Date and Act of Congress | Number of Parcels of Land |
|---|---|---|
| 1 | April 24, 1820: Sale-Cash Entry (3 Stat. 566) | 2549 |
| 2 | February 11, 1847: ScripWarrant Act of 1847 (9 Stat. 123) | 19 |
| 3 | March 22, 1852: ScripWarrant Act of 1852 (10 Stat. 3) | 1 |
| 4 | March 3, 1855: ScripWarrant Act of 1855 (10 Stat. 701) | 105 |
| 5 | May 20, 1862: Homestead EntryOriginal (12 Stat. 392) | 2512 |
| 6 | May 6, 1812: ScripWarrant Act of 1812 (2 Stat. 728) | 3 |
| 7 | NA: Sale-Title 32 Chapter 7 (RS 2353 43 USC 672) | 8 |
| 8 | September 28, 1850: ScripWarrant Act of 1850 (9 Stat. 520) | 66 |
| 9 | September 28, 1850: Swamp Land Grant-Patent (9 Stat. 519) | 7 |

# Appendix B - Section Parts (Aliquot Parts)

The following represent the various abbreviations we have found thus far in describing the parts of a Public Land Section. Some of these are very obscure and rarely used, but we wanted to list them for just that reason. A full section is 1 square mile or 640 acres.

| Section Part | Description | Acres |
|---|---|---|
| <none> | Full Acre (if no Section Part is listed, presumed a full Section) | 640 |
| <1-??> | A number represents a Lot Number and can be of various sizes | ? |
| E½ | East Half-Section | 320 |
| E½E½ | East Half of East Half-Section | 160 |
| E½E½SE | East Half of East Half of Southeast Quarter-Section | 40 |
| E½N½ | East Half of North Half-Section | 160 |
| E½NE | East Half of Northeast Quarter-Section | 80 |
| E½NENE | East Half of Northeast Quarter of Northeast Quarter-Section | 20 |
| E½NENW | East Half of Northeast Quarter of Northwest Quarter-Section | 20 |
| E½NESE | East Half of Northeast Quarter of Southeast Quarter-Section | 20 |
| E½NESW | East Half of Northeast Quarter of Southwest Quarter-Section | 20 |
| E½NW | East Half of Northwest Quarter-Section | 80 |
| E½NWNE | East Half of Northwest Quarter of Northeast Quarter-Section | 20 |
| E½NWNW | East Half of Northwest Quarter of Northwest Quarter-Section | 20 |
| E½NWSE | East Half of Northwest Quarter of Southeast Quarter-Section | 20 |
| E½NWSW | East Half of Northwest Quarter of Southwest Quarter-Section | 20 |
| E½S½ | East Half of South Half-Section | 160 |
| E½SE | East Half of Southeast Quarter-Section | 80 |
| E½SENE | East Half of Southeast Quarter of Northeast Quarter-Section | 20 |
| E½SENW | East Half of Southeast Quarter of Northwest Quarter-Section | 20 |
| E½SESE | East Half of Southeast Quarter of Southeast Quarter-Section | 20 |
| E½SESW | East Half of Southeast Quarter of Southwest Quarter-Section | 20 |
| E½SW | East Half of Southwest Quarter-Section | 80 |
| E½SWNE | East Half of Southwest Quarter of Northeast Quarter-Section | 20 |
| E½SWNW | East Half of Southwest Quarter of Northwest Quarter-Section | 20 |
| E½SWSE | East Half of Southwest Quarter of Southeast Quarter-Section | 20 |
| E½SWSW | East Half of Southwest Quarter of Southwest Quarter-Section | 20 |
| E½W½ | East Half of West Half-Section | 160 |
| N½ | North Half-Section | 320 |
| N½E½NE | North Half of East Half of Northeast Quarter-Section | 40 |
| N½E½NW | North Half of East Half of Northwest Quarter-Section | 40 |
| N½E½SE | North Half of East Half of Southeast Quarter-Section | 40 |
| N½E½SW | North Half of East Half of Southwest Quarter-Section | 40 |
| N½N½ | North Half of North Half-Section | 160 |
| N½NE | North Half of Northeast Quarter-Section | 80 |
| N½NENE | North Half of Northeast Quarter of Northeast Quarter-Section | 20 |
| N½NENW | North Half of Northeast Quarter of Northwest Quarter-Section | 20 |
| N½NESE | North Half of Northeast Quarter of Southeast Quarter-Section | 20 |
| N½NESW | North Half of Northeast Quarter of Southwest Quarter-Section | 20 |
| N½NW | North Half of Northwest Quarter-Section | 80 |
| N½NWNE | North Half of Northwest Quarter of Northeast Quarter-Section | 20 |
| N½NWNW | North Half of Northwest Quarter of Northwest Quarter-Section | 20 |
| N½NWSE | North Half of Northwest Quarter of Southeast Quarter-Section | 20 |
| N½NWSW | North Half of Northwest Quarter of Southwest Quarter-Section | 20 |
| N½S½ | North Half of South Half-Section | 160 |
| N½SE | North Half of Southeast Quarter-Section | 80 |
| N½SENE | North Half of Southeast Quarter of Northeast Quarter-Section | 20 |
| N½SENW | North Half of Southeast Quarter of Northwest Quarter-Section | 20 |
| N½SESE | North Half of Southeast Quarter of Southeast Quarter-Section | 20 |

| Section Part | Description | Acres |
|---|---|---|
| N½SESW | North Half of Southeast Quarter of Southwest Quarter-Section | 20 |
| N½SESW | North Half of Southeast Quarter of Southwest Quarter-Section | 20 |
| N½SW | North Half of Southwest Quarter-Section | 80 |
| N½SWNE | North Half of Southwest Quarter of Northeast Quarter-Section | 20 |
| N½SWNW | North Half of Southwest Quarter of Northwest Quarter-Section | 20 |
| N½SWSE | North Half of Southwest Quarter of Southeast Quarter-Section | 20 |
| N½SWSE | North Half of Southwest Quarter of Southeast Quarter-Section | 20 |
| N½SWSW | North Half of Southwest Quarter of Southwest Quarter-Section | 20 |
| N½W½NW | North Half of West Half of Northwest Quarter-Section | 40 |
| N½W½SE | North Half of West Half of Southeast Quarter-Section | 40 |
| N½W½SW | North Half of West Half of Southwest Quarter-Section | 40 |
| NE | Northeast Quarter-Section | 160 |
| NEN½ | Northeast Quarter of North Half-Section | 80 |
| NENE | Northeast Quarter of Northeast Quarter-Section | 40 |
| NENENE | Northeast Quarter of Northeast Quarter of Northeast Quarter | 10 |
| NENENW | Northeast Quarter of Northeast Quarter of Northwest Quarter | 10 |
| NENESE | Northeast Quarter of Northeast Quarter of Southeast Quarter | 10 |
| NENESW | Northeast Quarter of Northeast Quarter of Southwest Quarter | 10 |
| NENW | Northeast Quarter of Northwest Quarter-Section | 40 |
| NENWNE | Northeast Quarter of Northwest Quarter of Northeast Quarter | 10 |
| NENWNW | Northeast Quarter of Northwest Quarter of Northwest Quarter | 10 |
| NENWSE | Northeast Quarter of Northwest Quarter of Southeast Quarter | 10 |
| NENWSW | Northeast Quarter of Northwest Quarter of Southwest Quarter | 10 |
| NESE | Northeast Quarter of Southeast Quarter-Section | 40 |
| NESENE | Northeast Quarter of Southeast Quarter of Northeast Quarter | 10 |
| NESENW | Northeast Quarter of Southeast Quarter of Northwest Quarter | 10 |
| NESESE | Northeast Quarter of Southeast Quarter of Southeast Quarter | 10 |
| NESESW | Northeast Quarter of Southeast Quarter of Southwest Quarter | 10 |
| NESW | Northeast Quarter of Southwest Quarter-Section | 40 |
| NESWNE | Northeast Quarter of Southwest Quarter of Northeast Quarter | 10 |
| NESWNW | Northeast Quarter of Southwest Quarter of Northwest Quarter | 10 |
| NESWSE | Northeast Quarter of Southwest Quarter of Southeast Quarter | 10 |
| NESWSW | Northeast Quarter of Southwest Quarter of Southwest Quarter | 10 |
| NW | Northwest Quarter-Section | 160 |
| NWE½ | Northwest Quarter of Eastern Half-Section | 80 |
| NWN½ | Northwest Quarter of North Half-Section | 80 |
| NWNE | Northwest Quarter of Northeast Quarter-Section | 40 |
| NWNENE | Northwest Quarter of Northeast Quarter of Northeast Quarter | 10 |
| NWNENW | Northwest Quarter of Northeast Quarter of Northwest Quarter | 10 |
| NWNESE | Northwest Quarter of Northeast Quarter of Southeast Quarter | 10 |
| NWNESW | Northwest Quarter of Northeast Quarter of Southwest Quarter | 10 |
| NWNW | Northwest Quarter of Northwest Quarter-Section | 40 |
| NWNWNE | Northwest Quarter of Northwest Quarter of Northeast Quarter | 10 |
| NWNWNW | Northwest Quarter of Northwest Quarter of Northwest Quarter | 10 |
| NWNWSE | Northwest Quarter of Northwest Quarter of Southeast Quarter | 10 |
| NWNWSW | Northwest Quarter of Northwest Quarter of Southwest Quarter | 10 |
| NWSE | Northwest Quarter of Southeast Quarter-Section | 40 |
| NWSENE | Northwest Quarter of Southeast Quarter of Northeast Quarter | 10 |
| NWSENW | Northwest Quarter of Southeast Quarter of Northwest Quarter | 10 |
| NWSESE | Northwest Quarter of Southeast Quarter of Southeast Quarter | 10 |
| NWSESW | Northwest Quarter of Southeast Quarter of Southwest Quarter | 10 |
| NWSW | Northwest Quarter of Southwest Quarter-Section | 40 |
| NWSWNE | Northwest Quarter of Southwest Quarter of Northeast Quarter | 10 |
| NWSWNW | Northwest Quarter of Southwest Quarter of Northwest Quarter | 10 |
| NWSWSE | Northwest Quarter of Southwest Quarter of Southeast Quarter | 10 |
| NWSWSW | Northwest Quarter of Southwest Quarter of Southwest Quarter | 10 |
| S½ | South Half-Section | 320 |
| S½E½NE | South Half of East Half of Northeast Quarter-Section | 40 |
| S½E½NW | South Half of East Half of Northwest Quarter-Section | 40 |
| S½E½SE | South Half of East Half of Southeast Quarter-Section | 40 |

| Section Part | Description | Acres |
|---|---|---|
| S½E½SW | South Half of East Half of Southwest Quarter-Section | 40 |
| S½N½ | South Half of North Half-Section | 160 |
| S½NE | South Half of Northeast Quarter-Section | 80 |
| S½NENE | South Half of Northeast Quarter of Northeast Quarter-Section | 20 |
| S½NENW | South Half of Northeast Quarter of Northwest Quarter-Section | 20 |
| S½NESE | South Half of Northeast Quarter of Southeast Quarter-Section | 20 |
| S½NESW | South Half of Northeast Quarter of Southwest Quarter-Section | 20 |
| S½NW | South Half of Northwest Quarter-Section | 80 |
| S½NWNE | South Half of Northwest Quarter of Northeast Quarter-Section | 20 |
| S½NWNW | South Half of Northwest Quarter of Northwest Quarter-Section | 20 |
| S½NWSE | South Half of Northwest Quarter of Southeast Quarter-Section | 20 |
| S½NWSW | South Half of Northwest Quarter of Southwest Quarter-Section | 20 |
| S½S½ | South Half of South Half-Section | 160 |
| S½SE | South Half of Southeast Quarter-Section | 80 |
| S½SENE | South Half of Southeast Quarter of Northeast Quarter-Section | 20 |
| S½SENW | South Half of Southeast Quarter of Northwest Quarter-Section | 20 |
| S½SESE | South Half of Southeast Quarter of Southeast Quarter-Section | 20 |
| S½SESW | South Half of Southeast Quarter of Southwest Quarter-Section | 20 |
| S½SESW | South Half of Southeast Quarter of Southwest Quarter-Section | 20 |
| S½SW | South Half of Southwest Quarter-Section | 80 |
| S½SWNE | South Half of Southwest Quarter of Northeast Quarter-Section | 20 |
| S½SWNW | South Half of Southwest Quarter of Northwest Quarter-Section | 20 |
| S½SWSE | South Half of Southwest Quarter of Southeast Quarter-Section | 20 |
| S½SWSE | South Half of Southwest Quarter of Southeast Quarter-Section | 20 |
| S½SWSW | South Half of Southwest Quarter of Southwest Quarter-Section | 20 |
| S½W½NE | South Half of West Half of Northeast Quarter-Section | 40 |
| S½W½NW | South Half of West Half of Northwest Quarter-Section | 40 |
| S½W½SE | South Half of West Half of Southeast Quarter-Section | 40 |
| S½W½SW | South Half of West Half of Southwest Quarter-Section | 40 |
| SE | Southeast Quarter Section | 160 |
| SEN½ | Southeast Quarter of North Half-Section | 80 |
| SENE | Southeast Quarter of Northeast Quarter-Section | 40 |
| SENENE | Southeast Quarter of Northeast Quarter of Northeast Quarter | 10 |
| SENENW | Southeast Quarter of Northeast Quarter of Northwest Quarter | 10 |
| SENESE | Southeast Quarter of Northeast Quarter of Southeast Quarter | 10 |
| SENESW | Southeast Quarter of Northeast Quarter of Southwest Quarter | 10 |
| SENW | Southeast Quarter of Northwest Quarter-Section | 40 |
| SENWNE | Southeast Quarter of Northwest Quarter of Northeast Quarter | 10 |
| SENWNW | Southeast Quarter of Northwest Quarter of Northwest Quarter | 10 |
| SENWSE | Souteast Quarter of Northwest Quarter of Southeast Quarter | 10 |
| SENWSW | Southeast Quarter of Northwest Quarter of Southwest Quarter | 10 |
| SESE | Southeast Quarter of Southeast Quarter-Section | 40 |
| SESENE | SoutheastQuarter of Southeast Quarter of Northeast Quarter | 10 |
| SESENW | Southeast Quarter of Southeast Quarter of Northwest Quarter | 10 |
| SESESE | Southeast Quarter of Southeast Quarter of Southeast Quarter | 10 |
| SESESW | Southeast Quarter of Southeast Quarter of Southwest Quarter | 10 |
| SESW | Southeast Quarter of Southwest Quarter-Section | 40 |
| SESWNE | Southeast Quarter of Southwest Quarter of Northeast Quarter | 10 |
| SESWNW | Southeast Quarter of Southwest Quarter of Northwest Quarter | 10 |
| SESWSE | Southeast Quarter of Southwest Quarter of Southeast Quarter | 10 |
| SESWSW | Southeast Quarter of Southwest Quarter of Southwest Quarter | 10 |
| SW | Southwest Quarter-Section | 160 |
| SWNE | Southwest Quarter of Northeast Quarter-Section | 40 |
| SWNENE | Southwest Quarter of Northeast Quarter of Northeast Quarter | 10 |
| SWNENW | Southwest Quarter of Northeast Quarter of Northwest Quarter | 10 |
| SWNESE | Southwest Quarter of Northeast Quarter of Southeast Quarter | 10 |
| SWNESW | Southwest Quarter of Northeast Quarter of Southwest Quarter | 10 |
| SWNW | Southwest Quarter of Northwest Quarter-Section | 40 |
| SWNWNE | Southwest Quarter of Northwest Quarter of Northeast Quarter | 10 |
| SWNWNW | Southwest Quarter of Northwest Quarter of Northwest Quarter | 10 |

| Section Part | Description | Acres |
|---|---|---|
| SWNWSE | Southwest Quarter of Northwest Quarter of Southeast Quarter | 10 |
| SWNWSW | Southwest Quarter of Northwest Quarter of Southwest Quarter | 10 |
| SWSE | Southwest Quarter of Southeast Quarter-Section | 40 |
| SWSENE | Southwest Quarter of Southeast Quarter of Northeast Quarter | 10 |
| SWSENW | Southwest Quarter of Southeast Quarter of Northwest Quarter | 10 |
| SWSESE | Southwest Quarter of Southeast Quarter of Southeast Quarter | 10 |
| SWSESW | Southwest Quarter of Southeast Quarter of Southwest Quarter | 10 |
| SWSW | Southwest Quarter of Southwest Quarter-Section | 40 |
| SWSWNE | Southwest Quarter of Southwest Quarter of Northeast Quarter | 10 |
| SWSWNW | Southwest Quarter of Southwest Quarter of Northwest Quarter | 10 |
| SWSWSE | Southwest Quarter of Southwest Quarter of Southeast Quarter | 10 |
| SWSWSW | Southwest Quarter of Southwest Quarter of Southwest Quarter | 10 |
| W½ | West Half-Section | 320 |
| W½E½ | West Half of East Half-Section | 160 |
| W½N½ | West Half of North Half-Section (same as NW) | 160 |
| W½NE | West Half of Northeast Quarter | 80 |
| W½NENE | West Half of Northeast Quarter of Northeast Quarter-Section | 20 |
| W½NENW | West Half of Northeast Quarter of Northwest Quarter-Section | 20 |
| W½NESE | West Half of Northeast Quarter of Southeast Quarter-Section | 20 |
| W½NESW | West Half of Northeast Quarter of Southwest Quarter-Section | 20 |
| W½NW | West Half of Northwest Quarter-Section | 80 |
| W½NWNE | West Half of Northwest Quarter of Northeast Quarter-Section | 20 |
| W½NWNW | West Half of Northwest Quarter of Northwest Quarter-Section | 20 |
| W½NWSE | West Half of Northwest Quarter of Southeast Quarter-Section | 20 |
| W½NWSW | West Half of Northwest Quarter of Southwest Quarter-Section | 20 |
| W½S½ | West Half of South Half-Section | 160 |
| W½SE | West Half of Southeast Quarter-Section | 80 |
| W½SENE | West Half of Southeast Quarter of Northeast Quarter-Section | 20 |
| W½SENW | West Half of Southeast Quarter of Northwest Quarter-Section | 20 |
| W½SESE | West Half of Southeast Quarter of Southeast Quarter-Section | 20 |
| W½SESW | West Half of Southeast Quarter of Southwest Quarter-Section | 20 |
| W½SW | West Half of Southwest Quarter-Section | 80 |
| W½SWNE | West Half of Southwest Quarter of Northeast Quarter-Section | 20 |
| W½SWNW | West Half of Southwest Quarter of Northwest Quarter-Section | 20 |
| W½SWSE | West Half of Southwest Quarter of Southeast Quarter-Section | 20 |
| W½SWSW | West Half of Southwest Quarter of Southwest Quarter-Section | 20 |
| W½W½ | West Half of West Half-Section | 160 |

# Appendix C - Multi-Patentee Groups

The following index presents groups of people who jointly received patents in Smith County, Mississippi. The Group Numbers are used in the Patent Maps and their Indexes so that you may then turn to this Appendix in order to identify all the members of the each buying group.

**Group Number 1**
AINSWORTH, Emma E; AINSWORTH, Sloney

**Group Number 2**
ANDERSON, Amanda; ANDERSON, William

**Group Number 3**
BARBER, Anna E; BARBER, George W

**Group Number 4**
BENISON, John; WILLIAMSON, Darling B

**Group Number 5**
BLACKWELL, John G; DUCKWORTH, Joseph D

**Group Number 6**
BLAKENEY, Sarah M; BLAKENEY, Ransom L

**Group Number 7**
BROCK, Sophronia L; BROCK, Hugh R

**Group Number 8**
BROWN, Laney; BROWN, James

**Group Number 9**
BRYANT, Ida J; WARD, Ida J

**Group Number 10**
BUCHANAN, Molsey; ELLIS, Molsey

**Group Number 11**
BUCKALIEW, Susan C; BUCKALIEW, William

**Group Number 12**
BUTLER, Francis; BUTLER, Robert

**Group Number 13**
BUTLER, Hattie; GIBBENS, Hattie

**Group Number 14**
CAMMON, Abigail; MEADOWS, Abigail

**Group Number 15**
CARR, Frederick; MARSH, Peter

**Group Number 16**
CARR, Frederick; THOMPSON, Mary Ann

**Group Number 17**
CARR, Isaac; MCLAUREN, Hugh

**Group Number 18**
COPELAND, Mary; COPELAND, Robert

**Group Number 19**
CRAVEN, Emeline H; FORD, Emeline H

**Group Number 20**
CROSBY, Surintha A; YATES, Surintha A

**Group Number 21**
DUCKWORTH, Casandra; DUCKWORTH, Benjamin D

**Group Number 22**
DUCKWORTH, Joseph D W; BAKER, Rebecca

**Group Number 23**
DUCKWORTH, Joseph D W; BARRON, Naomi

**Group Number 24**
DUCKWORTH, Joseph D W; BENNETT, Sarah

**Group Number 25**
DUCKWORTH, Joseph D W; BRENT, Magdalen

**Group Number 26**
DUCKWORTH, Joseph D W; DOUGLASS, Augustus N

**Group Number 27**
DUCKWORTH, Joseph D W; HARTLEY, Rebecca

**Group Number 28**
DUCKWORTH, Joseph D W; JOHNSON, Mary

**Group Number 29**
DUCKWORTH, Joseph D W; MCLAIN, Kenneth

**Group Number 30**
DUCKWORTH, Joseph D W; NICHOLS, Elizabeth

**Group Number 31**
DUCKWORTH, Joseph D W; WALKER, Susannah

**Group Number 32**
DUCKWORTH, Lizzie; DUCKWORTH, James

**Group Number 33**
DUCKWORTH, Williams; CARTER, William P

**Group Number 34**
DURR, Emanuel A; GORDON, George H

**Group Number 35**
DURR, Emanuel A; MCLAUREN, Hugh

**Group Number 36**
EATON, James S; EATON, William J

**Group Number 37**
EATON, Martha; EATON, Harvey O

**Group Number 38**
EDWARDS, Willia A; EDWARDS, Albert T

**Group Number 39**
FAIRCHILDS, Martha F; MADDOX, Martha F

**Group Number 40**
FLOWERS, William K; FLOWERS, Hardy L

**Group Number 41**
FLOYD, Francis; WARD, Nancy

**Group Number 42**
FLOYD, John M; EVANS, Elizabeth

**Group Number 43**
FOREMAN, Francis L; FOREMAN, William

**Group Number 44**
GATEWOOD, Robert T; MCCAUGHAN, James L

**Group Number 45**
GENTRY, Mary C; LITTLE, Mary C

**Group Number 46**
GILLIS, Anna; GILLIS, Aaron

**Group Number 47**
HALL, Caroline; FLETCHER, Caroline

**Group Number 48**
HARMON, Emma L; HARMON, William P

**Group Number 49**
HARVEY, Catharine; HARVEY, Isaac

**Group Number 50**
HAYS, Joseph; HOUZE, William J

**Group Number 51**
HILL, Bennett; BICKER, Dorathy

**Group Number 52**
HOLBROOK, Fleming; CHAPMAN, Elizabeth

**Group Number 53**
HOUGH, Zeno; SOLOMON, Ann

**Group Number 54**
HULL, Jabez; BOYKIN, James

**Group Number 55**
JONES, Nancy E; JONES, William T

**Group Number 56**
JONES, Tempy; JONES, George

**Group Number 57**
KEYES, Wiley; COOPER, Mary

**Group Number 58**
KEYES, William; COLE, Mark

**Group Number 59**
KEYS, Edney; KEYS, James

**Group Number 60**
KEYS, Elizabeth; KEYS, Robert N

**Group Number 61**
LINDSEY, Allen S; GAINES, Gabriel J

**Group Number 62**
LITTLE, Caroline; LITTLE, Calvin

**Group Number 63**
LITTLE, Elizabeth A; LITTLE, Malcolm M

**Group Number 64**
MAGEE, James; MAGEE, Michael

**Group Number 65**
MANNING, Lucy W; MANNING, John M

**Group Number 66**
MARTIN, Joseph M; COWEN, Isabel L

**Group Number 67**
MARTIN, Joseph M; CRISE, Catharine

**Group Number 68**
MARTIN, Joseph M; FINLEY, Nancy

**Group Number 69**
MCCOLLUM, Nancy; MCCOLLUM, Duncan

**Group Number 70**
MCNURE, Christian; MCNURE, James

**Group Number 71**
MEADOWS, Rosetta C; KENNEDY, Rosetta C; KENNEDY, Firdnan

**Group Number 72**
MILLER, Casper; THOMAS, Joseph

**Group Number 73**
MOFFETT, Sallie; MOFFETT, Marsett

**Group Number 74**
MOULDER, John W; MORGAN, Samuel H

**Group Number 75**
MYERS, Mary; MYERS, Daniel

**Group Number 76**
NORRIS, Laura C; SULLIVAN, Laura C

**Group Number 77**
PAGE, Allen; WILLIAMS, Zachariah

**Group Number 78**
PLATT, David W; SMITH, Mary B

**Group Number 79**
POWELL, Docia L; WALKER, Docia L

**Group Number 80**
PRINCE, Arvila M; PRINCE, William

**Group Number 81**
PURVIS, Susan J; WILLIAMS, Susan J

**Group Number 82**
RASBERRY, Benjamin; RASBERRY, William

**Group Number 83**
RAYNER, Alice; PEACOCK, Alice

**Group Number 84**
REYNOLDS, Benjamin F; FINCH, Jonathan D

**Group Number 85**
RUSSELL, Alonzo J; CROOMS, John

**Group Number 86**
RUSSELL, Alonzo J; WHELAN, Lilly Heald; HEALD, John S

**Group Number 87**
SMITH, Eliza J; SMITH, Henry C

**Group Number 88**
SMITH, John J; GILL, Sarah

**Group Number 89**
STENNETT, Rutha J; STENNETT, John

**Group Number 90**
STRONG, Joseph; REEVES, Cynthia T; REEVES, Wilson S; BOSWORTH, A Sophronia

**Group Number 91**
SULLIVAN, Effie A; LUCKY, Effie A; LUCKY, John C

**Group Number 92**
SULLIVAN, Josephine A; SULLIVAN, Wilson W

**Group Number 93**
SULLIVAN, Mary; SULLIVAN, Alfred

**Group Number 94**
SULLIVANT, Stephen; SULLIVANT, Frederick

**Group Number 95**
TENNISSON, John H; MARTIN, Francis

**Group Number 96**
TENNISSON, John H; WATTS, Alexander

**Group Number 97**
THOMPSON, Waddy; HULL, Olive

**Group Number 98**
THOMPSON, Waddy; MITCHELL, Ann; NEWBURGER, L

**Group Number 99**
THORN, Nazareth; WOMACK, Jane

**Group Number 100**
THORNTON, Isabella; THORNTON, Jacob M

**Group Number 101**
TOMES, Francis; MILLER, William J; DOWNING, Daniel B

**Group Number 102**
TUCKER, Jeremiah A; HOUGHTON, Benjamin A

**Group Number 103**
TULLOS, Margaret A; TULLOS, James M

**Group Number 104**
VINZANT, John; VINZANT, William; TULLOS, William

**Group Number 105**
WALTERS, Nellie S; WALTERS, Ernes M

**Group Number 106**
WARD, Alice A; WARD, David J

**Group Number 107**
WELBURN, Hannah; WELBURN, Jack

**Group Number 108**
WILEY, Jane; KEYES, Jane

**Group Number 109**
WINGATE, Caroline; WINGATE, Joseph T

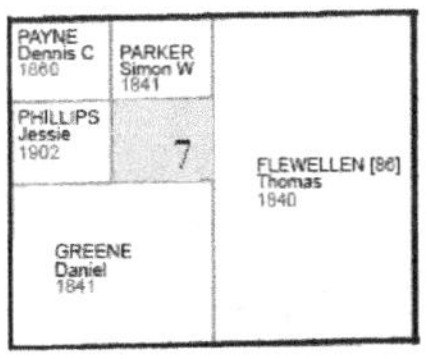


# **Extra! Extra!** (about our Indexes)

We purposefully do not have an all-name index in the back of this volume so that our readers do not miss one of the best uses of this book: finding misspelled names among more specialized indexes.

Without repeating the text of our "How-to" chapter, we have nonetheless tried to assist our more anxious researchers by delivering a short-cut to the two county-wide Surname Indexes, the second of which will lead you to all-name indexes for each Congressional Township mapped in this volume :



For your convenience, the "How To Use this Book" Chart on page 2 is repeated on the reverse of this page.

We should be releasing new titles every week for the foreseeable future. We urge you to write, fax, call, or email us any time for a current list of titles. Of course, our web-page will always have the most current information about current and upcoming books.

Arphax Publishing Co.
2210 Research Park Blvd.
Norman, Oklahoma 73069
(800) 681-5298 toll-free
(405) 366-6181 local
(405) 366-8184 fax
info@arphax.com

**www.arphax.com**

## How to Use This Book - A Graphical Summary

*Part I*

# "The Big Picture"

**Map A** *Counties in the State*
**Map B** *Surrounding Counties*
**Map C** *Congressional Townships (Map Groups) in the County*
**Map D** *Cities & Towns in the County*
**Map E** *Cemeteries in the County*
**Surnames in the County** *Number of Land-Parcels for Each Surname*
**Surname/Township Index** Directs you to Township Map Groups in Part II

*The Surname/Township Index can direct you to any number of* **Township Map Groups**

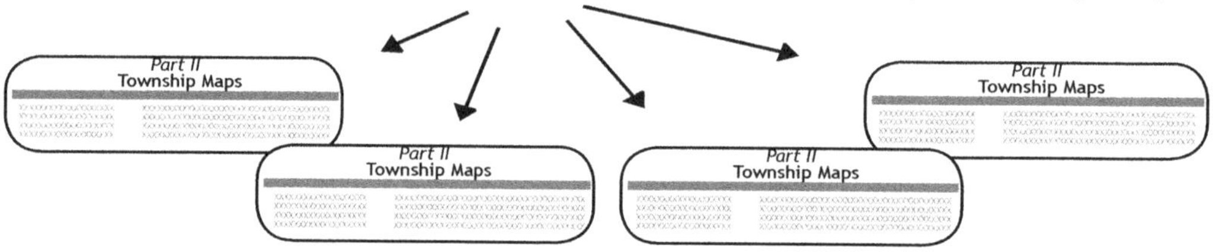


*Part II*

# Township Map Groups

***(1 for each Township in the County)***

Each Township Map Group contains all four of of the following tools . . .

**Land Patent Index** *Every-name Index of Patents Mapped in this Township*
**Land Patent Map** *Map of Patents as listed in above Index*
**Road Map** *Map of Roads, City-centers, and Cemeteries in the Township*
**Historical Map** *Map of Railroads, Lakes, Rivers, Creeks, City-Centers, and Cemeteries*

# Appendices

**Appendix A** *Congressional Authority enabling Patents within our Maps*
**Appendix B** *Section-Parts / Aliquot Parts (a comprehensive list)*
**Appendix C** *Multi-patentee Groups (Individuals within Buying Groups)*

Made in the USA
Columbia, SC
31 March 2025

55904237R00161